# 토목
# 기사

기출문제 정복하기

# 토목기사 5개년
## 기출문제 정복하기

| | |
|---|---|
| 초판 1쇄 인쇄 | 2022년 06월 13일 |
| 초판 1쇄 발행 | 2022년 06월 17일 |

편 저 자 | 주한종

발 행 처 | (주)서원각

등록번호 | 1999-1A-107호

주    소 | 경기도 고양시 일산서구 덕산로 88-45(가좌동)

대표번호 | 070-4233-2507

교재주문 | 031-923-2051

팩    스 | 02-324-2057

교재문의 | 카카오톡 플러스 친구 [서원각]

영상문의 | 02-324-2501

홈페이지 | www.goseowon.com

책임편집 | 김수진

디 자 인 | 김한울

# Preface

모든 시험에 앞서 가장 중요한 것은 출제되었던 문제를 풀어봄으로써 그 시험의 유형 및 출제경향, 난이도 등을 파악하는 데에 있다. 즉, 최소시간 내 최대의 학습효과를 거두기 위해서는 기출문제의 분석이 무엇보다도 중요하다는 것이다.

토목기사 기출문제 정복하기는 이를 주지하고 그동안 시행되어 온 필기시험 기출문제를 연도별로 수록하여 수험생들로 하여금 매년 다양하게 변화하고 있는 출제경향에 적응하여 단기간에 최대의 학습효과를 기둘 수 있도록 하였다.

토목기사 필기시험은 100점을 만점으로 하여 과목당 40점 이상. 전 과목 평균 60점 이상이면 합격이기 때문에 기본적인 내용에 대한 탄탄한 학습이 빛을 발한다.

수험생 모두가 자신을 믿고 본서와 함께 끝까지 노력하여 합격의 결실을 맺기를 희망한다.

1%의 행운을 잡기 위한 99%의 노력!
본서가 수험생 여러분의 행운이 되어 합격을 향한 노력에 힘을 보탤 수 있기를 바란다.

# Information

### ☑ 개요

토목기사란 응시자격을 갖춘 자가 산업인력공단에서 시행하는 토목기사 시험에 합격하여 그 자격을 취득한 자를 말한다. 토목공사는 공공의 편의를 제공하기 위해 사회 인프라를 구축하는 작업으로, 그 규모가 매우 크고, 공사과정이 상당히 복잡하고 정밀하게 이루어지기 때문에 보다 전문적인 지식과 기술이 요구된다. 이에 따라 토목 관련 지식 및 기술을 겸비한 전문가를 양성하기 위해 토목기사 자격제도가 제정되었다.

### ☑ 수행직무

토목기사는 도로, 공항, 항만, 철도, 해안, 터널, 하천, 교량 등 토목사업에 대한 조사 및 연구, 계획, 설계, 시공, 감리, 유지 및 보수 등의 업무를 수행하는 자격이다. 토목공사 현장에서 시공계획을 검토하고, 공정표, 사용자재, 도면 및 준공검사 등의 설계 및 시공업무를 담당하며, 입찰관련업무, 원가분석업무, 공무업무, 시공 감독업무 등을 수행한다. 이 외에도 안전사고를 관리하고 주변 환경이 훼손되지 않도록 현장을 관리하는 역할도 한다.

### ☑ 실시기관

한국산업인력공단(http://www.q-net.or.kr)

### ☑ 관련학과

대학 및 전문대학에 개설되어 있는 토목공학, 농업토목, 해양토목 관련학과

### ☑ 진로 및 전망

① **창업** : 경력을 쌓고 기술사자격을 취득한 후에는 사무소를 혼자 또는 공동으로 창업이 가능하고, 토목기술에 대한 분석이나 연구, 설계, 평가, 진단, 자문, 지도 등의 업무를 하게 된다.

② **취업**
　㉠ 종합 및 전문건설업체, 토목엔지니어링회사 등에 취업이 가능하다.
　㉡ 포장전문공사업체, 상하수도전문공사업체, 철도궤도전문공사업체 등에도 진출할 수 있다.
　㉢ 정부투자기관, 지방자체단체 등에서 기술직 공무원으로 활동할 수 있고, 관련 연구소에서 건설기술과 관련한 연구업무를 맡기도 한다.

③ **우대**
　㉠ 토목 관련업체의 기술인력 채용시 자격증 소지자를 우대한다.
　㉡ 국가기술자격법에 의해 공공기관 및 일반기업 채용 시 보수, 승진, 전보, 신분보장 등에 있어서 우대받을 수 있다.

☑ 시험과목

① 필기

| 필기과목명 | 문항수 | 주요항목 |
|---|---|---|
| 응용역학 | 20 | 힘과 모멘트 / 단면의 성질 / 재료의 역학적 성질 / 정정보 / 보의 응력 / 보의 처짐 / 기둥 / 정정트러스, 라멘, 아치, 케이블 / 구조물의 탄성변형 / 부정정 구조물 |
| 측량학 | 20 | 측량기준 및 오차 / 국가기준점 / 위성측위시스템(GNSS) / 삼각측량 / 다각측량 / 수준측량 / 지형측량 / 면적 및 체적 측량 / 노선측량 / 하천측량 |
| 수리학 및 수문학 | 20 | 물의 성질 / 정수역학 / 동수역학 / 관수로 / 개수로 / 지하수 / 해안 수리 / 수문학의 기초 / 주요 이론 / 응용 및 설계 |
| 철근콘크리트 및 강구조 | 20 | 철근콘크리트 / 프리스트레스트 콘크리트 / 강구조 |
| 토질 및 기초 | 20 | 흙의 물리적 성질과 분류 / 흙속에서의 물의 흐름 / 지반내의 응력분포 / 압밀 / 흙의 전단강도 / 토압 / 흙의 다짐 / 사면의 안정 / 지반조사 및 시험 / 기초일반 / 얕은기초 / 깊은기초 / 연약지반개량 |
| 상하수도공학 | 20 | 상수도 시설계획 / 상수관로 시설 / 정수장 시설 / 하수도 시설계획 / 하수관로 시설 / 하수처리장 시설 |

② 실기 : 토목설계 및 시공실무

☑ 검정방법

① 필기 : 객관식 4지 택일형 과목당 20문항(과목당 30분)
② 실기 : 필답형(3시간, 100점)

☑ 합격기준

① 필기 : 100점을 만점으로 하여 과목당 40점 이상, 전과목 평균 60점 이상
② 실기 : 100점을 만점으로 하여 60점 이상

☑ 최근 3개년 검정현황

| 종목명 | 연도 | 필기 | | | 실기 | | |
|---|---|---|---|---|---|---|---|
| | | 응시 | 합격 | 합격률 | 응시 | 합격 | 합격률 |
| 토목기사 | 2021 | 11,523 | 3,220 | 27.9% | 6,173 | 2,946 | 47.7% |
| | 2020 | 9,940 | 3,555 | 35.8% | 5,963 | 3,006 | 50.4% |
| | 2019 | 10,304 | 3,424 | 33.2% | 7,321 | 2,837 | 38.8% |

# Structure

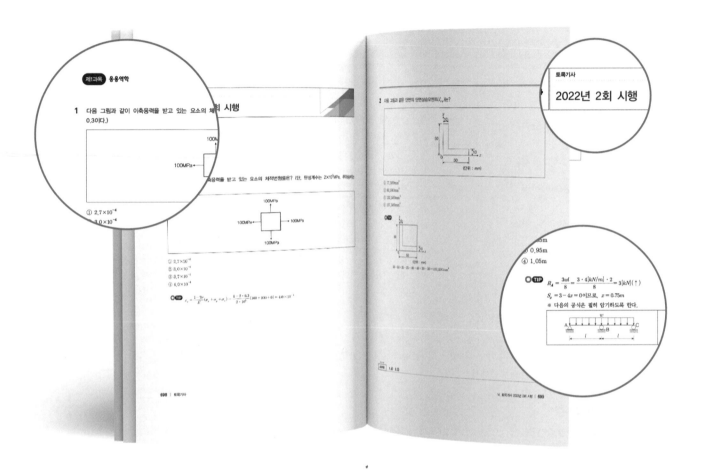

## 5개년 기출문제 수록

* 2018년부터 2022년까지의 기출문제를 통해 시험의 출제 경향 변화를 파악하고 다음 시험에 대한 준비를 할 수 있습니다.
* 5년 동안의 기출문제를 모두 수록함으로써 반복되어 출제되는 유형 파악과 그 부분에 대한 확실한 학습을 가능하게 하였습니다.

## 정 · 오답에 대한 상세한 해설

* 매 문제마다 저자의 상세한 해설을 수록하여 이해도 높은 학습이 가능하고, 이를 통해 문제를 해결하는 방법을 익힐 수 있습니다.
* 문제와 보기에 대한 설명뿐 아니라 관련 이론도 함께 담아 기출문제를 푸는 것만으로도 충분한 학습이 가능하게 하였습니다.

# Contents

## 토목기사 5개년 기출문제

| 01 | 토목기사 2018년 1회 시행 | 10 |
|----|---------------------------|-----|
| 02 | 토목기사 2018년 2회 시행 | 64 |
| 03 | 토목기사 2018년 4회 시행 | 114 |
| 04 | 토목기사 2019년 1회 시행 | 170 |
| 05 | 토목기사 2019년 2회 시행 | 221 |
| 06 | 토목기사 2019년 4회 시행 | 274 |
| 07 | 토목기사 2020년 1, 2회 시행 | 327 |
| 08 | 토목기사 2020년 3회 시행 | 384 |
| 09 | 토목기사 2020년 4회 시행 | 441 |
| 10 | 토목기사 2021년 1회 시행 | 490 |
| 11 | 토목기사 2021년 2회 시행 | 542 |
| 12 | 토목기사 2021년 3회 시행 | 594 |
| 13 | 토목기사 2022년 1회 시행 | 648 |
| 14 | 토목기사 2022년 2회 시행 | 698 |

# 5개년 기출문제

# 토목
# 기사

제1과목 **응용역학**

**1** 탄성변형에너지는 외력을 받는 구조물에서 변형에 의해 구조물에 축적되는 에너지를 말한다. 탄성체이며 선형거동을 하는 길이 $L$인 캔틸레버보의 끝단에 집중하중 $P$가 작용할 경우 굽힘모멘트에 의한 탄성변형에너지는? (단, $EI$는 일정함)

① $\dfrac{P^2L^2}{6EI}$

② $\dfrac{P^2L^2}{2EI}$

③ $\dfrac{P^2L^3}{6EI}$

④ $\dfrac{P^2L^3}{2EI}$

**◯TIP** $M_x = -(P)\cdot(x) = -P\cdot x,$

$U = \displaystyle\int \frac{M_x^2}{2EI}dx = \frac{1}{2EI}\int_0^L (-P\cdot x)^2 dx = \frac{P^2L^3}{6EI}$

**2** 다음 그림과 같은 구조물의 BD 부재에 작용하는 힘의 크기는?

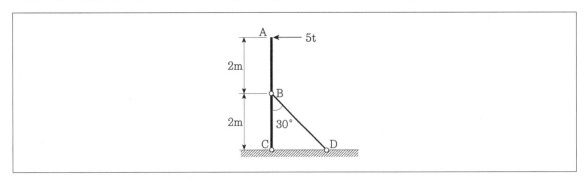

① 10t

② 12.5t

③ 15t

④ 20t

**◯TIP** $\sum M_C = 0 : T\cdot\sin30°\cdot2 - 5t\cdot4 = 0$이므로 $T - 20t = 0$, 따라서 BD부재에 작용하는 힘 $T$는 20t이다.

**3** 다음 그림과 같이 A지점이 고정이고 B지점이 힌지(hinge)인 부정정보가 어떤 요인에 의해 B지점이 B′로 △만큼 침하하게 되었다. 이 때 발생하는 B′의 지점반력은?

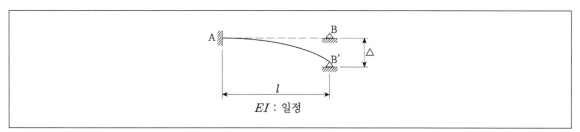

① $\dfrac{3EI\triangle}{l^3}$

② $\dfrac{4EI\triangle}{l^3}$

③ $\dfrac{5EI\triangle}{l^3}$

④ $\dfrac{6EI\triangle}{l^3}$

**⊙TIP** 변위일치법의 원리로 간단히 답을 구할 수 있는 문제이다.

B부분을 △ 만큼 처지게 하는데 요구되는 힘만큼의 반력이 발생하게 된다.

따라서 B지점의 상향반력의 크기 $\triangle_B = \dfrac{PL^3}{3EI} = \dfrac{R_B L^3}{3EI}$ 이며, 따라서 $R_B = \dfrac{3EI\triangle}{L^3}$ 가 된다.

**4** 다음 그림과 같은 구조물에서 C점의 수직처짐을 구하면? (단, $EI = 2 \times 10^9 \text{kg} \cdot \text{cm}^2$이며 자중은 무시한다.)

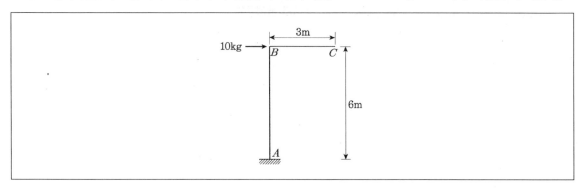

① 2.7mm

② 3.6mm

③ 5.4mm

④ 7.2mm

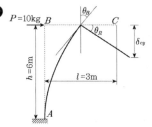

$$\delta_{cy} = l \times \theta_B = l \times \frac{Ph^2}{2EI} = 300 \times \frac{10 \times 600^2}{2 \times 2 \times 10^9} = 0.27\text{cm} = 2.7\text{mm}$$

**5** 단면이 원형(반지름 $r$)인 보에 휨모멘트 $M$이 작용할 경우 이 보에 작용하는 최대휨응력은?

① $\dfrac{2M}{\pi r^3}$

② $\dfrac{4M}{\pi r^3}$

③ $\dfrac{8M}{\pi r^3}$

④ $\dfrac{16M}{\pi r^3}$

$$Z = \frac{I}{y_t} = \frac{\left(\dfrac{\pi R^4}{4}\right)}{R} = \frac{\pi R^3}{4}, \quad \sigma_{\max} = \frac{M}{Z} = \frac{M}{\left(\dfrac{\pi R^3}{4}\right)} = \frac{4M}{\pi R^3}$$

**6** 다음 그림과 같은 보에서 두 지점의 반력이 같게 되는 하중의 위치($x$)를 구하면?

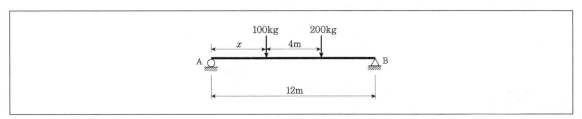

① 0.33m

② 1.33m

③ 2.33m

④ 3.33m

**TIP** $\sum F_y = 0 : R_A + R_B - 100 - 200 = 0$

$R_A + R_A = 300, \ R_A = 150\text{kg}(\uparrow)$

$R_B = R_A = 150kg(\uparrow)$

$\sum M_A = 0 : 100 \times x + 200 \times (x+4) - 150 \times 12 = 0$

$\therefore \ x = 3.33\text{m}$

**7** 반지름이 25cm인 원형단면을 가지는 단주에서 핵의 면적은 약 얼마인가?

① 122.7cm$^2$

② 168.4cm$^2$

③ 254.4cm$^2$

④ 336.8cm$^2$

**TIP** 원형단면의 핵의 반경은 $d/4$이므로

핵의 단면적 $A = \dfrac{\pi(d/4)^2}{4} = 122.7\text{cm}^2$ 가 된다.

**8** 같은 재료로 만들어진 반경 $r$인 속이 찬 축과 외반경 $r$이고 내반경 $0.6r$인 속이 빈 축이 동일크기의 비틀림 모멘트를 받고 있다. 최대 비틀림 응력의 비는?

① $1:1$

② $1:1.15$

③ $1:2$

④ $1:2.15$

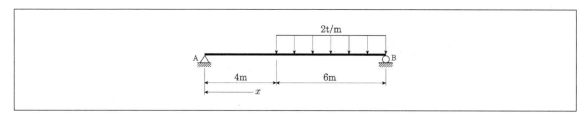

$$\tau_{\max 1} = \frac{Tr}{I_{p1}} = \frac{Tr}{\dfrac{\pi r^4}{2}} = \frac{2T}{\pi r^3}$$

$$\tau_{\max 1} = \frac{Tr}{I_{p2}} = \frac{Tr}{\dfrac{\pi(1-0.6^4)r^4}{2}} = 1.15\frac{2T}{\pi r^3}$$

$$\tau_{\max 1} : \tau_{\max 2} = 1 : 1.15$$

**9** 그림과 같은 단순보에서 최대휨모멘트가 발생하는 위치 $x$(A점으로부터의 거리)와 최대휨모멘트 $M_X$는?

[그림: 단순보, 상단 등분포하중 2t/m, A 지점에서 4m, 이어서 6m(6m 구간에 2t/m 작용), B 지점. $x$는 A점에서부터의 거리]

① $x=4.0$m, $M_X=18.02$t · m

② $x=4.8$m, $M_X=9.6$t · m

③ $x=5.2$m, $M_X=23.04$t · m

④ $x=5.8$m, $M_X=17.64$t · m

등분포 하중을 집중하중으로 치환하면 12t이 되며 작용점은 B로부터 좌측으로 3m떨어진 곳이 된다.

반력은 모멘트 평형의 원리로 쉽게 직관적으로

$R_A = 3.6$t($\uparrow$), $R_B = 8.4$t($\uparrow$)임을 알 수 있다.

따라서, 단면력도를 그리면 다음과 같이 된다.

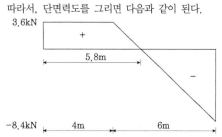

이 때 전단력이 0이 되는 점에서 최대휨모멘트가 발생하게 되며 이 때의 값은 좌측단으로부터 전단력이 0이 되는 점까지의 전단력선도의 면적이 되므로 $x=5.8$m, $M_X=17.64$t · m이 된다.

**10** 그림과 같은 트러스의 상현재 $U$의 부재력은?

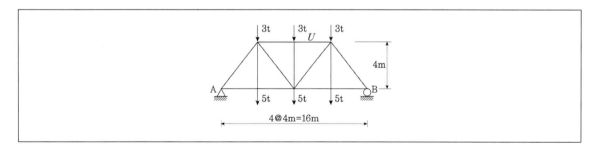

① 인장을 받으며 그 크기는 16t이다.　　　② 압축을 받으며 그 크기는 16t이다.

③ 인장을 받으며 그 크기는 12t이다.　　　④ 압축을 받으며 그 크기는 12t이다.

○**TIP** $V_A = V_D = 12t$이며, AB부재의 중앙부를 중심으로 모멘트평형원리를 적용하면,

$$\sum M_C = (3+5) \cdot 4 - 12 \cdot 8 - U \cdot 4 = 32 - 96 - 4U = 0$$

$U = 16$(압축)이 산출된다.

**11** 다음 단면에서 $y$축에 대한 회전반지름은?

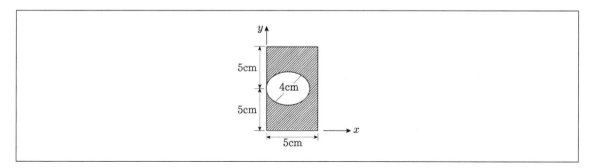

① 3.07cm　　　　　　　　　　　② 3.20cm

③ 3.81cm　　　　　　　　　　　④ 4.24cm

○**TIP**

$$A = A_1 - A_2 = 10 \cdot 5 - \frac{\pi \cdot 4^2}{4} = 37.43 cm^2$$

$$I = I_1 - I_2 = \frac{10 \cdot 5^3}{3} - \frac{5\pi \cdot 4^4}{64} = 353.83$$

$$r = \sqrt{\frac{I}{A}} = \sqrt{\frac{353.83}{37.43}} = 3.07 cm$$

**12** 그림과 같은 단면적 $A$, 탄성계수 $E$인 기둥에서 줄음량을 구한 값은?

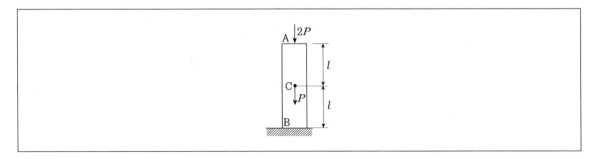

① $\dfrac{2Pl}{AE}$  ② $\dfrac{3Pl}{AE}$

③ $\dfrac{4Pl}{AE}$  ④ $\dfrac{5Pl}{AE}$

**◑TIP** 주어진 부재는 다음과 같이 분해하여 해석해야 한다.

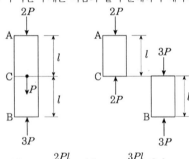

$\triangle l_{AC} = -\dfrac{2Pl}{AE}$, $\triangle l_{CB} = -\dfrac{3Pl}{AE}$ 이며

$\triangle l_{AC} + \triangle l_{CB} = -\dfrac{5Pl}{AE}$

**13** 다음 그림과 같은 3활절 아치에서 C점의 휨모멘트는?

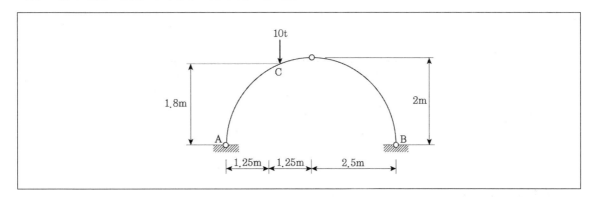

① 3.25t · m

② 3.50t · m

③ 3.75t · m

④ 4.00t · m

**O TIP** 자유물체도를 그리면 다음과 같다.

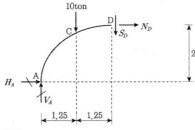

$$\sum M_D = -H_A \cdot 2 + 7.5 \cdot 2.5 - 10 \cdot 1.25 = 0$$

따라서, $H_A = 3.125t(\rightarrow)$ 가 산출된다.

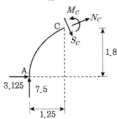

C점에 대하여 모멘트의 총합이 0이 되어야 하므로,

$$\sum M_C = 0 : -M_{(C)} - 3.125 \cdot 1.8 + 7.5 \cdot 1.25 = 0$$

$$\therefore M_{(C)} = 3.75[\text{t} \cdot \text{m}]$$

($M_{(C)}$는 C점의 휨모멘트이다.)

**14** 그림과 같은 보에서 다음 중 휨모멘트의 절댓값이 가장 큰 곳은?

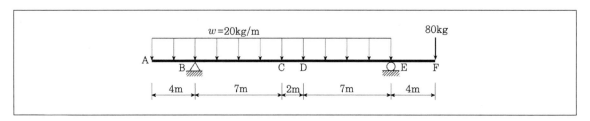

① B점

② C점

③ D점

④ E점

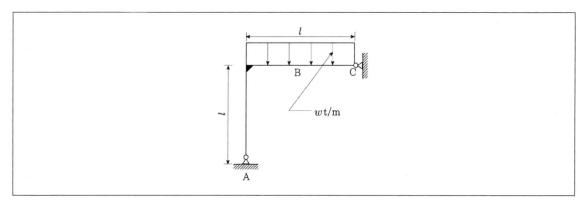

○**TIP** 수직반력을 구하면, $R_B = 230[\text{kg}](\uparrow)$, $R_C = 250[\text{kg}](\uparrow)$

$M_B = \dfrac{20 \cdot 4^2}{2} = 80[\text{kg} \cdot \text{m}]$

$M_E = 80 \cdot 4 = 320[\text{kg} \cdot \text{m}]$

주어진 반력을 이용하여 각 위치의 휨모멘트를 구하면,

$M_C = 400[\text{kg} \cdot \text{m}]$, $M_D = 380[\text{kg} \cdot \text{m}]$ 이므로 C점에서 가장 큰 휨모멘트가 발생하게 된다.

**15** 다음 그림과 같은 뼈대 구조물에서 C점의 수직반력($\uparrow$)을 구한 값은? (단, 탄성계수 및 단면은 전부재가 동일하다.)

① $\dfrac{9\,Wl}{16}$

② $\dfrac{7\,Wl}{16}$

③ $\dfrac{Wl}{8}$

④ $\dfrac{Wl}{16}$

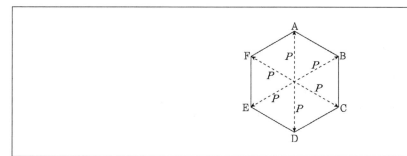

**O TIP** $\sum M_A = 0 : H_C \cdot l - R_C \cdot l - \dfrac{wl^2}{2} = 0$이어야 하므로 $H_C = R_C + \dfrac{wl}{2}$

가상일의 원리를 적용하여 해석한다.

$$m_1 = \left(R_C + \frac{wl}{2}\right) \cdot x - \frac{wx^2}{2}$$

$$m_2 = \left(R_C + \frac{wl}{2}\right) \cdot l - \frac{wl^2}{2} - R_c x$$

$$U = \int_0^l \frac{m_1^2}{2EI} dx + \int_0^l \frac{m_2^2}{2EI} dx$$

$$\frac{dU}{dR_C} = 0 : R_C = -\frac{wl}{16} \text{이며 } H_C = R_C + \frac{wl}{2} = -\frac{wl}{16} + \frac{wl}{2} = \frac{7wl}{16}$$

**16** 정육각형 틀의 각 절점에 그림과 같이 하중 $P$가 작용할 경우 각 부재에 생기는 인장응력의 크기는?

① $P$

② $2P$

③ $P/2$

④ $P/\sqrt{2}$

**O TIP** $\sum F_x = 0 : F_{AB} \cdot \sin 60^o - F_{AF} \cdot \sin 60^o = 0, \ F_{AB} = F_{AF}$

$\sum F_y = 0 : P - 2F_{AB} \cdot \cos 60^o = 0, \ F_{AB} = F_{AF} = P(\text{인장})$

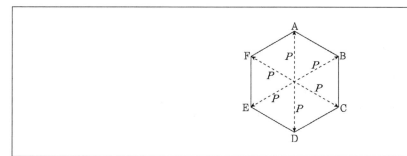

**17** 그림과 같은 단면에 1,000kg의 전단력이 작용할 때 최대 전단응력의 크기는?

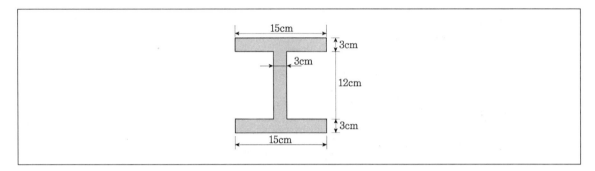

① $23.5\text{kg/cm}^2$

② $28.4\text{kg/cm}^2$

③ $35.2\text{kg/cm}^2$

④ $43.3\text{kg/cm}^2$

**O TIP** $\tau_{\max} = \dfrac{S_{\max} \cdot G_x}{I_x \cdot b}$ 이며, $S_{\max} = 1,000\text{kg}$ 이라고 가정한다.

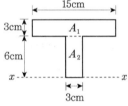

$G_x = 15 \cdot 3 \cdot 7.5 + 3 \cdot 6 \cdot 3 = 391.5[\text{cm}^3]$

$I_x = \dfrac{BH^3}{12} - \dfrac{bh^3}{12} = \dfrac{15 \cdot 18^3}{12} - \dfrac{12 \cdot 12^3}{12} = 5,562[\text{cm}^4]$

$b = 3cm$ 이므로 $\tau_{\max} = \dfrac{S_{\max} \cdot G_x}{I_x \cdot b} = \dfrac{1,000 \cdot 391.5}{5,562 \cdot 3} = 23.46[\text{kg/cm}^2]$

**18** 다음 그림과 같은 T형 단면에서 도심축 C–C축의 위치 $X$는?

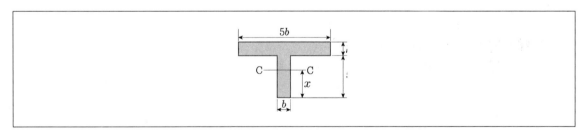

① $2.5h$

② $3.0h$

③ $3.5h$

④ $4.0h$

$x = \dfrac{G_x}{A}$

$G_x = (5b \times h) \times \left(5h + \dfrac{h}{2}\right) + (b \times 5h) \times \dfrac{5h}{2} = 40bh^2$

$A = (5b \times h) + (b \times 5h) = 10bh$

$x = \dfrac{40bh^2}{10bh} = 4h$

**19** 다음 그림과 같은 게르버보에서 하중 $P$만에 의한 C점의 처짐은? (단, $EI$는 일정하고 $EI = 2.7 \times 10^{11} \text{kg} \cdot \text{cm}^2$ 이다.)

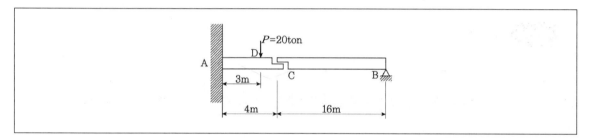

① 2.7cm           ② 2.0cm

③ 1.0cm           ④ 0.7cm

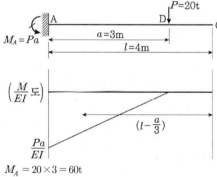

$M_A = 20 \times 3 = 60t$

$M_c' = 60 \times 3 \times \dfrac{1}{2} \times \left(3 \times \dfrac{2}{3} + 1\right) = 270 \times 10^9 \text{kg/cm}^3$

$\delta_D = \dfrac{270 \times 10^9}{2.7 \times 10^{11}} = 1\text{cm}$

**20** 중공 원형 강봉에 비틀림력 $T$가 작용할 경우 최대 전단 변형률 $\gamma_{max} = 750 \cdot 10^{-6}$rad으로 측정되었다. 봉의 내경은 60mm이고 외경은 75mm일 때 봉에 작용하는 비틀림력 $T$를 구하면? (단, 전단탄성계수 $G = 8.15 \times 10^5$kg/cm$^2$)

① 29.9t · cm

② 32.7t · cm

③ 35.3t · cm

④ 39.2t · cm

**TIP** 
$$I_P = \frac{\pi d^4}{32} = \frac{\pi}{32}(75^4 - 60^4) = 1,833,966\text{mm}^4$$

$$T = \frac{G \cdot \gamma_{max} I_P}{\gamma} = \frac{8.15 \times 10^5 \times 750 \times 10^{-6} \times 1,833,966}{\dfrac{75}{2}} = 29,893,645.8\text{kg} \cdot \text{mm} = 29.9\text{t} \cdot \text{cm}$$

---

**제2과목** **측량학**

---

**21** 클로소이드 곡선에서 곡선 반지름($R$) = 450m, 매개변수($A$) = 300m일 때 곡선의 길이($L$)는?

① 100m

② 150m

③ 200m

④ 250m

**TIP** $R = \dfrac{A^2}{L} = 450 = \dfrac{300^2}{L}$ 이므로 $L = 200$m

---

**22** 축척 1 : 25,000의 지형도에서 거리가 6.73cm인 두 점 사이의 거리를 다른 축척의 지형도에서 측정한 결과 11.21cm이었다면 이 지형도의 축척은 약 얼마인가?

① 1 : 20,000

② 1 : 18,000

③ 1 : 15,000

④ 1 : 13,000

**TIP** 두 점 사이의 실제거리는 6.73 × 25,000 = 168,250[cm]

$$\frac{1}{m} = \frac{\text{도상거리}}{\text{실제거리}} = \frac{11.21}{168,250} = \frac{1}{15,000}$$

**23** 다음은 폐합 트래버스 측량성과이다. 측선 CD의 배횡거는?

| 측선 | 위거(m) | 경거(m) |
|------|---------|---------|
| AB | 65.39 | 83.57 |
| BC | −34.57 | 19.68 |
| CD | −65.43 | −40.60 |
| DA | 34.61 | −62.65 |

① 60.25m
② 115.90m
③ 135.45m
④ 165.90m

**○TIP** 전측선의 배횡거+전측선의 경거+해당측선의 경거를 구하면 된다.

| 측선 | 위거(m) | 경거(m) | 배횡거(m) |
|------|---------|---------|-----------|
| AB | 65.39 | 83.57 | 83.57 |
| BC | −34.57 | 19.68 | 186.82 |
| CD | −65.43 | −40.60 | 165.90 |
| DA | 34.61 | −62.65 | 62.65 |

AB 배횡거=83.57m
BC 배횡거=83.57 + 83.57 + 19.68=186.82m
CD 배횡거=186.82 + 19.68 + (−40.6)=165.90m
DA 배횡거=165.90 + (−40.6) + (−62.65)=62.65m

**24** 어떤 횡단면의 도상면적이 40.5cm²이었다. 가로 축척이 1 : 20, 세로 축척이 1 : 60이었다면 실제면적은?

① 48.6m²
② 33.75m²
③ 4.86m²
④ 3.375m²

**○TIP** $A = am_1m_2 = 40.5 \cdot 20 \cdot 60 = 48,600[\text{cm}^2] = 4.86[\text{m}^2]$

**25** 동일한 지역을 같은 조건에서 촬영할 때, 비행고도만을 2배로 높게 하여 촬영할 경우 전체 사진매수는?

① 사진매수는 1/2만큼 늘어난다.
② 사진매수는 1/2만큼 줄어든다.
③ 사진매수는 1/4만큼 늘어난다.
④ 사진매수는 1/4만큼 줄어든다.

**○TIP** 동일한 지역을 같은 조건에서 촬영할 때, 비행고도만을 2배로 높게 하여 촬영할 경우 전체 사진매수는 1/4만큼 늘어난다.

**26** 수심 $H$인 하천의 유속측정에서 수면으로부터 깊이 $0.2H$, $0.6H$, $0.8H$인 점의 유속이 각각 0.663m/s, 0.532m/s, 0.467m/s이였다면 3점법에 의한 평균유속은?

① 0.565m/s
② 0.554m/s
③ 0.549m/s
④ 0.543m/s

**○TIP**
$$V_m = \frac{1}{2}(V_{0.2} + 2V_{0.6} + V_{0.8})$$
$$= \frac{1}{4}(0.663 + 2 \times 0.532 + 0.467) = 0.549\text{m/s}$$

**27** 교점(I.P)은 도로기점에서 500m의 위치에 있고 교각 $I = 36°$일 때 외선길이(외할)=5.00m라면 시단현의 길이는? (단, 중심말뚝거리는 20m이다.)

① 10.43m
② 11.57m
③ 12.36m
④ 13.25m

**○TIP** B.C = I.P-T.L

$E = R\left(\sec\dfrac{I}{2} - 1\right)$ 에서

$R = \dfrac{E}{\left(\sec\dfrac{I}{2} - 1\right)} = \dfrac{5}{\left(\sec\dfrac{36°}{2} - 1\right)} = 97.16[\text{m}]$

$T.L = R\tan\dfrac{I}{2} = 97.16\tan\dfrac{36°}{2} = 31.57[\text{m}]$

B.C = I.P-T.L = 500 - 31.57 = 468.43[m]

$l_1 = 480 - 468.43 = 11.57[\text{m}]$

**28** 단일삼각형에 대해 삼각측량을 수행한 결과 내각이 $\alpha = 54°\ 25'\ 32''$, $\beta = 68°\ 43'\ 23''$, $\gamma = 56°\ 51'\ 14''$ 이었다면 $\beta$의 각 조건에 의한 조정량은?

① $-4''$

② $-3''$

③ $+4''$

④ $+3''$

○**TIP** 삼각형 3변의 합은 180도인데, 주어진 조건을 살펴보면 $180° - (\alpha + \beta) = 56°\ 51'\ 5''$
9초를 초과해 잘못측정하였으므로
이를 3등분한 $-3''$의 조정량이 요구된다.

**29** 30m당 0.03m가 짧은 줄자를 사용하여 정사각형 토지의 한 변을 측정한 결과 150m이었다면 면적에 대한 오차는?

① $41\text{m}^2$

② $43\text{m}^2$

③ $45\text{m}^2$

④ $47\text{m}^2$

○**TIP** 정사각형 한 변의 정확한 거리는 $\dfrac{30 - 0.03}{30} \times 150 = 149.85\text{m}$

측정면적 $= 150 \times 150 = 22,500\text{m}^2$

실제면적 $= 149.85 \times 149.85 = 22,455.0225\text{m}^2$

면적에 대한 오차는 $22,500 - 22,455.0225 = 44.9775\text{m}^2$가 된다.

**30** 사진측량의 특징에 대한 설명으로 옳지 않은 것은?

① 기상조건에 상관없이 측량이 가능하다.

② 정량적 관측이 가능하다.

③ 측량의 정확도가 균일하다.

④ 정성적 관측이 가능하다.

○**TIP** 사진측량은 기상조건에 매우 민감하다.

**31** 직사각형 가로, 세로의 거리가 다음과 같다. 면적 $A$의 표현으로 가장 적절한 것은?

$$75\text{m} \pm 0.003\text{m} \qquad \boxed{\quad A \quad}$$

$$100\text{m} \pm 0.008\text{m}$$

① $7,500\text{m}^2 \pm 0.67\text{m}^2$  ② $7,500\text{m}^2 \pm 0.41\text{m}^2$

③ $7,500.9\text{m}^2 \pm 0.67\text{m}^2$  ④ $7,500.9\text{m}^2 \pm 0.41\text{m}^2$

**OTIP** $A = 100 \cdot 75 = 7,500[\text{m}^2]$

$M = \pm \sqrt{(a \cdot m_2)^2 + (b \cdot m_1)^2} = \pm \sqrt{(100 \cdot 0.003)^2 + (75 \cdot 0.008)^2} = \pm 0.67[\text{m}^2]$

**32** GNSS 관측성과로 바르지 않은 것은?

① 지오이드 모델  ② 경도와 위도

③ 지구중심좌표  ④ 타원체고

**OTIP** 지오이드 모델은 GNSS 관측성과에 속하지 않는다.

※ GNSS[Global Navigation Satellite System] … 인공위성을 이용하여 지상물의 위치 · 고도 · 속도 등에 관한 정보를 제공하는 시스템이다.

**33** 중심말뚝의 간격이 20m인 도로구간에서 각 지점에 대한 횡단면적을 표시한 결과가 다음 그림과 같을 경우 각주공식에 의한 전체 토공량은?

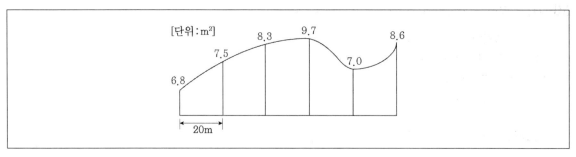

① $156\text{m}^3$  ② $672\text{m}^3$

③ $817\text{m}^3$  ④ $920\text{m}^3$

**TIP** 지거의 수가 짝수이므로 5번째 지거까지의 면적은 심프슨 제1법칙으로 구하고 나머지 면적은 사다리꼴공식으로 구하여 이 둘을 합친다.

$$A=\frac{20}{3}(6.8+7.0+4(7.5+9.7)+2\cdot 8.3)+20\cdot\frac{(7.0+8.6)}{2}=817.33$$

**34** 그림과 같이 4개의 수준점 A, B, C, D에서 각각 1km, 2km, 3km, 4km 떨어진 $P$점의 표고를 직접 수준측량한 결과가 다음과 같을 때 $P$점의 최확값은?

$A \rightarrow P = 125.762\text{m}$

$B \rightarrow P = 125.750\text{m}$

$C \rightarrow P = 125.755\text{m}$

$D \rightarrow P = 125.771\text{m}$

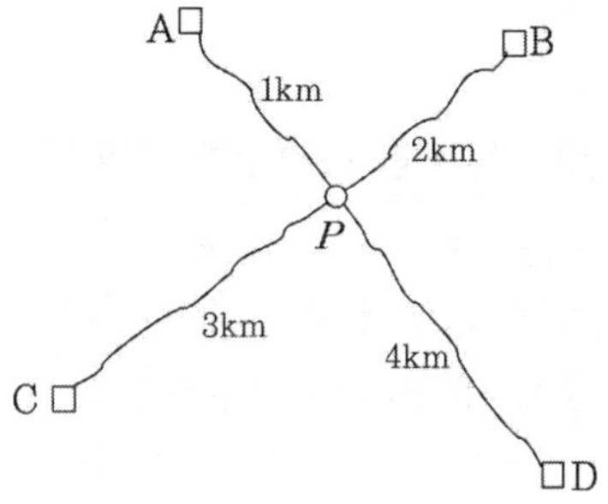


① 125.755m
② 125.759m
③ 125.762m
④ 125.765m

**TIP** 경중률($P$)은 노선거리($L$)에 반비례한다. 따라서 다음의 식으로 $P$점의 최확값을 구해야 한다.

$$P_1:P_2:P_3:P_4=\frac{1}{L_1}:\frac{1}{L_2}:\frac{1}{L_3}:\frac{1}{L_4}=\frac{1}{1}:\frac{1}{2}:\frac{1}{3}:\frac{1}{4}=12:6:4:3$$

$$L_o=\frac{P_1h_1+P_2h_2+P_3h_3+P_4h_4}{P_1+P_2+P_3+P_4}=\frac{12\cdot 125.762+6\cdot 125.750+4\cdot 125.755+3\cdot 125.771}{12+6+4+3}=125.759[\text{m}]$$

ANSWER 31.① 32.① 33.③ 34.②

**35** 삼각망의 종류 중 유심삼각망에 대한 설명으로 옳은 것은?

① 삼각망 가운데 가장 간단한 형태이며 측량의 정확도를 얻기 위한 조건이 부족하므로 특수한 경우 외에는 사용하지 않는다.

② 가장 높은 정확도를 얻을 수 있으나 조정이 복잡하고 포함된 면적이 작으며 특히 기선을 확대할 때 주로 사용한다.

③ 거리에 비하여 측점수가 가장 적으므로 측량이 간단하며 조건식의 수가 적어 정확도가 낮다.

④ 광대한 지역의 측량에 적합하며 정확도가 비교적 높은 편이다.

**◯TIP** ① 단열삼각망은 삼각망 가운데 가장 간단한 형태이며 측량의 정확도를 얻기 위한 조건이 부족하므로 특수한 경우 외에는 사용하지 않는다.
② 사변형삼각망은 가장 높은 정확도를 얻을 수 있으나 조정이 복잡하고 포함된 면적이 작으며 특히 기선을 확대할 때 주로 사용한다.
③ 단열삼각망은 거리에 비하여 측점수가 가장 적으므로 측량이 간단하며 조건식의 수가 적어 정확도가 낮다.

**36** 노선측량에 대한 용어 설명 중 옳지 않은 것은?

① 교점 : 방향이 변하는 두 직선이 교차하는 점
② 중심말뚝 : 노선의 시점, 종점 및 교점에 설치하는 말뚝
③ 복심곡선 : 반지름이 서로 다른 두 개 또는 그 이상의 원호가 연결된 곡선으로 공통접선의 같은 쪽에 원호의 중심이 있는 곡선
④ 완화곡선 : 고속으로 이동하는 차량이 직선부에서 곡선부로 진입할 때 차량의 원심력을 완화하기 위해 설치하는 곡선

**◯TIP** 중심말뚝은 노선의 중심선의 위치를 지상에 표시하는 말뚝으로서 일반적으로 20m마다 설치한다.

**37** 트래버스측량(다각측량)에 관한 설명으로 옳지 않은 것은?

① 트래버스 중 가장 정밀도가 높은 것은 결합 트래버스로서 오차점검이 가능하다.
② 폐합오차 조정에서 각과 거리측량의 정확도가 비슷한 경우 트랜싯 법칙으로 조정하는 것이 좋다.
③ 오차의 배분은 각 관측의 정확도가 같을 경우 각의 대소에 관계없이 등분하여 배분한다.
④ 폐합 트래버스에서 편각을 관측하면 편각의 총합은 언제나 360°가 되어야 한다.

**◯TIP** 폐합오차 조정에서 각과 거리측량의 정확도가 비슷한 경우 컴퍼스의 법칙으로 조정하는 것이 좋다.
폐합오차 조정법은 컴퍼스 법칙(각 변의 길이에 비례하여 배분함)과 트랜싯 법칙(각 위거, 경거의 크기에 비례하여 배분함)이 있다.

⊙ 컴퍼스 법칙 : 각관측과 거리관측의 정밀도가 같을 때 조정하는 방법으로 각 측선의 길이에 비례하여 폐합오차를 분배한다.

ⓛ 트랜싯 법칙 : 각관측의 정밀도가 거리관측의 정밀도보다 높을 때 조정하는 방법으로 위거, 경거의 크기에 비례하여 폐합오차를 분배한다.

**38** 등고선의 성질에 대한 설명으로 옳지 않은 것은?

① 등고선은 도면 내외에서 폐합하는 폐곡선이다.
② 등고선은 분수선과 직각으로 만난다.
③ 동굴 지형에서 등고선은 서로 만날 수 있다.
④ 등고선의 간격은 경사가 급할수록 넓어진다.

○**TIP** 등고선의 간격은 경사가 급할수록 좁아진다.

**39** 하천측량을 실시하는 주 목적에 대한 설명으로 가장 적합한 것은?

① 하천 개수공사나 공작물의 설계, 시공에 필요한 자료를 구하기 위하여
② 유속 등을 관측하여 하천의 성질을 알기 위하여
③ 하천의 수위, 기울기, 단면을 알기 위하여
④ 평면도, 종단면도를 작성하기 위하여

○**TIP** 하천측량을 하는 가장 주된 목적은 하천 개수공사나 공작물의 설계, 시공에 필요한 자료를 구하기 위해서이다.

**40** 지반의 높이를 비교할 때 사용하는 기준면은?

① 표고(elevation)
② 수준면(level surface)
③ 수평면(horizontal plane)
④ 평균해수면(mean sea level)

○**TIP** 지반의 높이를 비교할 때 사용하는 기준면은 평균해수면(mean sea level)이다.

ANSWER 35.④ 36.② 37.② 38.④ 39.① 40.④

**41** 누가우량곡선(Rainfall mass curve)의 특성으로 옳은 것은?

① 누가우량곡선의 경사가 클수록 강우강도가 크다.
② 누가우량곡선의 경사는 지역에 관계없이 일정하다.
③ 누가우량곡선으로 일정기간 내의 강우량을 산출할 수는 없다.
④ 누가우량곡선은 자기우량기록에 의하여 작성하는 것보다 보통우량계의 기록에 의하여 작성하는 것이 더 정확하다.

**TIP** ② 누가우량곡선의 경사는 지역에 따라 다를 수 있다.
③ 누가우량곡선으로부터 일정기간 내의 강우량을 산출하는 것은 가능하다.
④ 누가우량곡선은 자기우량기록에 의해 작성하는 것이 보통우량계의 기록에 의해 작성하는 것보다 더 정확하다.

**42** 비에너지와 한계수심에 관한 설명으로 옳지 않은 것은?

① 비에너지가 일정할 때 한계수심으로 흐르면 유량이 최소가 된다.
② 유량이 일정할 때 비에너지가 최소가 되는 수심이 한계수심이다.
③ 비에너지는 수로바닥을 기준으로 하는 단위무게당 흐름에너지이다.
④ 유량이 일정할 때 직사각형 단면 수로내 한계수심은 최소 비에너지의 2/3이다.

**TIP** 개수로에서 비에너지가 일정할 때 한계수심으로 흐르면 유량이 최대가 된다.

**43** 폭이 $b$인 직사각형 위어에서 접근유속이 작은 경우 월류수심이 $h$일 때 양단수축 조건에서 월류수맥에 대한 단수축의 폭($b_o$)은? (단, Francis공식을 적용한다.)

① $b_0 = b - \dfrac{h}{5}$          ② $b_0 = 2b - \dfrac{h}{5}$

③ $b_0 = b - \dfrac{h}{10}$         ④ $b_0 = 2b - \dfrac{h}{10}$

**TIP** 프란시스(Francis)공식을 적용할 경우, 폭이 $b$인 직사각형 위어에서 접근유속이 작은 경우 월류수심이 $h$일 때 양단수축 조건에서 월류수맥에 대한 단수축의 폭($b_0$)은 $b_0 = b - \dfrac{h}{5}$가 된다.

※ 프란시스(Francis)공식
- 유량계수 $C = 0.623$
- 측면수축을 고려한 월류수맥의 폭 $b_0 = b - \dfrac{nh}{10}$

  ($n$값은 양면수축인 경우 2, 일면수축인 경우 1, 수축이 없는 경우 0이 된다.)

**44** 하천의 모형실험에 주로 사용되는 상사법칙은?

① Reynolds의 상사법칙　　　　　　② Weber의 상사법칙

③ Cauchy의 상사법칙　　　　　　　④ Froude의 상사법칙

**O TIP** 하천의 모형실험에서는 주로 Froude의 상사법칙이 사용된다.

**45** 수리학에서 취급되는 여러 가지 양에 대한 차원이 옳은 옳은 것은?

① 유량 = $[L^3T^{-1}]$　　　　　　　② 힘 = $[MLT^{-3}]$

③ 동점성계수 = $[L^3T^{-1}]$　　　　④ 운동량 = $[MLT^{-2}]$

**O TIP** ② 힘 = $[MLT^{-2}]$
③ 동점성계수 = $[L^2T^{-1}]$
④ 운동량 = $[MLT^{-1}]$

| 물리량 | MLT계 | FLT계 | 물리량 | MLT계 | FLT계 |
|---|---|---|---|---|---|
| 길이 | $[L]$ | $[L]$ | 질량 | $[M]$ | $[FL^{-1}T^2]$ |
| 면적 | $[L^2]$ | $[L^2]$ | 힘 | $[MLT^{-2}]$ | $[F]$ |
| 체적 | $[L^3]$ | $[L^3]$ | 밀도 | $[ML^{-3}]$ | $[[FL^{-4}T^2]$ |
| 시간 | $[T]$ | $[T]$ | 운동량, 역적 | $[MLT^{-1}]$ | $[FT]$ |
| 속도 | $[LT^{-1}]$ | $[LT^{-1}]$ | 비중량 | $[ML^{-2}T^2]$ | $[FL^{-3}]$ |
| 각속도 | $[T^{-1}]$ | $[T^{-1}]$ | 점성계수 | $[ML^{-1}T^{-1}]$ | $[FL^{-2}T]$ |
| 가속도 | $[LT^{-2}]$ | $[LT^{-2}]$ | 표면장력 | $[MT^{-2}]$ | $[FL^{-1}]$ |
| 각가속도 | $[T^{-2}]$ | $[T^{-2}]$ | 압력강도 | $[ML^{-1}T^{-2}]$ | $[FL^{-2}]$ |
| 유량 | $[L^3T^{-1}]$ | $[L^3T^{-1}]$ | 일, 에너지 | $[ML^2T^{-2}]$ | $[FL]$ |
| 동점성계수 | $[L^2T^{-1}]$ | $[L^2T^{-1}]$ | 동력 | $[ML^2T^{-3}]$ | $[FLT^{-1}]$ |

**ANSWER**　41.①　42.①　43.①　44.④　45.①

**46** A저수지에서 200m 떨어진 B저수지로 지름 20cm, 마찰손실계수 0.035인 원형관으로 0.0628m³/s의 물을 송수하려고 한다. A저수지와 B저수지 사이의 수위차는? (단, 마찰손실, 단면급확대 및 급축소 손실을 고려한다.)

① 5.75m

② 6.94m

③ 7.14m

④ 7.45m

**○TIP** 수면차$(H) = \left(f_i + f\dfrac{l}{D} + f_o\right) = \dfrac{V^2}{2g}$

$Q = AV \rightarrow V = \dfrac{Q}{A} = \dfrac{0.0628}{\dfrac{\pi \times 0.2^2}{4}} = 2.0\text{m/s}$

$H = \left(f_i + f\dfrac{l}{D} + f_o\right)\dfrac{V^2}{2g} = \left(0.5 + 0.035 \times \dfrac{200}{0.2} + 1\right) \times \dfrac{2^2}{2 \times 9.8} = 7.448\text{m} = 7.45\text{m}$

**47** 폭 4.8m, 높이 2.7m의 연직 직사각형 수문이 한쪽 면에서 수압을 받고 있다. 수문의 밑면은 힌지로 연결되어 있고 상단은 수평체인(Chain)으로 고정되어 있을 때 이 체인에 작용하는 장력은? (단, 수문의 정상과 수면은 일치한다.)

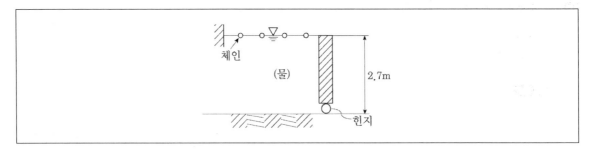

① 29.32kN

② 57.15kN

③ 7.87kN

④ 0.88kN

**○TIP** 수문에 걸리는 압력은 최상부는 0이며 최하부(바닥부)은 $\rho g h = 1 \cdot 9.8 \cdot 2.7 = 26.46$

수문에 걸리는 전체 힘은 수문에 작용하는 평균압력과 면적의 곱이므로 다음과 같이 산출된다.

$\dfrac{(0 + 9.8 \cdot 2.7)}{2} \cdot (2.7 \cdot 4.8) = 171.46$

힌지로부터 1/3 높이의 지점이 집중하중으로 치환한 합력의 작용점이 되며, 힌지를 중심으로 모멘트 균형을 생각하면

$\dfrac{(0 + 9.8 \cdot 2.7)}{2} \cdot (2.7 \cdot 4.8) \cdot \dfrac{2.7}{3} = T \cdot 2.7$

이를 계산하면, 57.153[kN]이 산출된다.

**48** 배수곡선(backwater curve)에 해당하는 수면곡선은?

① 댐을 월류할 때의 수면곡선
② 홍수시의 하천의 수면곡선
③ 하천 단락부(段落部) 상류의 수면곡선
④ 상류상태로 흐르는 하천에 댐을 구축했을 때 저수지의 수면곡선

**TIP** 배수곡선(backwater curve) … 상류로 흐르는 수로에 댐, 위어(weir) 등의 수리구조물을 만들면 수리구조물의 상류에 흐름방향으로 수심이 증가하게 되는 수면곡선이 나타나게 되는데 이러한 수면곡선을 말한다. 댐의 상류부에서는 흐름방향으로 수심이 증가하는 배수곡선이 나타난다.

**49** 비력(special force)에 대한 설명으로 옳은 것은?

① 물의 충격에 의해 생기는 힘의 크기
② 비에너지가 최대가 되는 수심에서의 에너지
③ 한계수심으로 흐를 때 한 단면에서의 총 에너지 크기
④ 개수로의 어떤 단면에서 단위중량당 운동량과 정수압의 합계

**TIP** 비력은 개수로의 어떤 단면에서 단위중량당 동수압과 정수압의 합계이다.

**50** 레이놀즈(Reynolds)수에 대한 설명으로 옳은 것은?

① 중력에 대한 점성력의 상대적인 크기
② 관성력에 대한 점성력의 상대적인 크기
③ 관성력에 대한 중력의 상대적인 크기
④ 압력에 대한 탄성력의 상대적인 크기

**TIP** 레이놀즈(Reynolds)수 … 관성력에 대한 점성력의 상대적인 크기

**51** 오리피스(orifice)의 이론유속 $V=\sqrt{2gh}$ 로 유도되는 이론으로 옳은 것은? (단, $V$는 유속, $g$는 중력가속도, $h$는 수두차)

① 베르누이(Bernouli)의 정리  ② 레이놀즈(Reynolds)의 정리
③ 벤츄리(Venturi)의 이론식  ④ 운동량 방정식 이론

**TIP** ① 베르누이(Bernouli)의 정리 : 유체의 에너지는 보존된다는 것을 식으로 나타낸 것이다.

$$P_1+\rho gh_1+\frac{1}{2}\rho v_1{}^2=P_2+\rho gh_2+\frac{1}{2}\rho v_2{}^2=일정 \ (P는 \ 그 \ 점에서의 \ 압력, \ \rho는 \ 유체의 \ 밀도, \ v는 \ 그 \ 점에서의 \ 유체$$

흐름속도, $h$는 그 점의 기준면에 대한 높이, $g$는 중력가속도이다.)이며 이 식으로부터 오리피스(orifice, 관내 흐름을 교축[유동단면적을 급속히 축소]시켜주는 도구)의 이론유속식인 $V=\sqrt{2gh}$ 가 유도된다. 유체가 좁은 통로를 흐를 때 속력이 증가하고 넓은 통로를 흐를 때 속력이 감소하며 유체의 속력이 증가하면 압력이 낮아지고, 반대로 감소하면 압력이 높아지게 되는 것은 이 원리에서 비롯된다.

② 레이놀즈(Reynolds)의 정리 : 레이놀즈의 수송정리를 말하며 질량보존법칙의 연속방정식을 도출하기 위해 사용된다.

③ 벤츄리(Venturi)의 이론식 : 베르누이의 정리와 유체의 연속방정식($Q=A_1V_1=A_2V_2$으로 질량보존법칙에 의해 결과적으로 단위시간당 흐르는 물의 양이 일정하다는 것)으로부터 도출되는 식이다. 벤츄리유량식을 말하는 것으로

$$Q_v=C_v\frac{\pi D_2^2}{4}\sqrt{\frac{2g\Delta h}{1-(D_2/D_1)}} \ 식을 \ 말한다.$$ (이 식에서 $Q_v$는 벤츄리의 실제유량, $Q_2$는 이론유량, $V$는 평균속도, $D_1$는 최대직경, $D_2$는 최소직경, $\gamma$는 물의 비중, $\triangle$는 마노메토 차압, $C_0$은 유량계수이다. 참고로 벤츄리미터는 관내에서 다른 면적을 가진 부분에서의 수두차를 이용해서 유량을 구하는 계측기이다.)

④ 운동량 방정식 이론 : 물체의 운동을 기술하는 방정식으로서 운동량 보존의 법칙에 관한 방정식이다. 외력이 없는 물체에서 모든 운동량의 합은 보존된다는 이론이다.

**52** 어느 소유역의 면적이 20ha, 유수의 도달시간은 5분이다. 강수자료의 해석으로부터 얻어진 이 지역의 강우강도식이 다음과 같을 때 합리식에 의한 홍수량은? (단, 유역의 평균 유출계수는 0.60이다.)

| |
|---|
| 강우강도식 : $I=\dfrac{6,000}{t+35}$ [mm/hr]<br><br>여기서, $t$ : 강우지속시간[분] |

① $18.0\text{m}^3/\text{s}$  ② $5.0\text{m}^3/\text{s}$
③ $1.8\text{m}^3/\text{s}$  ④ $0.5\text{m}^3/\text{s}$

**TIP** 합리식 $Q=0.2779CIA$
문제에서 주어진 조건을 위의 합리식에 대입하면 홍수량은 $5.0\text{m}^3/\text{s}$가 된다. (20ha=$0.2\text{km}^2$)

$$Q=\frac{1}{360}CIA=0.2779\cdot0.6\cdot\frac{6,000}{5+35}\cdot0.2\fallingdotseq5.0[\text{m}^3/\text{s}]$$

$Q$ : 첨두유량[$\text{m}^3/\text{hr}$], $C$ : 유출계수, $I$ : 강우강도[mm/hr], $A$ : 유역면적[$\text{km}^2$]

**53** 다음 중 단위유량도 이론에서 사용하고 있는 기본가정이 아닌 것은?

① 일정 기저시간 가정

② 비례가정

③ 푸아송 분포 가정

④ 중첩가정

**○TIP** 단위유량도 3가지 기본가정 … 일정 기저시간의 가정, 중첩가정, 비례가정

**54** 3차원 흐름의 연속방정식을 다음과 같은 형태로 나타낼 때 이에 알맞은 흐름의 상태는?

$$\frac{\partial u}{\partial x} + \frac{\partial v}{\partial y} + \frac{\partial w}{\partial z} = 0$$

① 비압축성 정상류

② 비압축성 부정류

③ 압축성 정상류

④ 압축성 부정류

**○TIP** 비압축성 정상류 : $\frac{\partial u}{\partial x} + \frac{\partial v}{\partial y} + \frac{\partial w}{\partial z} = 0$

※ 3차원 흐름의 연속방정식

  ㉠ 부등류의 연속방정식

   • 압축성 유체일 때 $\frac{\partial(\rho u)}{\partial x} + \frac{\partial(\rho v)}{\partial y} + \frac{\partial(\rho w)}{\partial z} = -\frac{\partial \rho}{\partial t}$

   • 비압축성 유체일 때 $\frac{\partial u}{\partial x} + \frac{\partial v}{\partial y} + \frac{\partial w}{\partial z} = -\frac{\partial \rho}{\partial t}$

  ㉡ 정류의 연속방정식

   • 압축성 유체일 때 $\frac{\partial \rho}{\partial t} = 0$이므로 $\frac{\partial(\rho u)}{\partial x} + \frac{\partial(\rho v)}{\partial y} + \frac{\partial(pw)}{\partial z} = 0$

   • 비압축성 유체일 때 $\rho$는 일정하므로 $\frac{\partial u}{\partial x} + \frac{\partial v}{\partial y} + \frac{\partial w}{\partial z} = 0$

**55** 토양면을 통해 스며든 물이 중력의 영향 때문에 지하로 이동하여 지하수면까지 도달하는 현상은?

① 침투(infiltration)

② 침투능(infiltration capacity)

③ 침투율(infiltration rate)

④ 침루(percolation)

**○TIP** 침루(percolation) … 토양면을 통해 스며든 물이 중력의 영향 때문에 지하로 이동하여 지하수면까지 도달하는 현상

**56** 동력 20,000kW, 효율 88%인 펌프를 이용하여 150m 위의 저수지로 물을 양수하려고 한다. 손실수두가 10m일 때 양수량은?

① $15.5\text{m}^3/\text{s}$  ② $14.5\text{m}^3/\text{s}$

③ $11.2\text{m}^3/\text{s}$  ④ $12.0\text{m}^3/\text{s}$

**OTIP**
$$\frac{\rho g Q (H + \sum h)}{0.88} = \frac{1 \cdot 9.8 \cdot Q \cdot (150 + 10)}{0.88} = 20,000$$
따라서, 이를 만족하는 $Q = 11.2[\text{m}^3/\text{s}]$

**57** Darcy의 법칙에 대한 설명으로 옳지 않은 것은?

① Darcy의 법칙은 지하수의 흐름에 대한 공식이다.
② 투수계수는 물의 점성계수에 따라서도 변화한다.
③ Reynolds수가 클수록 안심하고 적용할 수 있다.
④ 평균유속이 동수경사와 비례관계를 가지고 있는 흐름에 적용할 수 있다.

**OTIP** Reynolds수가 클수록 불안정하며 난류이다.

**58** 항만을 설계하기 위해 관측한 불규칙 파랑의 주기 및 파고가 다음과 같을 경우, 유의파고($H_{1/3}$)는?

| 연번 | 파고(m) | 주기(s) |
|---|---|---|
| 1 | 9.5 | 9.8 |
| 2 | 8.9 | 9.0 |
| 3 | 7.4 | 8.0 |
| 4 | 7.3 | 7.4 |
| 5 | 6.5 | 7.5 |
| 6 | 5.8 | 6.5 |
| 7 | 4.2 | 6.2 |
| 8 | 3.3 | 4.3 |
| 9 | 3.2 | 5.6 |

① 9.0m  ② 8.6m

③ 8.2m  ④ 7.4m

**O TIP** $(9.5+8.9+7.4)/3=8.6[m]$
유의파란 불규칙한 파군을 편의적으로 단일한 주기와 파고로 대표한 파로서, 하나의 주어진 파군 중 파고가 높은 것부터 세어서 전체 개수의 1/3까지 골라 파고나 주기를 평균한 것이다. 유의파고는 삼분의 일(1/3) 최대파고라고도 한다.

**59** 지름이 20cm인 관수로에 평균유속 5m/s로 물이 흐른다. 관의 길이가 50m일 때 5m의 손실수두가 나타났다면, 마찰속도($U_*$)는?

① $U_* = 0.022m/s$ 　　　　　　　　　② $U_* = 0.22m/s$

③ $U_* = 2.21m/s$ 　　　　　　　　　④ $U_* = 22.1m/s$

**O TIP** 동수반경(경심, 수리반경)

$$R = \frac{A}{P} = \frac{\frac{\pi D^2}{4}}{\pi \cdot D} = \frac{D}{4} = \frac{0.2}{4} = 0.05[m]$$

동수경사 $I = \frac{5}{50} = 0.1$

마찰속도 $U_* = \sqrt{g \cdot R \cdot I} = \sqrt{9.8 \cdot 0.05 \cdot 0.1} = 0.22[m/s]$

**60** 측정된 강우량 자료가 기상학적 원인 이외에 다른 영향을 받았는지의 여부를 판단하는, 즉 일관성(consistency)에 대한 검사방법은?

① 순간단위유량도법 　　　　　　　　② 합성단위유량도법

③ 이중누가우량분석법 　　　　　　　④ 선행강수지수법

**O TIP** ① 순간단위유량도법 : 지속시간이 0에 가까운 순간적으로 내린 유효우량에 의한 유출수문곡선을 사용한 분석법이다.
② 합성단위유량도법 : 어느 관측점에서 단위도 유도에 필요한 강우량 및 유량의 자료가 없을 때, 다른 유역에서 얻은 과거의 경험을 토대로 하여 단위도를 합성하여 미 계측지역에 대한 근사치로써 사용할 목적으로 만든 단위도를 이용하는 방법이다. (유효강우량이 유역에 적용되는 지속시간을 거의 0에 가깝게 잡으므로 이는 이론적인 개념일 뿐 실제 유역에서는 실현될 수 없다.)
③ 이중누가우량분석 : 우량계의 위치, 노출상태, 관측방법, 주위 환경변화로 인한 강수자료의 일관성을 상실한 경우, 기록치를 교정하는 방법이다. 강우자료의 변화요소가 발생한 과거의 기록치를 보정하기 위하여 전반적인 자료의 일관성을 조사하려고 할 때, 사용할 수 있는 가장 적절한 방법이다.
④ 선행강수지수법 : 토양의 초기함수조건에 의한 유출량 산정법으로서 선행강수지수를 결정한 후 유출량을 산정하는 방법이다.

**61** 강도설계법에서 사용하는 강도감소계수($\phi$)의 값으로 바르지 않은 것은?

① 무근콘크리트의 휨모멘트 : $\phi = 0.55$
② 전단력과 비틀림모멘트 : $\phi = 0.75$
③ 콘크리트의 지압력 : $\phi = 0.70$
④ 인장지배단면 : $\phi = 0.85$

**○TIP** 콘크리트의 지압력 : $\phi = 0.65$

**62** 철근콘크리트 보에 배치되는 철근의 순간격에 대한 설명으로 바르지 않은 것은?

① 동일 평면에서 평행한 철근 사이의 수평 순간격은 25mm 이상이어야 한다.
② 상단과 하단에 2단 이상으로 배치된 경우 상하철근의 순간격은 25mm 이상으로 해야 한다.
③ 철근의 순간격에 대한 규정은 서로 접촉된 겹침이음 철근과 인접된 이음철근 또는 연속철근 사이의 순간격에도 적용하여야 한다.
④ 벽체 또는 슬래브에서 휨주철근의 간격은 벽체나 슬래브 두께의 2배 이하로 해야 한다.

**○TIP** 벽체나 슬래브에서 휨 주철근의 중심간격은 위험단면을 제외한 단면에서는 벽체 또는 슬래브 두께의 3배 이하여야 하며 450mm 이하여야 한다.

**63** 다음 그림과 같은 단철근 직사각형보가 공칭휨강도($M_n$)에 도달할 때 인장철근의 변형률은 얼마인가? (단, 철근 D22 4개의 단면적 1,548mm², $f_{ck}$=35MPa, $f_y$=400MPa)

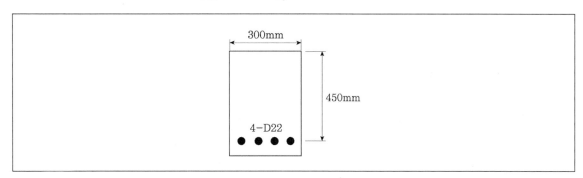

① 0.0102
② 0.0126
③ 0.0186
④ 0.0198

**O⊕TIP** $f_{ck} > 28MPa$인 경우의 $\beta_1$의 값

$\beta_1 = 0.85 - 0.007(f_{ck} - 28) = 0.801\,(\beta_1 \geq 0.65)$

$c = \dfrac{f_y A_s}{0.85 f_{ck} b \beta_1} = 86.6\text{mm}$, $\varepsilon_t = \dfrac{d_t - c}{c} \varepsilon_c = \dfrac{450 - 86.6}{86.6} \times 0.003 = 0.0126$

**64** 그림의 PSC 콘크리트보에서 PS강재를 포물선으로 배치하여 프리스트레스 $P$=1,000kN이 작용할 때 프리스트레스의 상향력은? (단, 보 단면은 $b$=300mm, $h$=600mm이고 $s$=250mm이다.)

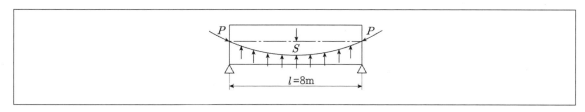

① 51.65kN/m
② 41.76kN/m
③ 31.25kN/m
④ 21.38kN/m

**O⊕TIP** $u = \dfrac{8P \cdot s}{l^2} = \dfrac{8 \cdot 1,000 \cdot 0.25}{(8)^2} = 31.25[\text{kN/m}]$

**65** 그림의 T형보에서 $f_{ck}=28\text{MPa}$, $f_y=400\text{MPa}$일 때 공칭모멘트강도($M_n$)를 구하면? (단, $A_s=5,000[\text{mm}^2]$)

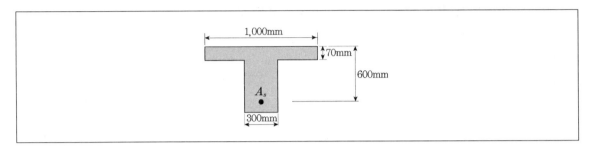

① 1110.5kN · m
② 1251.0kN · m
③ 1372.5kN · m
④ 1434.0kN · m

**O TIP** ㉠ T형보의 판별

$$a = \frac{A_s f_y}{0.85 f_{ck} b} = \frac{5,000 \cdot 400}{0.85 \cdot 28 \cdot 1,000} = 84.03 > t_f = 70[\text{mm}]$$

플랜지두께보다 크면 T형보로 구해야 한다.

㉡ 등가압축응력의 깊이

$$a = \frac{(A_s - A_s')f_y}{0.85 f_{ck} b_w} = 116.78 \text{에 따라 } A_s' = \frac{0.85 f_{ck}(b - b_w)t_f}{f_y} = 2,915.5$$

공칭모멘트 강도는

$$M_n = (A_s - A_s')f_y(d - \frac{a}{2}) + f_y A_s'(d - \frac{tf}{2}) = 1,110,497,418\text{N} \cdot \text{mm} = 1,110.5\text{kN} \cdot \text{m}$$


**66** 다음 중 적합비틀림에 대한 설명으로 옳은 것은?

① 균열의 발생 후 비틀림모멘트의 재분배가 일어날 수 없는 비틀림
② 균열의 발생 후 비틀림모멘트의 재분배가 일어날 수 있는 비틀림
③ 균열의 발생 전 비틀림모멘트의 재분배가 일어날 수 없는 비틀림
④ 균열의 발생 전 비틀림모멘트의 재분배가 일어날 수 있는 비틀림

**O TIP** 적합비틀림 … 균열의 발생 후 비틀림모멘트의 재분배가 일어날 수 있는 비틀림


**67** 용접 시의 주의사항에 관한 설명 중 틀린 것은?

① 용접의 열을 될 수 있는 대로 균등하게 분포시킨다.
② 용접부의 구속을 될 수 있는 대로 적게 하여 수축변형을 일으키더라도 해로운 변형이 남지 않도록 한다.
③ 평행한 용접은 같은 방향으로 동시에 용접하는 것이 좋다.
④ 주변에서 중심으로 향하여 대칭으로 용접해 나간다.

**O TIP** 용접은 중심에서 주변으로 실시해 나간다.

**68** 콘크리트의 강도설계에서 등가 직사각형 응력블록의 깊이 $a = \beta_1 c$로 표현될 수 있다. $f_{ck}$가 60MPa인 경우 $\beta_1$의 값은 얼마인가?

① 0.85

② 0.732

③ 0.65

④ 0.626

**OTIP** $f_{ck} > 28$MPa의 경우 1MPa 증가마다 $\beta_1$은 0.007 감소한다.

$\beta_1 = 0.85 - (f_{ck} - 28) \times 0.007 \geq 0.65$
$\quad\; = 0.85 - (60 - 28) \times 0.007$
$\quad\; = 0.626$

$\beta_1$은 0.65보다 작아서는 안된다.

**69** $A_s = 4{,}000\text{mm}^2$, $A_s{'} = 1{,}500\text{mm}^2$로 배근된 그림과 같은 복철근보의 탄성처짐이 15mm이다. 5년 이상의 지속하중에 의해 유발되는 장기처짐은 얼마인가?

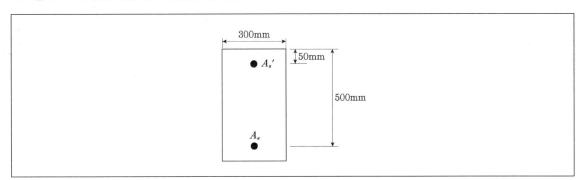

① 15mm

② 20mm

③ 25mm

④ 30mm

**OTIP** 장기처짐은 순간처짐(탄성처짐)에 다음의 계수를 곱하여 구한다.

장기처짐계수 $\lambda = \dfrac{\xi}{1 + 50\rho{'}}$

시간경과계수 $\xi$ : 3개월인 경우 1.0, 6개월인 경우 1.2, 1년인 경우 1.4, 5년 이상인 경우 2.0)

압축철근비 $\rho{'} = \dfrac{A_s{'}}{bd} = \dfrac{1{,}500}{300 \cdot 500} = 0.01$

문제의 주어진 조건대로라면 $\lambda = \dfrac{2.0}{1 + 50 \cdot 0.01} = \dfrac{2.0}{1.5} = 1.33$

장기처짐 = 순간처짐(탄성침하)×장기처짐계수
$\qquad\quad = 15 \times 1.33 = 19.9 \fallingdotseq 20\text{mm}$

---

**ANSWER** 65.① 66.② 67.④ 68.③ 69.②

**70** $M_u$ = 200kN · m의 계수모멘트가 작용하는 단철근 직사각형보에서 필요한 철근량($A_s$)은 약 얼마인가? (단, $b$ = 300mm, $d$ = 500mm, $f_{ck}$ = 28MPa, $f_y$ = 400MPa, $\phi$ = 0.85이다.)

① 1,072.7mm$^2$

② 1,266.3mm$^2$

③ 1,524.6mm$^2$

④ 1,785.4mm$^2$

**◎TIP**

$$M_u = \phi M_n = \phi \cdot 0.85 f_{ck} ab \left( d - \frac{a}{2} \right)$$

$$200 \cdot 10^6 = 0.85 \cdot 0.85 \cdot 28 \cdot a \cdot 300 \left( 500 - \frac{a}{2} \right) = 3,034,500a - 3,034.5a^2$$

$$3,034.5a^2 - 3,034,500a + 200 \cdot 10^6 = 0$$

$$a = 71 [\text{mm}]$$

$$\therefore A_s = \frac{M_u}{\phi f_y \left( d - \frac{a}{2} \right)} = \frac{200 \cdot 10^6}{0.85 \cdot 400 \cdot \left( 500 - \frac{71}{2} \right)} = 1,266.38 [\text{mm}^2]$$

**71** 다음 그림과 같은 보통 중량콘크리트 직사각형 단면의 보에서 균열모멘트($M_{cr}$)는? (단, $f_{ck}$ = 24MPa이다.)

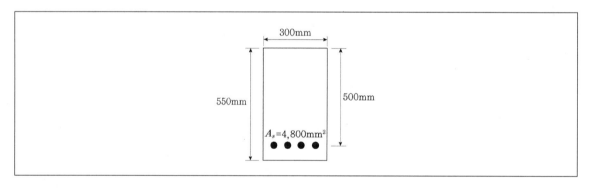

① 46.7kN · m

② 52.3kN · m

③ 56.4kN · m

④ 62.1kN · m

**◎TIP**

$$M_{cr} = \frac{I_g}{y_t} f_r = \frac{I_g}{y_t} (0.63 \sqrt{f_{ck}}) = \frac{300 \cdot 550^3}{275 \cdot 12} (0.63 \sqrt{24}) = 46.68 [\text{kN} \cdot \text{m}]$$

**72** 프리스트레스 감소 원인 중 프리스트레스 도입 후 시간의 경과에 따라 생기는 것이 아닌 것은?

① PC강재의 릴렉세이션      ② 콘크리트의 건조수축
③ 콘크리트의 크리프      ④ 정착장치의 활동

**○TIP** 정착장치의 활동은 프리스트레스 도입 시 발생하는 손실이다.

    ※ **프리스트레스 손실의 원인**
        ㉠ **프리스트레스 도입 시(즉시손실)**
          • 콘크리트의 탄성변형(수축)
          • PS강재와 시스사이의 마찰(포스트텐션 방식만 해당)
          • 정착장치의 활동
        ㉡ **프리스트레스 도입 후(시간적 손실)**
          • 콘크리트의 건조수축
          • 콘크리트의 크리프
          • PS강재의 릴렉세이션(이완)

**73** 서로 다른 크기의 철근을 압축부에서 겹침이음하는 경우 이음길이에 대한 설명으로 옳은 것은?

① 이음길이는 크기가 큰 철근의 정착길이와 크기가 작은 철근의 겹침이음길이 중 큰 값 이상이어야 한다.
② 이음길이는 크기가 작은 철근의 정착길이와 크기가 큰 철근의 겹침이음길이 중 작은 값 이상이어야 한다.
③ 이음길이는 크기가 작은 철근의 정착길이와 크기가 큰 철근의 겹침이음길이의 평균값 이상이어야 한다.
④ 이음길이는 크기가 큰 철근의 정착길이와 크기가 작은 철근의 겹침이음길이를 합한 값 이상이어야 한다.

**○TIP** 이음길이는 크기가 큰 철근의 정착길이와 크기가 작은 철근의 겹침이음길이 중 큰 값 이상이어야 한다.

**74** 그림과 같은 복철근보의 유효깊이($d$)는? (단, 철근 1개의 단면적은 250mm²이다.)

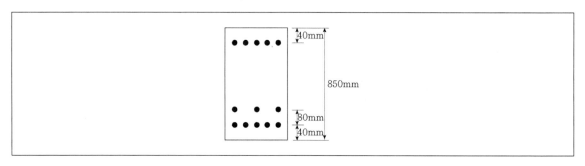

① 810mm

② 780mm

③ 770mm

④ 730mm

**TIP** $8d = 3(850 - 40 - 80) + 5(850 - 40)$, $d = 780$mm

**75** 주어진 T형 단면에서 부착된 프리스트레스트 보강재의 인장응력($f_{ps}$)은 얼마인가? (단, 긴장재의 단면적 $A_{ps}$ =1,290mm²이고, 프리스트레싱 긴장재의 종류에 따른 계수 $\gamma_p$ =0.4, 긴장재의 설계기준 인장강도 $f_{pu}$ =1,900MPa이며 $f_{ck}$ =35MPa)

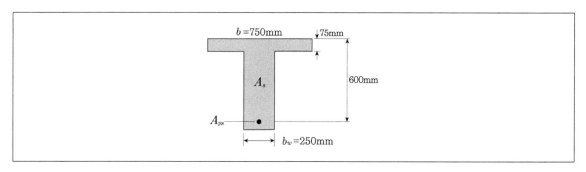

① 1,900MPa

② 1,861MPa

③ 1,804MPa

④ 1,752MPa

**TIP** 인장응력 $f_{ps} = f_{pu}\left[1 - \dfrac{\gamma_p}{\beta_1}\left\{\rho_p \cdot \dfrac{f_{pu}}{f_{ck}} + \dfrac{d}{d_p} \cdot (w - w')\right\}\right]$

$\beta_1 = 0.85 - (f_{ck} - 28) \cdot 0.007 > 0.65 = 0.85 - (35 - 28) \cdot 0.007 = 0.801 > 0.65$

$\rho_p = \dfrac{A_{ps}}{bd_p} = \dfrac{1,290}{750 \times 600} = 0.00287$

$w = 0, \ w' = 0$

$f_{ps} = 1,900 \times \left\{1 - \dfrac{0.4}{0.801}\left(0.00287 \times \dfrac{1,900}{35}\right)\right\} = 1,752$MPa

**76** 철근의 부착응력에 영향을 주는 요소에 대한 설명으로 틀린 것은?

① 경사인장균열이 발생하게 되면 철근이 균열에 저항하게 되고, 따라서 균열면 양쪽의 부착응력을 증가시키기 때문에 결국 인장철근의 응력을 감소시킨다.

② 거푸집 내에 타설된 콘크리트의 상부로 상승하는 물과 공기는 수평으로 놓인 철근에 의해 가로막게 되며, 이로 인해 철근과 철근 하단에 형성될 수 있는 수막 등에 의해 부착력이 감소될 수 있다.

③ 전단에 의한 인장철근의 장부력(dowel force)은 부착에 의한 쪼갬응력을 증가시킨다.

④ 인장부 철근이 필요에 의해 절단되는 불연속 지점에서는 철근의 인장력 변화정도가 매우 크며 부착응력 역시 증가한다.

○**TIP** 경사인장균열이 발생을 하면 철근이 균열에 저항을 하고 균열면 양쪽의 부착응력을 증가시키므로 인장철근에 발생되는 응력이 증가된다.

**77** 그림과 같은 용접부의 응력은?

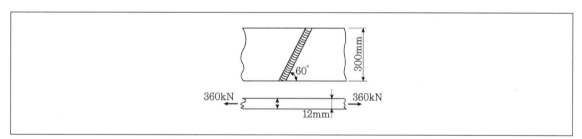

① 115MPa  ② 110MPa

③ 100MPa  ④ 94MPa

○**TIP** $f = \dfrac{P}{A} = \dfrac{P}{\sum al} = \dfrac{360,000}{300 \cdot 12} = 100[\text{MPa}]$

**78** 계수전단력($V_u$)이 262.5kN일 때 아래 그림과 같은 보에서 가장 적당한 수직스터럽의 간격은? (단, 사용된 스터럽은 D13을 사용하였으며, D13철근의 단면적은 127mm², $f_{ck}$=28MPa, $f_y$=400MPa이다.)

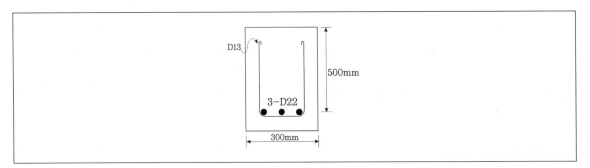

① 195mm

② 201mm

③ 233mm

④ 265mm

**ⓞTIP** 콘크리트의 전단강도

$$V_c = \frac{1}{6}\lambda\sqrt{f_{ck}}\,b_w d = \frac{1}{6}\cdot 1\cdot\sqrt{28}\cdot 300\cdot 500 = 132287.56[\text{N}]$$

전단철근이 부담하는 전단강도

$V_u = \phi(V_c + V_s)$에서

$$V_s = \frac{V_u}{\phi} - V_c = \frac{262.5}{0.75} - 132.28 = 217.72[\text{kN}]$$

전단철근의 간격제한

$$V_s \le \frac{1}{3}\lambda\sqrt{f_{ck}}\,b_w d \ : \ s = \frac{d}{2} \ \text{이하 또는 600mm 이하}$$

$$V_s > \frac{1}{3}\lambda\sqrt{f_{ck}}\,b_w d \ : \ s = \frac{d}{4} \ \text{이하 또는 300mm 이하}$$

$$V_s = \frac{1}{3}\lambda\sqrt{f_{ck}}\,b_w d = \frac{1}{3}\cdot 1\cdot\sqrt{28}\cdot 300\cdot 500 = 264.575[\text{kN}] \ge V_s = 217.72[\text{kN}] \quad s = \frac{d}{2}, \ \text{또는 600mm 중 최솟값 이하}$$

이어야 하므로 $s = \dfrac{d}{2} = \dfrac{500}{2} = 250\text{mm}$

부재축에 직각인 전단철근을 사용하는 경우 간격

$V_s = \dfrac{A_v f_y d}{s}$ 이므로

$$s = \frac{A_v f_y d}{V_s} = \frac{127\cdot 2\cdot 400\cdot 500}{217.72\cdot 10^3} \fallingdotseq 233.32[\text{mm}]$$

**79** 다음 그림의 지그재그로 구멍이 있는 관에서 순폭을 구하면? (단, 구멍직경은 25mm이다.)

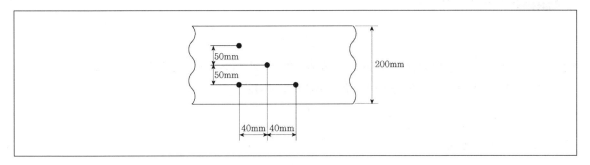

① 187mm

② 141mm

③ 137mm

④ 125mm

**TIP** $d_h = \phi + 3 = 25mm$

$b_{n2} = b_g - 2d_h = 200 - (2 \times 25) = 150mm$

$b_{n3} = b_g - 3d_h + 2 \times \dfrac{S^2}{4g} = 200 - (3 \times 25) + 2 \times \dfrac{40^2}{4 \times 50} = 141mm$

$b_n = [b_{n2}, b_{n3}]_{\min} = 141mm$

**80** 아래의 표와 같은 조건의 경량콘크리트를 사용하고 설계기준항복강도가 400MPa인 D25(공칭직경 : 25.4mm) 철근을 인장철근으로 사용하는 경우 기본정착길이($l_{db}$)는?

- 콘크리트 설계기준 압축강도($f_{ck}$) : 24MPa
- 콘크리트의 인장강도($f_{sp}$) : 2.17MPa

① 1,430mm

② 1,515mm

③ 1,535mm

④ 1,575mm

**TIP** D22 이상의 철근을 사용하고 있으며, 경량콘크리트를 사용하고 있는 점에 유의해야 한다.

D22 이상인 경우 보정계수는 철근배근위치계수 $\alpha$, 에폭시도막계수 $\beta$, 경량콘크리트계수 $\lambda$를 모두 곱한 값이다. 이 문제에서 주어진 조건에 따르면 철근배근위치계수 $\alpha$, 에폭시도막계수 $\beta$는 모두 1이 된다.

인장이형철근의 기본정착길이는 $l_{db} = \dfrac{0.6\lambda d_b f_y}{\sqrt{f_{ck}}} \geq 300[mm]$가 된다.

경량콘크리트를 사용하며, 경량콘크리트계수 $\lambda$의 경우 콘크리트의 인장강도 $f_{sp}$가 주어지면

$\lambda = \dfrac{f_{sp}}{0.56\sqrt{f_{ck}}} \leq 1.0$를 적용한다. $\lambda = \dfrac{f_{sp}}{0.56\sqrt{f_{ck}}} = \dfrac{2.17}{0.56\sqrt{24}} = 0.791$

$l_{db} = \dfrac{0.6\lambda d_b f_y}{\sqrt{f_{ck}}} = \dfrac{0.6 \cdot 25.4 \cdot 400}{0.791\sqrt{24}} = 1,573.12[mm]$

**81** 어떤 흙에 대해서 일축압축시험을 한 결과 일축압축강도가 $1.0 \text{kg/cm}^2$이고 이 시료의 파괴면과 수평면이 이루는 각이 $50°$일 때 이 흙의 점착력($c_u$)와 내부마찰각($\phi$)은?

① $c_u = 0.60 \text{kg/cm}^2$, $\phi = 10°$

② $c_u = 0.42 \text{kg/cm}^2$, $\phi = 50°$

③ $c_u = 0.60 \text{kg/cm}^2$, $\phi = 50°$

④ $c_u = 0.42 \text{kg/cm}^2$, $\phi = 10°$

**○TIP** 내부마찰각($\phi$)의 크기는 파괴면의 각도 $\theta = 45° + \dfrac{\phi}{2}$이므로 $\phi = 2\theta - 90° = 2 \cdot 50° - 90° = 10°$

점착력 $c_u = \dfrac{q_u}{2\tan\left(45° + \dfrac{\phi}{2}\right)} = \dfrac{1.0}{2\tan\left(45° + \dfrac{10°}{2}\right)} = 0.42 [\text{kg/cm}^2]$

**82** 피조콘(piezocone) 시험의 목적이 아닌 것은?

① 지층의 연속적인 조사를 통하여 지층 분류 및 지층 변화 분석

② 연속적인 원지반 전단강도의 추이 분석

③ 중간 점토 내 분포한 sand seam 유무 및 발달 정도 확인

④ 불교란 시료 채취

**○TIP** 피조콘 시험은 일종의 원추관입시험(로드에 붙인 원뿔을 흙 속에 동적으로 관입, 혹은 정적으로 압입하여 흙의 강도나 변형 특성을 구하는 시험)으로서 사질토와 점성토에 모두 적용할 수 있으며 지층의 관입저항을 연속적으로 측정할 수 있는 장점이 있다. 그러나 샘플러가 없으므로 시료의 채취가 불가능하다.

**83** 포화된 지반의 간극비를 $e$, 함수비를 $w$, 간극률을 $n$, 비중을 $G_s$라 할 때 다음 중 한계동수경사를 나타내는 식으로 적합한 것은?

① $\dfrac{G_s+1}{1+e}$

② $\dfrac{e-w}{w(1+e)}$

③ $(1+n)(G_s-1)$

④ $\dfrac{G_s(1-w+e)}{(1+G_s)(1+e)}$

**TIP** 한계동수경사 ··· 상향침투에서 유효응력이 0이 될 때의 동수경사이다. 한계동수경사는 $i_c = \dfrac{G_s-1}{1+e}$ 이다. 이를 주어진 문제의 조건대로 풀어쓰면 $\dfrac{e-w}{w(1+e)}$ 이 된다.

**84** 다음 중 투수계수를 좌우하는 요인이 아닌 것은?

① 토립자의 비중

② 토립자의 크기

③ 포화도

④ 간극의 형상과 배열

**TIP** 토립자의 비중은 투수계수와는 무관하다.

**85** 어떤 점토의 압밀계수는 $1.92 \times 10^{-3} \text{cm}^2/\text{sec}$, 압축계수는 $2.86 \times 10^{-2} \text{cm}^2/\text{g}$이었다. 이 점토의 투수계수는? (단, 이 점토의 초기간극비는 0.8이다.)

① $1.05 \times 10^{-5} \text{cm/sec}$

② $2.05 \times 10^{-5} \text{cm/sec}$

③ $3.05 \times 10^{-5} \text{cm/sec}$

④ $4.05 \times 10^{-5} \text{cm/sec}$

**TIP** $K = C_v \cdot m_v \cdot r_w = C_v \cdot \dfrac{a_v}{1+e} \cdot \gamma_w = 1.92 \times 10^{-3} \times \dfrac{2.86 \times 10^{-2}}{1+0.8} \times 1 = 3.05 \times 10^{-5} \text{cm/sec}$

**86** 반무한 지반의 지표상에 무한길이의 선하중 $q_1$, $q_2$가 다음의 그림과 같이 작용할 경우 A점에서의 연직응력의 증가는?

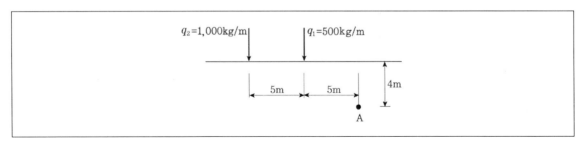

① $3.03\text{kg/m}^2$

② $12.12\text{kg/m}^2$

③ $15.15\text{kg/m}^2$

④ $18.18\text{kg/m}^2$

**O TIP** $\triangle o_Z = \sum \dfrac{2qZ^3}{\pi(x^2+Z^2)^2} = \dfrac{2\cdot500\cdot4^3}{\pi(5^2+4^2)^2} + \dfrac{2\cdot1,000\cdot4^3}{\pi(10^2+4^2)^2} ≒ 15.15[\text{kg/m}^2]$

**87** 크기가 30cm×30cm의 평판을 이용하여 사질토 위에서 평판재하시험을 실시하고 극한지지력 20t/m²을 얻었다. 크기가 1.8m×1.8m인 정사각형기초의 총허용하중은 약 얼마인가? (단, 안전율은 3을 적용한다.)

① 22ton

② 66ton

③ 130ton

④ 150ton

**O TIP** 사질토 지반의 지지력은 재하판의 폭에 비례한다.

즉, $0.3 : 20 = 1.8 : q_u$ 이므로 극한지지력 $q_u = 120\text{t/m}^2$

허용지지력 $q_a = \dfrac{q_u}{F} = \dfrac{120}{3} = 40\text{t/m}^2$

허용하중 $Q_a = q_u \cdot A = 40 \times 1.8 \times 1.8 = 129.6\text{t}$

**88** $\gamma_{sat}$ =2.0t/m³인 사질토가 20°로 경사진 무한사면이 있다. 지하수위가 지표면과 일치하는 경우 이 사면의 안전율이 1 이상이 되기 위해서는 흙의 내부마찰각이 최소 몇 도 이상이어야 하는가?

① 18.21°

② 20.52°

③ 36.06°

④ 45.47°

> **TIP** $F_s = \dfrac{\gamma_{sub}}{\gamma_{sat}} \cdot \dfrac{\tan\phi}{\tan\beta}$ 이며 사면이 안전하기 위해서는
>
> $F_s \geq 1$이 되어야 하므로
>
> $\phi = \tan^{-1}\left(\dfrac{\gamma_{sat}}{\gamma_{sub}} \cdot \tan\beta\right) = \tan^{-1}\left(\dfrac{2.0}{1.0} \cdot \tan 20°\right) = 36.05°$
>
> 즉, 흙의 내부마찰각은 최소 36.05° 이상이 되어야 한다.

**89** 깊은 기초의 지지력 평가에 관한 설명으로 틀린 것은?

① 현장 타설 콘크리트 말뚝기초는 동역학적 방법으로 지지력을 추정한다.

② 말뚝 항타분석기(PDA)는 말뚝의 응력분포, 경시효과 및 해머효율을 파악할 수 있다.

③ 정역학적 지지력 추정방법은 논리적으로 타당하나 강도정수를 추정하는데 한계성을 내포하고 있다.

④ 동역학적 방법은 항타장비, 말뚝과 지반조건이 고려된 방법으로 해머 효율의 측정이 필요하다.

> **TIP** 피어(현장타설 콘크리트 말뚝기초)의 연직지지력은 정역학적 지지력 공식에 의해 지지력을 산정한다.

**90** Terzaghi의 극한지지력 공식에 대한 설명으로 틀린 것은?

① 기초의 형상에 따라 형상계수를 고려하고 있다.

② 지지력 계수 $N_c$, $N_q$, $N_r$는 내부마찰각에 의해 결정된다.

③ 점성토에서의 극한지지력은 기초의 근입깊이가 깊어지면 증가된다.

④ 극한지지력은 기초의 폭에 관계없이 기초 하부의 흙에 의해 결정된다.

> **TIP** 극한지지력은 기초의 폭이 증가하면 지지력도 증가한다.

---

**91** 흙의 다짐시험에서 다짐에너지를 증가시키면 일어나는 결과는?

① 최적함수비는 증가하고, 최대건조 단위중량은 감소한다.
② 최적함수비는 감소하고, 최대건조 단위중량은 증가한다.
③ 최적함수비와 최대건조 단위중량이 모두 감소한다.
④ 최적함수비와 최대건조 단위중량이 모두 증가한다.

**○TIP** 흙의 다짐시험에서 다짐에너지를 증가시키면 최적함수비는 감소하고, 최대건조 단위중량은 증가한다.

**92** 유선망(Flow Net)의 성질에 대한 설명으로 틀린 것은?

① 유선과 등수두선은 직교한다.
② 동수경사($i$)는 등수두선의 폭에 비례한다.
③ 유선망으로 되는 사각형은 이론상 정사각형이다.
④ 인접한 두 유선 사이, 즉 유로를 흐르는 침투수량은 동일하다.

**○TIP** 동수경사는 등수두선의 폭에 반비례한다.

**93** 다음 중 부마찰력이 발생할 수 있는 경우가 아닌 것은?

① 매립된 생활쓰레기 중에 시공된 관측정
② 붕적토에 시공된 말뚝 기초
③ 성토한 연약점토지반에 시공된 말뚝기초
④ 다짐된 사질지반에 시공된 말뚝기초

**○TIP** 부마찰력은 말뚝 주변의 지반이 압밀에 의한 침하 시 발생하게 되는데, 다짐된 사질지반에서는 압밀현상이 발생하지 않으므로 부마찰력이 발생하지 않는다.

**94** 아래 그림에서 토압계수 $K=0.5$일 때의 응력경로는 어느 것인가?

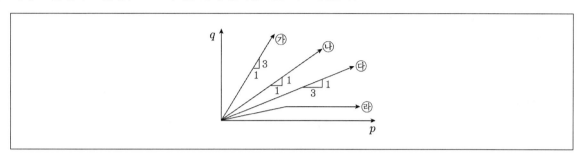

① 가

② 나

③ 다

④ 라

🔘**TIP**　• 토압계수가 $K=0.5$인 경우 "다"의 경로를 따르게 된다.
　　• 응력경로는 시료가 받는 응력의 변화과정을 응력공간에 궤적으로 나타낸 것이다.
　　• 응력경로는 모어원의 응력원에서 전단응력이 최대인 점을 연결하여 구해진다.
　　• 시료가 받는 응력상태에 대해 응력경로를 나타내면 직선 또는 곡선으로 나타내어진다.
　　• 응력경로는 전응력경로(TSP)와 유효응력경로(ESP)가 있다.
　　• 기울기 $\beta = \dfrac{q}{p} = \dfrac{1-K}{1+K} = \dfrac{1-0.5}{1+0.5} = \dfrac{1}{3}$

**95** 그림과 같은 지반에서 하중으로 인하여 수직응력($\triangle\sigma_1$)이 $1.0\text{kg/cm}^2$ 증가되고, 수평응력($\triangle\sigma_3$)이 $0.5\text{kg/cm}^2$ 증가되었다면 간극수압은 얼마나 증가되었는가? (단, 간극수압계수 $A=0.50$이고 $B=1.00$이다.)

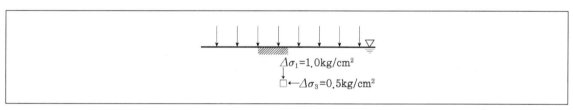

① $0.50\text{kg/cm}^2$

② $0.75\text{kg/cm}^2$

③ $1.00\text{kg/cm}^2$

④ $1.25\text{kg/cm}^2$

🔘**TIP**　$\triangle u = B[\triangle\sigma_3 + A(\triangle\sigma_1 - \triangle\sigma_3)]$
　　　　$= 1 \times \{0.5 + 0.5(1-0.5)\}$
　　　　$= 0.75\text{kg/cm}^2$

**96** 4.75mm체(4번체)의 통과율이 90%이고, 0.075mm체(200번체) 통과율이 4%, $D_{10}=0.25$mm, $D_{30}=0.6$mm, $D_{60}=2$mm인 흙을 통일분류법으로 분류하면?

① GW

② GP

③ SW

④ SP

**○TIP** 균등계수 $C_u = \dfrac{D_{60}}{D_{10}} = \dfrac{2}{0.25} = 8$

곡률계수 $C_g = \dfrac{D_{30}^2}{D_{10} \cdot D_{60}} = \dfrac{0.6^2}{0.25 \cdot 2} = \dfrac{0.36}{0.50} = 0.72$

곡률계수가 1 미만이므로 빈입도($P$)가 된다.

4.75mm체(4번체)의 통과율이 50% 이상이므로 모래이다. 따라서 입도분포가 나쁜 모래(SP)가 된다.

※ 양입도 판정기준

| 구분 | 균등계수 | 곡률계수 |
|---|---|---|
| 흙 | 10 초과 | 1~3 |
| 모래 | 6 초과 | 1~3 |
| 자갈 | 4 초과 | 1~3 |

**97** 아래 그림과 같은 폭($B$) 1.2m, 길이($L$) 1.5m인 사각형 얕은 기초에 폭($B$) 방향에 대한 편심이 작용하는 경우 지반에 작용하는 최대압축응력은?

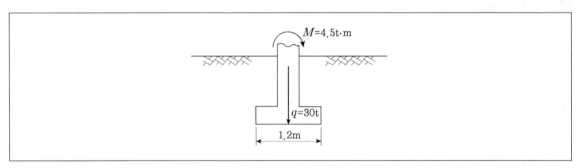

① $29.2$t/m$^2$

② $38.5$t/m$^2$

③ $39.7$t/m$^2$

④ $41.5$t/m$^2$

**○TIP** $I = \dfrac{hb^3}{12} = \dfrac{1.5 \times 1.2^3}{12} = 0.216$

$\sigma_{\max} = \dfrac{P}{A} + \dfrac{M}{I}y = \dfrac{30}{1.2 \times 1.5} + \dfrac{4.5}{I}y = \dfrac{30}{1.5 \times 1.2} + \dfrac{4.5}{0.216} \cdot 0.6 = 29.2$t/m$^2$

**98** 표준관입시험에서 N치가 20으로 측정되는 모래지반에 대한 설명으로 옳은 것은?

① 내부마찰각이 약 $30°\sim40°$ 정도인 모래이다.
② 유효상재 하중이 $20t/m^2$인 모래이다.
③ 간극비가 1.2인 모래이다.
④ 매우 느슨한 상태이다.

**OTIP** N치란 63.5kg의 해머를 76cm 높이에서 자유낙하시켜 로드선단 샘플러를 지반에 30cm 박아넣는데 필요한 타격회수이다.
사질토에서 N치가 20이면 흙의 상태는 중간정도로 볼 수 있다.
N치만으로 유효상재하중, 간극비를 추정할 수는 없다.

㉠ 사질토에서의 N값(상대밀도, 내부마찰각, 감가기준)

| N값 | 흙의 상태 | 상대밀도 | 내부마찰각 | 현장 관찰 |
|---|---|---|---|---|
| $0\sim4$ | 대단히 느슨 | $<0.2$ | $<30°$ | D13철근이 손으로 쉽게 관입 |
| $4\sim10$ | 느슨 | $0.2\sim0.4$ | $30°\sim35°$ | 삽으로 굴착 가능 |
| $10\sim30$ | 중간 | $0.4\sim0.6$ | $35°\sim40°$ | D13철근이 5파운드(≒2.27kg) 해머로 쉽게 관입 |
| $30\sim50$ | 조밀 | $0.6\sim0.8$ | $40°\sim45°$ | D13철근이 5파운드(≒2.27kg) 해머로 쳐서 300mm 정도 타입 |
| $50<$ | 대단히 조밀 | $0.8<$ | $45°<$ | D13철근이 5파운드(≒2.27kg) 해머로 쳐서 50~60mm 정도 관입 굴착시 곡괭이가 필요하며 타입시 금속음 발생 |

㉡ 점성토에서의 N값(Consistency, 전단강도, 일축압축강도, 감가기준)

| N값 | 흙의 상태 | 전단강도 $(kN/m^2)$ | 일축압축강도 $(kN/m^2)$ | 현장 관찰 |
|---|---|---|---|---|
| $<2$ | 대단히 무름 | $<1.4$ | $<2.5$ | 주먹이 10mm 정도 쉽게 관입 |
| $2\sim4$ | 무름 | $1.4\sim2.5$ | $2.5\sim5$ | 엄지손가락이 10mm 정도 쉽게 관입 |
| $4\sim8$ | 중단 | $2.5\sim5$ | $5\sim10$ | 노력하면 엄지손가락이 10mm 정도 관입 |
| $8\sim15$ | 단단 | $5\sim10$ | $10\sim20$ | 손가락으로 관입 곤란 |
| $15\sim30$ | 대단히 단단 | $10\sim20$ | $20\sim40$ | 손톱으로 자국이 남 |
| $30<$ | 딱딱 | $20<$ | $40<$ | 손톱으로 자국을 내기가 어려움 |

※ N치로 추정할 수 있는 사항
  ㉠ 사질토 : 상대밀도와 내부마찰각, 기초지반의 탄성침하 및 허용지지력, 액상화 가능성 파악
  ㉡ 점성토 : 일축압축강도와 비배수점착력, 기초지반의 허용지지력, 연경도

**99** 흙 시료의 전단파괴면을 미리 정해놓고 흙의 강도를 구하는 시험은?

① 직접전단시험　　　　　　　　　　　　② 평판재하시험

③ 일축압축시험　　　　　　　　　　　　④ 삼축압축시험

○**TIP** ① 직접전단시험: 흙 시료의 전단파괴면을 미리 정해놓고 흙의 강도를 구하는 시험으로서 흙 시료의 전단강도를 측정하는 실내실험이다. 시공 중 즉각적인 함수비의 변화가 없고 체적의 변화가 없는 경우 점토의 초기안정해석(단기안정해석)에 적용한다.

② 평판재하시험: 구조물을 설치하는 지반에 재하판을 통해서 하중을 가한 후 하중−침하량의 관계에서 지반의 지지력을 구하는 원위치시험이다.

③ 일축압축시험: 토질역학에서 점토의 비배수 전단강도를 측정하는 시험방법의 일종으로서 글자 그대로 시료를 한 축 방향으로만 압축을 가하는 시험이다.

④ 삼축압축시험: 측압에 대한 파괴시의 최대주응력을 측정하고 측압을 증가시켜 가면서 그 때마다 최대주응력을 모아 응력원에 작성하고 파포락선을 그려 강도정수를 구하는 시험이다. 비압밀비배수, 압밀비배수, 압밀배수시험으로 분류되며 강도정수를 구하는데 가장 유용하게 사용되는 신뢰성 높은 시험이다.

**100** 다음 그림과 같이 옹벽 배면의 지표면에 등분포하중이 작용할 때 옹벽에 작용하는 전체 주동토압의 합력 ($P_a$)과 옹벽 저면으로부터 합력의 작용점까지의 높이($h$)는?

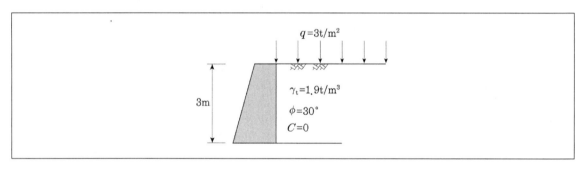

① $P_a = 2.85\,\mathrm{t/m}$, $h = 1.26\mathrm{m}$　　　　② $P_a = 2.85\,\mathrm{t/m}$, $h = 1.38\mathrm{m}$

③ $P_a = 5.85\,\mathrm{t/m}$, $h = 1.26\mathrm{m}$　　　　④ $P_a = 5.85\,\mathrm{t/m}$, $h = 1.38\mathrm{m}$

○**TIP** $P_a = qHK_a + \dfrac{1}{2}\gamma H^2 K_a$ 이며 $K_a = \tan^2\left(45° - \dfrac{30°}{2}\right) = \dfrac{1}{3}$

$P_a = 3 \cdot 3 \cdot \dfrac{1}{3} + \dfrac{1}{2} \cdot 1.9 \cdot 3^2 \cdot \dfrac{1}{3} = 5.85[\mathrm{t/m}]$

$h = \dfrac{H}{3} \cdot \dfrac{3q + \gamma H}{2q + \gamma H} = \dfrac{3}{3} \cdot \dfrac{3 \cdot 3 + 1.9 \cdot 3}{2 \cdot 3 + 1.9 \cdot 3} = 1.26[\mathrm{m}]$

**101** 일반적인 상수도 계통도를 바르게 나열한 것은?

① 수원 및 저수시설→취수→배수→송수→정수→도수→급수
② 수원 및 저수시설→취수→도수→정수→급수→배수→송수
③ 수원 및 저수시설→취수→도수→정수→송수→배수→급수
④ 수원 및 저수시설→취수→배수→정수→급수→도수→송수

○**TIP** 상수도 계통도 … 수원 및 저수시설→취수→도수→정수→송수→배수→급수

**102** 하수도의 목적에 관한 설명으로 가장 거리가 먼 것은?

① 하수도는 도시의 건전한 발전을 도모하기 위한 필수시설이다.
② 하수도는 공중위생의 향상에 기여한다.
③ 하수도는 공공용 수역의 수질을 보전함으로써 국민의 건강보호에 기여한다.
④ 하수도는 경제발전과 산업기반의 정비를 위하여 건설된 시설이다.

○**TIP** 하수도의 설치 목적
　㉠ 도시의 오수 및 우수를 배제, 쾌적한 생활환경 개선의 도모
　㉡ 오수와 탁수의 처리
　㉢ 하천의 수질오염으로부터의 보호
　㉣ 우수의 신속한 배제로 침수에 의한 재해의 방지
　※ 하수도의 효과
　　㉠ 하천의 수질보전
　　㉡ 공중보건위생상의 효과
　　㉢ 도시환경의 개선
　　㉣ 토지이용의 증대(지하수위저하로 지반상태가 양호한 토지로 개량)
　　㉤ 도로 및 하천의 유지비 감소
　　㉥ 우수에 의한 하천범람의 방지
(이 문제는 정답이 논란의 여지가 있다. 하수도 역시 경제발전과 산업기반의 정비를 위해서 필요하며, 이를 목적으로 건설된 시설로 볼 수 있는 여지가 있다. (하수처리가 제대로 되지 않으면 산업발전에도 막대한 지장을 줄 수 있기 때문이다.)

- - -
| ANSWER | 99.① 100.③ 101.③ 102.④ |

**103** 고도처리를 도입하는 이유와 거리가 먼 것은?

① 잔류 용존유기물의 제거　　　　　　② 잔류염소의 제거
③ 질소의 제거　　　　　　　　　　　④ 인의 제거

○**TIP** 고도처리는 하수처리의 방법 중 3차 처리법으로서 2차 처리(생물, 화학적 처리)를 거친 하수를 다시 고도의 수질로 하기 위하여 행하는 처리법의 총칭으로 제거해야 할 물질의 종류에 따라 각기 다른 방법이 적용되며, 제거해야 할 물질에는 질소나 인, 미분해된 유기 및 무기물, 중금속, 바이러스 등이 있다. (잔류염소의 제거는 전혀 해당되지 않는다. 또한 염소는 오히려 살균작용을 한다.)

**104** 어느 도시의 인구가 200,000명, 상수보급률이 80%일 때 1인 1일 평균급수량이 380L/인·일이라면 연간 상수 수요량은?

① $11.096 \times 10^6 \text{m}^3/년$　　　　　　② $13.874 \times 10^6 \text{m}^3/년$
③ $22.192 \times 10^6 \text{m}^3/년$　　　　　　④ $27.742 \times 10^6 \text{m}^3/년$

○**TIP** 급수인구는 총 인구와 급수보급률의 곱이다.
$(200,000 \cdot 0.8) \cdot 380 \cdot 365 = 22.192 \times 10^6 [\text{m}^3/년]$

**105** 계획시간 최대배수량 $q = K \cdot \dfrac{Q}{24}$ 에 대한 설명으로 틀린 것은?

① 계획시간 최대배수량은 그 배수구역 내의 계획급수인구가 그 시간대에 최대량의 물을 사용한다고 가정하여 결정한다.
② $Q$는 계획 1일 평균급수량으로 단위는 $[\text{m}^3/\text{day}]$이다.
③ $K$는 시간계수로 주야간의 인구변동, 공장, 사업소 등에 의한 사용형태, 관광지 등의 계절적 인구이동에 의해 변한다.
④ 시간계수 $K$는 1일 최대급수량이 클수록 작아지는 경향이 있다.

○**TIP** $Q$는 계획 1일 최대급수량으로 단위는 $[\text{m}^3/\text{day}]$이다.

**106** 호기성 소화의 특징을 설명한 것으로 옳지 않은 것은?

① 처리된 소화 슬러지에서 악취가 나지 않는다.
② 상징수의 BOD 농도가 높다.
③ 폭기를 위한 동력 때문에 유지관리비가 많이 든다.
④ 수온이 낮을 때는 처리효율이 낮아진다.

**O TIP** 호기성 소화의 특징
• 처리된 소화 슬러지에서 악취가 나지 않는다.
• 상징수의 BOD 농도가 낮다.
• 폭기를 위한 동력 때문에 유지관리비가 많이 든다.
• 수온이 낮을 때에는 처리효율이 떨어진다.

**107** 정수장으로부터 배수지까지 정수를 수송하는 시설은?

① 도수시설
② 송수시설
③ 정수시설
④ 배수시설

**O TIP** 송수시설… 정수장으로부터 배수지까지 정수를 수송하는 시설

**108** 합류식 하수도에 대한 설명으로 옳지 않은 것은?

① 청천시에는 수위가 낮고 유속이 적어 오물이 침전하기 쉽다.
② 우천시에 처리장으로 다량의 토사가 유입되어 침전지에 퇴적된다.
③ 소규모 강우시 강우 초기에 도로나 관로 내에 퇴적된 오염물이 그대로 강으로 합류할 수 있다.
④ 단일관로로 오수와 우수를 배제하기 때문에 침수 피해의 다발 지역이나 우수배제시설이 정비되지 않은 지역에서는 유리한 방식이다.

**O TIP** 소규모 강우시 강우 초기에 도로나 관로 내에 퇴적된 오염물이 그대로 강으로 합류할 수 있는 것은 분류식 하수도이다.

ANSWER  103.② 104.③ 105.② 106.② 107.② 108.③

**109** Jar-Test는 직접 응집제의 주입량과 적정 pH를 결정하기 위한 시험이다. Jar-Test 시 응집제를 주입한 후 급속교반 후 완속교반을 하는 이유는?

① 응집제를 용해시키기 위해서

② 응집제를 고르게 섞기 위해서

③ 플록이 고르게 퍼지게 하기 위해서

④ 플록을 깨뜨리지 않고 성장시키기 위해서

**○TIP** Jar-Test는 직접 응집제의 주입량과 적정 pH를 결정하기 위한 시험이다. Jar-Test 시 응집제를 주입한 후 급속교반 후 완속교반을 하는 이유는 플록을 깨뜨리지 않고 성장시키기 위해서이다.

**110** 정수지에 대한 설명으로 틀린 것은?

① 정수지란 정수를 저류하는 탱크로 정수시설로는 최종단계의 시설이다.

② 정수지 상부는 반드시 복개해야 한다.

③ 정수지의 유효수심은 3 ~ 6m를 표준으로 한다.

④ 정수지의 바닥은 저수위보다 1m 이상 낮게 해야 한다.

**○TIP** 정수지의 바닥은 저수위보다 15cm 이상 낮게 해야 한다.

**111** 상수시설 중 가장 일반적인 장방형 침사지의 표면부하율의 표준으로 옳은 것은?

① 50 ~ 150mm/min

② 200 ~ 500mm/min

③ 700 ~ 1,000mm/min

④ 1,000 ~ 1,250mm/min

**○TIP** • 표면부하율은 정수장 침전지에서 침전효율을 나타내는 기본지표이다. 가장 일반적인 장방형 침사지의 표면부하율의 표준은 200 ~ 500mm/min 정도이다.

• 표면부하율은 $\dfrac{Q}{A} = \dfrac{Q}{V/H}$ 이다.

• 유량이 클수록 표면부하율이 증가하게 된다.

• 수심이 증가할수록 표면부하율은 증가하게 된다.

• 표면적이 클수록 표면부하율은 감소한다.

• 표면부하율은 속도차원을 갖는다.

**112** 펌프의 회전수 $N=3,000$[rpm], 양수량 $Q=1.7\text{m}^3/\text{min}$, 전양정 $H=300$[m]인 6단 원심펌프의 비교회전도 $N_s$는?

① 약 100회                              ② 약 150회

③ 약 170회                              ④ 약 210회

**◉TIP** 1단 양정고 $H=\dfrac{300}{6}=50$[m]

비교회전도 $N_s=N\cdot\dfrac{Q^{1/2}}{H^{3/4}}=3,000\cdot\dfrac{1.7^{1/2}}{50^{3/4}}=208 ≒ 210$회

**113** 주요 관로별 계획하수량으로서 틀린 것은?

① 우수관로 : 계획우수량 + 계획오수량
② 합류식관로 : 계획시간 최대오수량 + 계획우수량
③ 차집관로 : 우천시 계획오수량
④ 오수관로 : 계획시간 최대오수량

**◉TIP** 우수관로의 계획하수량은 계획우수량을 기준으로 한다.

**114** 계획하수량을 수용하기 위한 관로의 단면과 경사를 결정함에 있어 고려해야 할 사항으로 틀린 것은?

① 우수관로는 계획우수량에 대해 유속을 최소 0.8m/s, 최대 3.0m/s로 한다.
② 오수관로의 최소관경은 200mm를 표준으로 한다.
③ 관로의 단면은 수리적 특성을 고려하여 선정하되 원형 또는 직사각형을 표준으로 한다.
④ 관로경사는 하류로 갈수록 점차 급해지도록 한다.

**◉TIP** 관로경사는 하류로 갈수록 점차 완만해지도록 한다.

**115** 계획급수인구가 5,000명, 1인 1일 최대급수량을 150L/(인·day), 여과속도는 150m/day로 하면 필요한 급속여과지의 면적은?

① 5.0m$^2$

② 10.0m$^2$

③ 15.0m$^2$

④ 20.0m$^2$

**○TIP** $Q = AV$이므로

$$A = \frac{Q}{V} = \frac{5,000 \cdot \dfrac{150\text{L}}{\text{인} \cdot \text{day}}}{\dfrac{150\text{m}}{\text{day}}} = \frac{5,000\text{L}}{\text{m}} = \frac{5\text{m}^3}{\text{m}} = 5\text{m}^2$$

**116** 지름 15cm, 길이 50m인 주철관으로 유량 0.03m$^3$/s의 물을 50m 양수하려고 한다. 양수시 발생되는 총 손실수두가 5m이었다면 이 펌프의 소요축동력(kW)은? (단, 여유율은 0이며 펌프의 효율은 80%이다.)

① 20.2kW

② 30.5kW

③ 33.5kW

④ 37.2kW

**○TIP** 펌프의 축동력

축동력 결정 시 수두는 전수두를 사용해야 한다.

$$\frac{9.8 \cdot Q \cdot H_t}{\eta} w = \frac{9.8 \cdot 0.03 \cdot (50 + 5)}{0.8} = 20.2\text{kW}$$

**117** 하수처리시설의 펌프장시설의 중력식 침사지에 관한 설명으로 틀린 것은?

① 체류시간은 30 ~ 60초를 표준으로 해야 한다.

② 모래퇴적부의 깊이는 최소 50cm 이상이어야 한다.

③ 침사지의 평균유속은 0.3m/s를 표준으로 한다.

④ 침사지 형상은 정방형 또는 장방형 등으로 하고 지수는 2지 이상을 원칙으로 한다.

**○TIP** 중력식 침사지의 모래퇴적부의 깊이는 최소 30cm 이상, 수심의 10~30%로 한다.

**118** 배수관망의 구성방식 중 격자식과 비교한 수지상식의 설명으로 틀린 것은?

① 수리계산이 간단하다.
② 사고 시 단수구간이 크다.
③ 제수밸브를 많이 설치해야 한다.
④ 관의 말단부에 물이 정체되기 쉽다.

**○TIP** 수지상식은 격자식에 비해 제수밸브를 적게 설치해도 되는 장점이 있다.

| 구분 | 장점 | 단점 |
|---|---|---|
| 격자식 | • 물이 정체되지 않음<br>• 수압의 유지가 용이함<br>• 단수 시 대상지역이 좁아짐<br>• 화재 시 사용량 변화에 대처가 용이함 | • 관망의 수리계산이 복잡함<br>• 건설비가 많이 소요됨<br>• 관의 수선비가 많이 듦<br>• 시공이 어려움 |
| 수지상식 | • 수리계산이 간단하며 정확함<br>• 제수밸브가 적게 설치됨<br>• 시공이 용이함 | • 수량의 상호보충이 불가능함<br>• 관 말단에 물이 정체되어 냄새, 맛, 적수의 원인이 됨<br>• 사고 시 단수구간이 넓음 |

**119** 하수도시설의 일차침전지에 대한 설명으로 옳지 않은 것은?

① 침전지의 형상은 원형, 직사각형 또는 정사각형으로 한다.
② 직사각형 침전지의 폭과 길이의 비는 1 : 3 이상으로 한다.
③ 유효수심은 2.5 ~ 4m를 표준으로 한다.
④ 침전시간은 계획 1일 최대오수량에 대해 일반적으로 12시간 정도로 한다.

**○TIP** 하수도시설의 1차 침전지에서 침전시간은 계획 1일 최대오수량에 대하여 일반적으로 2 ~ 4시간 정도로 한다.

**120** 다음 중 하수처리계획 및 재이용계획을 위한 계획오수량에 대한 설명으로 옳은 것은?

① 계획 1일 최대오수량은 계획시간 최대오수량을 1일의 수량으로 환산하여 1.3 ~ 1.8배를 표준으로 한다.
② 합류식에서 우천 시 계획오수량은 원칙적으로 계획 1일 평균오수량의 3배 이상으로 한다.
③ 계획 1일 평균오수량은 계획 1일 최대오수량의 70 ~ 80%를 표준으로 한다.
④ 지하수량은 계획 1일 평균오수량의 10 ~ 20%로 한다.

**○TIP** 합류식에서 우천시 계획오수량은 원칙적으로 계획시간 최대오수량의 3배 이상으로 한다.

제1과목 **응용역학**

**1** 지름이 $d$인 원형단면의 단주에서 핵(core)의 지름은?

① $d/2$　　　　　　　　　　　　　② $d/3$

③ $d/4$　　　　　　　　　　　　　④ $d/8$

🅞**TIP** 지름이 $d$인 원형단면의 단주에서 핵의 지름은 $d/8$이다.

**2** 다음과 같은 보의 A점의 수직반력 $V_A$는?

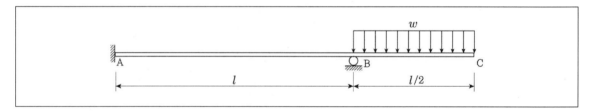

① $\dfrac{3}{8}wl(\downarrow)$　　　　　　　　　② $\dfrac{1}{4}wl(\downarrow)$

③ $\dfrac{3}{16}wl(\downarrow)$　　　　　　　　　④ $\dfrac{3}{32}wl(\downarrow)$

🅞**TIP** B점에 발생하는 휨모멘트는 $\dfrac{l}{2}\cdot w\cdot\dfrac{l}{4}=\dfrac{wl^2}{8}$

A점에는 B점에서 발생하는 모멘트의 절반이 전달되므로 A점의 휨모멘트는 $\dfrac{wl^2}{16}$

$\sum M_B=0$

$=-V_A\cdot l+\dfrac{wl^2}{16}+\dfrac{wl^2}{8}=0$　　$\therefore V_A=\dfrac{3}{16}wl(\downarrow)$

**3** 다음과 같은 부재에서 길이의 변화량($\delta$)은 얼마인가? (단, 보는 균일하며 단면적 $A$와 탄성계수 $E$는 일정하다.)

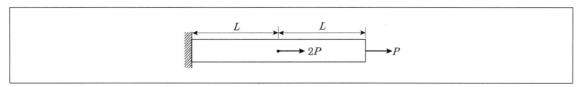

① $\dfrac{4PL}{EA}$

② $\dfrac{3PL}{EA}$

③ $\dfrac{1.5PL}{EA}$

④ $\dfrac{PL}{EA}$

O**TIP** $\delta_{total} = \dfrac{3PL}{AE} + \dfrac{PL}{AE} = \dfrac{4PL}{AE}$

**4** 무게 1kg의 물체를 두 끈으로 늘어뜨렸을 때 한 끈이 받는 힘의 크기 순서로 옳은 것은?

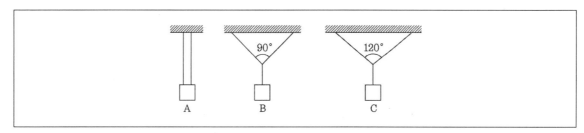

① B > A > C

② C > A > B

③ A > B > C

④ C > B > A

O**TIP** A의 경우 $2F = 1$이므로 $F = \dfrac{1}{2}$kg

B의 경우 $2F\cos 45° = 1$이므로 $F = \dfrac{\sqrt{2}}{2}$kg

C의 경우 $2F\cos 60° = 1$이므로 $F = 1$kg

**5** 정삼각형 도심($G$)을 지나는 여러 축에 대한 단면 2차 모멘트의 값에 대한 다음 설명 중 옳은 것은?

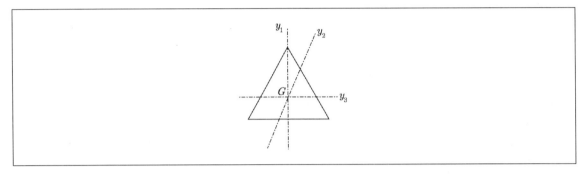

① $I_{y1} > I_{y2}$

② $I_{y2} > I_{y1}$

③ $I_{y3} > I_{y2}$

④ $I_{y1} = I_{y2} = I_{y3}$

**O TIP** 정삼각형의 경우, 도심을 지나는 모든 축에 대한 단면 2차 모멘트는 동일하다.

**6** 다음과 같은 부정정보에서 A점의 처짐각 $\theta_A$는? (단, 보의 휨강성은 $EI$이다)

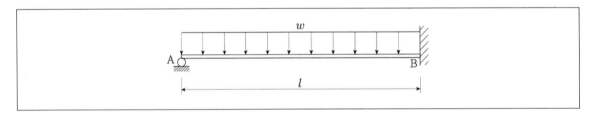

① $\dfrac{1}{12}\dfrac{wl^3}{EI}$

② $\dfrac{1}{24}\dfrac{wl^3}{EI}$

③ $\dfrac{1}{36}\dfrac{wl^3}{EI}$

④ $\dfrac{1}{48}\dfrac{wl^3}{EI}$

**O TIP** $M_{ab} = 2EK_{AB}(2\theta_A + \theta_B - 3R) + FEM$

$\theta_B = 0$, $R = 0$, $FEM = -\dfrac{wl^2}{12}$

$K = \dfrac{EI}{l}$ 이므로, $\dfrac{4EI\theta_A}{l} = \dfrac{wl^2}{12}$ 이므로, $\theta_A = \dfrac{wl^3}{48EI}$

**7** 그림과 같은 직사각형 단면의 단주에 편심 축하중 $P$가 작용할 때 모서리 A점의 응력은?

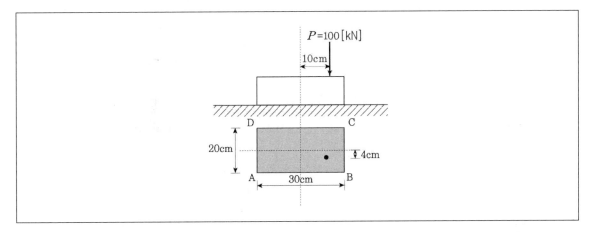

① 0.334[MPa]

② 0.386[MPa]

③ 0.412[MPa]

④ 0.516[MPa]

**●TIP**

$$\sigma_A = \frac{P}{A} + \frac{P \cdot \epsilon_x}{I_y} x_A + \frac{P \cdot \epsilon_y}{I_x} y_A$$

$P = 100\text{kN} = 100 \times 10^3 \text{N}$

$A = 30 \times 20 = 600 \text{cm}^2$

$I_y = \dfrac{20 \times 30^3}{12} = 45,000 \text{cm}^4$

$I_x = \dfrac{30 \times 20^3}{12} = 20,000 \text{cm}^4$

$\epsilon_y = -4\text{cm}, \ \epsilon_x = 10\text{cm}$

$\sigma_A = \dfrac{100 \times 10^3}{600} + \dfrac{100 \times 10^3 \times 10}{45,000} \times (-15) + \dfrac{100 \times 10^3 \times (-4)}{20,000} \times (-10)$

$\quad = \dfrac{500}{3} - \dfrac{1,000}{3} + 200 = 33.3\text{N/cm}^2 = 0.33\text{MPa}$

**8** 다음 그림과 같은 단순보의 단면에서 발생하는 최대전단응력의 크기는?

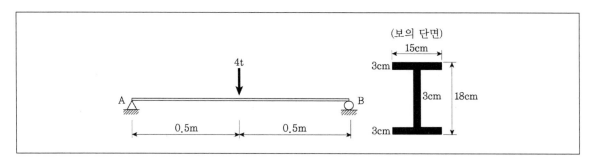

① $27.3\text{kg/cm}^2$

② $35.2\text{kg/cm}^2$

③ $46.9\text{kg/cm}^2$

④ $54.2\text{kg/cm}^2$

**◯ TIP**

$$I_X = \frac{(15 \cdot 18^3 - 12 \cdot 12^3)}{12} = 5562\,[cm^2]$$

$$G = 15 \cdot 3 \cdot 7.5 + 3 \cdot 6 \cdot 3 = 391.5\,[cm^3]$$

$$\tau_{\max} = \frac{V \cdot G_X}{I_X \cdot b} = \frac{2000 \cdot 391.5}{5562 \cdot 3} = 46.92\,[kg/cm^2]$$

**9** 구조해석의 기본원리인 겹침의 원리(principle of superposition)을 설명한 것으로 틀린 것은?

① 탄성한도 이하의 외력이 작용할 때 성립한다.

② 외력과 변형이 비선형관계가 있을 때 성립한다.

③ 여러 종류의 하중이 실린 경우 이 원리를 이용하면 편리하다.

④ 부정정 구조물에서도 성립한다.

**◯ TIP** 외력과 변형이 선형관계에 있을 때 겹침의 원리가 성립할 수 있다.

**10** 다음과 같은 트러스의 부재 EF의 부재력은?

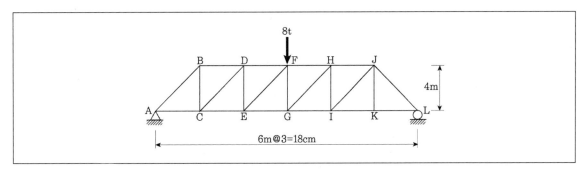

① 3ton(인장)  ② 3ton(압축)

③ 4ton(압축)  ④ 5ton(압축)

**○TIP** 절단법으로 해석해야 하는 전형적 문제이다.

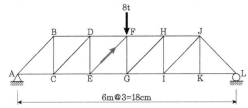

EF의 부재력을 구하는 문제이므로 이 부재를 지나는 절단선을 그은 후, F점에서 부재력의 평형이 이루어져야 하는 조건으로 문제를 풀 수 있다.

각 지점의 반력은 4t(↑)이 되며, F점을 중심으로 보면 연직력의 합이 0이 되어야 하므로,

$4 + F_{EF} \cdot \dfrac{4}{5} = 0$이므로 $F_{EF} = -5[t]$가 된다.

**11** 다음 그림과 같은 캔틸레버보에서 휨모멘트에 의한 탄성변형에너지는? (단, $EI$는 일정)

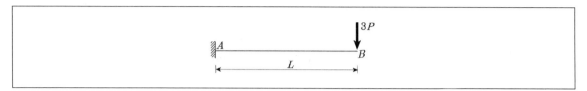

① $\dfrac{2P^2L^3}{3EI}$

② $\dfrac{3P^2L^3}{2EI}$

③ $\dfrac{2P^2L^3}{9EI}$

④ $\dfrac{9P^2L^3}{2EI}$

◉ TIP

$M_x = -3P \cdot x$

$$U = \int \frac{M_x^2}{2EI}dx = \frac{1}{2EI}\int_0^L (-3P \cdot x)^2 dx = \frac{9P^2}{2EI}\left[\frac{1}{3}x^3\right]_0^L = \frac{9P^2L^3}{6EI} = \frac{3P^2L^3}{2EI}$$

**12** 체적탄성계수 $K$를 탄성계수 $E$와 프와송비 $\nu$로 바르게 표시한 것은?

① $K = \dfrac{E}{3(1-2\nu)}$

② $K = \dfrac{E}{2(1-3\nu)}$

③ $K = \dfrac{2E}{3(1-2\nu)}$

④ $K = \dfrac{3E}{2(1-3\nu)}$

◉ TIP  체적탄성계수 $K$를 탄성계수 $E$와 프와송비 $\nu$로 바르게 표시하면 $K = \dfrac{E}{3(1-2\nu)}$ 가 된다.

**13** 그림과 같은 3힌지 아치의 중간 힌지에 수평하중 $P$가 작용할 때 A지점의 수직 반력과 수평 반력은? (단, A지점의 반력은 그림과 같은 방향을 정(+)으로 한다.)

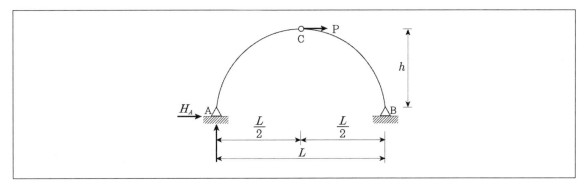

① $V_A = \dfrac{Ph}{L}$, $H_A = \dfrac{P}{2}$

② $V_A = \dfrac{Ph}{L}$, $H_A = -\dfrac{P}{2h}$

③ $V_A = -\dfrac{Ph}{L}$, $H_A = \dfrac{P}{2h}$

④ $V_A = -\dfrac{Ph}{L}$, $H_A = -\dfrac{P}{2}$

**◯TIP** $\sum M_B = 0 : V_A \cdot L + P \cdot \dfrac{L}{2} = 0$이므로, $V_A = -\dfrac{Ph}{L}$

$\sum M_{C,L} = 0 : -H_A \cdot h - \dfrac{Ph}{L} \cdot \dfrac{L}{2} = 0 : H_A = -\dfrac{P}{2}$

A점의 수직 반력은 하향, 수평 반력은 좌향이다.

**14** 단면이 원형(반지름 $R$)인 보에 휨모멘트 $M$이 작용할 때 이 보에 작용하는 최대휨응력은?

① $\dfrac{4M}{\pi R^3}$                 ② $\dfrac{12M}{\pi R^3}$

③ $\dfrac{16M}{\pi R^3}$               ④ $\dfrac{32M}{\pi R^3}$

**◯TIP** $\sigma_{max} = \dfrac{M}{Z} = \dfrac{M}{\dfrac{\pi D^3}{32}} = \dfrac{32M}{\pi D^3} = \dfrac{32M}{\pi (2R)^3} = \dfrac{4M}{\pi R^3}$

**15** 다음 그림과 같이 게르버보에 연행하중이 이동할 때 지점 B에서 최대휨모멘트는?

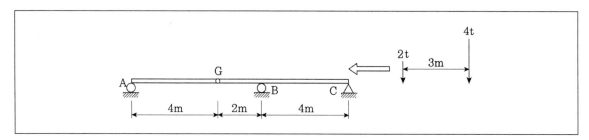

① $-9\text{t} \cdot \text{m}$

② $-11\text{t} \cdot \text{m}$

③ $-13\text{t} \cdot \text{m}$

④ $-15\text{t} \cdot \text{m}$

**TIP** 연행하중 중 큰 쪽의 하중이 내부힌지에 위치해 있을 때 지점 B에서 최대휨모멘트가 발생하게 된다.

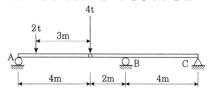

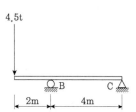

$$\sum M_A = 0:$$
$$R_G \times 4 - 2 \times 1 - 4 \times 4 = 0$$
$$R_G = 4.5\text{t}$$
$$M_B = R_G{'} \cdot l = -4.5\text{t} \times 2 = -9\text{t} \cdot \text{m}$$

**16** 다음 구조물에서 최대처짐이 일어나는 위치까지의 거리 $X_m$를 구하면?

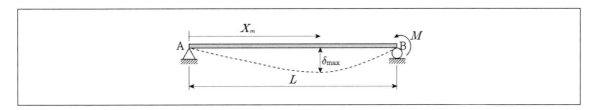

① $\dfrac{L}{2}$

② $\dfrac{2L}{3}$

③ $\dfrac{L}{\sqrt{3}}$

④ $\dfrac{2L}{\sqrt{3}}$

**◎TIP** 주어진 단순보의 경우, 최대처짐이 일어나는 위치는 A점으로부터 $x_{\delta\,max} = \dfrac{l}{\sqrt{3}}$ 만큼 떨어진 곳이다.

(공액보법으로 구할 수 있으나 시간이 많이 소요되므로 암기하도록 한다.)

**17** 다음 그림(b)는 그림(a)와 같은 게르버보에 대한 영향선이다. 다음 설명 중 옳은 것은?

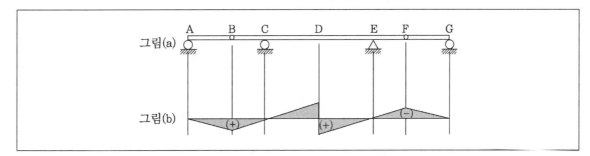

① 힌지점 B의 전단력에 대한 영향선이다.

② D점의 전단력에 대한 영향선이다.

③ D점의 휨모멘트에 대한 영향선이다.

④ C지점의 반력에 대한 영향선이다.

**◎TIP** D지점의 전단력이 0이며 방향이 변하는 것으로 직관적으로 그림(b)는 D점의 전단력에 대한 영향선임을 알 수 있다.

**18** 다음 T형 단면에서 $X$축에 대한 단면 2차 모멘트의 값은?

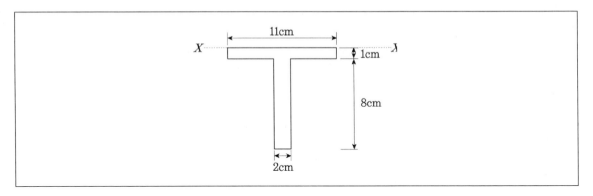

① $413\text{cm}^4$                 ② $446\text{cm}^4$

③ $489\text{cm}^4$                 ④ $513\text{cm}^4$

**OTIP**
$$I_{X-X} = \frac{11 \cdot 1^3}{12} + (11 \cdot 1) \cdot 0.5^2 + \frac{2 \cdot 8^3}{12} + (2 \cdot 8) \cdot 5^2 = 489[\text{cm}^4]$$

**19** 다음 그림과 같이 세 개의 평행력이 작용할 때 합력 $R$의 위치 $x$는?

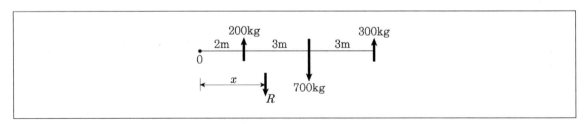

① $3.0\text{m}$                 ② $3.5\text{m}$

③ $4.0\text{m}$                 ④ $4.5\text{m}$

**OTIP** 합력 $R = -200 + 700 - 300 = 200\text{kgf}(\downarrow)$
O점에 대한 모멘트 : $200 \cdot x = -200 \cdot 2 + 700 \cdot 5 - 300 \cdot 8$
$x = 3.5\text{m}$

**20** 그림과 같은 단순보에서 C점의 휨모멘트는?

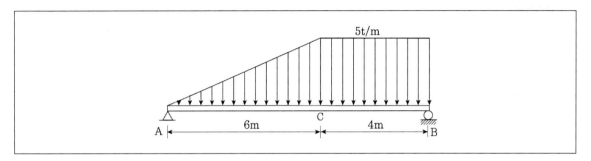

① 32t · m

② 42t · m

③ 48t · m

④ 54t · m

**TIP** 주어진 하중조건을 집중하중으로 치환하여 각 지점의 반력을 구하면 다음과 같다.

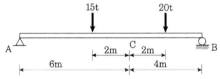

$R_A = 15 \cdot \dfrac{6}{10} + 20 \cdot \dfrac{2}{10} = 13[\text{t}](\uparrow)$

$R_B = (15 + 20) - 13 = 22[\text{t}](\uparrow)$

A점으로부터 $x$만큼 떨어진 곳의 등변분포하중의 크기는

$w_x = \dfrac{5}{6}x$이며, 따라서 A점으로부터 $x$만큼 떨어진 곳의

전단력은

$V_x = 13 - \displaystyle\int_0^x w_x dx = 13 - \int_0^x \dfrac{5}{6}x dx = 13 - \dfrac{5}{6} \cdot \dfrac{1}{2}x^2$

따라서 C점에 발생하는 휨모멘트는

$\displaystyle\int_0^6 V_x dx = \int_0^6 \left(13 - \dfrac{5}{12}x^2\right)dx = \left[13x - \dfrac{5}{12} \cdot \dfrac{1}{3}x^3\right]_0^6 = 78 - 30 = 48$

**21** 지형의 토공량 산정방법이 아닌 것은?

① 각주공식
② 양단면 평균법
③ 중앙단면법
④ 삼변법

**◎TIP** 삼변법은 경계선이 직선인 경우 면적을 계산하는 방법의 일종이다. 이것을 가지고 지형의 토공량 산정을 할 수는 없다.

**22** 그림에서 $\overline{AB}$ =500[m], $\angle a = 71° 33′ 54″$, $\angle b_1 = 36° 52′ 12″$, $\angle b_2 = 39° 05′ 38″$, $\angle c = 85° 36′ 05″$를 관측하였을 때 $\overline{BC}$의 거리는?

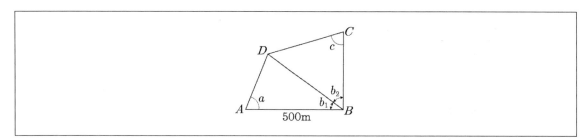

① 391m
② 412m
③ 422m
④ 427m

**◎TIP** $\dfrac{BD}{\sin a} = \dfrac{500}{\sin[180° - (a + b_1)]} = \dfrac{500}{\sin[180° - (108° \ 26′ \ 06″)]} = \dfrac{500}{\sin 71° \ 33′ \ 54″}$

$\dfrac{BD}{\sin c} = \dfrac{BC}{\sin[180° - (b_2 + c)]} = \dfrac{BC}{\sin[180° - (124° \ 41′ \ 43″)]} = \dfrac{BC}{\sin 55° \ 18′ \ 17″}$

$BC = \dfrac{BD \sin 55° \ 18′ \ 17″}{\sin c} = 412[m]$

**23** 비행고도 6,000[m]에서 초점거리 15[cm]인 사진기로 수직항공사진을 획득하였다. 길이가 50[m]인 교량의 사진상의 길이는?

① 0.55[mm]

② 1.25[mm]

③ 3.60[mm]

④ 4.20[mm]

**⊙ TIP** $\dfrac{1}{m} = \dfrac{f}{H} = \dfrac{0.15}{6,000} = \dfrac{1}{40,000} = \dfrac{x}{50}$ 이므로 $x = 1.25[mm]$

**24** 구하고자 하는 미지점에 평판을 세우고 3개의 기지점을 이용하여 도상에서 그 위치를 결정하는 방법은?

① 방사법

② 계선법

③ 전방교회법

④ 후방교회법

**⊙ TIP** 후방교회법에 관한 설명이다.
① 장애물이 없어 시준이 잘 되는 좁은 지역(60mm 이내)에 사용하며, 도면상의 각 점들을 쉽게 구할 수 있다.
② 2개 이상의 기지점에 기계를 세우고, 시준하여 얻어지는 방향선의 교점으로 거리를 측정하지 않고도 도상의 위치를 정하는 방법으로, 방향선의 길이는 10cm 이하, 교회각은 30~150° 정도로 한다.

**25** 클로소이드(clothoid)의 매개변수($A$)가 60[m], 곡선길이($L$)이 30[m]일 때 반지름($R$)은?

① 60[m]

② 90[m]

③ 120[m]

④ 150[m]

**⊙ TIP** $A^2 = R \cdot L$ 이므로 반지름($R$)은 120[m]가 된다.

**26** 하천측량에 관한 설명으로 바르지 않은 것은?

① 제방중심선 및 종단측량은 레벨을 사용하여 직접수준측량 방식을 실시한다.
② 심천측량은 하천의 수심 및 유수부분의 하저상황을 조사하고 횡단면도를 제작하는 측량이다.
③ 하천의 수위경계선인 수애선은 평균수위를 기준으로 한다.
④ 수위 관측은 지천의 합류점이나 분류점 등 수위변화가 생기지 않는 곳을 선택한다.

**O TIP** 하천의 수위경계선인 수애선은 평수위를 기준으로 한다.


**27** 지형의 표시법에서 자연적 도법에 해당하는 것은?

① 점고법  ② 등고선법
③ 영선법  ④ 채색법

**O TIP** 지형의 표시법 중 자연적 도법에는 영선법과 음영법이 있고 부호적 도법에는 점고법, 등고선법, 채색법 등이 있다.


**28** 도로 설계시에 단곡선의 외활($E$)은 10[m], 교각은 60°일 때 접선장($T.L.$)은?

① 42.4[m]  ② 37.3[m]
③ 32.4[m]  ④ 27.3[m]

**O TIP** 외장선 $E = R(\sec\dfrac{I}{2} - 1)$

반지름 $R = \dfrac{E}{\left(\sec\dfrac{I}{2} - 1\right)} = \dfrac{10}{\left(\dfrac{1}{\cos\dfrac{60^o}{2}} - 1\right)} = 64.64[\text{m}]$

접선장 $TL = R\tan\dfrac{I}{2} = 64.64\tan30° = 37.32[\text{m}]$

**29** 레벨을 이용하여 표고가 53.85[m]인 A점에 세운 표척을 시준하여 1.34[m]를 얻었다. 표고 50[m]의 등고선을 측정하려면 시준하여야 할 표척의 높이는?

① 3.51[m]
② 4.11[m]
③ 5.19[m]
④ 6.25[m]

**○TIP** 레벨이 서로 동일해야 하므로,
$H_A + a = H_p + 1.34,\ a = 53.85 + 1.34 - 50 = 5.19[m]$

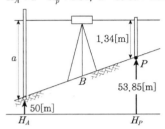

**30** 다각측량에 관한 설명 중 옳지 않은 것은?

① 각과 거리를 측정하여 점의 위치를 측정한다.
② 근거리이고 조건식이 많아 삼각측량에서 구한 위치보다 정확도가 높다.
③ 선로와 같이 좁고 긴 지역의 측량에 편리하다.
④ 삼각측량에 비해 시가지 또는 복잡한 장애물이 있는 곳의 측량에 적합하다.

**○TIP** 다각측량(트래버스측량)은 삼각측량과 같이 높은 정확도를 요하지 않는 골조측량에 이용된다. 삼각측량은 다각측량보다 작업량은 많으나 정확도가 우수하다.

**31** 기지의 삼각점을 이용하여 새로운 도근점을 매설하고자 할 때 결합 트레버스측량(다각측량)의 순서는?

① 도상계획 → 답사 및 선점 → 조표 → 거리관측 → 각관측 → 거리 및 각의 오차 배분 → 좌표계산 및 측점전개
② 도상계획 → 조표 → 답사 및 선점 → 각관측 → 거리관측 → 거리 및 각의 오차 배분 → 좌표계산 및 측점전개
③ 답사 및 선점 → 도상계획 → 조표 → 각관측 → 거리관측 → 거리 및 각의 오차 배분 → 좌표계산 및 측점전개
④ 답사 및 선점 → 조표 → 도상계획 → 거리관측 → 각관측 → 좌표계산 및 측점전개 → 거리 및 각의 오차 배분

**○TIP** 결합트레버스측량의 순서 … 도상계획 → 답사 및 선점 → 조표 → 거리관측 → 각관측 → 거리 및 각의 오차 배분 → 좌표계산 및 측점전개

**32** 완화곡선에 대한 설명으로 옳지 않은 것은?

① 완화곡선은 모든 부분에서 곡률이 동일하지 않다.
② 완화곡선의 반지름은 무한대에서 시작한 후 점차 감소되어 원곡선의 반지름과 같게 된다.
③ 완화곡선의 접선은 시점에서 원호에 접한다.
④ 완화곡선에 연한 곡선 반지름의 감소율은 캔트의 증가율과 같다.

**◎TIP** 완화곡선의 접선은 시점에서 직선에 접하며, 종점에서 원호에 접한다.

**33** 축척 1 : 600인 지도상의 면적을 축적 1 : 500으로 계산하여 38.675[m²]을 얻었다면 실제면적은?

① 26.858[m²]                                        ② 32.229[m²]
③ 46.410[m²]                                        ④ 55.692[m²]

**◎TIP** 실제면적 $= \left(\dfrac{\text{바른축척}}{\text{틀린축척}}\right)^2 \cdot \text{틀린 면적}$ 이므로,

$\left(\dfrac{600}{500}\right)^2 \cdot 38.675 = 55.692[\text{m}^2]$

**34** A, B 두 점간의 거리를 관측하기 위하여 그림과 같이 세 구간으로 나누어 측량하였다. 이 때 측선 $\overline{AB}$의 거리는? (단, Ⅰ : 10m±0.01m, Ⅱ : 20m±0.03m, Ⅲ : 30m±0.05m이다.)

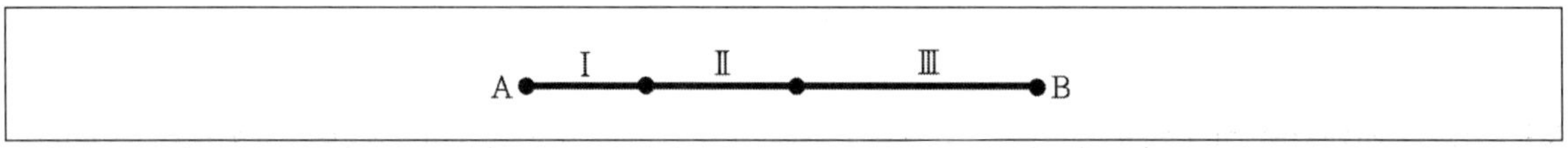

A •—Ⅰ—•—Ⅱ—•—Ⅲ—• B

① 60m±0.09m                                         ② 30m±0.06m
③ 60m±0.06m                                         ④ 30m±0.09m

**◎TIP** $L_{AB} = L_{AB(o)} \pm \triangle_{AB} = (10+20+30) \pm \sqrt{0.01^2 + 0.03^2 + 0.05^2} \fallingdotseq 60\text{m} \pm 0.06\text{m}$

**35** 그림과 같은 터널 내 수준측량의 관측결과에서 A점의 지반고가 20.32[m]일 때 C점의 지반고는? (단, 관측값의 단위는 [m]이다.)

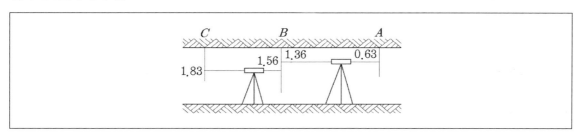

① 21.32[m]

② 21.49[m]

③ 16.32[m]

④ 16.49[m]

○**TIP** $H_B = H_A - B.S. + F.S. = 20.32 - 0.63 + 1.36 = 21.05[m]$

$H_C = H_B - B.S. + F.S. = 21.05 - 1.56 + 1.83 = 21.32[m]$

**36** 그림의 다각측량 성과를 이용한 C점의 좌표는? (단, $\overline{AB} = \overline{BC} = 100[m]$이고, 좌표단위는 [m]이다.)

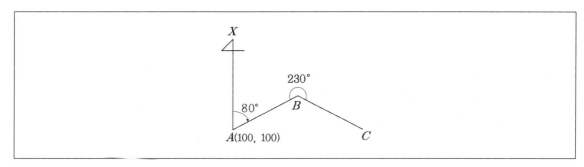

① $X = 48.27[m]$, $Y = 256.28[m]$

② $X = 53.08[m]$, $Y = 275.08[m]$

③ $X = 62.31[m]$, $Y = 281.31[m]$

④ $X = 69.49[m]$, $Y = 287.49[m]$

○**TIP** C점의 좌표는

$X_c = X_A + \sum l\cos 방위각$

$Y_c = Y_A + \sum l\sin 방위각$

$X_c = 100 + 100\cos 80° - 100\cos 50° = 53.08[m]$

$Y_c = 100 + 100\cos 10° + 100\cos 40° = 275.08[m]$

**37** A, B, C, D 네 사람이 각각 거리 8km, 12.5km, 18km, 24.5km의 구간을 왕복 수준측량하여 폐합차를 7mm, 8mm, 10mm, 12mm 얻었다면 4명 중에서 가장 정확한 측량을 실시한 사람은?

① A

② B

③ C

④ D

> **⊙TIP** 1km당 오차는 다음과 같다.
> 
> $$A : \frac{7}{\sqrt{16}} , \ B : \frac{8}{\sqrt{25}} , \ C : \frac{10}{\sqrt{36}} , \ D : \frac{12}{\sqrt{49}}$$
> 
> A : 1.75, B : 1.6, C : 1.67, D : 1.71

**38** 항공사진의 특수 3점에 해당되지 않는 것은?

① 주점

② 연직점

③ 등각점

④ 표정점

> **⊙TIP** 항공사진의 특수 3점 … 주점, 연직점, 등각점

**39** 지구상에서 50[km] 떨어진 두 점의 거리를 지구곡률을 고려하지 않은 평면측량으로 수행한 경우의 거리오차는? (단, 지구의 반지름은 6,370[km]이다.)

① 0.257[m]

② 0.138[m]

③ 0.069[m]

④ 0.005[m]

> **⊙TIP** 정도는 $\dfrac{d-D}{D} = \dfrac{D^2}{12R^2}$ 이므로, 오차
> 
> $$d-D = \frac{D^3}{12R^2} = \frac{50^3}{12(6,370^2)} = 0.257[m]$$

**40** 수준점 A, B, C에서 수준측량을 하여 $P$점의 표고를 얻었다. 관측거리를 경중률로 사용한 $P$점 표고의 최확값은?

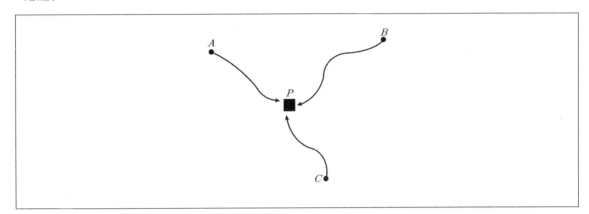

| 노선 | P점 표고값 | 노선거리 |
|------|----------|----------|
| A→P | 57.583m | 2km |
| B→P | 57.700m | 3km |
| C→P | 57.680m | 4km |

① 57.641m
② 57.649m
③ 57.654m
④ 57.706m

**○TIP** 직접수준측량의 경중률은 노선거리에 반비례하므로

$$P_1 : P_2 : P_3 = \frac{1}{2} : \frac{1}{3} : \frac{1}{4} = 6 : 4 : 3$$

$$\therefore H_p = \frac{[H \cdot P]}{[P]} = \frac{57.583 \cdot 6 + 57.700 \cdot 4 + 57.680 \cdot 3}{6 + 4 + 3} = 57.641[m]$$

**41** 다음 중 유효강우량과 가장 관계가 깊은 것은?

① 직접유출량      ② 기저유출량
③ 지표면유출량      ④ 지표하유출량

**OTIP** 유효강우량은 직접유출량과 가장 관련이 깊다.

**42** 지하수의 투수계수에 관한 설명으로 틀린 것은?

① 같은 종류의 토사라 할지라도 그 간극률에 따라 변한다.
② 흙입자의 구성, 지하수의 점성계수에 따라 변한다.
③ 지하수의 유량을 결정하는데 사용된다.
④ 지역 특성에 따른 무차원 상수이다.

**OTIP** 투수계수의 단위는 cm/sec $[LT^{-1}]$이다.

**43** 강우자료의 일관성을 분석하기 위해 사용하는 방법은?

① 합리식      ② DAD 해석법
③ 누가우량곡선법      ④ SCS(Soil Conservation Service) 방법

**OTIP** 누가우량곡선법은 강우자료의 일관성을 분석하기 위해 사용되는 방법이다.

**44** 그림과 같은 노즐에서 유량을 구하기 위한 식으로 옳은 것은? (단, 유량계수는 1.0으로 가정한다.)

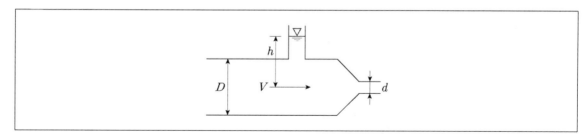

① $\dfrac{\pi d^2}{4}\sqrt{\dfrac{2gh}{1-(d/D)^2}}$

② $\dfrac{\pi d^2}{4}\sqrt{\dfrac{2gh}{1-(d/D)^4}}$

③ $\dfrac{\pi d^2}{4}\sqrt{\dfrac{2gh}{1-(d/D)^2}}$

④ $\dfrac{\pi d^4}{4}\sqrt{2gh}$

**O TIP** 노즐에서의 유량

$$Q = C \cdot a \sqrt{\dfrac{2gh}{1-(Ca/A)^2}} = \dfrac{\pi d^2}{4}\sqrt{\dfrac{2gh}{1-(d/D)^4}}$$

**45** 물의 점성계수를 $\mu$, 동점성계수를 $\nu$, 밀도를 $\rho$라 할 때 관계식으로 옳은 것은?

① $\nu = \rho\mu$

② $\nu = \dfrac{\rho}{\mu}$

③ $\nu = \dfrac{\mu}{\rho}$

④ $\nu = \dfrac{1}{\rho\mu}$

**O TIP** 동점성계수 $\nu = \dfrac{\mu(\text{점성계수})}{\rho(\text{밀도})}$

**46** 흐름의 단면적과 수로경사가 일정할 때 최대 유량이 흐르는 조건으로 옳은 것은?

① 윤변이 최소이거나 동수반경이 최대일 때
② 윤변이 최대이거나 동수반경이 최소일 때
③ 수심이 최소이거나 동수반경이 최대일 때
④ 수심이 최대이거나 수로 폭이 최소일 때

**O TIP** 일정한 단면적에 대하여 최대 유량이 흐르는 조건은 윤변이 최소이거나 경심(동수반경)이 최대일 때이다.

**47** 그림과 같이 단위폭당 자중이 $3.5 \times 10^6$[N/m]인 직립식 방파제에 $1.5 \times 10^6$[N/m]의 수평 파력이 작용할 때 방파제의 활동 안전율은? (단, 중력가속도는 10.0[m/s²], 방파제와 바닥의 마찰계수는 0.7, 해수의 비중은 1로 가정하며, 파랑에 의한 양압력은 무시하고 부력은 고려한다.)

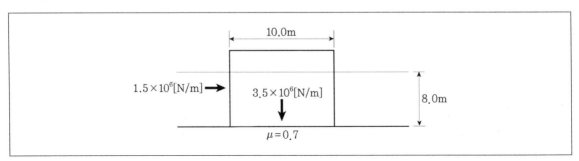

① 1.20　　　　　　　　　　　　　　② 1.22

③ 1.24　　　　　　　　　　　　　　④ 1.26

**TIP** 방파제의 자중에서 부력을 뺀 값에 하중계수를 곱한 값을 작용하중으로 나눈 값이 안전율이다.

안전율 $S = \dfrac{0.7(3.5 \cdot 10^6 - 10^4 \cdot 10 \cdot 8)}{1.5 \cdot 10^6} = 1.26$

**48** 유역면적이 4km²이고 유출계수가 0.8인 산지하천에서 강우강도가 80[mm/hr]이다. 합리식을 사용한 유역출구에서의 첨두홍수량은?

① 35.5[m²/s]　　　　　　　　　　　② 71.1[m²/s]

③ 128[m²/s]　　　　　　　　　　　④ 256[m²/s]

**TIP** $Q = \dfrac{1}{3.6} CIA = \dfrac{1}{3.6} \cdot 0.8 \cdot 80 \cdot 4 = 71.1$

**49** Manning의 조도계수 $n = 0.012$인 원관을 사용하여 1[m/s²]의 물을 동수경사 1/100로 송수하려 할 때 적당한 관의 지름은?

① 70cm　　　　　　　　　　　　　② 80cm

③ 90cm　　　　　　　　　　　　　④ 100cm

**TIP** $Q = \dfrac{\pi D^2}{4} \cdot \dfrac{1}{n} \cdot \left(\dfrac{D}{4}\right)^{\frac{2}{3}} \cdot \sqrt{I}$ 이므로,

$\dfrac{\pi D^2}{4} \cdot \dfrac{1}{0.012} \cdot \left(\dfrac{D}{4}\right)^{\frac{2}{3}} \cdot \sqrt{\dfrac{1}{100}}$

$0.385 = D^{\frac{8}{3}}$ 이므로 $D = 0.7$[m]

**50** 관수로 흐름에서 레이놀즈수가 500보다 작은 경우의 흐름 상태는?

① 상류

② 난류

③ 사류

④ 층류

○**TIP** $Re < 2,000$이면 층류, $2,000 < Re < 4,000$이면 불완전 층류, $Re > 4,000$이면 난류이다.

**51** 광폭 직사각형 단면 수로의 단위폭당 유량이 16[m³/s]일 때, 한계경사는? (단, 수로의 조도계수 $n = 0.020$이다.)

① $3.27 \times 10^{-3}$

② $2.73 \times 10^{-3}$

③ $2.81 \times 10^{-2}$

④ $2.90 \times 10^{-2}$

○**TIP** $I_c = \dfrac{g}{\alpha C^2}$ 이며, $C = \dfrac{1}{n}(R)^{\frac{1}{6}}$ 이므로,

$$h_c = \left( \frac{\alpha Q^2}{g \cdot b^2} \right)^{\frac{1}{3}} = \left( \frac{16^2}{9.8 \cdot 1^2} \right)^{\frac{1}{3}} = 2.97$$

$$I_c = \frac{g}{\alpha C^2} = \frac{g \cdot n^2}{\alpha R^{1/3}} = \frac{9.8 \cdot (0.02)^2}{2.97^{1/3}} = 0.002727 = 2.73 \times 10^{-3}$$

**52** 개수로 흐름에 관한 설명으로 틀린 것은?

① 사류에서 상류로 변하는 곳에 도수현상이 생긴다.

② 개수로 흐름은 중력이 원동력이 된다.

③ 비에너지는 수로 바닥을 기준으로 한 에너지이다.

④ 배수곡선은 수로가 단락(段落)이 되는 곳에 생기는 수면곡선이다.

○**TIP** 수로가 단락(段落)이 되는 곳에 생기는 곡선은 저하곡선이다.
배수곡선은 개수로에 댐, 위어 등의 구조물이 있을 때 수위의 상승이 상류쪽으로 미칠 때 발생하는 수면곡선이다.

**53** 정지유체에 침강하는 물체가 받는 항력(drag force)의 크기와 관계가 없는 것은?

① 유체의 밀도

② Froude수

③ 물체의 형상

④ Reynolds수

○**TIP** 항력은 $D = C_D A \cdot \dfrac{\rho V^2}{2}$ 이며, $C_D = \dfrac{24}{Re}$ 이므로 Froude수는 관련이 없다.

ANSWER | **47.**④ **48.**② **49.**① **50.**④ **51.**② **52.**④ **53.**②

**54** $\triangle t$ 시간동안 질량 $m$인 물체에 속도변화 $\triangle v$가 발생할 때, 이 물체에 작용하는 외력 $F$는?

① $\dfrac{m \cdot \triangle t}{\triangle v}$

② $m \cdot \triangle v \cdot \triangle t$

③ $\dfrac{m \cdot \triangle v}{\triangle t}$

④ $m \cdot \triangle t$

**○TIP** $F = ma = m \cdot \dfrac{\triangle v}{\triangle t}$

**55** 다음 중 평균 강우량 산정방법이 아닌 것은?

① 각 관측점의 강우량을 산술평균하여 얻는다.

② 각 관측점의 지배면적을 가중인자로 잡아서 각 강우량에 곱하여 합산한 후 전 유역면적으로 나누어서 얻는다.

③ 각 등우선 간의 면적을 측정하고 전 유역면적에 대한 등우선 간의 면적을 등우선 간의 평균 강우량에 곱하여 이들을 합산하여 얻는다.

④ 각 관측점의 강우량을 크기순으로 나열하여 중앙에 위치한 값을 얻는다.

**○TIP** ① 각 관측점의 강우량을 산술평균하여 얻는다. → 산술평균법
② 각 관측점의 지배면적을 가중인자로 잡아서 각 강우량에 곱하여 합산한 후 전 유역면적으로 나누어서 얻는다. → 티센법
③ 각 등우선 간의 면적을 측정하고 전유역면적에 대한 등우선 간의 면적을 등우선 간의 평균 강우량에 곱하여 이들을 합산하여 얻는다. → 등우선법

**56** 부체의 안정에 관한 설명으로 옳지 않은 것은?

① 경심($M$)이 무게중심($G$)보다 낮을 경우 안정하다.

② 무게중심($G$)이 부심($B$)보다 아래쪽에 있으면 안정하다.

③ 부심($B$)와 무게중심($G$)이 동일 연직선 상에 위치할 때 안정을 유지한다.

④ 경심($M$)이 무게중심($G$)보다 높을 경우 복원 모멘트가 작용한다.

**○TIP** 경심($M$)이 무게중심($G$)보다 높을 경우 안정하다.

**57** 다음 중 물의 순환에 관한 설명으로서 틀린 것은?

① 지구상에 존재하는 수자원이 대기권을 통해 지표면에 공급되고, 지하로 침투하여 지하수를 형성하는 등 복잡한 반복과정이다.
② 지표면 또는 바다로부터 증발된 물이 강수, 침투 및 침류, 유출 등의 과정을 거치는 물의 이동현상이다.
③ 물의 순환과정에서 강수량은 지하수 흐름과 지표면 흐름의 합과 동일하다.
④ 물의 순환과정 중 강수, 증발 및 증산은 수문기상학 분야이다.

**○TIP** 물의 순환과정은 성분과정 간의 물의 이동이 일정률로 연속된다는 의미는 아니다. 합과 동일하지 않다.

**58** 압력수두 $P$, 속도수두 $V$, 위치수두 $Z$라고 할 때 정체압력수두 $P_s$는?

① $P_s = P - V - Z$           ② $P_s = P \cdot V \cdot Z$

③ $P_s = P - V$              ④ $P_s = P + V$

**○TIP** 압력수두 P, 속도수두 V, 위치수두 Z라고 할 때 정체압력수두 $P_s$는 $P_s = P + V$가 된다.

**59** 관수로에서 관의 마찰손실계수가 0.02, 관의 지름이 40cm일 때, 관내 물의 흐름이 100[m]를 흐르는 동안 2[m]의 마찰손실수두가 발생되었다면 관내의 유속은?

① 0.3[m/s]              ② 1.3[m/s]

③ 2.8[m/s]              ④ 3.8[m/s]

**○TIP** $h_L = f \cdot \dfrac{l}{D} \cdot \dfrac{V^2}{2g}$ 이므로, $2 = 0.02 \cdot \dfrac{100}{0.4} \cdot \dfrac{V^2}{2 \cdot 9.8}$, 따라서 $V = 2.8[\text{m/s}]$

**60** 폭 2.5m, 월류수심 0.4m인 사각형 위어(Weir)의 유량은? (단, Francis 공식 : $Q = 1.84 B_o h^{3/2}$에 의하며 $B_o$는 유효폭, $h$는 월류수심, 접근유속은 무시하며 양단수축이다.)

① $1.117 \text{m}^3/\text{sec}$           ② $1.126 \text{m}^3/\text{sec}$

③ $1.145 \text{m}^3/\text{sec}$           ④ $1.164 \text{m}^3/\text{sec}$

**○TIP** 사각형 위어의 유량공식인 Francis공식

$Q = 1.84(2.5 - 0.1 \times 2 \times 0.4) \times 0.4^{3/2} = 1.126 \text{m}^3/\text{sec}$

---

ANSWER    **54.**③   **55.**④   **56.**①   **57.**③   **58.**④   **59.**③   **60.**②

**61** 아래 T형보에서 공칭휨모멘트강도($M_n$)는? (단, $f_{ck}$ =24[MPa], $f_y$ =400[MPa], $A_s$ =4,764[mm$^2$])

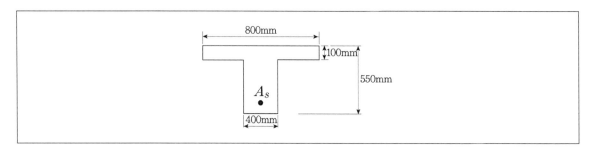

① 812.7kNm

② 871.6kNm

③ 912.4kNm

④ 934.5kNm

○**TIP** 공칭휨모멘트 강도는

$$M_n = A_{sf}f_y(d-\frac{t_f}{2})+(A_c-A_{sf})f_y(d-\frac{a}{2})$$

$$A_{sf}=\frac{0.85f_{ck}(b_e-b_w)}{f_y}\times t_f \text{이며, } a=\frac{(A_s-A_{sf})f_y}{0.85f_{ck}\cdot b_w}$$

문제에서 주어진 조건을 대입하면

$$A_{sf}=\frac{0.85f_{ck}(b_e-b_w)}{f_y}\times t_f=2,040, \quad a=\frac{(A_s-A_{sf})f_y}{0.85f_{ck}\cdot b_w}=133.53$$

$$N_n=2,040\times400\left(550-\frac{100}{2}\right)+(4,764-2,040)\times400\times\left(550-\frac{133.53}{2}\right)$$

$$=934,532,856\text{N}\cdot\text{mm}=934.5\text{kN}\cdot\text{m}$$

**62** PSC보의 휨강도 계산 시 긴장재의 응력 $f_{ps}$의 계산은 강재 및 콘크리트의 응력–변형률 관계로부터 정확히 계산할 수도 있으나 콘크리트 구조기준에서는 $f_{ps}$를 계산하기 위한 근사적 방법을 제시하고 있다. 그 이유는 무엇인가?

① PSC구조물은 강재가 항복한 이후 파괴까지 도달함에 있어 강도의 증가량이 거의 없기 때문이다.

② PS강재의 응력은 항복응력 도달 이후에도 파괴시까지 점진적으로 증가하기 때문이다.

③ PSC보를 과보강 PSC보로부터 저보강 PSC보의 파괴상태로 유도하기 위함이다.

④ PSC구조물은 균열에 취약하므로 균열을 방지하기 위함이다.

○**TIP** PS강재의 응력은 항복응력 도달 이후에도 파괴시까지 점진적으로 증가하기 때문이다.

**63** 직사각형 보에서 계수전단력 $V_u$ =70[kN]을 전단철근없이 지지하고자 할 경우 필요한 최소유효깊이 $d$는 얼마인가? (단, $b$ =400[mm], $f_{ck}$ =21[MPa], $f_y$ =350[MPa])

① $d$ =426[mm]
② $d$ =556[mm]
③ $d$ =611]mm]
④ $d$ =751[mm]

○**TIP** $\frac{1}{2}\phi V_c \geq V_u$, $\frac{1}{2}\phi \frac{1}{6}\sqrt{f_{ck}}b_w d \geq V_u$

$$d \geq \frac{12V_u}{\phi \sqrt{f_{ck}}\,b_w} = \frac{12 \times 70 \times 10^3}{0.75 \times \sqrt{21} \times 400} = 611[\text{mm}]$$

**64** 철근의 겹침이음 등급에서 A급 이음의 조건은 다음 중 어느 것인가?

① 배치된 철근량이 이음부 전체구간에서 해석결과 요구되는 소요 철근량의 3배 이상이고 소요겹침이음길이 내 겹침이음된 철근량이 전체 철근량의 1/3 이상인 경우
② 배치된 철근량이 이음부 전체 구간에서 해석결과 요구되는 소요 철근량의 3배 이상이고 소요겹침이음길이 내 겹침이음된 철근량이 전체 철근량의 1/2 이하인 경우
③ 배치된 철근량이 이음부 전체 구간에서 해석결과 요구되는 소요 철근량의 2배 이상이고 소요겹침이음길이 내 겹침이음된 철근량이 전체 철근량의 1/3 이상인 경우
④ 배치된 철근량이 이음부 전체 구간에서 해석결과 요구되는 소요 철근량의 2배 이상이고 소요겹침이음길이 내 겹침이음된 철근량이 전체 철근량의 1/2 이하인 경우

○**TIP** A급 이음 … 배치된 철근량이 이음부 전체 구간에서 해석결과 요구되는 소요철근량의 2배 이상이고 소요겹침이음길이 내 겹침이음된 철근량이 전체 철근량의 1/2 이하인 경우

**65** 철근콘크리트 부재의 전단철근에 관한 다음 설명 중 옳지 않은 것은?

① 주인장철근에 30°이상의 각도로 구부린 굽힘철근도 전단철근으로 사용할 수 있다.
② 부재축에 직각으로 배치된 전단철근의 간격은 $d/2$ 이하, 600mm 이하로 하여야 한다.
③ 최소 전단철근량은 $0.35\dfrac{b_w s}{f_{yt}}$ 보다 작지 않아야 한다.
④ 전단철근의 설계기준 항복강도는 300MPa를 초과할 수 없다.

○**TIP** 전단철근의 설계기준 항복강도는 500MPa를 초과할 수 없다. 그러나 용접 이형철망을 사용할 경우 전단철근의 설계기준 항복강도는 600MPa을 초과할 수 없다.

**66** 다음 중 반 T형보의 유효폭($b$)을 구할 때 고려해야 할 사항이 아닌 것은? (단, $b_w$는 플랜지가 있는 부재의 복부폭)

① 양쪽 슬래브의 중심 간 거리

② (한쪽으로 내민 플랜지 두께의 6배) $+ b_w$

③ (보의 경간의 1/12) $+ b_w$

④ (인접 보와의 내측거리의 1/2) $+ b_w$

> **TIP** 반 T형보의 유효폭은 다음의 식으로 구한 값 중 최솟값을 적용한다.
> (한쪽으로 내민 플랜지 두께의 6배) $+ b_w$
> (보의 경간의 1/12) $+ b_w$
> (인접 보와의 내측거리의 1/2) $+ b_w$

**67** 아래 그림과 같은 필렛용접의 형상에서 $S = 9\text{mm}$일 때 목두께 $a$의 값으로 적당한 것은?

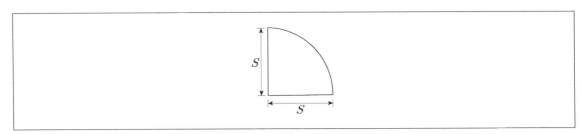

① 5.46mm

② 6.36mm

③ 7.26mm

④ 8.16mm

> **TIP** 필렛용접의 목두께 방향은 모재면에 대해 $45°$의 방향이므로 목두께
> $$a = \frac{s}{\sqrt{2}} = 0.707 \cdot s = 0.707 \cdot 9 = 6.363[\text{mm}]$$

**68** 옹벽에서 T형보로 설계해야 하는 부분은?

① 뒷부벽식 옹벽의 뒷부벽
② 뒷부벽식 옹벽의 전면벽
③ 앞부벽식 옹벽의 저판
④ 앞부벽식 옹벽의 앞부벽

**TIP** 뒷부벽식 옹벽의 뒷부벽은 T형보로 설계해야 한다.

**69** 복철근 보에서 압축철근에 대한 효과를 설명한 것으로 적절하지 못한 것은?

① 단면 저항 모멘트를 크게 증대시킨다.
② 지속하중에 의한 처짐을 감소시킨다.
③ 파괴시 압축응력의 깊이를 감소시켜 연성을 증대시킨다.
④ 철근의 조립을 쉽게 한다.

**TIP** 압축철근은 단면 저항 모멘트를 증가시키기는 하나 크게 증가를 시킨다고 볼 수 없다.

**70** 다음 중 콘크리트 구조물을 설계할 때 사용하는 하중인 활하중(live load)에 속하지 않는 것은?

① 건물이나 다른 구조물의 사용 및 전용에 의해 발생되는 하중으로서 사람, 가구, 이동칸막이 등의 하중
② 적설하중
③ 교량 등에서 차량에 의한 하중
④ 풍하중

**TIP** 풍하중은 활하중에 속하지 않는다.
※ **활하중** … 구조물의 사용 및 점용에 의해 발생하는 하중으로서 가구, 창고 저장물, 차량, 군중에 의한 하중 등이 포함된다. 일반적으로 차량의 충격효과도 활하중에 포함되나, 풍하중, 지진하중과 같은 환경하중은 포함되지 않는다.

ANSWER 66.① 67.② 68.① 69.① 70.④

**71** 다음 그림과 같은 두께 13mm의 플레이트에 4개의 볼트구멍이 배치가 되어 있을 때 부재의 순단면적은? (단, 구멍의 직경은 24mm이다.)

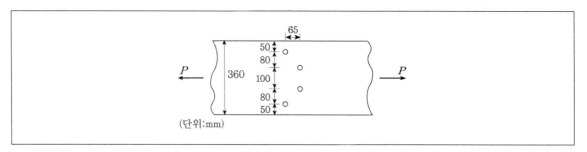

① $4,066\text{mm}^2$

② $3,916\text{mm}^2$

③ $3,775\text{mm}^2$

④ $3,524\text{mm}^2$

**○TIP**

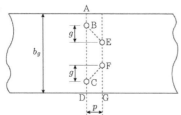

ABCD단면 : $b_n = b_g - 2d = 360 - 2 \times 24 = 312\text{mm}$

ABEFG단면 : $b_n = b_g - 2d - \left(d - \dfrac{p^2}{4g}\right) = 360 - 2 \times 24 - \left(24 - \dfrac{65^2}{4 \times 80}\right) = 301.20[\text{mm}]$

ABEFCD단면 : $b_n = b_g - 2d - 2\left(d - \dfrac{p^2}{4g}\right) = 360 - 2 \times 24 - 2\left(24 - \dfrac{65^2}{4 \times 80}\right) = 290.41[\text{mm}]$

순폭은 위의 값 중 최솟값인 290.41[mm]이다. 따라서 부재의 순단면적은

$A_n = b_n \cdot t = 290.41 \times 13 = 3,775\text{mm}^2$

**72** 다음 중 용접부의 결함이 아닌 것은?

① 오버랩(overlap)

② 언더컷(undercut)

③ 스터드(stud)

④ 균열(crack)

**○TIP** 스터드(stud)는 합성보에 사용되는 전단연결재이다.

**73** 철근콘크리트 보를 설계할 때 변화구간에서 강도감소계수($\phi$)를 구하는 식으로 옳은 것은? (단, 나선철근으로 보강되지 않은 부재이며, $\varepsilon_t$는 최외단 인장철근의 순인장변형률이다.)

① $\phi = 0.65 + (\varepsilon_t - 0.002) \cdot \dfrac{200}{3}$

② $\phi = 0.70 + (\varepsilon_t - 0.002) \cdot \dfrac{200}{3}$

③ $\phi = 0.65 + (\varepsilon_t - 0.002) \cdot 50$

④ $\phi = 0.7 + (\varepsilon_t - 0.002) \cdot 50$

**O TIP** 변화구간의 강도감소계수 $\phi = 0.65 + (\varepsilon_t - 0.002) \cdot \dfrac{200}{3}$

**74** 다음 그림과 같은 복철근 직사각형보에서 압축연단에서 중립축까지의 거리($c$)는? (단, $A_s = 4{,}764[\text{mm}^2]$, $A_s' = 1{,}284[\text{mm}^2]$, $f_{ck} = 38[\text{MPa}]$, $f_y = 400[\text{MPa}]$)

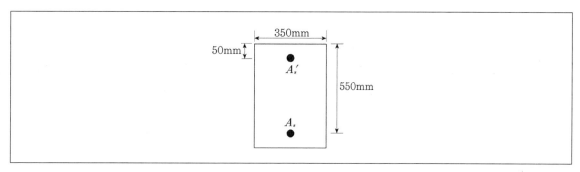

① 143.74[mm]
② 157.86[mm]
③ 168.62[mm]
④ 178.41[mm]

**O TIP**
$$c = \frac{a}{\beta_1} = \frac{\dfrac{(4{,}764 - 1{,}284) \times 400}{0.85 \times 38 \times 350}}{0.85 \cdot 0.007(f_{ck} - 28)} = \frac{123.13}{0.78} = 157.86[\text{mm}]$$

**75** 그림과 같은 띠철근 기둥에서 띠철근의 최대 간격은? (단, D10의 공칭직경은 9.5[mm], D22의 공칭직경은 31.8[mm])

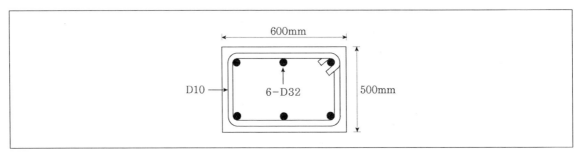

① 400[mm]

② 456[mm]

③ 500[mm]

④ 509[mm]

**O TIP** 다음 중 최솟값을 적용해야 한다.

• 축방향 철근 지름의 16배 이하 : $31.8 \times 16 = 508.8$mm 이하

• 띠철근 지름의 48배 이하 : $9.5 \times 48 = 456$mm 이하

• 기둥 단면의 최소 치수 이하 : 400mm 이하

• 위의 값 중 최솟값인 400mm 이하여야 한다.

**76** 단순 지지된 2방향 슬래브의 중앙점에 집중하중 $P$가 작용할 때 경간비가 $1 : 2$라면 단변과 장변이 부담하는 하중비($P_1 : P_2$)는? (단, $P_S$ : 단변이 부담하는 하중, $P_L$ : 장변이 부담하는 하중)

① $1 : 8$

② $8 : 1$

③ $1 : 16$

④ $16 : 1$

**O TIP** 단변이 부담하는 하중 $P_S = \dfrac{l_x^3}{l_x^3 + l_y^3}P = \dfrac{1^3}{1^3 + 2^3}P = \dfrac{1}{9}P$

장변이 부담하는 하중 $P_L = \dfrac{l_y^3}{l_x^3 + l_y^3}P = \dfrac{2^3}{1^3 + 2^3}P = \dfrac{8}{9}P$

**77** 경간 6m인 단순 직사각형 단면($b$ =300[mm], $h$ =400[mm])보에 계수하중 30[kN/m]가 작용할 때 PS강재가 단면도심에서 긴장되며 경간 중앙에서 콘크리트 단면의 하연의 응력이 0이 되려면 PS강재에 얼마의 긴장력이 작용되어야 하는가?

① 1,805kN

② 2,025kN

③ 3,064kN

④ 3,557kN

⊙**TIP** 

$$f_{하연} = -\frac{P}{A} + \frac{M}{Z} = -\frac{P}{300 \cdot 400} + \frac{30 \times 3 \times 1,000 \times 6^2}{4 \times 300 \times 400^2} = 0$$

이를 만족하는 $P$=2,025[kN]

**78** 철근콘크리트가 성립하는 이유에 대한 설명으로 잘못된 것은?

① 철근과 콘크리트와의 부착력이 크다.

② 콘크리트 속에 묻힌 철근은 녹슬지 않고 내구성을 갖는다.

③ 철근과 콘크리트의 무게가 거의 같고 내구성이 같다.

④ 철근과 콘크리트는 열에 대한 팽창계수가 거의 같다.

⊙**TIP** 철근과 콘크리트는 무게와 내구성이 서로 다르다.

**79** PSC 부재에서 프리스트레스의 감소 원인 중 도입 후에 발생하는 시간적 손실의 원인에 해당하는 것은?

① 콘크리트의 크리프

② 정착장치의 활동

③ 콘크리트의 탄성수축

④ PS강재와 쉬스의 마찰

⊙**TIP** 프리스트레스의 손실원인
- 도입 시 발생하는 손실 : PS강재의 마찰, 콘크리트 탄성변형, 정착장치의 활동
- 도입 후 손실 : 콘크리트의 건조수축, PS강재의 릴랙세이션, 콘크리트의 크리프

**80** 휨부재 설계 시 처짐계산을 하지 않아도 되는 보의 최소 두께를 콘크리트 구조기준에 따라 설명한 것으로 틀린 것은? (단, 보통중량콘크리트($m_c$ =2,300[kg/m³])와 $f_y$는 400MPa인 철근을 사용한 부재이며 $l$은 부재의 길이이다.)

① 단순지지된 보: $l/16$

② 1단 연속보: $l/18.5$

③ 양단연속보: $l/21$

④ 캔틸레버보: $l/12$

 캔틸레버보는 보의 최소 두께가 $l/8$ 이상인 경우 처짐계산을 하지 않아도 된다.

※ 처짐을 계산하지 않는 경우의 보 또는 1방향 슬래브의 최소두께는 다음과 같다. ($L$은 경간의 길이)

| 부재 | 최소 두께 또는 높이 | | | |
|---|---|---|---|---|
| | 단순지지 | 일단연속 | 양단연속 | 캔틸레버 |
| 1방향 슬래브 | $L/20$ | $L/24$ | $L/28$ | $L/10$ |
| 보 | $L/16$ | $L/18.5$ | $L/21$ | $L/8$ |

위의 표의 값은 보통콘크리트($m_c$ =2,300kg/m³)와 설계기준 항복강도 400MPa 철근을 사용한 부재에 대한 값이며 다른 조건에 대해서는 그 값을 다음과 같이 수정해야 한다.

• 1,500~2,000kg/m³ 범위의 단위질량을 갖는 구조용 경량콘크리트에 대해서는 계산된 $h_{min}$ 값에 (1.65−0.00031 · $m_c$)를 곱해야 하나 1.09보다 작지 않아야 한다.

• $f_y$가 400MPa 이외인 경우에는 계산된 $h_{min}$ 값에 $\left(0.43 + \dfrac{f_y}{700}\right)$를 곱해야 한다.

---

**제5과목** 토질 및 기초

---

**81** 어떤 시료에 대해 액압 1.0kg/cm²을 가해 각 수직변위에 대응하는 수직하중을 측정한 결과가 아래 표와 같다. 파괴시의 축차응력은? (단, 피스톤의 지름과 시료의 지름은 같다고 보며, 시료의 단면적 $A_0$ =18cm², 길이 $L$ =14cm이다.)

| $\triangle L$(1/100mm) | 0 | ... | 1,000 | 1,100 | 1,200 | 1,300 | 1,400 |
|---|---|---|---|---|---|---|---|
| $P$(kg) | 0 | ... | 54.0 | 58.0 | 60.0 | 59.0 | 58.0 |

① 3.05kg/cm²

② 2.55kg/cm²

③ 2.05kg/cm²

④ 1.55kg/cm²

 축차응력(압축응력) $\sigma = \dfrac{P}{A} = \dfrac{60}{19.6875} = 3.05\text{kg/cm}^2$

여기서, 파괴시 단면적 $A = \dfrac{A_o}{1+\varepsilon} = \dfrac{A_o}{1+\dfrac{\triangle L}{L}} = \dfrac{18}{1+\dfrac{1.2}{14}} = 19.6875\text{cm}^2$

파괴시의 수직하중 $P$=60.0kg

파괴시의 수직변위 $\triangle L$ = 1,200(1/100mm)

**82** 전단마찰각이 25°인 점토의 현장에 작용하는 수직응력이 5t/m²이다. 과거 작용했던 최대 하중이 10t/m²이라고 할 때 대상지반의 정지토압계수를 추정하면?

① 0.40
② 0.57
③ 0.82
④ 1.14

**TIP** 과압밀비는 $OCR = \dfrac{\text{선행압밀하중}}{\text{현재의 유효상재하중}} = \dfrac{10}{5} = 2$

정규압밀점토인 경우 정지토압계수는

$K_o = 1 - \sin\phi = 1 - \sin 25° = 0.58$

과압밀점토인 경우, 정지토압계수는 정규압밀점토인 경우의 정지토압계수에 $\sqrt{OCR} = \sqrt{2}$ 를 곱한 값이므로

과압밀점토의 정지토압계수는 $0.58\sqrt{2} = 0.82$

**83** 무게 3ton인 단동식 증기해머를 사용하여 낙하고 1.2m에서 pile을 타입할 때 1회 타격당 최종 침하량이 2cm이었다. Engineering News 공식을 사용하여 허용지지력을 구하면 얼마인가?

① 13.3t
② 26.7t
③ 80.8t
④ 160t

**TIP** $Q_a = \dfrac{W_h \cdot H}{6(S+0.25)} = \dfrac{3 \cdot 120}{6(2+0.25)} ≒ 26.7[\text{t}]$ (Engineering News는 기본적으로 안전율 6을 적용한다.)

**84** 점토 지반의 강성 기초의 접지압 분포에 대한 설명으로 옳은 것은?

① 기초 모서리 부분에서 최대응력이 발생한다.
② 기초 중앙부분에서 최대응력이 발생한다.
③ 기초 밑면의 응력은 어느 부분이나 동일하다.
④ 기초 밑면에서의 응력은 토질에 관계없이 일정하다.

**TIP** 점토지반의 강성 기초는 기초 중앙부분에서 최소응력이 발생한다.

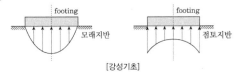

[강성기초]

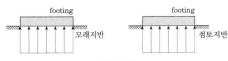

[휨성기초]

**85** 다음 그림과 같이 피압수압을 받고 있는 2m 두께의 모래층이 있다. 그 위로 포화된 점토층을 5m 깊이로 굴착하는 경우 분사현상이 발생하지 않도록 하기 위한 수심 $h$는 최소 얼마를 초과하도록 하여야 하는가?

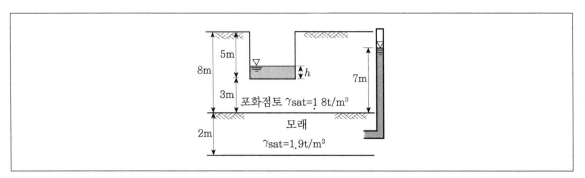

① 1.3m

② 1.6m

③ 1.9m

④ 2.4m

**○TIP** 한계심도(피압대수층)

$\gamma_{sat} \cdot H + \gamma_w \cdot h = \gamma_w \cdot h_w$

$1.8 \times 3 + 1 \times h = 1 \times 7$이므로 $h = 7 - 5.4 = 1.6$m

**86** 다음 중 임의 형태 기초에 작용하는 등분포하중으로 인하여 발생하는 지중응력계산에 사용하는 가장 적절한 계산법은?

① Boussinesq법

② Osterberg법

③ Newmark영향원법

④ 2:1 간편법

**○TIP** ③ Newmark법 : 지표면에 등분포하중이 임의 형태로 작용할 때 지반 내의 어떤 점에서의 연직응력을 산정할 때 사용하는 방법이다.

① Boussinesq법 : 무한히 큰 균질의 등방성, 탄성인 물체의 표면에 집중하중 작용 시 물체 내에 발생하는 응력의 증가량을 계산하는 방법이다.

② Osterberg법 : 성토하중과 동일한 대상하중에 대한 집중응력을 산정하는 방법이다.

④ 2:1 간편법 : 깊이에 따른 연직응력의 증가분을 계산하는 간편한 방법이다.

**87** 내부마찰각 $\phi = 0°$, 점착력 $c = 4.5t/m^2$, 단위중량이 $1.9t/m^3$되는 포화된 점토층에 경사각 45°로 높이 8m인 사면을 만들었다. 그림과 같은 하나의 파괴면을 가정했을 때 안전율은? (단, ABCD의 면적은 $70m^2$이고 ABCD의 무게중심은 O에서 4.5m 거리에 위치하며, 호 AB의 길이는 20.0m이다.)

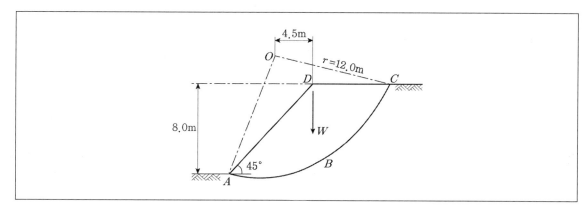

① 1.2

② 1.8

③ 2.5

④ 3.2

**◎TIP** 원호활동면의 안전율

$$F = \frac{\text{저항모멘트}}{\text{활동모멘트}} = \frac{C \cdot l \cdot R}{A \cdot r \cdot L} = \frac{4.5 \times 20 \times 12}{70 \times 1.9 \times 4.5} = 1.8$$

**88** 노건조한 흙 시료의 부피가 $1,000cm^3$, 무게가 1,700g, 비중이 2.65라면 간극비는?

① 0.71

② 0.43

③ 0.65

④ 0.56

**◎TIP** 현장의 건조단위중량은 $\gamma_d = \dfrac{1,700}{1,000} = 1.7[g/cm^3]$

공극비는 $e = \dfrac{G_s \cdot \gamma_w}{\gamma_d} - 1 = \dfrac{2.65 \cdot 1}{1.7} - 1 = 0.56$

**89** 흙의 공학적 분류방법 중 통일분류법과 관계가 없는 것은?

① 소성도                             ② 액상한계

③ No.200체 통과율                 ④ 군지수

> **TIP** 군지수 ⋯ $GI = 0.2a + 0.005ac + 0.01bd$ ($a$는 No.200체 통과율−35, $b$는 No.200체 통과율−15, $c$는 액성한계, $d$는 소성지수)
> 군지수 $GI$의 값이 음(−)의 값을 가지면 0으로 하며 가장 가까운 정수로 반올림한다.
> 군지수가 클수록 공학적 성질이 불량하다.

**90** 수조에 상방향의 침투에 의한 수두를 측정한 결과, 그림과 같이 나타났다. 이 때 수조 속에 있는 흙에 발생하는 침투력을 나타낸 식은? (단, 시료의 단면적은 $A$, 시료의 길이는 $L$, 시료의 포화단위중량은 $\gamma_{sat}$, 물의 단위중량은 $\gamma_w$이다.)

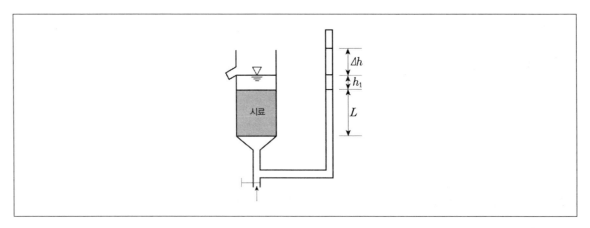

① $\triangle h \cdot \gamma_w \cdot \dfrac{A}{L}$                                ② $\triangle h \cdot \gamma_w \cdot A$

③ $\triangle h \cdot \gamma_{sat} \cdot A$                               ④ $\dfrac{\gamma_{sat}}{\gamma_w} \cdot A$

> **TIP** 수조속에 있는 흙에 발생하는 침투력 $P = (i\gamma_w z)A$
> $= \left(\dfrac{\triangle h}{L}\gamma_w L\right)A = \triangle h \cdot \gamma_w \cdot A$

**91** 포화단위중량이 1.8t/m²인 흙에서의 한계동수경사는 얼마인가?

① 0.8

② 1.0

③ 1.8

④ 2.0

> **⊙TIP** 수중단위중량 $\gamma_{sub} = \gamma_{sat} - \gamma_w = 1.8 - 1.0 = 0.8[t/m^2]$
>
> 한계동수경사 $i_c = \dfrac{\gamma_{sub}}{\gamma_w} = \dfrac{0.8}{1} = 0.8$

**92** 입경이 균일한 포화된 사질지반에 지진이나 진동 등 동적하중이 작용하면 지반에서는 일시적으로 전단강도를 상실하게 되는데, 이러한 현상을 무엇이라고 하는가?

① 분사현상(quick sand)

② 틱소트로피 현상(Thixotropy)

③ 히빙현상(heaving)

④ 액상화현상(liquefaction)

> **⊙TIP** ① 분사현상(quick sand) : 한계동수구배에 도달하면 유효응력이 0이 되어 점착력이 없는 모래 지반은 전단강도를 가질 수 없으므로 흙입자가 원위치를 이탈하여 분출하는 현상이다.
> ② 틱소트로피 현상(Thixotropy) : 교란시켜 재성형한 점성토 시료를 함수비의 변화없이 그대로 방치하여 두면 시간이 경과되면서 강도가 회복(증가)되는 현상이다.
> ③ 히빙현상(heaving) : 연약 점토지반을 굴착하고 벽체를 세워 흙이 무너지지 않도록 막았을 때, 뒤채움 흙의 자중과 추가하중을, 점착력이 버티지 못하여 결국 굴착저면이 부풀어 오르는 현상이다.
> ④ 액상화현상 : 느슨한 모래지반이 물로 포화되어 있을 때 지진이나 충격과 같은 동하중을 받으면 일시적으로 전단강도를 잃어버리는 현상이다.

**93** 다음 시료채취에 사용되는 시료기(sampler) 중 불교란시료 채취에 사용되는 것만 고른 것으로 옳은 것은?

> (1) 분리형 원통 시료기(split spoon sampler)
> (2) 피스톤 튜브 시료기(piston tube sampler)
> (3) 얇은 판 시료기(thin wall tube sampler)
> (4) Laval 시료기(Laval sampler)

① (1), (2), (3)　　　　　　　　　　② (1), (2), (4)
③ (1), (3), (4)　　　　　　　　　　④ (2), (3), (4)

**○TIP** 분리형 원통 시료기는 교란된 시료의 채취에 사용된다.

**94** 점토의 다짐에서 최적함수비보다 함수비가 적은 건조측 및 함수비가 많은 습윤측에 대한 설명으로 옳지 않은 것은?

① 다짐의 목적에 따라 습윤 및 건조측으로 구분하여 다짐계획을 세우는 것이 효과적이다.
② 흙의 강도 증가가 목적인 경우, 건조측에서 다지는 것이 유리하다.
③ 습윤측에서 다지는 경우, 투수계수 증가효과가 크다.
④ 다짐의 목적이 차수를 목적으로 하는 경우, 습윤측에서 다지는 것이 유리하다.

**○TIP** 건조측에서 최대강도, 습윤측에서 최소투수계수가 나온다.

**95** 어떤 지반에 대한 토질시험결과 점착력 $c = 0.50 \text{kg/cm}^2$, 흙의 단위중량 $\gamma = 2.0 \text{t/m}^3$이었다. 그 지반에 연직으로 7m를 굴착했다면 안전율은 얼마인가? (단, $\phi = 0$이다.)

① 1.43　　　　　　　　　　② 1.51
③ 2.11　　　　　　　　　　④ 2.61

**○TIP** 한계고(연직절취깊이) $H_c = \dfrac{4c}{\gamma}\tan\left(45° + \dfrac{\phi}{2}\right) = \dfrac{4 \times 5}{2.0}\tan\left(45° + \dfrac{0°}{2}\right) = 10\text{m}$

점착력 $c = 0.5\text{kg/cm}^2 = 5\text{t/m}^2$이다.

연직사면의 안전율 $F = \dfrac{H_c}{H} = \dfrac{10}{7} = 1.43$

**96** 다음 그림과 같이 점토질 지반에 연속기초가 설치되어 있다. Terzaghi 공식에 의한 이 기초의 허용지지력 $q_u$은? (단, $\phi$=0이며, 폭($B$)=2m, $N_c$=5.14, $N_q$=1.0, $N_r$=0, 안전율 $F_s$=3이다.)

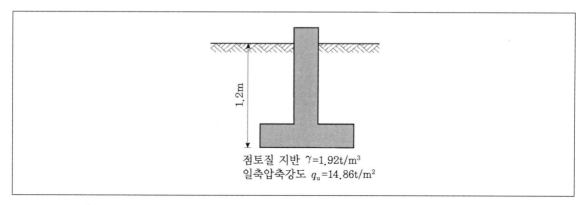

점토질 지반 $\gamma$=1.92t/m³
일축압축강도 $q_u$=14.86t/m²

① 6.4t/m²

② 13.5t/m²

③ 18.5t/m²

④ 40.49t/m²

**TIP** 극한지지력 $q_u = \alpha \cdot c \cdot N_c + \beta \cdot r_1 \cdot B \cdot N_r + r_2 \cdot D_f \cdot N_q$
$= 1.0 \times 7.43 \times 5.14 + 0.5 \times 1.92 \times 2 \times 0 + 1.92 \times 1.2 \times 1.0 = 40.49\text{t/m}^2$

여기서 점착력 $C = \dfrac{q_u}{2} = \dfrac{14.86}{2} = 7.43\text{t/m}^2$

허용지지력 $q_a = \dfrac{q_u}{F} = \dfrac{40.49}{3} = 13.5\text{t/m}^2$

※ Terzaghi의 수정극한지지력 공식

$q_u = \alpha \cdot c \cdot N_c + \beta \cdot r_1 \cdot B \cdot N_r + r_2 \cdot D_f \cdot N_q$

$N_c$, $N_r$, $N_q$ : 지지력 계수로서 $\phi$의 함수이다.

$c$ : 기초저면 흙의 점착력

$B$ : 기초의 최소폭

$r_1$ : 기초 저면보다 하부에 있는 흙의 단위중량(t/m³)

$r_2$ : 기초 저면보다 상부에 있는 흙의 단위중량(t/m³)

단, $r_1$, $r_2$는 지하수위 아래에서는 수중단위중량($r_{sub}$)을 사용한다.

$D_f$ : 근입깊이(m)

$\alpha$, $\beta$ : 기초모양에 따른 형상계수 ($B$ : 구형의 단변길이, $L$ : 구형의 장변길이)

| 구분 | 연속 | 정사각형 | 직사각형 | 원형 |
|---|---|---|---|---|
| $\alpha$ | 1.0 | 1.3 | $1 + 0.3\dfrac{B}{L}$ | 1.3 |
| $\beta$ | 0.5 | 0.4 | $0.5 - 0.1\dfrac{B}{L}$ | 0.3 |

**ANSWER** 93.④ 94.③ 95.① 96.②

**97** Meyerhof의 극한지지력 공식에서 사용하지 않는 계수는?

① 형상계수                                ② 깊이계수

③ 시간계수                                ④ 하중경사계수

> **TIP** Meyerhof의 극한지지력공식 ··· $q_u = cN_cF_{cs}F_{cd}F_{ci} + qN_qF_{qs}F_{qd}F_{qi} + \frac{1}{2}\gamma BN_r F_{rs}F_{rd}F_{ri}$
>
> ($F_{cs}$, $F_{rs}$, $F_{qs}$는 형상계수, $F_{cd}$, $F_{rd}$, $F_{qd}$는 깊이계수, $F_{ci}$, $F_{ri}$, $F_{qi}$는 하중경사계수)

**98** 토질조사에 대한 설명 중 옳지 않은 것은?

① 사운딩(Sounding)이란 지중에 저항체를 삽입하여 토층의 성상을 파악하는 현장시험이다.

② 불교란시료를 얻기 위하여 Foil Sampler, Thin Wall Tube Sampler 등이 사용된다.

③ 표준관입시험은 로드(Rod)의 길이가 길어질수록 N치가 작게 나온다.

④ 베인 시험은 정적인 사운딩이다.

> **TIP** 표준관입시험은 로드(Rod)의 길이가 길어질수록 N치가 크게 나온다. (타격에너지의 손실이 발생하여 실제보다 N치가 크게 나온다.)

**99** $2.0\text{kg/cm}^2$의 구속응력을 가하여 시료를 완전히 압밀시킨 다음 축차응력을 가하여 비배수 상태로 전단시켜 파괴시 축변형률 $\varepsilon_f$ =10%, 축차응력 $\triangle\sigma_f$ =2.8kg/cm², 간극수압 $\triangle u_f$ =2.1kg/cm²를 얻었다. 파괴시 간극수압계수 $A$는? (단, 간극수압계수 $B$는 1.0으로 가정한다.)

① 0.44                                ② 0.75

③ 1.33                                ④ 2.27

> **TIP** 간극수압계수 $A = \dfrac{D}{B}$, $D = \dfrac{\triangle u_f (간극수압)}{\triangle\sigma_f (축차응력)} = \dfrac{2.1}{2.8} = 0.75$
>
> $A = \dfrac{D}{B} = \dfrac{0.75}{1} = 0.75$

**100** 아래 그림과 같이 3개의 지층으로 이루어진 지반에서 수직방향 등가투수계수는?

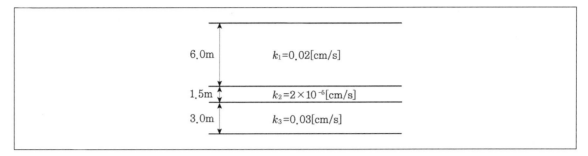

① $2.516 \times 10^{-6}[\text{cm/s}]$

② $1.274 \times 10^{-5}[\text{cm/s}]$

③ $1.393 \times 10^{-4}[\text{cm/s}]$

④ $2.0 \times 10^{-2}[\text{cm/s}]$

**◉TIP** $k_v = \dfrac{H}{\dfrac{H_1}{k_1} + \dfrac{H_2}{k_2} + \dfrac{H_3}{k_3}} = \dfrac{6+1.5+3}{\dfrac{6}{0.02} + \dfrac{1.5}{2 \cdot 10^{-5}} + \dfrac{3}{0.03}} = 1.393 \cdot 10^{-4}[\text{cm/s}]$

**제6과목** **상하수도공학**

**101** 도수(conveyance of water)시설에 대한 설명으로 옳은 것은?

① 상수원으로부터 원수를 취수하는 시설이다.

② 원수를 음용 가능하게 처리하는 시설이다.

③ 배수지로부터 급수관까지 수송하는 시설이다.

④ 취수관으로부터 정수시설까지 보내는 시설이다.

**◉TIP** 도수시설은 수원에서 취수한 원수를 정수시설까지 보내는 시설이다.

**102** 양수량이 50m³/min이고 전양정이 8m일 때 펌프의 축동력은? (단, 펌프의 효율은 0.80이다.)

① 65.2kW

② 73.6kW

③ 81.5kW

④ 92.4kW

**TIP** 펌프의 축동력 $\dfrac{9.8 \cdot Q \cdot H_t}{\eta} = \dfrac{9.8 \cdot \dfrac{50}{60} \cdot 8}{0.8} = 81.6[kW]$

**103** 계획오수량 중 계획시간 최대오수량에 대한 설명으로 옳은 것은?

① 계획 1일 최대오수량의 1시간당 수량의 1.3 ~ 1.8배를 표준으로 한다.

② 계획 1일 최대오수량의 70 ~ 80%를 표준으로 한다.

③ 1인 1일 최대오수량의 10 ~ 20%로 한다.

④ 계획 1일 평균오수량의 3배 이상으로 한다.

**TIP** 계획시간 최대오수량은 계획 1일 최대오수량의 1시간당 수량의 1.3 ~ 1.8배를 표준으로 한다.

**104** 완속여과와 급속여과의 비교 설명으로 틀린 것은?

① 원수가 고농도의 현탁물일 때는 급속여과가 유리하다.

② 여과속도가 다르므로 용지 면적의 차이가 크다.

③ 여과의 손실수두는 급속여과보다 완속여과가 크다.

④ 완속여과는 약품처리 등이 필요하지 않으나 급속여과는 필요하다.

**TIP** 여과의 손실수두는 급속여과가 여과속도가 빠르므로 완속여과보다 크다.

**105** 수질오염 지표항목 중 COD에 대한 설명으로 옳지 않은 것은?

① COD는 해양오염이나 공장폐수의 오염지표로 사용된다.

② 생물분해 가능한 유기물도 COD로 측정할 수 있다.

③ $NaNO_3$, $SO_2^-$는 COD값에 영향을 미친다.

④ 유기물 농도값은 일반적으로 COD > TOD > TOC > BOD이다.

**TIP** 유기물 농도를 나타내는 지표들의 상관관계는 일반적으로 TOD > COD > TOC > BOD이다.
  ㉠ BOD(Biochemical Oxygen Demand) : 생화학적 산소요구량으로서 호기성 미생물이 일정 기간 동안 물 속에 있는 유기물을 분해할 때 사용하는 산소의 양
  ㉡ COD(Chemical Oxygen Demand) : 화학적 산소요구량으로서 산화제(과망간산칼륨)를 이용하여 일정 조건(산화제 농도, 접촉시간 및 온도)에서 환원성 물질을 분해시켜 소비한 산소량을 ppm으로 표시한 것
  ㉢ TOC(Total Organic Carbon) : 유기물질의 분자식상 함유된 탄소량
  ㉣ TOD(Total Oxygen Demand) : 총산소 요구량으로서 유기물질을 백금 촉매 중에서 900℃로 연소시켜 완전 산화한 경우의 산소 소비량

**106** 고형물의 농도가 30mg/L인 원수를 Alum 25mg/L를 주입하여 응집 처리하고자 한다. 1,000m³/day 원수를 처리할 때 발생 가능한 이론적 최종 슬러지($Al(OH)_3$)의 부피는? (단, Alum = $Al_2(SO_4)_3 \cdot 18H_2O$, 최종슬러지 고형물 농도 2%, 고형물 비중 1.2)

[반응식] $Al_2(SO_4)_3 \cdot 18H_2O + 3Ca(HCO_3)_2 \longrightarrow 2Al(OH)_3 + 3CaSO_4 + 18H_2O + 6CO_2$
[분자량] $Al_2(SO_4)_3 \cdot 18H_2O : 666$, $Ca(HCO_3)_2 : 162$, $Al(OH)_3 : 78$, $CaSO_4 : 136$

① 1.1m³/day

② 1.5m³/day

③ 2.1m³/day

④ 2.5m³/day

**TIP** ㉠ 고형물 질량 : $1,000 \times 30 \times 10^3 = 3 \times 10^7$ mg/day

㉡ Alum 주입량 : $3 \times 10^7 \times \dfrac{25}{30} = 2.5 \times 10^7$ mg/day

㉢ $Al(OH)_3$의 양 : $\dfrac{2.5 \times 10^7 \times 1 \times 2 \times 78}{666 \times 1 \times 1} = 5.86 \times 10^6$

㉣ 최종슬러지 : $3 \times 10^7 + 5.86 \times 10^6 = 3.586 \times 10^7$

∴ 최종슬러지 부피 $= \dfrac{3.586 \times 10^7 \times 1 \times 1 \times 1}{10^6 \times 1.2 \times 10^3 \times 0.02} = 1.49 ≒ 1.5$ m³/day

**107** 다음 중 하수슬러지 개량방법에 속하지 않는 것은?

① 세정

② 열처리

③ 동결

④ 농축

**TIP** 하수슬러지의 개량은 슬러지의 특성을 개선하는 처리과정으로서 탈수성을 증가시키는 것이다. 이러한 개량방법으로는 세정, 약품첨가, 열처리, 동결법이 있다.

**108** 합리식을 사용하여 우수량을 산정할 때 필요한 자료가 아닌 것은?

① 강우강도

② 유출계수

③ 지하수의 유입

④ 유달시간

**TIP** 합리식 $Q = \dfrac{1}{360} CIA$에서 $C$는 유출계수, $I$는 도달시간 내의 강우강도, $A$는 유역면적이다.

**109** 일반적인 하수처리장의 2차 침전지에 대한 설명으로 옳지 않은 것은?

① 표면부하율은 표준활성슬러지의 경우, 계획 1일 최대오수량에 대하여 $20 \sim 30\text{m}^3/\text{m}^2 \cdot \text{day}$로 한다.

② 유효수심은 2.5 ~ 4m를 표준으로 한다.

③ 침전시간은 계획 1일 평균오수량에 따라 정하며 5 ~ 10시간으로 한다.

④ 수면의 여유고는 40 ~ 60cm 정도로 한다.

**TIP** 침전시간은 계획 1일 평균오수량에 따라 정하며 3 ~ 5시간으로 한다.

**110** 어느 도시의 인구가 10년 전 10만 명에서 현재는 20만 명이 되었다. 등비급수법에 의한 인구증가를 보였다고 하면 연평균 인구증가율은?

① 0.08947

② 0.07177

③ 0.06251

④ 0.03589

**TIP** $r = \left(\dfrac{P_o}{P_t}\right)^{\frac{1}{t}} - 1 = \left(\dfrac{20}{10}\right)^{\frac{1}{10}} - 1 = 0.07177$

**111** 하수도용 펌프 흡입구의 유속에 대한 설명으로 옳은 것은?

① 0.3 ~ 0.5[m/s]를 표준으로 한다.　　② 1.0 ~ 1.5[m/s]를 표준으로 한다.

③ 1.5 ~ 3.0[m/s]를 표준으로 한다.　　④ 5.0 ~ 10.0[m/s]를 표준으로 한다.

**O TIP** 하수도용 펌프 흡입구의 유속은 1.5 ~ 3.0[m/s]를 표준으로 한다.

**112** 상수도 배수관망 중 격자식 배수관망에 대한 설명으로 틀린 것은?

① 물이 정체하지 않는다.　　② 사고시 단수구역이 작아진다.

③ 수리계산이 복잡하다.　　④ 제수밸브가 적게 소요되며 시공이 용이하다.

**O TIP** 제수밸브가 적게 소요되며 시공이 용이한 것은 격자식이 아니라 수지상식의 특성이다.

※ 격자식과 수지상식의 비교

| 구분 | 장점 | 단점 |
|---|---|---|
| 격자식 | • 물이 정체되지 않음<br>• 수압의 유지가 용이함<br>• 단수 시 대상지역이 좁아짐<br>• 화재 시 사용량 변화에 대처가 용이함 | • 관망의 수리계산이 복잡함<br>• 건설비가 많이 소요됨<br>• 관의 수선비가 많이 듦<br>• 시공이 어려움 |
| 수지상식 | • 수리 계산이 간단하며 정확함<br>• 제수밸브가 적게 설치됨<br>• 시공이 용이함 | • 수량의 상호보충이 불가능함<br>• 관 말단에 물이 정체되어 냄새, 맛, 적수의 원인이 됨<br>• 사고 시 단수구간이 넓음 |

**113** 정수처리 시 트리할로메탄 및 곰팡이 냄새의 생성을 최소화하기 위해 침전지와 여과지 사이에 염소제를 주입하는 방법은?

① 전염소처리　　② 중간염소처리

③ 후염소처리　　④ 이중염소처리

**O TIP** ① **전염소처리** : 소독작용이 아닌 산화, 분해 작용을 목적으로 침전지 이전에 염소를 투입하는 정수처리 과정이다. 조류, 세균, 암모니아성 질소, 아질산성 질소, 황화수소($H_2S$), 페놀류, 철, 망간, 맛, 냄새 등을 제거할 수 있다.
② **중간염소처리** : 정수처리 시 트리할로메탄 및 곰팡이 냄새의 생성을 최소화하기 위해 침전지와 여과지 사이에 염소제를 주입하는 과정이다.
③ **후염소처리** : 여과와 같은 최종 입자제거공정 이후에 살균소독을 목적으로 염소를 주입하여 실시하는 염소처리이다.

**ANSWER** 107.④ 108.③ 109.③ 110.② 111.③ 112.④ 113.②

**114** 호수의 부영양화에 대한 설명으로 틀린 것은?

① 부영양화는 정체성 수역의 상층에서 발생하기 쉽다.
② 부영양화된 수원의 상수는 냄새로 인하여 음료수로 부적당하다.
③ 부영양화로 식물성 플랑크톤의 번식이 증가되어 투명도가 저하된다.
④ 부영양화로 생물활동이 활발하여 깊은 곳의 용존산소가 풍부하다.

◉**TIP** 부영양화가 발생하면 용존산소가 부족해진다.

**115** 콘크리트 하수관의 내부 천정이 부식되는 현상에 대한 대응책으로 틀린 것은?

① 방식재료를 사용하여 관을 방호한다.
② 하수 중의 유황 함유량을 낮춘다.
③ 관내의 유속을 감소시킨다.
④ 하수에 염소를 주입하여 박테리아 번식을 억제한다.

◉**TIP** 관내의 유속을 감소시키면 관의 부식현상이 촉진된다.

**116** 하수 배제방식의 특징에 관한 설명으로 틀린 것은?

① 분류식은 합류식에 비해 우천시 월류의 위험이 크다.
② 합류식은 분류식(2계통 건설)에 비해 건설비가 저렴하고 시공이 용이하다.
③ 합류식은 단면적이 크기 때문에 검사, 수리 등에 유리하다.
④ 분류식은 강우초기에 노면의 오염물질이 포함된 세정수가 직접 하천 등으로 유입된다.

◉**TIP** 합류식은 분류식에 비해 우천시 월류의 위험이 크다.

**117** 1인 1월 평균 급수량의 일반적인 증가·감소에 대한 설명으로 틀린 것은?

① 기온이 낮은 지방일수록 증가한다.
② 인구가 많은 도시일수록 증가한다.
③ 문명도가 낮은 도시일수록 감소한다.
④ 누수량이 증가하면 비례하여 증가한다.

◉**TIP** 기온이 낮은 지방일수록 물사용 횟수가 적어 1인 1일 평균급수량은 감소한다.

**118** 하수고도처리에서 인을 제거하기 위한 방법이 아닌 것은?

① 응집제첨가 활성슬러지법
② 활성탄 흡착법
③ 정석탈인법
④ 혐기호기조합법

**TIP** 활성탄 흡착법은 용해성 유기물을 활성탄을 사용하여 흡착, 제거하는 방법이다. (인은 무기물이며, 활성탄흡착법은 인의 제거를 위해 사용되지는 않는다.)

**119** 상수도 계통에서 상수의 공급과정으로 옳은 것은?

① 취수→정수→도수→배수→송수→급수
② 취수→도수→정수→송수→배수→급수
③ 취수→배수→정수→도수→급수→송수
④ 취수→정수→송수→배수→도수→급수

**TIP** 상수의 공급과정 … 취수→도수→정수→송수→배수→급수

**120** 우수관거 및 합류관거 내에서의 부유물 침전을 막기 위하여 계획우수량에 대하여 요구되는 최소 유속은?

① 0.3m/s
② 0.6m/s
③ 0.8m/s
④ 1.2m/s

**TIP** 우수관거 및 합류관거 내에서의 부유물 침전을 막기 위하여 계획우수량에 대하여 요구되는 최소유속은 0.8m/s이다.

ANSWER 114.④ 115.③ 116.① 117.① 118.② 119.② 120.③

제1과목 **응용역학**

**1** 상·하단이 모두 고정인 기둥에 그림과 같이 힘 $P$가 작용한다면 반력 $R_A$, $R_B$ 값은?

① $R_A = \dfrac{P}{2}$, $R_B = \dfrac{P}{2}$

② $R_A = \dfrac{P}{3}$, $R_B = \dfrac{2P}{3}$

③ $R_A = \dfrac{2P}{3}$, $R_B = \dfrac{P}{3}$

④ $R_A = P$, $R_B = 0$

**TIP**

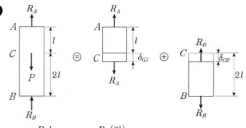

$$\delta_{c1} = \frac{R_A l}{EA}, \quad \delta_{c2} = -\frac{R_B(2l)}{EA}$$

적합조건식 : $\delta_{c_1} + \delta_{c_2} = 0$이므로 $R_A = 2R_B$

평형방정식 : $R_A + R_B = P$, $2R_B + R_B = P$

$$R_A = 2R_B = \frac{2P}{3}$$

**2** 그림과 같이 2개의 집중하중이 단순보 위를 통과할 때 절대최대 휨모멘트의 크기($M_{max}$)와 발생위치($x$)는?

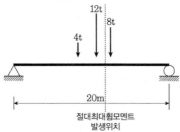

① $M_{max} = 36.2[\text{t} \cdot \text{m}]$, $x = 8[\text{m}]$

② $M_{max} = 38.2[\text{t} \cdot \text{m}]$, $x = 8[\text{m}]$

③ $M_{max} = 48.6[\text{t} \cdot \text{m}]$, $x = 9[\text{m}]$

④ $M_{max} = 50.6[\text{t} \cdot \text{m}]$, $x = 9[\text{m}]$

**○TIP** 절대최대휨모멘트가 발생하는 것은 두 작용력의 합력이 작용하는 위치와 큰 힘(8[t])이 작용하는 위치의 중간이 부재의 중앙에 위치했을 때이며 이 때 8[t]이 작용하는 위치에서 절대최대 휨모멘트가 발생한다. 따라서 8[t]의 하중이 작용하는 위치로부터 1[m]좌측으로 떨어진 위치가 부재의 중앙부에 있을 때 8[t]의 하중이 작용하는 지점의 휨모멘트의 크기를 구하면 된다.

우선 B점에서의 반력을 구하기 위하여 A점을 기준으로 모멘트평형의 원리를 적용하면,

$\sum M_A = 0 : 12 \cdot 9 - R_B \cdot 20 = 0$, $R_B = 5.4[\text{t}]$ 이며

$R_A = 12 - R_B = 6.6[\text{t}]$

절대최대휨모멘트는 8[t]의 하중 작용점에서 발생하므로 B지점으로부터 9[m] 떨어진 곳에서 발생하며 그 크기는

$M_{max} = R_A \cdot 11 - 4 \cdot 6 = 6.6 \cdot 11 - 24 = 48.6[\text{t} \cdot \text{m}]$

**3** 단면 2차 모멘트가 $I$이고 길이가 $l$인 균일한 단면의 직선상의 기둥이 있다. 지지상태가 1단 고정, 1단 자유인 경우 오일러(Euler) 좌굴하중($P_{cr}$)은? (단, 이 기둥의 영(Young)계수는 $E$이다.)

① $\dfrac{\pi^2 EI}{4l^2}$

② $\dfrac{\pi^2 EI}{l^2}$

③ $\dfrac{2\pi^2 EI}{l^2}$

④ $\dfrac{4\pi^2 EI}{l^2}$

**O TIP** 좌굴하중의 기본식(오일러의 장주공식)

$$P_{cr} = \frac{\pi^2 EI}{(KL)^2} = \frac{n\pi^2 EI}{L^2} = \frac{\pi^2 EI}{(KL)^2} = \frac{\pi^2 EI}{(2L)^2} = \frac{\pi^2 EI}{4L^2}$$

$EI$ : 기둥의 휨강성

$L$ : 기둥의 길이

$K$ : 기둥의 유효길이 계수

$KL$ : ($l_k$로도 표시함) 기둥의 유효좌굴길이(장주의 처짐곡선에서 변곡점과 변곡점 사이의 거리)

$n$ : 좌굴계수(강도계수, 구속계수)

| 지지상태 | 양단힌지 | 1단고정<br>1단힌지 | 양단고정 | 1단고정<br>1단자유 |
|---|---|---|---|---|
| 좌굴길이 $KL$ | $1.0L$ | $0.7L$ | $0.5L$ | $2.0L$ |
| 좌굴강도 | $n=1$ | $n=2$ | $n=4$ | $n=0.25$ |

**4** 부양력 200[kg]인 기구가 수평선과 60°의 각으로 정지상태에 있을 때 기구의 끈에 작용하는 인장력($T$)와 풍압($w$)를 구하면?

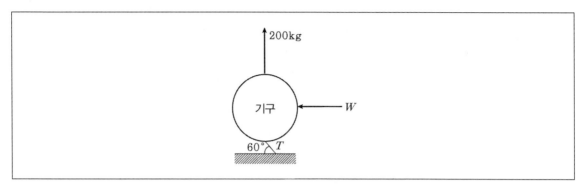

①  $T$=220.94[kg],  $w$=105.47[kg]
②  $T$=230.94[kg],  $w$=115.47[kg]
③  $T$=220.94[kg],  $w$=125.47[kg]
④  $T$=230.94[kg],  $w$=135.47[kg]

**◎TIP**  $\dfrac{W}{\sin 30^o} = \dfrac{200}{\sin 60^o} = \dfrac{T}{\sin 90^o}$ 가 성립해야 하므로,

$W = \dfrac{\sin 30^o}{\sin 60^o} \cdot 200 = 115.47[\text{kg}]$,  $T = \dfrac{\sin 90^o}{\sin 60^o} \cdot 200 = 230.94[\text{kg}]$

**5** 그림과 같이 지름 $d$인 원형단면에서 최대단면계수를 갖는 직사각형 단면을 얻으려면 $b/h$는?

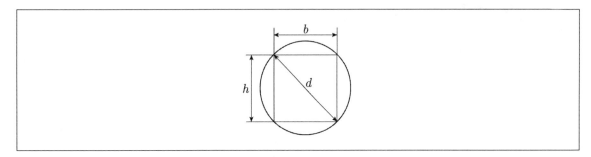

① 1

② $\dfrac{1}{2}$

③ $\dfrac{1}{\sqrt{2}}$

④ $\dfrac{1}{\sqrt{3}}$

**TIP** $Z = \dfrac{bh^2}{6}$, $d^2 = b^2 + h^2$이므로 $h^2 = d^2 - b^2$

$Z = \dfrac{b}{6}(d^2 - b^2)$이며, $\dfrac{dZ}{db} = \dfrac{1}{6}(d^2 - 3b^2) = 0$

$b = \sqrt{\dfrac{1}{3}}\,d$, $h = \sqrt{\dfrac{2}{3}}\,d$, $b:h = \dfrac{1}{\sqrt{3}} : \sqrt{\dfrac{2}{3}}$ ∴ $\dfrac{b}{h} = \dfrac{1}{\sqrt{2}}$

**6** 그림과 같은 구조물에서 C점의 수직처짐을 구하면? (단, $EI$는 $2 \times 10^9 [\text{kg} \cdot \text{cm}^2]$이며 자중은 무시한다.)

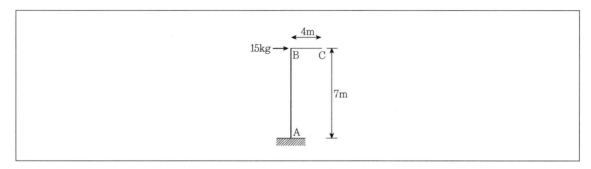

① 2.70[mm]

② 3.57[mm]

③ 6.24[mm]

④ 7.35[mm]

**OTIP** 구조물에 작용하는 하중과 변위를 그리면 다음과 같다.

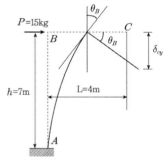

BC부재 사이에서 연직하중이 작용하지 않기 때문에 간단하게 다음의 방식으로 풀 수 있다.

$$\delta_{cy} = L \times \theta_B = L \times \frac{Ph^2}{2EI} = 400 \times \frac{15 \cdot 700^2}{2 \cdot 2 \cdot 10^9} = 0.735 [\text{cm}]$$

가상일법을 적용하면 풀 수도 있으나 시간이 많이 소요되므로 위의 방법을 권한다.

**7** 다음 인장부재의 수직변위를 구하는 식으로 옳은 것은? (단, 탄성계수는 $E$)

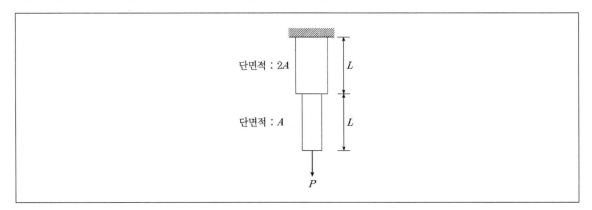

① $\dfrac{PL}{EA}$

② $\dfrac{3PL}{2EA}$

③ $\dfrac{2PL}{EA}$

④ $\dfrac{5PL}{2EA}$

**O TIP** $\delta = \delta_{AB} + \delta_{BC} = \dfrac{PL}{2EA} + \dfrac{PL}{EA} = \dfrac{3PL}{2EA}$

**8** 그림과 같이 속이 빈 직사각형 단면의 최대 전단응력은? (단, 전단력은 2t)

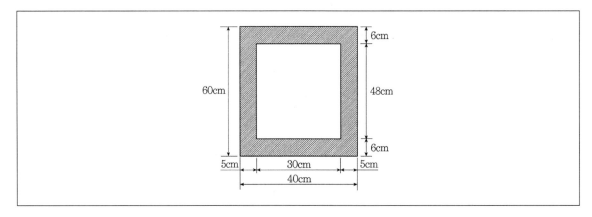

① $2.125[\text{kg/cm}^2]$

② $3.22[\text{kg/cm}^2]$

③ $4.125[\text{kg/cm}^2]$

④ $4.22[\text{kg/cm}^2]$

**◯TIP**

$$Q = 40 \times 30 \times \frac{30}{2} - \left(30 \times 24 \times \frac{24}{2}\right) = 9,360 \text{cm}^2$$

$$I = \frac{40 \times 60^3}{12} - \frac{30 \times 48^3}{12} = 4.435 \times 10^5 \text{cm}^4$$

$$\tau = \frac{VQ}{Ib} = \frac{2,000 \cdot 9,360}{(4.435 \times 10^5)(10)} = 4.22 [\text{kg/cm}^2]$$

**9** 아래 그림과 같은 캔틸레버보에 굽힘으로 인하여 저장되는 변형 에너지는? (단, $EI$는 일정하다.)

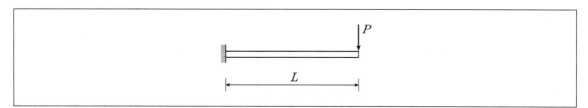

① $\dfrac{P^2 L^3}{6EI}$

② $\dfrac{P^2 L^3}{48EI}$

③ $\dfrac{P^2 L^3}{12EI}$

④ $\dfrac{P^2 L^3}{38EI}$

**◯TIP** $U = \dfrac{1}{2} P \cdot \delta = \dfrac{1}{2} P \cdot \left(\dfrac{Pl^3}{3EI}\right) = \dfrac{P^2 l^3}{6EI}$

---

**ANSWER** 7.② 8.④ 9.①

**10** 다음 그림과 같은 T형 단면에서 $x-x$축에 대한 회전반지름($r$)은?

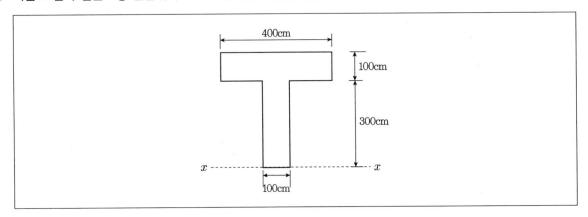

① 227[mm]
② 289[mm]
③ 334[mm]
④ 376[mm]

**○TIP** 회전반지름 $r_{x-x} = \sqrt{\dfrac{I_x}{A}}$

$$I_{x-x} = I_{X-X} + A \cdot e^2$$

$$I_{x-x} = \frac{100 \cdot 300^3}{3} + \frac{400 \cdot 100^3}{12} + 400 \cdot 100 \cdot 350^2 = 5.83 \cdot 10^9$$

$$r_{x-x} = \sqrt{\frac{I_x}{A}} = \sqrt{\frac{5.83 \cdot 10^9}{(100 \cdot 300 + 400 \cdot 100)}} = 288.59[\text{mm}]$$

**11** 다음 내민보에서 B점의 모멘트와 C점의 모멘트의 절댓값의 크기를 같게 하기 위한 $L/a$의 값은?

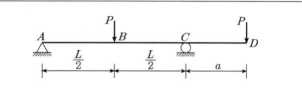

① 6

② 4.5

③ 4

④ 3

○**TIP** $\sum M_C = 0 : R_A \times L - P \times \dfrac{L}{2} + P \times a = 0$

$R_A = \dfrac{P}{2} - \dfrac{Pa}{L}$

$\sum M_B = 0 : \left(\dfrac{P}{2} - \dfrac{Pa}{L}\right) \times \dfrac{L}{2} - M_B = 0$

$M_B = \dfrac{PL}{4} - \dfrac{Pa}{2}$

$\sum M_C = 0 : M_C + Pa = 0, \ M_C = -Pa$

$M_B + M_C = 0, \ \left(\dfrac{PL}{4} - \dfrac{Pa}{2}\right) + (-Pa) = 0$

$\dfrac{L}{4} - \dfrac{3a}{2} = 0, \ \dfrac{L}{a} = 6$

**12** 어떤 재료의 탄성계수를 $E$, 전단탄성계수를 $G$라고 할 때 $G$와 $E$의 관계식으로 옳은 것은? (단, 이 재료의 프와송비는 $\nu$이다.)

① $G = \dfrac{E}{2(1-\nu)}$

② $G = \dfrac{E}{2(1+\nu)}$

③ $G = \dfrac{E}{2(1-2\nu)}$

④ $G = \dfrac{E}{2(1+2\nu)}$

○**TIP** 재료의 탄성계수를 $E$, 전단탄성계수를 $G$라고 할 때 $G$와 $E$의 관계식은 $G = \dfrac{E}{2(1+\nu)}$

**13** 다음 트러스의 부재력이 0인 부재는?

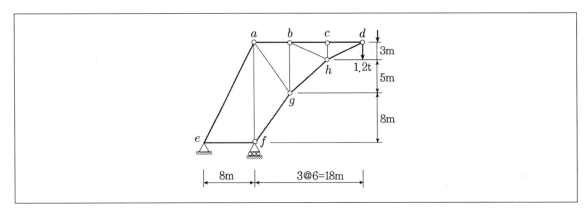

① 부재 a-e

② 부재 a-f

③ 부재 b-g

④ 부재 c-h

**○TIP** 절점 C에서 절점법을 적용하면 $\sum F_y = 0(\uparrow)$이어야 하므로 $\overline{ch} = 0$이 된다.

**14** 다음 구조물은 몇 부정정 차수인가?

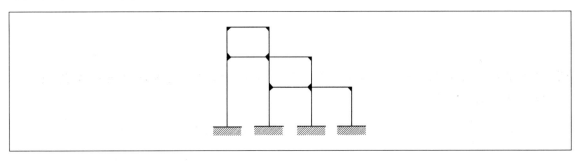

① 12차 부정정

② 15차 부정정

③ 18차 부정정

④ 21차 부정정

**○TIP** 각 절점과 지점에 발생하는 반력수를 표시하면 다음과 같다.

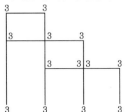

반력수 $R = 12$, 부재수 $m = 13$, 강접합 수 $S = 14$, 절점수 $p = 12$

$N = 12 + 13 + 14 - 2 \times 12 = 15$

**15** 그림과 같은 라멘 구조물의 E점에서의 불균형 모멘트에 대한 부재 EA의 모멘트 분배율은?

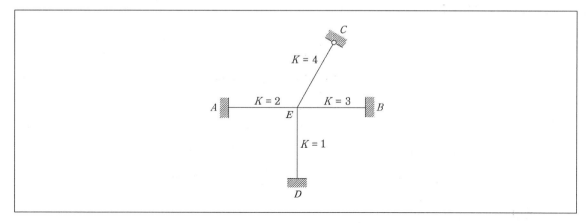

① 0.222

② 0.1667

③ 0.2857

④ 0.40

**TIP** $DF_{EA} = \dfrac{k_{EA}}{\sum k} = \dfrac{2}{2 + 4 \cdot \dfrac{3}{4} + 3 + 1} = \dfrac{2}{9} = 0.222$

**16** 다음 그림과 같은 내민보에서 정(+)의 최대휨모멘트가 발생하는 위치 $x$(A지점으로부터의 거리)와 정(+)의 최대휨모멘트($M_x$)는?

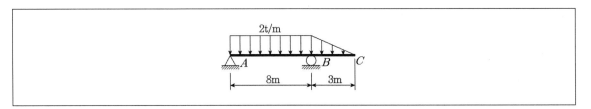

① $x = 2.821[m]$, $M_x = 11.438t \cdot m$    ② $x = 3.256[m]$, $M_x = 17.547t \cdot m$

③ $x = 3.813[m]$, $M_x = 14.535t \cdot m$    ④ $x = 4.527[m]$, $M_x = 19.063t \cdot m$

**O TIP**  $\sum M_A = 2 \cdot 8 \cdot 4 - R_B \cdot 8 + \frac{1}{2} \cdot 2 \cdot 3 \cdot 9 = 0$

$8R_B = 8 \cdot 2 \cdot 4 + \frac{1}{2} \cdot 2 \cdot 3 \cdot 9 = 91$이므로 $R_B = 11.375$

$R_A + R_B = 2 \cdot 8 + \frac{1}{2} \cdot 2 \cdot 3 = 19[t]$

$R_A = 19 - 11.375 = 7.625[t]$

$V_x = 7.625 - 2x = 0$을 만족하는 $x = 3.8125[m]$

$M_{x=3.8125} = \int_0^{3.8125} V_x dx = \int_0^{3.8125} (7.625 - 2x) dx = 14.535$

**17** 다음 그림과 같은 반원형 3힌지 아치에서 A점의 수평반력은?

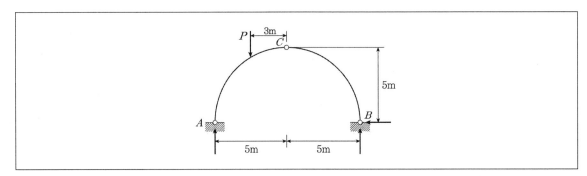

① $P$    ② $P/2$

③ $P/4$    ④ $P/5$

**◯TIP**
$$\sum M_A = 0 : P \times 2 - V_B \times 10 = 0, \quad V_B = \frac{P}{5}(\uparrow)$$

$$\sum M_C = 0 : H_B \times 5 - \frac{P}{5} \times 5 = 0, \quad H_B = \frac{P}{5}(\leftarrow)$$

$$\sum F_x = 0 : H_A - H_B = 0, \quad H_A = H_B = \frac{P}{5}(\rightarrow)$$

**18** 휨 모멘트가 $M$인 다음과 같은 직사각형 단면에서 A-A에서의 휨응력은?

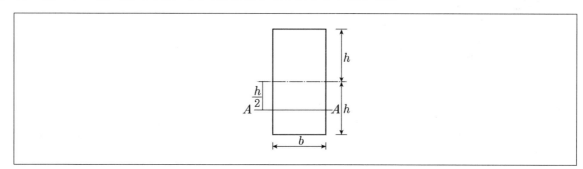

①  $\dfrac{3M}{bh^2}$

②  $\dfrac{3M}{4bh^2}$

③  $\dfrac{3M}{2bh^2}$

④  $\dfrac{M}{4b^2h^2}$

**◯TIP**  $\sigma_{A-A} = \dfrac{M}{I}y = \dfrac{M}{\dfrac{b(2h)^3}{12}} \cdot \dfrac{h}{2} = \dfrac{3M}{4bh^2}$

**19** 다음 그림과 같은 내민보에서 C점의 처짐은? (단, 전 구간의 $EI = 3.0 \times 10^9 [\mathrm{kg \cdot cm^2}]$으로 일정하다.)

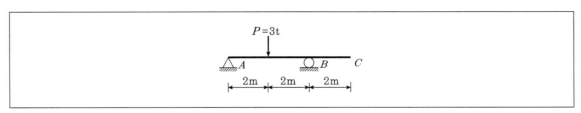

① 0.1[cm]

② 0.2[cm]

③ 1[cm]

④ 2[cm]

> **TIP** $\delta_c = \theta_B \times L$
>
> $l = 4\mathrm{m} = 400\mathrm{cm}, \ L = 2\mathrm{m} = 200\mathrm{cm}$
>
> $\theta_B = \dfrac{Pl^2}{16EI}, \ P = 3 \times 10^3 \mathrm{kg}$
>
> $\begin{aligned} \delta_c &= \dfrac{Pl^2}{16EI} \times L \\ &= \dfrac{3 \times 10^3 \times 400^2}{16 \times 3 \times 10^9} \times 200 \\ &= 2\mathrm{cm} \end{aligned}$

**20** 아래 그림에서 블록 A를 뽑아내는데 필요한 힘 $P$는 최소 얼마 이상이어야 하는가? (단, 블록과 접촉면과의 마찰계수 $\mu = 0.3$)

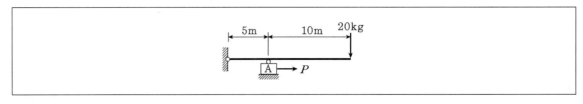

① 6[kg]

② 9[kg]

③ 15[kg]

④ 18[kg]

> **TIP** 벽체에 붙어있는 힌지점에 대한 모멘트는 0임을 이용한다.
>
> $\sum M = 20 \cdot 15 - R_A \cdot 5 = 0, \ R_A = 60\mathrm{kg}$
>
> 마찰계수를 고려하면 $60 \times 0.3 = 18\mathrm{kg}$

**21** 트래버스 ABCD에서 각 측선에 대한 위거와 경거값이 아래 표와 같을 때 측선 BC의 배횡거는?

| 측선 | 위거(m) | 경거(m) |
|------|---------|---------|
| AB | +75.39 | +81.57 |
| BC | −33.57 | +18.78 |
| CD | −61.43 | −45.60 |
| DA | +44.61 | −52.65 |

① 81.57[m]
② 155.10[m]
③ 163.14[m]
④ 181.92[m]

○**TIP** 제1측선(AB)의 배횡거는 제1측선의 경거이다.
임의 측선의 배횡거는 하나 앞측선의 배횡거, 하나 앞측선의 경거, 그 측선의 경거의 합이므로 BC의 배횡거는
81.57 + 81.57 + 18.78 = 181.92[m]

**22** DGPS를 적용할 경우 기지점과 미지점에서 측정한 결과로부터 공통오차를 상쇄시킬 수 있기 때문에 측량의 정확도를 높일 수 있다. 이 때 상쇄되는 오차요인이 아닌 것은?

① 위성의 궤도정보오차
② 다중경로오차
③ 전리층 신호지연
④ 대류권 신호지연

○**TIP** 다중경로오차 … GPS 위성으로부터 직접 수신된 전파 이외에 부가적으로 주위의 지형지물에 의해 반사된 전파로 인해 발생하는 오차이다. 다중경로가 발생하는 경우 위성으로부터 송신된 신호가 수신기 주변의 물체를 거쳐 수신기로 들어오므로 거리의 오차를 필연적으로 발생시키게 되어 제대로 상쇄되지 못한다.
※ DGPS(Differntial GPS) … 이미 알고 있는 기지점 좌표를 이용하여 오차를 줄이는 측량법으로서, 좌표를 알고 있는 기지점에 기준국용 GPS 수신기를 설치하여 각 위성의 보정값을 구해 오차를 줄이는 방식이다.

**23** 사진축척이 1 : 5,000이고 종중복도가 60%일 때 촬영기선 길이는? (단, 사진 크기는 23cm × 23cm이다.)

① 360[m]

② 375[m]

③ 435[m]

④ 460[m]

**TIP** $B = ma\left(1 - \dfrac{p}{100}\right) = 5,000 \cdot 0.23 \cdot \left(1 - \dfrac{60}{100}\right) = 460[\text{m}]$

**24** 완화곡선에 대한 설명으로 옳지 않은 것은?

① 모든 클로소이드(clothoid)는 닮은 꼴이며 클로소이드 요소는 길이의 단위를 가진 것과 단위가 없는 것이 있다.

② 완화곡선의 접선은 시점에서 원호에, 종점에서 직선에 접한다.

③ 완화곡선의 반지름은 그 시점에서 무한대, 종점에서는 원곡선의 반지름과 같다.

④ 완화곡선에 연한 곡선반지름의 감소율은 캔트(cant)의 증가율과 같다.

**TIP** 완화곡선의 접선은 시점에서 직선에, 종점에서 원호에 접한다.

**25** 삼변측량에 관한 설명 중 틀린 것은?

① 관측요소는 변의 길이 뿐이다.

② 관측값에 비하여 조건식이 적은 단점이 있다.

③ 삼각형의 내각을 구하기 위해 코사인 제2법칙을 이용한다.

④ 반각공식을 이용하여 각으로부터 변을 구하여 수직위치를 구한다.

**TIP** 삼변측량은 반각공식을 이용하여 각과 변에 의해 수평위치를 구한다.

**26** 교호수준측량에서 A점의 표고가 55.00[m]이고 $a_1$=1.34[m], $b_1$=1.14[m], $a_2$=0.84[m], $b_2$=0.56[m]일 때 B점의 표고는?

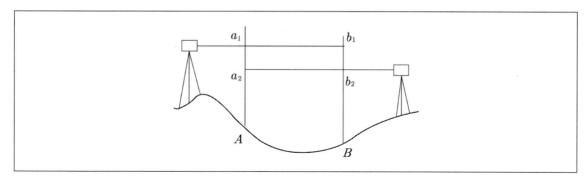

① 55.24[m]

② 56.48[m]

③ 55.22[m]

④ 56.42[m]

⭕**TIP** $$H_B = H_A + \frac{(a_1 - b_1) + (a_2 - b_2)}{2} = 55.24[\text{m}]$$

**27** 하천측량 시 무제부에서의 평판측량 범위는?

① 홍수가 영향을 주는 구역보다 약간 넓게

② 계획하고자 하는 지역의 전체

③ 홍수가 영향을 주는 구역까지

④ 홍수영향 구역보다 약간 좁게

⭕**TIP** 유제부에서 제외지 및 제내지 300m 이내, 무제부에서는 홍수가 영향을 주는 구역보다 약간 넓게 한다.

**28** 어떤 거리를 10회 관측하여 평균 2,403.557[m]의 값을 얻고 잔차의 제곱의 합 8,208[mm²]을 얻었다면 1회 관측의 평균 제곱근 오차는?

① ±23.7mm

② ±25.5mm

③ ±28.3mm

④ ±30.2mm

**◉TIP** $\sigma = \pm \sqrt{\dfrac{\sum v^2}{n-1}} = \pm \sqrt{\dfrac{8,208}{10-1}} = \pm 30.199 ≒ \pm 30.2\text{mm}$

**29** 지반고($h_A$)가 123.6[m]인 A점에 토털스테이션을 설치하여 B점의 프리즘을 관측하여 기계고 1.5[m], 관측사 거리($S$)는 150[m], 수평선으로부터의 고저각($\alpha$) 30°, 프리즘고($P_h$) 1.5[m]를 얻었다면 B점의 지반고는?

① 198.0[m]

② 198.3[m]

③ 198.6[m]

④ 198.9[m]

**◉TIP** $H_B = H_A + i_A + S\sin\alpha - P_h$
$= 123.6 + 1.5 + 150\sin 30° - 1.5 = 198.6\text{m}$

**30** 측량성과표에 측점 A의 진북방향각은 0° 06′ 17″이고, 측점 A에서 측점 B에 대한 평균방향각은 263° 38′ 26″로 되어 있을 때에 측점 A에서 측점 B에 대한 역방위각은?

① 83° 32′ 09″

② 83° 44′ 43″

③ 263° 32′ 09″

④ 263° 44′ 43″

**◉TIP** AB의 역방위각은 AB의 방위각에 180°를 더하고 이를 360°를 뺀 값이다. 따라서 (263° 38′ 26″−6′ 17″)+180°−360°=83° 32′ 09″

**31** 수심이 $h$인 하천의 평균 유속을 구하기 위하여 수면으로부터 $0.2h$, $0.6h$, $0.8h$가 되는 깊이에서 유속을 측량한 결과 0.8[m/s], 1.5[m/s], 1.0[m/s]이었다. 3점법에 의한 평균유속은?

① 0.9[m/s]
② 1.0[m/s]
③ 1.1[m/s]
④ 1.2[m/s]

**O TIP** $V_m = \dfrac{1}{4}(V_{0.2} + 2V_{0.6} + V_{0.8}) = \dfrac{1}{4}(0.8 + 2 \cdot 1.5 + 1.0) = 1.2[\text{m/s}]$

**32** 위성에 의한 원격탐사(Remote Sensing)의 특징으로 옳지 않은 것은?

① 항공사진측량이나 지상측량에 비해 넓은 지역의 동시측량이 가능하다.
② 동일 대상물에 대해 반복측량이 가능하다.
③ 항공사진측량을 통해 지도를 제작하는 경우보다 대축척 지도의 제작에 적합하다.
④ 여러 가지 분광 파장대에 대한 측량자료 수집이 가능하므로 다양한 주제도 작성이 용이하다.

**O TIP** 항공사진측량을 통해 지도를 제작하는 경우보다 소축척 지도의 제작에 적합하다.

**33** 교각이 60°이고 반지름이 300[m]인 원곡선을 설치할 때 접선의 길이[$T.L.$]는?

① 81.603[m]
② 173.205[m]
③ 346.412[m]
④ 519.615[m]

**O TIP** 접선장[T.L.] : $R \cdot \tan\dfrac{I}{2} = 300 \cdot \tan\dfrac{60^o}{2} = 173.205[\text{m}]$

**34** 지상 1[km$^2$]의 면적을 지도상에서 4[cm$^2$]으로 표시하기 위한 축척으로 옳은 것은?

① 1 : 5,000

② 1 : 50,000

③ 1 : 25,000

④ 1 : 250,000

○**TIP** 축척 : $\left(\dfrac{1}{m}\right)^2 = \dfrac{도상면적}{실제면적} = \dfrac{4[\mathrm{cm}^2]}{1[\mathrm{km}^2]} = \sqrt{\dfrac{4\times10^{-4}}{1\times10^6}} = \dfrac{1}{50,000}$

**35** 수준측량에서 레벨의 조정이 불완전하여 시준선이 기포관축과 평행하지 않을 때 생기는 오차의 소거방법으로 옳은 것은?

① 경위, 반위로 측정하여 평균한다.

② 지반이 견고한 곳에 표척을 세운다.

③ 전시와 후시의 시준거리를 같게 한다.

④ 시작점과 종점에서의 표척을 같은 것을 사용한다.

○**TIP** 수준측량에서 레벨의 조정이 불완전하여 시준선이 기포관축과 평행하지 않을 때 생기는 오차는 전시와 후시의 시준거리를 같게 하면 소거할 수 있다.

**36** △ABC의 꼭지점에 대한 좌표값이 (30, 50), (20, 90), (60, 100)일 때 삼각형 토지의 면적은? (단, 좌표의 단위는 [m]이다.)

① 500[m$^2$]

② 750[m$^2$]

③ 850[m$^2$]

④ 960[m$^2$]

○**TIP** 해설을 다음의 내용으로 교체합니다.

| x좌표 | 30 | 20 | 60 |
|-------|----|----|-----|
| y좌표 | 50 | 90 | 100 |

$A = \dfrac{1}{2}\sum x_i(y_{i+1} - y_{i-1})$ or $\dfrac{1}{2}\sum y_i(x_{i+1} - x_{i-1})$ 이므로 주어진 수치를 여기에 대입하면

$A = \dfrac{1}{2}|(60-20)\cdot50 + (30-60)\cdot90 + (20-30)\cdot100| = 850$ 이 산출된다.

**37** GNSS 상대측위 방법에 대한 설명으로 옳은 것은?

① 수신기 1대만을 사용하여 측위를 실시한다.
② 위성과 수신기 간의 거리는 전파의 파장개수를 이용하여 계산할 수 있다.
③ 위상차의 계산은 단순차, 2중차, 3중차와 같은 차분기법으로는 해결하기 어렵다.
④ 전파의 위상차를 관측하는 방식이나 절대측위 방법보다 정확도가 낮다.

● TIP ① 수신기 2대 이상을 사용하여 측위를 실시한다.
③ 위상차의 계산은 단순차, 2중차, 3중차와 같은 차분기법으로 해결할 수 있다.
④ 절대측위 방법보다 정확도가 높다.

**38** 노선측량의 일반적인 작업순서로 옳은 것은?

| | |
|---|---|
| A : 종 · 횡단측량 | B : 중심선측량 |
| C : 공사측량 | D : 답사 |

① A→B→D→C
② D→B→A→C
③ D→C→A→B
④ A→C→D→B

● TIP 노선측량의 작업순서 ··· 답사→중심선측량→종 · 횡단측량→공사측량

**39** 삼각형의 토지면적을 구하기 위해 밑변 $a$와 높이 $h$를 구하였다. 토지의 면적과 표준오차는? (단, $a = 15 \pm 0.015$[m], $h = 25 \pm 0.025$[m])

① $187.5 \pm 0.04$[m$^2$]
② $187.5 \pm 0.27$[m$^2$]
③ $375.0 \pm 0.27$[m$^2$]
④ $375.0 \pm 0.53$[m$^2$]

● TIP 면적 $A = \dfrac{1}{2}ah = \dfrac{1}{2} \cdot 15 \cdot 25 = 187.5$[m$^2$]

면적오차 $dA = \pm \dfrac{1}{2}\sqrt{(x \cdot m_y)^2 + (y \cdot m_x)^2} = \pm \dfrac{1}{2}\sqrt{(15 \cdot 0.025)^2 + (25 \cdot 0.015)^2} = \pm 0.27$[m$^2$]

ANSWER  34.② 35.③ 36.③ 37.② 38.② 39.②

**40** 축척 1:5,000의 수치지형도의 주곡선 간격으로 옳은 것은?

① 5[m]　　　　　　　　　　　　② 10[m]

③ 15[m]　　　　　　　　　　　　④ 20[m]

**OTIP** 축적 1:5,000 수치 지형도의 주곡선 간격은 5[m]가 된다.
　　※ 주곡선의 간격
　　• 1 : 25,000 수치지형도는 10[m]
　　• 1 : 10,000과 1 : 5,000 수치지형도는 5[m]
　　• 1 : 1,000 수치지형도는 1[m]

---

**제3과목** **수리학 및 수문학**

---

**41** 유속이 3[m/s]인 유수 중에 유선형 물체가 흐름방향으로 향하여 $h$ =3[m] 깊이에 놓여있을 때 정체압력 (stagnation pressure)은?

① 0.46[kN/m$^2$]　　　　　　　　② 12.21[kN/m$^2$]

③ 33.90[kN/m$^2$]　　　　　　　　④ 102.35[kN/m$^2$]

**OTIP** 정체압력(총압력)은 정압력과 동압력의 합이다.
$$P_s = P + \frac{\rho v^2}{2} = 1 \cdot 9.8 \cdot 3 + \frac{1 \cdot 3^2}{2} = 33.9$$
(단위가 N이 사용되었음에 유의해야 한다.)

---

**42** 다음 중 직접 유출량에 포함되는 것은?

① 지체지표하 유출량　　　　　　② 지하수 유출량

③ 기저 유출량　　　　　　　　　④ 조기지표하 유출량

**OTIP** 직접 유출량 … 직접유출의 근원이 되는 강우량으로서 지표면 유출, 조기지표하 유출, 수로상 강수 등으로 구성된다.

**43** 직사각형 단면수로의 폭이 5[m]이고 한계수심이 1[m]일 때의 유량은? (단, 에너지 보정계수는 1.0이다.)

① $15.65[\mathrm{m}^3/\mathrm{s}]$

② $10.75[\mathrm{m}^3/\mathrm{s}]$

③ $9.80[\mathrm{m}^3/\mathrm{s}]$

④ $3.13[\mathrm{m}^3/\mathrm{s}]$

**TIP**

$$V_c = \sqrt{\frac{gh_c}{\alpha}} = \sqrt{\frac{9.8 \cdot 1}{1.0}} = 3.13[\mathrm{m/s}]$$

$$Q = AV_c = 5 \cdot 1 \cdot 3.13 = 15.65[\mathrm{m}^3/\mathrm{sec}]$$

**44** 표와 같은 집중호우가 자기기록지에 기록되었다. 지속기간 20분 동안의 최대강우강도는?

| 시간(분) | 5 | 10 | 15 | 20 | 25 | 30 | 35 | 40 |
|---|---|---|---|---|---|---|---|---|
| 누가우량(mm) | 2 | 5 | 10 | 20 | 35 | 40 | 43 | 45 |

① $95[\mathrm{mm/hr}]$

② $105[\mathrm{mm/hr}]$

③ $115[\mathrm{mm/hr}]$

④ $135[\mathrm{mm/hr}]$

**TIP** 누가우량으로부터 시간별 우량을 구해야 한다.

| 시간(분) | 5 | 10 | 15 | 20 | 25 | 30 | 35 | 40 |
|---|---|---|---|---|---|---|---|---|
| 누가우량(mm) | 2 | 5 | 10 | 20 | 35 | 40 | 43 | 45 |
| 우량(mm) | 2 | 3 | 5 | 10 | 15 | 5 | 3 | 2 |

20분 동안 강우량이 최대인 시간대는 15분, 20분, 25분, 30분 구간이다. 따라서 이 시간대의 우량을 합하면 5+10+15+5=35[mm]가 된다. 따라서 강우강도는

$$I = \frac{60}{20} \cdot 35 = 105[\mathrm{mm/hr}]$$

**45** 단위유량도 이론의 가정에 대한 설명으로 옳지 않은 것은?

① 초과강우는 유효지속기간 동안에 일정한 강도를 가진다.

② 초과강우는 전 유역에 걸쳐서 균등하게 분포된다.

③ 주어진 지속기간의 초과강우로부터 발생된 직접유출수문곡선의 기저시간은 일정하다.

④ 동일한 기저시간을 가진 모든 직접유출 수문곡선의 종거들은 각 수문곡선에 의하여 주어진 총 직접유출수문곡선에 반비례한다.

**○TIP** 동일한 기저시간을 가진 모든 직접유출 수문곡선의 종거들은 각 수문곡선에 의하여 주어진 총 직접유출수문곡선에 비례한다.

  ※ 단위유량도 이론
   ㉠ 단위유량도(Unit Hydrograph) : 특정 단위시간 동안 균일한 강도로 유역전반에 걸쳐 균등하게 내리는 단위유효우량으로 인하여 발생하는 직접유출 수문곡선
   ㉡ 단위유량도의 기본가정
    • 일정 기저시간 가정(principle of equal base time) : 강우의 지속시간이 같을 경우 직접유출의 기저시간은 강우강도에 관계없이 동일하다.
    • 비례가정(principle of proportionality) : 직접유출 수문곡선의 종거는 임의시간에 있어서의 강우강도에 직접 비례한다.
    • 중첩가정(principle of superposition) : 일련의 유효우량에 의한 총유량은 각 기간의 유효우량에 의한 개개 유출량을 산술적으로 합한 양과 같다

**46** 사각 위어에서 유량산출에 쓰이는 Francis 공식에 대하여 양단 수축이 있는 경우에 유량으로 옳은 것은?
(단, $B$는 위어의 폭, $h$는 월류수심)

① $Q = 1.84(B - 0.4h)h^{3/2}$

② $Q = 1.84(B - 0.3h)h^{3/2}$

③ $Q = 1.84(B - 0.2h)h^{3/2}$

④ $Q = 1.84(B - 0.1h)h^{3/2}$

**○TIP** 사각 위어에서 유량산출에 쓰이는 Francis 공식에 대하여 양단수축이 있는 경우에 유량은
$Q = 1.84(B - 0.2h)h^{3/2}$으로 구한다.

**47** 비에너지(specific energy)와 한계수심에 대한 설명으로 옳지 않은 것은?

① 비에너지는 수로의 바닥을 기준으로 한 단위무게의 유수가 가진 에너지이다.

② 유량이 일정할 때 비에너지가 최소가 되는 수심이 한계수심이다.

③ 비에너지가 일정할 때 한계수심으로 흐르면 유량이 최소가 된다.

④ 직사각형 단면에서 한계수심은 비에너지의 2/3가 된다.

**TIP** 비에너지가 일정할 때 한계수심으로 흐르면 유량은 최대가 된다.

⊙ 비에너지 : 수로의 바닥을 기준으로 한 단위중량당 유체가 가지고 있는 에너지 $H_e = h + \alpha \dfrac{v^2}{2g}$

ⓛ 한계수심 : 유량이 일정할 때 비에너지가 최소가 되는 수심 $h_c = \left( \dfrac{aQ^2}{gb^2} \right)^{\frac{1}{3}}$

**48** 관수로의 마찰손실공식 중 난류에서의 마찰손실계수 $f$는?

① 상대조도만의 함수이다.

② 레이놀즈수와 상대조도의 함수이다.

③ 후르드수와 상대조도의 함수이다.

④ 레이놀즈수만의 함수이다.

**TIP** 관수로의 마찰손실공식 중 난류에서의 마찰손실계수 $f$는 레이놀즈수와 상대조도의 함수이다.

**49** 우물에서 장기간 양수를 한 후에도 수면강하가 일어나지 않는 지점까지의 우물로부터 거리(범위)를 무엇이라 하는가?

① 용수효율권　　　　　　　　　　② 대수층권

③ 수류영역권　　　　　　　　　　④ 영향권

**TIP** 영향권 … 우물에서 장기간 양수를 한 후에도 수면강하가 일어나지 않는 지점까지의 우물로부터 거리(범위)

ANSWER　45.④　46.③　47.③　48.②　49.④

**50** 빙산(氷山)의 부피가 $V$, 비중이 0.92이고, 바닷물의 비중은 1.025라 할 때 바닷물 속에 잠겨있는 빙산의 부피는?

① $1.1\,V$　　　　　　　　　　　　　　② $0.9\,V$

③ $0.8\,V$　　　　　　　　　　　　　　④ $0.7\,V$

● **TIP** 빙산의 무게와 부력이 서로 평형을 이루어야 한다.

따라서 $wV = w_s V_s$ 가 되어야 하므로, $0.92\,V = 1.025\,V_s$ 가 되어 $V_s = \dfrac{0.92}{1.025}\,V = 0.897\,V$ 가 된다.

**51** 지름 $d$인 구(球)가 밀도 $\rho$의 유체 속을 유속 $V$로 침강할 때 구의 항력 $D$는? (단, 항력계수는 $C_D$라 한다.)

① $\dfrac{1}{8}\,C_D \pi d^2 \rho V^2$　　　　　　　② $\dfrac{1}{2}\,C_D \pi d^2 \rho V^2$

③ $\dfrac{1}{4}\,C_D \pi d^2 \rho V^2$　　　　　　　④ $C_D \pi d^2 \rho V^2$

● **TIP** 지름 $d$인 구(球)가 밀도 $\rho$의 유체 속을 유속 $V$로 침강할 때 구의 항력 $D$는 $\dfrac{1}{8}\,C_D \pi d^2 \rho V^2$ 가 된다.

**52** 수리실험에서 점성력이 지배적인 힘이 될 때 사용할 수 있는 모형법칙은?

① Reynold 모형법칙　　　　　　　　② Froude 모형법칙

③ Weber 모형법칙　　　　　　　　　④ Cauchy 모형법칙

● **TIP** ① Reynold 모형법칙 : 점성력에 대한 관성력의 비
② Froude 모형법칙 : 중력에 대한 관성력의 비
③ Weber 모형법칙 : 표면장력에 대한 관성력의 비
④ Cauchy 모형법칙 : 탄성력에 대한 관성력의 비

**53** 개수로의 상류(subcritical flow)에 대한 설명으로 옳은 것은?

① 유속과 수심이 일정한 흐름
② 수심이 한계수심보다 작은 흐름
③ 유속이 한계유속보다 작은 흐름
④ Froude수가 1보다 큰 흐름

　●**TIP** 상류는 유속이 한계수심보다 작은 흐름이며 유속이 한계수심보다 크면 사류가 된다.

**54** 그림과 같이 높이 2m인 물통에 물이 1.5[m]만큼 담겨져 있다. 물통이 수평으로 4.9[m/s²]의 일정한 가속도를 받고 있을 때, 물통의 물이 넘쳐흐르지 않기 위한 물통의 길이($L$)는?

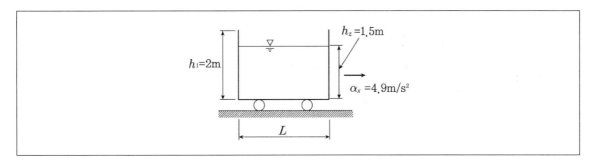

① 2.0[m]　　　　　　　　　　② 2.4[m]
③ 2.8[m]　　　　　　　　　　④ 3.0[m]

　●**TIP** $\tan\theta = \dfrac{2h}{L/2} = \dfrac{\alpha}{g}$ 이므로 $L = \dfrac{2gh}{\alpha} = \dfrac{2 \cdot 9.8 \cdot 0.5}{4.9} = 2.0[m]$

**55** 미소진폭파(small-amplitude wave)이론에 포함된 가정이 아닌 것은?

① 파장이 수심에 비해 매우 크다.
② 유체는 비압축성이다.
③ 바닥은 평평한 불투수층이다.
④ 파고는 수심에 비해 매우 적다.

　　◎**TIP** 미소진폭파는 파장이 수심에 비해 매우 작다.


**56** 관수로에 대한 설명 중 틀린 것은?

① 단면점확대로 인한 수두손실은 단면급확대로 인한 수두손실보다 클 수 있다.
② 관수로 내의 마찰손실수두는 유속수두에 비례한다.
③ 아주 긴 관수로에서는 마찰 이외의 손실수두를 무시할 수 있다.
④ 마찰손실수두는 모든 손실수두 가운데 가장 큰 것으로 마찰손실계수에 유속수두를 곱한 것과 같다.

　　◎**TIP** 점확대란 점진적으로 서서히 확대되는 것을 의미한다.
　　　　　마찰손실수두는 유속수두와 다른 변수들을 곱해서 구한다.


**57** 수문자료의 해석에 사용되는 확률분포형의 매개변수를 추정하는 방법이 아닌 것은?

① 모멘트법
② 회선적분법
③ 확률가중모멘트법
④ 최우도법

　　◎**TIP** 수문자료의 해석에 사용되는 확률분포형의 매개변수를 추정하는 방법으로는 모멘트법, 확률가중모멘트법, 최우도법, 최
　　　　　소자승법이 있다.
　　　　① 모멘트법은 가장 오래되고 간단하여 많이 사용하는 방법 중의 하나로 모집단의 모멘트와 표본자료의 모멘트를 같게
　　　　　하여 매개변수를 추정하는 방법이다.
　　　　④ 최우도법은 추출된 표본자료가 나올 수 있는 확률이 최대가 되도록 매개변수를 추정하는 방법이다.

**58** 에너지선에 대한 설명으로 옳은 것은?

① 언제나 수평선이 된다.
② 동수경사선보다 아래에 있다.
③ 속도수두와 위치수두의 합을 의미한다.
④ 동수경사선보다 속도수두만큼 위에 위치하게 된다.

**⊙TIP** 에너지선은 동수경사선과 속도수두의 합이다.
그러므로 동수경사선보다 속도수두만큼 위에 위치한다.

**59** 대기의 온도 $t_1$, 상대습도 70%인 상태에서 증발이 진행되었다. 온도가 $t_2$로 상승하고 대기중의 증기압이 20% 증가하였다면 온도 $t_1$ 및 $t_2$에서의 포화 증기압이 각각 10.0[mmHg] 및 14.0[mmHg]라고 할 때 온도 $t_2$에서의 상대습도는?

① 50%　　　　　　　　　　　　② 60%
③ 70%　　　　　　　　　　　　④ 80%

**⊙TIP** t1에서의 수증기분압은 $e_1 = \dfrac{h \cdot e_s}{100} = \dfrac{70 \cdot 10}{100} = 7\%$

t2에서의 수증기분압은 $e_2 = 7 + 7 \cdot 0.2 = 8.4\%$

t2에서의 상대습도 $h = \dfrac{8.4}{14} \times 100 = 60[\%]$

**60** 다음 물리량 중에서 차원이 잘못 표시된 것은?

① 동점성계수 : $[FL^2 T]$　　　　　② 밀도 : $[FL^{-4} T^2]$
③ 전단응력 : $[FL^{-2}]$　　　　　　④ 표면장력 : $[FL^{-1}]$

**⊙TIP** 동점성계수는 점성계수를 밀도로 나눈 값이며 단위는 stokes=cm²/sec이다. 따라서 $[L^2 T^{-1}]$이 된다.

**61** 그림과 같은 나선철근단주의 설계축강도($P_n$)을 구하면? (단, D32 1개의 단면적 794[mm$^2$], $f_{ck}$ =24MPa, $f_y$ =420MPa)

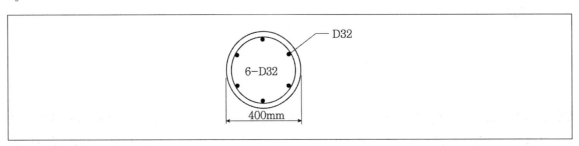

① 2,648[kN]　　　　　　　　　　② 3,254[kN]
③ 3,797[kN]　　　　　　　　　　④ 3,972[kN]

○**TIP**　$P_n = \alpha[0.85f_{ck}(A_g - A_{st}) + f_y A_{st}]$

$P_n = 0.85[0.85 \cdot 24 \cdot \left(\dfrac{\pi \cdot 400^2}{4} - 794 \cdot 6\right) + 420 \cdot 794 \cdot 6] = 3,797.15[\text{kN}]$

**62** 그림에 나타난 직사각형 단철근 보의 설계휨강도($\phi M_n$)를 구하기 위한 강도감소계수($\phi$)는 얼마인가? (단, $f_{ck}$ =28MPa, $f_y$ =400MPa)

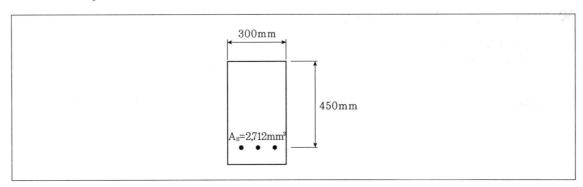

① 0.85　　　　　　　　　　② 0.82
③ 0.79　　　　　　　　　　④ 0.76

**○TIP**

$$\varepsilon_y = \frac{f_y}{E} = \frac{400}{2.0 \cdot 10^5} = 0.002$$

$$a = \frac{A_s f_y}{0.85 f_{ck} b} = \frac{2,712 \cdot 400}{0.85 \cdot 28 \cdot 300} = 152[\text{mm}]$$

$$c = \frac{a}{\beta_1} = \frac{152}{0.85} = 179[\text{mm}]$$

$$\varepsilon_t = \varepsilon_c \cdot \frac{d_t - c}{c} = 0.003 \cdot \frac{450 - 179}{179} = 0.045$$

$$\phi = 0.65 + 0.2 \cdot \frac{0.0045 - 0.002}{0.005 - 0.002} = 0.82$$

**63** 옹벽의 구조해석에 대한 설명으로 틀린 것은?

① 저판의 뒷굽판은 정확한 방법이 사용되지 않는 한, 뒷굽판 상부에 재하되는 모든 하중을 지지하도록 설계해야 한다.

② 부벽식 옹벽의 전면벽은 저판에 지지된 캔틸레버로 설계해야 한다.

③ 부벽식 옹벽의 저판은 정밀한 해석이 사용되지 않는 한, 부벽 사이의 거리를 경간으로 가정한 고정보 또는 연속보로 설계할 수 있다.

④ 뒷부벽은 T형보로 설계해야 하며, 앞부벽은 직사각형보로 설계해야 한다.

**○TIP** 부벽식 옹벽의 전면벽은 3변 지지된 2방향 슬래브로 설계할 수 있다.

**64** 강도설계법의 기본 가정을 설명한 것으로 틀린 것은?

① 철근과 콘크리트의 변형률은 중립축에서의 거리에 비례한다고 가정한다.

② 콘크리트 압축연단의 극한변형률은 0.003으로 가정한다.

③ 철근의 응력이 설계기준항복강도($f_y$) 이상일 때 철근의 응력은 그 변형률에 $E_s$를 곱한 값으로 한다.

④ 콘크리트의 인장강도는 철근콘크리트의 휨계산에서 무시한다.

**○TIP** 철근의 응력이 설계기준항복강도($f_y$) 이상일 때 철근의 응력은 설계기준항복강도와 동일한 값으로 해야 한다.

**65** 길이가 7m인 양단 연속보에서 처짐을 계산하지 않는 경우 보의 최소두께로 옳은 것은? (단, $f_{ck}$ = 28[MPa], $f_y$ = 400[MPa])

① 275[mm]　　　　　　　　　　② 334[mm]

③ 379[mm]　　　　　　　　　　④ 438[mm]

**⊙TIP** 양단연속보에서 처짐을 계산하지 않는 보의 최소두께 $h = \dfrac{L}{21} = \dfrac{7,000}{21} = 333.3\text{mm}$

※ 처짐을 계산하지 않는 경우 보 또는 1방향 슬래브의 최소두께는 다음과 같다.

| 부재 | 최소두께 | | | |
|---|---|---|---|---|
| | 단순지지 | 1단연속 | 양단연속 | 캔틸레버 |
| 1방향 슬래브 | $L/20$ | $L/24$ | $L/28$ | $L/10$ |
| 보 및 리브가 있는 1방향슬래브 | $L/16$ | $L/18.5$ | $L/21$ | $L/8$ |

**66** 계수 전단강도 $V_u$ =60[kN]을 받을 수 있는 직사각형 단면이 최소전단철근 없이 견딜 수 있는 콘크리트의 유효깊이 $d$는 최소 얼마 이상이어야 하는가?) (단, $f_{ck}$ =24[MPa], 단면의 폭은 350[mm])

① 560[mm]　　　　　　　　　　② 525[mm]

③ 434[mm]　　　　　　　　　　④ 328[mm]

**⊙TIP** $V_u \leq \dfrac{1}{2}\phi V_c = \dfrac{1}{2}\phi\left(\dfrac{1}{6}\sqrt{f_{ck}}\,b_w d\right)$

$d \geq \dfrac{2 \cdot 6 \cdot V_u}{\phi \lambda \sqrt{f_{ck}}\,b_w} = \dfrac{2 \cdot 6 \cdot 60,000}{0.75 \cdot 1.0 \sqrt{24} \cdot 350} = 560[\text{mm}]$

**67** 전단철근에 대한 설명으로 틀린 것은?

① 철근콘크리트 부재의 경우 주인장 철근에 45° 이상의 각도로 설치되는 스터럽을 전단철근으로 사용할 수 있다.

② 철근콘크리트 부재의 경우 주인장 철근에 30° 이상의 각도로 구부린 굽힘철근을 전단철근으로 사용할 수 있다.

③ 전단철근으로 사용하는 스터럽과 기타 철근 또는 철선은 콘크리트 압축연단부터 거리 $d$만큼 연장하여야 한다.

④ 용접이형철망을 사용할 경우 전단철근의 설계기준항복강도는 500MPa을 초과할 수 없다.

**⊙TIP** 전단철근의 설계기준항복강도는 500MPa를 초과할 수 없다. 그러나 용접이형철망을 사용할 경우 전단철근의 설계기준 항복강도는 600MPa을 초과할 수 없다.

**68** 비틀림철근에 대한 설명으로 틀린 것은? (단, $A_{oh}$는 가장 바깥의 비틀림 보강철근의 중심으로 닫혀진 단면적이고 $P_h$는 가장 바깥의 횡방향 폐쇄스터럽 중심선의 둘레이다.)

① 횡방향 비틀림철근은 종방향 철근 주위로 135° 표준갈고리에 의해 정착하여야 한다.

② 비틀림모멘트를 받는 속빈 단면에서 횡방향 비틀림철근의 중심선으로부터 내부 벽면까지의 거리는 $0.5A_{oh}/P_h$ 이상이 되도록 설계해야 한다.

③ 횡방향 비틀림철근의 간격은 $\dfrac{P_h}{6}$ 및 400[mm]보다 작아야 한다.

④ 종방향 비틀림철근은 양단에 정착하여야 한다.

**○TIP** 횡방향 비틀림철근의 간격은 $\dfrac{P_h}{8}$ 및 300[mm]보다 작아야 한다.

**69** 휨부재에서 철근의 정착에 대한 안전을 검토해야 하는 곳으로 거리가 먼 것은?

① 최대 응력점
② 경간내에서 인장철근이 끝나는 곳
③ 경간내에서 인장철근의 굽혀진 곳
④ 집중하중이 재하되는 점

**○TIP** 집중하중이 재하되는 곳은 휨에 대한 검토가 요구되는 곳이지 정착에 대한 검토가 요구되는 곳이 아니다. (일반적으로 집중하중이 재하되는 곳에서는 철근의 정착을 하지 않는다.)
 ※ 정착에 대한 위험단면의 안전검토
  • 휨부재에서 최대 응력발생점
  • 경간 내에서 인장철근의 끝나거나 굽혀진 곳
  • 모멘트 부호가 바뀌는 변곡섬

**70** 다음 필렛용접의 전단응력은 얼마인가?

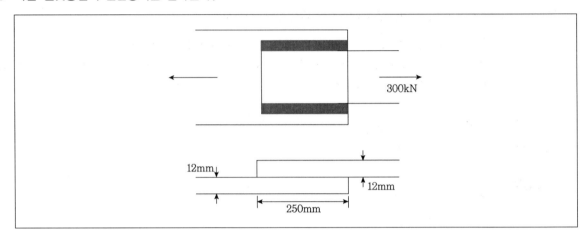

① 67.72[MPa]
② 70.72[MPa]
③ 72.72[MPa]
④ 75.72[MPa]

**○TIP** $v = \dfrac{P}{\sum al} = \dfrac{300,000}{2 \cdot 0.707 \cdot 12 \cdot 250} = 70.72[\text{MPa}]$

**71** 단면이 400×500[mm]이고, 150[mm²]의 PSC강선 4개를 단면 도심축에 배치한 프리텐션 PSC부재가 있다. 초기 프리스트레스가 1,000[MPa]일 때 콘크리트의 탄성변형에 의한 프리스트레스 감소량은? (단, $n = 6$)

① 22[MPa]
② 20[MPa]
③ 18[MPa]
④ 16[MPa]

**○TIP** $\triangle f_{pe} = n f_{cs} = n \dfrac{P_i}{A_g} = n \dfrac{f_p \cdot N A_p}{bh} = 6 \cdot \dfrac{1,000 \cdot 4 \cdot 150}{400 \cdot 500} = 18[\text{MPa}]$

**72** 다음 그림과 같이 $W=40$[kN/m]일 때 PS강재가 단면 중심에서 긴장되며 인장측의 콘크리트 응력이 0이 되려면 PS강재에 얼마의 긴장력이 작용해야 하는가?

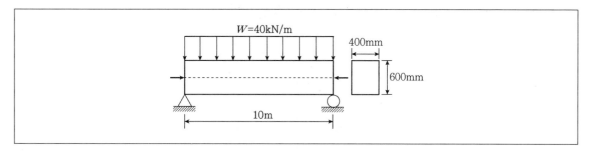

① 4,605[kN]

② 5,000[kN]

③ 5,200[kN]

④ 5,625[kN]

**⊙TIP**

$$M = \frac{Wl^2}{8} = \frac{40 \times 10^2}{8} = 500[\text{kN} \cdot \text{m}]$$

$$f_b = \frac{P}{A} - \frac{M}{I}y = \frac{P}{bh} - \frac{6M}{bh^2} = 0$$

$$P = \frac{6M}{h} = \frac{6 \times 500}{0.6} = 5,000[\text{kN}]$$

**73** 그림과 같은 직사각형 단면의 보에서 인장철근은 D22철근 3개가 윗부분에, D29철근 3개가 아랫부분에 2열로 배치되었다. 이 보의 공칭 휨강도($M_n$)는? (단, 철근 D22 3본의 단면적은 1,161[mm²], 철근 D29 3본의 단면적은 1,927[mm²]이며 $f_{ck}$ =24[MPa]이고 $f_y$ =350[MPa]이다.)

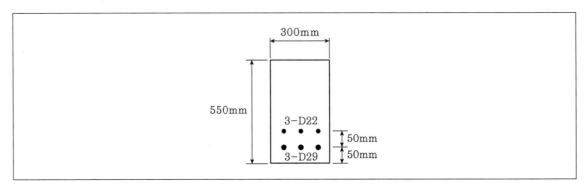

① 396.2[kN · m]
③ 467.3[kN · m]
② 424.6[kN · m]
④ 512.4[kN · m]

**TIP**
$$a = \frac{A_s f_y}{0.85 f_{ck} b} = \frac{(1,161 + 1,927) \cdot 350}{0.85 \cdot 24 \cdot 300} = 176.6[\text{mm}]$$
$$M_n = A_s f_y \left( d - \frac{a}{2} \right) = (1,161 + 1,927) \cdot 350 \cdot \left( 481.2 - \frac{176.6}{2} \right) \cdot 10^{-6} = 424.6[\text{kN} \cdot \text{m}]$$

**74** 프리스트레스트콘크리트의 원리를 설명할 수 있는 기본 개념으로 옳지 않은 것은?

① 균등질 보의 개념
③ 하중평형의 개념
② 내력 모멘트의 개념
④ 변형도의 개념

**TIP** 변형도의 개념은 해당되지 않는다.
• **강도개념**(내력모멘트의 개념) : PSC보를 RC보처럼 생각하여, 콘크리트는 압축력을 받고 긴장재는 인장력을 받도록 하여 두 힘의 우력모멘트로 외력에 의한 휨모멘트에 저항시킨다는 개념
• **응력개념**(균등질보개념) : 콘크리트에 프리스트레스가 도입되면 콘크리트가 탄성체로 전환되어 탄성이론에 의한 해석이 가능하다는 개념
• **하중평형개념**(등가하중개념) : 프리스트레싱에 의하여 부재에 작용하는 힘과 부재에 작용하는 외력이 평형되게 한다는 개념

**75** 콘크리트의 강도설계법에서 $f_{ck} = 38$[MPa]일 때 직사각형 응력분포의 깊이를 나타내는 $\beta_1$의 값은 얼마인가?

① 0.78

② 0.92

③ 0.80

④ 0.75

**O TIP** $\beta_1 = 0.85 - 0.007(38 - 28) = 0.78$

| $f_{ck}$ | 등가 압축영역 계수 $\beta_1$ |
|---|---|
| $f_{ck} \leq 28MPa$ | $\beta_1 = 0.85$ |
| $f_{ck} > 28MPa$ | $\beta_1 = 0.85 - 0.007(f_{ck} - 28) \geq 0.65$ |

**76** 4변에 의해 지지되는 2방향 슬래브 중에서 1방향 슬래브로 보고 해석할 수 있는 경우에 대한 기준으로 옳은 것은? (단, $L$은 2방향 슬래브의 장경간, $S$는 2방향 슬래브의 단경간)

① $L/S$가 2보다 클 때

② $L/S$가 1일 때

③ $L/S$가 3/2 이상일 때

④ $L/S$가 3보다 작을 때

**O TIP** $L/S$가 2보다 클 때 1방향 슬래브로 해석한다.

**77** 폭 400[mm], 유효깊이 600[mm]인 단철근 직사각형 보의 단면에서 콘크리트구조기준에 의한 최대 인장철근량은? (단, $f_{ck} = 28$[MPa], $f_y$[MPa])

① 4,552[mm$^2$]

② 4,877[mm$^2$]

③ 5,202[mm$^2$]

④ 5,526[mm$^2$]

**O TIP**
$$\rho_{max} = \frac{0.85 f_{ck} \cdot \beta}{f_y} \cdot \frac{\varepsilon_c}{\varepsilon_c + \varepsilon_{t,min}} = \frac{0.85 \cdot 28 \cdot 0.85}{400} \cdot \frac{0.003}{0.003 + 0.004} = 0.0216$$
$$A_{s,max} = \rho_{max} \cdot b_w \cdot d = 0.0216 \cdot 400 \cdot 600 = 5,202[mm^2]$$

**78** 강판형(Plate Girder) 복부(web) 두께의 제한이 규정되어 있는 가장 큰 이유는?

① 시공상의 난이               ② 공비의 절약
③ 자중의 경감               ④ 좌굴의 방지

    **○TIP** 강판형(Plate Girder) 복부(web) 두께의 제한이 규정되어 있는 가장 큰 이유는 좌굴을 방지하기 위함이다.

**79** 인장응력 검토를 위한 L-150×90×12인 형강(angle)의 전개총폭($b_g$)은 얼마인가?

① 228[mm]               ② 232[mm]
③ 240[mm]               ④ 252[mm]

    **○TIP** L형강의 전개 총폭은
$$b_g = b_1 + b_2 - t = 150 + 90 - 12 = 228[\text{mm}]$$

**80** 깊은 보(deep beam)의 강도는 다음 중 무엇에 의해 지배되는가?

① 압축               ② 인장
③ 휨                  ④ 전단

    **○TIP** 깊은 보는 전단에 지배되며 얇은 보는 휨에 지배된다.

## 제5과목 토질 및 기초

**81** 점성토를 다지면 함수비의 증가에 따라 입자의 배열이 달라진다. 최적함수비의 습윤측에서 다짐을 실시하면 흙은 어떤 구조로 되는가?

① 단립구조 ② 봉소구조
③ 이산구조 ④ 면모구조

**TIP** 점성토를 다지면 함수비의 증가에 따라 입자의 배열이 달라진다. 최적함수비의 습윤측에서 다짐을 실시하면 흙은 이산구조가 된다.

**82** 토질실험 결과 내부마찰각($\phi$)은 30°, 점착력 $c$=0.5[kg/cm²], 간극수압이 8[kg/cm²]이고 파괴면에 작용하는 수직응력이 30[kg/cm²]일 때 이 흙의 전단응력은?

① 12.7[kg/cm²] ② 13.2[kg/cm²]
③ 15.8[kg/cm²] ④ 19.5[kg/cm²]

**TIP** $\tau = C + \sigma' \tan\phi$에서
$\tau = C + (\sigma - u)\tan\phi = 0.5 + (30-8)\tan 30^{\circ} = 13.2$[kg/cm²]

ANSWER 78.④ 79.① 80.④ 81.③ 82.②

**83** 다음 그림과 같은 점성토 지반의 굴착저면에서 바닥융기에 대한 안전율을 Terzaghi의 식에 의해서 구하면? (단, $\gamma = 1.731[t/m^3]$, $c = 2.4[t/m^2]$)

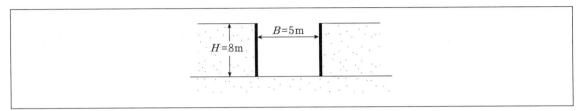

① 3.21

② 2.32

③ 1.64

④ 1.17

O**TIP** 히빙(Heaving) 안전율

$$F_s = \frac{5.7C}{\gamma \cdot H - \dfrac{C \cdot H}{0.7B}} = \frac{5.7 \times 2.4}{1.731 \times 8 - \dfrac{2.4 \times 8}{0.7 \times 5}} = 1.64$$

**84** 흙의 투수계수에 영향을 미치는 요소들로만 구성된 것은?

|  |  |
|---|---|
| ㉮ 흙입자의 크기 | ㉯ 간극비 |
| ㉰ 간극의 모양과 배열 | ㉱ 활성도 |
| ㉲ 물의 점성계수 | ㉳ 포화도 |
| ㉴ 흙의 비중 |  |

① ㉮, ㉯, ㉱, ㉳

② ㉮, ㉯, ㉰, ㉲, ㉳

③ ㉮, ㉯, ㉱, ㉲, ㉴

④ ㉯, ㉰, ㉲, ㉴

O**TIP** 투수계수 $K = D_s^2 \cdot \dfrac{r_w}{\eta} \cdot \dfrac{e^3}{1+e} \cdot C$

$D_s$ : 흙 입자의 입경, $r_w$ : 물의 단위중량

$\eta$ : 물의 점성계수, $e$ : 공극비

$C$ : 합성형상계수, $K$ : 투수계수

**85** 흙의 다짐에 대한 일반적인 설명으로 틀린 것은?

① 다진 흙의 최대건조밀도와 최적함수비는 어떻게 다짐하더라도 일정한 값이다.
② 사질토의 최대건조밀도는 점성토의 최대건조밀도보다 크다.
③ 점성토의 최적함수비는 사질토보다 크다.
④ 다짐에너지가 크면 일반적으로 밀도는 높아진다.

**◯TIP** 다진 흙의 최대건조밀도와 최적함수비는 다짐에 따라 값이 달라진다.


**86** 고성토의 제방에서 전단파괴가 발생되기 전에 제방의 외측에 흙을 돋우어 활동에 대한 저항모멘트를 증대시켜 전단파괴를 방지하는 공법은?

① 프리로딩공법                ② 압성토공법
③ 치환공법                  ④ 대기압공법

**◯TIP** ① 프리로딩공법: 구조물의 시공 전에 미리 하중을 재하하여 압밀을 끝나게 하여 지반의 강도를 증가시키는 공법
② 압성토공법: 고성토의 제방에서 전단파괴가 발생되기 전에 제방의 외측에 흙을 돋우어 활동에 대한 저항모멘트를 증대시켜 전단파괴를 방지하는 공법이다.
③ 치환공법: 연약지반을 양질의 재료로 치환하여 개량하는 공법이다.
④ 대기압공법: 드레인(drain)을 땅속에 설치하고 다시 샌드매트에 그물방식의 격자 배관망을 만든 다음, 펌프를 가동시켜 지반 내부를 진공 상태로 만들어 대기압의 하중을 지표 및 지중에 작용시켜 지반을 개량하는 공법이다.


**87** 말뚝의 부마찰력(Negative Skin Friction)에 대한 설명 중 틀린 것은?

① 말뚝의 허용지지력을 결정할 때 세심하게 고려해야 한다.
② 연약지반에 말뚝을 박은 후 그 위에 성토를 한 경우 일어나기 쉽다.
③ 연약한 점토에 있어서는 상대변위의 속도가 느릴수록 부마찰력은 크다.
④ 연약지반을 관통하여 견고한 지반까지 말뚝을 박은 경우 일어나기 쉽다.

**◯TIP** 연약한 점토에 있어서는 상대변위의 속도가 느릴수록 부마찰력은 작아진다.

**88** 다음 그림의 파괴포락선 중에서 완전포화된 점토를 UU(비압밀 비배수)시험했을 때 생기는 파괴포락선은?

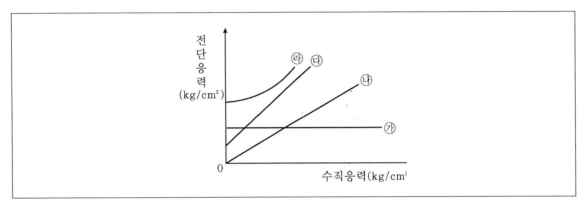

① ㉮

② ㉯

③ ㉰

④ ㉱

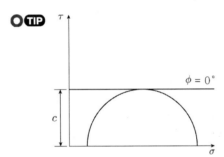

비압밀 비배수(UU-Test) 결과는 수직응력의 크기가 증가하더라도 전단응력은 일정하다.

**89** 그림과 같은 지반에 대해 수직방향의 등가투수계수를 구하면?

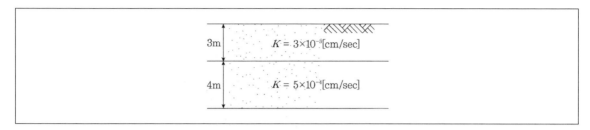

① $3.89 \times 10^{-4}$[cm/sec]

② $7.78 \times 10^{-4}$[cm/sec]

③ $1.57 \times 10^{-3}$[cm/sec]

④ $3.14 \times 10^{-3}$[cm/sec]

○**TIP** $K_v = \dfrac{H}{\dfrac{H_1}{K_1} + \dfrac{H_2}{K_2}} = \dfrac{7}{\dfrac{3}{3 \cdot 10^{-3}} + \dfrac{4}{5 \cdot 10^{-4}}} = 7.78 \times 10^{-4}$ [cm/sec]

**90** 얕은 기초 아래의 접지압력 분포 및 침하량에 대한 설명으로 틀린 것은?

① 접지압력의 분포는 기초의 강성, 흙의 종류, 형태 및 깊이 등에 따라 다르다.

② 점성토 지반에 강성기초 아래의 접지압 분포는 기초의 모서리 부분이 중앙부분보다 작다.

③ 사실토 지반에서 강성기초인 경우 중앙부분이 모서리 부분보다 큰 접지압을 나타낸다.

④ 사질토 지반에서 유연성 기초인 경우 침하량은 중심부보다 모서리 부분이 더 크다.

○**TIP** 점성토 지반에 강성기초 아래의 접지압 분포는 기초의 모서리 부분이 중앙부분보다 크다.

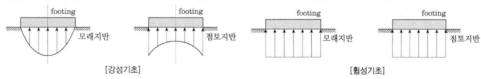

**91** 다음 그림에서 활동에 대한 안전율은?

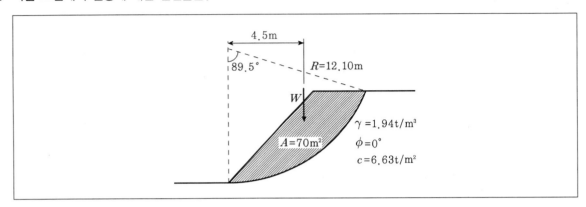

① 1.30

② 2.05

③ 2.15

④ 2.48

**○TIP** $F_s = \dfrac{cRL}{We} = \dfrac{6.63 \cdot 12.1 \cdot 18.9}{(70 \cdot 1 \cdot 1.94) \cdot 4.5} = 2.48$

$\dfrac{89.5}{360} = \dfrac{L}{2\pi R}$ 이므로 $L = 18.9 [\text{m}]$

**92** 연약점토지반에 압밀촉진공법을 적용한 후, 전체 평균압밀도가 90%로 계산되었다. 압밀촉진공법을 적용하기 전, 수직방향의 평균압밀도가 20%였다고 하면 수평방향의 평균압밀도는?

① 70%

② 77.5%

③ 82.5%

④ 87.5%

**○TIP** 평균압밀도 $U = 1 - (1 - U_v)(1 - U_h)$에서

$0.9 = 1 - (1 - 0.2)(1 - U_h)$

수평방향 평균압밀도 $U_h = 0.875 = 87.5\%$

**93** 아래 표와 같은 흙을 통일분류법에 따라 분류한 것으로 옳은 것은?

| |
|---|
| • No.4번체(4.75mm체) 통과율이 37.5%<br>• No.200번체(0.075mm체) 통과율이 2.3%<br>• 균등계수는 7.9<br>• 곡률계수는 1.4 |

① GW
② GP
③ SW
④ SP

**TIP** $P_{\#200} = 2.3 < 50\%$이고, $P_{\#4} = 37.5 < 50\%$이므로 자갈이다. → G
$C_u = 7.9 > 4$이고 $C_g = 1.4 = 1 \sim 3$이므로 양립도이다. → W
∴ GW

**94** 실내시험에 의한 점토의 강도증가율($C_u/P$)의 산정방법이 아닌 것은?

① 소성지수에 의한 방법
② 비배수 전단강도에 의한 방법
③ 압밀비배수 삼축압축시험에 의한 방법
④ 직접전단시험에 의한 방법

**TIP** 직접전단시험은 점토의 강도증가율과는 관련이 없다.

ANSWER 91.④ 92.④ 93.① 94.④

**95** 간극률이 50%, 함수비가 40%인 포화토에 있어서 지반의 분사현상에 대한 안전율이 3.5라고 할 때 이 지반에 허용되는 최대동수경사는?

① 0.21

② 0.51

③ 0.61

④ 1.00

**O TIP** $G_s w = Se$ 이며 $e = \dfrac{n}{1-n} = \dfrac{0.5}{1-0.5} = 1$

따라서 $G_s \cdot 0.4 = 1 \cdot 1$ 이므로 $G_s = 2.5$ 가 된다.

$F_s = \dfrac{i_c}{i} = \dfrac{\dfrac{2.5-1}{1+1}}{\dfrac{h}{L}} = 3.5$ 이므로 $i = \dfrac{h}{L} = \dfrac{0.75}{3.5} = 0.21$

**96** 다음 그림과 같이 2m×3m 크기의 기초에 10[t/m²]의 등분포하중이 작용할 때 A점 아래 4m 깊이에서의 연직응력 증가량은? (단, 아래의 표 영향계수 값을 활용하여 구하며, $m = B/z$, $n = L/z$ 이고, $B$는 직사각형 단면의 폭, $L$은 직사각형 단면의 길이, $z$는 토층의 깊이이다.)

[영향계수($I$) 값]

| $m$ | 0.25 | 0.5 | 0.5 | 0.5 |
|---|---|---|---|---|
| $n$ | 0.5 | 0.25 | 0.75 | 1.0 |
| $I$ | 0.048 | 0.048 | 0.115 | 0.122 |

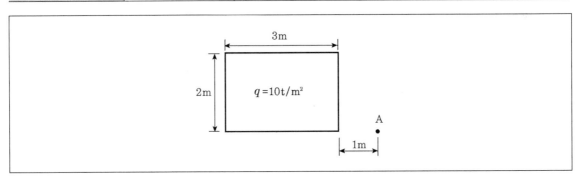

① 0.67[t/m²]

② 0.74[t/m²]

③ 1.22[t/m²]

④ 1.70[t/m²]

**TIP** $m = \dfrac{B}{Z} = \dfrac{2}{4} = 0.5$, $n = \dfrac{L}{Z} = \dfrac{4}{4} = 1.0$, $I_1 = 0.122$

$m = \dfrac{B}{Z} = \dfrac{1}{4} = 0.25$, $n = \dfrac{L}{Z} = \dfrac{2}{4} = 0.5$, $I_2 = 0.048$

연직응력의 증가량

$\triangle \sigma_Z = q \cdot I_1 - q \cdot I_2 = 0.74 \text{t/m}^2$

**97** 토립자가 둥글고 입도분포가 양호한 모래지반에서 $N$치를 측정한 결과 $N = 19$가 되었을 경우, Dunham의 공식에 의한 이 모래의 내부 마찰각 $\phi$은?

① $20°$          ② $25°$

③ $30°$          ④ $35°$

**TIP** $\phi = \sqrt{12N} + 20 = \sqrt{12 \cdot 19} + 20 = 35°$

※ Dunham 내부마찰각 산정공식

 ㉠ 토립자가 모나고 입도분포가 양호한 경우 : $\phi = \sqrt{12N} + 25$

 ㉡ 토립자가 모나고 입도분포가 불량한 경우 : $\phi = \sqrt{12N} + 20$

 ㉢ 토립자가 둥글고 입도분포가 양호한 경우 : $\phi = \sqrt{12N} + 20$

 ㉣ 토립자가 둥글고 입도분포가 불량한 경우 : $\phi = \sqrt{12N} + 15$

**98** 포화된 흙의 건조단위중량이 1.70[t/m³]이고, 함수비가 20%일 때 비중은 약 얼마인가?

① 2.58                     ② 2.68

③ 2.78                     ④ 2.88

**⊙TIP** 간극비 $e = \dfrac{w}{S}G_S = \dfrac{20}{100}G_s = 0.2G_s$ (포화점토인 경우 $S=100\%$)

비중($G_s$)

$\gamma_d = \dfrac{G_s \cdot \gamma_w}{1+e}$ 에서 $1.7 = \dfrac{G_s \cdot 1}{1+0.2G_s}$

$1.7 \times (1+0.2G_s) = G_s$

$0.66G_s = 1.7$ 이며 $G_s = 2.58$

**99** 표준관입시험에 대한 설명으로 틀린 것은?

① 질량(63.5±0.5)kg인 해머를 사용한다.

② 해머의 낙하높이는 (760±10)mm이다.

③ 고정 피스톤 샘플러를 사용한다.

④ 샘플러를 지반에 300mm 박아 넣는 데 필요한 타격 횟수를 $N$값이라고 한다.

**⊙TIP** 표준관입시험은 스플릿 스푼 샘플러를 사용한다.

**100** 얕은 기초의 지지력 계산에 적용하는 Terzaghi의 극한지지력 공식에 대한 설명으로 틀린 것은?

① 기초의 근입깊이가 증가하면 지지력도 증가한다.

② 기초의 폭이 증가하면 지지력도 증가한다.

③ 기초지반이 지하수에 의해 포화되면 지지력은 감소한다.

④ 국부전단 파괴가 일어나는 지반에서 내부마찰각($\phi'$)은 $\dfrac{2}{3}\phi$을 적용한다.

**⊙TIP** 국부전단 파괴가 일어나는 지반에서 점착력은 $\dfrac{2}{3}C$를 적용한다.

**101** $Q = \dfrac{1}{360} CIA$ 는 합리식으로서 첨두유량을 산정할 때 사용된다. 이 식에 대한 설명으로 옳지 않은 것은?

① $C$는 유출계수로 무차원이다.

② $I$는 도달시간내의 강우강도로 단위는 [mm/hr]이다.

③ $A$는 유역면적으로 단위는 [km$^2$]이다.

④ $Q$는 첨두유출량으로 단위는 [m$^3$/sec]이다.

○**TIP** 우수유출량 산정(합리식)

$Q = \dfrac{1}{360} CIA$ (유역면적 $A$의 단위가 ha인 경우)

$Q = \dfrac{1}{3.6} CIA$ (유역면적 $A$의 단위가 km$^2$인 경우)

$Q$는 최대계획 우수유출량(첨두유출량) [m$^3$/sec]

$C$는 유출계수, $I$는 도달시간 내의 평균강우강도[mm/hr]

$A$는 유역면적(배수면적)

**102** 정수시설로부터 배수시설의 시점까지 정화된 물, 즉 상수를 보내는 것을 무엇이라 하는가?

① 도수                          ② 송수
③ 정수                          ④ 배수

○**TIP** 송수 … 정수시설로부터 배수시설의 시점까지 정화된 물, 즉 상수를 보내는 것

• • •
**ANSWER**    98.① 99.③ 100.④ 101.③ 102.②

**103** 펌프의 특성곡선(characteristic curve)은 펌프의 양수량(토출량)과 무엇들과의 관계를 나타낸 것인가?

① 비속도, 공동지수, 총양정
② 총양정, 효율, 축동력
③ 비속도, 축동력, 총양정
④ 공동지수, 총양정, 효율

**O TIP** 펌프의 특성곡선에서는 양정, 효율, 축동력이 표시된다.

**104** 혐기성 소화공정에서 소화가스 발생량이 저하될 때 그 원인으로 적합하지 않은 것은?

① 소화슬러지의 과잉배출
② 조내 퇴적 토사의 배출
③ 소화조내 온도의 저하
④ 소화가스의 누출

**O TIP** 조내 퇴적 토사의 배출은 소화가스의 발생량을 증가시킨다.

**105** 다음 중 일반적으로 정수장의 응집 처리 시 사용되지 않는 것은?

① 황산칼륨
② 황산알루미늄
③ 황산 제1철
④ 폴리염화알루미늄(PAC)

**O TIP** 황산칼륨은 정수장 응집처리 시 사용되지 않는다.

**106** 수원 선정 시의 고려사항으로 가장 거리가 먼 것은?

① 갈수기의 수량
② 갈수기의 수질
③ 장래 예측되는 수질의 변화
④ 홍수 시의 수량

**○TIP** 홍수 시의 수량은 수원 선정과는 관련이 없다.


**107** 부유물 농도 200[mg/L], 유량 3,000[m³/day]인 하수가 침전지에서 70%가 제거된다. 이 때 슬러지의 함수율이 95%, 비중 1.1일 때 슬러지의 양은?

① 5.9[m³/day]
② 6.1[m³/day]
③ 7.6[m³/day]
④ 8.5[m³/day]

**○TIP** 이 문제를 풀기 위해서는 물의 특성(물은 1L가 1kg의 무게를 갖는다.)을 적용하여 무게와 부피의 단위를 일치시켜야 한다.

농도 · 유량 $= 200 \cdot 10^{-6} \cdot 3,000 [\text{m}^3/\text{day}] = 0.6 [\text{m}^3/\text{day}]$

$0.6 \cdot 0.7 = 0.42 [\text{m}^3/\text{day}]$

$\dfrac{0.42}{1-0.95} = 8.4 [\text{m}^3/\text{day}]$

$\dfrac{8.4}{1.1} = 7.64 [\text{m}^3/\text{day}]$


**108** 하수관로의 접합 중에서 굴착 깊이를 얕게 하여 공사비용을 줄일 수 있으며, 수위상승을 방지하고 양정고를 줄일 수 있어 펌프로 배수하는 지역에 적합한 방법은?

① 관정접합
② 관저접합
③ 수면접합
④ 관중심접합

**○TIP** 관저접합 … 하수관거의 접합 중에서 굴착 깊이를 얕게 함으로 공사비용을 줄일 수 있으며, 수위상승을 방지하고 양정고를 줄일 수 있어 펌프로 배수하는 지역에 적합한 방법

**109** 하수도의 관로계획에 대한 설명으로 옳은 것은?

① 오수관로는 계획 1일 평균오수량을 기준으로 계획한다.

② 관로의 역사이펀을 많이 설치하여 유지관리 측면에서 유리하도록 계획한다.

③ 합류식에서 하수의 차집관로는 우천 시 계획오수량을 기준으로 계획한다.

④ 오수관로와 우수관로가 교차하여 역사이펀을 피할 수 없는 경우는 우수관로를 역사이펀으로 하는 것이 바람직하다.

**TIP** ① 오수관거는 계획 시간 평균오수량을 기준으로 계획한다.
② 관거의 역사이펀을 적게 설치하여 유지관리 측면에서 유리하도록 계획한다.
④ 오수관거와 우수관거가 교차하여 역사이펀을 피할 수 없는 경우는 오수관거를 역사이펀으로 히는 것이 바람직하다.

**110** 펌프의 비교회전도(specific speed)에 대한 설명으로 옳은 것은?

① 임펠러(impeller)가 배출량 $1[m^3/min]$을 전양정 $1[m]$로 운전 시 회전수

② 임펠러(impeller)가 배출량 $1[m^3/sec]$을 전양정 $1[m]$로 운전 시 회전수

③ 작은 비회전도 값에 대한 대유량, 저양정의 정도

④ 큰 비회전도 값에 대한 소유량, 대양정의 정도

**TIP** 펌프의 비교회전도 … 임펠러(impeller)가 배출량 $1[m^3/min]$을 전양정 $1[m]$로 운전 시 회전수

**111** 집수매거(infiltration galleries)에 관한 설명 중 옳지 않은 것은?

① 집수매거는 하천부지의 하상 밑이나 구하천 부지 등의 땅속에 매설하여 복류수나 자유수면을 갖는 지하수를 취수하는 시설이다.

② 철근콘크리트조의 유공관 또는 권선형 스크린관을 표준으로 한다.

③ 집수매거 내의 평균유속은 유출단에서 $1[m/s]$ 이하가 되도록 한다.

④ 집수매거의 집수개구부(공) 직경은 3 ~ 5cm를 표준으로 하고, 그 수는 관거표면적 $1[m^2]$당 5 ~ 10개로 한다.

**TIP** 집수매거의 집수개구부(공) 직경은 1~2[cm]를 표준으로 하고, 그 수는 관거표면적 $1[m^2]$당 20 ~ 30개로 한다.

**112** 정수방법 선정 시의 고려사항(선정조건)으로 가장 거리가 먼 것은?

① 원수의 수질
② 도시발전 상황과 물 사용량
③ 정수수질의 관리목표
④ 정수시설의 규모

**O TIP** 도시발전의 상황과 물 사용량은 정수량과 밀접한 관련이 있으나 정수방법에 대해서는 주어진 보기들 중 가장 거리가 먼 보기이다.

**113** 하수관로에 대한 설명으로 옳지 않은 것은?

① 관로의 최소 흙두께는 원칙적으로 1m로 하나 노반두께, 동결심도 등을 고려하여 적절한 흙두께로 한다.
② 관로의 단면은 단면형상에 따른 수리적 특성을 고려하여 선정하되 원형 또는 직사각형을 표준으로 한다.
③ 우수관로의 최소관경은 200[mm]를 표준으로 한다.
④ 합류관로의 최소관경은 250[mm]를 표준으로 한다.

**O TIP** 우수관로, 합류관로의 최소관경은 250[mm]를 표준으로 하며, 오수관거, 차집관거의 최소관경은 200[mm]를 표준으로 한다.

**114** 계획급수인구 50,000인, 1인 1일 최대급수량 300[L], 여과속도 100[m/day] 로 설계하고자 할 때 급속여과지의 면적은?

① $150[\text{m}^2]$
② $300[\text{m}^2]$
③ $1,500[\text{m}^2]$
④ $3,000[\text{m}^2]$

**O TIP** 급속여과지의 면적 : $A = \dfrac{Q}{V_n}$ 이므로,

$Q = 50,000 \cdot 300[\text{L/day}] = 50,000 \cdot 300 \cdot 10^{-3}[\text{m}^3/\text{day}]$

$A = \dfrac{15,000}{100} = 150[\text{m}^2]$

**115** 그림은 Hardy-cross 방법에 의한 배수관망의 도해법이다. 그림에 대한 설명으로 틀린 것은? (단, $Q$는 유량, $H$는 손실수두를 의미한다.)

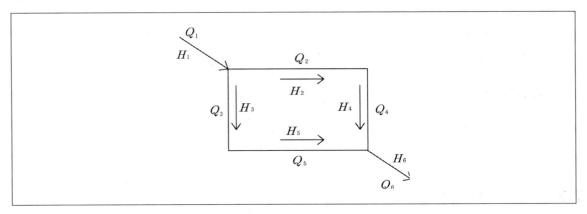

① $Q_1$과 $Q_6$은 같다.

② $Q_2$의 방향은 +이고, $Q_3$의 방향은 -이다.

③ $H_2 + H_4 + H_3 + H_5$는 0이다.

④ $H_1$은 $H_6$과 같다.

**OTIP** $H_1$은 $H_6$과 서로 다르다.


**116** 대장균군의 수를 나타내는 MPN(최확수)에 대한 설명으로 옳은 것은?

① 검수 1[mL] 중 이론상 있을 수 있는 대장균군의 수
② 검수 10[mL] 중 이론상 있을 수 있는 대장균군의 수
③ 검수 50[mL] 중 이론상 있을 수 있는 대장균군의 수
④ 검수 100[mL] 중 이론상 있을 수 있는 대장균군의 수

**OTIP** MPN(최확수) … 검수 100mL 중 이론상 있을 수 있는 대장균군의 수


**117** 침전지 내에서 비중이 0.7인 입자의 부상속도를 $V$라고 할 때, 비중이 0.4인 입자의 부상속도는? (단, 기타의 모든 조건은 같다.)

① 0.5[V]         ② 1.25[V]
③ 1.75[V]        ④ 2[V]

**TIP** Stokes 법칙에 관한 문제이다.

$$V' = \frac{1-0.4}{1-0.7} = 2V$$

**118** 하수 중의 질소와 인을 동시에 제거할 때 이용될 수 있는 고도처리시스템은?

① 혐기호기조화법
② 3단 활성슬러지법
③ Phostrip법
④ 혐기무산소호기조합법

**TIP** 혐기무산소호기조합법 … 생물학적 인 제거공정과 생물학적 질소 제거공정을 조합시킨 처리법으로 활성슬러지 미생물에 의한 인 과잉섭취 현상 및 질산화, 탈질반응을 이용한 것이다.

**119** 상수도의 구성이나 계통에서 상수원의 부영양화가 가장 큰 영향을 미칠 수 있는 시설은?

① 취수시설
② 정수시설
③ 송수시설
④ 배 · 급수시설

**TIP** 정수시설은 상수도의 구성이나 계통에서 상수원의 부영양화가 가장 큰 영향을 미칠 수 있는 시설이다.

**120** 하수배제 방식에 대한 설명 중 틀린 것은?

① 분류식 하수관거는 청천 시 관로 내 퇴적량이 합류식 하수관거에 비하여 많다.
② 합류식 하수배제 방식은 폐쇄의 염려가 없고 검사 및 수리가 비교적 용이하다.
③ 합류식 하수관거에서는 우천 시 일정유량 이상이 되면 하수가 직접 수역으로 방류될 수 있다.
④ 분류식 하수배제 방식은 강우초기에 도로 위의 오염물질이 직접 하천으로 유입되는 단점이 있다.

**TIP** 분류식 하수관거는 청천 시(淸天時) 관로 내 퇴적량이 합류식 하수관거에 비하여 적다.

ANSWER 115.④ 116.④ 117.④ 118.④ 119.② 120.①

제1과목 **응용역학**

**1** 다음 그림과 같은 기둥에서 좌굴하중의 비 (a):(b):(c):(d)는? (단, 티와 기둥의 길이 *l*은 모두 같다.)

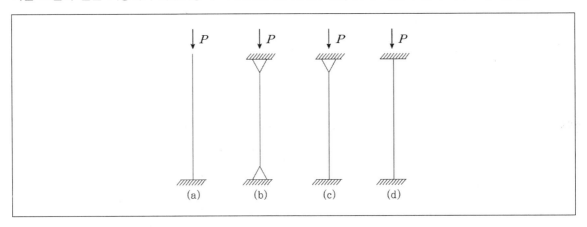

① 1 : 2 : 3 : 4
② 1 : 4 : 8 : 12
③ 0.25 : 2 : 4 : 8
④ 1 : 4 : 8 : 16

○**TIP** 좌굴하중의 기본식(오일러의 장주공식)

$$P_{cr} = \frac{\pi^2 EI}{(KL)^2} = \frac{n\pi^2 EI}{L^2} = \frac{\pi^2 EI}{(KL)^2} = \frac{\pi^2 EI}{(2L)^2} = \frac{\pi^2 EI}{4L^2}$$

$EI$ : 기둥의 휨강성
$L$ : 기둥의 길이
$K$ : 기둥의 유효길이 계수
$KL$ : ($l_k$로도 표시함) 기둥의 유효좌굴길이(장주의 처짐곡선에서 변곡점과 변곡점 사이의 거리)
$n$ : 좌굴계수(강도계수, 구속계수)

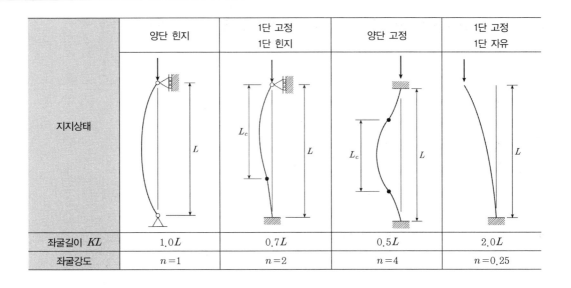

| 지지상태 | 양단 힌지 | 1단 고정<br>1단 힌지 | 양단 고정 | 1단 고정<br>1단 자유 |
|---|---|---|---|---|
| 좌굴길이 $KL$ | $1.0L$ | $0.7L$ | $0.5L$ | $2.0L$ |
| 좌굴강도 | $n=1$ | $n=2$ | $n=4$ | $n=0.25$ |

**2** 양단 고정보에 등분포하중이 작용할 때 A점에 발생하는 휨모멘트는?

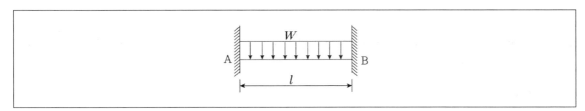

① $-\dfrac{Wl^2}{4}$  ② $-\dfrac{Wl^2}{6}$

③ $-\dfrac{Wl^2}{8}$  ④ $-\dfrac{Wl^2}{12}$

**TIP** 양단고정보에 등분포하중이 작용할 경우 지점 A의 휨모멘트값은 $-\dfrac{Wl^2}{24}$ (부모멘트가 발생하므로 −값이 된다.)

보 중앙에서의 휨모멘트의 절댓값은 $\dfrac{Wl^2}{12}$

**3** 직사각형 단면 보의 단면적을 $A$, 전단력을 $V$라고 할 때 최대전단응력 $\tau_{\max}$는?

① $\dfrac{2}{3}\dfrac{V}{A}$                                ② $\dfrac{3}{2}\dfrac{V}{A}$

③ $3\dfrac{V}{A}$                                   ④ $2\dfrac{V}{A}$

**◎TIP** 최대전단응력은 $\dfrac{3}{2}\dfrac{V}{A}$가 된다.

**4** 지름이 $d$인 원형단면의 회전반경은?

① $\dfrac{d}{2}$                                ② $\dfrac{d}{3}$

③ $\dfrac{d}{4}$                                ④ $\dfrac{d}{8}$

**◎TIP** 지름이 $d$인 원형단면의 회전반경은 $\dfrac{d}{4}$가 된다.

**5** 단주에서 단면의 핵이란 기둥에서 인장응력이 발생되지 않도록 재하되는 편심거리로 정의된다. 지름 40cm 인 원형단면의 핵의 지름은?

① 2.5cm                                ② 5.0cm

③ 7.5cm                                ④ 10.0cm

**◎TIP** 원형 단면의 핵거리 : $k_x = \dfrac{D}{8} = \dfrac{40}{8} = 5\text{cm}$

원형 단면의 핵지름 : $x = 2k_x = 2 \times 5 = 10\text{cm}$

**6** 각 변의 길이가 a로 동일한 그림 A, B 단면의 성질에 관한 내용으로 바른 것은?

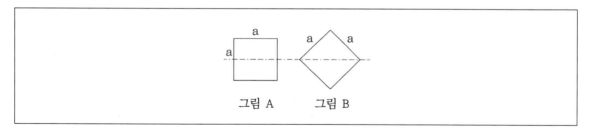

그림 A        그림 B

① 그림 A는 그림 B보다 단면계수는 작고, 단면 2차 모멘트는 크다.
② 그림 A는 그림 B보다 단면계수는 크고, 단면 2차 모멘트는 작다.
③ 그림 A는 그림 B보다 단면계수는 크고, 단면 2차 모멘트는 같다.
④ 그림 A는 그림 B보다 단면계수는 작고, 단면 2차 모멘트는 같다.

**TIP** 그림 A는 그림 B보다 단면계수는 크고, 단면 2차 모멘트는 같다.

**7** 다음 그림과 같은 내민보에서 자유단의 처짐은? (단, $EI$는 3.2×10$^{11}$kg·cm$^2$)

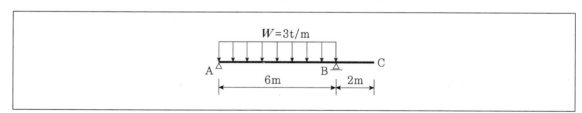

① 0.169cm
② 16.9cm
③ 0.338cm
④ 33.8cm

**TIP** B점의 처짐각을 구하고 여기에 BC의 길이를 곱한 값이 처짐이 된다.

따라서 $\theta_B = \dfrac{wL^3}{24EI}$ 이며,

$$\delta_C = \theta_B \times 2 = \dfrac{wL^3}{24EI} \times 200 = \dfrac{3[\text{t/m}] \times (6[\text{m}])^3}{24 \times 3.2 \times 10^{11}[\text{kg} \cdot \text{cm}^2]} \times 200 = 0.169[\text{cm}]$$

**8** 다음 그림과 같은 구조물에서 C점의 수직처짐은? (단, AC 및 BC부재의 길이는 $L$, 단면적은 $A$, 탄성계수는 $E$이다.)

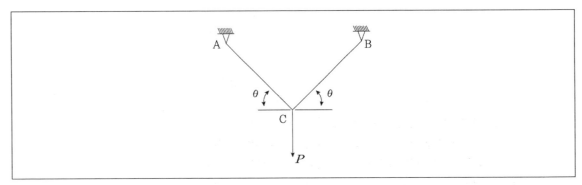

① $\dfrac{PL}{2AE\sin^2\theta}$

② $\dfrac{PL}{2AE\cos^2\theta}$

③ $\dfrac{PL}{2AE\sin\theta\cos\theta}$

④ $\dfrac{PL}{2AE\sin\theta}$

○**TIP** $\delta_C = \sum \dfrac{nN}{EA}L = \dfrac{1}{EA}\left(\dfrac{1}{2\sin\theta}\times\dfrac{P}{2\sin\theta}\times L\right)\times 2 = \dfrac{PL}{2EA\sin^2\theta}$

**9** 다음에서 부재 BC에 걸리는 응력의 크기는?

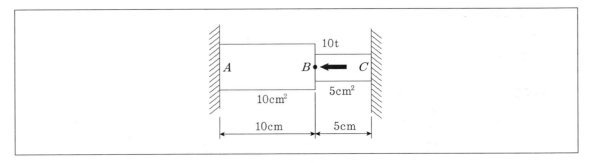

① $\dfrac{2}{3}[\text{t/cm}^2]$

② $1[\text{t/cm}^2]$

③ $\dfrac{3}{2}[\text{t/cm}^2]$

④ $2[\text{t/cm}^2]$

**10** 그림과 같이 단순보에 이동하중이 재하될 때 절대 최대 모멘트는 약 얼마인가?

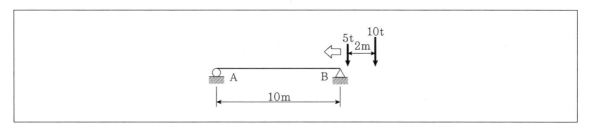

① 33t · m　　　　　　　　　　　　② 35t · m

③ 37t · m　　　　　　　　　　　　④ 39t · m

**◎TIP** ㉠ 절대 최대 휨모멘트가 발생하는 위치

이동하중군의 합력의 크기 : $\sum F_y = 5 + 10 = R$, $R = 15t$

이동하중군의 합력의 위치 : $\sum M_C = 0 : 5 \times 2 = R \times x$, $x = \dfrac{10}{R} = 0.67m$

절대 최대 휨모멘트가 발생하는 위치 : $\overline{x} = \dfrac{x}{2} = \dfrac{0.67}{2} = 0.33m$

절대 최대 휨모멘트는 10t의 재하위치가 보 중앙으로부터 우측으로 0.33m 떨어진 곳일 때 그 재하위치에서 발생한다.

㉡ 영향선의 종거와 절대 최대 휨모멘트의 크기

영향선의 종거$(y_1, y_2)$

$y_1 = \dfrac{5.33 \times 4.67}{10} = 2.49$, $y_2 = \dfrac{y_1 \times 3.33}{5.33} = 1.56$

절대 최대 휨모멘트 $M_{abs\,max} = 10 \times 2.49 + 5 \times 1.56 = 32.7t \cdot m$

**● ● ●**
**ANSWER**　8.① 9.② 10.①

**11** 주어진 보에서 지점 A의 휨모멘트($M_A$) 및 반력 $R_A$의 크기로 옳은 것은?

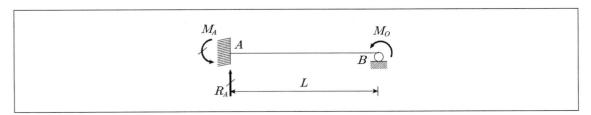

① $M_A = \dfrac{M_a}{2}, R_A = \dfrac{3M_a}{2L}$

② $M_A = M_o, R_A = \dfrac{M_o}{L}$

③ $M_A = \dfrac{M_a}{2}, R_A = \dfrac{5M_a}{2L}$

④ $M_A = M_o, R_A = \dfrac{2M_o}{L}$

**◎TIP** $M_A = \dfrac{M_o}{2},$

$\sum M_B = 0 : R_A \times L - \dfrac{M_o}{2} - M_o = 0, \ R_A = \dfrac{3M_o}{2L}(\uparrow)$

**12** 다음 중 단위변형을 일으키는데 필요한 힘은?

① 강성도　　　　　　　　　　　② 유연도

③ 축강도　　　　　　　　　　　④ 프아송비

**◎TIP** 단위변형을 일으키는데 필요한 힘을 강성도라고 한다.

**13** 다음 정정보에서의 전단력도로 바른 것은?

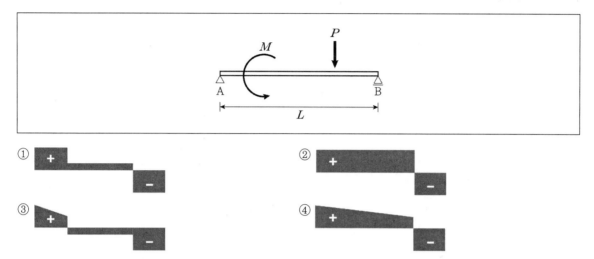

① **+** **−**

② **+** **−**

③ **+** **−**

④ **+** **−**

> ○**TIP** 모멘트 하중은 전단력의 계산에 영향을 주지 않는다(단, 휨모멘트의 계산에는 영향을 준다). 따라서 직관적으로 ②가 답임을 알 수 있다.

**14** 탄성계수가 $2.0 \times 10^6$kg/cm²인 재료로 된 경간 10[m]의 켄틸레버 보에 $W=120$[kg/m]의 등분포 하중이 작용할 때, 자유단의 처짐각은? (단, $I_n$은 중립축에 대한 단면 2차 모멘트)

① $\theta = \dfrac{10^2}{I_n}$

② $\theta = \dfrac{10^3}{I_n}$

③ $\theta = 1.5 \times \dfrac{10^3}{I_n}$

④ $\theta = \dfrac{10^4}{I_n}$

> ○**TIP** 캔틸레버보에 등분포하중이 작용할 경우 자유단의 치점각
>
> $$\theta_B = \frac{WL^3}{6EI} = \frac{120[\text{kg/m}] \times (10[\text{m}])^3}{6 \times 2.0 \times 10^6[\text{kg/cm}^2] \times I_n} = \frac{10^2}{I_n}$$
>
> 캔틸레버보에 등분포하중이 작용할 경우 자유단의 치점
>
> $$\delta_{\max} = \frac{WL^4}{8EI}$$

**15** 다음 라멘구조물의 수직반력 $R_B$는?

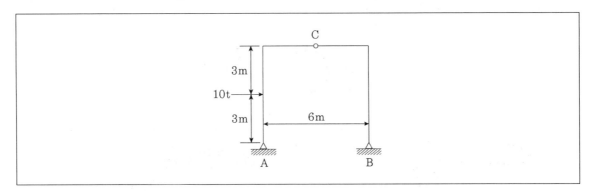

① 2t

② 3t

③ 4t

④ 5t

○**TIP** $\sum M_B = 0 : 10 \times 3 - V_A \times 6 = 0$ 이므로 $V_A = 5[\text{t}](\downarrow)$

$\sum M_C = 0 : -10 \times 3 + H_A \times 6 = 0$

$H_A = 5[\text{t}](\leftarrow)$

$H_B = \sum H - H_A = 10 - 5 = 5[\text{t}](\leftarrow)$

**16** 등분포하중($W$), 전단력($S$) 및 굽힘모멘트($M$) 사이의 관계가 옳은 것은?

① $W = \dfrac{dM}{dx} = \dfrac{d^2 S}{dx^2}$

② $W = \dfrac{dM}{dx} = \dfrac{d^2 M}{dx^2}$

③ $-W = \dfrac{dS}{dx} = \dfrac{d^2 M}{dx^2}$

④ $-W = \dfrac{dM}{dx} = \dfrac{d^2 S}{dx^2}$

○**TIP** 하중과 휨모멘트의 관계는 다음의 식과 같이 표현된다.

$\dfrac{dM_x}{dx} = \dfrac{dS_x}{dx} = -w_x$

따라서 주어진 보기 중 $-W = \dfrac{dS}{dx} = \dfrac{d^2 M}{dx^2}$ 과 같다.

**17** 다음 그림과 같은 보에서 C점의 휨모멘트는?

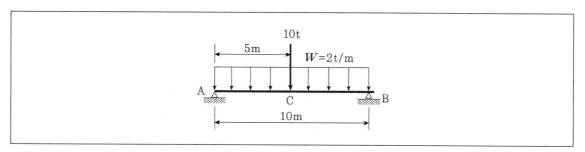

① 0[t · m]

② 40[t · m]

③ 45[t · m]

④ 50[t · m]

**TIP** 중첩의 원리로 구한다.

등분포 하중에 의한 C점의 휨모멘트 : $\dfrac{wL^2}{8} = \dfrac{2 \times 10^2}{8} = 25$

집중하중에 의한 C점의 휨모멘트 : $\dfrac{PL}{4} = \dfrac{10 \times 10}{4} = 25$

위의 두 값을 합하면 50[t · m]이 된다.

**18** 다음 〈보기〉에서 설명하고 있는 정리는?

〈보기〉

동일평면상의 한 점에 여러 개의 힘이 작용하고 있을 때, 여러 개의 힘의 어떤 점에 대한 모멘트의 합은 그 합력의 동일점에 대한 모멘트와 같다.

① Lami의 정리

② Green의 정리

③ Pappus의 정리

④ Varignon의 정리

**TIP** 바리뇽의 정리 … 동일평면상의 한 점에 여러 개의 힘이 작용하고 있을 때, 여러 개의 힘의 어떤 점에 대한 모멘트의 합은 그 합력의 동일점에 대한 모멘트와 같다.

**19** 다음 그림과 같은 트러스에서 부재 $U$의 부재력은?

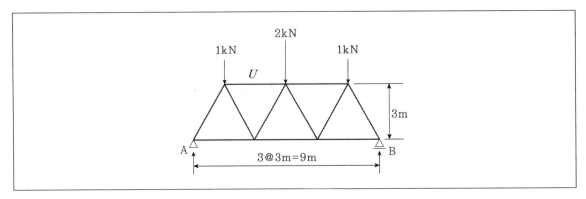

① 1.0[kN] (압축)  ② 1.2[kN] (압축)
③ 1.3[kN] (압축)  ④ 1.5[kN] (압축)

**OTIP**

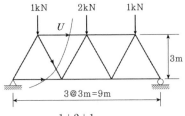

$$R_A = R_B = \frac{1+2+1}{2} = 2[\text{kN}]$$

$$\sum M_C = 0 : R_A \times 3 - 1 \times 1.5 + U \times 3 = 0$$

$$U = -1.5[\text{kN}]$$

**20** 20[cm]×30[cm]인 단면의 저항모멘트는? (단, 재료의 허용휨응력은 70[kg/cm²]이다.)

① 2.1[t · m]  ② 3.0[t · m]
③ 4.5[t · m]  ④ 6.0[t · m]

**OTIP**
$$\sigma = \frac{M}{Z} = \frac{M}{\dfrac{bh^2}{6}} = \frac{M}{\dfrac{20 \times 30^2}{6}} = \frac{M}{3,000[\text{cm}^2]} \le \sigma_a = 70[\text{kg/cm}^2]$$

$$\therefore M \le 2.1[\text{t} \cdot \text{m}]$$

**21** 항공사진의 주점에 대한 설명으로 바르지 않은 것은?

① 주점에서는 경사사진의 경우에도 경사각에 관계없이 수직사진의 축척과 같은 축척이 된다.
② 인접사진과의 주점길이가 과고감에 영향을 미친다.
③ 주점은 사진의 중심으로 경사사진에서는 연직점과 일치하지 않는다.
④ 주점은 연직점, 등각점과 함께 항공사진의 특수 3점이다.

**TIP** 경사사진의 경우, 경사각도에 따라 사진상의 주점과 지상주점과의 거리가 커지게 되어 축척이 달라지게 된다.

**22** 철도의 궤도간격 $b = 1.069$[m], 곡선반지름 $R = 600$[m]인 원곡선 상을 열차가 100[km/h]로 주행하려고 할 때 켄트는?

① 100[mm]
② 140[mm]
③ 180[mm]
④ 220[mm]

**TIP** 켄트 … 차량이 곡선을 따라 주행할 때 원심력을 줄이기 위하여 곡선의 바깥쪽을 높여 차량을 안전하게 주행하도록 하는 것

$$C = \frac{SV^2}{gR} = \frac{1.069 \times \left(100 \times 1{,}000 \times \dfrac{1}{3{,}600}\right)^2}{9.8 \times 600} = 0.14\text{[m]}$$

**ANSWER** 19.④  20.①  21.①  22.②

**23** 교각($I$)는 60°, 외선길이($E$)는 15m인 단곡선을 설치할 때 곡선길이는?

① 85.2[m]
② 91.3[m]
③ 97.0[m]
④ 101.5[m]

**○TIP** $E = R\left(\sec\dfrac{I}{2} - 1\right)$ 이므로, $R = \dfrac{15}{\sec\dfrac{60°}{2} - 1} = 96.96[\text{m}]$

$C.L. = R \cdot I° \cdot \dfrac{\pi}{180°} = 101.5[\text{m}]$

**24** 다음 중 수준측량에서 발생하는 오차에 대한 설명으로 바르지 않은 것은?

① 기계의 조정에 의해 발생하는 오차는 전시와 후시의 거리를 같게 하여 소거할 수 있다.
② 표척의 영눈금오차는 출발점의 표척을 도착점에서 사용하여 소거할 수 있다.
③ 측지삼각수준측량에서 곡률오차와 굴절오차는 그 양이 미소하므로 무시할 수 있다.
④ 기포의 수평조정이나 표척면의 읽기는 육안으로 한계가 있으나 이로 인한 오차는 일반적으로 허용오차 범위 안에 들 수 있다.

**○TIP** 수준측량에서는 곡률오차와 굴절오차를 모두 고려해야 한다.

**25** 일반적으로 단열삼각망으로 구성하기에 가장 적합한 것은?

① 시가지와 같이 정밀을 요하는 골조측량
② 복잡한 지형의 골조측량
③ 광대한 지역의 지형측량
④ 하천조사를 위한 골조측량

**○TIP** 일반적으로 단열삼각망은 하천, 도로와 같이 폭이 좁고 긴 지역의 골조측량에 적합하다.

**26** 삼각측량의 각 삼각점에 있어 모든 각의 관측시 만족되어야 하는 조건이 아닌 것은?

① 하나의 측점을 둘러싸고 있는 각의 합은 360°가 되어야 한다.
② 삼각망 중에서 임의의 한 변의 길이는 계산의 순서에 관계없이 같아야 한다.
③ 삼각망 중 각각 삼각형 내각의 합은 180°가 되어야 한다 .
④ 모든 삼각점의 포함면적은 각각 일정해야 한다.

**OTIP** 모든 삼각형의 포함면적이 일정하기는 매우 어려우며, 비슷할수록 좋다.

**27** 초점거리 20[cm]의 카메라로 평지로부터 6,000[m]의 촬영고도로 찍은 연직사진이 있다. 이 사진에 찍혀있는 평균표고 500[m]인 지형의 사진축척은?

① 1 : 5,000
② 1 : 27,500
③ 1 : 29,750
④ 1 : 30,000

**OTIP** $\dfrac{1}{m} = \dfrac{f}{H \pm h} = \dfrac{0.20}{6,000 - 500} = \dfrac{1}{27,500}$

**28** 수준측량의 야장기입법에 관한 설명으로 바르지 않은 것은?

① 야장기입법에는 고차식, 기고식, 승강식이 있다.
② 고차식은 단순히 출발점과 끝점의 표고차만 알고자 할 때 사용하는 방법이다.
③ 기고식은 계산과정에서 완전한 검산이 가능하며 정밀한 측량에 적합한 방법이다.
④ 승강식은 앞 측점의 지반고를 해당측점의 승강을 합하여 지반고를 계산하는 방법이다.

**OTIP** 기고식 … 중간점이 많을 때 적합하나 완전한 검산을 할 수 없는 단점이 있다.
※ 야장기입법
• 고차식 : 전시와 후시만 있을 때 사용하며 두 점간의 고저차를 구할 경우 사용한다.
• 기고식 : 중간점이 많을 때 적합하나 완전한 검산을 할 수 없는 단점이 있다.
• 승강식 : 중간점이 많을 때 불편하나 완전한 검산을 할 수 있다.

**29** 위성측량의 DOP(Dilution of Precision)에 관한 설명 중 바르지 않은 것은?

① 기하학적 DOP(GDOP), 3차원위치 DOP(PDOP), 수직위치 DOP(VDOP), 평면위치 DOP(HDOP), 시간 DOP(TDOP) 등이 있다.

② DOP는 측량할 때 수신 가능한 위성의 궤도정보를 항법메시지에서 받아 계산할 수 있다.

③ 위성측량에서 DOP가 작으면 클 때보다 위성의 배치상태가 좋은 것이다.

④ 3차원위치 DOP(PDOP)는 평면위치 DOP(HDOP)의 수직위치 DOP(VDOP)의 합으로 나타난다.

**○TIP** 3차원위치의 정확도는 PDOP에 따라 달라지는데 PDOP은 4개의 관측위성들이 이루는 사면체의 체적이 최대일 때 가장 정확도가 좋으며 이때는 관측자의 머리위에 다른 세 개의 위성이 각각 120도를 이룰 때이다.

※ DOP(Dilution of Precision)
- GNSS 위치의 질을 나타내는 지표이다.
- DOP는 위성군(Constellation)에서 한 위성의 다른 위성에 대한 상대 위치와, GNSS 수신기에 대한 위성들의 기하구조에 의해 결정된다.
- 정밀도 저하율을 의미하며, 위성과 수신기들 간의 기하학적 배치에 따른 오차를 나타낸다.
- 위성의 기하학적 배치상태가 정확도에 어떻게 영향을 주는가를 추정할 수 있는 척도이다.
- 정확도를 나타내는 계수로서 수치로 표시한다.
- 수치가 작을수록 정밀하다.
- 지표에서 가장 배치상태가 좋을 때 DOP의 수치는 1이다.
- 위성의 위치, 높이, 시간에 대한 함수관계가 있다.

※ GNSS의 표준 DOP의 종류
- GDOP : 기하학적 정밀도 저하율
- PDOP : 위치 정밀도 저하율(3차원위치)(3~5 정도가 적당)
- RDOP : 상대(위치, 시간 평균)정밀도 저하율
- HDOP : 수평(2개의 수평 좌표)정밀도 저하율
- VDOP : 수직(높이)정밀도 저하율
- TDOP : 시간정밀도 저하율

**30** 완화곡선에 대한 설명으로 바르지 않은 것은?

① 곡선반지름은 완화곡선의 시점에서 무한대, 종점에서 원곡선의 반지름으로 된다.

② 완화곡선의 접선은 시점에서 직선에, 종점에서 원호에 접한다.

③ 완화곡선에 연한 곡선의 반지름의 감소율은 캔트의 증가율의 2배가 된다.

④ 완화곡선 종점의 캔트는 원곡선의 캔트와 같다.

**○TIP** 완화곡선에 연한 곡선 반지름의 감소율은 캔트의 증가율과 같다.

**31** 축척 1:500 지형도를 기초로 하여 축척 1:5,000의 지형도를 같은 크기로 편찬하려 한다. 축척 1:5,000 지형도의 1장을 만들기 위한 축척 1:500지형도의 매수는?

① 50매  
② 100매  
③ 150매  
④ 250매  

○**TIP** 지형도의 매수는 $\left(\dfrac{5,000}{500}\right)^2 = 100$매가 된다.

**32** 거리와 각을 동일한 정밀도로 관측하여 다각측량을 하려고 한다. 이 때 각 측량기의 정밀도가 10″라면 거리측량기의 정밀도는 약 얼마정도이어야 하는가?

① 1:15,000  
② 1:18,000  
③ 1:21,000  
④ 1:25,000  

○**TIP** $\dfrac{\triangle L}{L} = \dfrac{\theta''}{\rho''}$ 이므로 $\dfrac{10}{206,265} = \dfrac{1}{21,000}$

**33** 지오이드(Geoid)에 대한 설명으로 바른 것은?

① 육지와 해양의 지형면을 말한다.  
② 육지 및 해저의 요철을 평균한 매끈한 곡면이다.  
③ 회전타원체와 같은 것으로서 지구의 형상이 되는 곡면이다.  
④ 평균해수면을 육지내부까지 연장했을 때의 가상적인 곡면이다.  

○**TIP** 지오이드(Geoid) … 평균해수면을 육지내부까지 연장했을 때의 가상적인 곡면이다.

---

**ANSWER** 29.④ 30.③ 31.② 32.③ 33.④

**34** 평야지대에서 어느 한 측점에서 중간 장애물이 없는 26[km] 떨어진 측점을 시준할 때 측점에 세울 표척의 최소높이는? (단, 굴절계수는 0.14이고 지구곡률반지름은 6,370[km]이다.)

① 16[m]    ② 26[m]

③ 36[m]    ④ 46[m]

$$h = \frac{D^2}{2R}(1-k) = \frac{26^2}{2 \times 6,370}(1-0.14) = 0.0456[km] = 46[m]$$

**35** 다각측량 결과 측점 A, B, C의 합위거, 합경거가 표와 같다면 삼각형 A, B, C의 면적은?

| 측 점 | 합위거(m) | 합경거(m) |
|---|---|---|
| A | 100.0 | 100.0 |
| B | 400.0 | 100.0 |
| C | 100.0 | 500.0 |

① 40,000[m²]    ② 60,000[m²]

③ 80,000[m²]    ④ 120,000[m²]

| 측 점 | 합위거(m) | 합경거(m) | $(X_{n-1} - X_{n+1})Y_n$ |
|---|---|---|---|
| A | 100.0 | 100.0 | $(100-400) \times 100 = -30,000$ |
| B | 400.0 | 100.0 | $(100-100) \times 100 = 0$ |
| C | 100.0 | 500.0 | $(400-100) \times 500 = 150,000$ |

$2A = 150,000 - 30,000 = 120,000$이므로 $A = 60,000[m^2]$

**36** $A$, $B$, $C$ 세 점에서 $P$점의 높이를 구하기 위해 직접수준측량을 실시하였다. $A$, $B$, $C$점에서 구한 $P$점의 높이는 각각 325.13[m], 325.19[m], 325.02[m]이고 $AP = BP = 1$[km], $CP = 3$[km]일 때 $P$의 표고는?

① 325.08[m]
② 325.11[m]
③ 325.14[m]
④ 325.21[m]

**TIP** 경중률을 계산하면 $P_A : P_B : P_C = \dfrac{1}{1} : \dfrac{1}{1} : \dfrac{1}{3} = 3 : 1 : 1$

P점의 표고는

$H_P = 325 + \dfrac{3 \times 0.13 + 1 \times 0.19 + 1 \times 0.02}{3 + 1 + 1} = 325.12$[m]

**37** 비행장이나 운동장과 같이 넓은 지형의 정지공사 시 토량을 계산하고자 할 때 적당한 방법은?

① 점고법
② 등고선법
③ 중앙단면법
④ 양단면평균법

**TIP** 점고법 … 토공량 산정을 위한 체적계산의 한 방법으로 대상지역을 삼각형 또는 사각형으로 분할하여 지반고를 관측하고 계획고와 지반고의 차이에 의해 토공량을 산정하는 방법이다. 넓은 지역의 정지, 절취, 매립 등에 주로 사용된다.

**38** 방위각 265°에 대한 측선의 방위는?

① S85°W
② E85°W
③ N85°E
④ E85°N

**TIP** 방위각이 265°이므로 제3상한에 속한다.
이 때는 방위각에서 180°를 감한 것에 부호는 S에서 W이므로 S85°W가 된다.

**39** 100[m²]인 정사각형 토지의 면적을 0.1[m²]까지 정확하게 구하고자 한다면 이에 필요한 거리관측의 정확도는?

① 1 : 2,000

② 1 : 1,000

③ 1 : 500

④ 1 : 300

**TIP** $\dfrac{\triangle A}{A} = \dfrac{0.1}{100} = 2 \cdot \dfrac{\triangle L}{L}$ 이므로 $\dfrac{\triangle L}{L} = \dfrac{1}{2,000}$

**40** 지형측량에서 지성선(知性線)에 대한 설명으로 바른 것은?

① 등고선이 수목에 가려져 불명확할 때 이어주는 선을 의미한다.

② 지모(地貌)의 골격이 되는 선을 의미한다.

③ 등고선에 직각방향으로 내려 그은 선을 의미한다.

④ 곡선(曲線)이 합류되는 점들을 서로 연결한 선을 의미한다.

**TIP**
• 지성선은 지모(地貌)의 골격이 되는 선을 의미하며 능선(분수선), 계곡선(합수선), 경사변환선(평면교선), 최대경사선 등이 있다.
• 지표면이 다수의 평면으로 구성되었다고 할 때 평면간 접합부, 즉 접선을 말하며 지세선이라고도 한다.
• 철(凸)선을 능선, 또는 분수선이라고 한다.
• 요(凹)선은 합수선이라고도 하며 지표면이 낮은 점을 연결한 선으로 빗물이 합쳐지는 선이다.
• 경사변환선이란 동일 방향의 경사면에서 경사의 크기가 다른 두 면의 접합선이다.

**제3과목** **수리학 및 수문학**

**41** 흐르지 않는 물에 잠긴 평판에 작용하는 전수압의 계산방법으로 바른 것은? (단, 여기서 수압이란 단위면적 당 압력을 의미한다.)

① 평판도심의 수압에 평판면적을 곱한다.

② 단면의 상단과 하단수압의 평균값에 평판면적을 곱한다.

③ 작용하는 수압의 최댓값에 평판면적을 곱한다.

④ 평판의 상단에 작용하는 수압에 평판면적을 곱한다.

**TIP** 흐르지 않는 물에 잠긴 평판에 작용하는 전수압은 평판도심의 수압에 평판면적을 곱하여 산정한다.

**42** 직사각형 단면의 위어에서 수두($h$)측정에 2%의 오차가 발생했을 때, 유량($Q$)에 발생되는 오차는?

① 1%

② 2%

③ 3%

④ 4%

**○TIP** 직사각형 위어의 유량오차 $\dfrac{dQ}{Q} = \dfrac{3}{2} \times \dfrac{dh}{h} = \dfrac{3}{2} \times 2 = 3[\%]$

**43** 다음 그림과 같은 병렬관수로 ㉠, ㉡, ㉢에서 각 관의 지름과 관의 길이를 각각 $D_1$, $D_2$, $D_3$, $L_1$, $L_2$, $L_3$라 할 때 $D_1 > D_2 > D_3$이고, $L_1 > L_2 > L_3$이면 A점과 B점의 손실수두는?

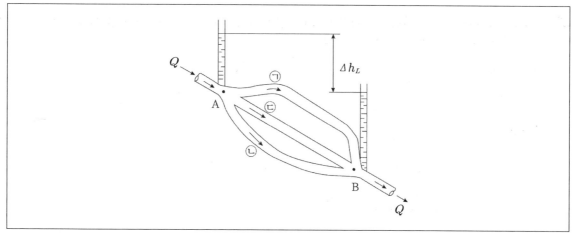

① ㉠의 손실수두가 가장 크다.

② ㉡의 손실수두가 가장 크다.

③ ㉢에서만 손실수두가 발생한다.

④ 모든 관의 손실수두가 같다.

**○TIP** 주어진 병렬관수로에서는 모든 관의 손실수두가 동일하다.

**44** 물체의 공기 중 무게가 750[N]이고 물속에서의 무게는 250[N]일 때 이 물체의 체적은? (단, 무게 1kg중＝ 10[N])

① $0.05[m^3]$

② $0.06[m^3]$

③ $0.50[m^3]$

④ $0.60[m^3]$

**⊙TIP** 250[N]은 25[kg]으로 환산하여 다음 식에서 답을 구한다.

$W = B + W'$ 에서 부력 $B = wV$이므로

$75 = 1,000 \times V + 25$이므로 $V = 0.05[m^3]$

**45** 지름 200[mm]인 관로에 축소부 지름이 120[mm]인 벤투리미터(Venturimeter)가 부착되어 있다. 두 단면의 수두차가 1.0[m], $C = 0.98$일 때의 유량은?

① $0.00525[m^3/s]$

② $0.0525[m^3/s]$

③ $0.525[m^3/s]$

④ $5.25[m^3/s]$

**⊙TIP** $A_1 = \dfrac{\pi \times 0.2^2}{4} = 0.0314[m^2]$

$A_2 = \dfrac{\pi \times 0.12^2}{4} = 0.0113[m^2]$

$Q = 0.98 \times \dfrac{0.0314 \times 0.0113}{\sqrt{0.0314^2 - 0.0113^2}} \times \sqrt{19.6 \times 1} = 0.0525[m^3/s]$

**46** 수조의 수면에서 2[m]아래 지점에 지름 10[cm]의 오리피스를 통하여 유출되는 유량은? (단, 유량계수 $C = 0.6$)

① $0.0152[m^3/s]$

② $0.0068[m^3/s]$

③ $0.0295[m^3/s]$

④ $0.0094[m^3/s]$

**⊙TIP** $Q = CA\sqrt{2gH}$ 에서 $Q = 0.6 \times \dfrac{\pi \times 0.1^2}{4} \times \sqrt{2 \times 9.8 \times 2} = 0.0295[m^3/s]$

**47** 유량 147.6[L/s]를 송수하기 위하여 안지름 0.4[m]의 관을 700[m]의 길이로 설치하였을 때 흐름의 에너지 경사는? (단, 조도계수 $n = 0.012$, Manning공식을 적용한다.)

① 1 : 700

② 2 : 700

③ 3 : 700

④ 4 : 700

**OTIP** 우선 단위를 환산해야 한다.

$Q = 147.6[\text{L/sec}] = 0.1476[\text{m}^3/\text{sec}]$

유속은 $V = \dfrac{Q}{A} = \dfrac{Q}{\dfrac{\pi D^2}{4}} = \dfrac{0.1476}{\dfrac{\pi \times 0.4^2}{4}} = 1.175[\text{m/sec}]$

동수반경(수리반경, 경심)

$R = \dfrac{A}{P} = \dfrac{\dfrac{\pi D^2}{4}}{\pi D} = \dfrac{D}{4} = \dfrac{0.4}{4} = 0.1[\text{m}]$

관로경사는

$V = \dfrac{1}{n} R^{2/3} \cdot I^{1/2}$ 에서

$I = \left(\dfrac{n \cdot V}{R^{2/3}}\right)^2 = \left(\dfrac{0.012 \times 1.175}{0.1^{2/3}}\right)^2 = 4.28 \times 10^{-3} \fallingdotseq \dfrac{3}{700}$

**48** 다음 중 단위도(단위유량도)에 대한 설명으로 바르지 않은 것은?

① 단위도의 3가지 가정은 일정기저시간 가정, 비례가정, 중첩가정이다.

② 단위도는 기저유량과 직접유출량을 포함하는 수문곡선이다.

③ S-Curve를 이용하여 단위도의 단위시간을 변경할 수 있다.

④ Synder는 합성단위도법을 연구발표하였다.

**OTIP** 단위도는 직접유출의 수문곡선이며 기저유출을 포함하지 않는다.

※ S-Curve방법 … 긴 강우지속시간을 가진 단위도로부터 짧은 지속시간을 가진 단위도로 유도하기 위해 사용하는 방법으로 S-Curve의 형상을 지배하는 인자는 단위도의 지속시간, 평형 유출량, 직접유출의 수문곡선 등이 있다.

**49** 다음 중 지하수에서 Darcy 법칙의 유속에 대한 설명으로 바른 것은?

① 영향권의 반지름에 비례한다.
② 동수경사에 비례한다.
③ 동수반지름(Hydraulic Radius)에 비례한다.
④ 수심에 비례한다.

**O TIP** Darcy—Weisbach의 법칙

- 유속 : $V = Ki = K\dfrac{h_L}{L}$

- 관마찰 손실수두 : $h_L = f \cdot \dfrac{L}{d} \cdot \dfrac{V^2}{2g}$

**50** 다음 중 유출(Runoff)에 대한 설명으로 바르지 않은 것은?

① 비가 오기 전의 유출을 기저유출이라 한다.
② 우량은 별도의 손실없이 그 전량이 하천으로 유출된다.
③ 일정기간에 하천으로 유출되는 수량의 합을 유출량이라 한다.
④ 유출량과 그 기간의 강수량과의 비(比)를 유출계수 또는 유출률이라고 한다.

**O TIP** 우량은 하천으로 유출되기 전까지 손실이 필연적으로 발생하게 된다.

**51** 다음 중 상류(Subcritical flow)에 관한 설명으로 바르지 않은 것은?

① 하천의 유속이 장파의 전파속도보다 느린 경우이다.
② 관성력이 중력의 영향보다 더 큰 흐름이다.
③ 수심은 한계수심보다 크다.
④ 유속은 한계유속보다 작다.

**O TIP** 관성력이 중력의 영향보다 더 큰 흐름은 사류($F_r > 1$)이다.

| | 상류 | 사류 |
|---|---|---|
| 유속의 흐름 | 전파속도보다 작다 | 전파속도보다 크다 |
| 수로경사 | 완만하다 | 급격하다 |
| 지배력 | 중력 | 관성력 |
| 수심 | 작다 | 크다 |
| 유속 | 크다 | 작다 |

**52** 다음 그림과 같은 굴착정(Artesian Well)의 유량을 구하는 공식은? (단, $R$은 영향원의 반지름, $K$는 투수계수, $m$은 피압대수층의 두께)

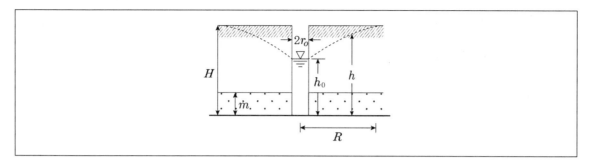

① $Q = \dfrac{2\pi mK(H+h_0)}{\ln(R/r_o)}$

② $Q = \dfrac{2\pi mK(H+h_0)}{\ln(r_o/R)}$

③ $Q = \dfrac{2\pi mK(H-h_0)}{\ln(R/r_o)}$

④ $Q = \dfrac{2\pi mK(H-h_0)}{\ln(r_o/R)}$

**◎TIP** 굴착정의 유량 $\cdots$ $Q = \dfrac{2\pi mK(H-h_0)}{\ln(R/r_o)}$

**53** 개수로의 흐름에서 비에너지의 정의로 바른 것은?

① 단위 중량의 물이 가지고 있는 에너지로 수심과 속도수두의 합
② 수로의 한 단면에서 물이 가지고 있는 에너지를 단면적으로 나눈 값
③ 수로의 두 단면에서 물이 가지고 있는 에너지를 수심으로 나눈 값
④ 압력에너지와 속도에너지의 비

**◎TIP** 개수로의 흐름에서 비에너지는 단위 중량의 물이 가지고 있는 에너지로 수심과 속도수두의 합이다.

**ANSWER** 49.② 50.② 51.② 52.③ 53.①

**54** 대규모 수공구조물의 설계우량으로 가장 적합한 것은?

① 평균면적우량

② 발생가능 최대강수량(PMP)

③ 기록상의 최대우량

④ 재현기간 100년에 해당하는 강우량

**○TIP** 대규모 수공구조물의 설계우량은 발생가능 최대강수량(PMP)으로 한다.

**55** 댐의 상류부에서 발생되는 수면곡선으로 흐름방향으로 수심이 증가함을 뜻하는 곡선은?

① 배수곡선

② 저하곡선

③ 수리특성 곡선

④ 유사량곡선

**○TIP** • 배수 : 개수로의 흐름이 상류인 장소에 댐, 위어, 수문 등의 수리구조물을 만들어 수면을 상승시키면 그 영향이 상류로 미치고 수면이 상승하는 현상이며 이러한 배수에 의해 생기는 곡선을 배수곡선이라 한다. (배수곡선은 댐의 상류부에서 발생되는 수면곡선으로 흐름방향으로 수심이 증가함을 뜻하는 곡선이다.)
• 저하곡선 : 긴 수로의 하단에 단락이 있거나 수로경사가 한계경사보다 급할 경우 생기는 수면곡선이다.
• 수리특성곡선 : 수심에 대한 유량, 유속, 경심, 윤변의 변화비율을 나타내는 곡선

**56** 관속에 흐르는 물의 속도수두를 10m로 유지하기 위한 평균유속은?

① 4.9m/s

② 9.8m/s

③ 12.6m/s

④ 14.0m/s

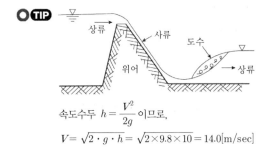

속도수두 $h = \dfrac{V^2}{2g}$ 이므로,

$V = \sqrt{2 \cdot g \cdot h} = \sqrt{2 \times 9.8 \times 10} = 14.0[\text{m/sec}]$

**57** 층류와 난류(亂流)에 관한 설명으로 바르지 않은 것은?

① 층류란 유수(流水) 중에서 유선이 평행한 층을 이루는 흐름이다.

② 층류와 난류를 레이놀즈 수에 의해 구별할 수 있다.

③ 원관 내 흐름의 한계 레이놀즈 수는 약 2,000 정도이다.

④ 층류에서 난류로 변할 때의 유속과 난류에서 층류로 변할 때의 유속은 같다.

**TIP** 층류에서 난류로 변할 때의 유속과 난류에서 층류로 변할 때의 유속은 서로 다르다.

유속 $V_a$는 층류에서 난류로 변할 때의 유속이며 상한계 유속이라고 하고 유속 $V_c$는 난류에서 층류로 변할 때의 유속이며 하한계 유속이라고 한다. 따라서 층류에서 난류로 변할 때의 유속과 난류에서 층류로 변할 때의 유속은 다르다.

**58** 물리량의 차원으로 바르지 않은 것은?

① 에너지 : $[ML^{-2}T^{-2}]$

② 에너지 : $[L^2T^{-1}]$

③ 에너지 : $[ML^{-1}T^{-1}]$

④ 밀도 : $[ML^{-4}T^2]$

**TIP** 에너지 : $[ML^2T^{-2}]$

※ 수리학에서 취급하는 주요 물리량의 차원

| 물리량 | MLT계 | FLT계 | 물리량 | MLT계 | FLT계 |
|---|---|---|---|---|---|
| 길이 | $[L]$ | $[L]$ | 질량 | $[M]$ | $[FL^{-1}T^2]$ |
| 면적 | $[L^2]$ | $[L^2]$ | 힘 | $[MLT^{-2}]$ | $[F]$ |
| 체적 | $[L^3]$ | $[L^3]$ | 밀도 | $[ML^{-3}]$ | $[[FL^{-4}T^2]$ |
| 시간 | $[T]$ | $[T]$ | 운동량, 역적 | $[MLT^{-1}]$ | $[FT]$ |
| 속도 | $[LT^{-1}]$ | $[LT^{-1}]$ | 비중량 | $[ML^{-2}T^2]$ | $[FL^{-3}]$ |
| 각속도 | $[T^{-1}]$ | $[T^{-1}]$ | 점성계수 | $[ML^{-1}T^{-1}]$ | $[FL^{-2}T]$ |
| 가속도 | $[LT^{-2}]$ | $[LT^{-2}]$ | 표면장력 | $[MT^{-2}]$ | $[FL^{-1}]$ |
| 각가속도 | $[T^{-2}]$ | $[T^{-2}]$ | 압력강도 | $[ML^{-1}T^{-2}]$ | $[FL^{-2}]$ |
| 유량 | $[L^3T^{-1}]$ | $[L^{3-1}]$ | 일, 에너지 | $[ML^2T^{-2}]$ | $[FL]$ |
| 동점성계수 | $[L^2T^{-1}]$ | $[L^2T^{-1}]$ | 동력 | $[ML^2T^{-3}]$ | $[FLT^{-1}]$ |

ANSWER  **54.**② **55.**① **56.**④ **57.**④ **58.**①

**59** 수문에 관련한 용어에 대한 설명으로 바르지 않은 것은?

① 침투란 토양면을 통해 스며든 물이 중력에 의해 계속 지하로 이동하여 불투수층까지 도달하는 것이다.
② 증산(Transiration)은 식물의 엽면(葉面)을 통해 물이 수증기의 형태로 대기 중에 방출되는 현상이다.
③ 강수(Precipitation)란 구름이 응축되어 지상으로 떨어지는 모든 형태의 수분을 총칭한다.
④ 증발이란 액체상태의 물이 기체상태의 수증기로 바뀌는 현상이다.

> **⊙TIP** 침루(percolation) … 토양면을 통해 스며든 물이 중력의 영향 때문에 지하로 이동하여 지하수면까지 도달하는 현상
> ※ 물의 순환과정… 증발→강수→차단→증산→침투→침루→유출

**60** 개수로에서 한계수심에 대한 설명으로 바른 것은?

① 사류 흐름의 수심
② 상류 흐름의 수심
③ 비에너지가 최대일 때의 수심
④ 비에너지가 최소일 때의 수심

> **⊙TIP** 한계수심 … 개수로에서 비에너지가 최소일 때의 수심

**제4과목** **철근콘크리트 및 강구조**

**61** 다음 중 철근콘크리트 보에서 사인장철근이 부담하는 주된 응력은?

① 부착응력　　　　　　　　② 전단응력
③ 지압응력　　　　　　　　④ 휨인장응력

> **⊙TIP** 사인장철근은 주로 전단응력을 부담한다.

**62** 다음 그림과 같은 인장철근을 갖는 보의 유효깊이는? (단, D19철근의 공칭단면적은 287[mm²]이다.)

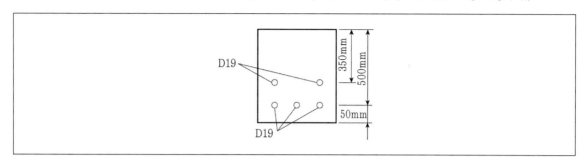

① 350[mm]

② 410[mm]

③ 440[mm]

④ 500[mm]

**OTIP** 바리뇽의 정리를 따르면 $5A_s \cdot d = 2A_s(350) + 3A_s(500)$

따라서 $d = 440[mm]$

**63** 길이 6[m]의 단순지지 보통중량 철근콘크리트 보의 처짐을 계산하지 않아도 되는 보의 최소두께는? (단, $f_{ck} = 21[MPa]$, $f_y = 350[MPa]$이다.)

① 349[mm]

② 356[mm]

③ 375[mm]

④ 403[mm]

**OTIP** 부재의 처짐과 최소두께 … 처짐을 계산하지 않는 경우의 보 또는 1방향 슬래브의 최소두께는 다음과 같다. ($L$은 경간의 길이)

| 부 재 | 최소 두께 또는 높이 | | | |
|---|---|---|---|---|
| | 단순지지 | 일단연속 | 양단연속 | 캔틸레버 |
| 1방향 슬래브 | $L/20$ | $L/24$ | $L/28$ | $L/10$ |
| 보 | $L/16$ | $L/18.5$ | $L/21$ | $L/8$ |

위의 표의 값은 보통콘크리트($m_c = 2,300kg/m^3$)와 설계기준항복강도 400MPa철근을 사용한 부재에 대한 값이며 다른 조건에 대해서는 그 값을 다음과 같이 수정해야 한다.

1,500~2,000kg/m³범위의 단위질량을 갖는 구조용 경량콘크리트에 대해서는 계산된 $h_{\min}$값에 $(1.65 - 0.00031 \times m_c)$를 곱해야 하나 1.09보다 작지 않아야 한다.

$f_y$가 400MPa 이외인 경우에는 계산된 $h_{\min}$값에 $\left(0.43 + \dfrac{f_y}{700}\right)$를 곱해야 한다.

$h_{\min} = \dfrac{6,000}{16} = 375mm$, $375 \times \left(0.43 + \dfrac{350}{700}\right) = 348.75 ≒ 349mm$

**64** 다음 그림과 같은 캔틸레버 옹벽의 최대지반반력은?

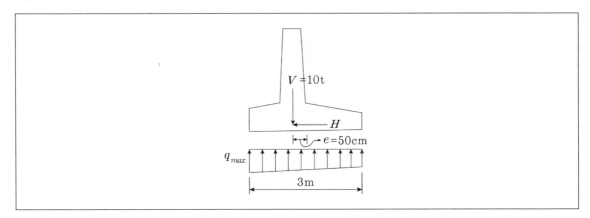

① $10.2[\text{t/m}^2]$

② $20.5[\text{t/m}^2]$

③ $6.67[\text{t/m}^2]$

④ $3.33[\text{t/m}^2]$

**◎TIP** $q_r = \dfrac{P}{B}\left(1 \pm \dfrac{6e}{B}\right) = \dfrac{10[\text{t}]}{3[\text{m}]}\left(1 \pm \dfrac{6 \times 0.5[\text{m}]}{3[\text{m}]}\right) = 6.67[\text{t/m}^2]$

**65** 강도설계법에 의한 휨부재의 등가사각형 압축응력 분포에서 $f_{ck} = 40[\text{MPa}]$일 때 $\beta_1$의 값은?

① $0.766$

② $0.801$

③ $0.833$

④ $0.850$

**◎TIP** $f_{ck} > 28\text{MPa}$인 경우
$\beta_1 = 0.85 - 0.007(f_{ck} - 28) = 0.766(\beta_1 \geq 0.65)$

**66** 다음 그림과 같은 직사각형 단면의 프리텐션부재에 편심배치한 직선 PS강재를 760[kN] 긴장을 하였을 때 탄성수축으로 인한 프리스트레스의 감소량은? (단, $I$는 $2.5 \times 10^9$mm$^4$, $n = 6$이다.)

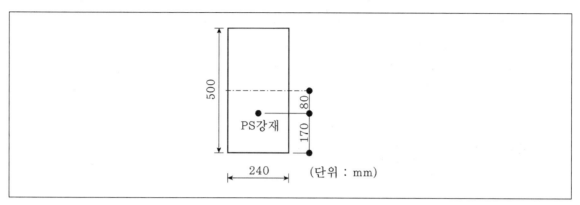

① 43.67MPa

② 45.67MPa

③ 47.67MPa

④ 49.67MPa

**◯TIP** 프리텐션부재에서 탄성수축에 의한 손실 $\triangle f_p = n f_c = 6 \times 8.278[\text{MPa}] = 49.67[\text{MPa}]$

PS강재가 편심배치가 된 경우이므로

$$f_c = \frac{P}{A} + \frac{P \cdot e}{I} \cdot e = \frac{760 \times 1,000[\text{N}]}{240 \times 500[\text{mm}^2]} + \frac{760 \times 1,000[\text{N}] \times 80[\text{mm}]}{2.5 \times 10^9[\text{mm}^4]} \times 80[\text{mm}] = 8.278[\text{MPa}]$$

※ 탄성변형에 의한 프리스트레스의 손실

　ⓐ 프리텐션방식

　　부재의 강재와 콘크리트는 일체로 거동하므로 강재의 변형률 $\varepsilon_p$와 콘크리트의 변형률 $\varepsilon_c$는 같아야 한다.

$$\triangle f_{pe} = E_p \varepsilon_p = E_p \varepsilon_c = E_p \cdot \frac{f_{ci}}{E_c} = n \cdot f_{ci} \quad (f_{ci} : \text{프리스트레스 도입 후 강재 둘레 콘크리트의 응력, n : 탄성계수비})$$

　　PS강재가 편심배치가 된 경우 $f_c = \dfrac{P}{A} + \dfrac{P \cdot e}{I} \cdot e$

　ⓑ 포스트텐션방식 : 강재를 전부 한꺼번에 긴장할 경우는 응력의 감소가 없다. 콘크리트 부재에 직접 지지하여 강재를 긴장하기 때문이다. 순차적으로 긴장할 때는 제일 먼저 긴장하여 정착한 PC강재가 가장 많이 감소하고 마지막으로 긴장하여 정착한 긴장재는 감소가 없다. 따라서 프리스트레스의 감소량을 계산하려면 복잡하므로 제일 먼저 긴장한 긴장재의 감소량을 계산하여 그 값의 1/2을 모든 긴장재의 평균손실량으로 한다. 즉, 다음과 같다.

　　(평균감소량)$\triangle f_{pe} = \dfrac{1}{2} \times$(최초에 긴장하여 정착된 강재의 총 감소량), 또는 $\triangle f_{pe} = \dfrac{1}{2} n f_{ci} \dfrac{N-1}{N}$ ($N$ : 긴장재의 긴장회수, $f_{ci}$ : 프리스트레싱에 의한 긴장재 도심 위치에서의 콘크리트의 압축응력)

**67** 다음 중 표준갈고리를 갖는 인장이형철근의 정착에 대한 설명으로 바르지 않은 것은? (단, $d_b$는 철근의 공칭지름이다.)

① 갈고리는 압축을 받는 경우 철근정착에 유효하지 않은 것으로 본다.

② 정착길이는 위험단면으로부터 갈고리의 외측단까지의 길이로 나타낸다.

③ $f_{sp}$값이 규정되어 있지 않은 경우 모래경량콘크리트계수는 0.7이다.

④ 기본정착길이에 보정계수를 곱하여 정착길이를 계산하는데 이렇게 구한 정착길이는 항상 $8d_b$ 이상, 또한 150mm 이상이어야 한다.

**OTIP** $f_{sp}$값이 규정되어 있지 않은 경우 모래경량콘크리트계수는 1.0이다.


**68** 용접작업 중 일반적인 주의사항에 대한 내용으로 바르지 않은 것은?

① 구조상 중요한 부분을 지정하여 집중용접한다.

② 용접은 수축이 큰 이음을 먼저 용접하고, 수축이 작은 이음은 나중에 한다.

③ 앞의 용접에서 생긴 변형을 다음 용접에서 제거할 수 있도록 진행시킨다.

④ 특히 비틀어지지 않게 평행한 용접은 같은 방향으로 할 수 있으며 동시에 용접을 한다.

**OTIP** 집중용접을 하게 되면 용접열에 의한 결함(라멜라티어링 등)이 발생할 수 있으므로 집중용접은 되도록 피하는 것이 좋다.


**69** 다음 중 옹벽의 구조해석에 대한 내용으로 바르지 않은 것은?

① 부벽식 옹벽의 전면벽은 3변 지지된 2방향 슬래브로 설계할 수 있다.

② 캔틸레버식 옹벽의 전면벽은 저판에 지지된 캔틸레버로 설계할 수 있다.

③ 뒷부벽은 T형보로 설계해야 하며, 앞부벽은 직사각형 보로 설계해야 한다.

④ 부벽식 옹벽의 저판은 정밀한 해석이 사용되지 않는 한 부벽의 높이를 경간으로 가정한 고정보 또는 연속보로 설계할 수 있다.

**OTIP** 부벽식 옹벽의 저판은 정밀한 해석이 사용되지 않는 한 부벽간 거리를 경간으로 가정한 고정보 또는 연속보로 설계할 수 있다.

**70** 다음과 같은 맞대기 이음부에 발생하는 응력의 크기는? (단, $P = 360$[kN], 강판두께는 12[mm]이다.)

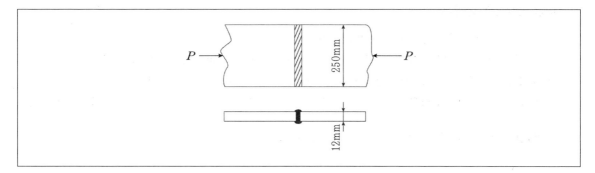

① 압축응력 $f_c = 14.4$[MPa]

② 인장응력 $f_t = 3,000$[MPa]

③ 전단응력 $\tau = 150$[MPa]

④ 압축응력 $f_c = 120$[MPa]

> **TIP** 용접부의 유효면적은 목두께와 용접부 유효길이의 곱이므로 $12 \times 250 = 3,000$[mm²]
>
> 용접부의 압축응력은 $f_c = \dfrac{P}{A} = \dfrac{360,000 \text{[N]}}{3,000 \text{[mm}^2\text{]}} = 120$[MPa]

**71** 다음 중 단철근 직사각형 보의 설계휨강도를 구하는 식으로 바른 것은? (단, $q = \dfrac{\rho f_y}{f_{ck}}$ 이다.)

① $\phi M_n = \phi[f_{ck}bd^2q(1 - 0.59q)]$

② $\phi M_n = \phi[f_{ck}bd^2(1 - 0.59q)]$

③ $\phi M_n = \phi[f_{ck}bd^2(1 + 0.59q)]$

④ $\phi M_n = \phi[f_{ck}bd^2q(1 + 0.59q)]$

> **TIP** 단철근 직사각형 보의 설계휨강도 … $\phi M_n = \phi[f_{ck}bd^2q(1 - 0.59q)]$

**72** 철근콘크리트 부재의 비틀림철근 상세에 대한 설명으로 틀린 것은? (단, $P_h$는 가장 바깥의 횡방향 폐쇄스터럽 중심선의 둘레(mm)이다.)

① 종방향 비틀림철근은 양단에 정착하여야 한다.
② 횡방향 비틀림철근의 간격은 $P_h/4$보다 작아야 하고 또한 200mm보다 작아야 한다.
③ 종방향 철근의 지름은 스터럽 간격의 1/24 이상이어야 하며 D10 이상의 철근이어야 한다.
④ 비틀림에 요구되는 종방향 철근은 폐쇄스터럽의 둘레를 따라 300mm 이하의 간격으로 분포시켜야 한다.

**◐TIP** 횡방향 비틀림철근의 간격은 $P_h/8$보다 작아야 하고 또한 300mm보다 작아야 한다.

**73** 단철근 직사각형 보에서 폭 300[mm], 유효깊이 500[mm], 인장철근 단면적 1,700[mm²]일 때의 강도해석에 의한 직사각형 압축응력 분포도의 깊이($a$)는? (단, $f_{ck}$ = 20[MPa], $f_y$ = 300[MPa]이다.)

① 50[mm]
② 100[mm]
③ 200[mm]
④ 400[mm]

**◐TIP** $M = 0.85 f_{ck} ab = 0.85 \times 20 \times a \times 300 = A_s f_y = 1,700 \times 300$
위의 식을 만족하는 $a = 100$[mm]

**74** 강도설계법에서 강도감소계수를 규정하는 목적이 아닌 것은?

① 부정확한 설계방정식에 대비한 여유를 반영하기 위하여
② 구조물에서 차지하는 부재의 중요도 등을 반영하기 위하여
③ 재료강도와 치수가 변동될 수 있으므로 부재의 강도저하 확률에 대비한 여유를 반영하기 위해
④ 하중의 변경, 구조해석을 할 때의 가정 및 계산의 단순화로 인해 야기될지 모르는 초과하중에 대비한 여유를 반영하기 위해

**◐TIP** 하중의 변경, 구조해석을 할 때의 가정 및 계산의 단순화로 인해 야기될지 모르는 초과하중에 대비한 여유를 반영하기 위해 사용하는 것은 하중계수이다.

**75** 철근콘크리트에서 콘크리트의 탄성계수로 쓰이며 철근 콘크리트 단면의 결정이나 응력을 계산할 때 쓰이는 것은?

① 전단탄성계수                    ② 할선탄성계수

③ 접선탄성계수                    ④ 초기접선 탄성계수

**○TIP** 철근콘크리트에서 콘크리트의 탄성계수로 쓰이며 철근 콘크리트 단면의 결정이나 응력을 계산할 때 쓰이는 것은 할선 탄성계수이다.

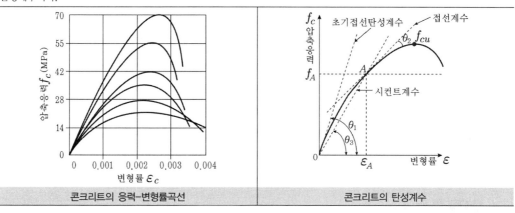

| 콘크리트의 응력-변형률곡선 | 콘크리트의 탄성계수 |
| --- | --- |

**76** 다음 그림과 같은 필렛용접에서 일어나는 응력으로 바른 것은?

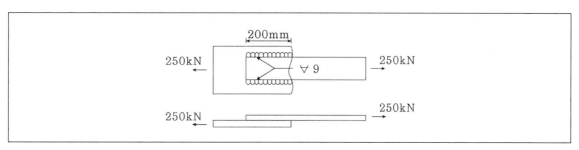

① 97.3[MPa]                    ② 98.2[MPa]

③ 99.2[MPa]                    ④ 100.0[MPa]

**○TIP** $v_a = \dfrac{P}{\sum a L_e} = \dfrac{250,000}{0.707 \times 9 \times 200 \times 2} = 98.2[\text{MPa}]$

**77** 다음 그림과 같은 직사각형 단면의 단순보에 PS강재가 포물선으로 배치가 되어 있다. 보의 중앙단면에서 일어나는 상연응력(㉠) 및 하연응력(㉡)은? (단, PS강재의 긴장력은 3,300[kN]이고, 자중을 포함한 작용하중은 27[kN/m]이다.)

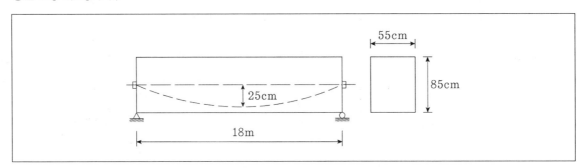

① ㉠ 21.21MPa, ㉡ 1.8MPa

② ㉠ 12.07MPa, ㉡ 0MPa

③ ㉠ 8.6MPa, ㉡ 2.45MPa

④ ㉠ 11.11MPa, ㉡ 3.00MPa

**TIP** $P = 3,300 \text{kN}$

$A = bh = 0.55 \times 0.85 = 0.4675 \text{m}^2$

$Z = \dfrac{bh}{6} = \dfrac{0.55 \times 0.85^2}{6} = 0.0662291 \text{m}^2$

$M = \dfrac{wl^2}{8} = \dfrac{27 \times 18^2}{8} = 1,093.5 \text{kN} \cdot \text{m}$

$f = \dfrac{P}{A} \mp \dfrac{P \cdot e}{Z} y \pm \dfrac{M}{I} y = \dfrac{P}{A} \mp \dfrac{P \cdot e}{Z} \pm \dfrac{M}{Z} = \dfrac{3,300}{0.4675} \mp \dfrac{3,300 \times 0.25}{0.0662291} \pm \dfrac{1,093.5}{0.0662291}$

$f_b = 11.112 \text{MPa}, \ f_b = 3.00 \text{MPa}$

따라서 상연응력 $f_t$는 11.1[MPa], 하연응력 $f_b$는 3.0[MPa]가 된다.

**78** 캔틸레버식 옹벽(역 T형 옹벽)에서 뒷굽판의 길이를 결정할 때 가장 주가 되는 것은?

① 전도에 대한 안정

② 침하에 대한 안정

③ 활동에 대한 안정

④ 지반지지력에 대한 안정

**TIP** 저판의 뒷굽판은 정확한 방법이 사용되지 않는 한 뒷굽판 상부에 재하되는 모든 하중을 지지하도록 설계해야 한다. 즉, 상부하중에 의한 침하에 대하여 안정이 되도록 해야 한다.

**79** 다음 중 콘크리트 슬래브 설계 시 직접설계법을 적용할 수 있는 제한사항에 대한 설명으로 바르지 않은 것은?

① 각 방향으로 3경간 이상 연속되어야 한다.
② 각 방향으로 연속한 받침부 중심간 경간 차이는 긴 경간의 1/3 이하여야 한다.
③ 슬래브 판들은 단변 경간에 대한 장변 경간의 비가 2 이하인 직사각형이어야 한다.
④ 연속한 기둥 중심선을 기준으로 기둥의 어긋남은 그 방향 경간의 15% 이하여야 한다.

**⊙TIP** 연속한 기둥 중심선을 기준으로 기둥의 어긋남은 그 방향 경간의 최대 10% 이하여야 한다.

**80** 철근콘크리트 구조물의 균열에 관한 설명으로 바르지 않은 것은?

① 하중으로 인한 균열의 최대폭은 철근응력에 비례한다.
② 인장측에 철근을 잘 분배하면 균열폭을 최소로 할 수 있다.
③ 콘크리트 표면의 허용균열폭은 철근에 대한 최소피복두께에 반비례한다.
④ 많은 수의 미세한 균열보다는 폭이 큰 몇 개의 균열이 내구성에 불리하다.

**⊙TIP** 콘크리트 표면의 허용균열폭은 철근에 대한 최소피복두께에 비례한다.
※ 철근콘크리트 구조물의 허용균열폭 (큰 값으로 한다.)

| 강재의 종류 | 강재의 부식에 대한 환경조건 | | | |
|---|---|---|---|---|
| | 건조환경 | 습윤환경 | 부식성환경 | 고부식성환경 |
| 철근 | 0.4mm<br>$0.006c_c$ | 0.3mm<br>$0.005c_c$ | 0.3mm<br>$0.004c_c$ | 0.3mm<br>$0.0035c_c$ |
| 긴장재 | 0.4mm<br>$0.006c_c$ | 0.2mm<br>$0.004c_c$ | − | − |

**81** 다음 중 Rankine 토압이론의 기본가정에 속하지 않는 것은?

① 흙은 비압축성이고 균질의 입자이다.
② 지표면은 무한히 넓게 존재한다.
③ 옹벽과 흙과의 마찰을 고려한다.
④ 토압은 지표면에 평행하게 작용한다.

**TIP** Rankine 토압에서는 옹벽의 벽면과 흙의 마찰 등을 무시하나 Coulomb 토압에서는 이를 고려해야 한다.

**82** 다음 중 투수계수에 대한 설명으로 바르지 않은 것은?

① 투수계수는 간극비가 클수록 크다.
② 투수계수는 흙의 입자가 클수록 크다.
③ 투수계수는 물의 온도가 높을수록 크다.
④ 투수계수는 물의 단위중량에 반비례한다.

**TIP** 투수계수는 물의 단위중량과는 관련이 없는 값이다.

**83** 보링(Boring)에 관한 설명으로 바르지 않은 것은?

① 보링(Boring)에는 회전식(Rotary Boring)과 충격식(Percussion Boring)이 있다.
② 충격식은 굴진속도가 빠르고 비용도 저렴하나 분말상의 교란된 시료만 얻어진다.
③ 회전식은 시간과 공사비가 많이 들 뿐만 아니라 확실한 코어(Core)도 얻을 수 없다.
④ 보링은 지반의 상황을 판단하기 위해 실시한다.

**TIP** 회전식 보링…동력에 의하여 내관인 로드 선단에 설치한 드릴 피트를 회전시켜 땅에 구멍을 뚫으며 내려간다. 지층의 변화를 연속적으로 비교적 정확히 알 수 있는 방식이다.[로터리보링＝코어보링, 논코어보링(코어 채취를 하지 않고 연속적으로 굴진하는 보링), 와이어라인공법(파들어 가면서 로드 속을 통해 코어를 당겨 올리는 공법)]

※ 보링(Boring) … 지반을 천공하고 토질의 시료를 채취하여 지층상황을 판단하는 방법

　㉠ 보링의 목적 : 흙(토질)의 주상도 작성, 토질조사(토질시험), 시료채취, 지하수위측정, 공내의 원위치시험, 지내력 측정

　㉡ 보링의 종류

　•오거보링 : 오거의 회전으로 시료를 채취하며 얕은 점토질 지반에 적용하는 방식이다.

　•수세식 보링 : 물로 흙을 씻어내어 땅에 구멍을 뚫는 방법. 연약한 토사에 수압을 이용하여 탐사하는 방식이다.

　•충격식 보링 : 각종 형태의 무거운 긴 철주를 와이어로프로 매달아 떨어뜨려서 땅에 구멍을 내는 방법. 경질층의 깊은 굴삭에 사용되며 와이어로프 끝에 Bit를 달고 낙하충격으로 토사, 암석을 파쇄 후 천공하는 방식이다.

　•회전식 보링 : 동력에 의하여 내관인 로드 선단에 설치한 드릴 피트를 회전시켜 땅에 구멍을 뚫으며 내려간다. 지층의 변화를 연속적으로 비교적 정확히 알 수 있는 방식이다.[로터리보링 = 코어보링, 논코어보링(코어 채취를 하지 않고 연속적으로 굴진하는 보링), 와이어라인공법(파들어 가면서 로드 속을 통해 코어를 당겨 올리는 공법)]

**84** 아래 그림과 같은 모래지반에서 깊이 4[m] 지점에서의 전단강도는? (단, 모래의 내부마찰각 $\phi = 30°$이며, 점착력 $C = 0$이다.)

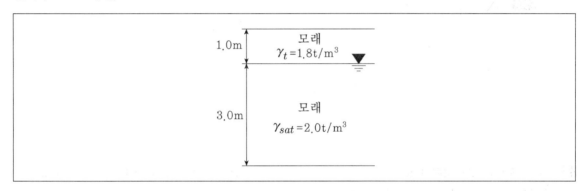

① 4.50[t/m²]　　　　　　　　　　② 2.77[t/m²]

③ 2.32[t/m²]　　　　　　　　　　④ 1.86[t/m²]

　**⊙TIP** 전응력 $\sigma = \gamma_t \cdot 1 + \gamma_{sat} \cdot 3 = 1.8 \times 1 + 2.0 \times 3 = 7.8[t/m^2]$

　　간극수압 $u = \gamma_w \cdot 3 = 1 \times 3 = 3[t/m^2]$

　　유효응력 $\sigma_e = \sigma - u = 7.8 - 3 = 4.8[t/m^2]$

　　전단강도 $\tau = c + \sigma_e \tan\phi = 4.8 \times \tan 30° = 2.77[t/m^2]$

**85** 시료가 점토인지 아닌지 알아보고자 할 때 가장 거리가 먼 사항은?

① 소성지수

② 소성도표 A선

③ 포화도

④ 200번체 통과량

**○TIP** 포화도는 시료가 점토인지 아닌지 알아보고자 하는 사항으로는 거리가 멀다.

**86** 비중이 2.67, 함수비가 35%이며, 두께 10m인 포화점토층이 압밀 후에 함수비가 25%로 되었다면 이 토층 높이의 변화량은 얼마인가?

① 113cm

② 128cm

③ 135cm

④ 155cm

**○TIP** 압밀 전 간극비 $e_0 = \dfrac{w}{S} \cdot G_s = \dfrac{35}{100} \times 2.67 = 0.93$

압밀 후 간극비 $e_1 = \dfrac{w}{S} \cdot G_s = \dfrac{25}{100} \times 2.67 = 0.67$

토층 높이의 변화량 $\dfrac{\triangle e}{1+e_0} = \dfrac{\triangle H}{H_0}$ 이므로 $\dfrac{0.26}{1+0.93} = \dfrac{\triangle H}{1,000}$

$\triangle H = 134.7[\text{cm}]$

**87** 100% 포화된 흐트러지지 않은 시료의 부피가 20.5[cm³]이고 무게는 34.2g이었다. 이 시료를 오븐(Oven) 건조시킨 후의 무게는 22.6g이었다. 간극비는?

① 1.3

② 1.5

③ 2.1

④ 2.6

**○TIP** 물의 중량은 $W_w = 34.2 - 22.6 = 11.6[\text{g}]$

물의 체적 $V_w = \dfrac{W_w}{\gamma_w} = 11.6[\text{cm}^3]$

포화토이므로 포화도 $S = \dfrac{V_w}{V_v} \cdot 100$ 이므로 $V_v = V_w = 11.6[\text{cm}^3]$

공극비는 $e = \dfrac{V_v}{V_s} = \dfrac{11.6}{20.5 - 11.6} = \dfrac{11.6}{8.9} = 1.30$

**88** 흙의 강도에 대한 설명으로 바르지 않은 것은?

① 점성토에서는 내부마찰각이 작고 사질토에서는 점착력이 작다.
② 일축압축시험은 주로 점성토에 많이 사용한다.
③ 이론상 모래의 내부마찰각은 0이다.
④ 흙의 전단응력은 내부마찰각과 점착력의 두 성분으로 이루어진다.

**⊙TIP** 이론상 모래의 내부마찰각은 0보다 큰 값을 가지게 되며, 점성토의 내부마찰각은 0으로 본다.

**89** 흙댐에서 상류면 사면의 활동에 대한 안전율이 가장 저하되는 경우는?

① 만수된 물의 수위가 갑자기 저하될 때이다.
② 흙댐에 물을 담는 도중이다.
③ 흙댐이 만수되었을 때이다.
④ 만수된 물이 천천히 빠져나갈 때이다.

**⊙TIP** 흙댐에서 상류면 사면은 만수된 물의 수위가 갑자기 저하될 때가 안전율이 가장 저하되므로 매우 위험하다.

**90** 어떤 사질기초지반의 평판재하시험결과 항복강도가 60[t/m²], 극한강도가 100[t/m²]이었다. 그리고 그 기초는 지표에서 1.5[m] 깊이에 설치될 것이고 그 기초지반의 단위중량이 1.8[t/m³]일 때 지지력계수 $N_q = 5$이었다. 이 기초의 장기허용지지력은?

① 24.7[t/m²]
② 26.9[t/m²]
③ 30[t/m²]
④ 34.5[t/m²]

**⊙TIP** 재하시험에 의한 지지력 결정은 다음과 같이 풀어나간다.

$$q_{t1} = \frac{q_y}{2} = \frac{60}{2} = 30[t/m^2]$$

$$q_{t2} = \frac{q_u}{3} = \frac{100}{3} = 33.3[t/m^2]$$

위의 값 중 작은 값을 허용지지력으로 취한다.
장기허용지지력은 다음의 식에 따라 구한다.

$$q_a = q_t + \frac{1}{3} \cdot \gamma \cdot D_f \cdot N_q = 30 + \frac{1}{3} \times 1.8 \times 1.5 \times 5 = 34.5[t/m^2]$$

**91** Meyerhof의 일반지지력 공식에 포함되는 계수가 아닌 것은?

① 국부전단계수
② 근입깊이계수
③ 경사하중계수
④ 형상계수

**○ TIP** 국부전단계수는 Meyerhof의 일반지지력 공식에 포함되는 계수가 아니다.
　　　Meyerhof의 일반지지력 공식에 포함되는 계수 … 형상계수, 근입깊이계수, 경사하중계수, 지지력계수

**92** 세립토를 비중계법으로 입도분석을 할 때 반드시 분산제를 쓴다. 다음 설명 중 바르지 않은 것은?

① 입자의 면모화를 방지하기 위하여 사용한다.
② 분산제의 종류는 소성지수에 따라 달라진다.
③ 현탁액이 산성이면 알칼리성의 분산제를 쓴다.
④ 시험도중 물의 변질을 방지하기 위하여 분산제를 사용한다.

**○ TIP** 분산제는 시료의 면모화를 방지하기 위하여 사용되며 규산나트륨이나 과산화수소가 주로 사용된다.

**93** 다음 지반개량공법 중 연약한 점토지반에 적당하지 않은 것은?

① 샌드드레인공법
② 프리로딩공법
③ 치환공법
④ 바이브로 플로테이션공법

**○ TIP**

| 공법 | 적용되는 지반 | 종류 |
|---|---|---|
| 다짐공법 | 사질토 | 동압밀공법, 다짐말뚝공법, 폭파다짐법, 바이브로 컴포져공법, 바이브로 플로테이션공법 |
| 압밀공법 | 점성토 | 선하중재하공법, 압성토공법, 사면선단재하공법 |
| 치환공법 | 점성토 | 폭파치환공법, 미끄럼치환공법, 굴착치환공법 |
| 탈수 및 배수공법 | 점성토 | 샌드드레인공법, 페이퍼드레인공법, 생석회말뚝공법 |
| | 사질토 | 웰포인트공법, 깊은우물공법 |
| 고결공법 | 점성토 | 동결공법, 소결공법, 약액주입공법 |
| 혼합공법 | 사질토, 점성토 | 소일시멘트공법, 입도조정법, 화학약제혼합공법 |

**94** 흙의 다짐시험을 실시한 결과 다음과 같았다. 이 흙의 건조단위중량은 얼마인가?

---

- 몰드 + 젖은 시료의 무게 : 3,612[g]
- 몰드의 무게 : 2,143[g]
- 젖은 흙의 함수비 : 15.4[%]
- 몰드의 체적 : 944[cm$^3$]

---

① 1.35[g/cm$^3$]　　　　　　　　　　② 1.56[g/cm$^3$]

③ 1.31[g/cm$^3$]　　　　　　　　　　④ 1.42[g/cm$^3$]

**O(TIP)** 습윤단위중량 $r_t = \dfrac{W}{V} = \dfrac{3,612 - 2,143}{944} = 1.556[\text{g/cm}^3]$

건조단위중량 $r_d = \dfrac{W_s}{V} = \dfrac{r_t}{1 + \dfrac{w}{100}} = \dfrac{1.556}{1 + \dfrac{15.4}{100}} = 1.348[\text{g/cm}^3]$

**95** 연약점토지반에 성토제방을 시공하고자 한다. 성토로 인한 재하속도가 과잉간극수압이 소산되는 속도보다 빠를 경우, 지반의 강도정수를 구하는 가장 적합한 시험방법은?

① 압밀배수시험　　　　　　　　　　② 압밀비배수시험

③ 비압밀비배수시험　　　　　　　　④ 직접전단시험

**O(TIP)** ① 압밀배수시험(장기안정해석) : 포화시료에 구속응력을 가해 압밀시킨 다음 배수가 허용되도록 밸브를 열어 놓고 공극수압이 발생하지 않도록 서서히 축차응력을 가해 시료를 전단파괴시키는 시험이다. 과잉수압이 빠져나가는 속도보다 더 느리게 시공을 하여 완만하게 파괴가 일어나도록 하는 시험이다.
　　② 압밀비배수시험(중기안정해석) : 포화시료에 구속응력을 가해 공극수압이 0이 될 때까지 압밀시킨 다음 비배수 상태로 축차응력을 가해 시료를 전단파괴시키는 시험이다. 어느 정도 성토를 시켜놓고 압밀이 이루어지게 한 후 몇 개월 후에 다시 성토를 하면 압밀이 다시 일어나도록 한 시험이다.
　　③ 비압밀비배수시험(단기안정해석) : 시료 내의 공극수가 빠져 나가지 못하도록 한 상태에서 구속압력을 가한 다음 비배수 상태로 축차응력을 가해 시료를 전단파괴시키는 시험이다. 포화점토가 성토 직후에 급속한 파괴가 예상되는 조건으로 행하는 시험이다.
　　④ 직접전단시험 : 흙 시료의 전단강도를 측정하는 실내실험이다. 시공 중 즉각적인 함수비의 변화가 없고 체적의 변화가 없는 경우 점토의 초기안정해석(단기안정해석)에 적용한다.

**96** 다음 중 기초가 갖추어야 할 조건이 아닌 것은?

① 동결, 세굴 등에 안전하도록 최소의 근입깊이를 가져야 한다.
② 기초의 시공이 가능하고 침하량이 허용치를 넘지 않아야 한다.
③ 상부로부터 오는 하중을 안전하게 지지하고 기초지반에 전달해야 한다.
④ 미관상 아름답고 주변에서 쉽게 구득할 수 있는 재료로 설계되어야 한다.

**○TIP** 기초는 외부로 드러나는 부분이 아니므로 미관을 중요시해야 할 필요는 없다.

**97** 다음 중 유선망의 특징을 설명한 것 중 바르지 않은 것은?

① 각 유로의 투수량은 같다.
② 인접한 두 등수두선 사이의 수두손실은 같다.
③ 유선망을 이루는 사변형은 이론상 정사각형이다.
④ 동수경사는 유선망의 폭에 비례한다.

**○TIP** 유선망 중 정사각형이 가장 작은 곳이 동수경사가 가장 크다. (동수경사는 유선망의 폭에 반비례한다.)

**98** 유효응력에 관한 설명 중 바르지 않은 것은?

① 포화된 흙인 경우 전응력에서 공극수압을 뺀 값이다.
② 항상 전응력보다 작은 값이다.
③ 점토지반의 압밀에 관계되는 응력이다.
④ 건조한 지반에서는 전응력과 같은 값으로 본다.

**○TIP** 간극수압이 0이 되는 경우 유효응력은 전응력과 동일한 값이 된다.

**99** 다음 중 말뚝에서 부마찰력에 관한 설명으로 바르지 않은 것은?

① 아래쪽으로 작용하는 마찰력이다.
② 부마찰력이 작용하면 말뚝의 지지력은 증가한다.
③ 압밀층을 관통하여 견고한 지반에 말뚝을 박으면 일어나기 쉽다.
④ 연약지반에 말뚝을 박은 후 그 위에 성토를 하면 일어나기 쉽다.

**○TIP** 부마찰력이 작용하면 말뚝의 지지력은 감소한다.


**100** 흙이 동상을 일으키기 위한 조건으로 가장 거리가 먼 것은?

① 아이스렌즈를 형성하기 위한 충분한 물의 공급이 있을 것
② 양(+)이온을 다량 함유할 것
③ 0˚C 이하의 온도가 오랫동안 지속될 것
④ 동상이 일어나기 쉬운 토질일 것

**○TIP** 양이온을 다량으로 함유하고 있다는 것은 입자가 다수 존재한다는 것이며 이는 물의 어는점을 낮추어 동상을 억제한다.


**제6과목** 상하수도공학


**101** 취수보에 설치된 취수구의 구조에서 유입속도의 표준값은?

① 0.5~1.0[cm/s]
② 3.0~5.0[cm/s]
③ 0.4~0.8[m/s]
④ 2.0~3.0[m/s]

**○TIP** 취수보에 설치된 취수구의 구조에서 유입속도의 표준값은 0.4~0.8[m/s]이다.

**102** 다음 중 하수의 배제방식에 대한 설명으로 바르지 않은 것은?

① 합류식은 2계통의 분류식에 비해 일반적으로 건설비가 많이 소요된다.
② 합류식은 분류식보다 유량 및 유속의 변화폭이 크다.
③ 분류식은 관로내의 퇴적이 적고 수세효과를 기대할 수 없다.
④ 분류식은 관로오접의 철저한 감시가 필요하다.

**○TIP** 합류식은 2계통의 분류식에 비해 일반적으로 건설비가 적게 소요된다.


**103** 호기성 처리방법과 비교하여 혐기성 처리방법의 특징에 대한 설명으로 바르지 않은 것은?

① 유용한 자원인 메탄이 생성된다.
② 동력비 및 유지관리비가 적게 든다.
③ 하수찌꺼기(슬러지) 발생량이 적다.
④ 운전조건의 변화에 적응하는 시간이 짧다.

**○TIP** 혐기성 처리법은 호기성에 비해 운전조건의 변화에 적응하는 시간이 길다.


**104** 관로별 계획하수량에 대한 설명으로 바르지 않은 것은?

① 오수관로에서는 계획시간 최대오수량으로 한다.
② 우수관로에서는 계획우수량으로 한다.
③ 합류식 관로는 계획시간 최대오수량에 계획우수량을 합한 것으로 한다.
④ 차집관로는 계획1일 최대오수량에 우천시 계획우수량을 합한 것으로 한다.

**○TIP** 차집관로는 우천시 계획오수량(계획시간 최대오수량의 3배)을 기준으로 계획한다.

**105** 다음 그림은 유효저수량을 결정하기 위한 유량누가곡선도이다. 이 곡선의 유효저수용량을 의미하는 것은?

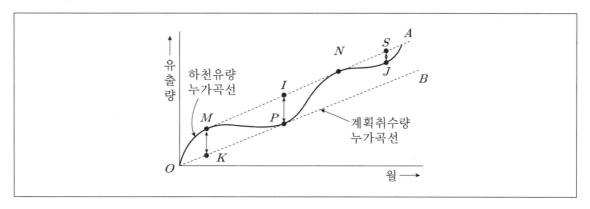

① MK

② IP

③ SJ

④ OP

**OTIP** 제시된 그래프상에서 *IP*값이 유효저수용량을 의미한다.

**106** 계획수량에 대한 설명으로 바르지 않은 것은?

① 송수시설의 계획송수량은 원칙적으로 계획1일 최대급수량을 기준으로 한다.

② 계획취수량은 계획1일 최대급수량을 기준으로 하며, 기타 필요한 작업용수를 포함한 손실수량을 고려한다.

③ 계획배수량은 원칙적으로 해당 배수구역의 계획1일 최대급수량으로 한다.

④ 계획정수량은 계획1일 최대급수량을 기준으로 하고, 여기에 정수장 내에 사용되는 작업용수와 기타용수를 합산고려하여 결정한다.

**OTIP** 상수도의 배수관 설계 시에 사용하는 계획배수량은 계획시간 최대배수량이다.

**107** 정수과정에서 전염소처리의 목적과 거리가 먼 것은?

① 철과 망간의 제거

② 맛과 냄새의 제거

③ 트리할로메탄의 제거

④ 암모니아성 질소와 유기물의 처리

**TIP** 전염소처리로 제거할 수 있는 오염물질 … 철(Fe), 망간(Mn), 맛과 냄새, 각종 유기물 및 암모니아 질소($NH_3$-N), 조류 및 세균

※ 트리할로메탄 제거방식 … 오존처리, 활성탄처리, 중간염소처리, 응집침전처리, 클로라민처리

**108** 양수량이 15.5[m³/min]이고 전양정이 24m일 때, 펌프의 축동력은 약 얼마인가? (단, 펌프의 효율은 80%로 가정한다.)

① 75.95[kW]

② 7.58[kW]

③ 4.65[kW]

④ 46.57[kW]

**TIP** 펌프의 축동력 $P = \dfrac{1,000 Q H_t}{102\eta} = \dfrac{1,000 \times \frac{15.5}{60} \times 24}{102 \times 0.8} = 75.98[\text{kW}]$

**109** 반송찌꺼기(슬러지)의 $SS$농도가 6,000[mg/L]이다. $MLSS$농도를 2,500[mg/L]로 유지하기 위한 찌꺼기(슬러지)반송비는?

① 25%

② 55%

③ 71%

④ 100%

**TIP** 슬러지의 반송률 $\gamma = \dfrac{\text{폭기조의 } MLSS\text{농도} - \text{유입수의 } SS\text{농도}}{\text{반송슬러지의 } SS\text{농도} - \text{폭기조의 } MLSS\text{농도}} \times 100 = \dfrac{2,500 - 0}{6,000 - 2,500} \times 100 = 71.43\%$

**110** 정수장으로 유입되는 원수의 수역이 부영양화되어 녹색을 띠고 있다. 정수방법에서 고려할 수 있는 가장 우선적인 방법으로 적합한 것은?

① 침전지의 깊이를 깊게 한다.
② 여과시의 입경을 작게 한다.
③ 침전지의 표면적을 크게 한다.
④ 마이크로 스트레이너로 전처리한다.

**○TIP** 정수장으로 유입되는 원수의 수역이 부영양화되어 녹색을 띠고 있는 경우 정수방법에서 고려할 수 있는 최우선적인 방법은 마이크로 스트레이너로 전처리하는 것이다.

**111** 도수 및 송수관로 내의 최소유속을 정하는 주된 이유는?

① 관로 내면의 마모를 방지하기 위하여
② 관로 내 침전물의 퇴적을 방지하기 위하여
③ 양정에 소모되는 전력비를 절감하기 위하여
④ 수격작용이 발생할 가능성을 낮추기 위하여

**○TIP** 관로 내 침전물의 퇴적을 방지하기 위하여 도수 및 송수관로 내의 최소유속을 정해놓고 있다.

**112** 다음 중 펌프의 비속도(비교회전도)에 대한 설명으로 바르지 않은 것은?

① 비속도가 작으면 유량이 많은 저양정의 펌프가 된다.
② 수량 및 전양정이 같다면 회전수가 클수록 비속도가 커지게 된다.
③ $1[m^3/min]$의 유량을 $1[m]$를 양수하는데 필요한 회전수를 의미한다.
④ 비속도가 크게 되면 사류형으로 되고 계속 커지면 축류형이 된다.

**○TIP** 비속도 $Ns = N \cdot \dfrac{Q^{1/2}}{H^{3/4}}$ 이므로 비속도가 작으면 고양정 펌프가 된다.

**113** 침전지의 유효수심이 4[m], 1일 최대사용수량이 450[m³], 침전시간이 12시간일 경우 침전지의 수면적은?

① 56.3[m²]  

③ 30.1[m²]  

② 42.7[m²]

④ 21.3[m²]

> **TIP** 최대사용수량은 $\dfrac{450\mathrm{m^3/day}}{24\mathrm{hr/day}} = 18.75[\mathrm{m^3/hr}]$
>
> 따라서 $\dfrac{Q}{A} = \dfrac{h}{t} = \dfrac{18.75[\mathrm{m^3/hr}]}{A} = \dfrac{4[\mathrm{m}]}{12[\mathrm{hr}]}$
>
> 이를 만족하는 수면적은 $A = 56.25[\mathrm{m^2}]$

**114** 1개의 반응조에 반응조와 아치침전지의 기능을 갖게 하여 활성슬러지에 의한 반응과 혼합액의 침전, 상징수의 배수, 침전찌꺼기(슬러지)의 배출공정 등을 반복해 처리하는 하수공법은?

① 수정식 폭기조법

② 장시간 폭기법

③ 접촉 안정법

④ 연속회분식 활성슬러지법

> **TIP** 연속회분식 활성슬러지법 … 1개의 반응조에 반응조와 아치침전지의 기능을 갖게 하여 활성슬러지에 의한 반응과 혼합액의 침전, 상징수의 배수, 침전찌꺼기(슬러지)의 배출공정 등을 반복해 처리하는 하수공법

**115** 수원의 구비요건에 대한 설명으로 바르지 않은 것은?

① 수량이 풍부해야 한다.

② 수질이 좋아야 한다.

③ 가능하면 낮은 곳에 위치해야 한다.

④ 상수 소비지에서 가까운 곳에 위치해야 한다.

> **TIP** 수원은 가능하면 높은 곳에 위치해야 한다.

**116** 하수도의 계획오수량에서 계획1일 최대오수량 산정식으로 옳은 것은?

① 계획배수인구 + 공장폐수량 + 지하수량

② 계획인구×1인1일최대오수량 + 공장폐수량 + 지하수량 +기타배수량

③ 계획인구×(공장폐수량 + 지하수량)

④ 1인1일최대오수량 + 공장폐수량 + 지하수량

**○TIP** 최대오수량은 계획인구×1인1일최대오수량 + 공장폐수량 + 지하수량 + 기타배수량의 식으로 구한다.

**117** 어느 지역에 비가 내려 배수구역내 가장 먼 지점에서 하수거의 입구까지 빗물이 유하하는데 5분이 소요되었다. 하수거의 길이가 1,200m, 관내 유속이 2[m/s]일 때 유달시간은?

① 5분
③ 15분

② 10분
④ 20분

**○TIP** 유달시간은 유입시간과 유하시간을 합한 값이므로

$$5[\text{min}] + \frac{1,200[\text{m}]}{2[\text{m/sec}]} = 15[\text{min}]$$

**118** 수격작용(Water Hammering)의 방지 또는 감소대책에 대한 설명으로 바르지 않은 것은?

① 펌프의 토출구에 완만히 닫을 수 있는 역지밸브를 설치하여 압력상승을 적게 한다.

② 펌프 설치 위치를 높게 하고 흡입양정을 크게 한다.

③ 펌프에 플라이휠을 붙여 펌프의 관성을 증가시켜 급격한 압력강하를 완화한다.

④ 토출측 관로에 압력조절수조를 설치한다.

**○TIP** 공동현상의 방지대책은 펌프의 설치 위치를 낮게 하고 흡입양정을 작게 한다.

**119** 하수도 계획의 원칙적인 목표연도로 바른 것은?

    ① 10년                     ② 20년

    ③ 30년                    ④ 40년

    **O TIP** 하수도 계획의 원칙적인 목표연도는 20년이다.


**120** 도수 및 송수관로 계획에 대한 설명으로 바르지 않은 것은?

    ① 비정상적 수압을 받지 않도록 한다.

    ② 수평 및 수직의 급격한 굴곡을 많이 이용하여 자연유하식이 되도록 한다.

    ③ 가능한 한 단거리가 되도록 한다.

    ④ 가능한 한 적은 공사비가 소요되는 곳을 택한다.

    **O TIP** 수평 및 수직의 급격한 굴곡이 많으면 도수나 송수에서 많은 어려움이 발생하게 되므로 이러한 굴곡은 적을수록 좋다.

제1과목 응용역학

**1** 길이가 4m인 원형단면 기둥의 세장비가 100이 되기 위한 기둥의 지름은? (단, 지지상태는 양단힌지로 가정한다.)

① 12cm

② 16cm

③ 18cm

④ 20cm

원형단면의 단면 2차 반경은 $r_{\min} = \sqrt{\dfrac{I_{\min}}{A}} = \sqrt{\dfrac{\dfrac{\pi d^4}{64}}{\dfrac{\pi d^4}{4}}} = \dfrac{d}{4}$ 이며

세장비 $\lambda = \dfrac{l}{r_{\min}} = \dfrac{4[\mathrm{m}]}{0.25d} = \dfrac{400[\mathrm{cm}]}{0.25d} = \dfrac{1,600[\mathrm{cm}]}{d} = 100$ 이며 이를 만족하는 기둥의 지름은 $d = 16\mathrm{cm}$ 이다. (양단힌지인 경우 좌굴길이계수는 1.0이지만 세장비 산정 시 좌굴길이계수를 고려하지는 않는다.)

**2** 연속보를 삼연모멘트 방정식을 이용하여 B점의 모멘트 $M_B = -92.8[\text{t} \cdot \text{m}]$을 구하였다. B점의 수직반력은?

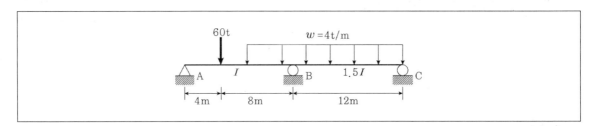

① 28.4t

② 36.3t

③ 51.7t

④ 59.5t

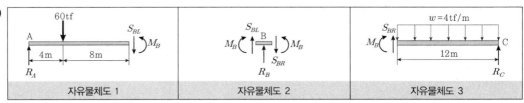

| 자유물체도 1 | 자유물체도 2 | 자유물체도 3 |
|---|---|---|

자유물체도 1로부터 $\sum M_A = 0 : 60 \times 4 - S_{B.L} \times 12 + 92.8 = 0, S_{B.L} = 27.73\text{t}$

자유물체도 2로부터 $\sum M_C = 0 : S_{B.R} \times 12 - (4 \times 12) \times 6 - 92.8 = 0, S_{B.R} = 31.73\text{t}$

자유물체도 3으로부터 $\sum F_y = 0 : R_B - S_{B.L} - S_{B.R} = 0, R_B = S_{B.L} + S_{B.R} = 59.46\text{t}$

**3** 내민보에 그림과 같이 지점 A에 모멘트가 작용하고 집중하중이 보의 양 끝에 작용한다. 이 보에 발생하는 최대휨모멘트의 절댓값은?

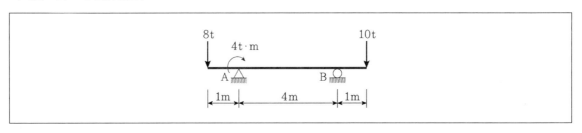

① 6t · m

② 8t · m

③ 10t · m

④ 12t · m

🔘TIP 부재를 보고 직관적으로 답을 고를 수 있는 문제이다.

부재의 좌측을 살펴보면 8t의 하중이 작용하고 있으나 A점에 대해 1m의 거리에 불과하며 A지점에 시계방향의 모멘트가 작용하므로 A지점의 우측부는 8t · m보다 작은 크기의 모멘트가 발생할 수 밖에 없다. 한 편 B지점 우측에서 10t · m의 휨모멘트가 발생하므로 B지점에서 최대휨모멘트가 발생하게 된다.

**4** 그림과 같은 단주에서 편심거리 $e$에 $P = 800kg$이 작용할 때 단면에 인장력이 생기지 않기 위한 $e$의 한계는?

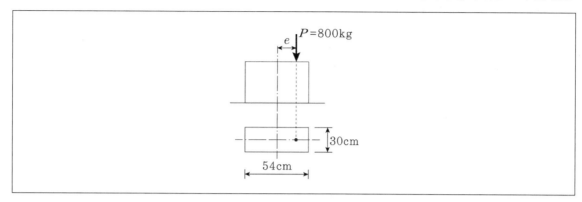

① 5cm

② 8cm

③ 9cm

④ 10cm

**○ TIP** $e \leq \dfrac{h}{6} = \dfrac{54}{6} = 9cm$

**5** 다음 그림과 같은 비대칭 3힌지 아치에서 힌지 C에 연직하중 $P = 15t$이 작용한다. A지점의 수평반력 $H_A$는?

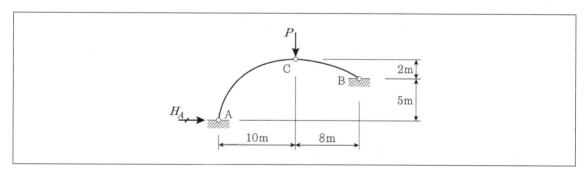

① 12.43t

② 15.79t

③ 18.42t

④ 21.05t

**○ TIP** $\sum M_B = 0 : V_A \times 18 - H_A \times 5 - 15 \times 8 = 0$

$\sum M_C = 0 : V_A \times 10 - H_A \times 7 = 0$

이를 연립하여 풀면 $H_A = 15.79(\rightarrow)$

**6** 그림과 같은 외팔보에서 A점의 처짐은? (단, AC구간의 단면 2차 모멘트는 $I$이고 CB구간은 $2I$이며 탄성계수는 $E$로서 전 구간이 동일하다.)

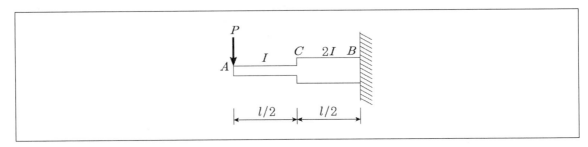

① $\dfrac{2Pl^3}{15EI}$

② $\dfrac{3Pl^3}{16EI}$

③ $\dfrac{5Pl^3}{18EI}$

④ $\dfrac{7Pl^3}{24EI}$

**O TIP** $y_A = \left\{\left(\dfrac{1}{2} \times \dfrac{Pl}{2EI} \times l\right) \times \left(l \times \dfrac{2}{3}\right)\right\} + \left\{\left(\dfrac{1}{2} \times \dfrac{Pl}{4EI} \times \dfrac{l}{2}\right) \times \left(\dfrac{l}{2} \times \dfrac{2}{3}\right)\right\} = \dfrac{3Pl^3}{16EI}$

자주 출제되는 문제이나 공액보법을 이용하여 푸는 문제이나 시간이 많이 걸린다. 이 문제는 정형화되어 있으며 변형 문제가 거의 출제되지 않으므로 과감히 외울 것을 권한다.

**7** 평면응력상태 하에서의 모아(Mohr)의 응력원에 대한 설명으로 바르지 않은 것은?

① 최대 전단응력의 크기는 두 주응력의 차이와 같다.

② 모아원으로부터 주응력의 크기와 방향을 구할 수 있다.

③ 모아원이 그려지는 두 축 중 연직($y$)축은 전단응력의 크기를 나타낸다.

④ 모아원 중심의 $x$좌표값은 직교하는 두 축의 수직응력의 평균값과 같고 $y$좌표값은 0이다.

**O TIP** 최대 전단응력의 크기는 두 주응력의 차이의 1/2이다.

즉, $\tau_{\max} = \dfrac{\sigma_x - \sigma_y}{2}$ 이 된다.

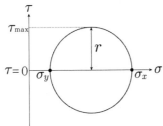

**8** 아래 그림과 같은 불규칙한 단면의 A–A축에 대한 단면 2차 모멘트는 $35 \times 10^6 [\text{mm}^4]$이다. 만약 단면의 총 면적이 $1.2 \times 10^4 [\text{mm}^2]$이라면 B–B축에 대한 단면 2차 모멘트는 얼마인가? (단, D–D축은 단면의 도심을 통과한다.)

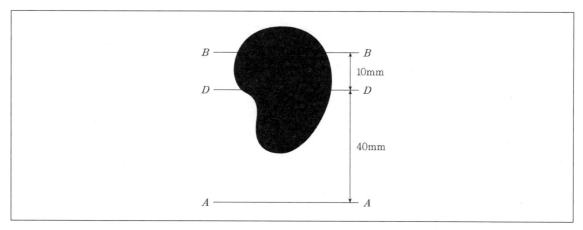

① $17 \times 10^6 [\text{mm}^4]$

② $15.8 \times 10^6 [\text{mm}^4]$

③ $17 \times 10^5 [\text{mm}^4]$

④ $15.8 \times 10^5 [\text{mm}^4]$

**OTIP** $I_{DD} = I_{AA} - A \times (40)^2 = (35 \times 10^6) - (1.2 \times 10^4) \times (40)^2 = 15.8 \times 10^6 [\text{mm}^4]$

$I_{BB} = I_{DD} + A \cdot 10^2 = (15.8 \times 10^6) + (1.2 \times 10^4) \times (10)^2 = 17 \times 10^6 [\text{mm}^4]$

**9** 아래 그림과 같은 트러스에서 $U$부재에 일어나는 부재내력은?

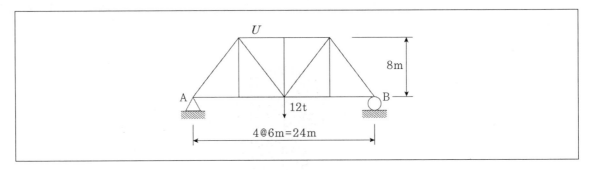

① 9t(압축)

② 9t(인장)

③ 15t(압축)

④ 15t(인장)

> **TIP** AB 양 지점에서는 6t의 연직반력이 발생하게 된다.
>
>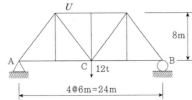
>
> $U$부재를 인장력이 작용한다고 가정한 후 $U$부재를 지나는 선으로 부재를 절단한 후 C점을 중심으로 모멘트평형을 적용하면 $U$부재는 9t(압축)이 산출된다.
>
> $\sum M_C = 0 : R_A \times 12 + U \times 8 = 6 \times 12 + U \times 8 = 0$
>
> $U = -9t$ (양의 값이 인장, 음의 값이 압축)

**10** 탄성계수 $E$, 전단탄성계수 $G$, 푸아송 수 $m$ 사이의 관계로 옳은 것은?

① $G = \dfrac{m}{2(m+1)}$

② $G = \dfrac{E}{2(m-1)}$

③ $G = \dfrac{mE}{2(m+1)}$

④ $G = \dfrac{E}{2(m+1)}$

> **TIP** 탄성계수 $E$, 전단탄성계수 $G$, 푸아송 수 $m$ 사이의 관계는 $G = \dfrac{mE}{2(m+1)}$ 식으로 표현된다.

**11** 다음 그림과 같은 캔틸레버보에서 휨모멘트에 의한 탄성변형에너지는? (단, $EI$는 일정하다.)

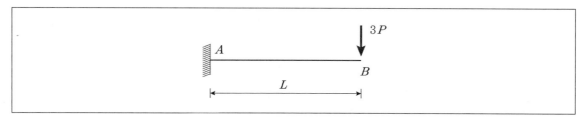

① $\dfrac{2P^2L^3}{3EI}$

② $\dfrac{3P^2L^3}{2EI}$

③ $\dfrac{2P^2L^3}{9EI}$

④ $\dfrac{9P^2L^3}{2EI}$

**○ TIP**

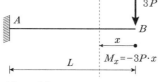

$M_x = -3P \cdot x$

$U = \int \dfrac{M_x^2}{2EI}dx = \dfrac{1}{2EI}\int_0^L (-3P \cdot x)^2 dx = \dfrac{3P^2L^3}{2EI}$

**12** 그림과 같이 이축응력을 받고 있는 요소의 체적변형률은? (단, 탄성계수 $E = 2 \times 10^6 [\text{kg/cm}^2]$, 프와송비 $\nu = 0.3$)

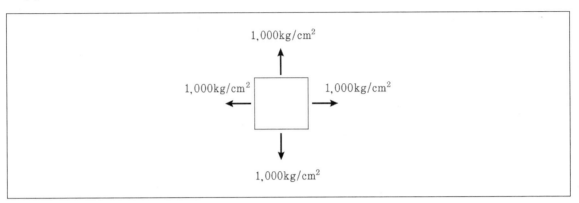

① $2.7 \times 10^{-4}$

② $3.0 \times 10^{-4}$

③ $3.7 \times 10^{-4}$

④ $4.0 \times 10^{-4}$

   **TIP** $\varepsilon_v = \dfrac{1-2\nu}{E}(\sigma_x + \sigma_y) = \dfrac{1-2 \times 0.3}{2 \times 10^6}(1,000 + 1,000) = 4 \times 10^{-4}$

**13** 다음의 부정정구조물을 모멘트 분배법으로 해석하고자 한다. C점이 롤러지점임을 고려한 수정강도계수에 의하여 B점에서 C점으로 분배되는 분배율 $f_{BC}$를 구하면?

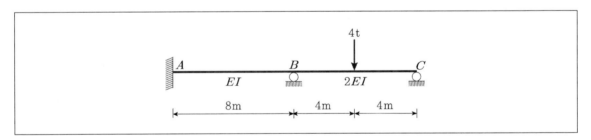

① $\dfrac{1}{2}$

② $\dfrac{3}{5}$

③ $\dfrac{4}{7}$

④ $\dfrac{5}{7}$

   **TIP** $k_{BA} : k_{BC} = \dfrac{EI}{8} : \dfrac{2EI}{8} \times \dfrac{3}{4} = 2 : 3, \quad f_{BC} = \dfrac{k_{BC}}{\sum k_i} = \dfrac{3}{2+3} = \dfrac{3}{5}$

**14** 다음 그림과 같은 단순보의 중앙점 C에 집중하중 $P$가 작용하여 중앙점의 처짐 $\delta$가 발생했다. $\delta$가 0이 되도록 양쪽지점에 모멘트 $M$을 작용시키려고 할 때 이 모멘트의 크기 $M$을 하중 $P$와 지간 $L$로 나타낸 것으로 바른 것은? (단, $EI$는 일정하다.)

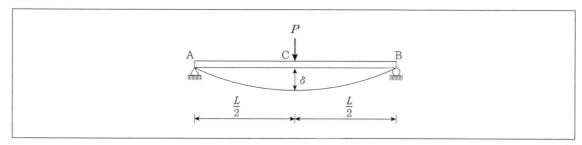

① $M = \dfrac{PL}{2}$ 　　　　　　　　② $M = \dfrac{PL}{4}$

③ $M = \dfrac{PL}{6}$ 　　　　　　　　④ $M = \dfrac{PL}{8}$

**○TIP** $\delta_{M,\max} = \dfrac{ML^2}{8EI}$, $\delta_{P,\max} = \dfrac{PL^3}{48EI}$ 이며 이 두 값이 같아야 하므로

$\dfrac{ML^2}{8EI} = \dfrac{PL^3}{48EI}$ 가 성립하기 위해서는 $M = \dfrac{PL}{6}$ 이어야 한다.

**15** 다음 그림과 같은 단순보에서 이동하중이 작용할 때 절대 최대휨모멘트는?

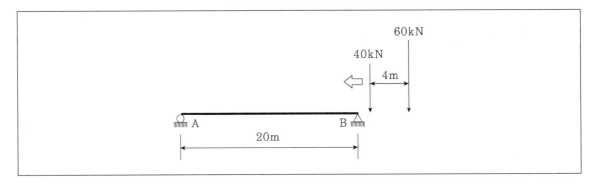

① 387.2[kN · m]  ② 423.2[kN · m]
③ 478.4[kN · m]  ④ 531.7[kN · m]

**TIP** 절대최대휨모멘트는 $|M_{max}| = \dfrac{R}{L} x^2 = \dfrac{100}{20}(9.2)^2 = 423.2$

($x$는 B점으로부터 최대휨모멘트 발생위치까지의 거리)

최대휨모멘트의 발생위치는 $x = \dfrac{L}{2} - \dfrac{F_{less} \cdot d}{2R} = \dfrac{20}{2} - \dfrac{40 \times 4}{2 \times 100} = 10 - 0.8 = 9.2[m]$

**16** 다음 그림과 같은 구조물에서 부재 AB가 6t의 힘을 받을 때 하중 $P$의 값은?

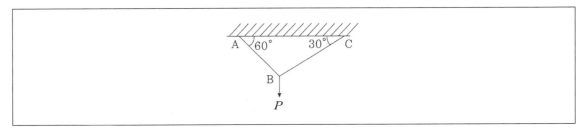

① 5.24t  ② 5.94t
③ 6.27t  ④ 6.93t

**TIP** $\dfrac{P}{\sin 90^o} = \dfrac{6t}{\sin 120^o} = \dfrac{6t}{\dfrac{\sqrt{3}}{2}} = 6.928 \fallingdotseq 6.93t$

**17** 어떤 보 단면의 전단응력도를 그렸더니 아래의 그림과 같았다. 이 단면에 가해진 전단력의 크기는? (단, 최대전단응력은 6kg/cm²이다.)

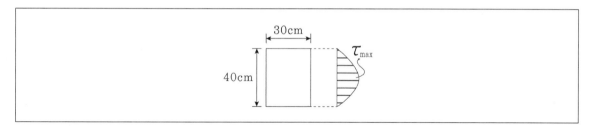

① 4,200kg

② 4,800kg

③ 5,400kg

④ 6,000kg

**TIP** $\tau_{max} = \dfrac{3}{2} \cdot \dfrac{V}{A} \leq 6$ 이어야 하므로 $\dfrac{3}{2} \times \dfrac{V}{30 \times 40} = 6$ 을 만족하는 $V = 4,800$kg

**18** 아래 그림과 같은 보에서 A점의 반력이 B점의 반력의 2배가 되는 거리 $x$는?

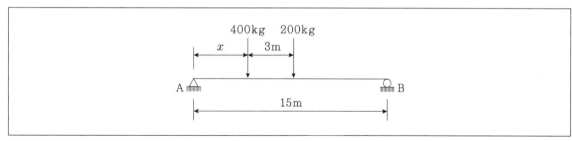

① 2.5m

② 3.0m

③ 3.5m

④ 4.0m

**TIP** 두 힘의 합력의 위치는 400kg에서 우측으로 1m이다.
A점의 반력이 B점의 반력의 2배가 되는 위치는 A점으로부터 5m 떨어진 곳이므로 $x = 4.0$[m]

**19** 그림과 같이 폭($b$)와 높이($h$)가 모두 12cm인 이등변삼각형의 $x$, $y$축에 대한 단면상승모멘트 $I_{xy}$는?

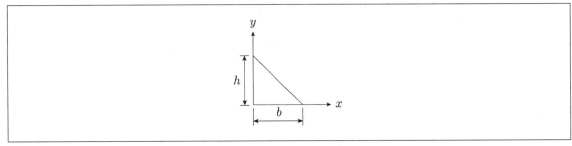

① 576cm$^4$

② 642cm$^4$

③ 768cm$^4$

④ 864cm$^4$

○**TIP** $I_{xy} = \dfrac{b^2 h^2}{24} = \dfrac{12^2 12^2}{24} = 864[\text{cm}^4]$

**20** $L$이 10m인 그림과 같은 내민보의 자유단에 $P$=2t의 연직하중이 작용할 때 지점 B와 중앙부 C점에 발생되는 모멘트는?

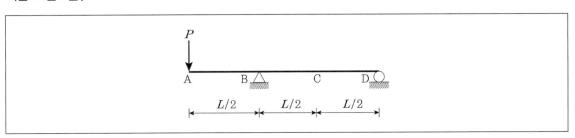

① $M_B = -8\text{t} \cdot \text{m}$, $M_C = -5\text{t} \cdot \text{m}$

② $M_B = -10\text{t} \cdot \text{m}$, $M_C = -4\text{t} \cdot \text{m}$

③ $M_B = -10\text{t} \cdot \text{m}$, $M_C = -5\text{t} \cdot \text{m}$

④ $M_B = -8\text{t} \cdot \text{m}$, $M_C = -4\text{t} \cdot \text{m}$

○**TIP** 시계방향으로의 회전을 +로 가정한 경우,
D점을 중심으로 모멘트 평형을 이루어야 하므로

$\sum M_D = 0 : -P \cdot 3\dfrac{L}{2} + R_B \cdot L = 0$이므로 $R_B = \dfrac{3}{2}P$

$M_B = -P \cdot \dfrac{L}{2} = -2\text{t} \times \dfrac{10\text{m}}{2} = -10[\text{t} \cdot \text{m}]$

$M_C = -P \cdot \dfrac{L}{2} + (-P + R_B) \cdot \dfrac{L}{2} = -2 \times \dfrac{10}{2} + \left(-2 + \dfrac{3}{2} \times 2\right)\dfrac{10}{2} = -10 + 5 = -5[\text{t} \cdot \text{m}]$

**제2과목** 측량학

**21** 다음 중 사진측량에 대한 설명으로 바르지 않은 것은?

① 항공사진의 축척은 카메라의 초점거리에 비례하고, 비행고도에 반비례한다.
② 촬영고도가 동일한 경우 촬영기선길이가 증가하면 중복도는 낮아진다.
③ 입체시된 영상의 과고감은 기선고도비가 클수록 커지게 된다.
④ 과고감은 지도축척과 사진축척의 불일치에 의해 나타난다.

**⊙TIP** 과고감(높은 곳은 더 높게, 낮은 곳은 더 낮게 나타나는 현상)은 수평축척에 비해 수직축척이 다소 클 때 발생하는 현상이다.

**22** 캔트(Cant)의 크기가 $C$인 노선의 곡선반지름을 2배로 증가시키면 새로운 캔트 $C'$의 크기는?

① $0.5\,C$                   ② $C$
③ $2\,C$                    ④ $4\,C$

**⊙TIP** $C = \dfrac{SV^2}{gR}$ 에서 $R$ 이 2배로 증가하면 캔트의 크기는 $\dfrac{1}{2}$ 배가 증가된다.

**23** 수심 $h$인 하천의 수면으로부터 $0.2h$, $0.6h$, $0.8h$인 곳에서 각각의 유속을 측정한 결과 0.562m/s, 0.497m/s, 0.364m/s이었다. 3점법을 이용한 평균유속은?

① 0.45m/s                 ② 0.48m/s
③ 0.51m/s                 ④ 0.54m/s

**⊙TIP** $V_m = \dfrac{V_{0.2} + 2V_{0.6} + V_{0.8}}{4} = \dfrac{0.562 + 2 \times 0.497 + 0.364}{4} = 0.48$

**24** 토공량을 계산하기 위해 대상구역을 삼각형으로 분할하여 각 교점의 점토고를 측량한 결과 그림과 같이 얻어졌다. 토공량은? (단, 단위는 m이다.)

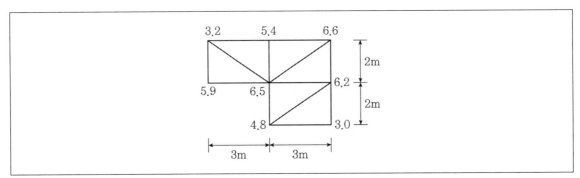

① 98m³
② 100m³
③ 102m³
④ 104m³

**TIP** $V = \dfrac{A}{3}\left(\sum h_1 + 2\sum h_2 + \cdots + 8\sum h_8\right)$

$A = \dfrac{3 \times 2}{2} = 3$ 이므로,

$\sum h_1 = 5.9 + 3.0 = 8.9$

$2\sum h_2 = 2(3.2 + 5.4 + 6.6 + 4.8) = 40.0$

$3\sum h_3 = 3(6.2) = 18.6$

$5\sum h_4 = 5(6.5) = 32.5$

$\therefore V = \dfrac{3}{3}(8.9 + 40 + 18.6 + 32.5) = 100[\text{m}^3]$

**25** 다음 그림과 같은 단면의 면적은? (단, 좌표의 단위는 m이다.)

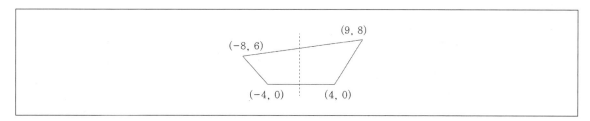

① $174m^2$

② $148m^2$

③ $104m^2$

④ $87m^2$

| 측점 | $X$ | $Y$ | $(X_{i-1}-X_{i+1})$ |
|---|---|---|---|
| A | $-4$ | 0 | $[4-(-8)] \times 0 = 0$ |
| B | $-8$ | 6 | $(-4-9) \times 6 = -78$ |
| C | 9 | 8 | $(-8-4) \times 8 = -96$ |
| D | 4 | 0 | $[9-(-4)] \times 0 = 0$ |

$A = \dfrac{1}{2}\sum x_i(y_{i+1}-y_{i-1})$ or $\dfrac{1}{2}\sum y_i(x_{i+1}-x_{i-1})$ 이므로 주어진 수치를 여기에 대입하면 87이 산정된다.

$a = \dfrac{|-174|}{2} = 87m^2$

**26** 각의 정밀도가 ±20″인 각측량기로 각을 관측할 경우 각오차와 거리오차가 균형을 이루기 위한 줄자의 정밀도는?

① 약 1/10,000

② 약 1/50,000

③ 약 1/100,000

④ 약 1/500,000

○TIP 거리정도는 20″/206,265″＝0.000097이며 이 값은 약 0.0001＝1/10,000이 된다.

**27** 노선의 곡선반지름이 100[m], 곡선길이가 20[m]인 경우 클로소이드의 매개변수($A$)는?

① 22[m]

② 40[m]

③ 45[m]

④ 60[m]

○TIP $A^2 = R \cdot L$ 이므로, $A^2 = 100 \times 20 = 2,000$
$A = 10\sqrt{20} \fallingdotseq 44.72$

**28** A, B, C 각 점에서 P점까지 수준측량을 한 결과가 표와 같다. 거리에 대한 경중률을 고려한 P점의 최확표고는?

| 측량경로 | 거리 | P점의 표고 |
|---|---|---|
| A → P | 1km | 135.487m |
| B → P | 2km | 135.563m |
| C → P | 3km | 135.603m |

① 135.529m

② 135.551m

③ 135.563m

④ 135.570m

**◎TIP** 경중률은 노선거리에 반비례 하므로,

$$P_1 : P_2 : P_3 = \frac{1}{L_1} : \frac{1}{L_2} : \frac{1}{L_3} = \frac{1}{1} : \frac{1}{2} : \frac{1}{3}$$

최확표고

$$H_o = \frac{P_1 H_1 + P_2 H_2 + P_3 H_3}{P_1 + P_2 + P_3} = \frac{\left(\frac{1}{1} \times 135.487\right) + \left(\frac{1}{2} \times 135.563\right) + \left(\frac{1}{3} \times 135.603\right)}{\left(\frac{1}{1} + \frac{1}{2} + \frac{1}{3}\right)} = 135.529[\text{m}]$$

**29** 다음 그림과 같이 교호수준측량을 실시한 결과, $a_1$ = 3.835m, $b_1$ = 4.264m, $a_2$ = 2.375m, $b_2$ = 2.812m이었다. 이 때 양안의 두 점 A와 B의 높이 차는? (단, 양안에서 시준점과 표척까지의 거리 CA=DB)

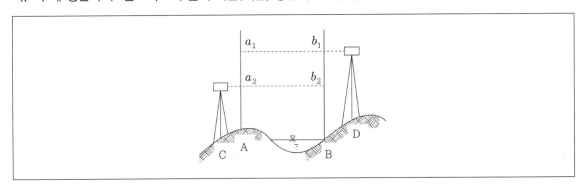

① 0.429m

② 0.433m

③ 0.437m

④ 0.441m

**◎TIP** $H = \dfrac{(a_1 - b_1) + (a_2 - b_2)}{2} = \dfrac{(3.835 - 4.264) + (2.375 - 2.812)}{2} = 0.433$

**30** GNSS가 다중주파수(Multi-Frequency)를 채택하고 있는 가장 주된 이유는?

① 데이터 취득속도의 향상을 위해서
② 대류권지연 효과를 제거하기 위해서
③ 다중경로오차를 제거하기 위해서
④ 전리층지연효과를 제거하기 위해서

**◎TIP** GNSS가 다중주파수(Multi-Frequency)를 채택하고 있는 가장 주된 이유는 전리층지연효과를 제거하기 위해서이다.


**31** 트래버스측량(다각측량)의 폐합오차 조정방법 중 컴퍼스 법칙에 대한 설명으로 바른 것은?

① 각과 거리의 정밀도가 비슷할 때 실시하는 방법이다.
② 위거와 경거의 크기에 비례하여 폐합오차를 배분한다.
③ 각 측선의 길이에 반비례하여 폐합오차를 배분한다.
④ 거리보다는 각의 정밀도가 높을 때 활용하는 방법이다.

**◎TIP** 폐합오차 조정방법 중 컴퍼스법칙은 각관측의 정밀도가 거리관측의 정밀도와 비슷할 경우 실시하는 방법이다.


**32** 트래버스측량(다각측량)의 종류와 그 특징으로 바르지 않은 것은?

① 결합 트래버스는 삼각점과 삼각점을 연결시킨 것으로 조정계산 정확도가 가장 높다.
② 폐합 트래버스는 한 측점에서 시작하여 다시 그 측점에 돌아오는 관측형태이다.
③ 폐합트래버스는 오차의 계산 및 조정이 가능하나 정확도는 개방트래버스보다 낮다.
④ 개방트래버스는 임의의 한 측점에서 시작하여 다른 임의의 한 점에서 끝나는 관측형태이다.

**◎TIP** 폐합트래버스는 개방트래버스보다 정확도가 높다.

**33** 삼각망 조정계산의 경우에 하나의 삼각형에 발생한 각오차의 처리방법은? (단, 각관측 정밀도는 동일하다.)

① 각의 크기에 관계없이 동일하게 배분한다.
② 대변의 크기에 비례하여 배분한다.
③ 각의 크기에 반비례하여 배분한다.
④ 각의 크기에 비례하여 배분한다.

**◎TIP** 삼각망 조정계산의 경우에 하나의 삼각형에 발생한 각오차의 처리는 각의 크기에 관계없이 동일하게 배분한다.

**34** 종단수준측량에서는 중간점을 많이 사용하는 이유로 옳은 것은?

① 중심말뚝의 간격이 20m 내외로 좁기 때문에 중심말뚝을 모두 전환점으로 사용할 경우 오차가 더욱 커질 수 있기 때문이다.
② 중간점을 많이 사용하고 기고식 야장을 작성할 경우 완전한 검산이 가능하여 종단수준측량의 정확도를 높일 수 있기 때문이다.
③ B.M점 좌우의 많은 점을 동시에 측량하여 세밀한 종단면도를 작성하기 위해서이다.
④ 핸드레벨을 이용한 작업에 적합한 측량방법이기 때문이다.

**◎TIP** 종단수준측량에서는 중간점을 많이 사용하는 이유는 중심말뚝의 간격이 20m 내외로 좁기 때문에 중심말뚝을 모두 전환점으로 사용할 경우 오차가 더욱 커질 수 있기 때문이다.

**35** 표고 또는 수심을 숫자로 기입하는 방법으로 하천이나 항만 등에서 수심을 표시하는데 주로 사용되는 방법은?

① 영선법  ② 채색법
③ 음영법  ④ 점고법

**◎TIP** ① 영선법 : 소의 털처럼 가는 선으로 지형을 표시하는 방법으로 우모법이라고도 한다.
④ 점고법 : 표고 또는 수심을 숫자로 기입하는 방법으로 하천이나 항만 등에서 수심을 표시하는데 주로 사용되는 방법

**36** 그림과 같은 유심삼각망에서 만족해야 할 조건이 아닌 것은?

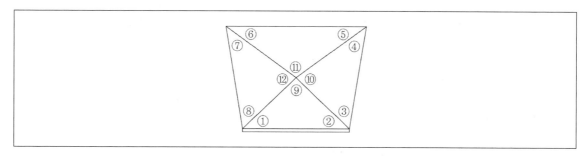

① (①+②+⑨)−180°＝0

② [①+②]−[⑤+⑥]＝0

③ (⑨+⑩+⑪+⑫)−360°＝0

④ (①+②+③+④+⑤+⑥+⑦+⑧)−360°＝0

> **○TIP** ① (①+②+⑨)−180°=0는 각조건
> ③ (⑨+⑩+⑪+⑫)−360°=0는 점조건
> ④ (①+②+③+④+⑤+⑥+⑦+⑧)−360°=0는 각조건
> ② [①+②]−[⑤+⑥]≠0이어야 한다.

**37** 120m의 측선을 30m 줄자로 관측하였다. 1회 관측에 따른 우연오차가 ±3mm이었다면, 전체거리에 대한 오차는?

① ±3mm

② ±6mm

③ ±9mm

④ ±12mm

> **○TIP** 총 우연오차＝1회 측정시 오차× $\sqrt{횟수}$
>
> 횟수 $n = \dfrac{120}{30} = 4$회
>
> 따라서 전체거리에 대한 오차는 ±3mm× $\sqrt{4}$ ＝±6mm

**38** 완화곡선에 대한 설명으로 바르지 않은 것은?

① 곡선반지름은 완화곡선의 시점에서 무한대, 종점에서 원곡선의 반지름이 된다.

② 완화곡선에 연한 곡선 반지름의 감소율은 칸트의 증가율과 같다.

③ 완화곡선의 접선은 시점에서 원호에, 종점에서 직선에 접한다.

④ 종점에 있는 캔트는 원곡선의 캔트와 같게 된다.

**O TIP** 완화곡선의 접선은 시점에서 직선에, 종점에서 원호에 접한다.

**39** 축척 1 : 50의 지형도를 기초로 하여 축척 1 : 3,000 지형도를 제작하고자 한다. 축척 1 : 3,000 도면 한 장에 포함되는 축척 1 : 500 도면의 매수는? (단, 1 : 500 지형도와 1 : 3,000 지형도의 크기는 동일하다.)

① 16매　　　　　　　　　　　　　　② 25매

③ 36매　　　　　　　　　　　　　　④ 49매

**O TIP** $\left(\dfrac{1}{m_1}\right)^2 : \left(\dfrac{1}{m_2}\right)^2 = \left(\dfrac{1}{500}\right)^2 : \left(\dfrac{1}{3,000}\right)^2$

$n = \dfrac{\dfrac{1}{500^2}}{\dfrac{1}{3,000^2}} = 36$

**40** 지오이드(Geoid)에 관한 설명으로 바르지 않은 것은?

① 중력장 이론에 의한 물리적 가상면이다.

② 지오이드면과 기준타원체면은 일치한다.

③ 지오이드는 어느 곳에서나 중력방향과 수직을 이룬다.

④ 평균해수면과 일치하는 등포텐셜면이다.

**O TIP** 지오이드면과 기준타원체면은 일치하지 않는다.
지오이드는 물리적인 형상을 고려하여 만든 불규칙한 곡면이며, 높이 측정의 기준이 된다.
회전타원체는 지구의 형상을 수학적으로 정의한 것이고, 어느 하나의 국가에 기준으로 채택한 타원체를 기준타원체라고 한다.

**41** 다음 중 증발에 영향을 미치는 인자가 아닌 것은?

① 온도　　　　　　　　　　　　　② 대기압
③ 통수능　　　　　　　　　　　　④ 상대습도

○**TIP** 통수능은 토양이 물을 얼마나 잘 통과시키는 지를 나타내는 수치이다. 이는 증발 자체에 직접적인 영향을 미치지 않는다.

**42** 유역면적이 15km²이고 1시간에 내린 강우량이 150mm일 때 하천의 유출량이 350m³/s이면 유출율은?

① 0.56　　　　　　　　　　　　　② 0.65
③ 0.72　　　　　　　　　　　　　④ 0.78

○**TIP** $Q = 0.2778 CIA$ 이므로 $350 = 0.2778 \times C \times 150 \times 15$ 이므로
$C = 0.56$

**43** 비압축성유체의 연속방정식을 표현한 것으로 가장 바른 것은?

① $Q = \rho A V$
② $\rho_1 A_1 = \rho_2 A_2$
③ $Q_1 A_1 V_1 = Q_2 A_2 V_2$
④ $A_1 V_1 = A_2 V_2$

○**TIP** 비압축성 유체의 흐름연속방정식 $A_1 V_1 = A_2 V_2$

ANSWER　　38.③　39.③　40.② 41.③ 42.① 43.④

**44** 다음 물의 흐름에 대한 설명으로 바른 것은?

① 수심은 깊으나 유속이 느린 흐름을 사류라고 한다.

② 물의 분자가 흩어지지 않고 질서정연하게 흐르는 흐름을 난류라고 한다.

③ 모든 단면에 있어 유적과 유속이 시간에 따라 변하는 것을 정류라고 한다.

④ 에너지선과 동수경사선의 높이의 차는 일반적으로 $\dfrac{V^2}{2g}$ 이다.

**O(TIP)** ① 수심은 깊으나 유속이 느린 흐름을 상류라고 한다.
② 물의 분자가 흩어지지 않고 질서정연하게 흐르는 흐름을 정류라고 한다.
③ 모든 단면에 있어 유적과 유속이 시간에 따라 변하는 것을 난류라고 한다.

**45** 미계측 유역에 대한 단위유량도의 합성방법이 아닌 것은?

① SCS 방법

② Clark 방법

③ Horton 방법

④ Snyder 방법

**O(TIP)** 미계측 유역에 대한 단위유량도의 합성방법으로는 Snyder 방법, SCS의 무차원 단위유량도 이용법, Nakayasu 방법 등이 있다.

**46** 표고 20m인 저수지에서 물을 표고 50m인 지점까지 1.0m³/sec의 물을 양수하는데 소요되는 펌프동력은? (단, 모든 손실수두의 합은 3.0m이고 모든 관은 동일한 직경과 수리학적 특성을 지니며, 펌프의 효율은 80%이다.)

① 248kW

② 330kW

③ 404kW

④ 650kW

**O(TIP)** 펌프의 축동력
축동력 결정 시 수두는 전수두를 사용해야 한다.
축동력은 다음의 식으로 구한다.
$$\frac{9.8 \cdot Q \cdot H_t}{\eta}w = \frac{9.8 \times 1 \times (50 - 20 + 3)}{0.8} = 404.25[\text{kW}]$$

**47** 폭 35[cm]인 직사각형 위어(weir)의 유량을 측정하였더니 0.03[m³/s]이었다. 월류수심의 측정에 1[mm]의 오차가 생겼다면, 유량에 발생하는 오차(%)는? (단, 유량계산은 프란시스(francis)공식을 사용하되 월류 시 단면수축은 없는 것으로 가정한다.)

① 1.16%

② 1.50%

③ 1.67%

④ 1.84%

**●TIP**

$Q = 1.84 b_o h^{\frac{2}{3}}$ 에서 단면수축이 없으므로 $b = b_o$

$h = \left(\dfrac{Q}{1.84 \cdot b}\right)^{\frac{2}{3}} = \left(\dfrac{0.03}{1.84 \times 0.35}\right)^{\frac{2}{3}} = 0.129[\text{m}]$

$\dfrac{dQ}{Q} = \dfrac{3}{2}\dfrac{dh}{h} = \dfrac{3}{2} \times \dfrac{0.001}{0.129} = 0.0116$

〈저자확인〉

**48** 여과량이 2m³/s, 동수경사가 0.2, 투수계수가 1cm/s일 때 필요한 여과지 면적은?

① 1,000m²

② 1,500m²

③ 2,000m²

④ 2,500m²

**●TIP**

$V = K i = 1[\text{cm/s}] \times 0.2 = 0.2[\text{cm/s}]$

$Q = VA = 0.2[\text{cm/s}] \times A = 2[\text{m}^3/\text{s}]$ 이므로 $A = 1,000[\text{m}^2]$

**49** 다음 표는 어느 지역의 40분간 집중호우를 매 5분마다 관측한 것이다. 지속시간이 20분인 최대강우강도는?

| 시간(분) | 우량(mm) |
|---|---|
| 0~5 | 1 |
| 5~10 | 4 |
| 10~15 | 2 |
| 15~20 | 5 |
| 20~25 | 8 |
| 25~30 | 7 |
| 30~35 | 3 |
| 35~40 | 2 |

① $I = 49\text{mm/hr}$

② $I = 59\text{mm/hr}$

③ $I = 69\text{mm/hr}$

④ $I = 72\text{mm/hr}$

**TIP** 15~35분 사이일 때가 20분 지속 최대강우량이다.

20분 지속 최대강우강도 $I =$ 시간최대강우량 $n \times \dfrac{60}{지속시간} = (5+8+7+3) \times \dfrac{60}{20} = 69\text{mm/hr}$

**50** 길이 13m, 높이 2m, 폭 3m, 무게 20톤인 바지선의 흘수는?

① 0.51m

② 0.56m

③ 0.58m

④ 0.46m

**TIP** 흘수 ··· 부양면에서 물체의 최하단까지의 깊이

$M(무게) = B(부력) = wV$

$20 = 1 \times (13 \times 3 \times h)$ 이므로 $h = 0.51[\text{m}]$

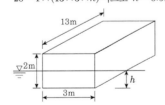

**51** 개수로 내의 흐름에 대한 설명으로 옳은 것은?

① 에너지선은 자유표면과 일치한다.
② 동수경사선은 자유표면과 일치한다.
③ 에너지선과 동수경사선은 일치한다.
④ 동수경사선은 에너지선과 언제나 평행하다.

●TIP 개수로에서 동수경사선(수두경사선)은 자유수면과 항상 일치한다.

**52** 다음 중 상대조도에 대한 설명 중 바른 것은?

① Chezy의 유속계수와 같다.
② Manning의 조도계수를 나타낸다.
③ 절대조도를 관지름으로 곱한 것이다.
④ 절대조도를 관지름으로 나눈 것이다.

●TIP 상대조도는 원관 내에서 관벽면의 거친 정도를 나타낸다.
즉, 관수로에서 관벽의 절대조도(상당조도)와 관의 직경과의 비를 말한다. 관벽의 거칠기로서 관의 상대조도가 작을수록 손실이 커진다. 원형관 내의 난류흐름에서 마찰손실계수와 관련이 있다.

**53** 도수 전후의 수심이 각각 2m, 4m일 때 도수로 인한 에너지 손실(수두)은?

① 0.1[m]  ② 0.2[m]
③ 0.25[m]  ④ 0.5[m]

●TIP 도수에 의한 에너지 손실량

$$\triangle H_e = \frac{(h_2 - h_1)^3}{4h_1 h_2} = \frac{(4-2)^3}{4 \times 2 \times 4} = 0.25\text{m}$$

**54** 다음 그림과 같이 물속에 수직으로 설치된 넓이 2m×3m의 수문을 올리는데 필요한 힘은? (단, 수문의 물속 무게는 1,960N이고, 수문과 벽면사이의 마찰계수는 0.25이다.)

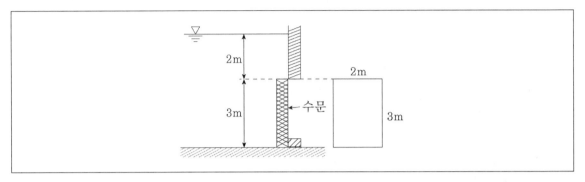

① 5.45kN

② 53.4kN

③ 126.7kN

④ 271.2kN

**TIP** 전수압 $P = wh_G A = 9.8 \times \left(2 + \dfrac{3}{2}\right) \times 2 \times 3 = 205.8 [\text{kN}]$

마찰력＝마찰계수×전수압＝$0.25 \times 205.8 = 51.45 [\text{kN}]$

수문을 들어올리는데 필요한 힘＝마찰력+수문의 수중 무게＝$51.45 + 1.96 = 53.41 [\text{kN}]$

**55** 단위중량 $w$ 또는 밀도 $\rho$인 유체가 유속 $V$로서 수평방향으로 흐르고 있다. 직경 $d$, 길이 $l$인 원주가 유체의 흐름방향에 직각으로 중심축을 가지고 놓였을 때 원주에 작용하는 항력($D$)은? (단, $C$ : 항력계수, $g$ : 중력가속도)

① $D = C \cdot \dfrac{\pi d^2}{4} \cdot \dfrac{w V^2}{2}$

② $D = C \cdot d \cdot l \cdot \dfrac{w V^2}{2}$

③ $D = C \cdot \dfrac{\pi d^2}{4} \cdot \dfrac{\rho V^2}{2}$

④ $D = C \cdot d \cdot l \cdot \dfrac{\rho V^2}{2}$

**TIP** 항력 $D = C_D A \dfrac{\rho V^2}{2}$ 에서 $A$는 흐름방향의 투영면적이므로 원주의 투영면적 $A = d \cdot l$이다.

따라서 항력의 공식은 $D = C \cdot d \cdot l \cdot \dfrac{\rho V^2}{2}$ 이 된다.

**56** 다음 중 부정류 흐름의 지하수를 해석하는 방법은?

① Thesis 방법

② Dupuit 방법

③ Thiem 방법

④ Laplace 방법

○**TIP** 부정류를 해석하는 방법에서 Thesis, Jacob, Chow 방법이 있다.

**57** 부피 50m$^2$인 해수의 무게($W$)와 밀도($\rho$)를 구한 값으로 옳은 것은? (단, 해수의 단위중량은 1.025t/m$^3$이다.)

① 5ton, $\rho = 0.1046$kg · sec$^2$/m$^4$

② 5ton, $\rho = 104.6$kg · sec$^2$/m$^4$

③ 5.125ton, $\rho = 104.6$kg · sec$^2$/m$^4$

④ 51.25ton, $\rho = 0.1046$kg · sec$^2$/m$^4$

○**TIP** 단위중량 $w = \dfrac{W}{V}$ 에서 $1.025 = \dfrac{W}{50}$ 이므로 $W = 51.25t$

밀도 $\rho = \dfrac{w}{g} = \dfrac{1.025}{9.8} = 0.1046$kg · s$^2$/m$^4$

**58** 수리학상 유리한 단면에 관한 설명 중 바르지 않은 것은?

① 주어진 단면에서 윤변이 최소가 되는 단면이다.

② 직사각형 단면일 경우 수심이 폭의 1/2인 단면이다.

③ 최대유량의 소통을 가능하게 하는 가장 경제적인 단면이다.

④ 수심을 반지름으로 하는 반원을 외접원으로 하는 제형단면이다.

○**TIP** "제형"은 "제방형태"의 준말로서 사다리꼴 단면을 의미한다. 수심을 반지름으로 하는 반원을 내접원으로 하는 정육각형의 제형단면일 때 수리학상 유리학 단면이 된다. (즉, $\theta = 60°$일 때)

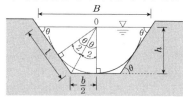

**59** 오리피스(Orifice)에서의 유량 $Q$를 계산할 때 수두 $H$의 측정에 1%의 오차가 있으면 유량계산의 결과에는 얼마의 오차가 생기는가?

① 0.1%
② 0.5%
③ 1%
④ 2%

○**TIP** 유량오차 $\dfrac{dQ}{Q} = \dfrac{1}{2}\dfrac{dH}{H} = \dfrac{1}{2} \times 1 = 0.5\%$

**60** 폭 8m의 구형단면 수로에 40[m³/s]의 물을 수심 5[m]로 흐르게 할 때, 비에너지는? (단, 에너지 보정계수 $\alpha = 1.11$로 가정한다.)

① 5.06[m]
② 5.87[m]
③ 6.19[m]
④ 6.73[m]

○**TIP** $V = \dfrac{Q}{A} = \dfrac{40[\text{m}^3/\text{s}]}{8 \times 5[\text{m}^2]} = 1[\text{m/sec}]$

$H_e = h + \alpha\dfrac{V^2}{2g} = 5 + 1.11 \times \dfrac{1^2}{2 \times 9.8} = 5.06[\text{m}]$

---

**제4과목** **철근콘크리트 및 강구조**

**61** 경간 10m인 대칭 T형보에서 양쪽 슬래브의 중심간 거리 2,100mm, 슬래브두께 100mm, 복부의 폭 400mm 일 때 플랜지의 유효폭은 얼마인가?

① 2,000mm
② 2,100mm
③ 2,300mm
④ 2,500mm

○**TIP** T형보(대칭 T형보)에서 플랜지의 유효폭 $16t_f + b_w = 16 \times 100 + 400 = 2,000[\text{mm}]$
양쪽슬래브의 중심간 거리 $= 2,100[\text{mm}]$
보 경간의 1/4 $= 10,000 \times 1/4 = 2,500[\text{mm}]$
위의 값 중 최솟값을 적용해야 한다.

**62** 다음 그림의 고장력 볼트 마찰이음에서 필요한 볼트의 최소수는 몇 개인가? (단, 볼트는 M22[직경 22mm], F10T를 사용하며, 마찰이음의 허용력은 48kN이다.)

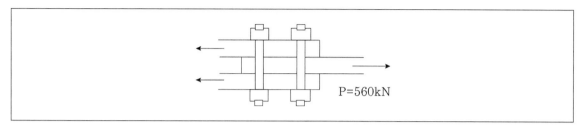

P=560kN

① 3개          ② 5개
③ 6개          ④ 8개

○**TIP** $n = \dfrac{P}{2P_a} = \dfrac{560}{2 \times 48} = 5.833$

**63** 철근 콘크리트보에 스터럽을 배근하는 가장 중요한 이유로 옳은 것은?

① 주철근 상호간의 위치를 바르게 하기 위하여
② 보에 작용하는 사인장 응력에 의한 균열을 제어하기 위하여
③ 콘크리트와 철근과의 부착강도를 높이기 위하여
④ 압축측 콘크리트의 좌굴을 방지하기 위하여

○**TIP** 철근 콘크리트보에 스터럽을 배근하는 가장 중요한 이유는 보에 작용하는 사인장 응력에 의한 균열을 제어하기 위해서이다.

**64** 아래 그림과 같은 두께 12mm 평판의 순단면적을 구하면? (단, 구멍의 직경은 23mm이다.)

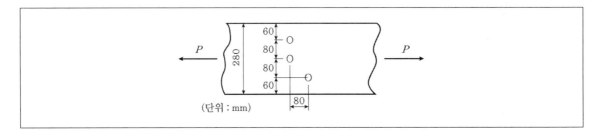

(단위 : mm)

① $2,310\text{mm}^2$

② $2,340\text{mm}^2$

③ $2,772\text{mm}^2$

④ $2,928\text{mm}^2$

**TIP** $d_h = \phi + 3 = 23\text{mm}$

$b_{n2} = b - 2d_h = 280 - (2 \times 23) = 234\text{mm}$

$b_{n3} = b - 3d_h + \dfrac{s^2}{4g} = 280 - (3 \times 23) + \dfrac{80^2}{4 \times 80} = 231\text{mm}$

$b_n = [b_{n2}, \ b_{n3}]_{\min} = 231\text{mm}$

$A_n = b_n t = 2,772\text{mm}^2$

**65** 다음 그림과 같은 필릿용접의 유효목두께로 바르게 표시된 것은?

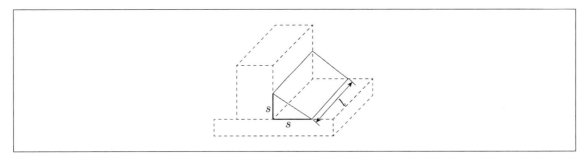

① $S$

② $0.9S$

③ $0.7S$

④ $0.5l$

**TIP** 유효목두께는 다리길이 $S$의 $0.7$배이다.

**66** $b = 300mm$, $d = 600mm$, $A_s = 3-D35 = 2,870mm^2$인 직사각형 단면보의 파괴양상은? (단, 강도설계법에 의한 철근의 항복강도는 300MPa이며 콘크리트의 압축강도는 21MPa이다.)

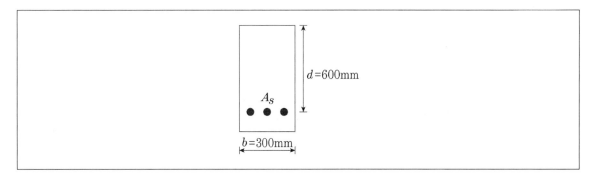

① 취성파괴 　　　　　　　　　　　　② 연성파괴

③ 균형파괴 　　　　　　　　　　　　④ 파괴되지 않는다.

**O TIP**
$$\rho = \frac{A_s}{bd} = \frac{2,870}{300 \times 600} = 0.0159$$

$$\rho_{max} = \frac{0.85 f_{ck}\beta_1}{f_y} \cdot \frac{\varepsilon_c}{\varepsilon_c + \varepsilon_t} = \frac{0.85 \times 21 \times 0.85}{300} \times \frac{0.003}{0.003 + 0.004} = 0.02167$$

$$\rho_{min} = \frac{0.25\sqrt{f_{ck}}}{f_y} \geq \frac{1.4}{f_y}$$ 이어야 하며, $\frac{0.25\sqrt{f_{ck}}}{f_y} = \frac{0.25\sqrt{21}}{300} = 0.00382$

$\rho_{min}(= 0.00382) < \rho(= 0.0159) < \rho_{max}(= 0.02167)$

따라서 부재는 연성파괴된다.

**67** 철근콘크리트 부재에서 처짐을 방지하기 위해서는 부재의 두께를 크게 하는 것이 효과적인데 구조상 가장 두꺼워야 될 순서대로 나열된 것은? (단, 동일한 부재의 길이를 갖는다고 가정한다.)

① 캔틸레버 > 단순지지 > 양단연속 > 일단연속

② 단순지지 > 캔틸레버 > 일단연속 > 양단연속

③ 일단연속 > 양단연속 > 단순지지 > 캔틸레버

④ 양단연속 > 일단연속 > 단순지지 > 캔틸레버

**O TIP** 일반적인 부재의 두께의 경우, 캔틸레버 > 단순지지 > 양단연속 > 일단연속 순이다.

**68** 1방향 철근콘크리트 슬래브에서 설계기준 항복강도가 450MPa인 이형철근을 사용한 경우 수축, 온도철근비는?

① 0.0016

② 0.0018

③ 0.0020

④ 0.0022

**OTIP** 1방향 슬래브에서 수축 및 온도 철근비

$f_y \leq 400[\text{MPa}]$인 경우 $\rho \geq 0.002$

$f_y > 400[\text{MPa}]$인 경우 $\rho \geq \left[0.0014, \ 0.002 \times \dfrac{400}{f_y}\right]_{\max}$

$f_y = 450[\text{MPa}] > 400[\text{MPa}]$인 경우이므로 수축 및 온도철근비는 다음과 같다.

$\rho \geq \left[0.0014, \ 0.002 \times \dfrac{400}{f_y}\right]_{\max} = [0.0014, \ 0.0018]_{\max} = 0.0018$

**69** 다음 중 프리스트레스의 도입 후에 일어나는 손실의 원인이 아닌 것은?

① 콘크리트의 크리프

② PS강재와 쉬스 사이의 마찰

③ 콘크리트의 건조수축

④ PS강재의 릴렉세이션

**OTIP** 프리스트레스의 손실원인

㉠ 도입 시 발생하는 손실 : PS강재의 마찰, 콘크리트 탄성변형, 정착장치의 활동

㉡ 도입 후 손실 : 콘크리트의 건조수축, PS강재의 릴랙세이션, 콘크리트의 크리프

**70** 폭($b_w$)이 400mm, 유효깊이($d$)가 500mm인 단철근 직사각형보의 단면에서 강도설계법에 의한 균형철근량은 약 얼마인가? (단, $f_{ck} = 35$MPa, $f_y = 400$MPa)

① 6,135mm$^2$

② 6,623mm$^2$

③ 7,149mm$^2$

④ 7,841mm$^2$

**OTIP** 균형철근비 $\rho_b = \dfrac{0.85 f_{ck}\beta_1}{f_y} \times \dfrac{600}{600 + f_y} = 0.035744$

$\beta_1 = 0.85 - (35 - 28) \times 0.007 = 0.801$

균형철근량 $A_{sb} = \rho_b b_w d = 0.035744 \times 400 \times 500 = 7,148.8 \approx 7,149$mm$^2$

**71** 복철근 콘크리트 단면에 인장철근비는 0.02, 압축철근비는 0.01이 배근된 경우 순간처짐이 20mm일 때 6개월이 지난 후 처짐량은? (단, 작용하는 하중은 지속하중이며 6개월 재하기간에 따르는 계수 $\xi$는 1.20이다.)

① 56mm

② 46mm

③ 36mm

④ 26mm

**O TIP** 장기처짐 $=$ 순간처짐 $\times \dfrac{\xi}{1+50\rho'} = 20 \times \dfrac{1.2}{1+50\times0.01} = 16\text{mm}$

총처짐 $=$ 순간처짐 $+$ 장기처짐 $= 20+16 = 36\text{mm}$

**72** 그림과 같은 철근콘크리트보 단면이 파괴시 인장철근의 변형률은? (단, $f_{ck}=28\text{MPa}$, $f_y=350\text{MPa}$, $A_s=1,520\text{mm}^2$)

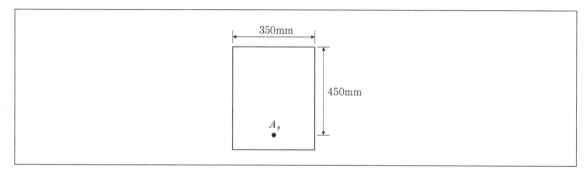

① 0.004

② 0.008

③ 0.011

④ 0.015

**O TIP** $\beta_1 = 0.85 \ (f_{ck} \leq 28\text{MPa})$

$c = \dfrac{A_s f_y}{0.85 f_{ck} b \beta_1} = \dfrac{1,520 \times 350}{0.85 \times 28 \times 350 \times 0.85} = 75.1\text{mm}$

$\varepsilon_t = \dfrac{d_t - c}{c} \varepsilon_c = \dfrac{450-75.1}{75.1} \times 0.003 = 0.015$

**73** 다음은 프리스트레스트 콘크리트에 관한 설명이다. 다음 중 바르지 않은 것은?

① 프리캐스트를 사용할 경우 거푸집 및 동바리공이 불필요하다.

② 콘크리트 전단면을 유효하게 이용하여 $RC$부재보다 경간을 길게 할 수 있다.

③ $RC$에 비해 단면이 작아서 변형이 크고 진동하기 쉽다.

④ $RC$보다 내화성에 있어서 유리하다.

**⊙TIP** 프리스트레스트 콘크리트는 $RC$보다 내화성에 있어서 불리하다.

**74** 그림과 같은 단면의 중간 높이에 초기 프리스트레스 900[kN]을 작용시켰다. 20%의 손실을 가정하여 하단 또는 상단의 응력이 영이 되도록 이 단면에 가할 수 있는 모멘트의 크기는?

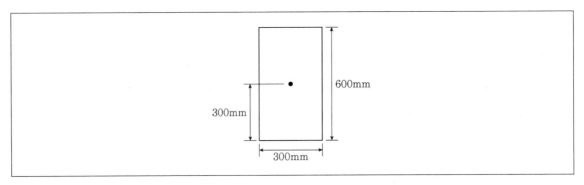

① 90[kN·m]

② 84[kN·m]

③ 72[kN·m]

④ 65[kN·m]

**⊙TIP**
$$f_b = \frac{P_e}{A} - \frac{M}{Z} = \frac{(0.8P_i)}{bh} - \frac{6M}{bh^2} = 0$$

$$M = \frac{(0.8P_i)h}{6} = \frac{(0.8 \times 900) \times 0.6}{6} = 72[kN \cdot m]$$

**75** 철근콘크리트 부재의 피복두께에 관한 설명으로 바르지 않은 것은?

① 최소 피복두께를 제한하는 이유는 철근의 부식방지, 부착력의 증대, 내화성을 갖도록 하기 위해서이다.

② 현장치기 콘크리트로서 흙에 접하거나 옥외의 공기에 직접 노출되는 콘크리트의 최소 피복두께는 D25 이하의 철근의 경우 40mm이다.

③ 현장치기 콘크리트로서 흙에 접하여 콘크리트를 친 후 영구히 흙에 묻혀있는 콘크리트의 최소 피복두께는 80mm이다.

④ 콘크리트 표면과 그와 가장 가까이 배치된 철근 표면 사이의 콘크리트 두께를 피복두께라 한다.

> 🅞**TIP** 현장치기 콘크리트로서 흙에 접하거나 옥외의 공기에 직접 노출되는 콘크리트의 최소 피복두께는 D25 이하의 철근의 경우 50mm이다.

| 종 류 | | | 피복두께 |
|---|---|---|---|
| 수중에서 타설하는 콘크리트 | | | 100mm |
| 흙에 접하여 콘크리트를 친 후 영구히 흙에 묻혀있는 콘크리트 | | | 80mm |
| 흙에 접하거나 옥외의 공기에 직접 노출되는 콘크리트 | D29 이상의 철근 | | 60mm |
| | D25 이하의 철근 | | 50mm |
| | D16 이하의 철근 | | 40mm |
| 옥외의 공기나 흙에 직접 접하지 않는 콘크리트 | 슬래브, 벽체, 장선 | D35 초과 철근 | 40mm |
| | | D35 이하 철근 | 20mm |
| | 보, 기둥 | | 40mm |
| | 쉘, 절판부재 | | 20mm |

**76** 보통중량 콘크리트의 설계기준강도가 35MPa, 철근의 항복강도가 400MPa로 설계된 부재에서 공칭지름이 25mm인 압축 이형철근의 기본정착길이는?

① 425mm  
② 430mm  
③ 1,010mm  
④ 1,015mm

> 🅞**TIP** 압축 이형철근의 기본정착길이는 산정공식에 의하면
> $$l_{db} = \frac{0.25 d_b f_y}{\lambda \sqrt{f_{ck}}} = \frac{0.25 \times 25 \times 400}{1.0 \sqrt{35}} = 422.6[\text{mm}] \text{로 산정되나}$$
> $l_{db} \geq 0.043 d_b f_y = 430\text{mm}$ 이어야 하므로 430mm 이상이어야 한다.

**77** 옹벽의 토압 및 설계일반에 대한 설명 중 바르지 않은 것은?

① 활동에 대한 저항력은 옹벽에 작용하는 수평력의 1.5배 이상이어야 한다.
② 뒷부벽식 옹벽의 저판은 정밀한 해석이 사용되지 않는 한, 3변 지지된 2방향 슬래브로 설계해야 한다.
③ 뒷부벽은 T형보로 설계해야 하며, 앞부벽은 직사각형 보로 설계해야 한다.
④ 지반에 유발되는 최대지반반력이 지반의 허용지지력을 초과하지 않아야 한다.

**○TIP** 옹벽의 설계

| 옹벽의 종류 | 설계위치 | 설계방법 |
|---|---|---|
| 뒷부벽식 옹벽 | 전면벽 | 2방향 슬래브 |
|  | 저판 | 연속보 |
|  | 뒷부벽 | T형보 |
| 앞부벽식 옹벽 | 전면벽 | 2방향 슬래브 |
|  | 저판 | 연속보 |
|  | 앞부벽 | 직사각형 보 |

**78** 폭 350mm, 유효깊이 500mm인 보에 설계기준 항복강도가 400MPa인 D13철근을 인장 주철근에 대한 경사각이 60°인 U형 경사스터럽을 설치했을 때 전단보강철근의 공칭강도는? (단, 스터럽의 간격은 250mm, D13 철근 1본의 단면적은 127mm²이다.)

① 201.4kN  ② 212.7kN
③ 243.2kN  ④ 277.6kN

**○TIP** $V_s = \dfrac{A_v f_y (\sin\alpha + \cos\alpha) d}{s} = \dfrac{2 \times 127 \times 400 (\sin 60° + \cos 60°) \times 500}{250} = 277.57[\text{kN}]$

**79** 계수하중에 의한 단면의 계수휨모멘트가 350kN·m인 단철근 직사각형 보의 유효깊이의 최솟값은? (단, $\rho = 0.0135$, $b = 300$mm, $f_{ck} = 24$MPa, $f_y = 300$MPa, 인장지배단면이다.)

① 245mm  ② 368mm
③ 490mm  ④ 613mm

**◎TIP**

$$\phi M_n = \phi A_s f_y\left(d - \frac{a}{2}\right) = \phi f_{ck}bd^2(1 - 0.59q)$$

$$d = \sqrt{\frac{\phi M_n}{\phi b f_{ck}q(1 - 0.59q)}}$$

$$q = \rho\frac{f_y}{f_{ck}} = 0.0135 \times \frac{300}{24} = 0.16875$$

$$d = \sqrt{\frac{350}{0.85 \times 300 \times 24 \times 0.16875(1 - 0.59 \times 0.16875)}} = 0.613\text{m} = 613\text{mm}$$

**80** 다음 그림과 같은 나선철근 기둥에서 나선철근의 간격(pitch)으로 적당한 것은? (단, 소요나선철근비($\rho_s$)는 0.018, 나선철근의 지름은 12mm, $D_c$는 나선철근의 바깥지름)

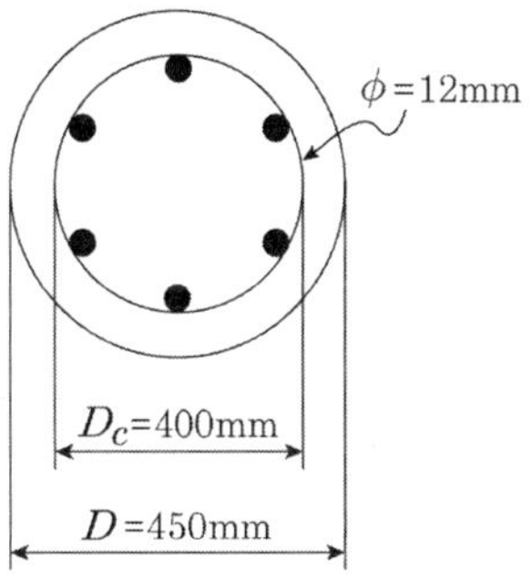

① 61mm

② 85mm

③ 93mm

④ 105mm

**◎TIP**

나선철근비 $\rho_s = \dfrac{\text{나선철근의 전체적}}{\text{심부체적}} = \dfrac{A_b\pi(d_c - d_b)}{\dfrac{\pi d_c^2}{4}p}$

나선철근의 간격 $p = \dfrac{113.2 \times \pi \times (400 - 12)}{0.018 \times \dfrac{\pi \times 400^2}{4}} = 61[\text{mm}]$

여기서, 나선철근의 단면적은

$A_b = \dfrac{\pi d_b^2}{4} = \dfrac{\pi \times 12^2}{4} = 113.1[\text{mm}^2]$

$d_b$ : 나선철근의 직경, $d_c$ : 나선철근의 바깥선으로 측정한 지름

$\rho_s = \dfrac{\text{나선철근의 전체적}}{\text{심부체적}} \geq 0.45\left(\dfrac{A_g}{A_{ch}} - 1\right)\dfrac{f_{ck}}{f_{yt}}$

**81** 다음 중 말뚝의 부마찰력에 대한 설명으로 바르지 않은 것은?

① 부마찰력이 작용하면 지지력이 감소한다.
② 연약지반에 말뚝을 박은 후 그 위에 성토를 한 경우 일어나기 쉽다.
③ 부마찰력은 말뚝 주변 침하량이 말뚝의 침하량보다 클 때 아래로 끌어내리는 마찰력을 말한다.
④ 연약한 점토에 있어서는 상대변위의 속도가 느릴수록 부마찰력이 크다.

**◯TIP** 연약한 점토에 있어서는 상대변위의 속도가 느릴수록 부마찰력은 작아진다.

**82** 다음 중 점성토 지반의 개량공법으로 거리가 먼 것은?

① Paper Drain 공법
② Vibro-Floatation 공법
③ Chemico Pile 공법
④ Sand Compaction Pile 공법

**◯TIP** Vibro-Floatation 공법은 사질토 지반의 개량공법이다.

**83** 표준압밀시험을 하였더니 하중강도가 0.24[MPa]에서 0.36[MPa]으로 증가하였을 때 간극비는 1.8에서 1.2로 감소하였다. 이 때 이 흙의 최종침하량은 약 얼마인가? (단, 압밀층의 두께는 20m이다.)

① 428.57cm
② 214.29cm
③ 642.86cm
④ 285.71cm

**◯TIP** 최종침하량 $\triangle H = \dfrac{a_v H}{1+e_1} \times \triangle P$

$\qquad = \dfrac{5 \times 20,000}{1+1.8} \times 0.12 = 4,285.71[\text{mm}] = 428.57[\text{cm}]$

압축계수 $a_v = \dfrac{e_1 - e_2}{P_2 - P_1} = \dfrac{1.8 - 1.2}{0.36 - 0.24} = 5[\text{mm}^2/\text{N}]$

$\triangle P = 0.36 - 0.24 = 0.12[\text{MPa}]$

**84** 다음 그림과 같이 3[m]×3[m] 크기의 정사각형 기초가 있다. Terzaghi 지지력공식을 이용하여 극한지지력을 산정하면? (단, 내부마찰각($\phi$)은 20°, 점착력($c$)은 50[kN/m²], 지지력계수 $N_c$=18, $N_r$=5, $N_q$=7.5이며, 물의 단위중량 $\gamma_w$=9.81[kN]이다.)

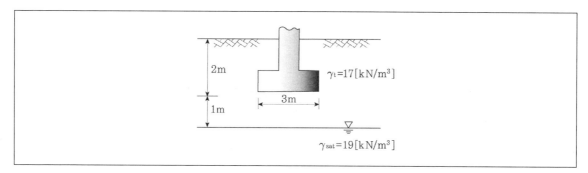

① 1,357.01[kN/m²]

② 1,495.74[kN/m²]

③ 1,572.38[kN/m²]

④ 1,743.13[kN/m²]

**○TIP** 극한지지력 산정식에 주어진 조건을 대입하면

$$q_u = \alpha \cdot c \cdot N_c + \beta \cdot r_1 \cdot B \cdot N_r + r_2 \cdot D_f \cdot N_q$$

$$= 1.3 \times 50 \times 18 + 0.4 \times 11.79 \times 3 \times 5 + 17 \times 2 \times 7.5 = 1,495.74[\text{kN/m}^2]$$

$$r_1 = r_{sub} + \frac{d}{B}(r_t - r_{sub}) = 9.19 + \frac{1}{3}(17-9.19) = 11.79[\text{kN/m}^3]$$

$$r_{sub} = r_{sat} - r_w = 19 - 9.81 = 9.19[\text{kN/m}^3]$$

Terzaghi의 수정극한지지력 공식 $q_u = \alpha \cdot c \cdot N_c + \beta \cdot r_1 \cdot B \cdot N_r + r_2 \cdot D_f \cdot N_q$

$N_c$, $N_r$, $N_q$ : 지지력 계수로서 $\phi$의 함수

$c$ : 기초저면 흙의 점착력

$B$ : 기초의 최소폭

$\gamma_1$ : 기초 저면보다 하부에 있는 흙의 단위중량(kN/m³)

$\gamma_2$ : 기초 저면보다 상부에 있는 흙의 단위중량(kN/m³)

단, $\gamma_1$, $\gamma_2$는 지하수위 아래에서는 수중단위중량($r_{sub}$)을 사용한다.

$D_f$ : 근입깊이(m)

$\alpha$, $\beta$ : 기초모양에 따른 형상계수 ($B$ : 구형의 단변길이, $L$ : 구형의 장변길이)

| 구분 | 연속 | 정사각형 | 직사각형 | 원형 |
|------|------|----------|----------|------|
| $\alpha$ | 1.0 | 1.3 | $1+0.3\dfrac{B}{L}$ | 1.3 |
| $\beta$ | 0.5 | 0.4 | $0.5-0.1\dfrac{B}{L}$ | 0.3 |

**85** 다음 그림과 같이 지표면에 집중하중이 작용할 때 A점에서 발생하는 연직응력의 증가량은?

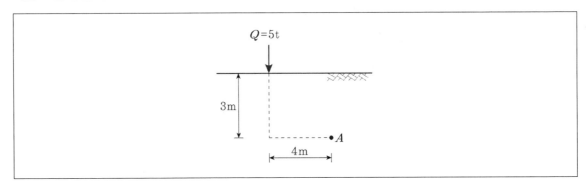

① $20.6[\text{kg/m}^2]$

② $24.4[\text{kg/m}^2]$

③ $27.2[\text{kg/m}^2]$

④ $30.3[\text{kg/m}^2]$

> **TIP** 집중하중에 의한 자중응력의 증가량
> $$R = \sqrt{3^2 + 4^2} = 5$$
> $$\triangle\sigma = \frac{3Q}{2\pi} \times \frac{Z^3}{R^5}$$
> $$= \frac{3 \times 5}{2\pi} \times \frac{3^3}{5^5}$$
> $$= 0.020626 \text{t/m}^2$$
> $$= 20.626 \text{kg/m}^2$$

**86** 모래지반에 30cm×30cm의 재하판으로 재하실험을 한 결과 10t/m²의 극한지지력을 얻었다. 4m×4m의 기초를 설치할 때 기대되는 극한지지력은?

① $10\text{t/m}^2$

② $100\text{t/m}^2$

③ $133\text{t/m}^2$

④ $154\text{t/m}^2$

> **TIP** 사질토 지반의 지지력은 재하판의 폭에 비례한다.
> $0.3 : 10 = 4 : q_u$ 이므로 $q_u = 133.33\text{t/m}^2$

**87** 단동식 증기해머로 말뚝을 박았다. 해머의 무게 2.5t, 낙하고 3m, 타격 당 말뚝의 평균관입량 1cm, 안전율 6일 때 Engineering-News공식으로 허용지지력을 구하면?

① 250t

② 200t

③ 100t

④ 50t

**○TIP** Engineering-News 공식(단동식 증기해머)

허용지지력 $R_a = \dfrac{R_u}{F} = \dfrac{W_H \cdot H}{6(S+0.25)} = \dfrac{2.5 \times 300}{6(1+0.25)} = 100t$

(Engineering-News 공식의 안전율 6)

**88** 예민비가 큰 점토란 어느 것인가?

① 입자의 모양이 날카로운 점토

② 입자가 가늘고 긴 형태의 점토

③ 다시 반죽했을 때 강도가 감소하는 점토

④ 다시 반죽했을 때 강도가 증가하는 점토

**○TIP** 예민비가 큰 점토란 다시 반죽했을 때 강도가 반죽 전의 강도보다 감소하는 점토를 말한다.

**89** 사면의 안정에 관한 다음 설명 중 바르지 않은 것은?

① 임계활동면이란 안전율이 가장 크게 나타나는 활동면을 말한다.

② 안전율이 최소로 되는 활동면을 이루는 원을 임계원이라 한다.

③ 활동면에 발생하는 전단응력이 흙의 전단강도를 초과할 경우 활동이 일어난다.

④ 활동면은 일반적으로 원형활동면으로도 가정한다.

**○TIP** 임계활동면이란 안전율이 가장 취약하게 나타나는 활동면을 말한다.

**ANSWER** 85.① 86.③ 87.③ 88.③ 89.①

**90** 다음과 같이 널말뚝을 박은 지반의 유선망을 작도하는데 있어서 경계조건에 대한 설명으로 틀린 것은?

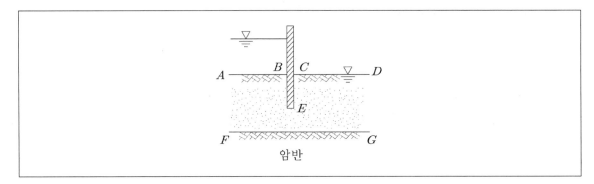

① $\overline{AB}$는 등수두선이다.

② $\overline{CD}$는 등수두선이다.

③ $\overline{FG}$는 유선이다.

④ $\overline{BEC}$는 등수두선이다.

○**TIP** $\overline{BEC}$는 등수두선이 아니라 유선이다.

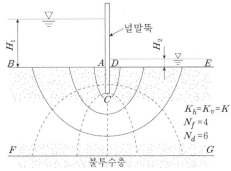

$\overline{AB}$는 전수두가 동일하므로 등수두선이다.
$\overline{DE}$는 전수두가 동일하므로 등수두선이다.
$ACD$는 하나의 유선이다.
$FG$는 하나의 유선이다.

**91** 토립자가 둥글고 입도분포가 나쁜 모래 지반에서 표준관입시험을 한 결과 $N$치는 10이었다. 이 모래의 내부마찰각을 Dunham의 공식으로 구하면?

① 21°

② 26°

③ 31°

④ 36°

**TIP** $\phi = \sqrt{12N} + 15 = \sqrt{12 \times 10} + 15 = 26°$

※ Dunham 내부마찰각 산정공식
- 토립자가 모나고 입도분포가 양호한 경우 : $\phi = \sqrt{12N} + 25$
- 토립자가 모나고 입도분포가 불량한 경우 : $\phi = \sqrt{12N} + 20$
- 토립자가 둥글고 입도분포가 양호한 경우 : $\phi = \sqrt{12N} + 20$
- 토립자가 둥글고 입도분포가 불량한 경우 : $\phi = \sqrt{12N} + 15$

**92** 토압에 대한 다음 설명 중 바른 것은?

① 일반적으로 정지토압계수는 주동토압계수보다 작다.

② Rankine이론에 의한 주동토압의 크기는 Coulomb이론에 의한 값보다 작다.

③ 옹벽, 흙막이벽체, 널말뚝 중 토압분포가 삼각형 분포에 가장 가까운 것은 옹벽이다.

④ 극한 주동상태는 수동상태보다 훨씬 더 큰 범위에서 발생한다.

**TIP** ① 일반적으로 정지토압계수는 주동토압계수보다 크다.
② Rankine이론에 의한 주동토압의 크기는 Coulomb이론에 의한 값보다 크다.
③ 극한 주동상태는 수동상태보다 훨씬 더 작은 범위에서 발생한다.

**93** 유선망의 특징을 설명한 것으로 바르지 않은 것은?

① 각 유로의 침투유량은 같다.

② 유선과 등수두선은 서로 직교한다.

③ 유선망으로 이루어지는 사각형은 이론상 정사각형이다.

④ 침투속도 및 동수경사는 유선망의 폭에 비례한다.

**TIP** Darcy법칙에 따르면 침투속도 및 동수경사는 유선망의 폭에 반비례한다.

---

**ANSWER** 90.④ 91.② 92.③ 93.④

**94** 어떤 종류의 흙에 대해 직접전단(일면전단)시험을 한 결과 아래표와 같은 결과를 얻었다. 이 값으로부터 점착력($c$)을 구하면? (단, 시료의 단면적은 $10cm^2$이다.)

| 수직하중(N) | 100 | 200 | 300 |
|---|---|---|---|
| 전단력(N) | 247.85 | 255.70 | 263.55 |

① 0.30[MPa]
② 0.27[MPa]
③ 0.24[MPa]
④ 0.19[MPa]

**○TIP** 전단강도의 방정식
$0.24785 = c + 0.10\tan\phi$ ⋯ ①
$0.25570 = c + 0.20\tan\phi$ ⋯ ②
①×2-②를 하면 $c = 0.24$[MPa]

**95** 모래의 밀도에 따라 일어나는 전단특성에 대한 다음 설명 중 바르지 않은 것은?

① 다시 성형한 시료의 강도는 작아지지만 조밀한 모래에서는 시간이 경과함에 따라 강도가 회복된다.
② 내부마찰각은 조밀한 모래일수록 크다.
③ 직접 전단시험에 있어서 전단응력과 수평변위 곡선은 조밀한 모래에서는 Peak가 생긴다.
④ 조밀한 모래에서는 전단변형이 계속 진행되면 부피가 팽창한다.

**○TIP** 시간이 경과됨에 따라 강도가 회복되는 현상은 점토지반에서만 일어나며 이러한 현상을 딕소트로피 현상이라 한다.

**96** 흙입자의 비중이 2.56, 함수비는 35%, 습윤단위중량은 1.75g/cm³일 때 간극률은 약 얼마인가?

① 32%
② 37%
③ 43%
④ 49%

**○TIP** 건조단위중량 $r_d = \dfrac{r_t}{1 + \dfrac{w}{100}} = \dfrac{1.75}{1 + \dfrac{35}{100}} = 1.296$

건조단위중량에 의한 간극비는

$e = \dfrac{G_s \cdot r_w}{r_d} - 1 = \dfrac{2.56 \times 1}{1.296} - 1 = 0.975$

간극비($e$)와 간극률($n$, %)의 관계는 다음과 같다.

$n = \dfrac{e}{1+e} \times 100 = \dfrac{0.975}{1 + 0.975} \times 100 = 49.36\%$

**97** 다음은 전단시험을 한 응력경로이다. 어느 경우인가?

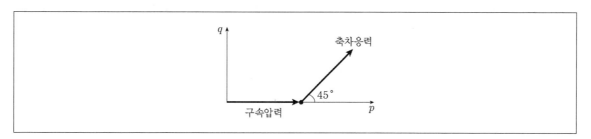

① 초기단계의 최대주응력과 최소주응력이 같은 상태에서 시행한 삼축압축시험의 전응력 경로이다.

② 초기단계의 최대주응력과 최소주응력이 같은 상태에서 시행한 일축압축시험의 전응력 경로이다.

③ 초기단계의 최대주응력과 최소주응력이 같은 상태에서 $K_a = 0.5$인 조건에서 시행한 삼축압축시험의 전응력 경로이다.

④ 초기단계의 최대주응력과 최소주응력이 같은 상태에서 $K_0 = 0.7$인 조건에서 시행한 일축압축시험의 전응력 경로이다.

**O TIP** $p = \dfrac{\sigma_1 + \sigma_3}{2}$, $p = \dfrac{\sigma_1 - \sigma_3}{2}$

```
q ↑
         _____ K_f Line
    _____/      
   /         응력경로
  /_____→ p
삼축압축시 응력경로
```

**98** 다음 중 흙의 다짐효과에 대한 설명으로 바르지 않은 것은?

① 흙의 단위중량 증가      ② 투수계수 감소

③ 전단강도 저하      ④ 지반의 지지력 증가

**O TIP** 흙의 다짐이 적절한 경우 전단강도는 증가가 된다.

**99** 다음 그림과 같이 모래층에 널말뚝을 설치하여 물막이공 내의 물을 배수하였을 때, 분사현상이 일어나지 않게 하려면 얼마의 압력을 가하여야 하는가? (단, 모래의 비중은 2.65, 간극비는 0.65, 안전율은 3이다.)

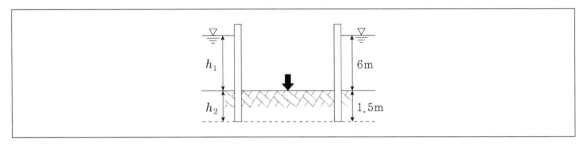

① $6.5[\text{t/m}^2]$

② $16.5[\text{t/m}^2]$

③ $23[\text{t/m}^2]$

④ $33[\text{t/m}^2]$

> **TIP** 물막이공 내부의 압력＝물막이공 외부의 압력
> $$(\gamma_{sub} \cdot h_2) + P = (\gamma_w \cdot \triangle h) \cdot F$$
> $$\left(\frac{G_s - 1}{1 + e}\gamma_w \cdot h_2\right) + P = (\gamma_w \cdot h_1) \cdot F$$
> $$\left(\frac{2.65 - 1}{1 + 0.65} \times 1 \times 1.5\right) + P = (1 \times 6) \times 3$$
> $1.5 + P = 18$이므로 가해야 할 압력은 $16.5[\text{t/m}^2]$

**100** Rod에 붙인 어떤 저항체를 지중에 넣어 관입, 인발 및 회전에 의해 흙의 전단강도를 측정하는 원위치 시험은?

① 보링(Boring)

② 사운딩(Sounding)

③ 시료채취(Sampling)

④ 비파괴시험(NDT)

> **TIP** 사운딩(Sounding) … Rod에 붙인 어떤 저항체를 지중에 넣어 관입, 인발 및 회전에 의해 흙의 전단강도를 측정하는 원위치 시험

**101** 슬러지용량지표(SVI : Sludge Volume Index)에 관한 설명으로 바르지 않은 것은?

① 정상적으로 운전되는 반응조의 SVI는 50~150의 범위이다.
② SVI는 포기시간, BOD농도, 수온 등에 영향을 받는다.
③ SVI는 슬러지 밀도지수(SDI)에 100을 곱한 값을 의미한다.
④ 반응조 내 혼합액을 30분간 정제한 경우 1[g]의 활성슬러지 부유물질이 포함하는 용적을 mL로 표시한 것이다.

**◯TIP** 슬러지 용적지수(SVI)는 슬러지 밀도지수(SDI)를 100으로 나눈 값이다.

**102** 다음 중 완속여과지에 관한 설명으로 바르지 않은 것은?

① 응집제를 필수적으로 투입해야 한다.
② 여과속도는 4~5[m/day]를 표준으로 한다.
③ 비교적 양호한 원수에 알맞은 방법이다.
④ 급속여과지에 비해 넓은 부지면적을 필요로 한다.

**◯TIP** 약품과 같은 응집제를 필수적으로 투입해야 하는 여과공정은 급속여과이다.

**103** 수원지에서부터 각 가정까지의 상수도 계통도를 나타낸 것으로 바른 것은?

① 수원→취수→도수→배수→정수→송수→급수
② 수원→취수→배수→정수→도수→송수→급수
③ 수원→취수→도수→정수→송수→배수→급수
④ 수원→취수→도수→송수→정수→배수→급수

**◯TIP** 상수도 계통도 … 수원→취수→도수→정수→송수→배수→급수

---

**ANSWER** 99.② 100.② 101.③ 102.① 103.③

**104** 하수처리장에서 480,000[L/day]의 하수량을 처리한다. 펌프장의 습정(Wet Well)을 하수로 채우기 위하여 40분이 소요된다면 습정의 부피는?

① 13.3[m³]

② 14.3[m³]

③ 15.3[m³]

④ 16.3[m³]

**TIP** 습정의 부피 $V = Q \times t = \dfrac{480.000 \times 10^{-3}}{24 \times 60} \times 40 = 13.33 \text{m}^3$

**105** 혐기성 상태에서 탈질산화(Denitrification) 과정으로 바른 것은?

① 아질산성 질소 → 질산성 질소 → 질소가스

② 암모니아성 질소 → 질산성 질소 → 아질산성 질소

③ 질산성 질소 → 아질산성 질소 → 질소가스

④ 암모니아성 질소 → 아질산성 질소 → 질산성 질소

**TIP** 탈질산화과정 ··· 질산성 질소($NO_3$-N) → 아질산성 질소($NO_2$-N) → 질소가스($N_2$)

※ **탈질화 작용** ··· 미생물이 산소가 없는 상태에서 호흡을 하기 위하여 최종 전자수용체로서 작용하는 질산성 질소를 환원시키는 것을 말하며, 무산소(anoxic) 상태에서 일어나기 때문에 혐기성 호흡(anaerobic respiration)이라고도 한다. 질산화 반응에서 생성된 질산성 질소는 무산소 상태에서 탈질화 반응이 일어나 질소화합물이 질소가스($N_2$)로 환원되므로써 질소제거가 이루어진다.

**106** 합류식에서 하수 차집관로의 계획하수량 기준으로 바른 것은?

① 계획시간 최대오수량 이상

② 계획시간 최대오수량의 3배 이상

③ 계획시간 최대오수량과 계획시간 최대우수량의 합 이상

④ 계획우수량과 계획시간 최대오수량의 합의 2배 이상

**TIP** 합류식에서 하수 차집관로의 계획하수량 기준은 계획시간 최대오수량의 3배 이상이다.

**107** 양수량 15.5[m³/min], 양정 24[m], 펌프효율 80%, 전동기의 여유율 15%일 때 펌프의 전동기 출력은?

① 57.8[kW]

② 75.8[kW]

③ 78.2[kW]

④ 87.2[kW]

> **TIP** $Q = 15.5[\mathrm{m^3/min}] = 0.258[\mathrm{m^3/sec}]$
>
> 펌프의 축동력 $P_s = \dfrac{1,000 QH_p}{102\eta} = \dfrac{1,000 \times 0.258 \times 24}{102 \times 0.80} = 75.88[\mathrm{kW}]$
>
> 전동기출력 $P = 75.88(1 + 0.15) = 87.26[\mathrm{kW}]$

**108** 하수관로 매설 시 관로의 최소 흙 두께는 원칙적으로 얼마로 하여야 하는가?

① 0.5[m]

② 1.0[m]

③ 1.5[m]

④ 2.0[m]

> **TIP** 하수관로 매설 시 관로의 최소 흙 두께는 원칙적으로 1.0[m] 이상이어야 한다.

**109** 활성탄처리를 적용하여 제거하기 위한 주요항목으로 거리가 먼 것은?

① 질산성 질소

② 냄새유발물질

③ THM 전구물질

④ 음이온 계면활성제

> **TIP** 질산성 질소는 활성탄처리를 적용하여 제거하는 것과는 거리가 멀다.
>
> ※ **활성탄처리기술** … 통상의 정수방법으로는 제거되지 않는 농약, 유기화학물질, 냄새물질, 트리할로메탄 전구물질, 색도, 음이온계면활성제 등의 처리를 목적으로 활성탄을 사용한 처리법이다.
>
> 기존 급속여과를 중심으로 한 정수처리설비는 응집·침전, 여과라는 과정을 거쳐서 물리화학적 작용에 의하여 주로 현탁성 성분을 제거하는 것이다.
>
> 이것에 비하여 활성탄처리설비는 코코넛 껍질이나, 석탄, 나무 등을 고온에서 탄화시켜 만든 활성탄의 내부에 무수한 세공을 이용하여 흡착 가능한 유해물질들은 제거하는 것으로서, 과망간산칼륨을 소비하는 물질 등의 용해성 유기물질, THM 전구물질, 맛·냄새물질, 농약성분 등의 미량 유해물질을 제거할 목적으로 도입하는 것이다.
>
> 주로 용해성 성분을 제거하는 기능을 가지고 있는 점이 다른데, 저농도의 용해성 성분의 제거수단으로서 사용되고 있다. 최근 활성탄처리시설은 안정된 활성탄의 흡착기능을 확보하고 생물활성탄으로서의 처리기능을 유효하게 작용시키는 기법이 사용되고 있다.

**110** 정수처리의 단위조작으로 사용되는 오존처리에 관한 설명으로 틀린 것은?

① 유기물의 생분해성을 증가시킨다.
② 염소주입에 앞서 오존을 주입하면 염소의 소비량을 감소시킨다.
③ 오존은 자체의 높은 산화력으로 염소에 비하여 높은 살균력을 가지고 있다.
④ 인의 제거능력이 뛰어나고 수온이 높아져도 오존소비량은 일정하게 유지된다.

**○TIP** 오존처리는 수온이 높아지면 오존소비량이 급격히 증가한다.
  ㉠ 오존처리의 장점
  • 물에 화학물질이 남지 않는다.
  • 물에 염소와 같은 취미를 남기지 않는다.
  • 유기물 특유의 냄새와 맛이 제거된다.
  • 철, 망간 등의 제거 능력이 크다.
  • 색도 제거 효과가 크다.
  • 페놀류 등을 제거하는 데 효과적이다.
  • 자체의 높은 산화력으로 염소에 비하여 높은 살균력을 가지고 있다.
  ㉡ 오존처리의 단점
  • 경제성이 없고, 소독 효과의 지속성이 없다.
  • 복잡한 오존처리설비가 필요하다.
  • 수온이 높아지면 오존소비량이 많아진다.
  • 암모니아는 제거가 불가능하다.

**111** 호수나 저수지에 대한 설명으로 바르지 않은 것은?

① 여름에는 성층을 이룬다.
② 가을에는 순환을 한다.
③ 성층은 연직방향의 밀도차에 의해 구분된다.
④ 성층현상이 지속되면 하층부의 용존산소량이 증가한다.

**○TIP** 성층현상이 지속되면 하층부의 용존산소량이 감소하게 된다.

**112** 전양정 4[m], 회전속도 100[rpm], 펌프의 비교회전도가 920일 때 양수량은?

① 677[m³/min]            ② 834[m³/min]
③ 975[m³/min]            ④ 1134[m³/min]

**○TIP** 비교회전도 $N_s = N\dfrac{Q^{1/2}}{H^{3/4}} = 100 \times \dfrac{Q^{1/2}}{4^{3/4}} = 920$을 만족하는 $Q = 677[\text{m}^3/\text{min}]$

**113** 어느 도시의 급수인구자료가 표와 같을 때 등비증가법에 의한 2020년도의 예상급수인구는?

| 연도 | 인구(명) |
|------|---------|
| 2005 | 7,200 |
| 2010 | 8,800 |
| 2015 | 10,200 |

① 약 12,000명

② 약 15,000명

③ 약 18,000명

④ 약 21,000명

**○TIP** $r = \left(\dfrac{10,200}{7,200}\right)^{1/10} - 1 = 0.0354$

$P_n = 10,200(1+0.0354)^5 = 12,138$명

**114** 다음 중 수원(水原)에 관한 설명으로 바르지 않은 것은?

① 심층수는 대지의 정화작용으로 무균 또는 거의 이에 가까운 것이 보통이다.

② 용천수는 지하수가 자연적으로 지표로 솟아 나온 것으로 그 성질은 대체로 지표수와 비슷하다.

③ 복류수는 어느 정도 여과된 것이므로 지표수에 비해 수질이 양호하며 정수공정에서 침전지를 생략하는 경우도 있다.

④ 천층수는 지표면에서 깊지 않은 곳에 위치하므로 공기의 투과가 양호하므로 산화작용이 활발하게 진행된다.

**○TIP** 용천수는 지하수가 자연적으로 지표로 솟아 나온 것으로서 그 성질은 피압면의 지하수와 비슷하다.

**115** 수격현상(Water Hammer)의 방지 대책으로 틀린 것은?

① 펌프의 급정지를 피한다.

② 가능한 한 관내유속을 크게 한다.

③ 토출측 관로에 에어챔버(air chamber)를 설치한다.

④ 토출관 쪽에 압력조정용 수조(surge tank)를 설치한다.

**○TIP** 수격현상을 방지하기 위해서는 가능한 관내의 유속을 줄여야 한다.

**ANSWER**    110.④    111.④    112.①    113.①    114.②    115.②

**116** BOD 200mg/L, 유량 600m³/day인 어느 식료품 공장폐수가 BOD 10mg/L, 유량 2m³/s인 하천에 유입한다. 폐수가 유입되는 지점으로부터 하류 15km 지점의 BOD는? (단, 다른 유입원은 없고, 하천의 유속은 0.05m/s, 20°C 탈산소계수 $K_1 = 0.1$/day이고, 상용대수, 20°C 기준이며 기타 조건은 고려하지 않는다.)

① 4.79mg/L

② 5.39mg/L

③ 7.21mg/L

④ 8.16mg/L

**OTIP** 하천의 BOD 농도 $C = \dfrac{10 \times 2 \times 86,400 + 200 \times 600}{2 \times 86,400 + 600} ≒ 10.66\text{mg/L}$

유하시간 $t = \dfrac{L}{V} = \dfrac{15,000}{0.05 \times 60 \times 60 \times 24} = 3.472$

1.16일 후의 BOD 농도 $BOD_{1.16} = 10.66 \times 10^{-0.1 \times 3.472} = 4.792\text{mg/L}$

**117** 다음 중 하수 슬러지처리 과정과 목적이 바르지 않은 것은?

① 소각 : 고형물의 감소 및 슬러지용적의 감소

② 소화 : 유기물과 분해하여 고형물을 감소시키고 질적 안정화

③ 탈수 : 수분제거를 통해 함수율 85%이하로 양의 감소

④ 농축 : 중간 슬러지 처리공정으로 고형물 농도의 감소

**OTIP** ④ 농축 : 중간 슬러지 처리공정으로 고형물 농도의 증가

**118** 다음 설명 중 바르지 않은 것은?

① BOD가 과도하게 높으면 DO는 감소하며 악취가 발생된다.

② BOD, COD는 오염의 지표로서 하수 중의 용존산소량을 나타낸다.

③ BOD는 유기물이 호기성 상태에서 분해·안정화되는 데 요구되는 산소량이다.

④ BOD는 보통 20°C에서 5일간 시료를 배양했을 때 소비된 용존산소량으로 표시된다.

**OTIP** 하수 중의 용존산소량은 DO이다.

**119** 상수도 시설 중 접합정에 관한 설명으로 바른 것은?

① 상부를 개방하지 않은 수로시설
② 복류수를 취수하기 위해 매설한 유공관로 시설
③ 배수지 등의 유입수의 수위조절과 양수를 위한 시설
④ 관로의 도중에 설치하여 주로 관로의 수압을 조절할 목적으로 설치하는 시설

**TIP** 접합정 … 종류가 다른 도수관 또는 도수거의 연결 시 도수관 또는 도수거의 수압을 조정하기 위하여 그 도중에 설치하는 시설

**120** 도수 및 송수관을 자연유하식으로 설계할 때 평균유속의 허용최대한도는?

① 0.3[m/s]
② 3.0[m/s]
③ 13.0[m/s]
④ 30.0[m/s]

**TIP** 자연유하식 도수관을 설계할 때의 평균유속의 허용최대한도는 3.0[m/s]이다.

ANSWER 116.① 117.④ 118.② 119.④ 120.②

제1과목 **응용역학**

**1** 다음 3힌지 아치에서 수평반력 $H_B$를 구하면?

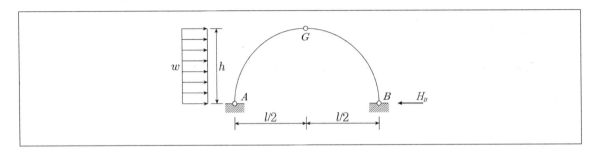

① $\dfrac{1}{4wh}$

② $\dfrac{1}{2wh}$

③ $\dfrac{wh}{4}$

④ $2wh$

**TIP** $\sum M_A = 0 : (w \times h) \times \dfrac{h}{2} - V_B \times l = 0, \quad V_B = \dfrac{wh^2}{2l}(\uparrow)$

$\sum M_G = 0 : H_B \times h - \dfrac{wh^2}{2l} \times \dfrac{l}{2} = 0, \quad H_B = \dfrac{wh}{4}(\leftarrow)$

**2** 재질과 단면이 같은 다음 2개의 외팔보에서 자유단의 처짐을 같게 하는 $P_1/P_2$의 값은?

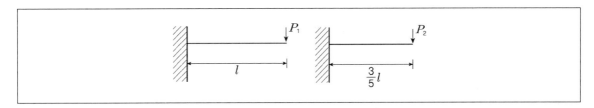

① 0.216

② 0.437

③ 0.325

④ 0.546

**○TIP**

$$y_1 = \frac{P_1 l^3}{3EI}, \quad y_2 = \frac{P_2\left(\frac{3}{5}l\right)^3}{3EI} = \frac{27}{125} \cdot \frac{P_2 l^3}{3EI}$$

$$y_1 = y_2 \text{이므로 } \frac{P_1}{P_2} = \frac{27}{125} = 0.216$$

**3** 동일한 재료 및 단면을 사용한 다음 기둥 중 좌굴하중이 가장 큰 기둥은?

① 양단 힌지의 길이가 L인 기둥

② 양단 고정의 길이가 2L인 기둥

③ 일단 자유 타단 고정의 길이가 0.5L인 기둥

④ 일단 힌지 타단 고정의 길이가 1.2L인 기둥

**○TIP**

$$P_{cr} = \frac{\pi^2 EI}{(kl)^2} = \frac{C}{(kl)^2} \ (C = \pi^2 EI)$$

$$P_{cr1} : P_{cr2} : P_{cr3} : P_{cr4} = \frac{C}{(0.5 \times 2L)^2} : \frac{C}{(1 \times L)^2} : \frac{C}{(2 \times 0.5L)^2} : \frac{C}{(0.7 \times 1.2L)^2} = 1.0 : 1.0 : 1.0 : 1.4$$

**4** 그림과 같은 부정정보에서 지점 A의 휨모멘트값을 옳게 나타낸 것은?

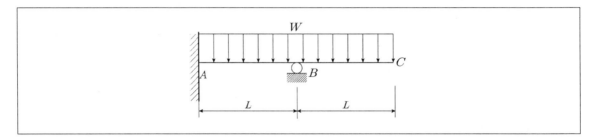

① $\dfrac{wL^2}{8}$

② $-\dfrac{wL^2}{8}$

③ $\dfrac{3wL^2}{8}$

④ $-\dfrac{3wL^2}{8}$

**TIP** $M_B = \dfrac{wL^2}{2},\ M_A = \dfrac{1}{2}M_B - \dfrac{wL^2}{8} = \dfrac{wL^2}{8}$

**5** 다음 그림과 같은 단면의 단면상승모멘트 $I_{xy}$는?

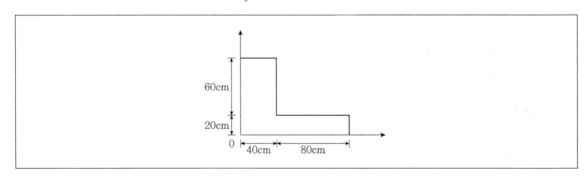

① $3,360,000\text{cm}^4$

② $3,520,000\text{cm}^4$

③ $3,840,000\text{cm}^4$

④ $40,000,000\text{cm}^4$

**TIP** $I_{xy} = I_{xy1} - I_{xy2} = (120 \times 80) \times 60 \times 40 - (80 \times 60) \times 80 \times 50 = 384 \times 10^4 \text{cm}^4$

**6** 다음 그림과 같이 단순지지된 보에 등분포하중 $q$가 작용하고 있다. 지점 $C$의 부모멘트와 보의 중앙에 발생하는 정모멘트의 크기를 같게 하여 등분포하중 $q$의 크기를 제한하려고 한다. 지점 $C$와 $D$는 보의 대칭거동을 유지하기 위하여 각각 $A$와 $B$로부터 같은 거리에 배치하고자 한다. 이 때 보의 $A$점으로부터 지점 $C$의 거리 $X$는?

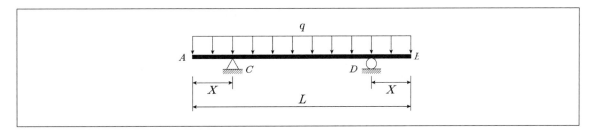

① 0.207L

② 0.250L

③ 0.333L

④ 0.444L

**○TIP** $M_C = -\dfrac{qx^2}{2}$ 이며 $M_E = -\dfrac{qx^2}{2} + \dfrac{q(L-2x)^2}{8}$

따라서 $M_C + M_E = -\dfrac{qx^2}{2} - \dfrac{qx^2}{2} + \dfrac{q(L-2x)^2}{8} = 0$

$x = \dfrac{\sqrt{2}-1}{2} \cdot L = 0.207L$

**7** 길이가 5m, 단면적이 10cm$^2$의 강봉을 0.5mm 늘이는데 필요한 인장력은? (단, 탄성계수 $E$는 $2 \times 10^5$MPa이다.)

① 20kN

② 30kN

③ 40kN

④ 50kN

**○TIP** $E = \dfrac{Pl}{A\triangle l}$

$l = 5\text{m} = 5,000\text{mm}, \ A = 10\text{cm}^2 = 1,000\text{mm}^2$

$P = \dfrac{EA\triangle l}{l} = \dfrac{2 \times 10^5 \times 1,000 \times 0.5}{5,000} = 20,000\text{N} = 20\text{kN}$

**8**  다음 그림과 같은 라멘에서 A점의 수직반력($R_A$)은?

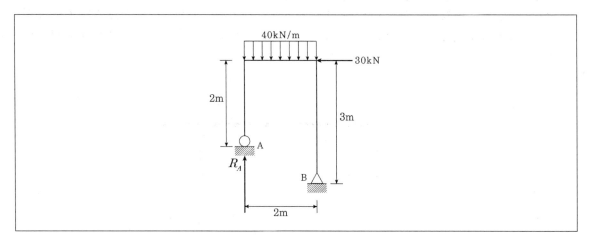

① 65kN

② 75kN

③ 85kN

④ 95kN

**TIP** $\sum M_B = 0 : R_A \times 2 - 40 \times 2 \times \dfrac{2}{2} - 30 \times 3 = 0$
$R_A = 85\text{kN}(\uparrow)$

**9**  단면의 성질에 관한 설명으로 바르지 않은 것은?

① 단면 2차 모멘트의 값은 항상 0보다 크다.

② 도심축에 대한 단면 1차 모멘트의 값은 항상 0이다.

③ 단면 상승 모멘트의 값은 항상 0보다 크거나 같다.

④ 단면 2차 극모멘트의 값은 항상 극을 원점으로 하는 두 직교좌표축에 대한 단면 2차 모멘트의 합과 같다.

**TIP** 단면 상승 모멘트의 값은 음의 값도 가질 수 있다.

**10** 다음 그림에 있는 연속보의 B점에서의 반력은? (단, $E$는 $2.1 \times 10^5$[MPa], $I$는 $1.6 \times 10^4$[cm$^4$])

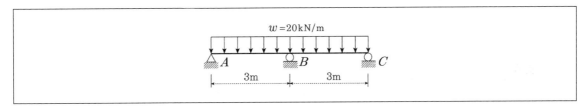

① 63kN

② 75kN

③ 97kN

④ 101kN

**○TIP** 변위일치법으로 풀 수 있다.

B지점을 없앤 경우 단순보에 발생하게 되는 변위값과 등분포하중이 없는 상태의 단순보의 B지점에 반력을 가한 경우 발생하게 되는 변위값이 서로 일치해야 하는 점을 이용하여 문제를 풀도록 한다.

등분포하중이 작용하는 단순보의 중앙처짐은 $\delta_1 = \dfrac{5wL^2}{384EI}$

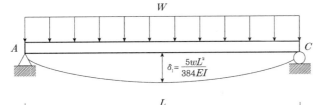

단순보의 중앙에 집중하중이 작용할 경우 처짐은

$\delta_2 = \dfrac{R_B L^3}{48EI}$

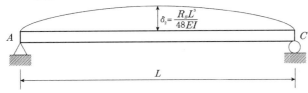

$\delta_1 = \delta_2 = \dfrac{5wL^2}{384EI} = \dfrac{R_B L^3}{48EI}$ 이어야 하므로,

$R_B = \dfrac{5wL}{4} = \dfrac{5 \times 20 \times 3}{4} = 75$kN

**11** 어떤 금속의 탄성계수($E$)가 $21 \times 10^4$[MPa]이고, 전단탄성계수($G$)가 $8 \times 10^4$[MPa]일 때 금속의 푸아송비는?

① 0.3075

② 0.3125

③ 0.3275

④ 0.3325

**○TIP** $G = \dfrac{E}{2(1+\nu)}$ 이므로 $8 \cdot 10^4 = \dfrac{21 \cdot 10^4}{2(1+\nu)}$ 를 만족하는 $\nu = 0.3125$

**12** 다음 그림에서 $P_1$과 $R$ 사이의 각 $\theta$를 나타낸 것은?

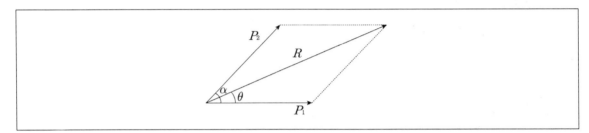

① $\theta = \tan^{-1}\left(\dfrac{P_2 \cos\alpha}{P_2 + P_1 \cos\alpha}\right)$

② $\theta = \tan^{-1}\left(\dfrac{P_2 \cos\alpha}{P_1 + P_2 \sin\alpha}\right)$

③ $\theta = \tan^{-1}\left(\dfrac{P_2 \sin\alpha}{P_1 + P_2 \cos\alpha}\right)$

④ $\theta = \tan^{-1}\left(\dfrac{P_2 \sin\alpha}{P_1 + P_2 \sin\alpha}\right)$

**○TIP** $\tan\theta = \dfrac{P_2 \sin\alpha}{P_1 + P_2 \cos\alpha}$

$\theta = \tan^{-1}\left(\dfrac{P_2 \sin\alpha}{P_1 + P_2 \cos\alpha}\right)$

**13** 외반경 $R_1$, 내반경 $R_2$인 중공(中空) 원형단면의 핵은? (단, 핵의 반경을 $e$로 표시함)

① $e = \dfrac{(R_1^2 + R_2^2)}{4R_1}$

② $e = \dfrac{(R_1^2 + R_2^2)}{4R_1^2}$

③ $e = \dfrac{(R_1^2 - R_2^2)}{4R_1}$

④ $e = \dfrac{(R_1^2 - R_2^2)}{4R_1^2}$

**TIP**
$$A = \pi(R_1^2 - R_2^2), \quad Z = \frac{I}{y_{\max}} = \frac{\pi(R_1^4 - R_2^4)}{4} \cdot \frac{1}{R_1}$$
$$e = \frac{Z}{A} = \frac{\pi(R_1^4 - R_2^4)}{4R_1} \cdot \frac{1}{\pi(R_1^2 - R_2^2)} = \frac{R_1^2 + R_2^2}{4R_1}$$

**14** 다음 그림과 같이 두 개의 도르래를 사용하여 물체를 매달 때, 3개의 물체가 평형을 이루기 위한 각 $\theta$의 값은? (단, 로프와 도르래의 마찰은 무시한다.)

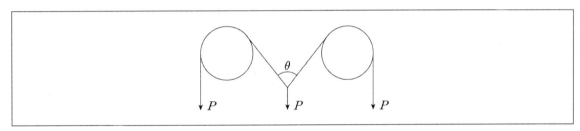

① $30°$

② $45°$

③ $60°$

④ $120°$

**TIP**
$$P\cos\frac{\theta}{2} + P\cos\frac{\theta}{2} - P = 0$$
$$2P\cos\frac{\theta}{2} = P \rightarrow \cos\frac{\theta}{2} = \frac{1}{2}$$
$$\frac{\theta}{2} = \cos^{-1}\left(\frac{1}{2}\right) = 60°$$
$$\therefore \theta = 120°$$

**15** 자중이 4kN/m인 그림 (a)와 같은 단순보에 그림 (b)와 같은 차륜하중이 통과할 때 이 보에 일어나는 최대 전단력의 절댓값은?

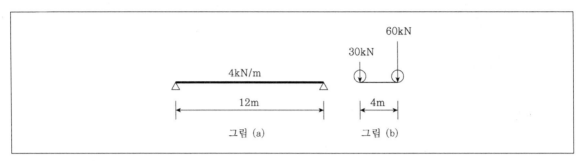

그림 (a)      그림 (b)

① 74kN                          ② 80kN

③ 94kN                          ④ 104kN

**TIP** 단순보에서 절대 최대 전단력은 지점에 무한히 가까운 단면에서 일어나며 그 값은 최대반력과 같다.

자중이 주어져 있음에 유의해야 한다. 각 지점에 반력이 생기는 것을 고려해야 한다.

두 개의 집중하중이 이동하는 경우, 하나의 집중하중이 최대종거에 재하되고 나머지 하중은 부호가 동일한 위치에 재하될 때 최대전단력이 발생하게 된다.

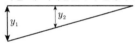

(여기서 큰 하중이 $y_1$이며 작은 하중이 $y_2$이다.)

$$S_{\max} = y_1 \cdot P_1 + y_2 \cdot P_2 + 24 = 60 + \frac{8}{12} \times 30 + 24 = 104$$

**16** 다음의 그림과 같은 캔틸레버보에서 B점의 연직변위($\delta_B$)는? (단, $M_o$ =4kN · m, $P$ =16kN, $L$ =2.4m, $EI$ =6,000kN · m²)

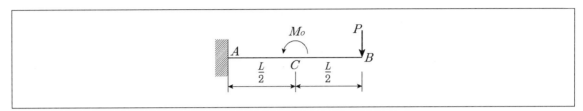

① 1.08cm($\downarrow$)

② 1.08cm($\uparrow$)

③ 1.37cm($\downarrow$)

④ 1.37cm($\uparrow$)

**TIP** 중첩의 원리를 적용하여 풀어야 한다.

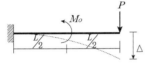

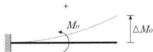

$P$에 의한 연직변위는 $\triangle P = \dfrac{PL^3}{3EI}$이며 방향은 아래쪽이다.

$M_o$에 의한 연직변위는 $\dfrac{3M_oL^2}{8EI}$이며 방향은 위쪽이다.

따라서 B점의 연직변위는

$\delta_B = \dfrac{PL^3}{3EI} - \dfrac{3ML^2}{8EI} = \dfrac{16 \times 2.4^3}{3 \times 6,000} - \dfrac{3 \times 4 \times 2.4^2}{8 \times 6,000} = 1.229 - 0.144 = 1.085\text{cm}(\downarrow)$

**17** 다음 그림과 같은 단면에 15kN의 전단력이 작용할 때 최대전단응력의 크기는?

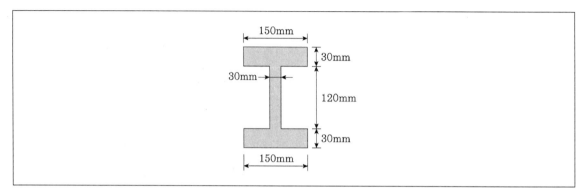

① 2.86MPa

② 3.52MPa

③ 4.74MPa

④ 5.95MPa

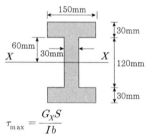

$$\tau_{\max} = \frac{G_X S}{Ib}$$

$S = 15\text{kN} = 15 \times 10^3 \text{N}, \quad b = 30\text{mm}$

$$G_X = 150 \times 30 \times 75 + 30 \times \frac{120}{2} \times \frac{60}{2} = 391,500\text{mm}^3$$

$$I = \frac{150 \times 180^3}{12} - \frac{120 \times 120^3}{12} = 55,620,000\text{mm}^4$$

$$\tau_{\max} = \frac{391,500 \times 15 \times 10^3}{55,620,000 \times 30} = 3.519 \fallingdotseq 3.52\text{MPa}$$

**18** 아래의 〈보기〉에서 설명하는 것은?

---

〈보기〉

탄성체에 저장된 변형에너지 $U$를 변위의 함수로 나타내는 경우에, 임의의 변위 $\triangle_i$에 관한 변형에너지 $U$의 1차 편도함수는 대응되는 하중 $P_i$와 같다.

즉, $P_i = \dfrac{\partial U}{\partial \triangle_i}$ 이다.

---

① 중첩의 원리
② 카스틸리아노의 제1정리
③ 베티의 정리
④ 멕스웰의 정리

  **TIP** 카스틸리아노의 제1정리에 관한 설명이다.
  ※ 카스틸리아노의 제1정리 … 탄성체에 의한 또는 모멘트가 작용할 때 전체 변형에너지를 하중작용점에서 힘의 방향의
    처짐, 처짐각으로 1차 편미분한 것은 그 점의 힘 또는 모멘트와 같다.


**19** 다음 그림과 같은 양단 내민보에서 $C$점(중앙점)에서 휨모멘트가 0이 되기 위한 $a/L$은? (단, $P = wL$)

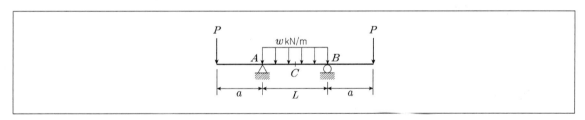

① 1/2
② 1/4
③ 1/7
④ 1/8

  **TIP** 중앙의 등분포하중에 의해 $C$점에 발생하는 휨모멘트와 크기는 같고 방향은 반대인 모멘트가 가해져야 하므로
  $P \cdot a = wL \cdot a = \dfrac{wL^2}{8}$ 가 성립해야 한다. 따라서 $\dfrac{a}{L} = \dfrac{1}{8}$ 이 된다.

**20** 다음 그림과 같은 보에서 A점의 반력은?

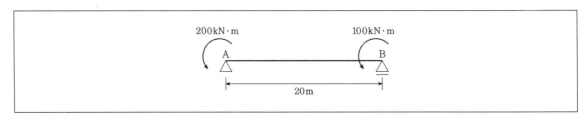

① 15kN

② 18kN

③ 20kN

④ 23kN

**○TIP** $R_A = \dfrac{M_A + M_B}{L} = \dfrac{200 + 100}{20} = 15[\text{kN}]$

제2과목  **측량학**

**21** 1:50,000 지형도의 주곡선 간격은 20m이다. 지형도에서 4% 경사의 노선을 선정하고자 할 때 주곡선 사이의 도상수평거리는?

① 5mm

② 10mm

③ 15mm

④ 20mm

**○TIP** 비례식에 의하여 $100 : 4 = x : 20$이므로 $x = 500[\text{m}]$

$\dfrac{1}{m} = \dfrac{\text{도상거리}}{\text{실제거리}}$ 이므로 $\dfrac{1}{50,000} = \dfrac{\text{도상거리}}{500}$

따라서 도상거리는 10[mm]가 된다.

**22** 고속도로 공사에서 각 측점의 단면적이 표와 같을 때, 측점 10에서 측점 12개까지의 토량은? (단, 양단면평균법에 의하여 계산한다.)

| 측점 | 단면적($m^2$) | 비고 |
|---|---|---|
| No.10 | 318 | |
| No.11 | 512 | 측점 간의 거리=20m |
| No.12 | 682 | |

① 15,120[$m^3$]
② 20,160[$m^3$]
③ 20,240[$m^3$]
④ 30,240[$m^3$]

**O TIP**
$$V = \frac{A_1 + A_2}{2} \times L$$
$$V_1 = \frac{318 + 512}{2} \times 20 = 8,300 m^3$$
$$V_2 = \frac{512 + 682}{2} \times 20 = 11,940 m^3$$
$$\therefore V = V_1 + V_2 = 20,240 m^3$$

**23** 다각측량에서 어떤 폐합다각망을 측량하여 위거 및 경거의 오차를 구하였다. 거리와 각을 유사한 정밀도로 관측하였다면 위거 및 경거의 폐합오차를 배분하는 방법으로 가장 적합한 것은?

① 측선의 길이에 비례하여 분배한다.
② 각각의 위거 및 경거에 등분배한다.
③ 위거 및 경거의 크기에 비례하여 배분한다.
④ 위거 및 경거 절댓값의 총합에 대한 위거 및 경거 크기에 비례하여 배분한다.

**O TIP** 다각측량에서 어떤 폐합다각망을 측량하여 위거 및 경거의 오차를 구했을 때, 거리와 각을 유사한 정밀도로 관측하였다면 위거 및 경거의 폐합오차는 축선의 길이에 비례하여 분배한다.

**24** 삼각점 C에 기계를 세울 수 없어서 2.5m를 편심으로 하여 B에 기계를 설치하고 $T' = 31°\ 15'\ 40''$를 얻었다면 $T$는? (단, $\phi = 300°\ 20'$, $S_1 = 2\text{km}$, $S_2 = 3\text{km}$)

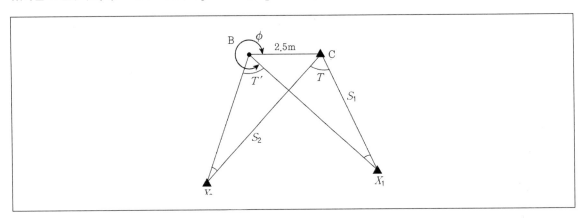

① $31°\ 14'\ 49''$

② $31°\ 15'\ 18''$

③ $31°\ 15'\ 29''$

④ $31°\ 15'\ 41''$

**○TIP** $T + x_1 = T' + x_2$

$\dfrac{2.5}{\sin x_1} = \dfrac{2,000}{\sin(360° - 300°\ 20')}$ 를 만족하는 $x_1 = 0°\ 3'\ 43''$

$\dfrac{2.5}{\sin x_2} = \dfrac{3,000}{\sin(360° - 300°\ 20' + 31°\ 15'\ 40'')}$ 를 만족하는 $x_2 = 0°\ 2'\ 52''$

$T = T' + x_2 - x_1 = 31°\ 15'\ 40'' + 0°\ 2'\ 52'' - 0°\ 3'\ 43'' = 31°\ 14'\ 49''$

**25** 100m의 측선을 20m 줄자로 관측하였다. 1회의 관측에 +4mm의 정오차와 ±3mm의 부정오차가 있었다면 측선의 거리는?

① $100.010 \pm 0.007\text{m}$

② $100.010 \pm 0.015\text{m}$

③ $100.020 \pm 0.007\text{m}$

④ $100.020 \pm 0.015\text{m}$

**○TIP** 횟수는 100/20＝5회

정오차는 $a \times n = 4 \times 5 = 20[\text{mm}] = 0.02[\text{m}]$

우연오차는 $\pm a\sqrt{n} = \pm 3\sqrt{5} = \pm 6.7[\text{mm}] = \pm 0.0067[\text{m}]$

측선의 거리는 관측거리와 정오차, 부정오차의 합이므로 $100.020 \pm 0.007\text{m}$가 된다.

**26** 승강식 야장이 표와 같이 작성되었다고 가정할 때 성과를 검산하는 방법으로 바른 것은? (여기서 ⓐ-ⓑ는 두 값의 차를 의미한다.)

| 측점 | 후시 | 전시 | | 승(+) | 강(-) | 지반고 |
|------|------|------|------|------|------|------|
| | | T.P. | I.P. | | | |
| BM | 0.175 | | | | | ㅂ |
| No.1 | | | 0.154 | -- | | -- |
| No.2 | 1.098 | 1.237 | | | -- | -- |
| No.3 | | | 0.948 | -- | | -- |
| No.4 | | 1.175 | | | -- | ㅅ |
| 합계 | ㉠ | ㉡ | ㉢ | ㉣ | ㉤ | |

① ㅅ - ㅂ = ㉠ - ㉡ = ㉣ - ㉤
② ㅅ - ㅂ = ㉠ - ㉢ = ㉣ - ㉤
③ ㅅ - ㅂ = ㉠ - ㉣ = ㉡ - ㉤
④ ㅅ - ㅂ = ㉠ - ㉣ = ㉢ - ㉤

**TIP** No.4의 지반고에서 B.M의 지반고를 뺀 값과 전시 T.P 합계에서 후시합계를 뺀 값은 서로 같아야 한다. 또한 이 값은 승(+)과 강(-)의 차와 같아야 한다. 따라서 ㅅ - ㅂ = ㉠ - ㉡ = ㉣ - ㉤이 성립한다.

**27** 삼각수준측량에 의해 높이를 측정할 때 기지점과 미지점의 쌍방에서 연직각을 측정하여 평균하는 이유는?

① 연직축오차를 최소화하기 위해
② 수평분도원의 편심오차를 제거하기 위해
③ 연직분도원의 눈금오차를 제거하기 위해
④ 공기의 밀도변화에 의한 굴절 오차의 영향을 소거하기 위해

**TIP** 삼각수준측량에 의해 높이를 측정할 때 기지점과 미지점의 쌍방에서 연직각을 측정하여 평균하는 이유는 공기의 밀도 변화에 의한 굴절 오차의 영향을 소거하기 위해서이다.

**28** 시가지에서 25변형 폐합트래버스 측량을 실시하여 $2'\,50''$의 각 관측오차가 발생하였다면 오차의 처리방법으로 옳은 것은? (단, 시가지의 측각허용범위 $= \pm 20''\sqrt{n} \sim 30''\sqrt{n}$, 여기서 $n$은 트래버스의 측점 수)

① 오차가 허용오차 이상이므로 다시 관측해야 한다.
② 변의 길이의 역수에 비례하여 배분한다.
③ 변의 길이에 비례하여 배분한다.
④ 각의 크기에 따라 배분한다.

**OTIP** 오차가 허용오차 이상이므로 다시 관측해야 한다.


**29** 수애선의 기준이 되는 수위는?

① 평수위　　　　　　　　　　　② 평균수위
③ 최고수위　　　　　　　　　　④ 최저수위

**OTIP** 하천의 수애선은 평수위로 결정하며 표시한다.
- **평수위** : 1년 중에 고수위에서부터 185번째 수위
- **저수위** : 1년 중에 고수위에서부터 275번째 수위
- **갈수위** : 1년 중에 고수위에서부터 355번째 수위


**30** 지성선에 관한 설명으로 옳지 않은 것은?

① 철(凸)선을 능선 또는 분수선이라 한다.
② 경사변환선이란 동일방향의 경사면에서 경사의 크기가 다른 두 면의 접합선이다.
③ 요(凹)선은 지표의 경사가 최대로 되는 방향을 표시한 선으로 유하선이라고 한다.
④ 지성선은 지표면이 다수의 평면으로 구성되었다고 할 때 평면 간 접합부, 즉 접선을 말하며 지세선이라고도 한다.

**OTIP** 요(凹)선은 지표면이 낮거나 움푹 패인 점을 연결한 선으로 계곡선, 또는 합수선이라 한다.

**31** 측점 M의 표고를 구하기 위하여 수준점 A, B, C로부터 수준측량을 실시하여 표와 같은 결과를 얻었다면 $M$의 표고는?

| 구분 | 표고(m) | 관측방향 | 고저차(m) | 노선길이 |
|------|---------|----------|-----------|----------|
| A | 13.03 | A→M | +1.10 | 2km |
| B | 15.60 | B→M | −1.30 | 4km |
| C | 13.64 | C→M | +0.45 | 1km |

① 14.13m
② 14.17m
③ 14.22m
④ 14.30m

**TIP** $M_A = 13.03 + 1.10 = 14.13[m]$

$M_B = 15.60 - 1.30 = 14.30[m]$

$M_C = 13.64 + 0.45 = 14.09[m]$

경중률을 계산하면 $P_A : P_B : P_C = \dfrac{1}{2} : \dfrac{1}{4} : \dfrac{1}{1} = 2 : 1 : 4$

$H_M = \dfrac{2 \times 14.13 + 1 \times 14.3 + 4 \times 14.09}{2 + 1 + 4} = 14.13[m]$

**32** 삼각측량을 위한 기준점 성과표에 기록되는 내용이 아닌 것은?

① 점번호
② 도엽명칭
③ 천문경위도
④ 평면직각좌표

**TIP** 천문경위도는 삼각측량을 위한 기준점 성과표에 기록되는 내용이 아니다.

※ 기준점 성과표에 기록되는 내용 … 점번호, 각 삼각점의 경위도, 도엽명칭, 평면직각좌표, 표고, 진북방향각, 거리 등

**33** 곡선반지름이 400m인 원곡선을 설계속도 70km/h로 하려고 할 때 캔트(Cant)는? (단, 궤간 $b = 1.065$m)

① 73mm

② 83mm

③ 93mm

④ 103mm

**⊙TIP**
$$C = \frac{SV^2}{gR} = \frac{1.065\left(70 \cdot 1,000 \cdot \frac{1}{3,600}\right)^2}{400 \cdot 9.8} = 0.103[\text{m}]$$

**34** 축척 1:2,000의 도면에서 관측한 면적이 2,500m$^2$이었다. 이 때 도면의 가로와 세로가 각각 1% 줄었다면 실제 면적은?

① $2,451$m$^2$

② $2,475$m$^2$

③ $2,525$m$^2$

④ $2,551$m$^2$

**⊙TIP** 실제면적 $A_0 = A(1+\varepsilon)^2 = 2,500(1+0.01)^2 = 2,551[\text{m}^2]$
실제면적 산정 시 도면이 줄면 면적이 늘고(+), 도면이 늘면 면적이 준다(-).

**35** 곡률이 급변하는 평면 곡선부에서의 탈선 및 심한 흔들림 등의 불안정한 주행을 막기 위해 고려해야 하는 사항과 가장 거리가 먼 것은?

① 완화곡선

② 종단곡선

③ 캔트

④ 슬랙

**⊙TIP** 종단곡선은 종단곡선부에서 충격완화 및 시야확보를 위해 설치하는 곡선이다.

**36** 기준면으로부터 어느 측점까지의 연직거리를 의미하는 용어는?

① 수준선(Level Line)　　　　　　　② 표고(Elevation)
③ 연직선(Plumb Line)　　　　　　　④ 수평면(Horizontal Plane)

○**TIP** 표고(Elevation) ⋯ 기준면으로부터 어느 측점까지의 연직거리

**37** 하천의 평균유속($V_m$)을 구하는 방법 중 3점법으로 바른 것은? (단, $V_2$, $V_4$, $V_6$, $V_8$은 각각 수면으로부터 수심($H$)의 0.2$H$, 0.4$H$, 0.6$H$, 0.8$H$인 곳의 유속이다.)

① $V_m = \dfrac{V_2 + V_4 + V_8}{3}$

② $V_m = \dfrac{V_2 + V_6 + V_8}{3}$

③ $V_m = \dfrac{V_2 + V_4 + V_8}{4}$

④ $V_m = \dfrac{V_2 + 2V_6 + V_8}{4}$

○**TIP** 평균유속 산출법 중 3점법은 다음의 식을 따른다.

$$V_m = \frac{1}{4}(V_{0.2} + 2V_{0.6} + V_{0.8})$$

(수면에서 수심의 60% 지점이 평균유속에 가장 가깝기 때문에 가중치를 적용하여 평균유속을 계산하는 것이다.)

**38** 어느 각을 10번 관측하여 52° 12′을 2번, 52° 13′을 4번, 52° 14′을 4번 얻었다면 관측한 각의 최확값은?

① 52° 12′ 45″　　　　　　　　　　② 52° 13′ 00″
③ 52° 13′ 12″　　　　　　　　　　④ 52° 13′ 45″

○**TIP** $L_o = \dfrac{2 \times 12' + 4 \times 13' + 4 \times 14'}{2 + 4 + 4} = 13'\ 12''$

**39** 방위각 153° 20′ 25″에 대한 방위는?

① E 63° 20′ 25″ S

② E 26° 39′ 35″ S

③ S 26° 39′ 35″ S

④ S 63° 20′ 25″ E

**◎TIP** 방위각이 제2상한에 속하므로 180°에서 방위각을 감한 것에 부호는 S에서 E로

S (180°−a) E = S 26° 39′ 35″ E

**40** 완화곡선 중 클로소이드에 대한 설명으로 옳지 않은 것은? (단, $R$은 곡선반지름, $L$은 곡선길이이다.)

① 클로소이드는 곡률이 곡선길이에 비례하여 증가하는 곡선이다.

② 클로소이드는 나선의 일종이며 모든 클로소이드는 닮은 꼴이다.

③ 클로소이드의 종점좌표 $x$, $y$는 그 점의 접선각의 함수로 표시된다.

④ 클로소이드에서 접선각 $\tau$을 라디안으로 표시하면, $\tau = \dfrac{R}{2L}$이 된다.

**◎TIP** 클로소이드에서 접선각 $\tau$을 라디안으로 표시하면 $\tau = \dfrac{L}{2R}$이 된다.

**제3과목** **수리학 및 수문학**

**41** 유선 위 한 점의 $x$, $y$, $z$ 축에 대한 좌표를 $(x, y, z)$라 하고 $x$, $y$, $z$축 방향속도성분을 각각 $u$, $v$, $w$라고 할 때 서로의 관계가 $\dfrac{dx}{u} = \dfrac{dv}{v} = \dfrac{dz}{w}$, $u = -ky$, $v = kx$, $w = 0$인 흐름에서 유선의 형태는? (단, $k$는 상수)

① 원

② 직선

③ 타원

④ 쌍곡선

**◎TIP** $\dfrac{dx}{u} = \dfrac{dy}{v} = \dfrac{dz}{w}$이므로 $\dfrac{dx}{-ky} = \dfrac{dy}{kx}$이다.

따라서 $kxdx + kydy = 0$, $xdx + ydy = 0$, 따라서 $x^2 + y^2 = c$이므로 원이다.

**42** 다음 그림에서 손실수두가 $\dfrac{3\,V^2}{2g}$ 일 때 지름 0.1m의 관을 통과하는 유량은? (단, 수면은 일정하게 유지된다.)

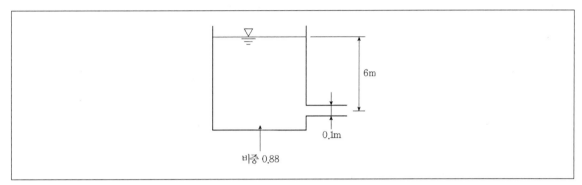

① $0.0399\mathrm{m}^3/\mathrm{s}$

② $0.0426\mathrm{m}^3/\mathrm{s}$

③ $0.0798\mathrm{m}^3/\mathrm{s}$

④ $0.085\mathrm{m}^3/\mathrm{s}$

**○TIP** 관의 중심축을 기준면으로 하여 베르누이 방정식을 세우면

$H_t = \dfrac{V_A^2}{2g} + \dfrac{p_A}{w} + z_A = \dfrac{V_B^2}{2g} + z_B + h_L$ 에서 접근속도를 무시한다면

$H_t = 0 + 0 + \left(6 + \dfrac{0.10}{2}\right) = \dfrac{V^2}{2g} + 0 + 0 + \dfrac{3\,V^2}{2g}$ 이므로 $V = \sqrt{2 \times 9.8 \times \dfrac{6}{4}} = 5.42[\mathrm{m/s}]$

따라서 유량은 $Q = AV = \dfrac{\pi D^2}{4} \cdot V = \dfrac{\pi \times 0.1^2}{4} \times 5.42 = 0.0426[\mathrm{m}^3/\mathrm{s}]$

**43** 오리피스에서 수축계수의 정의와 그 크기로 옳은 것은? (단, $a_o$은 수축단면적, $a$는 오리피스단면적, $V_o$은 수축단면의 유속, $V$는 이론유속)

① $C_a = \dfrac{a_o}{a}$, $1.0 \sim 1.1$

② $C_a = \dfrac{V_o}{V}$, $1.0 \sim 1.1$

③ $C_a = \dfrac{a_o}{a}$, $0.6 \sim 0.7$

④ $C_a = \dfrac{V_o}{V}$, $0.6 \sim 0.7$

**○TIP** 오리피스에서 수축계수는 $C_a = \dfrac{a_o}{a}$ 이며 $0.6 \sim 0.7$의 범위를 갖는다.

**44** 수로 폭이 3m인 직사각형 개수로에서 비에너지가 1.5m일 경우의 최대유량은? (단, 에너지 보정계수는 1.0 이다.)

① $9.39\text{m}^3/\text{s}$　　　　　　　　　　　② $11.50\text{m}^3/\text{s}$

③ $14.09\text{m}^3/\text{s}$　　　　　　　　　　　④ $17.25\text{m}^3/\text{s}$

**○TIP** 직사각형 개수로의 한계수심은 $h_c = \dfrac{2}{3}$, $H_e = \dfrac{2}{3} \times 1.5 = 1.0[\text{m}]$

최대유량은

$$h_c = \left(\frac{aQ^2}{gb^2}\right)^{1/3} = 1.5, \quad Q_{\max} = \left[h_c^3 \cdot \left(\frac{g \cdot b^2}{a}\right)^{1/2}\right] = \left[1^3 \times \left(\frac{9.8 \times 3^2}{1.0}\right)^{1/2}\right] = 9.39[\text{m}^3/\text{s}]$$

**45** 폭이 넓은 개수로($R \fallingdotseq h_c$)에서 Chezy의 평균유속계수 $C = 29$, 수로경사 $I = \dfrac{1}{80}$ 인 하천의 흐름상태는? (단, $\alpha = 1.11$)

① $I_c = \dfrac{1}{105}$ 로 사류　　　　　　　　② $I_c = \dfrac{1}{95}$ 로 사류

③ $I_c = \dfrac{1}{70}$ 로 상류　　　　　　　　④ $I_c = \dfrac{1}{50}$ 로 상류

**○TIP** 한계경사는 $I_e = \dfrac{g}{a \cdot C^2} = \dfrac{9.8}{1.11 \times 29^2} = \dfrac{1}{95.26}$

하천의 흐름상태는 $I_e = \dfrac{1}{95.26} < I = \dfrac{1}{80}$ 이므로 사류이다.

**46** $0.3[\text{m}^3/\text{sec}]$의 물을 실양정 45m의 높이로 양수하는 데 필요한 펌프의 동력은? (단, 마찰손실수두는 $18.6[\text{m}]$이다.)

① $186.98[\text{kW}]$　　　　　　　　　　　② $196.98[\text{kW}]$

③ $214.4[\text{kW}]$　　　　　　　　　　　④ $224.4[\text{kW}]$

**○TIP** $E = 9.8Q(H + \sum h)$
$\qquad = 9.8 \times 0.3 \times (45 + 18.6) = 186.98[\text{kW}]$

**47** 관수로에 물이 흐를 때 층류가 되는 레이놀즈수(Reynolds Number)의 범위는?

① $Re < 2,000$

② $2,000 < Re < 3,000$

③ $3,000 < Re < 4,000$

④ $Re > 4,000$

**OTIP** 레이놀즈수는 층류와 난류를 구분하기 위해 실험에 의해 얻어진 점성력에 대한 관성력의 비인 $Re = \dfrac{VD}{\nu}$로 나타내고 층류일 때는 $Re < 2,000$, 난류일 때는 $Re > 4,000$이며 무차원수로 흐름상태를 구분하는 지표가 된다.

**48** 동수반지름($R$)이 10m, 동수경사($I$)가 1/200, 관로의 마찰손실계수($f$)가 0.04일 때 유속은?

① 8.9m/s  ② 9.9m/s

③ 11.3m/s  ④ 12.3m/s

**OTIP** $C = \sqrt{\dfrac{8g}{f}} = \sqrt{\dfrac{8 \times 9.8}{0.04}} = 44.27$

$V = C\sqrt{RI} = 44.27\sqrt{10 \times \dfrac{1}{200}} = 9.9[\text{m/sec}]$

**49** 지하수의 투수계수와 관계가 없는 것은?

① 토사의 형상

② 토사의 입도

③ 물의 단위중량

④ 토사의 단위중량

**OTIP** 토사의 단위중량은 투수계수에 직접적인 영향을 미친다고 보기 어렵다.

**50** 강우강도를 $I$, 침투능을 $f$, 총 침투량을 $F$, 토양수분 미흡량을 $D$라 할 때, 지표유출은 발생하나 지하수위는 상승하지 않는 경우에 대한 조건식은?

① $I < f$, $F < D$
② $I < f$, $F > D$
③ $I > f$, $F < D$
④ $I > f$, $F > D$

**TIP** 지표유출이 발생하는 경우 $I > f$, 지하수위가 상승하지 않는 경우 $F < D$

**51** 지하수의 흐름에 대한 Darcy의 법칙은? (단, $V$는 유속, $\triangle h$는 길이, $\triangle L$에 대한 손실수두, $k$는 투수계수이다.)

① $V = k\left(\dfrac{\triangle h}{\triangle L}\right)^2$

② $V = k\left(\dfrac{\triangle h}{\triangle L}\right)$

③ $V = k\left(\dfrac{\triangle h}{\triangle L}\right)^{-1}$

④ $V = k\left(\dfrac{\triangle h}{\triangle L}\right)^{-2}$

**TIP** Darcy의 법칙 … $V = ki = k\dfrac{dh}{dL} = k\dfrac{\triangle h}{\triangle L}$

$V$는 유속, $\triangle h$는 길이, $\triangle L$에 대한 손실수두, $k$는 투수계수

**52** 다음 그림과 같이 뚜껑이 없는 원통 속에 물을 가득 넣고 중심 축 주위로 회전시켰을 때 흘러넘친 양이 전체의 20%이었다. 이 때, 원통바닥면이 받는 전수압은?

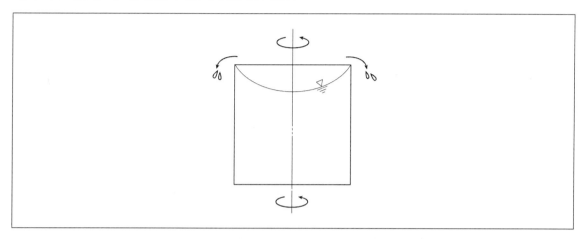

① 정지상태와 비교할 수 없다.
② 정지상태에 비해 변함이 없다.
③ 정지상태에 비해 20%만큼 증가한다.
④ 정지상태에 비해 20%만큼 감소한다.

○**TIP** 물의 양이 일정하다면 원통바닥면이 받는 전수압은 원통의 회전여부와 관계없이 일정하게 된다. 정지상태에 비해 20%만큼 물이 감소했으면 원통바닥면이 받는 정수압은 정지상태에 비해 20%만큼 감소하게 된다.

**53** 단위유량도(Unit Hydrograph)를 작성함에 있어서 기본 가정에 해당하지 않는 것은?

① 비례가정
② 중첩가정
③ 직접유출의 가정
④ 일정 기저시간의 가정

○**TIP** 단위유량도 3가지 기본가정 … 일정 기저시간의 가정, 중첩가정, 비례가정

**54** 직사각형의 위어로 유량을 측정할 경우 수두 $H$를 측정할 때 1%의 측정오차가 있었다면 유량 $Q$에서 예상되는 오차는?

① 0.5%

② 1.0%

③ 1.5%

④ 2.5%

   **⊙TIP** 직사각형 위어에서 유량에 미치는 오차는 다음과 같다.

$$\frac{dQ}{Q} = \frac{3}{2}\frac{dH}{H} \text{이므로 } \frac{3}{2}\times 1 = 1.5\%$$

**55** 수로의 경사 및 단면의 형상이 주어질 때 최대유량이 흐르는 조건은?

① 수심이 최소이거나 경심이 최대일 때

② 윤변이 최대이거나 경심이 최소일 때

③ 윤변이 최소이거나 경심이 최대일 때

④ 수로폭이 최소이거나 수심이 최대일 때

   **⊙TIP** 개수로에서 일정한 단면적에 대하여 최대 유량이 흐르는 조건은 윤변이 최소이거나 경심이 최대일 때이다.

**56** 정수 중의 평면에 작용하는 압력프리즘에 관한 성질 중 틀린 것은?

① 전수압의 크기는 압력프리즘의 면적과 같다.

② 전수압의 작용선은 압력프리즘의 도심을 통과한다.

③ 수면에 수평한 평면의 경우 압력프리즘은 직사각형이다.

④ 한쪽 끝이 수면에 닿는 평면의 경우에는 삼각형이다.

   **⊙TIP** 전수압의 크기는 물의 단위중량×도심×압력프리즘의 면적과 같다.

**57** DAD해석에 관련된 것으로 옳은 것은?

① 수심 – 단면적 – 홍수기간
② 적설량 – 분포면적 – 적설일수
③ 강우깊이 – 유역면적 – 강우기간
④ 강우깊이 – 유수단면적 – 최대수심

◯**TIP** DAD해석은 최대평균우량깊이 – 유역면적 – 강우지속시간의 관계를 나타낸 방법이다.

**58** 단순 수문곡선의 분리방법이 아닌 것은?

① N–day법                          ② S–Curve법
③ 수평직선 분리법                    ④ 지하수 감수곡선법

◯**TIP** S–Curve방법 … 긴 강우지속시간을 가진 단위도로부터 짧은 지속시간을 가진 단위도로 유도하기 위해 사용하는 방법으로 S–Curve의 형상을 지배하는 인자는 단위도의 지속시간, 평형 유출량, 직접유출의 수문곡선 등이 있다.

**59** 밀도가 $\rho$인 액체에 지름 $d$인 모세관을 연직으로 세웠을 경우 이 모세관 내에 상승한 액체의 높이는? (단, $T$는 표면장력, $\theta$는 접촉각)

① $h = \dfrac{4T\cos\theta}{\rho g d^2}$

② $h = \dfrac{2T\cos\theta}{\rho g d}$

③ $h = \dfrac{2T\cos\theta}{\rho g d^2}$

④ $h = \dfrac{4T\cos\theta}{\rho g d}$

◯**TIP** $h = \dfrac{4 \cdot T \cdot \cos\theta}{w \cdot d} = \dfrac{4 \cdot T \cdot \cos\theta}{\rho \cdot g \cdot d}$

ANSWER   54.③  55.③  56.①  57.③  58.②  59.④

**60** 도수가 15m 폭의 수문 하류 축에서 발생되었다. 도수가 일어나기 전의 깊이가 1.5m이고 그 때의 유속은 18[m/s]이었다. 도수로 인한 에너지 손실수두는? (단, 에너지보정계수 $\alpha = 1$ 이다.)

① 3.24m

② 5.40m

③ 7.62m

④ 8.34m

**◎ TIP** $F_r = \dfrac{V}{\sqrt{gh}} = \dfrac{18}{\sqrt{9.8 \times 1.5}} = 4.69$

$\dfrac{h_2}{h_1} = \dfrac{1}{2}(-1 + \sqrt{1 + 8F_r^2})$

$h_2 = \dfrac{1.5}{2}(-1 + \sqrt{1 + 8 \times 4.69^2})$

$\therefore h_2 = 9.23[m]$

$\triangle H_e = \dfrac{(h_2 - h_1)^3}{4h_1 h_2} = \dfrac{(9.23 - 1.5)^3}{4 \times 1.5 \times 9.23} = 8.34[m]$

**제4과목** **철근콘크리트 및 PSC강구조**

**61** 순단면이 볼트의 구멍 하나를 제외한 단면(즉, A-B-C단면)과 같도록 피치($s$)를 결정하면? (단, 구멍의 지름은 18mm이다.)

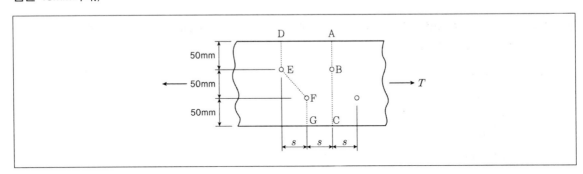

① 50mm

② 55mm

③ 60mm

④ 65mm

**◎ TIP** A-B-C 단면의 순폭 $b_n = b_g - d = 150 - 18 = 132\text{mm}$

D-E-F-G 단면의 순폭 $b_n = b_g - d - \left(d - \dfrac{s^2}{4g}\right) = 150 - 18 - \left(18 - \dfrac{s^2}{4 \times 50}\right) = 114 + 0.005s^2$

A-B-C 단면의 순폭 = D-E-F-G 단면의 순폭

$s = \sqrt{\dfrac{132 - 114}{0.005}} = 60\text{mm}$

**62** 휨을 받는 인장철근으로 4-D25철근이 배치되어 있을 경우 그림과 같은 직사각형 단면 보의 기본정착길이 ($l_{db}$)는 얼마인가? (단, 철근의 공칭지름=25.4mm, D25 철근 1개의 단면적=507mm², $f_{ck}$=24MPa, $f_y$=400MPa, 보통중량콘크리트이다.)

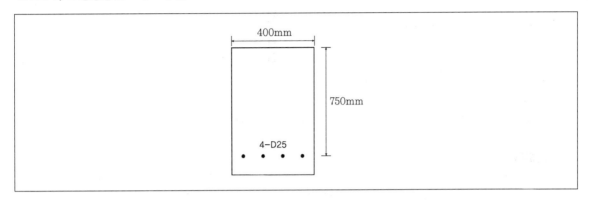

① 905[mm]

② 1,150[mm]

③ 1,245[mm]

④ 1,400[mm]

**◯TIP** $l_{db} = \dfrac{0.6d_b f_y}{\lambda \sqrt{f_{ck}}} = \dfrac{0.6 \times 25.4 \times 400}{1\sqrt{24}} = 1,245[mm]$

**63** 옹벽의 구조해석에 대한 설명으로 틀린 것은? (단, 기타 콘크리트구조 설계기준에 따른다.)

① 부벽식 옹벽의 전면벽은 2변 지지된 1방향 슬래브로 설계해야 한다.

② 뒷부벽은 T형보로 설계해야 하며 앞부벽은 직사각형보로 설계해야 한다.

③ 저판의 뒷굽판은 정확한 방법이 사용되지 않는 한 뒷굽판 상부에 재하되는 모든 하중을 지지하도록 설계해야 한다.

④ 캔틸레버식 옹벽의 저판은 전면벽과의 접합부를 고정단으로 간주한 캔틸레버로 가정하여 단면을 설계할 수 있다.

**◯TIP** 부벽식 옹벽의 전면벽은 3변 지지된 2방향 슬래브로 설계한다.

**64** 다음 그림과 같이 $P=300\text{kN}$의 인장응력이 작용하는 판 두께 10mm인 철판에 $\phi$19mm인 리벳을 사용하여 접합할 때 소요리벳의 수는? (단, 허용전단응력은 110MPa, 허용지압응력은 220MPa이다.)

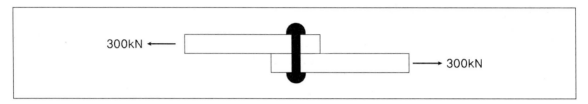

① 8개                                   ② 10개

③ 12개                                 ④ 14개

**TIP**
리벳의 전단강도 $P_{Rs} = v_a \cdot \left(\dfrac{\pi d_r^2}{4}\right) = 110\left(\dfrac{\pi \times 19^2}{4}\right) = 31{,}188\text{N} = 31\text{kN}$

리벳의 지압강도 $P_{Rb} = f_{ba}(d_r t) = 220 \times 19 \times 10 = 41{,}800\text{N} \fallingdotseq 42\text{kN}$

리벳강도 $P_R = [P_{Rs},\ P_{Rb}]_{\min} = 31\text{kN}$

소요리벳수 $n = \dfrac{P}{P_R} = \dfrac{300}{31} = 9.6 \fallingdotseq 10$개


**65** 단철근 직사각형보에서 $f_{ck} = 32[\text{MPa}]$이라면 등가직사각형 응력블록과 관계된 계수 $\beta_1$은?

① 0.850                                  ② 0.836

③ 0.822                                  ④ 0.815

**TIP** $\beta_1 = 0.85 - 0.007(32-28) = 0.822$

| $f_{ck}$ | 등가 압축영역 계수 $\beta_1$ |
|---|---|
| $f_{ck} \leq 28\text{MPa}$ | $\beta_1 = 0.85$ |
| $f_{ck} > 28\text{MPa}$ | $\beta_1 = 0.85 - 0.007(f_{ck} - 28) \geq 0.65$ |

**66** PS 강재응력 $f_{ps}$ =1,200[MPa], PS 강재 도심 위치에서 콘크리트의 압축응력 $f_c$ =7[MPa]일 때, 크리프에 의한 PS 강재의 인장응력 감소율은? (단, 크리프 계수는 2이고, 탄성계수비는 6이다.)

① 7%

② 8%

③ 9%

④ 10%

**TIP** 
$$감소율 = \frac{\triangle f_p}{f_{ps}} \times 100$$
$$\triangle f_p = nf_c\psi_t = 6 \times 7 \times 2 = 84\text{MPa}$$
$$감소율 = \frac{84}{1,200} \times 100 = 7\%$$

**67** 설계기준압축강도 $f_{ck}$가 24MPa이고, 쪼갬인장강도 $f_{sp}$가 2.4MPa인 경량골재 콘크리트에 작용하는 경량콘크리트계수 $\lambda$는?

① 0.75

② 0.81

③ 0.87

④ 0.93

**TIP** 경량콘크리트계수 $\lambda = \dfrac{f_{sp}}{0.56\sqrt{f_{ck}}} \le 1.0$이므로

$$\frac{2.4}{0.56\sqrt{24}} = 0.87$$

**68** 부분 프리스트레싱(Partial Prestressing)에 대한 설명으로 옳은 것은?

① 부재단면의 일부에만 프리스트레스를 도입하는 방법이다.
② 구조물에 부분적으로 프리스트레스트 콘크리트 부재를 사용하는 방법이다.
③ 사용하중 작용 시 프리스트레스트 콘크리트 부재 단면의 일부에 인장응력이 생기는 것을 허용하는 방법이다.
④ 프리스트레스트 콘크리트 부재 설계 시 부재 하단에만 프리스트레스를 주고 부재 상단에는 프리스트레스 하지 않는 방법이다.

**TIP** 부분프리스트레싱은 부재 단면의 일부에 인장응력이 발생하며 완전프리스트레싱은 부재 단면에 인장응력이 발생하지 않는다.

**ANSWER** **64.② 65.③ 66.① 67.③ 68.③**

**69** 다음 중 최소 전단철근을 배치하지 않아도 되는 경우가 아닌 것은? (단, $\frac{1}{2}\phi V_c < V_u$인 경우이며, 콘크리트 구조전단 및 비틀림 설계기준에 따른다.)

① 슬래브와 기초판
② 전체 깊이가 450mm 이하인 보
③ 교대 벽체 및 날개벽, 옹벽의 벽체, 암거 등과 같이 휨이 주거동인 판부재
④ 전단철근이 없어도 계수휨모멘트와 계수전단력에 저항할 수 있다는 것을 실험에 의해 확인할 수 있는 경우

**O TIP** 전체 깊이가 250mm 이상인 보는 최소 전단철근량 규정이 적용된다.

**70** T형보에서 주철근이 보의 방향과 같은 방향일 때 하중이 직접적으로 플랜지에 작용하게 되면 플랜지가 아래로 휘면서 파괴될 수 있다. 이 휨 파괴를 방지하기 위해서 배치하는 철근은?

① 연결철근
② 표피철근
③ 종방향철근
④ 횡방향철근

**O TIP** 횡방향철근 … T형보에서 주철근이 보의 방향과 같은 방향일 때 하중이 직접적으로 플랜지에 작용하게 되면 플랜지가 아래로 휘면서 파괴될 수 있으므로 이 휨 파괴를 방지하기 위해서 배치하는 철근이다.

**71** 철골 압축재의 좌굴안정성에 대한 설명 중 옳지 않은 것은?

① 좌굴길이가 길수록 유리하다.
② 단면 2차 반지름이 클수록 유리하다.
③ 힌지지지보다 고정지지가 유리하다.
④ 단면 2차 모멘트 값이 클수록 유리하다.

**O TIP** 좌굴길이가 길수록 좌굴에 불리하다.

**72** 2방향 슬래브 설계에서 사용되는 직접설계법의 제한사항으로 틀린 것은?

① 각 방향으로 2경간 이상 연속되어야 한다.
② 각 방향으로 연속한 받침부 중심간 경간 차이는 긴 경간의 1/3 이하여야 한다.
③ 연속한 기둥 중심선을 기준으로 기둥의 어긋남은 그 방향 경간의 10% 이하여야 한다.
④ 모든 하중은 슬래브판 전체에 걸쳐 등분포된 연직하중이어야 하며, 활하중은 고정하중의 2배 이하여야 한다.

**○TIP** 각 방향으로 3경간 이상이 연속되어야 한다.

**73** 다음 설명 중 옳지 않은 것은?

① 과소철근 단면에서는 파괴 시 중립축은 위로 조금 올라간다.
② 과다철근 단면인 경우 강도설계에서 철근의 응력은 철근의 변형률에 비례한다.
③ 과소철근 단면인 보는 철근량이 적어 변형이 갑자기 증가하면서 취성파괴를 일으킨다.
④ 과소철근 단면에서는 계수하중에 의해 철근의 인장응력이 먼저 항복강도에 도달한 후 파괴된다.

**○TIP** 과소철근 단면인 보는 철근량이 적어 변형이 서서히 증가하면서 연성파괴를 일으킨다.

**74** 다음 그림과 같이 긴장재를 포물선으로 배치하고 $P = 2,500$kN으로 긴장했을 때 발생하는 등분포 상향력을 등가하중의 개념으로 구한 값은?

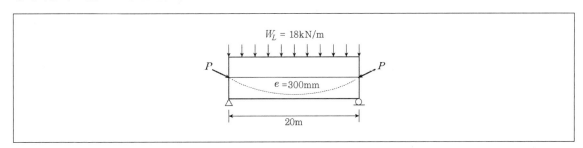

① 10kN/m
② 15kN/m
③ 20kN/m
④ 25kN/m

**○TIP** $u = \dfrac{8P \cdot s}{L^2} = \dfrac{8 \times 2,500 \times 0.30}{20^2} = 15\,\text{kN/m}$

**75** 단면이 300mm×300mm인 철근콘크리트 보의 인장부에 균열이 발생할 때의 모멘트($M_{cr}$)가 13.9kN · m이다. 이 콘크리트의 설계기준압축강도($f_{ck}$)는? (단, 보통중량콘크리트이다.)

① 18MPa

② 21MPa

③ 24MPa

④ 27MPa

**TIP** 균열모멘트 $M_{cr} = \dfrac{f_r}{y_t} I_g$이므로 $f_r = 0.63\lambda \sqrt{f_{ck}}$ (보통중량콘크리트이므로 $\lambda = 1$)

$$I_g = \frac{bh^3}{12} = \frac{300 \times 300^3}{12} = 675 \times 10^6 [\text{mm}^4], \; y_t = \frac{h}{2} = \frac{300}{2} = 150 [\text{mm}]$$

$$13.9 \times 10^6 = \frac{0.63 \times 1 \times \sqrt{f_{ck}}}{150} \times 675 \times 10^6 \text{을 만족하는 } f_{ck} = 24 [\text{MPa}]$$

**76** 그림과 같은 임의 단면에서 등가직사각형 응력분포가 빗금 친 부분으로 나타났다면 철근량 $A_s$는 얼마인가? (단, $f_{ck} = 21$MPa, $f_y = 400$MPa)

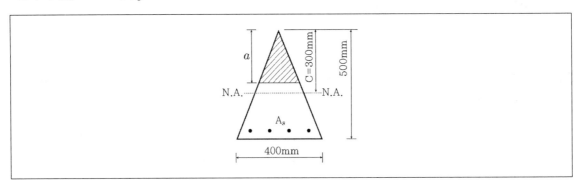

① 874mm$^2$

② 1,161mm$^2$

③ 1,543mm$^2$

④ 2,109mm$^2$

**TIP** $\beta_1 = 0.85 \; (f_{ck} \le 28\text{MPa})$

$a = \beta_1 c = 0.85 \times 300 = 255\text{mm}$

$b' = \dfrac{ab}{h} = 204\text{mm}, \; A_c = \dfrac{1}{2}ab' = 26,010\text{mm}^2$

$C = T$이므로 $0.85f_{ck}A_c = f_y A_s$

$$= 0.85 \times 21 \times \left(\frac{1}{2} \times 255 \times 204\right) = 464,279$$

$$A_s = \frac{0.85f_{ck}A_c}{f_y} = \frac{464,279}{400} \fallingdotseq 1,161\text{mm}^2$$

**77** 다음 중 공칭축강도에서 최외단 인장철근의 순인장변형률 $\varepsilon_t$를 계산하는 경우에서 제외되는 것은? (단, 콘크리트구조 해석과 설계 원칙에 따른다.)

① 활하중에 의한 변형률
② 고정하중에 의한 변형률
③ 지붕활하중에 의한 변형률
④ 유효프리스트레스 힘에 의한 변형률

**◎TIP** 공칭축강도에서 최외단 인장철근의 순인장변형률 $\varepsilon_t$를 계산하는 경우 유효프리스트레스 힘에 의한 변형률은 제외한다.

**78** 다음 그림과 같은 T형 단면을 강도설계법으로 해석할 경우 플랜지 내민 부분의 압축력과 균형을 이루기 위한 철근의 단면적은? (단, $f_{ck}$ =21[MPa]이며 $f_y$ =400[MPa]이다.)

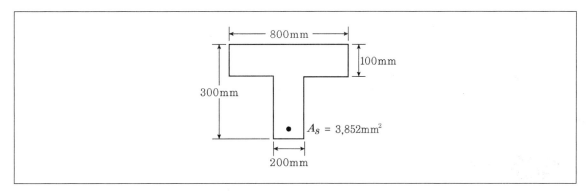

① 1,175.2mm$^2$
② 1,275.0mm$^2$
③ 1,375.8mm$^2$
④ 2,677.5mm$^2$

**◎TIP** $$A_{sf} = \frac{0.85 \cdot f_{ck} \cdot (b-b_w) \cdot t}{f_y} = \frac{0.85 \times 21 \times (800-200) \times 100}{400} = 2,677.5[\text{mm}^2]$$

**79** 철근콘크리트 보에서 스터럽을 배근하는 주 목적으로 바른 것은?

① 철근의 인장강도가 부족하기 때문이다.
② 콘크리트의 탄성이 부족하기 때문이다.
③ 콘크리트의 사인장강도가 부족하기 때문이다.
④ 철근과 콘크리트의 부착강도가 부족하기 때문이다.

**◎TIP** 콘크리트의 사인장강도를 보강하기 위하여 스터럽을 배근한다.

**80** 단철근 직사각형 보가 균형단면이 되기 위한 압축연단에서 중립축까지의 거리는? (단, $f_y$ =300[MPa], $d$ = 600[mm]이며 강도설계법에 의한다.)

① 494[mm]
② 400[mm]
③ 390[mm]
④ 293[mm]

**◎TIP** $C = \dfrac{600}{600 + f_y} \cdot d = \dfrac{600}{600 + 300} \times 600 = 400[\text{mm}]$

---

**제5과목** **토질 및 기초**

---

**81** 예민비가 매우 큰 연약점토지반에 대해서 현장의 비배수전단강도를 측정하기 위한 시험방법으로 가장 적합한 것은?

① 압밀비배수시험
② 표준관입시험
③ 직접전단시험
④ 현장베인시험

**◎TIP** 현장베인시험은 연약한 점토층에서 비배수 전단강도를 직접 산정할 수 있다.

**82** Terzaghi는 포화점토에 대한 1차 압밀이론에서 수학적 해를 구하기 위해 다음과 같은 가정을 하였다. 이 중 바르지 않은 것은?

① 흙은 균질하다.
② 흙은 완전히 포화되어 있다.
③ 흙 입자와 물의 압축성을 고려한다.
④ 흙 속에서의 물의 이동은 Darcy 법칙을 따른다.

> **TIP** ③ 흙 입자와 물의 압축성은 무시한다.
> ※ Terzaghi의 1차 압밀에 대한 가정
>  ㉠ 흙은 균질하다.
>  ㉡ 지반은 완전 포화상태이다.
>  ㉢ 흙입자와 물의 압축성은 무시한다.
>  ㉣ 흙 속의 물의 흐름은 1−$D$이고 Darcy법칙이 적용된다.
>  ㉤ 투수계수와 흙의 성질은 압밀압력의 크기와 관계없이 일정하다.
>  ㉥ 압밀시 압력−간극비 관계는 이상적으로 직선적 변화를 한다.

**83** 점성토 지반굴착 시 발생할 수 있는 Heaving 방지대책으로 바르지 않은 것은?

① 지반개량을 한다.
② 지하수위를 저하시킨다.
③ 널말뚝의 근입깊이를 줄인다.
④ 표토를 제거하여 하중을 작게 한다.

> **TIP** 널말뚝의 근입깊이를 크게 하여야 히빙을 방지할 수 있다.

**84** 연약지반 처리공법 중 Sand Drain 공법에서 연직과 방사선 방향을 고려한 평균압밀도 $U$는? (단, $U_v = 0.20$, $U_h = 0.71$이다.)

① 0.573
② 0.697
③ 0.712
④ 0.768

> **TIP** $U = 1 - (1 - U_v)(1 - U_h) = 1 - (1 - 0.20)(1 - 0.71) = 0.768$

---

**85** 연약점토 지반에 말뚝을 시공하는 경우, 말뚝을 타입한 후 어느 정도 기간이 경과한 후에 재하시험을 하게 된다. 그 이유로 가장 적합한 것은?

① 말뚝에 부마찰력이 발생하기 때문이다.

② 말뚝에 주면마찰력이 발생하기 때문이다.

③ 말뚝 타입 시 교란된 점토의 강도가 원래대로 회복하는데 시간이 걸리기 때문이다.

④ 말뚝 타입 시 말뚝 자체가 받는 충격에 의해 두부의 손상이 발생할 수 있어 안정화에 시간이 걸리기 때문이다.

**OTIP** 연약점토 지반에 말뚝을 시공하는 경우, 말뚝을 타입한 후 어느 정도 기간이 경과한 후에 재하시험을 하게 되는 이유는 말뚝 타입시 교란된 점토의 강도가 원래대로 회복하는데 시간이 걸리기 때문이다.

**86** 그림과 같은 사면에서 활동에 대한 안전율은?

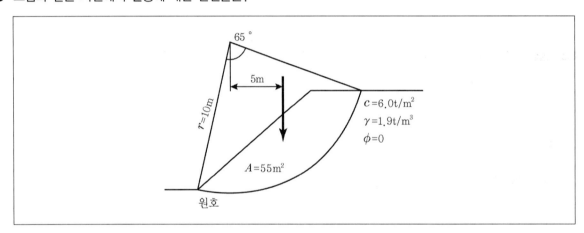

① 1.30            ② 1.50

③ 1.70            ④ 1.90

**OTIP** 원호활동면의 안전율

$$F_s = \frac{저항M}{활동M} = \frac{C \cdot l \cdot R}{A \cdot \gamma \cdot L} = \frac{6 \times \left(2 \times \pi \times 10 \times \frac{65^o}{360^o}\right) \times 10}{55 \times 1.9 \times 5} = 1.3$$

**87** 토질조사에 대한 설명으로 바르지 않은 것은?

① 표준관입시험은 정적인 사운딩이다.
② 보링의 깊이는 설계의 형태 및 크기에 따라 변한다.
③ 보링의 위치와 수는 지형조건 및 설계형태에 따라 변한다.
④ 보링구멍은 사용 후에 흙이나 시멘트 그라우트로 메워야 한다.

**O TIP** 표준관입시험은 동적인 사운딩이다.

**88** 흙 시료의 일축압축시험 결과 일축압축강도가 0.3MPa이었다. 이 흙의 점착력은? (단, $\phi = 0$인 점토이다.)

① 0.1MPa                          ② 0.15MPa
③ 0.3MPa                          ④ 0.6MPa

**O TIP** 점착력 $C = \dfrac{q_u}{2\tan\left(45 + \dfrac{\phi}{2}\right)}$ 에서 $\phi = 0$이면 $C = \dfrac{q_u}{2} = \dfrac{0.3}{2} = 0.15\text{MPa}$

**89** 지표면에 집중하중이 작용할 때, 지중연직응력증가량($\triangle\sigma_z$)에 관한 설명 중 옳은 것은? (단, Boussinesq이론을 사용)

① 탄성계수 $E$에 무관하다.
② 탄성계수 $E$에 정비례한다.
③ 탄성계수 $E$의 제곱에 정비례한다.
④ 탄성계수 $E$의 제곱에 반비례한다.

**O TIP** Boussinesq이론에서 지중연직응력증가량은 지반의 탄성계수 $E$에 무관하다.

**90** 흙의 투수계수 $K$에 관한 설명으로 옳은 것은?

① 투수계수는 물의 단위중량에 반비례한다.
② 투수계수는 입경의 제곱에 반비례한다.
③ 투수계수는 형상계수에 반비례한다.
④ 투수계수는 점성계수는 반비례한다.

**◉TIP** 투수계수 $K = D_s^2 \cdot \dfrac{r_w}{\eta} \cdot \dfrac{e^3}{1+e} \cdot C$

$D_s$ : 흙 입자의 입경, $r_w$ : 물의 단위중량

$\eta$ : 물의 점성계수, $e$ : 공극비

$C$ : 합성형상계수, $K$ : 투수계수

**91** 널말뚝을 모래지반에 5m 깊이로 박았을 때 상류와 하류의 수두차가 4m이었다. 이 때 모래지반의 포화단위중량이 19.62[kN/m³]이다. 현재 이 지반의 분사현상에 대한 안전율은? (단, 물의 단위중량은 9.81[kN/m³]이다.)

① 0.85
② 1.25
③ 1.85
④ 2.25

**◉TIP**

$$F_s = \frac{i_c}{i} = \frac{\dfrac{\gamma_{sat} - \gamma_w}{\gamma_w}}{\dfrac{\Delta h}{L}} = \frac{\dfrac{19.62 - 9.81}{9.81}}{\dfrac{4}{5}} = 1.25$$

**92** 흙의 다짐에 대한 설명으로 바르지 않은 것은?

① 최적함수비는 흙의 종류와 다짐에너지에 따라 다르다.
② 일반적으로 조립토일수록 다짐곡선의 기울기가 급하다.
③ 흙이 조립토에 가까울수록 최적함수비가 커지며 최대건조단위중량은 작아진다.
④ 함수비의 변화에 따라 건조단위중량이 변하는데 건조단위중량이 가장 클 때의 함수비를 최적함수비라고 한다.

**◉TIP** 흙이 조립토에 가까울수록 최적함수비는 작아지며 최대건조단위중량이 증가한다.

**93** $\triangle h_1 = 5$이고 $k_{v2} = 10k_{v1}$일 때, $k_{v3}$의 크기는?

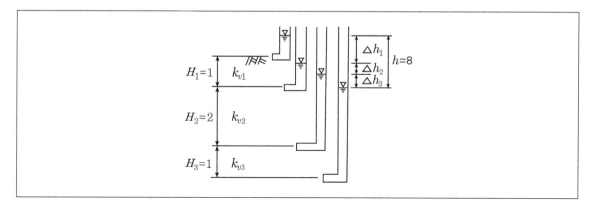

① $1.0k_{v1}$

② $1.5k_{v1}$

③ $2.0k_{v1}$

④ $2.5k_{v1}$

○**TIP** 투수가 수직방향으로 일어날 경우 각 층에서의 유출속도가 같아야 한다.

$$v_z = K_z \cdot i = K_1 \cdot i_1 = K_2 \cdot i_2 = K_3 \cdot i_3$$

$$K_1 \cdot \left(\frac{\triangle h_1}{H_1}\right) = K_2 \cdot \left(\frac{\triangle h_2}{H_2}\right) = K_3 \cdot \left(\frac{\triangle h_3}{H_3}\right) = K_1 \cdot \left(\frac{5}{1}\right) = 10K_1 \cdot \left(\frac{\triangle h_2}{2}\right) = K_3 \cdot \left(\frac{\triangle h_3}{1}\right) \text{이므로}$$

$\triangle h_2 = 1[\mathrm{m}]$이고 $h = \triangle h_1 + \triangle h_2 + \triangle h_3 = 8[\mathrm{m}]$에 따라 $\triangle h_3 = 2[\mathrm{m}]$가 된다.

따라서 $k_{v3}$는 $2.5k_{v1}$가 된다.

**94** 함수비 15%인 흙 2,300g이 있다. 이 흙의 함수비를 25%가 되도록 증가시키려면 얼마의 물을 가해야 하는가?

① 200g

② 230g

③ 345g

④ 575g

○**TIP** 함수비 15%일 때의 물의 양

$$W_w = \frac{W \cdot w}{1 + w} = \frac{2,300 \times 0.15}{1 + 0.15} = 300g$$

함수비 25%일 때의 물의 양

$15 : 300 = 25 : W_w$,  $W_w = 500g$

추가해야 할 물의 양 $500 - 300 = 200g$

**95** 어떤 흙에 대해서 직접 전단시험을 한 결과 수직응력이 1.0MPa일 때 전단저항이 0.5MPa이었고 또 수직응력이 2.0MPa일 때에는 전단저항이 0.8MPa이었다. 이 흙의 점착력은?

① 0.2MPa

② 0.3MPa

③ 0.8MPa

④ 1.0MPa

**○TIP** $\tau = c + \bar{\sigma}\tan\phi$이므로 $0.5 = c + 1.0\tan\phi$, $0.8 = c + 2.0\tan\phi$
$1 = 2c + 2.0\tan\phi$ ········· ㉠
$0.8 = c + 2.0\tan\phi$ ········· ㉡
㉠과 ㉡을 계산하여 $c$를 구하면 $c = 0.2$MPa

**96** 모어(Mohr)의 응력원에 대한 설명 중 옳지 않은 것은?

① 임의 평면의 응력상태를 나타내는데 매우 편리하다.

② $\sigma_1$과 $\sigma_3$의 차의 벡터를 반지름으로 해서 그린 원이다.

③ 한 면에 응력이 작용하는 경우 전단력이 0이면, 그 연직응력을 주응력으로 가정한다.

④ 평면기점($O_p$)은 최소 주응력이 표시되는 좌표에서 최소 주응력면과 평행하게 그은 선이 Mohr의 원과 만나는 점이다.

**○TIP** Mohr 응력원은 $\sigma_1$과 $\sigma_3$의 차의 벡터를 지름으로 해서 그린 원이다.

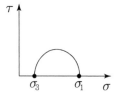

**97** 모래치환법에 의한 밀도시험을 수행한 결과 파낸 흙의 체적과 질량이 각각 365.0cm³, 745g이었으며 함수비는 12.5%이었다. 흙의 비중이 2.65이며 실내표준다짐 시 최대건조밀도가 1.90g/m³일 때 상대다짐도는?

① 88.7%
② 93.1%
③ 95.3%
④ 97.8%

●**TIP** 현장 흙의 습윤단위중량

$$\gamma_t = \frac{W}{V} = \frac{745}{365} = 2.04 \text{g/cm}^3$$

현장 흙의 건조단위중량

$$\gamma_d = \frac{\gamma_t}{1+w} = \frac{2.04}{1+0.125} = 1.81 \text{g/cm}^3$$

상대다짐도

$$R \cdot C = \frac{\gamma_d}{\gamma_{dmax}} \times 100 = \frac{1.81}{1.90} \times 100 = 95.3\%$$

**98** 접지압(또는 지반반력)이 그림과 같이 되는 경우는?

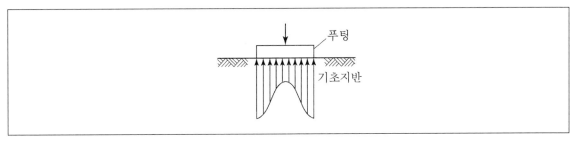

① 푸팅 : 강성, 기초지반 : 점토
② 푸팅 : 강성, 기초지반 : 모래
③ 푸팅 : 휨성, 기초지반 : 점토
④ 푸팅 : 휨성, 기초지반 : 모래

●**TIP**

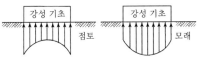

• 점토지반 접지압분포 : 기초 모서리에서 최대응력발생
• 모래지반 접지압분포 : 기초 중앙부에서 최대응력발생

**99** 통일분류법에 의해 흙이 MH로 분류가 되었다면, 이 흙의 공학적 성질은 어떠한 것으로 봐야 하는가?

① 핵성한계가 50% 이하인 점토이다.

② 액성한계가 50% 이하인 실트이다.

③ 소성한계가 50% 이하인 실트이다.

④ 소성한계가 50% 이상인 점토이다.

**○TIP** 통일분류법
MH는 무기질실트, 운모질 도는 규조질세사 또는 실트, 탄성이 있는 실트
- GP : 입도분포 불량한 자갈 또는 모래 혼합토
- GM : 실트질 자갈, 자갈모래실트혼합토
- GC : 점토질 자갈, 자갈모래점토혼합토
- SW : 입도분포가 양호한 모래 또는 자갈 섞인 모래
- SP : 입도분포가 불량한 모래 또는 자갈 섞인 모래
- SM : 실트질 모래, 실트 섞인 모래
- SC : 점토질 모래, 점토 섞인 모래
- ML : 무기질 점토, 극세사, 암분, 실트 및 점토질세사
- CL : 저·중소성의 무기질 점토, 자갈 섞인 점토, 모래 섞인 점토, 실트 섞인 점토, 점성이 낮은 점토
- OL : 저소성 유기질 실트, 유기질 실트 점토
- MH : 무기질 실트, 운모질 도는 규조질세사 또는 실트, 탄성이 있는 실트
- CH : 고소성 무기질 점토, 점성 많은 점토
- OH : 중 또는 고소성 유기질 점토
- Pt : 이탄토 등 기타 고유기 질토

**100** 직경이 30cm인 콘크리트 말뚝을 다동식 증기해머로 타입하였을 때 엔지니어링 뉴스 공식을 적용한 말뚝의 허용지지력은? (단, 타격에너지=3.6kN·m 해머효율=0.8, 손실상수=0.25cm, 마지막 25mm 관입에 필요한 타격횟수=5)

① 640kN

② 1,280kN

③ 1,920kN

④ 3,840kN

**○TIP** 엔지니어링 뉴스공식 $Q = \dfrac{e_f W_h h}{F_S(S+C)} = \dfrac{e_f E}{F_S(S+C)} = \dfrac{0.8 \times 3,600}{6(0.5+0.25)} = 640\text{kN}$

$S$ : 타격당 침하량 $= \dfrac{2.5}{5} = 0.5\text{cm}$

**101** 지표수를 수원으로 하는 경우의 상수시설 배치순서로 가장 적합한 것은?

① 취수탑 → 침사지 → 응집침전지 → 여과지 → 배수지
② 취수구 → 약품침전지 → 침사지 → 여과지 → 배수지
③ 집수매거 → 응집침전지 → 침사지 → 여과지 → 배수지
④ 취수문 → 여과지 → 보통침전지 → 배수탑 → 배수관망

**①TIP** 지표수를 수원으로 하는 경우의 상수시설 배치순서는 취수탑 → 침사지 → 응집침전지 → 여과지 → 배수지이다.

**102** 하수도 시설기준에 의한 우수관로 및 합류관거로의 표준 최소관경은?

① 200[mm]
② 250[mm]
③ 300[mm]
④ 350[mm]

**①TIP** 하수관거의 최소관경은 우수 및 합류식 관거의 경우 250[mm]이다.

**103** 상수도의 계통을 올바르게 나타낸 것은?

① 취수 → 송수 → 도수 → 정수 → 급수 → 배수
② 취수 → 도수 → 정수 → 송수 → 배수 → 급수
③ 취수 → 정수 → 도수 → 급수 → 배수 → 송수
④ 도수 → 취수 → 정수 → 송수 → 배수 → 급수

**①TIP** 상수도계통 … 취수 → 도수 → 정수 → 송수 → 배수 → 급수

ANSWER    99.② 100.① 101.① 102.② 103.②

**104** 다음 중 주요 관로별 계획하수량으로서 바르지 않은 것은?

① 우수관로는 계획우수량으로 한다.
② 차집관로는 우천 시 계획오수량으로 한다.
③ 오수관로의 계획오수량은 계획 1일 최대 오수량으로 한다.
④ 합류식 관로에서는 계획시간 최대오수량에 계획우수량을 합한 것으로 한다.

**OTIP** 오수관로에서는 계획시간 최대오수량으로 한다.

**105** 지름 300mm의 주철관을 설치할 때, 40kgf/cm²의 수압을 받는 부분에서는 주철관의 두께는 최소한 얼마로 해야 하는가? (단, 허용인장응력 $\sigma_{ta}$ =1,400[kgf/cm²]이다.)

① 3.1mm
② 3.6mm
③ 4.3mm
④ 4.8mm

**OTIP** $\sigma_t = \dfrac{PD}{2t} \leq \sigma_{ta}$ 가 되어야 하므로 $\sigma_t = \dfrac{40 \times 30}{2 \times t} \leq 1,400$

$t \geq \dfrac{600}{1,400}[\text{cm}] = 4.3[\text{mm}]$

**106** 일반적으로 적용하는 펌프의 특성곡선에 포함되지 않는 것은?

① 토출량 – 양정곡선
② 토출량 – 효율곡선
③ 토출량 – 축동력곡선
④ 토출량 – 회전도곡선

**OTIP** 펌프의 특성곡선은 토출량에 대한 양정고, 효율, 축동력의 관계곡선이다.

**107** 정수장 배출수 처리의 일반적인 순서로 바른 것은?

① 농축→조정→탈수→처분
② 농축→탈수→조정→처분
③ 조정→농축→탈수→처분
④ 조정→탈수→농축→처분

**TIP** 정수장 배출수 처리순서 … 조정→농축→탈수→처분

**108** 활성슬러지법의 여러 가지 변법 중에서 잉여슬러지량을 현저하게 감소시키고 슬러지 처리를 용이하게 하기 위하여 개발된 방법으로서 포기시간이 16~24시간, F/M비가 0.03~0.05kgBOD/kgSS · day 정도의 낮은 BOD-SS부하로 운전하는 방식은?

① 장기포기법
② 순산소포기법
③ 계단식 포기법
④ 표준활성슬러지법

**TIP** 장기포기법에 관한 설명이다.
※ 장기포기법
㉠ 개요 : 활성슬러지법의 변법으로 플러그흐름형태의 반응조에 HRT와 SRT를 길게 유지하고 동시에 MLSS농도를 높게 유지하면서 오수를 처리하는 방법이다.
㉡ 특징
- 활성슬러지가 자산화되기 때문에 잉여슬러지의 발생량은 표준활성슬러지법에 비해 적다.
- 과잉 포기로 인하여 슬러지의 분산이 야기되거나 슬러지의 활성도가 저하되는 경우가 있다.
- 질산화가 진행되면서 pH의 저하가 발생한다.

ANSWER 104.③ 105.③ 106.④ 107.③ 108.①

**109** 계획오수량을 생활오수량, 공장폐수량 및 지하수량으로 구분할 때, 이것에 대한 설명으로 바르지 않은 것은?

① 지하수량은 1인 1일 최대오수량의 10~20%로 한다.
② 계획 1일 평균오수량은 계획 1일 최대오수량의 70~80%를 표준으로 한다.
③ 합류식에서 우천 시 계획오수량은 원칙적으로 계획시간 최대오수량의 2배 이상으로 한다.
④ 계획 1일 최대오수량은 1인 1일 최대오수량에 계획인구를 곱한 후 여기에 공장폐수량, 지하수량 및 기타 배수량을 더한 것으로 한다.

**O TIP** 합류식에서 우천 시 계획오수량은 원칙적으로 계획시간 최대오수량의 3배 이상으로 한다.

**110** 다음과 같은 조건으로 입자가 복합되어 있는 플록의 침강속도를 Stokes의 법칙으로 구하면 전체가 흙 입자로 된 플록의 침강속도에 비해 침강속도는 몇 % 정도인가? (단, 비중이 2.5인 흙 입자의 전체부피 중 차지하는 부피는 50%이고, 플록의 나머지 50% 부분의 비중은 0.9이며 입자의 지름은 10mm이다.)

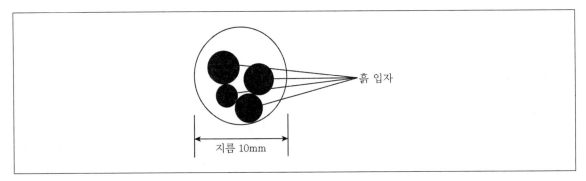

① 38%
② 48%
③ 58%
④ 68%

**O TIP** 침강속도(Stokes)  $V_s = \dfrac{(\rho_s - \rho_w)gd^2}{18\mu} = \dfrac{(s-1)gd^2}{18\nu}$

$\dfrac{V_1}{V_2} = \dfrac{2.5}{1.7} = \dfrac{1}{0.68}$

전체가 흙입자일 때의 비중은 2.5
문제에서 주어진 조건의 경우 비중은 $2.5(0.5) + 0.9(0.5) = 1.7$
따라서 68%의 속도로 침강된다.

**111** 호수의 부영양화에 대한 설명으로 바르지 않은 것은?

① 부영양화의 주된 원인물질은 질소와 인이다.
② 조류의 이상증식으로 인하여 물의 투명도가 저하된다.
③ 조류의 발생이 과다하면 정수공정에서 여과지를 폐색시킨다.
④ 조류제거 약품으로는 일반적으로 황산알루미늄을 사용한다.

◉TIP 조류제거 약품으로는 주로 황산구리($CuSO_4$)를 사용한다.

**112** 일반적인 정수과정으로 옳은 것은?

① 스크린→소독→여과→응집침전
② 스크린→응집침전→여과→소독
③ 여과→응집침전→스크린→소독
④ 응집침전→여과→소독→스크린

◉TIP 일반적인 정수과정 ⋯ 스크린→응집침전→여과→소독

**113** 원수의 알칼리도가 50[ppm], 탁도가 500[ppm]일 때 황산알루미늄의 소비량은 60[ppm]이다. 이러한 원수가 48,000[m³/day]로 흐를 때 6% 용액의 황산알루미늄의 1일 필요량은? (단, 액체의 비중을 1로 가정)

① 48.0[m³/day]
② 50.0[m³/day]
③ 53.0[m³/day]
④ 57.6[m³/day]

◉TIP 황산알루미늄 1일 사용량 $= 60 \times 10^{-3}(\text{kg/m}^3) \times 48,000(\text{m}^3/\text{day}) \times \dfrac{1}{0.06} = 48,000\text{kg/day} = 48\text{t/day}$

$\therefore \dfrac{48(\text{t/day})}{1\text{t/m}^3} = 48[\text{m}^3/\text{day}]$

**114** 막여과시설의 약품세척에서 무기물질 제거에 사용되는 약품이 아닌 것은?

① 염산

② 황산

③ 구연산

④ 차아염소산나트륨

**O TIP** 막여과시설
　　⊙ 막 여과 : 여과 막에 물을 통과시켜 원수중의 현탁물질이나 콜로이드성 물질을 제거한다.
　　⊙ 무기물질제거 : 황산과 염산 등 무기산과 구연산, 옥살산 등의 무기물질은 유기산으로 제거한다.
　　⊙ 유기물질제거 : 유기물질은 차아염소산나트륨 등의 산화제로 제거한다.

**115** 상수도 관로시설에 대한 설명 중 옳지 않은 것은?

① 배수관 내의 최소 동수압은 150kPa이다.

② 상수도의 송수방식에는 자연유하식과 펌프가압식이 있다.

③ 도수거가 하천이나 깊은 계곡을 횡단할 때는 수로교를 가설한다.

④ 급수관을 공공도로에 부설할 경우 다른 매설물과의 간격을 15cm 이상 확보한다.

**O TIP** 급수관을 공공도로에 부설할 경우 다른 매설물과의 간격을 30cm 이상 확보한다.

**116** 활성슬러지법에서 MLSS가 의미하는 것은?

① 폐수 중의 부유물질

② 방류수 중의 부유물질

③ 포기조 내의 부유물질

④ 반송슬러지의 부유물질

**O TIP** 활성슬러지법에서 MLSS는 폭기조 내의 부유물질이다.

**117** 먹는 물의 수질기준 항목인 화학물질과 분류항목의 조합이 바르지 않은 것은?

① 황산이온 – 심미적

② 염소이온 – 심미적

③ 질산성질소 – 심미적

④ 트리클로로에틸렌 – 건강

**TIP** 질산성질소는 건강상 유해영향 유기물질에 관한 기준이 적용된다.

※ 먹는 물의 수질기준
- 미생물에 관한기준 : 일반세균, 대장균, 연쇄상구균, 녹농균, 살모넬라, 쉬겔라, 아황산환원혐기성포자형성균, 여시니아균
- 건강상 유해영향 무기물질에 관한 기준 : 납, 불소, 비소, 셀레늄, 수은, 시안, 크롬, 암모니아성질소, 질산성질소, 카드뮴, 붕소, 브롬산염, 스트론튬, 우라늄
- 건강상 유해영향 유기물질에 관한 기준 : 페놀, 다이아지논, 파라티온, 페니트로티온, 카바릴, 트리클로로에탄, 테트라클로로에틸렌, 트리클로로에틸렌, 디클로로메탄, 벤젠, 톨루엔, 에틸벤젠, 크실렌, 사염화탄소, 다이옥신, 클로로프로판
- 소독제 및 소독부산물질에 관한 기준 : 잔류염소, 총트리할로메탄, 클로로포름, 브로모디클로로메탄, 클로랄하이드레이트, 디브로모아세토니트릴, 디클로로아세토니트릴, 트라클로로아세토니트릴, 할로아세틱에시드, 포름알데히드
- 심미적 영향물질에 관한 기준 : 과망간산칼륨, 수소이온, 아연, 염소이온, 황산이온, 알루미늄, 철, 망간, 세제
- 방사능에 관한 기준 : 세슘, 스트론튬, 삼중수소

**118** 하수관로 설계기준에 대한 설명으로 바르지 않은 것은?

① 관경은 하류로 갈수록 크게 한다.

② 유속은 하류로 갈수록 작게 한다.

③ 경사는 하류로 갈수록 완만하게 한다.

④ 오수관로의 유속은 $0.6 \sim 3m/s$가 적당하다.

**TIP** 하수관거의 설계 시 유속과 관경은 일반적으로 하류로 흐름에 따라 점차로 증가시키고(커지고) 관거의 경사는 점차 감소하도록(작아지도록) 설계한다.

**119** 관로를 개수로와 관수로로 구분하는 기준은?

① 자유수면 유무
② 지하매설 유무
③ 하수관과 상수관
④ 콘크리트관과 주철관

**○TIP** 자유수면 유무에 따라 관로를 개수로와 관수로로 구분한다.

**120** 어느 하천의 자정작용을 나타낸 아래 용존산소 곡선을 보고 어떤 물질이 하천으로 유입되었다고 보는 것이 타당한가?

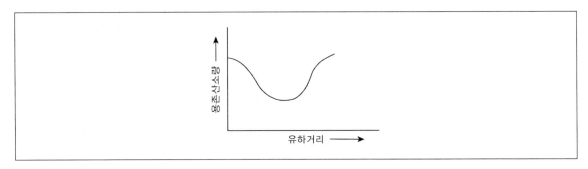

① 생활하수
② 질산성질소
③ 농도가 매우 낮은 폐알칼리
④ 농도가 매우 낮은 폐산

**○TIP** 용존산소부족곡선은 미생물들이 유입된 유기물질을 분해, 제거하면서 산소를 소비해 용존산소량이 최저가 된 후 재폭기에 의해 다시 용존산소량이 증가하게 되는 그래프이다. 폐산, 폐알칼리는 생물학적 분해가 불가능한 물질이다. 용존산소부족곡선은 하천에서 DO농도가 생활하수의 흐름에 따라 변화하는 가를 나타낸 곡선으로 하천에서는 유하거리와 경과시간이 거의 같다.

제1과목 **응용역학**

**1** 다음 그림과 같은 삼각형 물체에 작용하는 힘 $P_1$, $P_2$를 AC면에 수직한 방향의 성분으로 변환할 경우 힘 $P$의 크기는?

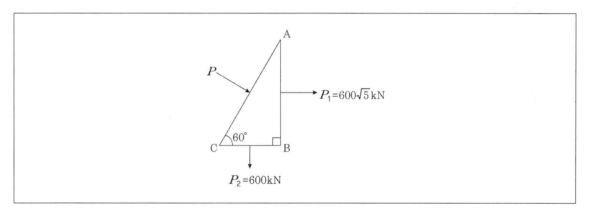

① 1,000kN

② 1,200kN

③ 1,400kN

④ 1,600kN

◎ **TIP** 직관적으로 맞출 수 있는 문제이다. 변의 길이의 비가 $1 : \sqrt{3} : 2$를 이루고 있으므로 바로 $P$의 크기는 600kN의 2배인 1,200kN임을 알 수 있다.

**2** 다음 그림의 트러스에서 수직부재 $V$의 부재력은?

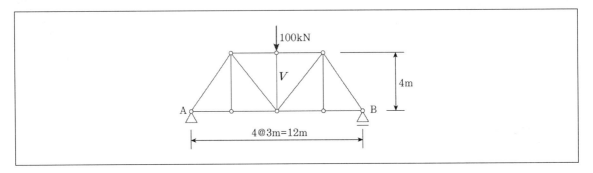

① 100kN (인장)　　　　　　　　② 100kN (압축)

③ 50kN (인장)　　　　　　　　　④ 50kN (압축)

**OTIP** 절점법을 사용하면 손쉽게 풀 수 있는 문제이다.
100kN의 하중이 작용하는 절점에서 연직방향으로 힘의 평형이 이루어져야 하므로 $V$=100kN(압축)이 된다.

**3** 다음 그림과 같은 구조물에 하중 $W$가 작용할 때 $P$의 크기는? (단, $0°<\alpha<180°$이다.)

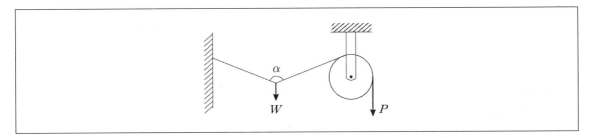

① $P = \dfrac{W}{2\cos\dfrac{\alpha}{2}}$　　　　　　　② $P = \dfrac{W}{2\cos\alpha}$

③ $P = \dfrac{W}{\cos\dfrac{\alpha}{2}}$　　　　　　　④ $P = \dfrac{2W}{\cos\dfrac{\alpha}{2}}$

**TIP** $W$의 하중이 작용하는 점의 자유물체도를 그리면

$\sum H=0 : -T_1\sin\frac{a}{2}+T_2\sin\frac{a}{2}=0$이므로 $T_1=T_2$

$\sum V=0 : T_1\cos\frac{a}{2}+T_2\cos\frac{a}{2}-W=0$

$2T\cos\frac{a}{2}=W$

고정도르래이므로 $T=P$이며, $2P\cos\frac{a}{2}=W$

$P=\dfrac{W}{2\cos\frac{a}{2}}$가 성립한다.

**4** 다음 중 휨모멘트를 받는 보의 탄성에너지를 나타내는 식으로 바른 것은?

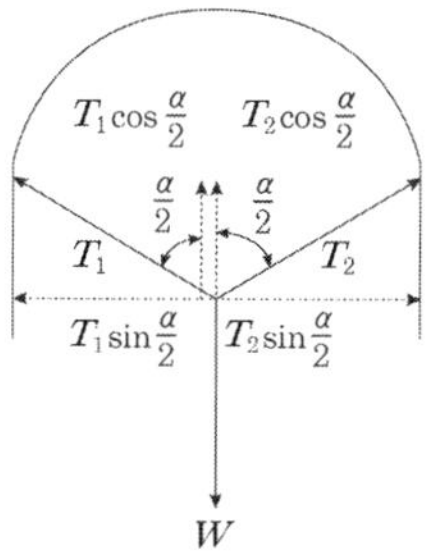

① $U=\int_0^L \frac{M^2}{2EI}dx$

② $U=\int_0^L \frac{2EI}{M^2}dx$

③ $U=\int_0^L \frac{EI}{2M^2}dx$

④ $U=\int_0^L \frac{M^2}{EI}dx$

**TIP** 휨모멘트를 받는 보의 탄성에너지 $U=\int_0^L \frac{M^2}{2EI}dx$

ANSWER 2.② 3.① 4.①

**5** 다음 그림과 같은 부정정보에 집중하중 50kN이 작용할 때 A점의 휨모멘트는?

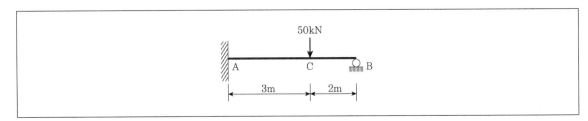

① $-26\text{kN} \cdot \text{m}$

② $-36\text{kN} \cdot \text{m}$

③ $-42\text{kN} \cdot \text{m}$

④ $-57\text{kN} \cdot \text{m}$

**○TIP** $M_A = -\dfrac{P \cdot a \cdot b(L+b)}{2 \cdot L^2} = -\dfrac{50 \times 3 \times 2(5+2)}{2 \times 5^2} = -42[\text{kN} \cdot \text{m}]$

**6** 다음 그림과 같은 단순보의 단면에서 최대 전단응력은?

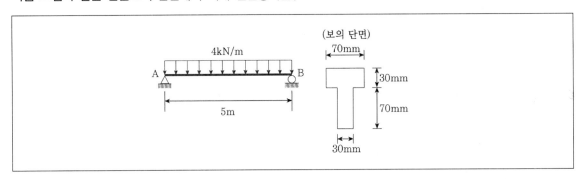

① 2.47MPa

② 2.96MPa

③ 3.64MPa

④ 4.95MPa

**○TIP** 단면의 중립축의 위치는 도심의 $y$좌표이므로 단면의 중립축위치는 밑면으로부터

$\bar{y} = \dfrac{G_x}{A} = \dfrac{70 \times 30 \times 85 + 30 \times 70 \times 35}{70 \times 30 + 30 \times 70} = 60[\text{mm}]$

$\tau_{\max} = \dfrac{S_{\max} G_{NA}}{I_{NA} b} = \dfrac{10,000 \times 54,000}{3,640,000 \times 30} = 4.95[\text{MPa}]$

$I_{N.A.} = \dfrac{70 \times 30^3}{12} + 70 \times 30 \times 25^2 + \dfrac{30 \times 70^3}{12} + 30 \times 70 \times \left(\dfrac{70}{2} - 10\right)^2 = 3,640,000[\text{mm}^4]$

$S_{\max} = \dfrac{wl}{2} = \dfrac{4 \times 5}{2} = 10[\text{kN}] = 10,000[\text{N}]$

$G_{N.A.} = 60 \times 30 \times \dfrac{60}{2} = 54,000[\text{mm}^3]$

**7** 반지름이 30cm인 원형단면을 가지는 단주에서 핵의 면적은 약 얼마인가?

① $44.2\text{cm}^2$

② $132.5\text{cm}^2$

③ $176.7\text{cm}^2$

④ $228.2\text{cm}^2$

**OTIP** $A_{빗금} = \pi k_x^2 = \pi \left(\dfrac{D}{8}\right)^2 = \dfrac{\pi D^2}{64} = \dfrac{\pi (2R)^2}{64} = \dfrac{\pi R^2}{16} = 176.7\text{cm}^2$

**8** 다음 게르버보에서 $E$점의 휨모멘트의 값은?

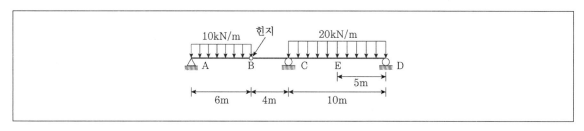

① $190\text{kN} \cdot \text{m}$

② $240\text{kN} \cdot \text{m}$

③ $310\text{kN} \cdot \text{m}$

④ $710\text{kN} \cdot \text{m}$

**OTIP**

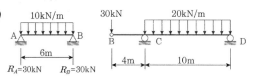

$R_A = 30\text{kN}$    $R_B = 30\text{kN}$

$\sum M_C = 0 : -30 \times 4 + 20 \times 10 \times 5 - R_D \times 10 = 0, \ R_D = 88$

$M_E = 88 \times 5 - 20 \times 5 \times 2.5 = 190[\text{kN} \cdot \text{m}]$

**9** 다음 그림의 캔틸레버보에서 C점, B점의 처짐비($\delta_C : \delta_B$)는? (단, $EI$는 일정하다.)

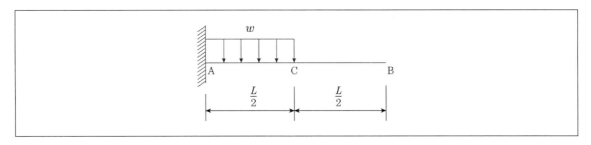

① 3 : 8

② 3 : 7

③ 2 : 5

④ 1 : 2

**O TIP** B점의 처짐은 $\dfrac{7wL^4}{384EI}$, C점의 처짐은 $\dfrac{w(0.5L)^4}{8EI} = \dfrac{wL^4}{128EI}$

따라서 C점의 처짐 : B점의 처짐은 $3 : 7$이 된다.

**10** 지간 10m인 단순보 위를 1개의 집중하중 $P = 200\text{kN}$이 통과할 때 이 보에 생기는 최대전단력($S$)과 최대휨모멘트($M$)는?

① $S = 100\text{kN}$, $M = 500\text{kN} \cdot \text{m}$

② $S = 100\text{kN}$, $M = 1{,}000\text{kN} \cdot \text{m}$

③ $S = 200\text{kN}$, $M = 500\text{kN} \cdot \text{m}$

④ $S = 200\text{kN}$, $M = 1{,}000\text{kN} \cdot \text{m}$

**O TIP** 최대전단력은 하중이 지점에 위치할 때 발생하며 크기는 200kN이 된다. 최대휨모멘트는 하중이 보의 중앙에 위치할 때이며 그 크기는 $\dfrac{PL}{4} = \dfrac{200 \times 10}{4} = 500[\text{kN} \cdot \text{m}]$이 된다.

**11** 그림과 같은 단면을 갖는 부재(A)와 부재(B)가 있다. 동일조건의 보에 사용하고 재료의 강도도 같다면 휨에 대한 강성을 비교한 설명으로 옳은 것은?

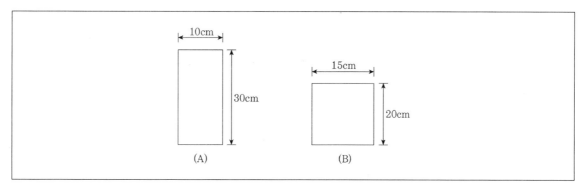

① 보(A)는 보(B)보다 휨에 대한 강성이 2.0배 크다.
② 보(B)는 보(A)보다 휨에 대한 강성이 2.0배 크다.
③ 보(B)는 보(A)보다 휨에 대한 강성이 1.5배 크다.
④ 보(A)는 보(B)보다 휨에 대한 강성이 1.5배 크다.

**OTIP** 휨응력에 대한 변형저항성능인 휨강성은 단면계수로 비교한다.

$$Z_A = \frac{(10)(30)^2}{6} = 1,500 \text{cm}^3, \quad Z_B = \frac{(15)(20)^2}{6} = 1,000 \text{cm}^3$$

$\frac{Z_A}{Z_B} = 1.5$이므로 보(A)는 보(B)보다 휨에 대한 강성이 1.5배 크다.

**12** 길이 5m의 철근을 200MPa의 인장응력으로 인장하였더니 그 길이가 5mm만큼 늘어났다고 한다. 이 철근의 탄성계수는? (단, 철근의 지름은 20mm이다.)

① $2 \times 10^4 \text{MPa}$
② $2 \times 10^5 \text{MPa}$
③ $6.37 \times 10^4 \text{MPa}$
④ $6.37 \times 10^5 \text{MPa}$

**OTIP** $\triangle = \frac{PL}{AE} = 200[\text{MPa}] \cdot \frac{5[\text{m}]}{E} = 5$이므로 이를 만족하는 $E = 2 \times 10^5 \text{MPa}$가 된다.

**13** 다음 그림과 같이 길이가 $L$인 양단고정보 AB의 왼쪽처짐이 그림과 같이 작은 각 $\theta$만큼 회전할 때 생기는 반력 $R_A$와 $M_A$는? (단, $EI$는 일정하다.)

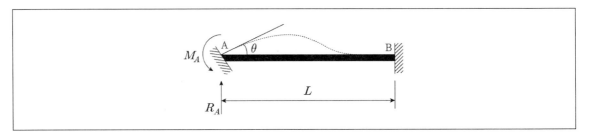

① $R_A = \dfrac{6EI\theta}{L^2}$, $M_A = \dfrac{4EI\theta}{L}$

② $R_A = \dfrac{12EI\theta}{L^3}$, $M_A = \dfrac{6EI\theta}{L}$

③ $R_A = \dfrac{4EI\theta}{L^2}$, $M_A = \dfrac{6EI\theta}{L}$

④ $R_A = \dfrac{2EI\theta}{L}$, $M_A = \dfrac{2EI\theta}{L^2}$

> **TIP** 처짐각법을 통해서 공식을 산출할 수 있으나 시간이 많이 소요되며 또 그럴 필요가 없이 정형화된 문제이므로 다음의 식을 암기하도록 한다.
> $$R_A = \dfrac{6EI\theta}{L^2}, \quad M_A = \dfrac{4EI\theta}{L}$$

**14** 다음 중 정(+)의 값뿐만 아니라 부(−)의 값도 가지는 것은?

① 단면계수
② 단면 2차 반지름
③ 단면 2차 모멘트
④ 단면 상승 모멘트

> **TIP** 단면 상승 모멘트는 $x$좌표값, $y$좌표값을 곱해야 하며 단면의 중심이 2사분면이나 4사분면에 있게 되면 단면 상승 모멘트의 값은 음의 값을 가지게 된다.

**15** 탄성계수 $E = 2.1 \times 10^6 [\text{kg/cm}^2]$, 푸아송비 $\nu = 0.25$일 때 전단탄성계수의 값으로 바른 것은?

① $8.4 \times 10^5 [\text{kg/cm}^2]$

② $9.8 \times 10^5 [\text{kg/cm}^2]$

③ $1.7 \times 10^5 [\text{kg/cm}^2]$

④ $2.1 \times 10^6 [\text{kg/cm}^2]$

**TIP** $G = \dfrac{E}{2(1+\nu)} = \dfrac{2.1 \times 10^6}{2(1+0.25)} = 8.4 \times 10^5 [\text{kg/cm}^2]$

**16** 다음 그림과 같은 단순보에서 B단에 모멘트 하중 $M$이 작용할 때 경간 AB 중에서 수직처짐이 최대가 되는 곳의 거리 $X$는? (단, $EI$는 일정하다.)

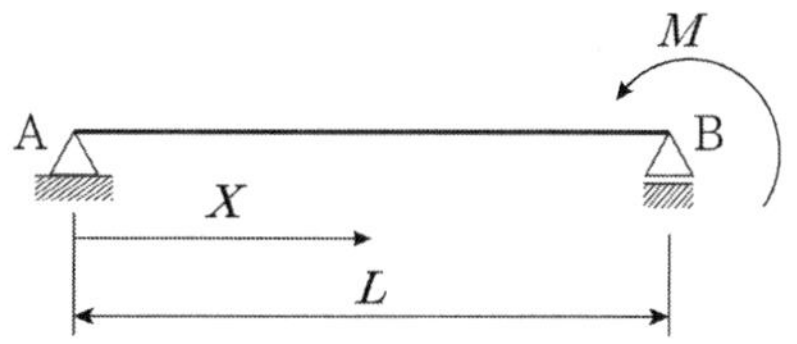

① 0.500L

② 0.577L

③ 0.667L

④ 0.750L

**TIP** $x = \dfrac{L}{\sqrt{3}} = 0.577L$에서 수직처짐이 최대가 된다. (공액보법으로 답을 도출할 수 있으나 시간이 많이 소요되므로 이 문제는 공식을 암기할 것을 권한다.)

**ANSWER**  13.①  14.④  15.①  16.②

**17** 길이가 8m인 양단고정의 장주에 중심축하중이 작용할 때 이 기둥의 좌굴응력은? (단, $E = 2.1 \times 10^5$MPa이고, 기둥은 지름이 4cm인 원형기둥이다.)

① 3.35MPa

② 6.72MPa

③ 12.95MPa

④ 25.91MPa

**⊙TIP**

$$I = \frac{\pi d^4}{64} = \frac{\pi \times (40\text{mm})^4}{64} = 40,000\pi \, [\text{mm}^4]$$

$$A = \frac{\pi d^2}{4} = \frac{\pi \times 40^2}{4} = 400\pi \, [\text{mm}^2]$$

$$P_{cr} = \frac{n\pi^2 EI}{l^2} = \frac{4 \times \pi^2 \times 2.1 \times 10^5 \times 40,000\pi}{8,000^2} = 1,6278.3 \, [\text{N}]$$

$$\sigma_{cr} = \frac{P_{cr}}{A} = \frac{16,278.3}{400\pi} = 12.95 \, [\text{MPa}]$$

※ 좌굴하중의 기본식(오일러의 장주공식)

$$P_{cr} = \frac{\pi^2 EI}{(KL)^2} = \frac{n\pi^2 EI}{L^2} = \frac{\pi^2 EI}{(KL)^2} = \frac{\pi^2 EI}{(2L)^2} = \frac{\pi^2 EI}{4L^2}$$

$EI$ : 기둥의 휨강성

$L$ : 기둥의 길이

$K$ : 기둥의 유효길이 계수

$KL$ : ($l_k$로도 표시함) 기둥의 유효좌굴길이(장주의 처짐곡선에서 변곡점과 변곡점 사이의 거리)

$n$ : 좌굴계수(강도계수, 구속계수)

| 지지상태 | 양단힌지 | 1단고정<br>1단힌지 | 양단고정 | 1단고정<br>1단자유 |
|---|---|---|---|---|
| | | | | |
| 좌굴길이 $KL$ | $1.0L$ | $0.7L$ | $0.5L$ | $2.0L$ |
| 좌굴강도 | $n=1$ | $n=2$ | $n=4$ | $n=0.25$ |

**18** 단순보에서 그림과 같이 하중 $P$가 작용할 때 보의 중앙점의 단면 하단에 생기는 수직응력의 값은? (단, 보의 단면에서 높이는 $h$, 폭은 $b$이다.)

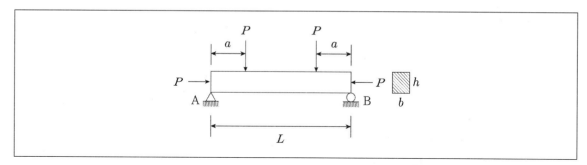

① $\dfrac{P}{bh^2}\left(1+\dfrac{6a}{h}\right)$

② $\dfrac{P}{bh}\left(1-\dfrac{6a}{h}\right)$

③ $\dfrac{P}{b^2h^2}\left(1-\dfrac{6a}{h}\right)$

④ $\dfrac{P}{b^2h}\left(1-\dfrac{a}{h}\right)$

**○TIP** 단순보의 중앙점 단면 하단에는 단부에서 가해지는 압축력에 의한 압축응력과 휨에 의한 휨인장응력이 함께 발생하게 된다. 양단에 발생하는 연직반력은 $P$가 되며, 중앙부의 휨모멘트는 $P \cdot a$가 되므로 단순보 중앙점 단면 하단에 발생하는 응력은 $\sigma = \dfrac{P}{A} - \dfrac{M}{Z} = \dfrac{P}{bh} - \dfrac{P \cdot a}{\dfrac{bh^2}{6}} = \dfrac{P}{bh} - \dfrac{6P \cdot a}{bh^2} = \dfrac{P}{bh}\left(1-\dfrac{6a}{h}\right)$

**19** 다음 그림과 같은 3힌지 아치에서 A지점의 반력은?

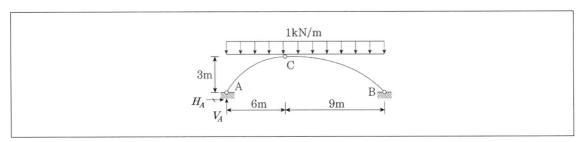

① $V_A = 6.0\text{kN}(\uparrow)$, $H_A = 9.0\text{kN}(\rightarrow)$

② $V_A = 6.0\text{kN}(\uparrow)$, $H_A = 12.0\text{kN}(\rightarrow)$

③ $V_A = 7.5\text{kN}(\uparrow)$, $H_A = 9.0\text{kN}(\rightarrow)$

④ $V_A = 7.5\text{kN}(\uparrow)$, $H_A = 12.0\text{kN}(\rightarrow)$

**◎TIP** 각 지점의 연직반력은 7.5[kN]이 되며 따라서 $V_A = 7.5\text{kN}(\uparrow)$가 된다.

힌지절점에 대해서 모멘트의 합이 0이 되어야 하는 조건을 충족시켜야 하므로

$\sum M_C = 0$이어야 하므로 $7.5 \times 6 - 1 \times 6 \times 3 - H_A \times 3 = 0$이어야 한다.

이를 만족하는 $H_A = 9.0\text{kN}(\rightarrow)$가 된다.

**20** 다음 그림과 같은 보에서 B지점의 반력이 $2P$가 되기 위해서 $\dfrac{b}{a}$ 는 얼마가 되어야 하는가?

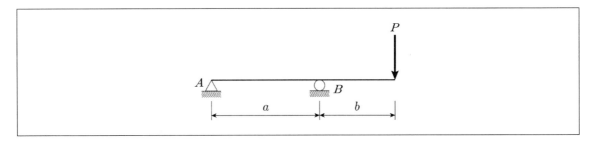

① 0.75

② 1.00

③ 1.25

④ 1.50

**◎TIP** $\sum F_y = 0 : -R_A + R_B - P = 0$, $R_A = P(\downarrow)$이며

$R_B = 2P(\uparrow)$이므로

$\sum F_y = 0 : -R_A + 2P - P = 0$, $R_A = P(\downarrow)$

$\sum M_B = 0 : -P \times a + P \times b = 0$, $\dfrac{b}{a} = 1$

**21** 다음 중 지형도의 이용법에 해당되지 않는 것은?

① 저수량 및 토공량 산정

② 유역면적의 도상 측정

③ 직접적인 지적도 작성

④ 동경사선 관측

○TIP 지형도는 등고선, 색깔 등 다양한 기법을 사용하여 지형, 수로, 수변 지역 등 지표면을 나타낸 지도의 종류를 총칭하는 개념이다.

지적도는 토지를 좀 더 세분하여 필지별로 구분하고 땅의 경계를 그어놓은 것으로서 지적도와는 개념이 전혀 다르다.

지적도는 토지에 관한 정보를 제공해 주는 중요한 공문서의 일종으로 토지의 소재, 지번, 지목, 면적, 소유자의 주소, 성명, 토지의 등급 등 토지의 권리를 행정적 또는 사법적으로 관리하는 데 이용된다.

따라서 지형도는 지적도 작성에 이용된다고 보기 어렵다.

**22** 초점거리 210mm의 카메라로 지면의 비고가 15m인 구릉지에서 촬영한 연직사진의 축척이 1 : 5,000이었다. 이 사진에서 비고에 의한 최대변위량은? (단, 사진의 크기는 24cm×24cm이다.)

① ±1.2mm

② ±2.4mm

③ ±3.8mm

④ ±4.6mm

○TIP $\triangle r_{\max} = \dfrac{h}{H}r_{\max} = \dfrac{15}{5,000 \times 0.21} \times \dfrac{\sqrt{2}}{2} \times 0.24 = 0.0024[\text{m}] = 2.4[\text{mm}]$

**23** 지표상 $P$점에서 9km 떨어진 $Q$점을 관측할 때 $Q$점에 세워야 할 측표의 최소높이는? (단, 지구의 반지름은 6,370km이고 $P$, $Q$점은 수평면상에 존재한다.)

① 10.2m

② 6.4m

③ 2.5m

④ 0.6m

○TIP $h = \dfrac{D^2}{2R} = \dfrac{9,000^2}{2 \times 6,370 \times 1,000} = 6.36[\text{m}]$

지구의 곡률에 의해 $Q$점에 세울 측표는 최소 6.4m 이상이 되어야만 한다.

**24** 한 측선의 자오선(종축)과 이루는 각이 60° 00′이고 계산된 측선의 위거가 −60m, 경거가 −103.92m일 때 이 측선의 방위와 거리는?

① 방위 : S60° 00′ E, 거리＝130m
② 방위 : N60° 00′ E, 거리＝130m
③ 방위 : N60° 00′ W, 거리＝120m
④ 방위 : S60° 00′ W, 거리＝120m

**○TIP** 문제에서 주어진 조건을 그려보면 다음과 같다.

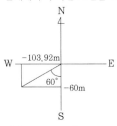

방위는 S60° 00′ W
거리는 |거리×cos240°|＝60이므로 거리는 120m가 된다.

**25** 다음 그림과 같은 토지의 BC에 평행한 XY로 $m : n = 1 : 2.5$의 비율로 면적을 분할하고자 한다. AB의 길이가 35m일 때 AX의 길이는?

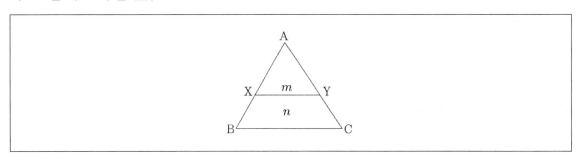

① 17.7m
② 18.1m
③ 18.7m
④ 19.1m

**○TIP** $\overline{\mathrm{AX}} = \sqrt{\dfrac{m}{m+n}} \times \overline{\mathrm{AB}} = \sqrt{\dfrac{1}{1+2.5}} \times 35 = 18.7[\mathrm{m}]$

**26** 종중복도 60%, 횡중복도 20%일 때 촬영종기선의 길이와 촬영횡기선의 길이의 비는?

① 1 : 2

② 1 : 3

③ 2 : 3

④ 3 : 1

● TIP  종기선의 길이 : $\left(1-\dfrac{p}{100}\right)ma$

횡기선의 길이 : $\left(1-\dfrac{q}{100}\right)ma$

∴ $\left(1-\dfrac{60}{100}\right):\left(1-\dfrac{20}{100}\right)=0.4:0.8=1:2$

**27** 종단곡선에 대한 설명으로 바르지 않은 것은?

① 철도에서는 원곡선을 도로에서는 2차 포물선을 주로 사용한다.

② 종단경사는 환경적, 경제적 측면에서 허용할 수 있는 범위 내에서 최대한 완만하게 한다.

③ 설계속도와 지형조건에 따라 종단경사의 기준값이 제시되어 있다.

④ 지형의 상황, 주변 지장물 등의 한계가 있는 경우 100% 정도 증감이 필요하다.

● TIP  차도의 종단경사는 도로의 구분, 지형 상황과 설계속도에 따라 다음 표의 비율 이하로 하여야 한다. 다만, 지형 상황, 주변 지장물 및 경제성을 고려하여 필요하다고 인정되는 경우에는 다음 표의 비율에 1퍼센트를 더한 값 이하로 할 수 있다.

| 설계속도 (km/hr) | 최대종단경사(퍼센트) | | | | | | | |
|---|---|---|---|---|---|---|---|---|
| | 고속도로 | | 간선도로 | | 집산도로 및 연결로 | | 국지도로 | |
| | 평지 | 산지등 | 평지 | 산지등 | 평지 | 산지등 | 평지 | 산지등 |
| 120 | 4 | 5 | | | | | | |
| 110 | 4 | 6 | | | | | | |
| 100 | 4 | 6 | 4 | 7 | | | | |
| 90 | 6 | 7 | 6 | 7 | | | | |
| 80 | 6 | 7 | 6 | 8 | 8 | 10 | | |
| 70 | | | 7 | 8 | 9 | 11 | | |
| 60 | | | 7 | 9 | 9 | 11 | 9 | 14 |
| 50 | | | 7 | 9 | 9 | 11 | 9 | 15 |
| 40 | | | 8 | 10 | 9 | 12 | 9 | 16 |
| 30 | | | | | 9 | 13 | 10 | 17 |
| 20 | | | | | | | 10 | 17 |

※ 종단경사 … 도로의 진행방향 중심선의 길이에 대한 높이의 변화 비율

**28** 삼각측량을 위한 삼각망 중에서 유심다각망에 대한 설명으로 바르지 않은 것은?

① 농지측량에 많이 사용된다.
② 방대한 지역의 측량에 적합하다.
③ 삼각망 중에서 가장 정확도가 높다.
④ 동일측점 수에 비하여 표면적이 가장 넓다.

●**TIP** 삼각망 중에서 정확도가 가장 높은 것은 사변형삼각망이다.

**29** 토량 계산공식 중 양단면의 면적차가 클 때 산출된 토량의 일반적인 대소관계로 옳은 것은? (단, 중앙단면법 A, 양단면평균법 B, 각주공식 C)

① A = C < B
② A < C = B
③ A < C < B
④ A > C > B

●**TIP** 단면의 면적차가 클 때 산출된 토량의 일반적인 대소관계는 중앙단면법 < 각주공식 < 양단면평균법이 된다.

**30** 트래버스 측량에서 거리 관측의 오차가 관측거리 100m에 대하여 ±1.0mm인 경우 이에 상응하는 각 관측의 오차는?

① ±1″
② ±2″
③ ±3″
④ ±4″

●**TIP** $\dfrac{\triangle l}{l} = \dfrac{\theta''}{\rho''}$ 에서 $\dfrac{0.001}{100} = \dfrac{\theta''}{206.265''}$ 이므로 $\theta'' = 2$

**31** 위성측량의 DOP(Dilution of Precision)에 관한 설명 중 바르지 않은 것은?

① DOP는 위성의 기하학적 분포에 따른 오차이다.
② 일반적으로 위성들간의 공간이 더 크면 위치정밀도는 낮아진다.
③ DOP를 이용하여 실제 측량 전에 위성측량의 정확도를 예측할 수 있다.
④ DOP값이 클수록 정확도가 좋지 않은 상태이다.

> **TIP** 일반적으로 위성들간의 공간이 더 크면 위치정밀도는 높아진다.
> ※ DOP(Dilution of Precision)
> • GNSS 위치의 질을 나타내는 지표이다.
> • DOP는 위성군(Constellation)에서 한 위성의 다른 위성에 대한 상대 위치와, GNSS 수신기에 대한 위성들의 기하구조에 의해 결정된다.
> • 정밀도저하율을 의미하며, 위성과 수신기들 간의 기하학적 배치에 따른 오차를 나타낸다.
> • 위성의 기하학적 배치상태가 정확도에 어떻게 영향을 주는가를 추정할 수 있는 척도이다.
> • 정확도를 나타내는 계수로서 수치로 표시한다.
> • 수치가 작을수록 정밀하다.
> • 지표에서 가장 배치상태가 좋을 때 DOP의 수치는 1이다.
> • 위성의 위치, 높이, 시간에 대한 함수관계가 있다.
> ※ GNSS의 표준 DOP의 종류
> • GDOP : 기하학적 정밀도 저하율
> • PDOP : 위치 정밀도 저하율(3차원위치) 3~5 정도가 적당
> • RDOP : 상대(위치, 시간 평균)정밀도 저하율
> • HDOP : 수평(2개의 수평 좌표)정밀도 저하율
> • VDOP : 수직(높이)정밀도 저하율
> • TDOP : 시간정밀도 저하율

**32** 종단점법에 의한 등고선 관측방법을 사용하는 가장 적당한 경우는?

① 정확한 토량을 산출할 때
② 지형이 복잡할 때
③ 비교적 소축적으로 산지 등의 지형측량을 행할 때
④ 정밀한 등고선을 구하려 할 때

> **TIP** 종단점법은 지성선을 기준으로 거리와 표고를 관측하여 등고선을 삽입하는 방법으로 비교적 소축적으로 산지 등의 지형측량을 행할 때 이용된다.

**33** 삼변측량에서 △ABC 세변의 길이가 $a$ = 1,200.00[m], $b$ = 1,600.00[m], $c$ = 1,442.22[m]라면 변 $c$의 대각인 ∠$C$는?

① 45°

② 60°

③ 75°

④ 90°

**OTIP** $\cos C = \dfrac{a^2 + b^2 - c^2}{2ab}$ 이므로,

$$C = \cos^{-1}\left(\frac{a^2 + b^2 - c^2}{2ab}\right) = \cos^{-1}\left(\frac{1{,}200^2 + 1{,}600^2 - 1{,}442.22^2}{2 \times 1{,}200 \times 1{,}600}\right) = 60°$$

**34** 그림과 같이 수준측량을 실시하였다. A점의 표고는 300m이고 B와 C구간은 교호수준측량을 실시하였다면 D점의 표고는? (단, A→B = +1.233m, B→C = +0.726m, C→B = −0.720m, C→D = −0.926m)

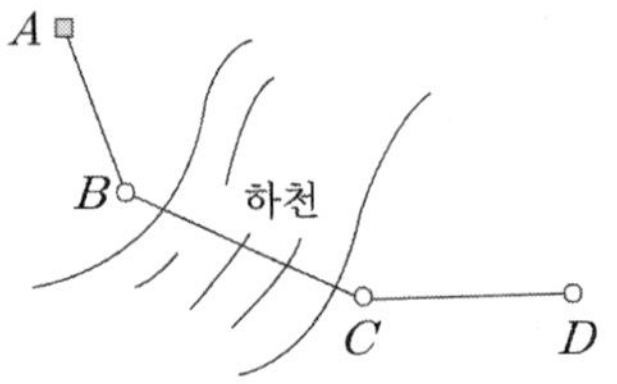

① 300.310m

② 301.030m

③ 302.153m

④ 302.882m

**OTIP** $H_D = H_A + 1.233 + h - 0.926 = 300 + 1.233 + \dfrac{[0.726 - (-0.720)]}{2} - 0.926 = 301.030[\text{m}]$

**35** 트래버스 측량에서 선점 시 주의해야 할 사항이 아닌 것은?

① 트래버스의 노선은 가능한 폐합 또는 결합이 되게 한다.

② 결합트래버스의 출발점과 결합점간의 거리는 가능한 단거리로 한다.

③ 거리측량과 각측량의 정확도가 균형을 이루게 한다.

④ 측점간 거리는 다양하게 선점하여 부정오차를 소거한다.

**OTIP** 트래버스 측량에서 선점 시 측점간 거리는 삼각점보다 짧은 거리로 시준이 잘되는 곳으로 선점한다.

**36** 중력이상에 대한 설명으로 바르지 않은 것은?

① 중력이상에 의해 지표면의 밑의 상태를 추정할 수 있다.

② 중력이상에 대한 취급은 물리학적 측지학에 속한다.

③ 중력이상이 양(+)이면 그 지점 부근에 무거운 물질이 있는 것으로 추정할 수 있다.

④ 중력식에 의한 계산값에서 실측값을 뺀 것이 중력이상이다.

**TIP** 중력이상은 중력의 실측값에서 계산값을 뺀 값이다.

**37** 아래 종단수준측량의 야장에서 ㉠, ㉡, ㉢에 들어갈 값으로 알맞은 것은? (단위는 m임)

| 측점 | 후시 | 기계고 | 전시 | | 지반고 |
|---|---|---|---|---|---|
| | | | 전환점 | 이기점 | |
| BM | 0.175 | ㉠ | | | 37.133 |
| No.1 | | | | 0.154 | |
| No.2 | | | | 1.569 | |
| No.3 | | | | 1.143 | |
| No.4 | 1.098 | ㉡ | 1.237 | | ㉢ |
| No.5 | | | | 0.948 | |
| No.6 | | | | 1.175 | |

① ㉠ : 37.308, ㉡ : 37.169, ㉢ : 36.071

② ㉠ : 37.308, ㉡ : 36.071, ㉢ : 37.169

③ ㉠ : 36.958, ㉡ : 35.860, ㉢ : 37.097

④ ㉠ : 36.958, ㉡ : 37.097, ㉢ : 35.860

**TIP** 기고식으로 작성된 야장으로서 다음의 식만 알고 있으면 손쉽게 구할 수 있다.
지반고(G.H) = 기계고(I.H) − 전시(F.S)
기계고(I.H) = 지반고(G.H) + 후시(B.S)에 의하면
위의 식을 만족하는 값을 구하여 기입하면 다음과 같이 된다.
BM점 기계고 = 37.133 + 0.175 = 37.308
NO.4 지반고 = 37.308 − 1.237 = 36.071
NO.4 기계고 = 36.071 + 1.098 = 37.169

| 측점 | 후시 | 기계고 | 전시 | | 지반고 |
|---|---|---|---|---|---|
| | | | 전환점 | 이기점 | |
| BM | 0.175 | 37.308 | | | 37.133 |
| No.1 | | | | 0.154 | 37.154 |
| No.2 | | | | 1.569 | 35.739 |
| No.3 | | | | 1.143 | 36.165 |
| No.4 | 1.098 | 37.169 | 1.237 | | 36.071 |
| No.5 | | | | 0.948 | 36.221 |
| No.6 | | | | 1.175 | 35.994 |

**38** 캔트(Cant)의 계산 시 속도 및 반지름을 2배로 하면 캔트는 몇 배가 되는가?

① 2배

② 4배

③ 8배

④ 16배

**○TIP** $C = \dfrac{SV^2}{gR}$ 이므로 $V$와 $R$이 각각 2배가 되면 캔트는 2배가 된다.

**39** 종단측량과 횡단측량에 관한 설명으로 바르지 않은 것은?

① 종단도를 보면 노선의 형태를 알 수 있으나 횡단도를 보면 알 수 없다.

② 종단측량은 횡단측량보다 높은 정확도가 요구된다.

③ 종단도의 횡축척과 종축척은 서로 다르게 잡는 것이 일반적이다.

④ 횡단측량은 노선의 종단측량에 앞서 실시한다.

**○TIP** 횡단수준측량(cross section survey)은 단면적을 결정하기 위해서 이루어지는 측량방법으로 일반적으로 종단수준측량이 이루어진 후 횡단수준측량을 실시한다.
- **종단측량** : 선로의 중심말뚝 등의 표고를 측정하고, 종단면도를 작성하는 작업
- **횡단측량** : 선로의 중심말뚝 등을 기준으로 중심선의 직각방향 단면상 지형변화점 등의 위치를 측정하고, 횡단면도를 작성하는 작업

**40** 노선측량에서 단곡선의 설치법에 대한 설명으로 바르지 않은 것은?

① 중앙종거를 이용한 설치법은 터널속이나 산림지대에서 벌목량이 많을 때 사용하면 편리하다.

② 편각설치법은 비교적 높은 정확도로 인해 고속도로나 철도에 사용할 수 있다.

③ 접선편거와 현편거에 의해 설치하는 방법은 줄자만으로 사용하여 원곡선을 설치할 수 있다.

④ 장현에 대한 종거와 횡거에 의하는 방법은 곡률반지름이 짧은 곡선일 때 편리하다.

**TIP** 중앙종거는 시가지 등의 이미 설치된 곡선을 확장할 경우 주로 적용되는 방법이다. 터널 속이나 삼림지대에서 벌목량이 많을 경우에는 주로 지거법이 적용된다.

---

**제3과목** 수리학 및 수문학

---

**41** 다음 그림과 같은 사다리꼴 수로에서 수리상 유리한 단면으로 설계된 경우의 조건은?

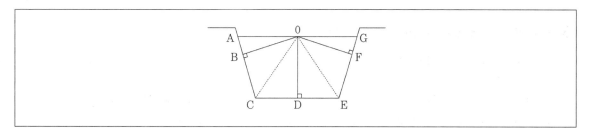

① OB=OD=OF

② OA=OD=OG

③ OC=OG+OA=OE

④ OA=OC=OE=OG

**TIP** 사다리꼴 수로에서 수리상 유리한 단면은 일정한 반지름의 반원에 외접하는 단면으로서 보기 중 OB=OD=OF의 조건이 이를 충족시킨다.

---

**42** 토리첼리(Torricelli) 정리는 다음 중 어느 것을 이용하여 유도할 수 있는가?

① 파스칼 원리

② 아르키메데스 원리

③ 레이놀즈 원리

④ 베르누이 정리

**○TIP** 토리첼리의 정리

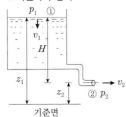

수조 측면 하부의 대기와 개방된 비교적 작은 구멍을 통하여 유출되는 유체(Fluid)의 속도(Velocity) 값을 계산하는 공식으로서 $v_2 = \sqrt{2gH}$ 의 식으로 표현한다. 이 식은 베르누이의 정리에서 유도된 것이다.

**43** 강우강도 공식에 관한 설명으로 바르지 않은 것은?

① 강우강도($I$)와 강우지속시간($D$)과의 관계로서 Talbot, Sherman, Japanese형의 경험공식에 의해 표현될 수 있다.

② 강우강도공식은 자기우량계의 우량자료로부터 결정되며, 지역에 무관하게 적용이 가능하다.

③ 도시지역의 우수거, 고속도로 암거 등의 설계시에 기본자료로서 널리 이용된다.

④ 강우강도가 커질수록 강우가 계속되는 시간은 일반적으로 작아지는 반비례관계이다.

**○TIP** 강우강도공식은 지역특성에 따라 다르게 적용을 해야 한다.

**44** 밑변 2m, 높이 3m인 삼각형 형상의 판이 밑변을 수면과 맞대고 연직으로 수중에 있다. 이 삼각형 판의 작용점의 위치는? (단, 수면을 기준으로 한다.)

① 1m

② 1.33m

③ 1.5m

④ 2m

$h_c = h_G + \dfrac{I_X}{h_G A}$ 이며 $h_G = \dfrac{1}{3}h = \dfrac{1}{3} \times 3 = 1[\text{m}]$

$I_X = \dfrac{bh^2}{36} = \dfrac{2 \times 3^3}{36} = 1.5[\text{m}^4]$ 이며 $A = 2 \times 3 \times \dfrac{1}{2} = 3[\text{m}^2]$, $h_c = 1 + \dfrac{1.5}{1 \times 3} = 1.5[\text{m}]$

**45** 지하의 사질 여과층에서 수두차가 0.5m이며 투과거리가 2.5m일 때 이곳을 통과하는 지하수의 유속은? (단, 투수계수는 0.3cm/s이다.)

① 0.03cm/s

② 0.04cm/s

③ 0.05cm/s

④ 0.06cm/s

TIP $V = K_i = K\dfrac{dh}{dl} = 0.3 \times \dfrac{50}{250} = 0.06[\text{cm/sec}]$

**46** 평면상 $x$, $y$방향의 속도성분이 각각 $u = ky$, $v = kx$인 유선의 형태는?

① 원

② 타원

③ 쌍곡선

④ 포물선

TIP 유선방정식 $\dfrac{dx}{u} = \dfrac{dy}{v}$ 에서 $u = ky$, $v = kx$를 대입하면, $\dfrac{dx}{ky} = \dfrac{dy}{kx}$ 이므로, $kxdx + kydy = 0$이 되므로,

$\displaystyle\int kxdx + \int kydy = C$이며 이는 $x^2 + y^2 = C$이므로 원의 방정식이며 유선의 형태는 원이 된다.

**47** 유역면적 20km$^2$ 지역에서 수공구조물의 축조를 위해 다음 아래의 수문곡선을 얻었을 때 총 유출량은?

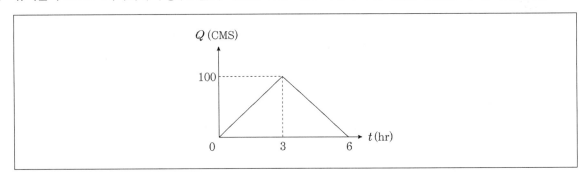

① 108m$^3$

② 108×10$^4$m$^3$

③ 300m$^3$

④ 300×10$^4$m$^3$

**TIP** 수문곡선의 면적은 총 유출량을 나타내며 단위가 hr이므로 $\dfrac{6 \times 100}{2} \times 3,600 = 108 \times 10^4 [\text{m}^3]$이 된다.

**48** 주어진 유량에 대한 비에너지(specific energy)가 3m일 때 한계수심은?

① 1m

② 1.5m

③ 2m

④ 2.5m

**TIP** 한계수심 $h_c = \dfrac{2}{3}H_e = \dfrac{2}{3} \times 3 = 2\text{m}$

**49** 그림과 같이 지름 3m, 길이 8m인 수로의 드럼게이트에 작용하는 전수압이 수문 $\overarc{ABC}$에 작용하는 지점의 수심은?

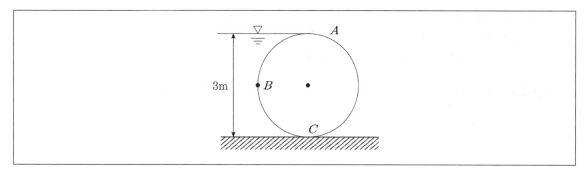

① 2.68m

② 2.43m

③ 2.25m

④ 2.00m

⊙ **TIP** 수평수압 $P_H = 1 \times 1.5 \times (8 \times 3) = 36t$

연직수압 $P_V = 1 \times \dfrac{1}{2} \times \dfrac{\pi \times 3^2}{4} \times 8 = 28.3t$

$\tan\theta = \dfrac{P_Y}{P_H}$ 이므로 $\theta = \tan^{-1}\left(\dfrac{28.3}{36}\right) = 38.2°$

$h_c = \dfrac{3}{2} + \dfrac{3}{2}\sin 38.2° = 2.43m$

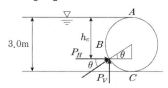

**50** 유체의 흐름에 대한 설명으로 바르지 않은 것은?

① 이상유체에서 점성은 무시된다.

② 유관(stream tube)은 유선으로 구성된 가상적인 관이다.

③ 점성이 있는 유체가 계속 흐르기 위해서는 가속도가 필요하다.

④ 정상류의 흐름상태는 위치변화에 따라 변화하지 않는 흐름을 의미한다.

**TIP** 정상류는 한 점에서 수리학적 특성이 시간에 따라 변화하지 않는 흐름을 의미한다.
- **정류**(정상류) : 시간에 따라 흐름의 특성들이 변하지 않는 흐름
- **부정류** : 시간에 따라 흐름의 특성들이 변하는 흐름
- **등류** : 거리에 따른 흐름의 특성들이 변하지 않는 흐름
- **부등류** : 거리에 따른 흐름의 특성들이 변하는 흐름

**51** 광정위어(Weir)의 유량공식 $Q = 1.704\,Cb\,H^{\frac{3}{2}}$ 에 사용되는 수두($H$)는?

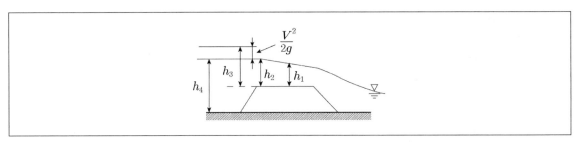

① $h_1$

② $h_2$

③ $h_3$

④ $h_4$

**TIP** 광정위어의 유량공식에서 수두($H$)는 주어진 그림의 $h_3$를 적용한다.

**52** 오리피스(Orifice)로부터의 유량을 측정한 경우 수두 $H$를 측정함에 있어 1%의 오차가 있었다면 유량 $Q$에는 몇 %의 오차가 발생하는가?

① 1%

② 0.5%

③ 1.5%

④ 2%

**○TIP** $Q = Ca\sqrt{2gh}$ 이며 오차는 $\dfrac{dQ}{Q} = \dfrac{1}{2}\dfrac{dh}{h}$

따라서 수두측정 시 1%의 오차가 있었다면 유량의 오차는 이의 절반인 0.5%의 오차가 발생한다.

**53** 강우강도 $I = \dfrac{5,000}{t+40}$ [mm/hr]로 표시되는 어느 도시에 있어서 20분간의 강우량 $R_{20}$은?

① 17.8[mm]

② 27.8[mm]

③ 37.8[mm]

④ 47.8[mm]

**○TIP** 강우강도 $I = \dfrac{5,000}{20+40} = 83.33$[mm/hr]

20분간의 강우량 $R_{20} = \dfrac{83.33[\text{mm}]}{60[\text{min}]} \times 20[\text{min}] = 27.8[\text{mm}]$

**54** 관망계산에 대한 설명 중 틀린 것은?

① 관망은 Hardy-Cross 방법으로 근사계산할 수 있다.

② 관망계산에서 시계방향과 반시계빙향으로 흐를 때의 마찰 손실수두의 합은 0이라고 가정한다.

③ 관망계산 시 각 관에서의 유량을 임의로 가정해도 결과는 같아진다.

④ 관망계산 시는 극히 작은 손실의 무시로도 결과에 큰 차를 가져올 수 있으므로 무시하여서는 안 된다.

**○TIP** 관망계산 시 손실은 마찰손실만을 고려하며 극히 작은 손실은 일반적으로 무시한다.

**55** 지하수의 흐름에서 Darcy의 법칙에 관한 설명으로 바른 것은?

① 정상상태이면 난류영역에서도 적용된다.
② 투수계수(수리전도계수)는 지하수의 특성과 관계가 있다.
③ Darcy 공식에 의한 유속은 공극 내 실제 유속의 평균치를 나타낸다.
④ 대수층의 모세관 작용은 이 공식에 간접적으로 반영되었다.

**TIP** ① Darcy 법칙은 정상류상태이면 층류영역에서만 적용된다.
③ Darcy 공식에 의한 유속은 실제유속과 공극률의 곱으로 나타낸다.
④ 대수층의 모세관 작용에 Darcy의 법칙이 반영되었다고 보기는 어렵다. Darcy법칙은 투수성에 관한 법칙으로서 대수층 내에서는 모세관대가 존재하지 않는 것으로 본다.

**56** 일반적인 수로단면에서 단면계수 $Z_c$와 수심 $h$의 상관식은 $Z_c^2 = Ch^M$로 표시될 수 있는데 이 식에서 $M$은?

① 단면지수
② 수리지수
③ 윤변지수
④ 흐름지수

**TIP** 단면계수 $Z_c$와 수심 $h$의 상관식은 $Z_c^2 = Ch^M$로 나타내며 여기서 $M$은 수리지수를 의미한다.

**57** 시간을 $t$, 유속을 $v$, 두 단면간의 거리가 $l$이라고 할 때 다음 조건 중 부등류인 경우는?

① $\dfrac{v}{t} = 0$

② $\dfrac{v}{t} \neq 0$

③ $\dfrac{v}{t} = 0, \dfrac{v}{l} = 0$

④ $\dfrac{v}{t} = 0, \dfrac{v}{l} \neq 0$

**TIP**

| 정류 | $\dfrac{\partial Q}{\partial t} = 0, \dfrac{\partial V}{\partial t} = 0, \dfrac{\partial \rho}{\partial t} = 0$ |
|---|---|
| 부정류 | $\dfrac{\partial Q}{\partial t} \neq 0, \dfrac{\partial V}{\partial t} \neq 0, \dfrac{\partial \rho}{\partial t} \neq 0$ |
| 등류 | $\dfrac{\partial v}{\partial t} = 0, \dfrac{\partial v}{\partial l} = 0$ |
| 부등류 | $\dfrac{\partial v}{\partial t} = 0, \dfrac{\partial v}{\partial l} \neq 0$ |

**58** 그림과 같이 A에서 분기했다가 B에서 다시 합류하는 관수로에 물이 흐를 때 관 Ⅰ과 Ⅱ의 손실 수두에 대한 설명으로 옳은 것은? (단, 관의 성질은 같고 관 Ⅰ의 직경 < 관 Ⅱ의 직경이다.)

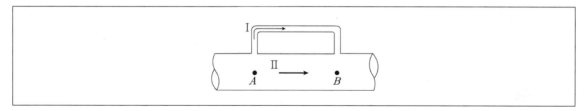

① 관 Ⅰ의 손실수두가 크다.
② 관 Ⅱ의 손실수두가 크다.
③ 관 Ⅰ과 관 Ⅱ의 손실수두는 같다.
④ 관 Ⅰ과 관 Ⅱ의 손실수두의 합은 0이다.

**○TIP** 병렬관수로인 경우 관 Ⅰ과 관 Ⅱ의 손실수두는 같다.

**59** 강우로 인한 유수가 그 유역 내의 가장 먼 지점으로부터 유역출구까지 도달하는데 소요되는 시간을 의미하는 것은?

① 기저시간
② 도달시간
③ 지체시간
④ 강우지속시간

**○TIP** ② 도달시간 : 강우로 인한 유수가 그 유역 내의 가상 먼 지점으로부터 유역출구까지 도달하는데 소요되는 시간
① 기저시간 : 단위강우에 의한 단위도에서 유출이 지속되는 시간. 즉, 수문곡선에서 상승부분이 시작하는 점에서부터 직접유출이 끝나는 지점까지의 시간
③ 지체시간 : 유효우량 주상도의 중심점으로부터 첨두유량이 발생하는 시간적 차이
④ 강우지속시간(유달시간) : 유입시간과 유하시간의 합

**60** 다음 중 밀도를 나타내는 차원은?

① $[FL^{-4}T^2]$

② $[FL^4T^2]$

③ $[FL^{-2}T^4]$

④ $[FL^{-2}T^4]$

**①TIP** 밀도를 나타내는 차원은 FLT계에서는 $[FL^{-4}T^2]$가 된다.

| 물리량 | MLT계 | FLT계 | 물리량 | MLT계 | FLT계 |
|---|---|---|---|---|---|
| 길이 | $[L]$ | $[L]$ | 질량 | $[M]$ | $[FL^{-1}T^2]$ |
| 면적 | $[L^2]$ | $[L^2]$ | 힘 | $[MLT^{-2}]$ | $[F]$ |
| 체적 | $[L^3]$ | $[L^3]$ | 밀도 | $[ML^{-3}]$ | $[[FL^{-4}T^2]$ |
| 시간 | $[T]$ | $[T]$ | 운동량, 역적 | $[MLT^{-1}]$ | $[FT]$ |
| 속도 | $[LT^{-1}]$ | $[LT^{-1}]$ | 비중량 | $[ML^{-2}T^2]$ | $[FL^{-3}]$ |
| 각속도 | $[T^{-1}]$ | $[T^{-1}]$ | 점성계수 | $[ML^{-1}T^{-1}]$ | $[FL^{-2}T]$ |
| 가속도 | $[LT^{-2}]$ | $[LT^{-2}]$ | 표면장력 | $[MT^{-2}]$ | $[FL^{-1}]$ |
| 각가속도 | $[T^{-2}]$ | $[T^{-2}]$ | 압력강도 | $[ML^{-1}T^{-2}]$ | $[FL^{-2}]$ |
| 유량 | $[L^3T^{-1}]$ | $[L^3T^{-1}]$ | 일, 에너지 | $[ML^2T^{-2}]$ | $[FL]$ |
| 동점성계수 | $[L^2T^{-1}]$ | $[L^2T^{-1}]$ | 동력 | $[ML^2T^{-3}]$ | $[FLT^{-1}]$ |

**61** 다음 그림과 같이 경간이 8[m]인 PSC보에 계수등분포하중 $w = 20$[kN/m]가 작용할 때 중앙 단면 콘크리트 하연에서의 응력이 0이 되려면 강재에 줄 프리스트레스의 힘 $P$는 얼마인가? (단, PS강재는 콘크리트 도심에 배치되어 있다.)

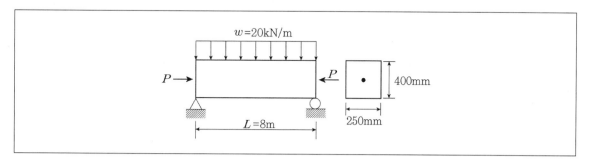

① $P = 2,000$[kN]

② $P = 2,200$[kN]

③ $P = 2,400$[kN]

④ $P = 2,600$[kN]

**○TIP** $f_b = \dfrac{P}{A} - \dfrac{M}{Z} = \dfrac{P}{bh^2} - \dfrac{3wl^2}{4bh^2} = 0$

$P = \dfrac{3wl^2}{4h} = \dfrac{3 \times 20,000 \times 8^2}{4 \times 400} = 2,400$[kN]

**62** 콘크리트 구조물에서 비틀림에 대한 설계를 하려고 할 때 계수비틀림 모멘트($T_u$)를 계산하는 방법에 대한 다음 설명 중 틀린 것은?

① 균열에 의하여 내력의 재분배가 발생하여 비틀림 모멘트가 감소할 수 있는 부정정 구조물의 경우, 최대 계수비틀림 모멘트를 감소시킬 수 있다.

② 철근콘크리트 부재에서 받침부로부터 $d$ 이내에 위치한 단면은 $d$에서 계산된 $T_u$보다 작지 않은 비틀림 모멘트에 대하여 설계해야 한다.

③ 프리스트레스트 부재에서 받침부로부터 $d$ 이내에 위치한 단면을 설계할 때 $d$에서 계산된 $T_u$보다 작지 않은 비틀림 모멘트에 대하여 설계해야 한다.

④ 정밀한 해석을 수행하지 않은 경우 슬래브로부터 전달되는 비틀림하중은 전체 부재에 걸쳐 균등하게 분포하는 것으로 가정할 수 있다.

**○TIP** 프리스트레스트 부재에서 받침부로부터 $\dfrac{h}{2}$ 이내에 위치한 단면을 $\dfrac{h}{2}$에서 계산된 $T_u$보다 작지 않은 비틀림 모멘트에 대하여 설계해야 한다. 만약 $\dfrac{h}{2}$ 이내에서 집중된 비틀림 모멘트가 작용하면 위험단면은 받침부의 내부면으로 해야 한다.

**63** 단철근 직사각형 보에서 설계기준압축강도 $f_{ck}$=58MPa일 때 계수 $\beta_1$은? (단, 등가 직사각형응력블록의 깊이는 $a = \beta_1 c$이다.)

① 0.78
② 0.72
③ 0.65
④ 0.64

**○TIP** 콘크리트의 설계기준압축강도가 56MPa를 초과하면 등가압축영역계수 $\beta_1$은 0.65를 적용한다.

**64** 프리스트레스트 콘크리트의 경우 흙에 접하여 콘크리트를 친 후 영구히 흙에 묻혀 있는 콘크리트의 최소 피복두께는?

① 40[mm]
② 60[mm]
③ 80[mm]
④ 100[mm]

**○TIP** 흙에 접하여 콘크리트를 친 후 영구히 흙에 묻혀있는 콘크리트의 경우 보, 기둥에서의 주철근의 최소피복두께는 80[mm]이다.

**65** 다음 그림과 같은 띠철근 기둥에서 띠철근의 최대간격으로 적당한 것은? (단, D10의 공칭직경은 9.5mm, D32의 공칭직경은 31.8mm)

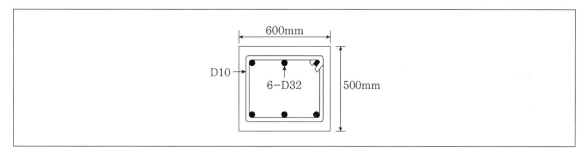

① 400mm

② 450mm

③ 500mm

④ 550mm

> **○TIP** 다음 중 최솟값을 적용해야 한다.
> • 축방향 철근 지름의 16배 이하 : $31.8 \times 16 = 508.8$mm 이하
> • 띠철근 지름의 48배 이하 : $9.5 \times 48 = 456$mm 이하
> • 기둥 단면의 최소 치수 이하 : 400mm 이하

**66** 인장철근의 겹침이음에 대한 설명으로 바르지 않은 것은?

① 다발철근의 겹침이음은 다발 내의 개개철근에 대한 겹침이음길이를 기본으로 결정되어야 한다.

② 어떤 경우이든 300mm 이상 겹침이음한다.

③ 겹침이음에는 A급, B급 이음이 있다.

④ 겹침이음된 철근량이 전체 철근량의 1/2 이하인 경우는 B급이음이다.

> **○TIP** 배근된 철근량이 소요철근량의 2배 이상이며 소요겹침이음 길이 내 겹침이음된 철근량이 전체 철근량의 1/2 이하인 경우는 A급이음이다.

**67** 부재의 순단면적을 계산할 경우 지름 22mm의 리벳을 사용하였을 때 리벳구멍의 지름은? (단, 강구조 연결 설계기준[허용응력설계법]을 적용한다.)

① 21.5mm

② 22.5mm

③ 23.5mm

④ 24.5mm

> **TIP** 리벳의 직경이 20mm 미만인 경우 구멍의 직경은 리벳직경보다 1.0mm가 더 크며 리벳의 직경이 20mm 이상인 경우는 구멍의 직경이 1.5mm가 더 커야 한다. 따라서 문제에서 주어진 조건이 구멍직경이 22mm이므로 23.5mm가 답이 된다.

**68** 아래 그림과 같은 보의 단면에서 표피철근의 간격 $s$는 약 얼마인가? (단, 습윤환경에 노출되는 경우로서, 표피철근의 표면에서 부재측면까지 최단거리($C_c$)는 50[mm], $f_{ck}=28$[MPa], $f_y=400$[MPa]이다.)

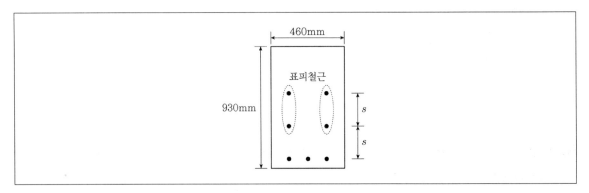

① 170[mm]

② 190[mm]

③ 220[mm]

④ 240[mm]

> **TIP** $k_{cr}=210$ (건조환경 : 280, 그 외의 환경 : 210)
>
> $$f_s = \frac{2}{3}f_y = \frac{2}{3}\times 400 = 266.7[\text{MPa}]$$
>
> $$S_1 = 375\left(\frac{k_{cr}}{f_s}\right) = 2.5C_c = 375\times\left(\frac{210}{266.7}\right) - 2.5\times 50 = 170.3[\text{mm}]$$
>
> $$S_2 = 300\left(\frac{k_{cr}}{f_s}\right) = 300\times\left(\frac{210}{266.7}\right) = 236.2[\text{mm}]$$
>
> $$S = [S_1, \ S_2]_{\min} = 170.3[\text{mm}]$$

**69** 과도한 처짐에 의해 손상되기 쉬운 비구조 요소를 지지 또는 부착한 지붕 또는 바닥구조의 최대 허용처짐은? (단, $l$은 부재의 길이이고, 콘크리트구조기준 규정을 따른다.)

① $\dfrac{l}{180}$  ② $\dfrac{l}{240}$

③ $\dfrac{l}{360}$  ④ $\dfrac{l}{480}$

**TIP** 과도한 처짐에 의해 손상되기 쉬운 비구조요소를 지지 또는 부착한 지붕 또는 바닥구조의 허용처짐은 $\dfrac{l}{480}$이다.

**70** 옹벽의 안정조건 중 전도에 대한 저항휨모멘트는 횡토압에 의한 전도모멘트의 최소 몇 배 이상이어야 하는가?

① 1.5배  ② 2.0배

③ 2.5배  ④ 3.0배

**TIP** 옹벽의 안전율은 전도에 대해서는 2.0, 활동에 대해서는 1.5, 침하에 대해서는 1.0이다.

**71** 콘크리트의 설계기준압축강도($f_{ck}$)가 50[MPa]인 경우 콘크리트 탄성계수 및 크리프 계산에 적용되는 콘크리트의 평균압축강도($f_{cu}$)는?

① 54[MPa]  ② 55[MPa]

③ 56[MPa]  ④ 57[MPa]

**TIP** $f_{cu} = f_{ck} + \triangle f$
- $\triangle f$의 값
  $f_{ck} \leq 40[\text{MPa}]$, $\triangle f = 4[\text{MPa}]$
  $f_{ck} \geq 60[\text{MPa}]$, $\triangle f = 6[\text{MPa}]$
  $40[\text{MPa}] < f_{ck} < 60[\text{MPa}]$, $\triangle f = 4 + 0.1(f_{ck} - 40)[\text{MPa}]$
- $f_{cu}$의 값
  $f_{cu} = f_{ck} + \triangle f$이므로 $f_{ck} = 50[\text{MPa}]$인 경우
  $\triangle f = 4 + 0.1(f_{ck} - 40) = 4 + 0.1(50 - 40) = 5[\text{MPa}]$
  따라서 $f_{cu} = f_{ck} + \triangle f = 50 + 5 = 55[\text{MPa}]$

**72** 2방향 슬래브의 직접설계법을 적용하기 위한 제한사항으로 바르지 않은 것은?

① 각 방향으로 3경간 이상이 연속되어야 한다.
② 슬래브판들은 단변 경간에 대한 장변 경간의 비가 2 이하인 직사각형이어야 한다.
③ 모든 하중은 슬래브 판 전체에 걸쳐 등분포된 연직하중이어야 한다.
④ 연속한 기둥 중심선을 기준으로 어긋남은 그 방향 경간의 최대 20% 이하여야 한다.

**OTIP** 연속한 기둥 중심선을 기준으로 어긋남은 그 방향 경간의 최대 10% 이하여야 한다.

**73** $b_w = 350\text{mm}$, $d = 600\text{mm}$인 단철근 직사각형 보에서 콘크리트가 부담할 수 있는 공칭 전단 강도를 정밀식으로 구하면 약 얼마인가? (단, $V_u = 100\text{kN}$, $M_u = 300\text{kN} \cdot \text{m}$, $\rho_w = 0.016$, $f_{ck} = 24\text{MPa}$)

① 164.2kN
② 171.5kN
③ 176.4kN
④ 182.7kN

**OTIP** $\dfrac{V_u d}{M_u} = \dfrac{100 \times (600 \times 10^{-3})}{300} = 0.2 < 1$이므로

$$V_c = \left(0.16\sqrt{f_{ck}} + 17.6\rho_w \frac{V_u d}{M_u}\right) b_w d = 176.4\text{kN}$$

**74** $A_s = 3,600\text{mm}^2$, $A_s' = 1,200\text{mm}^2$로 배근된 그림과 같은 복철근 보의 탄성처짐이 12mm라고 할 때 5년 후 지속하중에 의해 유발되는 추가 장기처짐은 얼마인가? (단, 5년 후 지속하중 재하에 따른 계수는 $\xi = 2.0$이다.)

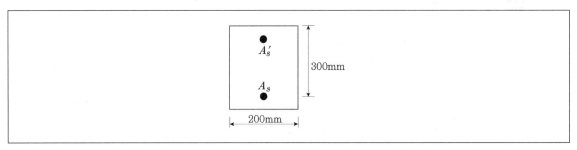

① 36mm
② 18mm
③ 12mm
④ 6mm

**TIP** 압축철근비 $\rho' = \dfrac{A_s{}'}{bd} = \dfrac{1,200}{200 \times 300} = 0.02$

장기처짐계수 $\lambda = \dfrac{\xi}{1 + 50\rho'} = \dfrac{2.0}{1 + 50 \times 0.02} = \dfrac{2.0}{2.0} = 1.0$

장기처짐은 순간처짐과 장기처짐계수의 곱이므로 $\delta_L = \lambda \cdot \delta_i = 1.0 \times 12 = 12\text{mm}$

**75** 다음 그림과 같은 2경간 연속보의 양단에서 PS강재를 긴장할 때 단(端) A에서 중간 B까지의 마찰에 의한 프리스트레스의 (근사적인) 감소율은? (단, 곡률마찰계수 $\mu_p = 0.4$, 파상마찰계수 $K = 0.0027$)

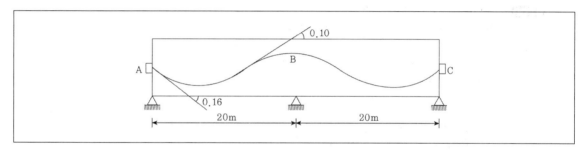

① 12.6%  ② 13.6%
③ 15.8%  ④ 18.2%

**TIP** $l_{px} = 20\text{m}$

$\alpha_{px} = \theta_1 + \theta_2 = 0.16 + 0.10 = 0.26$

$(Kl_{px} + \mu_p\alpha_{px}) = 0.0027 \times 20 + 0.4 \times 0.26 = 0.158 \leq 0.3$

$\Delta P_f = P_{pj}\left[\dfrac{(Kl_{px} + \mu_p\alpha_{px})}{1 + (Kl_{px} + \mu_p\alpha_{px})}\right] = 0.136P_{pj}$

감소율 $= \dfrac{\Delta P_f}{P_{pj}} \times 100 = \dfrac{0.136P_{pj}}{P_{pj}} \times 100 = 13.6\%$

**76** 유효깊이($d$)가 910mm인 아래 그림과 같은 단철근 T형보의 설계휨강도($\phi M_n$)를 구하면? (단, 인장철근량 ($A_s$)는 7,652mm², $f_{ck}$=21MPa, $f_y$=350MPa, 인장지배단면으로 $\phi$=0.85, 경간은 3,040mm이다.)

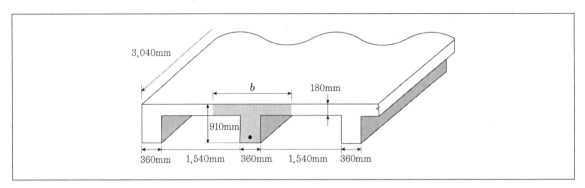

① 1,845kN · m
② 1,863kN · m
③ 1,883kN · m
④ 1,901kN · m

**○TIP** • 플랜지의 유효폭 (다음 값 중 최솟값으로 한다.)

$16t_f + b_w = 16 \times 180 + 360 = 2,880 + 360 = 3,240[\text{mm}]$

양쪽슬래브의 중심간 거리 $= 1,540 + 360 = 1,900[\text{mm}]$

보경간의 $1/4 = 3,040/4 = 760[\text{mm}]$

• 설계휨강도 산정

$$A_{sf} = \frac{0.85f_{ck}(b-b_w)t}{f_y} = \frac{0.85 \times 21 \times (760-360) \times 180}{350} = 3,672[\text{mm}^2]$$

$$a = \frac{(A_s - A_{sf})f_y}{0.85f_{ck}b_w} = \frac{(7,652-3,672) \times 350}{0.85 \times 21 \times 360} = 216.78[\text{mm}]$$

$$M_n = (A_s - A_{sf})f_y\left(d - \frac{a}{2}\right) + A_{sf}f_y\left(d - \frac{t}{2}\right)$$

$$= \left[(7,652-3,672) \times 350\left(910 - \frac{217}{2}\right) + 3,672 \times 350 \times \left(910 - \frac{180}{2}\right)\right] \times 10^{-6}$$

$$= 2,170.35\text{kN} \cdot \text{m}$$

여기에 강도감소계수 0.85를 곱하면 1,844.8[kN · m]

**77** 다음 중 철근콘크리트 구조물에서 연속 휨부재의 모멘트 재분배를 하는 방법에 대한 설명으로 바르지 않은 것은?

① 근사해법에 의해 휨모멘트를 계산한 경우에는 연속 휨부재의 모멘트 재분배를 할 수 없다.

② 근사해법에 의해 휨모멘트를 계산한 경우를 제외하고, 어떠한 가정의 하중을 적용하여 탄성이론에 의하여 산정한 연속휨부재 받침부의 부모멘트는 10% 이내에서 $800\varepsilon_t$%만큼 증가 또는 감소시킬 수 있다.

③ 경간내의 단면에 대한 휨모멘트의 계산은 수정된 부모멘트를 사용해야 한다.

④ 휨모멘트를 감소시킬 단면에서 최외단 인장철근의 순인장변형률 $\varepsilon_t$가 0.0075 이상인 경우에만 가능하다.

**○TIP** 근사해법에 의해 휨모멘트를 계산한 경우를 제외하고, 어떠한 가정의 하중을 적용하여 탄성이론에 의하여 산정한 연속 휨부재 받침부의 부모멘트는 20% 이내에서 $1,000\varepsilon_t$%만큼 증가 또는 감소시킬 수 있다.

연속휨부재의 모멘트 재분배량은 경간조건에 따라 다른 기준을 적용해야 한다.

※ **연속 휨부재의 부모멘트 재분배**

- 근사해법에 의해 휨모멘트를 계산한 경우에는 연속 휨부재의 모멘트 재분배를 할 수 없다.
- 근사해법에 의해 휨모멘트를 계산한 경우를 제외하고, 어떠한 가정의 하중을 적용하여 탄성이론에 의하여 산정한 연속휨부재 받침부의 부모멘트는 20% 이내에서 $1,000\varepsilon_t$%만큼 증가 또는 감소시킬 수 있다.
- 휨모멘트의 재분배는 휨모멘트를 감소시킬 단면에서 최외단 인장철근의 순인장변형률 $\varepsilon_t$가 0.0075 이상인 경우에만 가능하다.
- 경간 내의 단면에 대한 휨모멘트의 계산은 수정된 부모멘트를 사용해야 하며, 휨모멘트 재분배 이후에도 정적 평형을 유지해야 한다.
- 부모멘트의 재분배는 소성힌지 부근에서 충분한 연성능력이 있을 때 가능하다.

**78** 다음 그림과 같은 직사각형 보를 강도설계이론으로 해석할 때 콘크리트의 등가사각형 깊이 $a$는? (단, $f_{ck}$ =21MPa이며 $f_y$ =300MPa이다.)

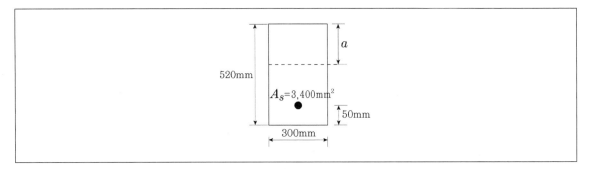

① 109.9mm

② 121.6mm

③ 129.9mm

④ 190.5mm

**OTIP** $a = \dfrac{A_s f_y}{0.85 f_{ck} b} = \dfrac{3,400 \times 300}{0.85 \times 21 \times 300} = 190.476 ≒ 190.5mm$

**79** 복전단 고장력볼트의 이음에서 강판에 $P$ =350kN이 작용할 때 필요한 볼트의 수는? (단, 볼트의 지름은 20mm, 허용전단응력은 120MPa이다.)

① 3개

② 5개

③ 8개

④ 10개

**OTIP** $P_s = v_a (2A) = 120 \times \left( 2 \times \dfrac{\pi \times 20^2}{4} \right) = 75,398N$

$n = \dfrac{P}{P_s} = \dfrac{350 \times 10^3}{75,398} = 4.64 ≒ 5개$

**80** 다음 그림과 같은 용접부의 응력은?

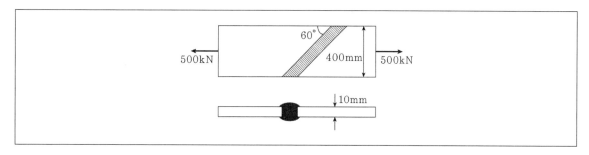

① 110MPa

② 125MPa

③ 250MPa

④ 722MPa

**○TIP** $f = \dfrac{P}{A} = \dfrac{P}{\sum al} = \dfrac{500,000}{400 \times 10} = 125[\text{MPa}]$

**제5과목** **토질 및 기초**

**81** 어떤 흙의 입경가적곡선에서 $D_{10} = 0.05\text{mm}$, $D_{30} = 0.09\text{mm}$, $D_{60} = 0.15\text{mm}$이었다. 균등계수($C_u$)와 곡률계수 ($C_g$)의 값은?

① 균등계수=1.7, 곡률계수=2.45

② 균등계수=2.4, 곡률계수=1.82

③ 균등계수=3.0, 곡률계수=1.08

④ 균등계수=3.5, 곡률계수=2.08

**○TIP** 균등계수 $C_u = \dfrac{D_{60}}{D_{10}} = \dfrac{0.15}{0.05} = 3$

곡률계수 $C_g = \dfrac{D_{30}^2}{D_{10} \cdot D_{60}} = \dfrac{0.09^2}{0.05 \times 0.15} = 1.08$

**82** 말뚝지지력에 관한 여러 가지 공식 중 정역학적 지지력 공식이 아닌 것은?

① Dorr의 공식

② Terzzgahi의 공식

③ Meyerhof의 공식

④ Engineering News 공식

**OTIP** Engineering News 공식은 동역학적 공식이다.

※ 말뚝의 지지력 공식

| 정역학적 공식 | 동역학적 공식 |
|---|---|
| Terzaghi | Engineering-news |
| Meyerhof | Hiley |
| Dunham | Sander |
| Dorr | Weisbach |

| 분류 | 안전율 | 비고 |
|---|---|---|
| 재하시험 | 3 | 가장 확실하나 비경제적임 |
| 정역학적 지지력공식 | 3 | 시공전 설계에 사용, N치 이용가능 |
| 동역학적 지지력공식 | 3~8 | 시공시 사용, 점토지반에 부적합 |

**83** 압밀시험결과 시간-침하량 곡선에서 구할 수 없는 것은?

① 초기압축비

② 압밀계수

③ 1차 압밀비

④ 선행압밀압력

**OTIP** 선행압밀압력은 하중-간극비곡선에서 구할 수 있다.

※ 압밀곡선 중 시간-침하량곡선과 하중-간극비곡선의 비교

| | 시간-침하량곡선 | 하중-간극비곡선 |
|---|---|---|
| 공통 | 압축계수<br>체적변화계수 | 압축계수<br>체적변화계수 |
| 차이점 | 압밀계수<br>투수계수<br>1차 압밀비<br>압밀시간 산정<br>각 하중단계별 작성 | 압축지수<br>선행압밀하중<br>압밀침하량산정<br>전 하중 단계에서 작성 |

**84** 다음 그림과 같은 점토지반에서 안전수(m)가 0.1인 경우 높이 5m의 사면에 있어서의 안전율은?

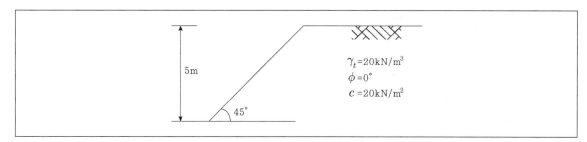

$\gamma_t = 20 \text{kN/m}^3$
$\phi = 0°$
$c = 20 \text{kN/m}^2$

5m

45°

① 1.0

② 1.25

③ 1.50

④ 2.0

○**TIP** 안전율 $F_s = \dfrac{H_c}{H}$ 이며, $H = 5[\text{m}]$

$H_c = \dfrac{c}{\gamma_m} = \dfrac{20}{20 \times 0.1} = 10[\text{m}]$ 이므로 $F_s = \dfrac{10}{5} = 2.0$

**85** 다음 중 일시적인 지반개량공법에 속하는 것은?

① 동결공법

② 프리로딩공법

③ 약액주입공법

④ 모래다짐말뚝공법

○**TIP** 동결공법은 지반을 일시적으로 동결시키는 공법이다.

**86** 얕은 기초에 대한 Terzaghi의 수정지지력 공식은 아래의 표와 같다. 4m×5m의 직사각형기초를 사용할 경우 형상계수 $\alpha$, $\beta$의 값으로 옳은 것은?

$$q_u = a \cdot c \cdot N_c + \beta \cdot \gamma_1 \cdot B \cdot N + \gamma_2 \cdot D_f \cdot N_q$$

① $\alpha = 1.18$, $\beta = 0.32$

② $\alpha = 1.24$, $\beta = 0.42$

③ $\alpha = 1.28$, $\beta = 0.42$

④ $\alpha = 1.32$, $\beta = 0.38$

**○TIP** $\alpha$, $\beta$ : 기초모양에 따른 형상계수 ($B$ : 구형의 단변길이, $L$ : 구형의 장변길이)

| 구분 | 연속 | 정사각형 | 직사각형 | 원형 |
|------|------|----------|----------|------|
| $\alpha$ | 1.0 | 1.3 | $1 + 0.3\dfrac{B}{L}$ | 1.3 |
| $\beta$ | 0.5 | 0.4 | $0.5 - 0.1\dfrac{B}{L}$ | 0.3 |

$1 + 0.3\dfrac{B}{L}$, $0.5 - 0.1\dfrac{B}{L}$에 $B=4$, $L=5$를 대입하면 $\alpha = 1.24$, $\beta = 0.42$가 된다.

※ Terzaghi의 수정지지력 공식(얕은 기초의 극한지지력)

$$q_u = \alpha \cdot c \cdot N_c + \beta \cdot r_1 \cdot B \cdot N_r + r_2 \cdot D_f \cdot N_q$$

$N_c$, $N_r$, $N_q$ : 지지력 계수로서 $\phi$의 함수이다.

$c$ : 기초저면 흙의 점착력

$B$ : 기초의 최소폭

$r_1$ : 기초 저면보다 하부에 있는 흙의 단위중량(t/m3)

$r_2$ : 기초 저면보다 상부에 있는 흙의 단위중량(t/m3)

단, $r_1$, $r_2$는 지하수위 아래에서는 수중단위중량($r_{sub}$)을 사용한다.

$D_f$ : 근입깊이(m)

$\alpha$, $\beta$ : 기초모양에 따른 형상계수 ($B$ : 구형의 단변길이, $L$ : 구형의 장변길이)

| 구분 | 연속 | 정사각형 | 직사각형 | 원형 |
|------|------|----------|----------|------|
| $\alpha$ | 1.0 | 1.3 | $1 + 0.3\dfrac{B}{L}$ | 1.3 |
| $\beta$ | 0.5 | 0.4 | $0.5 - 0.1\dfrac{B}{L}$ | 0.3 |

**87** 성토나 기초지반에 있어 특히 점성토의 압밀 완료 후 추가 성토 시 단기 안정문제를 검토하고자 하는 경우가 적용되는 시험법은?

① 비압밀 비배수시험　　　　　　　　　② 압밀 비배수시험

③ 압밀 배수시험　　　　　　　　　　　④ 일축 압축시험

> **TIP** 압밀 비배수시험 ··· 성토나 기초지반에 있어 특히 점성토의 압밀 완료 후 추가 성토 시 단기 안정문제를 검토하고자 하는 경우가 적용되는 시험법
>
> ※ 배수방법에 따른 적용의 예
>
> ㉠ 비압밀 비배수
> • 점토지반이 시공 중 또는 성토한 후 급속한 파괴가 예상되는 경우
> • 압밀이나 함수비의 변화가 없이 급속한 파괴가 예상되는 경우
> • 재하속도가 과잉공극수압의 소산속도보다 빠른 경우
> • 즉각적인 함수비의 변화, 체적의 변화가 없는 경우
> • 점토지반의 단기적 안정해석을 하는 경우
>
> ㉡ 압밀 비배수
> • 성토하중으로 어느 정도 압밀된 후 급속한 파괴가 예상되는 경우
> • 기존의 제방, 흙 댐에서 수위가 급강하할 때의 안정해석을 하는 경우
> • 사전압밀 후 급격한 재하시의 안정해석을 하는 경우
>
> ㉢ 압밀 배수
> • 성토하중에 의하여 압밀이 서서히 진행되고 파괴도 극히 완만하게 진행될 때
> • 공극수압의 측정이 곤란한 경우
> • 점토지반의 장기적 안정해석을 하는 경우
> • 흙 댐의 정상류에 의한 장기적인 공극수압을 산정하는 경우
> • 과압밀점토의 굴착이나 자연사면의 장기적 안정해석을 하는 경우
> • 투수계수가 큰 모래지반의 사면 안정해석을 하는 경우

**88** 외경($D_o$) 50.8mm, 내경($D_i$) 34.9mm인 스플리트 스푼 샘플러의 면적비로 옳은 것은?

① 112%　　　　　　　　　　　　　② 106%

③ 53%　　　　　　　　　　　　　　④ 46%

> **TIP** 면적비
>
> $$C_a = \frac{D_w^2 - D_e^2}{D_e^2} \times 100 = \frac{50.8^2 - 34.9^2}{34.9^2} \times 100 = 111.87\%$$

**89** 사운딩(Sounding)의 종류에서 사질토에 가장 적합하고 점성토에서도 쓰이는 시험법은?

① 표준관입시험
② 베인전단시험
③ 더치 콘 관입시험
④ 이스키이터(Iskymeter)

**TIP** ① 표준관입시험기: 사질토에 가장 적합하나 점토지반의 N치에 의한 강도판정과 지지력을 계산할 수 있다.
② 베인전단시험: 점성토의 전단력을 측정하는 시험이다.
③ 더치 콘 관입시험: 점토질 지반을 조사하는 데 적합한 정적 관입시험의 하나. 이중관식 장비를 사용하여 선단 콘의 관입 저항과 로드의 주면 마찰을 측정한다.
④ 이스키미터(Iskymeter): 관입저항시험의 일종으로서 연약점성토를 측정한다.

**90** 흙의 투수성에서 사용되는 Darcy의 법칙($Q = k \cdot \dfrac{\triangle h}{L} \cdot A$)에 대한 설명으로 바르지 않은 것은?

① $\triangle h$는 수두차이다.
② 투수계수($k$)의 차원은 속도의 차원(cm/s)와 같다.
③ $A$는 실재로 물이 통하는 공극부분의 단면적이다.
④ 물의 흐름이 난류인 경웅에는 Darcy의 법칙이 성립하지 않는다.

**TIP** $A$는 매질의 내부단면적이다.(흙 시료에 다르시의 법칙을 적용한다고 할 때, 단면적 $A$는 흙 시료 전체 단면적이므로 이를 통해 계산한 유속 $v$는 실제 유속 $v_a$과는 다르다.)

**91** 100% 포화된 흐트러지지 않은 시료의 부피가 20[cm³]이고 무게는 36g이었다. 이 시료를 건조로에서 건조시킨 후의 무게가 24g일 때 간극비는 얼마인가?

① 1.36
② 1.50
③ 1.62
④ 1.70

**TIP** 함수비 $w = \dfrac{W_w}{W_s} \times 100 = \dfrac{36-24}{24} \times 100 = 50\%$

상관식 $S \cdot e = G_s \cdot w$이며 $1 \cdot e = G_s \cdot 0.5$

$e = 0.5 G_s$

건조단위중량 $\gamma_d = \dfrac{W_s}{V} = \dfrac{G_s}{1+e} \gamma_w$ 이므로 $1.2 = \dfrac{G_s}{1+0.5 G_s}$

$G_s = 1.2 + 0.6 G_s$ 이므로 $G_s = 3$

간극비 $e = 0.5 G_s = 0.5 \times 3 = 1.5$

**92** 어느 모래층의 간극률이 35%, 비중이 2.66이다. 이 모래의 분사현상(Quick Sand)에 대한 한계동수경사는?

① 0.99

② 1.08

③ 1.16

④ 1.32

> **TIP** 한계동수구배 $i_c = \dfrac{\triangle h}{L} = \dfrac{\gamma_{sub}}{\gamma_w} = \dfrac{G_s - 1}{1+e} = \dfrac{2.66-1}{1+0.538} = 1.08$
>
> 간극비 $e = \dfrac{n}{1-n} = \dfrac{0.35}{1-0.35} = 0.538$


**93** 흙의 다짐에 대한 설명으로 바르지 않은 것은?

① 최적함수비로 다질 때 흙의 건조밀도는 최대가 된다.

② 최대건조밀도는 점성토에 비해 사질토일수록 크다.

③ 최적함수비는 점성토일수록 작다.

④ 점성토일수록 다짐곡선은 완만하다.

> **TIP** 최적함수비는 점성토일수록 증가한다.


**94** 판재하시험에서 재하판의 크기에 의한 영향(Scale Effect)에 관한 설명으로 바르지 않은 것은?

① 사질토 지반의 지지력은 재하판의 폭에 비례한다.

② 점토지반의 지지력은 재하판의 폭에 무관하다.

③ 사질토 지반의 침하량은 재하판의 폭이 커지면 약간 커지기는 하지만 비례하는 정도는 아니다.

④ 점토지반의 침하량은 재하판의 폭에 무관하다.

> **TIP** $S_F = S_P \left( \dfrac{2B_F}{B_F + B_P} \right)^2 = 10 \left( \dfrac{2 \times 1,500}{1,500[\mathrm{mm}] + 300[\mathrm{mm}]} \right)^2 = 27.7[\mathrm{mm}]$ ($B_F$는 기초의 폭, $B_P$는 재하판의 폭)

| 구분 | 점토 | 모래 |
|---|---|---|
| 지지력 | $q_{u(기초)} = q_{u(재하판)}$ | $q_{u(기초)} = q_{u(재하판)} \cdot \dfrac{B_{(기초)}}{B_{(재하판)}}$ |
| 침하량 | $S_{u(기초)} = S_{u(재하판)} \cdot \dfrac{B_{(기초)}}{B_{(재하판)}}$ | $S_{u(기초)} = S_{u(재하판)} \cdot \left[ \dfrac{2B_{(기초)}}{B_{(기초)} + B_{(재하판)}} \right]^2$ |

**95** 지표면에 설치된 2m×2m의 정사각형 기초에 100kN/m²의 등분포하중이 작용하고 있을 때 5m 깊이에 있어서의 연직응력 증가량을 2:1 분포법으로 계산한 값은?

① $0.83\text{kN/m}^2$

② $8.16\text{kN/m}^2$

③ $19.75\text{kN/m}^2$

④ $28.57\text{kN/m}^2$

**O TIP** $\triangle\sigma_z = \dfrac{qBL}{(B+z)(L+z)} = \dfrac{100\times2\times2}{(2+5)(2+5)} = 8.16$

**96** Paper Drain 설계 시 Drain Paper의 폭이 10[cm], 두께가 0.3[cm]일 때 Drain Paper의 등치환산원의 직경이 얼마이면 Sand Drain과 동등한 값으로 볼 수 있는가? (단, 형상계수 : 0.75)

① $5[\text{cm}]$

② $8[\text{cm}]$

③ $10[\text{cm}]$

④ $15[\text{cm}]$

**O TIP** 등치환산원의 지름

$$D = \alpha\frac{2(A+B)}{\pi} = 0.75\times\frac{2\times(10+0.3)}{\pi} \fallingdotseq 5[\text{cm}]$$

**97** 점착력이 8kN/m², 내부마찰각이 30°, 단위중량이 16kN/m³인 흙이 있다. 이 흙에 인장균열은 약 몇 m 깊이까지 발생할 것인가?

① $6.92\text{m}$

② $3.73\text{m}$

③ $1.73\text{m}$

④ $1.00\text{m}$

**O TIP** $Z_c = \dfrac{2c}{r}\tan\left(45° + \dfrac{\phi}{2}\right) = \dfrac{2\times8}{16}\tan\left(45° + \dfrac{30°}{2}\right) = \sqrt{3} = 1.73$

**98** 다음 그림에서 A점 흙의 강도정수가 $c' = 30kN/m^2$, $\phi' = 30°$ 일 때, A점에서의 전단강도는? (단, 물의 단위 중량은 9.81kN/m³이다.)

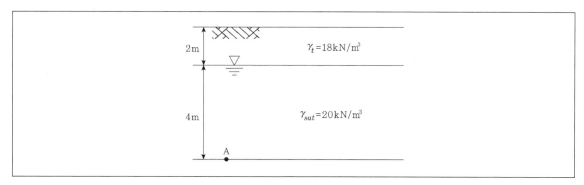

① 69.31kN/m²

② 74.32kN/m²

③ 96.97kN/m²

④ 103.92kN/m²

**ⓞTIP** $\overline{\sigma_A} = \gamma_1 h_1 + \gamma_{sub} h_2 = 18 \times 2 + (20 - 9.81) \times 4 = 76.76 [kN/m^2]$

$\tau = c + \overline{\sigma_A} \tan\phi = 30 + 76.76 \tan 30° = 74.317 [kN/m^2]$

**99** Terzaghi는 포화점토에 대한 1차 압밀이론에서 수학적 해를 구하기 위해 다음과 같은 가정을 하였다. 이 중 바르지 않은 것은?

① 흙은 균질하다.

② 흙은 완전히 포화되어 있다.

③ 압축과 흐름은 1차원적이다.

④ 압밀이 진행되면 투수계수는 감소한다.

**ⓞTIP** 투수계수와 흙의 성질은 압밀압력의 크기와 관계없이 일정하다.

흙 입자와 물의 압축성은 무시한다.

※ Terzaghi의 1차 압밀에 대한 가정

• 흙은 균질하다.

• 지반은 완전 포화상태이다.

• 흙입자와 물의 압축성은 무시한다.

• 흙 속의 물의 흐름은 1차원적이고 Darcy법칙이 적용된다.

• 투수계수와 흙의 성질은 압밀압력의 크기와 관계없이 일정하다.

• 압밀시 압력-간극비 관계는 이상적으로 직선적 변화를 한다.

**100** 아래 그림과 같은 지반의 A점에서 전응력($\sigma$), 간극수압($u$), 유효응력($\sigma'$)을 구하면? (단, 물의 단위중량은 9.81kN/m³이며 아래 보기의 단위는 kN/m²이다.)

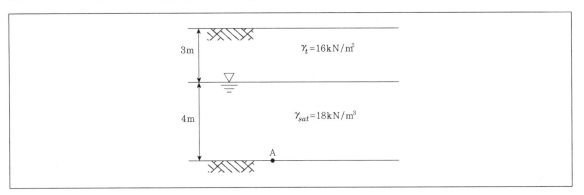

| | 전응력($\sigma$) | 간극수압($u$) | 유효응력($\sigma'$) |
|---|---|---|---|
| ① | 100 | 9.8 | 90.2 |
| ② | 100 | 29.4 | 70.6 |
| ③ | 120 | 19.6 | 100.4 |
| ④ | 120 | 39.2 | 80.8 |

○**TIP** 전응력 $\sigma = \gamma_1 H_1 + \gamma_{sat} H_2 = 16 \times 3 + 18 \times 4 = 120$
간극수압 $u = \gamma_w \cdot h = 9.81 \times 4 = 39.24$
유효응력 $\sigma' = \sigma - u = 80.8$

**제6과목** 상하수도공학

**101** 먹는 물에 대장균이 검출될 경우 오염수로 판정되는 이유로 옳은 것은?

① 대장균은 병원균이기 때문이다.
② 대장균은 반드시 병원균과 공존하기 때문이다.
③ 대장균은 번식 시 독소를 분비하여 인체에 해를 끼치기 때문이다.
④ 사람이나 동물의 체내에 서식하므로 병원성 세균의 존재 추정이 가능하기 때문이다.

○**TIP** 먹는 물에 대장균이 검출될 경우 오염수로 판정되는 이유는 사람이나 동물의 체내에 서식하므로 병원성 세균의 존재 추정이 가능하기 때문이다.

**102** 하수도 시설에 관한 설명으로 바르지 않은 것은?

① 하수배제방식은 합류식과 분류식으로 대별할 수 있다.
② 하수도시설은 관로시설, 펌프장시설 및 처리장시설로 크게 구별할 수 있다.
③ 하수배제는 자연유하를 원칙으로 하고 있으며 펌프시설도 사용할 수 있다.
④ 하수처리장 시설은 물리적 처리시설을 제외한 생물학적 화학적 처리시설을 의미한다.

**OTIP** 하수처리장 시설은 물리적 처리시설도 포함한다.

**103** 하수관로의 매설방법에 대한 설명으로 바르지 않은 것은?

① 실드공법은 연약한 지반에 터널을 시공할 목적으로 개발되었다.
② 추진공법은 실드공법에 비해 공사기간이 짧고 공사비용도 저렴하다.
③ 하수도공사에 이용되는 터널공법에는 개착공법, 추진공법, 실드공법 등이 있다.
④ 추진공법은 중요한 지하매설물의 횡단공사 등으로 개착공법으로 시공하기 곤란할 때 가끔 채용된다.

**OTIP** 개착공법은 터널공법의 일종이 아니며 전혀 다른 개념이다.
하수관거의 시공 방법에는 개착공법과 터널공법으로 나눌 수 있는데 개착공법은 부지의 여유가 있거나 주변 구조물 또는 장애물이 없는 경우 하수관거를 설치하고자 하는 깊이까지 지반을 굴착한 다음 하수관거를 설치하고 흙을 다시 되메우는 방법이다. 하수관거의 매설깊이가 깊고 지하매설물이 많고 도로교통이 복잡하고 소음 및 진동이 문제가 되는 경우 개착공법의 채택이 곤란한 경우에는 터널공법을 적용한다. 터널공법으로는 추진공법, 실드공법, 보통터널공법 등이 있다.

**104** 배수 및 급수시설에 관한 설명으로 바르지 않은 것은?

① 배수본관은 시설의 신뢰성을 높이기 위해 2개열 이상으로 한다.
② 배수지의 건설에는 토압, 벽체의 균열, 지하수의 부상, 환기 등을 고려한다.
③ 급수관 분기지점에서 배수관 내의 최대정수압은 1,000kPa 이상으로 한다.
④ 관로공사가 끝나면 시공의 적합여부를 확인하기 위해 수압 시험 후 통수한다.

**OTIP** 급수관 분기지점에서 배수관 내의 최대정수압은 700kPa 이상으로 한다.

**105** 하수도 계획의 기본적 사항에 관한 설명으로 바르지 않은 것은?

① 계획구역은 계획목표년도까지 시가화 예상구역을 포함하여 광역적으로 정하는 것이 좋다.

② 하수도계획의 목표연도는 시설의 내용연수, 건설기간 등을 고려하여 50년을 원칙으로 한다.

③ 신시가지 하수도 계획수립 시 기존시가지를 포함하여 종합적으로 고려해야 한다.

④ 공공수역의 수질보전 및 자연환경보전을 위하여 하수도 정비를 필요로 하는 지역을 계획구역으로 한다.

**○TIP** 하수도계획의 목표년도는 원칙적으로 20년으로 한다.

**106** 대기압이 10.33m, 포화수증기압이 0.238m, 흡입관내의 전 손실수두가 1.2m, 토출판의 전손실수두가 5.6m, 펌프의 공동현상계수가 0.8이라고 할 때 공동현상을 방지하기 위하여 펌프가 흡입수면으로부터 얼마의 높이까지 위치할 수 있는가?

① 약 0.8m

② 약 2.4m

③ 약 3.4m

④ 약 4.5m

**○TIP** 상당히 난이도가 높은 반면 출제빈도가 매우 낮은 문제이므로 과감하게 넘어갈 것을 권한다.

유효흡입수두는 필요흡입수두의 1.3배보다 커야 한다.

따라서 대기압 = 포화수증기압 + (마찰손실수두) + 토출판의 전손실수두 + $H_S$이므로 $H_{SV} + H_S = 3.292$가 되며

이는 $1.3(H_{SV} + H_S)$보다 커야 하므로 $H_S = \dfrac{3.292}{1.3} ≒ 2.5[m]$이므로 보기 중 가장 정답에 가까운 것은 ②가 된다.

※ **공동현상(Cavitation)의 방지법**
- 펌프의 설치위치를 낮게 한다.
- 펌프의 회전속도를 낮게 한다.
- 흡입양정을 작게 한다.

**107** 계획급수량을 산정하는 식으로 바르지 않은 것은?

① 계획1인1일 평균급수량 = 계획1인1일 평균사용수량 / 계획첨두율

② 계획1일 최대급수량 = 계획1일 평균급수량 × 계획첨두율

③ 계획1일 평균급수량 = 계획1인1일 평균급수량 × 계획급수인구

④ 계획1일 최대급수량 = 계획1인1일 최대급수량 × 계획급수인구

> **TIP** 계획1인1일 평균급수량은 계획1일 평균급수량을 계획급수인구로 나눈 값으로, 계획1일 평균급수량은 계획1일 최대급수량에 중소도시인 경우는 0.7을 곱하고, 대도시와 공업도시인 경우에는 0.85을 곱하여 구한다.
> • 중소도시 : 1인1일 최대급수량×0.7
> • 대도시(공업도시) : 1인1일 최대급수량×0.85

**108** 다음 생물학적 처리방법 중 생물막 공법은?

① 산화구법
② 살수여상법
③ 접촉안정법
④ 계단식 폭기법

> **TIP** 생물막법은 원판이나 침지상등에 미생물을 부착고정시켜 생물막을 형성하게 하고, 폐수가 그 생물막에 자주 접촉하게 하여 폐수를 정화시키는 방법으로 살수여상법, 회전원판법이 있다.

**109** 정수처리에서 염소소독을 실시할 경우 물이 산성일수록 살균력이 커지는 이유는?

① 수중의 $OCl$ 감소
② 수중의 $OCl$ 증가
③ 수중의 $HOCl$ 감소
④ 수중의 $HOCl$ 증가

> **TIP** 염소는 물에 용해되면 $HOCl$(Hypochlorous Acid, 차아염소산)을 만드는데 이 치아염소산은 물이 산성일수록 살균력이 커지게 된다.

**110** 1/1,000의 경사로 묻힌 지름 2,400mm의 콘크리트 관내에 20°C의 물이 만관상태로 흐를 때의 유량은? (단, Manning공식을 적용하며 조도계수는 $n=0.015$이다.)

① 6.78m³/s            ② 8.53m³/s

③ 12.71m³/s         ④ 20.57m³/s

**◉TIP** Manning공식 : $Q=\dfrac{1}{n}R^{2/3}I^{1/2}$이며 $R=\dfrac{D}{4}$

$Q=\dfrac{\pi D^2}{4}\cdot\dfrac{1}{n}\cdot\left(\dfrac{D}{4}\right)^{\frac{2}{3}}\cdot\sqrt{I}$이므로 따라서

$Q=\dfrac{\pi\cdot2.4^2}{4}\times\dfrac{1}{0.015}\times\left(\dfrac{2.4}{4}\right)^{\frac{2}{3}}\times\sqrt{\dfrac{1}{10^3}}=6.784[\text{m}^3/\text{s}]$

**111** 원형침전지의 처리유량이 10,200m³/day, 위어의 월류부하가 169.2m³/m·day라면 원형침전지의 지름은?

① 18.2m             ② 18.5m

③ 19.2m             ④ 20.5m

**◉TIP** 주어진 부하의 단위가 면적이 아닌 길이로 주어져 있음에 유의해야 한다.

월류부하 $169.2[\text{m}^2/\text{m}\cdot\text{day}]=\dfrac{10,200[\text{m}^2/\text{day}]}{\text{침전지둘레}}$ 이므로

이를 만족하는 $\pi d=60.28$을 만족하는 $d=19.2[\text{m}]$

**112** 정수장의 약품침전을 위한 응집제로서 사용되지 않는 것은?

① PACl             ② 황산철

③ 활성탄            ④ 황산알루미늄

**◉TIP** 활성탄은 주로 색도를 제거하기 위해 사용된다.
정수장의 약품침전을 위한 응집제로는 황산알루미늄, PACl(폴리염화알루미늄), 황산철, 염화철 등이 사용된다.

**113** 금속이온 및 염소이온(염화나트륨 제거율 93% 이상)을 제거할 수 있는 막여과공법은?

① 역삼투법

② 나노여과법

③ 정밀여과법

④ 한외여과법

**○TIP** 금속이온 및 염소이온(염화나트륨 제거율 93% 이상)을 제거할 수 있는 막여과공법은 역삼투법이다.
(역삼투현상 : 삼투현상과는 반대로 고농도의 용액측 용매가 저농도의 용액측으로 역류하는 현상)

**114** 계획오수량에 대한 설명으로 바르지 않은 것은?

① 오수관로의 설계에는 계획시간 최대오수량을 기준으로 한다.

② 계획오수량의 산정에서는 일반적으로 지하수의 유입량은 무시할 수 있다.

③ 계획1일 평균오수량은 계획1일 최대오수량의 70~80%를 표준으로 한다.

④ 계획시간 최대오수량은 계획1일 최대오수량의 1시간당 수량의 1.3~1.8배를 표준으로 한다.

**○TIP** 계획오수량의 산정에서는 일반적으로 지하수의 유입량을 필수적으로 고려해야 한다. 계획오수량은 생활오수량, 공장폐수량, 지하수량으로 구분할 수 있다.

**115** 함수율 95%인 슬러지를 농축시켰더니 최초 부피의 1/30이 되었다. 농축된 슬러지의 함수율은? (단, 농축 전후의 슬러지 비중은 1로 가정한다.)

① 65%

② 70%

③ 85%

④ 90%

**○TIP** $\dfrac{V_2}{V_1} = \dfrac{100-W_1}{100-W_2}$ 에서 $\dfrac{100-95}{100-W_2} = \dfrac{1}{3}$ 이므로 $W_2 = 85$

**116** 우수가 하수관로로 유입하는 시간이 4분, 하수관로에서의 유하시간이 15분, 이 유역의 유역면적이 4km², 유출계수는 0.6, 강우강도식 $I = \dfrac{6,500}{t+40}$ [mm/hr]일 때 첨두유량은? (단, $t$의 단위는 [분]이다.)

① $73.4\text{m}^3/\text{s}$

② $78.8\text{m}^3/\text{s}$

③ $85.0\text{m}^3/\text{s}$

④ $98.5\text{m}^3/\text{s}$

○**TIP** 유달시간 = 유입시간 + 유하시간 = 4 + 15 = 19분

$$I = \frac{6,500}{t+40}\text{mm/h} = \frac{6,500}{19+40} = 110.17[\text{mm/hr}]$$

$$Q = \frac{1}{3.6}CIA = \frac{1}{3.6}\times 0.6 \times 110.17 \times 4 = 73.4[\text{m}^3/\text{sec}]$$

**117** 저수시설의 유효지수량 결정방법이 아닌 것은?

① 합리식

② 물수지계산

③ 유량도표에 의한 방법

④ 유량누가곡선 도표에 의한 방법

○**TIP** 저수시설의 유효저수량 결정방법
- 물수지법에 의한 방법
- 유량도표에 의한 방법
- 유량누가곡선 도표에 의한 방법

합리식은 계획우수량을 구하기 위한 식으로서 $Q = \dfrac{1}{360}CIA$을 의미한다. ($C$ : 유출계수, $I$ : 강우강도[mm/hr], $A$ : 유역면적[km²])이므로 $I$는 강우강도이다.

**118** 상수도 취수시설의 침사지에 관한 시설기준으로 틀린 것은?

① 침사지의 형상은 장방형으로 하고 길이는 폭의 3~8배를 표준으로 한다.

② 침사지의 체류시간은 계획취수량의 10~20분을 표준으로 한다.

③ 침사지의 유효수심은 3~4[m]를 표준으로 하고, 퇴사심도는 0.5~1[m]로 한다.

④ 침사지 내의 평균유속은 20~30cm/s를 표준으로 한다.

○**TIP** 침사지 내에서의 평균유속은 2~7[cm/sec]를 표준으로 한다.

**119** 정수장 침전지의 침전효율에 영향을 주는 인자에 대한 설명으로 바르지 않은 것은?

① 수온이 낮을수록 좋다.
② 체류시간이 길수록 좋다.
③ 입자의 직경이 클수록 좋다.
④ 침전지의 수표면적이 클수록 좋다.

**◯TIP** 수온이 높을수록 정수장 침전지의 침전효율이 좋아진다.

**120** 송수에 필요한 유량 $Q = 0.7\text{m}^3/\text{s}$, 길이 $l = 100\text{m}$, 지름 $d = 40\text{cm}$, 마찰손실계수 $f = 0.03$인 관을 통하여 높이 30m에 양수할 경우 필요한 동력(HP)은? (단, 펌프의 합성효율은 80%이며 마찰 이외의 손실은 무시한다.)

① 122HP
② 244HP
③ 489HP
④ 978HP

**◯TIP** $Q = AV$이므로 $V = \dfrac{Q}{A} = \dfrac{4Q}{\pi d^2} = \dfrac{4 \times 0.7}{\pi \times 0.4^2} = 5.57[\text{m/s}]$

$h_L = f \cdot \dfrac{l}{d} \cdot \dfrac{V^2}{2g} = 0.03 \times \dfrac{100}{0.4} \times \dfrac{5.57^2}{2 \times 9.8} = 11.87[\text{m}]$

$P_p = \dfrac{13.33QH}{\eta} = \dfrac{13.33 \times 0.7(30 + 11.87)}{0.8} = 488.36[\text{HP}]$

제1과목 응용역학

**1** 지름 $d=120$cm, 벽두께 $t=0.6$cm인 긴 강관이 $q=20$[MPa]의 내압을 받고 있다. 이 관벽 속에 발생하는 원환응력 $\sigma$의 크기는?

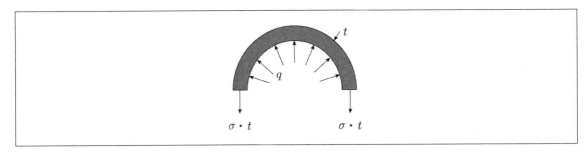

① 50[MPa]

② 100[MPa]

③ 150[MPa]

④ 200[MPa]

**○TIP** $\sigma = \dfrac{qr}{t} = \dfrac{2 \times 60}{0.6} = 200$[MPa]

**2** 전단중심(shear center)에 대한 다음 설명 중 옳지 않은 것은?

① 1축이 대칭인 단면의 전단중심은 도심과 일치한다.

② 1축이 대칭인 단면의 전단중심은 그 대칭축 선상에 있다.

③ 하중이 전단중심점을 통과하지 않으면 보는 비틀린다.

④ 전단중심이란 단면이 받아내는 전단력의 합력점의 위치를 말한다.

**○TIP** 1축이 대칭이라도 단면의 전단중심이 도심과 일치하지 않는 경우도 있다.

**3** 다음 연속보에서 B점의 지점반력을 구한 값은?

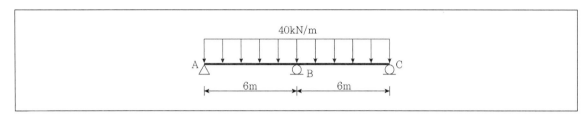

① 240kN

② 280kN

③ 300kN

④ 320kN

**◎TIP** 변위일치법으로 풀 수 있다.

$$\frac{5w(2l)^4}{384EI} = \frac{R_B(2l)^3}{48EI}, \ R_B = \frac{5wl}{4} = \frac{5 \times 40 \times 6}{4} = 300[\mathrm{kN}]$$

**4** 아래 그림과 같은 보에서 A점의 수직반력은?

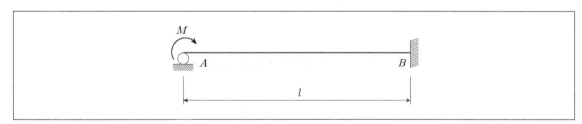

① $\dfrac{M}{l}(\uparrow)$

② $\dfrac{M}{l}(\downarrow)$

③ $\dfrac{3M}{2l}(\uparrow)$

④ $\dfrac{3M}{2l}(\downarrow)$

**◎TIP** $\sum M_B = 0 : M + \dfrac{M}{2} - V_A \times l = 0, \ V_A = \dfrac{3M}{2l}(\downarrow)$

**5** 다음 그림과 같은 1/4원 중에서 음영부분의 도심까지의 위치 $y_0$은?

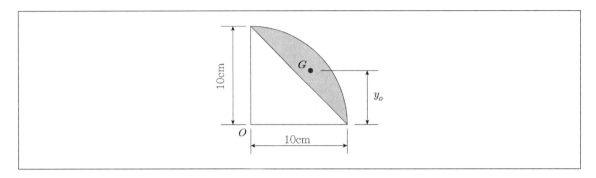

① 4.94cm

② 5.20cm

③ 5.84cm

④ 7.81cm

**TIP** $G_x = A \cdot y_o = \left(\dfrac{\pi r^2}{4} - \dfrac{r^2}{2}\right) y_o = \left(\dfrac{\pi r^2}{4}\right)\left(\dfrac{4r}{3\pi}\right) - \left(\dfrac{r^2}{2}\right)\left(\dfrac{r}{3}\right)$

$y_o = \dfrac{r}{3\left(\dfrac{\pi}{2} - 1\right)} = \dfrac{10}{3\left(\dfrac{\pi}{2} - 1\right)} = 5.84[\text{cm}]$

**6** 다음 그림과 같이 단순보의 A점에 휨모멘트가 작용하고 있을 경우 A점에서 전단력의 절댓값은?

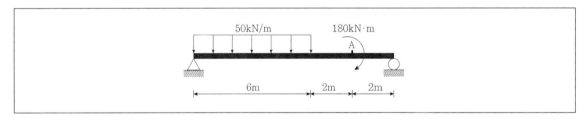

① 72kN

② 108kN

③ 126kN

④ 252kN

**TIP** $\sum M_B = 0 : R_C \times 10 - 50 \times 6 \times 3 - 180 = 0$

따라서 $R_C = 108[\text{kN}]$이 되며 $R_B = 192[\text{kN}]$이 된다.

A점의 전단력의 크기는 $R_C$와 같으므로 A점의 전단력은 108[kN]이 된다.

**7** 다음 그림과 같은 3힌지 라멘의 휨모멘트도($BMD$)는?

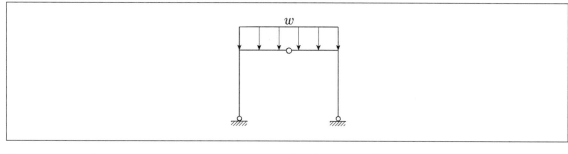

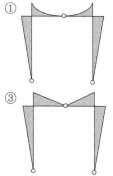

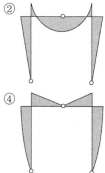

**○TIP** 등분포하중이 작용하는 보의 처짐은 곡선을 이루므로 ③, ④는 정답이 아님을 알 수 있다. 또한 힌지절점의 휨모멘트는 0이 되어야 하므로 ①과 같은 형상이 된다.

**8** 다음 그림과 같은 도형에서 빗금친 부분에 대한 $x$, $y$축의 단면상승모멘트($I_{xy}$)는?

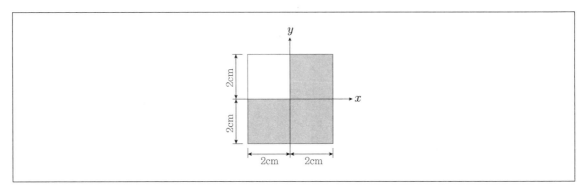

① $2\text{cm}^4$

② $4\text{cm}^4$

③ $8\text{cm}^4$

④ $16\text{cm}^4$

> **⊙ TIP** 단면상승모멘트는 단면의 면적을 원점으로부터 단면도심의 $x$, $y$좌표를 곱한 값이다. 따라서
> $$I_{xy} = (2 \times 2) \times 1 \times 1 + (2 \times 2) \times 1 \times (-1) + (2 \times 2) \times (-1) \times (-1) = 4$$

**9** 다음 그림과 같은 보의 허용휨응력이 80MPa일 때 보에 작용할 수 있는 등분포하중($w$)은?

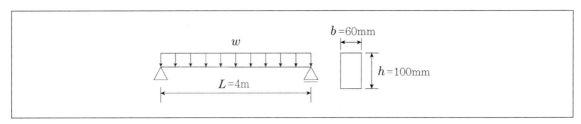

① 50kN/m

② 40kN/m

③ 5kN/m

④ 4kN/m

> **⊙ TIP**
> $$\sigma_{\max} = \frac{M}{Z} = \frac{\dfrac{wL^2}{8}}{\dfrac{bh^2}{6}} = \frac{\dfrac{w \times 4{,}000^2}{8}}{\dfrac{60 \times 100^2}{6}} = 80[\text{MPa}]$$
> 이를 만족하는 $w = 4[\text{kN/m}]$ 이다.

**10** 등분포 하중을 받는 단순보에서 중앙점의 처짐을 구하는 공식은? (단, 등분포 하중은 $W$, 보의 길이는 $L$, 보의 휨강성은 $EI$이다.)

① $\dfrac{WL^3}{24EI}$

② $\dfrac{WL^3}{48EI}$

③ $\dfrac{WL^4}{8EI}$

④ $\dfrac{5\,WL^4}{384EI}$

**○TIP** 등분포 하중을 받는 단순보에서 중앙점의 처짐식은 $\dfrac{5\,WL^4}{384EI}$

**11** 다음 3힌지 아치에서 수평반력 $H_B$를 구하면?

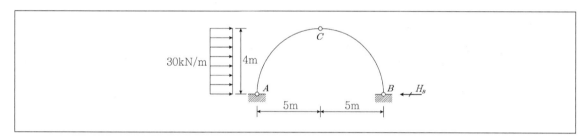

① 20kN

② 30kN

③ 40kN

④ 60kN

**○TIP**

$$\sum M_A = 0 : (w \times h) \times \frac{h}{2} - V_B \times l = 0, \quad V_B = \frac{wh^2}{2l}(\uparrow)$$

$$\sum M_G = 0 : H_B \times h - \frac{wh^2}{2l} \times \frac{l}{2} = 0, \quad H_B = \frac{wh}{4}(\leftarrow)$$

따라서 $w = 30$을 대입하면 $H_B = \dfrac{wh}{4}(\leftarrow) = \dfrac{30 \times 4}{4} = 30$

**12** 다음 그림과 같이 속이 빈 단면에 전단력 $V=150$kN이 작용하고 있다. 단면에 발생하는 최대전단응력은?

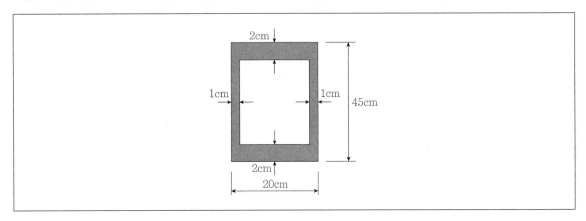

① 9.9[MPa]

② 19.8[MPa]

③ 99[MPa]

④ 198[MPa]

**⊙TIP** 최대전단응력은 중립축에서 발생된다.

$$G_x = A_1 y_1 - A_2 y_2 = 200 \times 225 \times \frac{225}{2} - \left(180 \times 205 \times \frac{205}{2}\right) = 1,280,250[\mathrm{mm^2}]$$

$V = 150[\mathrm{kN}] = 150,000[\mathrm{N}]$이며 $b = 10 \times 2 = 20[\mathrm{mm}]$ (단면의 중립축에서 폭)

$$I_x = \frac{BH^3}{12} - \frac{bh^3}{12} = \frac{200 \times 450^3}{12} - \frac{180 \times 410^3}{12} = 484,935,000[\mathrm{mm^4}]$$

$$\tau_{\max} = \frac{VG_x}{I_x b} = \frac{150,000 \times 1,280,250[\mathrm{mm^3}]}{484,935,000[\mathrm{mm^4}] \times 20[\mathrm{mm}]} = 19.8[\mathrm{MPa}]$$

**13** 다음 그림은 정사각형 단면을 갖는 단주에서 단면의 핵을 나타낸 것이다. $x$의 거리는?

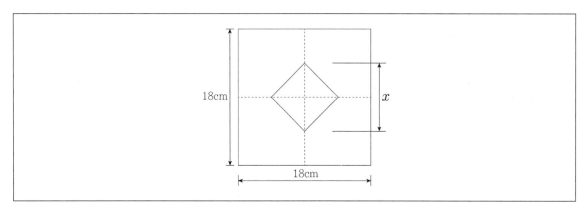

① 3cm

② 4.5cm

③ 6cm

④ 9cm

TIP 정사각형 단면의 핵거리는 중심으로부터 $\dfrac{\text{한 변의 길이}}{6}$ 이므로 18/6=3cm가 된다. 따라서 $x=2\times3=6$cm가 된다.

**14** 아래 그림과 같은 캔틸레버보에서 휨모멘트에 의한 탄성변형에너지는? (단, $EI$는 일정)

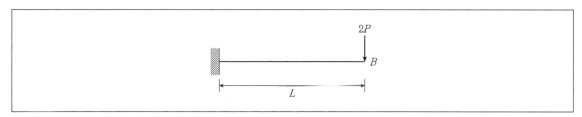

① $\dfrac{3P^2L^3}{2EI}$

② $\dfrac{2P^2L^3}{3EI}$

③ $\dfrac{P^2L^3}{3EI}$

④ $\dfrac{P^2L^3}{6EI}$

TIP $U=\displaystyle\int \dfrac{M_x^2}{2EI}dx = \dfrac{1}{2EI}\int_0^L (-2P\times x)^2 dx = \dfrac{4P^2}{2EI}\left[\dfrac{x^3}{3}\right]_o^L = \dfrac{2}{3}\times\dfrac{P^2L^3}{EI}$

**15** 지름 50mm, 길이 2m의 봉을 길이방향으로 당겼더니 길이가 2mm 늘어났다면, 이 때 봉의 지름은 얼마나 줄어드는가? (단, 이 봉의 푸아송비는 0.3이다.)

① 0.015mm

② 0.030mm

③ 0.045mm

④ 0.060mm

**○TIP**
$$\nu = -\frac{\dfrac{\triangle D}{D}}{\dfrac{\triangle L}{L}}, \quad \triangle D = -\frac{\nu \cdot D \cdot \triangle L}{L} = -\frac{0.3 \times 50 \times 2}{2,000} = -0.015\text{mm}\,(\text{수축})$$

**16** 다음 그림과 같은 크레인의 $D_1$부재의 부재력은?

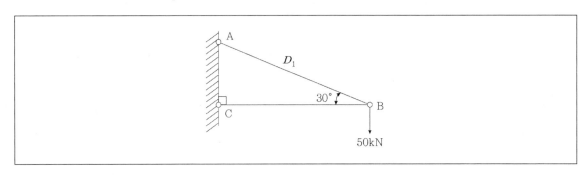

① 43kN

② 50kN

③ 75kN

④ 100kN

**○TIP** 직관적으로 바로 풀 수 있는 문제이다.
$D_1 \sin 30° = 50$이어야 하므로 $D_1 = 100\text{[kN]}$

**17** 다음 그림과 같은 직사각형 단면의 보가 최대휨모멘트 $M_{\max} = 20\text{kN} \cdot \text{m}$를 받을 때 a-a단면의 휨응력은?

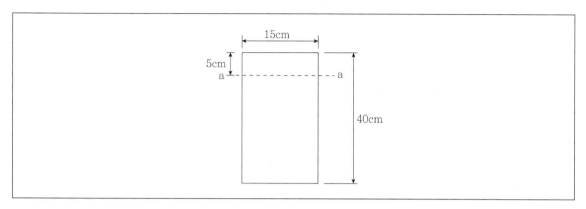

① 2.25MPa

② 3.75MPa

③ 4.25MPa

④ 4.65MPa

**TIP** $I = \dfrac{bh^3}{12} = 8 \times 10^4 \text{cm}^4, \quad y = \dfrac{h}{2} - 5 = 15\text{cm}$

$\sigma_{a-a} = \dfrac{M}{I} y = \dfrac{20[\text{kN} \cdot \text{m}]}{8 \times 10^4 [\text{cm}^4]} \times 15[\text{cm}] = 3.75[\text{MPa}]$

**18** 길이가 3[m]이고 가로가 20[cm], 세로 30[cm]인 직사각형 단면의 기둥이 있다. 좌굴응력을 구하기 위한 이 기둥의 세장비는?

① 34.6

② 43.3

③ 52.0

④ 60.7

**TIP** 세장비 $\lambda = \dfrac{l}{r_{\min}}$

$r_{\min} = \sqrt{\dfrac{I_{\min}}{A}} = \sqrt{\dfrac{\frac{bh^3}{12}}{bh}} = \sqrt{\dfrac{\frac{30 \times 20^3}{12}}{20 \times 30}} = 5.77[\text{cm}]$

$\lambda = \dfrac{300}{5.77} = 52.0$

**19** 다음 그림에서 합력 $R$과 $P_1$ 사이의 각을 $\alpha$라고 할 때 $\tan\alpha$를 나타낸 식으로 바른 것은?

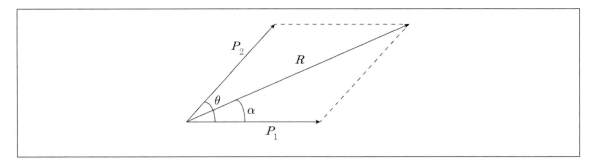

① $\tan\alpha = \dfrac{P_2\sin\theta}{P_1 + P_2\cos\theta}$

② $\tan\alpha = \dfrac{P_1\sin\theta}{P_1 + P_2\cos\theta}$

③ $\tan\alpha = \dfrac{P_2\cos\theta}{P_1 + P_2\sin\theta}$

④ $\tan\alpha = \dfrac{P_1\cos\theta}{P_1 + P_2\sin\theta}$

**○ TIP** $\tan\alpha = \dfrac{P_2\sin\theta}{P_1 + P_2\cos\theta}$ 이 성립한다.

**20** 다음 그림과 같은 캔틸레버보에서 최대처짐각($\theta_B$)은? (단, $EI$는 일정하다.)

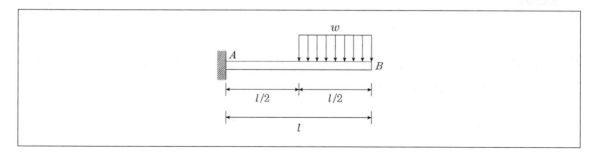

① $\dfrac{3wL^3}{48EI}$

② $\dfrac{5wL^3}{48EI}$

③ $\dfrac{7wL^3}{48EI}$

④ $\dfrac{9wL^3}{48EI}$

**TIP** 공액보법으로 해석을 해야 한다.

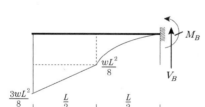

A점에서의 휨모멘트는 $M_A = \dfrac{wL}{2}\left(\dfrac{L}{2}\times\dfrac{1}{2}+\dfrac{L}{2}\right)=\dfrac{3wL^2}{8}$

중앙점에서의 휨모멘트는 $M_C = \dfrac{wL}{2}\times\dfrac{L}{2}\times\dfrac{1}{2}=\dfrac{wL^2}{8}$

공액보를 그리고 B점의 전단력을 구하면

$V_B{'}=\left(\dfrac{3wL^2}{8}+\dfrac{wL^2}{8}\right)\times\dfrac{1}{2}\times\dfrac{L}{2}+\dfrac{wL^2}{8}\times\dfrac{L}{2}\times\dfrac{1}{3}=\dfrac{7wL^3}{48}$

공액보의 전단력은 부재의 처짐각이므로 $\theta_B=\dfrac{V_B}{EI}=\dfrac{7}{48}\dfrac{wL^3}{EI}$

**21** 다음 그림과 같이 $\widehat{A_O B_O}$의 노선을 $e=10\text{m}$만큼 이동하여 내측으로 노선을 설치하고자 한다. 새로운 반지름 $R_N$은? (단, $R_O=200\text{m}$, $I=60°$)

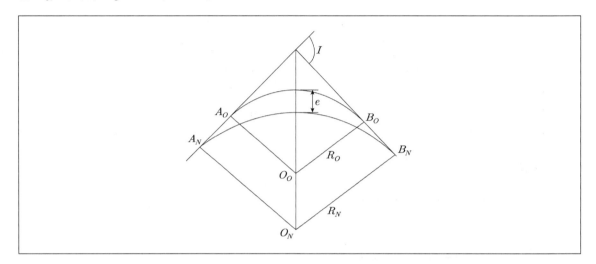

① 217.64m

② 238.26m

③ 250.50m

④ 264.64m

⊙**TIP** $E_N = E_O + 10$이며 $R_N\left(\sec\dfrac{I}{2} - 1\right) = R_O\left(\sec\dfrac{I}{2} - 1\right) + 10$

$$R_N = R_O + \frac{10}{\sec\dfrac{I}{2} - 1} = 200 + \frac{10}{\sec\dfrac{60}{2} - 1} = 262.64$$

**22** 하천측량에 대한 설명으로 바르지 않은 것은?

① 수위관측소의 위치는 지천의 합류점 및 분류점으로서의 수위의 변화가 뚜렷한 곳이 적당하다.

② 하천측량에서 수준측량을 할 때의 거리표는 하천의 중심에 직각방향으로 설치한다.

③ 심천측량은 하천의 수심 및 유수부분의 하저사항을 조사하고 횡단면도를 제작하는 측량을 말한다.

④ 하천측량시 처음에 할 일은 도상조사로서 유로상황, 지역면적, 지형지물, 토지이용 상황 등을 조사해야 한다.

**◎ TIP** 수위관측소의 위치는 지천의 합류분류점에서 수위변화가 없는 곳에 설치해야 한다.

**23** 다음 그림과 같이 곡선반지름 $R = 500\text{m}$인 단곡선을 설치할 때 교점에 장애물이 있어 $\angle ACD = 150°$, $\angle CDB = 90°$, CD = 100m를 관측하였다. 이 때 C점으로부터 곡선의 시점까지의 거리는?

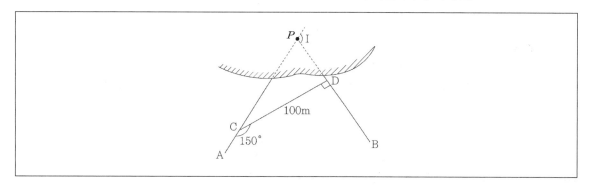

① 530.27m

② 657.04m

③ 750.56m

④ 769.09m

**◎ TIP** $AC = TL - CP = R\tan\dfrac{I}{2} - CP = 500\tan\dfrac{120}{2} - \dfrac{100}{\sin 60} = 750.56[\text{m}]$

**24** 다음 그림의 다각망에서 C점의 좌표는? (단, AB = BC = 100m이다.)

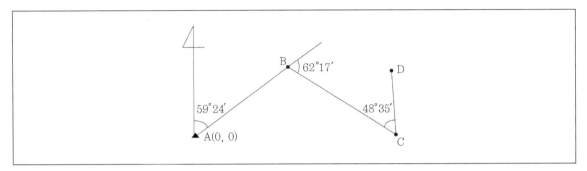

① $X_C = -5.31$m, $Y_C = 160.45$m

② $X_C = -1.62$m, $Y_C = 171.17$m

③ $X_C = -10.27$m, $Y_C = 89.25$m

④ $X_C = 50.90$m, $Y_C = 86.07$m

○**TIP** $X_C = X_B + BC\cos BC$, $X_B = X_A + AB\cos AB$

$Y_C = Y_B + BC\sin BC$, $Y_B = Y_A + AB\sin AB$

위의 식에 주어진 값들을 대입하고 연립방정식을 통해 $X_C = -1.62$m, $Y_C = 171.17$m가 산출된다.

**25** 각관측 방법 중 배각법에 관한 설명으로 바르지 않은 것은?

① 방향각법에 비하여 읽기 오차의 영향을 적게 받는다.

② 수평각 관측법 중 가장 정확한 방법으로 정밀한 삼각측량에 주로 이용된다.

③ 시준할 때의 오차를 줄일 수 있고 최소눈금 미만의 정밀한 관측값을 얻을 수 있다.

④ 1개의 각을 2회 이상 반복관측하여 관측한 각도의 평균을 구하는 방법이다.

○**TIP** 수평각 관측법 중 가장 정확한 방법은 각관측법으로서 3등 삼각측량에 주로 이용된다.

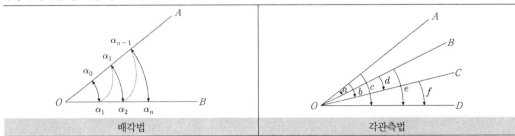

**26** 수준측량에서 시준거리를 같게 함으로써 소거할 수 있는 오차에 대한 설명으로 바르지 않은 것은?

① 기포관축과 시준선이 평행하지 않을 때 생기는 시준선 오차를 소거할 수 있다.
② 시준거리를 같게 함으로써 지구곡률오차를 소거할 수 있다.
③ 표척 시준시 초점나사를 조정할 필요가 없으므로 이로 인한 오차인 시준오차를 줄일 수 있다.
④ 표척의 눈금 부정확으로 인한 오차를 소거할 수 있다.

&#9678;**TIP** 표척의 눈금 부정확으로 인한 오차는 전시와 후시를 같게(시준거리를 같게) 해서 소거할 수 있는 오차가 아니다.


**27** 삼각측량을 위한 삼각점의 위치선정에 있어서 피해야 할 장소와 가장 거리가 먼 것은?

① 측표를 높게 설치해야 되는 곳
② 나무의 벌목면적이 큰 곳
③ 편심관측을 해야 되는 곳
④ 습지 또는 하상인 곳

&#9678;**TIP** 삼각측량 시 시통상황이 좋지 않은 경우 등 부득이한 경우 편심관측을 할 수 있다.


**28** 폐합다각측량을 실시하여 위거오차 30cm, 경거오차 40cm를 얻었다. 다각측량의 전체 길이가 500m라면 다각형의 폐합비는?

① 1/100
② 1/125
③ 1/1,000
④ 1/1,250

&#9678;**TIP** $E = \sqrt{(위거오차량)^2 + (경거오차량)^2} = \sqrt{E_L^2 + E_D^2} = \sqrt{0.3^2 + 0.4^2} = 0.5\text{m}$

폐합비 $R = \dfrac{E}{\sum l} = \dfrac{l}{m} = \dfrac{0.5}{500} = \dfrac{1}{1,000}$

**29** 직접고저측량을 실시한 결과가 그림과 같을 때, A점의 표고가 10m라면 C점의 표고는? (단, 그림은 개략도로 실제 치수와 다를 수 있음)

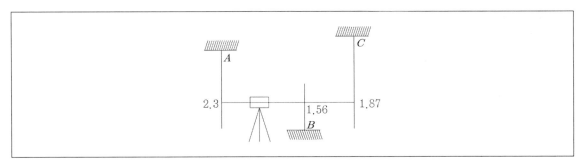

① 9.57m

② 9.66m

③ 10.57m

④ 10.66m

> **TIP** $H_A = 10[\text{m}]$, $H_C = 10 - 2.3 + 1.87 = 9.57[\text{m}]$

**30** 하천측량에서 유속관측에 대한 설명으로 바르지 않은 것은?

① 유속계에 의한 평균유속 계산식은 1점법, 2점법, 3점법 등이 있다.

② 하천기울기를 이용하여 유속을 구하는 식에는 Chezy식과 Manning식 등이 있다.

③ 유속관측을 위해 이용되는 부자는 표면부자, 2중부자, 봉부자 등이 있다.

④ 위어(Weir)는 유량관측을 위해 직접적으로 유속을 관측하는 장비이다.

> **TIP** 위어는 하천을 가로막는 둑을 만들어 그 위로 물을 흐르게 하는 구조물이다. 즉, 유속을 직접적으로 관측하는 장비로 보기에는 무리가 있다.

**31** 직사각형 두변의 길이를 1/100 정밀도로 관측하여 면적을 산출할 경우 산출된 면적의 정밀도는?

① 1/50

② 1/100

③ 1/200

④ 1/300

> **TIP** $\dfrac{\triangle A}{A} = 2\dfrac{\triangle L}{L} = 2 \times \dfrac{1}{100} = \dfrac{1}{50}$

**32** 전자파거리측량기로 거리를 측량할 때 발생되는 관측 오차에 대한 설명으로 바른 것은?

① 모든 관측오차는 거리에 비례한다.
② 모든 관측오차는 거리에 비례하지 않는다.
③ 거리에 비례하는 오차와 비례하지 않는 오차가 있다.
④ 거리가 어떤 길이 이상으로 커지면 관측오차가 상쇄되어 길이에 대한 영향이 없어진다.

**TIP** 관측거리에 비례하는 오차와 비례하지 않는 오차가 있다.
　　• 관측거리에 비례하는 오차 : 광속도 오차, 광변조 주파수의 우차, 굴절률의 오차
　　• 거리에 비례하지 않는 오차 : 기계정수 및 반사경 정수오차, 위상차 관측오차

**33** 토적곡선(Mass Curve)을 작성하는 목적으로 가장 거리가 먼 것은?

① 토량의 배분
② 교통량 산정
③ 토공기계의 선정
④ 토량의 운반거리 산출

**TIP** 토적곡선은 교통량의 산정과는 거리가 멀다.

**34** 지반의 높이를 비교할 때 사용하는 기준면은?

① 표고(elevation)
② 수준면(level surface)
③ 수평면(horizontal plane)
④ 평균해수면(mean sea level)

**TIP** 지반의 높이를 비교할 때 사용하는 기준면은 평균해수면(mean sea level)이다.

**ANSWER** 29.① 30.④ 31.① 32.③ 33.② 34.④

**35** 축척 1:50,000 지형도 상에서 주곡선 간의 도상길이가 1cm이었다면 이 지형의 경사는?

① 4%

② 5%

③ 6%

④ 10%

⭕**TIP** 주곡선은 20m마다 그려지는 선이며 도상길이가 1cm라는 것은 50,000cm=500m를 의미한다. 따라서 500m의 수평길이에 대한 20m의 수직길이가 만드는 경사도는 4%가 된다.

**36** 노선설치에서 단곡선을 설치할 때 곡선의 중앙종거($M$)을 구하는 식은?

① $M=R\left(\sec\dfrac{I}{2}-1\right)$

② $M=R\cdot\tan\dfrac{I}{2}$

③ $M=2R\cdot\sin\dfrac{I}{2}$

④ $M=R\left(1-\cos\dfrac{I}{2}\right)$

⭕**TIP** 중앙종거를 구하는 식은 $M=R\left(1-\cos\dfrac{I}{2}\right)$

**37** 다음 우리나라에서 사용되고 있는 좌표계에 대한 설명 중 바르지 않은 것은?

> 우리나라의 평면직각좌표는 ㉠ 4개의 평면직각좌표계(서부, 중부, 동부, 동해)를 사용하고 있다. 각 좌표계의 ㉡ 원점은 위도 38°선과 경도 125°, 127°, 131°선의 교점에 위치하며 ㉢ 투영법은 TM(Transverse Mecrator)을 사용한다. 좌표의 음수 표기를 방지하기 위해 ㉣ 횡좌표에 200,000m, 종좌표에 500,000m를 가산한 가좌표를 사용한다.

① ㉠

② ㉡

③ ㉢

④ ㉣

⭕**TIP** 좌표의 음수 표기를 방지하기 위해 횡좌표에 500,000m, 종좌표에 1,000,000m를 가산한 가좌표를 사용한다.

**38** 다음 그림과 같은 편심측량에서 $\angle ABC$는? (단, $\overline{AB}=2.0km$, $\overline{BC}=1.5km$, $e=0.5m$, $t=54°\ 30'$, $\rho=300°\ 30'$)

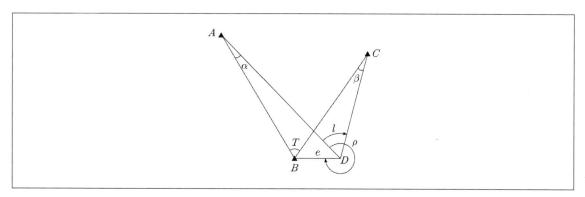

① $54°\ 28'\ 45''$

② $54°\ 30'\ 19''$

③ $54°\ 31'\ 58''$

④ $54°\ 33'\ 14''$

**○TIP** $\dfrac{e}{\sin a}=\dfrac{\overline{AB}}{\sin(360°-p)}$ 이므로,

$a=\sin^{-1}\dfrac{0.5}{2,000}\times\sin(360°-300°\ 30')=44.43''$

$\dfrac{e}{\sin\beta}=\dfrac{\overline{BC}}{\sin(360°-p+t)}$ 이므로,

$\beta=\sin^{-1}\dfrac{0.5}{1,500}\times\sin(360°-300°\ 30'+54°\ 30')=62.81''$

$a+\angle ABC=\beta+t$ 이므로,

$\angle ABC=62.81''+54°\ 30'-44.43''=54°\ 30'\ 19''$

**39** 지형의 표시방법 중 하천, 항만, 해안측량 등에서 심천측량을 할 때 측점에 숫자로 기입하여 고저를 표시하는 방법은?

① 점고법

② 음영법

③ 연선법

④ 등고선법

**○TIP** 지형의 표시방법 중 하천, 항만, 해안측량 등에서 심천측량을 할 때 측점에 숫자로 기입하여 고저를 표시하는 방법은 점고법이다.

**40** 다각측량에서 거리관측 및 각관측의 정밀도는 균형을 고려해야 한다. 거리관측의 허용오차가 $\pm\dfrac{1}{10,000}$ 이라고 할 때 각관측의 허용오차는?

① $\pm 20.63''$

② $\pm 15.43''$

③ $\pm 30.24''$

④ $\pm 18.64'$

**ⓞTIP** $\dfrac{\triangle l}{l}=\dfrac{\triangle\alpha}{206,265}$ 이므로 $\dfrac{1}{10,000}=\dfrac{\triangle\alpha}{206,265}$ 를 만족하는 각관측 허용오차는 $\triangle\alpha=\pm 20.63''$ 이 된다.

---

### 제3과목 수리학 및 수문학

**41** 다음 그림과 같이 1m×1m×1m인 정육면체의 나무가 물에 떠 있을 때 부체(浮體)로서 상태로 옳은 것은? (단, 나무의 비중은 0.80이다.)

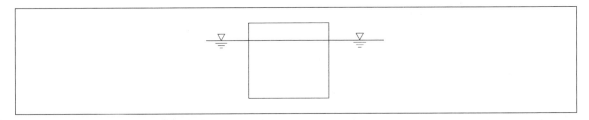

① 안정하다.

② 불안정하다.

③ 중립상태다.

④ 판단할 수 없다.

**ⓞTIP** 물속에 잠긴 나무부피만큼의 물무게와 나무 전체의 무게가 평형을 이루고 있는 상태이므로 안정된 상태이다.

**42** 관의 마찰 및 기타 손실수두를 양정고의 10%로 가정할 경우 펌프의 동력을 마력으로 구하면? (단, 유량은 $Q=0.07\text{m}^3/\text{s}$이며 효율은 100%로 가정한다.)

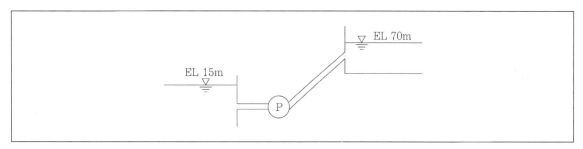

① 57.2HP

② 48.0HP

③ 51.3HP

④ 56.5HP

**◉ TIP** $E=\dfrac{1,000}{75}\cdot\dfrac{Q(H+\sum h)}{\eta}=\dfrac{1,000}{75}\times\dfrac{0.07((70-15)+0.1(70-15))}{1.0}=56.46$

**43** 비피압대수층 내 지름 $D=2$m, 영향권의 반지름 $R=1,000$m, 원지하수의 수위 $H=9$m, 집수정의 수위 $h_0$ $=5$m인 심정호의 양수량은? (단, 투수계수 $k=0.0038$m/s)

① $0.0415\text{m}^3/\text{s}$

② $0.0461\text{m}^3/\text{s}$

③ $0.0968\text{m}^3/\text{s}$

④ $1.8232\text{m}^3/\text{s}$

**◉ TIP** 심정호의 양수량

$$Q-\frac{\pi k(H^2-h_o^2)}{\ln(R/r_o)}=\frac{\pi\times0.0038\times(9^2-5^2)}{\ln(1,000)}=0.0968\text{m}^3/\text{s}$$

**44** 지름 25cm, 길이 1m의 원주가 연직으로 물에 떠 있을 때, 물속에 가라앉은 부분의 길이가 90cm라면 원주의 무게는? (단, 무게 1kgf = 9.8N)

① 253N

② 344N

③ 433N

④ 503N

**TIP** 길이 1m 중 가라앉은 부분의 길이가 90cm이면 원주의 비중은 0.9이다.

따라서 $W = wV = 0.9 \times \dfrac{\pi \times 0.25^2}{4} \times 1 \times 9.8 = 0.4329[\text{kN}] \fallingdotseq 433[\text{N}]$

**45** 폭이 50m인 직사각형 수로의 도수 전 수위 $h_1 = 3\text{m}$, 유량 $Q = 2{,}000\text{m}^3/\text{s}$일 때 대응수심은?

① 1.6m

② 6.1m

③ 9.0m

④ 도수가 발생하지 않는다.

**TIP** $F_{r1} = \dfrac{V_1}{\sqrt{gh_1}} = \dfrac{\dfrac{2{,}000}{50 \times 3}}{\sqrt{9.8 \times 3}} = 2.46$이며 $\dfrac{h_2}{h_1} = \dfrac{1}{2}(-1 + \sqrt{1 + 8F_{r1}^2})$이므로

$\dfrac{h_2}{3} = \dfrac{1}{2}(-1 + \sqrt{1 + 8 \times 2.46^2}) = 9.04[\text{m}]$

**46** 배수면적이 500ha, 유출계수가 0.70인 어느 유역에 연평균강우량이 1,300mm 내렸다. 이 때 유역 내에서 발생한 최대유출량은?

① $0.1443\text{m}^3/\text{s}$

② $12.64\text{m}^3/\text{s}$

③ $14.43\text{m}^3/\text{s}$

④ $1264\text{m}^3/\text{s}$

**TIP** 연평균강우량이 1,300mm이면 시간당 강우량은 0.1484[mm]가 되어 강우강도 $I = 0.1484[\text{mm/hr}]$가 된다. 따라서

$Q = \dfrac{1}{360}CIA = \dfrac{1}{360} \times 0.7 \times 0.1484 \times 500 = 0.14427 \fallingdotseq 0.1443[\text{m}^3/\text{hr}]$

**47** 다음 그림과 같은 개수로에서 수로경사 $S_0 = 0.001$, Manning의 조도계수 $n = 0.002$일 때 유량은?

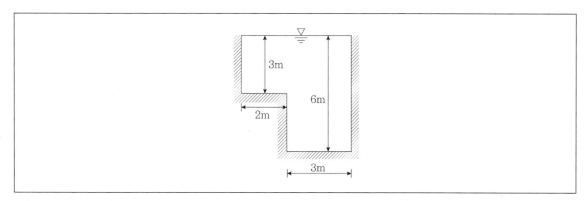

① 약 150m³/s

② 약 320m³/s

③ 약 480m³/s

④ 약 540m³/s

⊙**TIP** $R = \dfrac{A}{D} = \dfrac{3 \times 2 + 3 \times 6}{3 + 2 + 3 + 3 + 6} = 1.41$

$V = \dfrac{1}{n} R^{2/3} I^{1/2} = \dfrac{1}{0.002} \times (1.41)^{2/3} \times (0.001)^{1/2} = 19.88$

$Q = AV = 19.88 \times (3 \times 2 + 3 \times 6) = 477.15 \fallingdotseq 480\text{m}^3/\text{s}$

**48** 20°C에서 지름 0.3mm인 물방울이 공기와 접하고 있다. 물방울 내부의 압력이 대기압보다 10gf/cm²만큼 크다고 할 때 표면장력의 크기를 dyne/cm로 나타내면?

① 0.075

② 0.75

③ 73.50

④ 75.0

⊙**TIP** $PD = 4T$이므로 $10 \times 0.03 = 4T$, 따라서 $T = 0.075\text{g/cm} = 0.075 \times 980 = 73.5\text{dyne/cm}$

**49** 수조에서 수면으로부터 2m 깊이에 있는 오리피스의 이론 유속은?

① 5.26m/s                    ② 6.26m/s

③ 7.26m/s                    ④ 8.26m/s

**○TIP** 오리피스의 이론유속 $V = \sqrt{2gh} = \sqrt{2 \times 9.8 \times 2} = 6.26[\text{m/s}]$

**50** 수심이 10cm, 수로폭이 20cm인 직사각형 개수로에서 유량 $Q = 80\text{cm}^3\text{/s}$가 흐를 때 동점성계수 $v = 1.0 \times 10^{-2}\text{cm}^2\text{/s}$이면 흐름은?

① 난류, 사류                    ② 층류, 사류

③ 난류, 상류                    ④ 층류, 상류

**○TIP** 경심 $R = \dfrac{A}{P} = \dfrac{20 \times 10}{20 + 2 \times 10} = 5[\text{cm}]$

$Re = \dfrac{VR}{\nu} = \dfrac{\frac{80}{20 \times 10} \times 5}{1 \times 10^{-2}} = 200 < 500$이므로 층류이다.

$Fr = \dfrac{\frac{80}{20 \times 10}}{\sqrt{980 \times 10}} = 0.004 < 1$이므로 상류이다.

**51** 방파제 건설을 위한 해안지역의 수심이 5.0m, 입사파랑의 주기가 14.5초인 장파(long wave)의 파장(wave length)은? (단, 중력가속도 $g = 9.8\text{m/s}^2$)

① 49.5m                    ② 70.5m

③ 101.5m                   ④ 190.5m

**○TIP** 파장 $L = T\sqrt{gh} = 14.5 \times \sqrt{9.8 \times 5} = 101.5[\text{m}]$

**52** 아래 그림과 같은 수중 오리피스(Orifice)의 유속에 관한 설명으로 바른 것은?

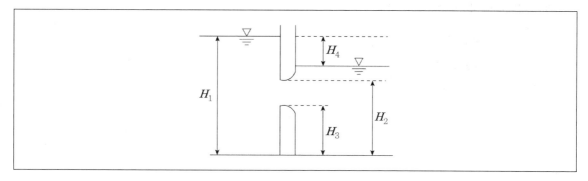

① $H_1$이 클수록 유속이 빠르다.

② $H_2$가 클수록 유속이 빠르다.

③ $H_3$가 클수록 유속이 빠르다.

④ $H_4$가 클수록 유속이 빠르다.

●**TIP** 수두차인 $H_4$가 클수록 유속이 빠르게 된다.

**53** 누가우량곡선(Rainfall Mass Curve)의 특성으로 옳은 것은?

① 누가우량곡선의 경사가 클수록 강우강도가 크다.

② 누가우량곡선의 경사는 지역에 관계없이 일정하다.

③ 누가우량곡선으로부터 일정기간 내의 강우량을 산출하는 것은 불가능하다.

④ 누가우량곡선은 자기우량기록에 의해 작성하는 것보다 보통 우량계의 기록에 의해 작성하는 것이 더 정확하다.

●**TIP** ② 누가우량곡선의 경사는 지역에 따라 다를 수 있다.
　　　③ 누가우량곡선으로부터 일정기간 내의 강우량을 산출하는 것은 가능하다.
　　　④ 누가우량곡선은 자기우량기록에 의해 작성하는 것이 보통 우량계의 기록에 의해 작성하는 것보다 더 정확하다.

**54** 다음 그림과 같은 유역(12km×8km)의 평균강우량을 Thiessen방법으로 구한 값은? (단, 작은 사각형은 2km×2km의 정사각형으로서 모두 크기가 동일하다.)

| 관측점 | 1 | 2 | 3 | 4 |
|---|---|---|---|---|
| 강우량(mm) | 140 | 130 | 110 | 100 |

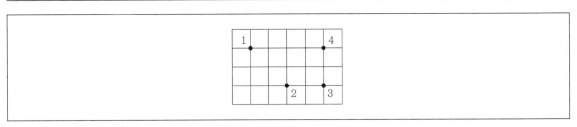

① 120mm

② 123mm

③ 125mm

④ 130mm

**O TIP** 다음 그림과 같이 관측소간 우량의 중간선을 긋고 관측소가 차지하는 면적을 구해야 한다.

$A_1 = 30\text{m}^2$, $A_2 = 28\text{m}^2$, $A_3 = 16\text{m}^2$, $A_4 = 22\text{m}^2$

$$P_m = \frac{\sum_{i=1}^{N} A_i P_i}{\sum_{i=1}^{N} A_i} = \frac{30 \times 140 + 28 \times 130 + 16 \times 110 + 22 \times 100}{30 + 28 + 16 + 22} = 122.9\text{mm}$$

**55** Hardy-Corss의 관망 계산 시 가정조건에 대한 설명으로 옳은 것은?

① 합류점에 유입하는 유량은 그 점에서 1/2만 유출된다.

② 각 분기점에 유입하는 유량은 그 점에서 정지하지 않고 전부 유출한다.

③ 폐합관에서 시계방향 또는 반시계방향으로 흐르는 관로의 손실수두의 합은 0이 될 수 없다.

④ Hardy-Cross 방법은 관경에 관계없이 관수로의 분할 개수에 의해 유량 분배를 하면 된다.

**O TIP** Hardy-Corss 관망 계산 시 가정조건

• 각 분기점 또는 합류점에 유입하는 수량은 그 점에 정지하지 않고 전부 유출한다. ($\sum Q = 0$)

• 각 폐합관에서 시계방향 또는 반시계방향으로 흐르는 관로의 손실수두의 합은 0이다. ($\sum h_L = 0$)

• 유량은 초기유량을 가정하며 손실은 마찰손실만을 고려한다.

• 보정량($\triangle Q$)은 +, −값 모두 갖는다.

**56** 정상적인 흐름에서 1개 유선 상의 유체입자에 대하여 그 속도수두를 $\dfrac{V^2}{2g}$, 위치수두를 $Z$, 압력수두를 $\dfrac{P}{\gamma_o}$ 라 할 때 동수경사는?

① $\dfrac{P}{\gamma_o} + Z$를 연결한 값이다.

② $\dfrac{V^2}{2g} + Z$를 연결한 값이다.

③ $\dfrac{V^2}{2g} + \dfrac{P}{\gamma_o}$를 연결한 값이다.

④ $\dfrac{V^2}{2g} + \dfrac{P}{\gamma_o} + Z$를 연결한 값이다.

**TIP** 동수경사는 위치수두와 압력수두의 합을 연결한 선으로 $\dfrac{P}{\gamma_o} + Z$를 연결한 값이다.

**57** 아래 그림과 같이 지름 10cm인 원 관이 지름 20cm로 급확대되었다. 관의 확대 전 유속이 4.9m/s라면 단면 급확대에 의한 손실수두는?

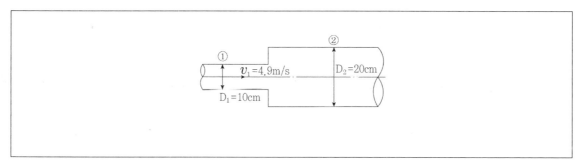

① 0.69m

② 0.96m

③ 1.14m

④ 2.45m

**TIP**

$$h_{se} = \left(1 - \frac{A_1}{A_2}\right)^2 \frac{V_1^2}{2g} = \left(1 - \frac{\dfrac{\pi(0.1)^2}{4}}{\dfrac{\pi(0.2)^2}{4}}\right)^2 \frac{(4.9)^2}{2 \times 9.8} = 0.689[\text{m}]$$

**ANSWER** 54.② 55.② 56.① 57.①

**58** 왜곡모형에서 Froude 상사법칙을 이용하여 물리량을 표시한 것으로 틀린 것은? (단, $X_r$은 수평축척비, $Y_r$은 연직축척비이다.)

① 시간비 : $T_r = \dfrac{X_r}{Y_r^{1/2}}$

② 경사비 : $S_r = \dfrac{Y_r}{X_r}$

③ 유속비 : $V_r = \sqrt{Y_r}$

④ 유량비 : $Q_r = X_r Y_r^{5/2}$

**◎TIP** 유량비의 식은 $Q_r = X_r Y_r^{3/2}$ 이다.

자연하천의 모형의 축적을 작게하면 수심이 작아져 유속도 너무 작아지기 때문에 층류발생의 위험과 유속측정의 정확성을 얻기가 어려워 연직축척 $Y_r$이 수평축척 $X_r$보다 큰 이형축척의 왜곡모형을 사용하여 문제점을 해결해야 한다.

축척 $I_r = \dfrac{Y_r}{X_r}$, 유속비 $V_r = \sqrt{Y_r}$, 시간비 $T_r = \dfrac{X_r}{\sqrt{Y_r}}$

경사비 $S_r = \dfrac{Y_r}{X_r}$, 유량비 $Q_r = X_r Y_r^{3/2}$

**59** 관의 지름이 각각 3m, 1.5m인 서로 다른 관이 연결되어 있을 때, 지름 3m 관내에 흐르는 유속이 0.03m/s라면 지름 1.5m 관내에 흐르는 유량은?

① $0.157 \mathrm{m}^3/\mathrm{s}$

② $0.212 \mathrm{m}^3/\mathrm{s}$

③ $0.378 \mathrm{m}^3/\mathrm{s}$

④ $0.540 \mathrm{m}^3/\mathrm{s}$

**◎TIP** 지름 3m 관내에 흐르는 유량과 지름 1.5m 관내에 흐르는 유량은 서로 같다.

$$Q_1 = A_1 V_1 = \frac{\pi d_1^2}{4} \times 0.03 = \frac{\pi (3)^2}{4} \times 0.03 = 0.212 [\mathrm{m}^3/\mathrm{s}]$$

**60** 홍수유출에서 유역면적이 작으면 단시간의 강우에, 면적이 크면 장시간의 강우에 문제가 발생한다. 이와 같은 수문학적 인자 사이의 관계를 조사하는 DAD해석에 필요 없는 인자는?

① 강우량  
② 유역면적  
③ 증발산량  
④ 강우지속시간

**TIP** DAD해석은 최대평균우량깊이 – 유역면적 – 강우지속시간의 관계를 나타낸 방법이다. 따라서 증발산량은 고려하지는 않는다.

---

**제4과목** **철근콘크리트 및 강구조**

---

**61** 보의 경간이 10m이고 양쪽 슬래브의 중심간 거리가 2.0m인 대칭형 T형보에 있어서 플랜지의 유효폭은? (단, 부재의 복부폭은 500mm, 플랜지의 두께는 100mm이다.)

① 2,000mm  
② 2,100mm  
③ 2,500mm  
④ 3,000mm

**TIP** T형보의 플랜지 유효폭은 다음 중 최솟값으로 한다.  
$16t_f + b_w = 16 \times 100 + 500 = 2,100\text{mm}$  
양쪽슬래브의 중심간 거리 = 2,000mm  
보경간의 1/4 = 10,000mm/4 = 2,500mm

---

**62** 옹벽의 구조해석에 대한 설명으로 틀린 것은?

① 뒷부벽은 직사각형 보로 설계해야 하며 앞부벽은 T형보로 설계해야 한다.  
② 저판의 뒷굽판은 정확한 방법이 사용되지 않는 한 뒷굽판 상부에 재하되는 모든 하중을 지지하도록 설계해야 한다.  
③ 캔틸레버식 옹벽의 저판은 전면벽과의 접합부를 고정단으로 간주한 캔틸레버로 가정하여 단면을 설계할 수 있다.  
④ 부벽식 옹벽의 전면벽은 3변 지지된 2방향 슬래브로 설계할 수 있다.

**TIP** 부벽식 옹벽에서 부벽의 설계는 앞부벽의 경우 직사각형 보로 설계하고 뒷부벽은 T형보로 설계한다.

---

**63** 깊은 보의 전단설계에 대한 구조세목의 설명으로 바르지 않은 것은?

① 휨인장철근과 직각인 수직전단철근의 단면적 $A_v$를 $0.0025b_w s$ 이상으로 하여야 한다.

② 휨인장철근과 직각인 수직전단철근의 간격 $s$를 $d/5$ 이하, 또한 300mm 이하로 해야 한다.

③ 휨인장철근과 평행한 수평전단철근의 단면적 $A_{vh}$를 $0.0015b_w s_h$ 이상으로 하여야 한다.

④ 휨인장철근과 평행한 수평전단철근의 간격 $s_h$를 $d/4$ 이하, 또한 350mm 이하로 해야 한다.

**○TIP** 휨인장철근과 평행한 수평전단철근의 간격 $s_h$를 $d/5$ 이하, 또한 300mm 이하로 해야 한다.

**64** 다음 그림과 같은 단면의 균열모멘트 $M_{cr}$은? (단, $f_{ck}$=24MPa, $f_y$=400MPa, 보통중량콘크리트이다.)

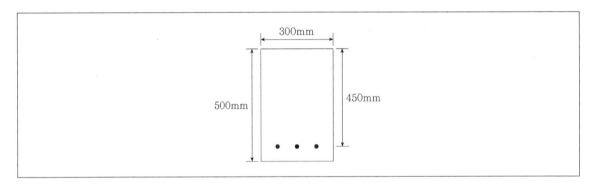

① 22.46[kN · m]  ② 28.24[kN · m]
③ 30.81[kN · m]  ④ 38.58[kN · m]

**○TIP** $f_r = 0.63\sqrt{f_{ck}} = 0.63\sqrt{24} = 3.086[\text{MPa}]$, $I_g = \dfrac{bh^3}{12} = \dfrac{300 \times (500)^3}{12} = 3.125 \times 10^9 [\text{mm}^4]$

$y_b = \dfrac{h}{2} = \dfrac{500}{2} = 250[\text{mm}]$

$M_{cr} = \dfrac{f_r \cdot I_g}{y_b} = \dfrac{3.086[\text{MPa}] \times 3.125 \times 10^9[\text{mm}^4]}{250[\text{mm}]} = 38.575[\text{kN} \cdot \text{m}]$

**65** 다음 그림과 같은 보에서 계수전단력 $V_u = 262.5$[kN]에 대해 가장 적당한 스터럽의 간격은? (단, 사용된 스터럽은 D13철근이다. 철근 D13의 단면적은 127[mm²], $f_{ck} = 24$[MPa], $f_y = 350$[MPa]이다.)

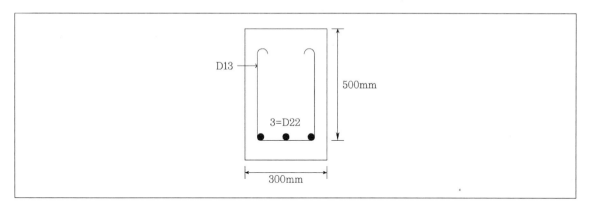

① 125[mm]

② 195[mm]

③ 210[mm]

④ 250[mm]

**O TIP** ㉠ 전단철근의 강도

$$V_u \le \phi V_u = \phi(V_C + V_S)$$

$$V_S = \frac{V_U}{\phi} - V_C = \frac{V_U}{\phi} - \left(\frac{\lambda\sqrt{f_{ck}}}{6}\right)b_w d = \frac{262.5 \times 10^3}{0.75} - \left(\frac{1.0\sqrt{24}}{6}\right) \times 300 \times 500 = 227.53[\text{kN}]$$

㉡ 전단철근의 검토

$$\left(\frac{\lambda\sqrt{f_{ck}}}{3}\right)b_w d = \left(\frac{1.0 \times \sqrt{24}}{3}\right) \times 300 \times 500 = 244.95[\text{kN}]$$

전단철근의 강도는 $\left(\dfrac{\lambda\sqrt{f_{ck}}}{3}\right)b_w d$보다 작다.

㉢ 전단철근의 간격

다음 중 최솟값을 전단철근의 간격으로 해야 한다.

• $S = \dfrac{A_v f_{yt} \cdot d}{V_S} = \dfrac{(127 \times 2) \times 350 \times 500}{227.53 \times 10^3} ≒ 195[\text{mm}]$

• $\dfrac{d}{2} = \dfrac{500}{2} = 250[\text{mm}]$

• 600[mm]

따라서, 전단철근의 간격은 195[mm] 이하여야 한다.

**66** 철근의 겹침이음 등급에서 A급 이음의 조건은 다음 중 어느 것인가?

① 배근된 철근량이 이음부 전체 구간에서 해석결과 요구되는 소요철근량의 2배 이상이고 소요겹침이음길이 내 겹침이음된 철근량이 전체 철근량의 1/2 이하인 경우

② 배근된 철근량이 이음부 전체 구간에서 해석결과 요구되는 소요철근량의 1.5배 이상이고 소요겹침이음길이 내 겹침이음된 철근량이 전체 철근량의 1/2 이상인 경우

③ 배근된 철근량이 이음부 전체 구간에서 해석결과 요구되는 소요철근량의 2배 이상이고 소요겹침이음길이 내 겹침이음된 철근량이 전체 철근량의 1/3 이하인 경우

④ 배근된 철근량이 이음부 전체 구간에서 해석결과 요구되는 소요철근량의 1.5배 이상이고 소요겹침이음길이 내 겹침이음된 철근량이 전체 철근량의 1/3 이상인 경우

**OTIP** A급 이음 … 배근된 철근량이 이음부 전체 구간에서 해석결과 요구되는 소요철근량의 2배 이상이고 소요겹침이음길이 내 겹침이음된 철근량이 전체 철근량의 1/2 이하인 경우

**67** 그림과 같은 맞대기 용접의 용접부에 발생하는 인장응력은?

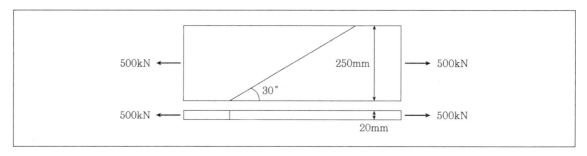

① 100MPa          ② 150MPa

③ 200MPa          ④ 220MPa

**OTIP** $f = \dfrac{P}{A} = \dfrac{500[\text{kN}]}{250 \times 20[\text{mm}^2]} = 100[\text{MPa}]$

**68** 균형철근량보다 적고 최소철근량보다 많은 인장철근을 가진 과소철근보가 휨에 의해 파괴될 때의 설명 중 옳은 것은?

① 인장측 철근이 먼저 항복한다.
② 압축측 콘크리트가 먼저 파괴된다.
③ 압축측 콘크리트와 인장측 철근이 동시에 항복한다.
④ 중립축이 인장측으로 내려오면서 철근이 먼저 파괴된다.

**TIP** 과소철근보는 인장측 철근이 먼저 항복하여 연성파괴가 일어나게 된다.

**69** $A_s{'}=1,500\text{mm}^2$, $A_s=1,800\text{mm}^2$로 배근된 그림과 같은 복철근보의 탄성처짐이 10mm라 할 때 5년 후 지속하중에 의해 유발되는 장기처짐은?

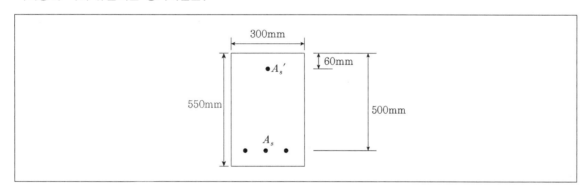

① 14.1mm
② 13.3mm
③ 12.7mm
④ 11.5mm

**TIP** $\xi = 2.0$ (하중재하기간이 5년 이상인 경우)

압축철근비 $\rho' = \dfrac{A_s{'}}{bd} = \dfrac{1,500}{300 \times 500} = 0.01$

$\lambda = \dfrac{\xi}{1 + 50\rho'} = \dfrac{2.0}{1 + (50 \times 0.01)} = 1.333$

$\delta_L = \lambda \delta_i = 1.333 \times 10 = 13.33\text{mm}$

**70** 다음 그림과 같은 단면을 가지는 직사각형 단철근보의 설계휨강도를 구할 때 사용되는 강도감소계수의 값은 약 얼마인가?

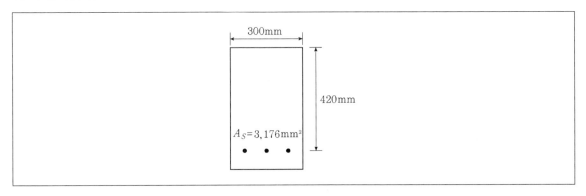

① 0.731

② 0.764

③ 0.817

④ 0.834

⊙**TIP** 풀이과정이 상당한 시간이 소요되므로 이런 문제는 과감히 넘어갈 것을 권한다. (문제 자체가 반복되어 출제될 가능성이 높은 문제이므로 문제와 답을 암기한다.)

$$a = \frac{A_s f_y}{0.85 f_{ck} b} = \frac{3,176 \times 400}{0.85 \times 38 \times 300} = 131.10 [\text{mm}]$$

$$c = \frac{a}{\beta_1} = \frac{131.10}{0.78} = 168.08 [\text{mm}]$$

$f_{ck} > 28 [\text{MPa}]$ 이므로,

$$\beta_1 = 0.85 - 0.007(38 - 28) = 0.78$$

$$\varepsilon_t = 0.003 \left( \frac{d-c}{c} \right) = 0.003 \left( \frac{420 - 168.08}{168.08} \right) = 0.0045$$

$$\varepsilon_y (= 0.002) < \varepsilon_t (= 0.0045) < \varepsilon_{tcl} (= 0.005)$$

문제에서 주어진 단면은 변화구간 단면에 속하므로 직선보간을 해야 한다.

$$\phi = 0.65 + 0.20 \left( \frac{\varepsilon_t - \varepsilon_y}{\varepsilon_{tcl} - \varepsilon_y} \right) = 0.65 + 0.20 \left( \frac{0.0045 - 0.002}{0.005 - 0.002} \right) = 0.817$$

**71** 콘크리트 속에 묻혀있는 철근이 콘크리트와 일체가 되어 외력에 저항할 수 있는 이유로 적합하지 않은 것은?

① 철근과 콘크리트 사이의 부착강도가 크다.

② 철근과 콘크리트의 탄성계수가 거의 같다.

③ 콘크리트 속에 묻힌 철근은 부식하지 않는다.

④ 철근과 콘크리트의 열팽창계수가 거의 같다.

⊙**TIP** 철근과 콘크리트의 탄성계수는 큰 차이가 난다.

**72** 강도설계법에서 $f_{ck}=30$MPa, $f_y=350$MPa일 때 단철근 직사각형 보의 균형철근비는?

① 0.0351

② 0.0369

③ 0.0385

④ 0.0391

> **TIP** $f_{ck}>28$MPa인 경우 $\beta_1$의 값
> $$\beta_1=0.85-0.007(f_{ck}-28)=0.836$$
> $$\rho_b=0.85\beta_1\frac{f_{ck}}{f_y}\times\frac{600}{600+f_y}=0.85\times0.836\times\frac{30}{350}\times\frac{600}{600+350}=0.03846$$

**73** 2방향 슬래브의 직접설계법을 적용하기 위한 제한사항으로 바르지 않은 것은?

① 각 방향으로 3경간 이상이 연속되어야 한다.

② 슬래브판들은 단변 경간에 대한 장변 경간의 비가 2 이하인 직사각형이어야 한다.

③ 각 방향으로 연속한 받침부 중심간 경간 차이는 각 경간의 1/3 이하여야 한다.

④ 연속한 기둥 중심선으로부터 기둥의 이탈은 이탈방향 경간의 최대 20%까지 허용할 수 있다.

> **TIP** 2방향 슬래브 설계 시 직접설계법을 적용하려면 연속한 기둥중심선으로부터 기둥의 이탈은 이탈방향 경간의 최대 10% 까지 허용할 수 있어야 한다.

**74** 프리스트레스트 콘크리트의 원리를 설명하는 개념 중 아래의 표에서 설명하는 개념은?

> PSC보를 RC보처럼 생각하여, 콘크리트는 압축력을 받고 긴장재는 인장력을 받도록 하여 두 힘의 우력 모멘트로 외력에 의한 휨모멘트에 저항시킨다는 개념

① 균등질보의 개념

② 하중평형의 개념

③ 내력모멘트의 개념

④ 허용응력의 개념

> **TIP** • 강도개념(내력모멘트의 개념) : PSC보를 RC보처럼 생각하여, 콘크리트는 압축력을 받고 긴장재는 인장력을 받도록 하여 두 힘의 우력모멘트로 외력에 의한 휨모멘트에 저항시킨다는 개념
> • 응력개념(균등질보개념) : 콘크리트에 프리스트레스가 도입되면 콘크리트가 탄성체로 전환되어 탄성이론에 의한 해석이 가능하다는 개념
> • 하중평형개념(등가하중개념) : 프리스트레싱에 의하여 부재에 작용하는 힘과 부재에 작용하는 외력이 평형되게 한다는 개념

**75** 다음 중 용접부의 결함이 아닌 것은?

① 오버랩(Overlap)

② 언더컷(Undercut)

③ 스터드(Stud)

④ 균열(Crack)

**◉TIP** 스터드(stud)는 강재와 콘크리트를 일체화시키기 위하여 강재보의 상부플랜지에 용접한 볼트모양의 전단연결재이다. 따라서 이를 용접부의 결함으로 보기에는 무리가 있다.


**76** 부분적 프리스트레싱(Partial Prestressing)에 대한 설명으로 바른 것은?

① 구조물에 부분적으로 PSC부재를 사용하는 것

② 부재단면의 일부에만 프리스트레스를 도입하는 것

③ 설계하중의 일부만 프리스트레스에 부담시키고 나머지는 긴장재에 부담시키는 것

④ 설계하중이 작용할 때 PSC부재 단면의 일부에 인장응력이 생기는 것

**◉TIP** 부분 프리스트레싱은 설계하중이 작용할 때 PSC부재단면의 일부에 인장응력이 생기는 것이다.


**77** 강도설계법의 설계가정으로 틀린 것은?

① 콘크리트의 인장강도는 철근콘크리트 부재단면의 휨강도 계산에서 무시할 수 있다.

② 콘크리트의 변형률은 중립축부터 거리에 비례한다.

③ 콘크리트의 압축응력의 크기는 $0.80f_{ck}$로 균등하고, 이 응력은 최대 압축변형률이 발생하는 단면에서 $\alpha = \beta_1 c$까지의 부분에 등분포한다.

④ 사용철근의 응력이 설계기준항복강도 $f_y$ 이하일 때 철근의 응력은 그 변형률에 $E_s$를 곱한 값으로 취한다.

**◉TIP** 콘크리트의 압축응력의 크기는 $0.85f_{ck}$로 균등하고, 이 응력은 최대 압축변형률이 발생하는 단면에서 $\alpha = \beta_1 c$까지의 부분에 등분포한다.

**78** 아래 그림과 같은 독립확대기초에서 1방향 전단에 대해 고려할 경우 위험단면의 계수전단력($V_u$)은? (단, 계수하중 $P_u$=1,500[kN]이다.)

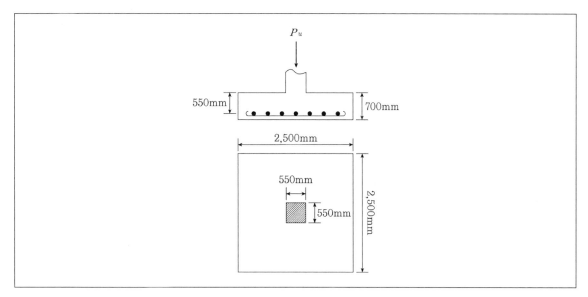

① 255[kN]

② 387[kN]

③ 897[kN]

④ 1,210[kN]

**O TIP** 1방향 작용을 하는 기초판이므로 기둥면으로부터 $d$만큼 떨어진 곳이 위험단면이 된다.

$$q = \frac{P}{A} = \frac{1,500}{2.5 \times 2.5} = 240[\text{kN/m}^2]$$

$$V_u = q\left(\frac{L-t}{2} - d\right)S = 240 \times \left(\frac{2.5-0.55}{2} - 0.55\right) \times 2.5 = 255[\text{kN}]$$

**79** PS강재를 포물선으로 배치한 PSC보에서 상향의 등분포력($u$)의 크기는 얼마인가? (단, $P$=2,600kN, 폭은 50cm, 단면의 높이는 80cm, 지간 중앙에서 PS강재의 편심은 20cm이다.)

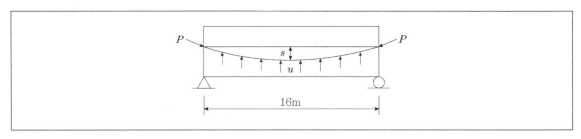

① 8.50kN/m

② 16.25kN/m

③ 19.65kN/m

④ 35.60kN/m

**◉ TIP** $u = \dfrac{8Ps}{L^2} = \dfrac{8 \times 2,600 \times 0.2}{16^2} = 16.25[\text{kN/m}]$

**80** 순단면이 볼트의 구멍 하나를 제외한 단면(즉, A–B–C 단면)과 같아지도록 피치($s$)를 결정하면, (단, 구멍의 지름은 22mm이다.)

① 114.9mm

② 90.6mm

③ 66.3mm

④ 50mm

**◉ TIP** 순단면이 동일하면 순폭이 동일해야 한다. 따라서

$b_g - 2d + \dfrac{s^2}{4g} = b_g - d$이어야 하므로, $d = \dfrac{s^2}{4g}$

$s = \sqrt{4gd} = \sqrt{4 \times 50 \times 22} = 66.3[\text{mm}]$

**81** 흙의 활성도에 대한 설명으로 바르지 않은 것은?

① 점토의 활성도가 클수록 물을 많이 흡수하여 팽창이 많이 일어난다.

② 활성도는 $2\mu$m 이하의 점토함유율에 대한 액성지수의 비로 정의된다.

③ 활성도는 점토광물의 종류에 따라 다르므로 활성도로부터 점토를 구성하는 점토광물을 추정할 수 있다.

④ 흙 입자의 크기가 작을수록 비표면적이 커져 물을 많이 흡수하므로 흙의 활성은 점토에서 뚜렷이 나타난다.

> **TIP** 활성도는 $2\mu$m 이하의 점토함유율에 대한 소성지수의 비로 정의된다.
>
> ※ 활성도 … 점토광물의 성질이 일정한 경우 점토분의 함유율이 증가하면 소성지수도 증가하며, 점토함유율에 대한 소성지수를 점토의 활성도라 한다.

**82** 다음 그림과 같은 지반에서 유효응력에 대한 점착력 및 마찰각이 각각 $c'=10[\text{kN/m}^2]$, $\phi'=20°$일 때 A점에서의 전단강도는? (단, 물의 단위중량은 $9.81\text{kN/m}^3$이다.)

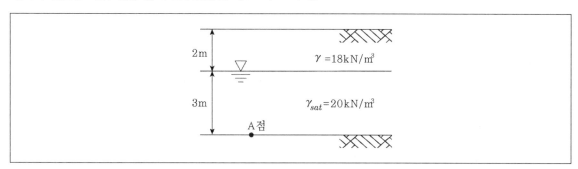

① $34.23\text{kN/m}^2$

② $44.94\text{kN/m}^2$

③ $54.25\text{kN/m}^2$

④ $66.17\text{kN/m}^2$

> **TIP** $\overline{\sigma_A}=\gamma_1 h_1+\gamma_{sub}h_2=18\times 2+(20-9.81)\times 3=66.57[\text{kN/m}^2]$
>
> $\tau=c'+\overline{\sigma}\tan\phi'=10+66.57\tan20°=34.229=34.23[\text{kN/m}^2]$

**83** 흙의 다짐에 관한 설명 중 옳지 않은 것은?

① 일반적으로 흙의 건조밀도는 가하는 다짐 Energy가 클수록 크다.
② 모래질 흙은 진동 또는 진동을 동반하는 다짐방법이 유효하다.
③ 건조밀도–함수비 곡선에서 최적함수비와 최대건조밀도를 구할 수 있다.
④ 모래질을 많이 포함한 흙의 건조밀도–함수비 곡선의 경사는 완만하다.

● **TIP** 모래질을 많이 포함한 흙의 건조밀도–함수비 곡선의 경사는 급하다.

**84** 표준관입시험(SPT)을 할 때 처음 15cm 관입에 요하는 $N$값을 제외하고 그 후 30cm 관입에 요하는 타격수로 $N$값을 구한다. 그 이유로 가장 타당한 것은?

① 흙은 보통 15cm 밑부터 그 흙의 성질을 가장 잘 나타낸다.
② 관입봉의 길이가 정확히 45cm이므로 이에 맞도록 관입시키기 위함이다.
③ 정확히 30cm를 관입시키기 어려워서 15cm 관입에 요하는 $N$값을 제외한다.
④ 보링구멍 밑면 흙이 보링에 의하여 흐트러져 15cm 관입 후부터 $N$값을 측정한다.

● **TIP** 표준관입시험을 위해 보링을 하여 구멍을 뚫으면 보링날에 의해 굴착면의 흙들이 보링에 의해 교란되어 있는 상태여서 정확한 시험을 행할 수가 없다. 따라서 이를 고려하여 로드를 우선 타격하여 15cm 정도를 관입시킨 상태에서 추가로 30cm를 관입시키는데 요하는 타격수 $N$값을 측정한다.

**85** 다음 연약지반 개량공법에 관한 사항 중 옳지 않은 것은?

① 샌드드레인 공법은 2차 압밀비가 높은 점토와 이탄 같은 흙에 큰 효과가 있다.
② 화학적 변화에 의한 흙의 강화공법으로는 소결공법, 전기화학적 공법 등이 있다.
③ 동압밀공법 적용시 과잉간극수압의 소산에 의한 강도증가가 발생한다.
④ 장기간에 걸친 배수공법은 샌드드레인이 페이퍼 드레인보다 유리하다.

● **TIP** 샌드드레인 공법은 2차 압밀비가 높은 점토와 이탄 같은 흙에는 큰 효과가 없다.

**86** 흐트러지지 않은 시료를 이용하여 액성한계 40%, 소성한계 22.3%를 얻었다. 정규압밀점토의 압축지수($C_c$) 값을 Terzaghi의 Peck이 발표한 경험식에 의해 구하면?

① 0.25

② 0.27

③ 0.30

④ 0.35

**⊙TIP** $C_c = 0.009(W_L - 10) = 0.009(40 - 10) = 0.27$

**87** 다음 중 흙댐(Dam)의 사면안정 검토 시 가장 위험한 상태는?

① 상류사면의 경우 시공 중과 만수위일 때

② 상류사면의 경우 시공 직후와 수위 급강하일 때

③ 하류사면의 경우 시공직후와 수위 급강하일 때

④ 하류사면의 경우 시공 중과 만수위일 때

**⊙TIP** 흙댐(Dam)은 상류사면의 시공 직후와 수위 급강하일 때가 사면안정 검토 시 가장 위험하다.

**88** 5m×10m의 장방형 기초위에 $q = 60\text{kN/m}^2$의 등분포하중이 작용할 때 지표면 아래 10m에서의 연직응력증 가량은? (단, 2:1 응력분포법을 사용한다.)

① $10\text{kN/m}^2$

② $20\text{kN/m}^2$

③ $30\text{kN/m}^2$

④ $40\text{kN/m}^2$

**⊙TIP** $\triangle\sigma_z = \dfrac{q_s BL}{(B+Z)(L+Z)} = \dfrac{60 \times 5 \times 10}{(5+10)(10+10)} = 10[\text{kN/m}^2]$

**89** 모래 지층 사이에 두께 6m 점토층이 있다. 이 점토의 토질실험 결과가 아래표와 같을 때 이 점토층의 90% 압밀을 요하는 시간은 약 얼마인가? (단, 1년은 365일로 계산하고 물의 단위중량은 9.81kN/m³이다.)

---

- 간극비($e$) : 1.5
- 압축계수($a_v$) : $4 \times 10^{-3} (\text{m}^2/\text{kN})$
- 투수계수($k$) : $3 \times 10^{-7} (\text{cm/sec})$

---

① 50.7년  
② 12.7년  
③ 5.07년  
④ 1.27년  

> **TIP** 압밀시험에 의한 투수계수
>
> $K = C_v \cdot m_v \cdot \gamma_w = C_v \cdot \dfrac{a_v}{1+e} \cdot \gamma_w$ 에서
>
> $3 \times 10^{-7} = C_v \times \dfrac{4 \times 10^{-5}}{1+1.5} \times 9.81 [\text{kN/m}^3]$
>
> 압밀계수 $C_v = \dfrac{3 \times 10^{-7}}{\dfrac{4 \times 10^{-5}}{1+1.5} \times 9.81} = 1.911 \times 10^{-3} \text{cm}^2/\text{sec}$
>
> 침하시간(모래지층 사이에 위치하고 있으므로 양면배수조건이다.)
>
> $t_{50} = \dfrac{T_v \cdot H^2}{C_v} = \dfrac{0.848 \times \left(\dfrac{600}{2}\right)^2}{1.911 \times 10^{-3}} = 39,937,205$초 $= 1.266$년

**90** 도로의 평판재하시험방법(KS F 2310)에서 시험을 끝낼 수 있는 조건이 아닌 것은?

① 재하응력이 현장에서 예상할 수 있는 가장 큰 접지압력의 크기를 넘으면 시험을 멈춘다.  
② 재하응력이 그 지반의 항복점을 넘을 때 시험을 멈춘다.  
③ 침하가 더 이상 일어나지 않을 때 시험을 멈춘다.  
④ 침하량이 15mm에 달할 때 시험을 멈춘다.  

> **TIP** 완전히 침하가 멈추거나 1분 동안의 침하량이 그 단계 하중의 총 침하량의 1%이하가 될 때 그 다음 단계의 하중을 이어서 가하는 방식으로 평판재하시험을 연속해 나간다.

**91** 다음 그림에서 흙의 단면적이 40cm²이고 투수계수가 0.1cm/s일 때 흙 속을 통과하는 유량은?

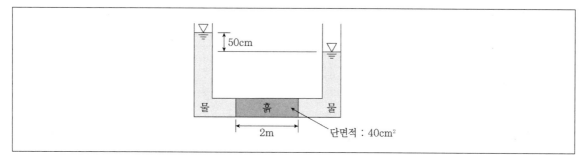

① $1\text{m}^3/\text{h}$

② $1\text{cm}^3/\text{s}$

③ $100\text{m}^3/\text{h}$

④ $100\text{cm}^3/\text{s}$

**TIP** Darcy법칙에 따라 침투유량을 산정하면

$$Q = A \cdot V \cdot K \cdot i = A \cdot K \cdot \frac{\triangle h}{L} = 40 \times 0.1 \times \frac{50}{200} = 1[\text{cm}^3/\text{sec}]$$

**92** Terzaghi의 얕은 기초에 대한 수정지지력 공식에서 형상계수에 대한 설명으로 바르지 않은 것은? (단, $B$ 는 단변의 길이, $L$은 장변의 길이이다.)

① 연속기초에서 $\alpha = 1.0$, $\beta = 0.5$이다.

② 원형기초에서 $\alpha = 1.3$, $\beta = 0.6$이다.

③ 정사각형기초에서 $\alpha = 1.3$, $\beta = 0.4$이다.

④ 직사각형기초에서 $\alpha = 1 + 0.3\dfrac{B}{L}$, $\beta = 0.5 - 0.1\dfrac{B}{L}$이다.

**TIP** 원형기초에서 $\alpha = 1.3$, $\beta = 0.3$이다.

$\alpha$, $\beta$ : 기초모양에 따른 형상계수 ($B$ : 구형의 단변길이, $L$ : 구형의 장변길이)

| 구분 | 연속 | 정사각형 | 직사각형 | 원형 |
|------|------|----------|----------|------|
| $\alpha$ | 1.0 | 1.3 | $1 + 0.3\dfrac{B}{L}$ | 1.3 |
| $\beta$ | 0.5 | 0.4 | $0.5 - 0.1\dfrac{B}{L}$ | 0.3 |

**93** 포화된 점토에 대해 비압밀비배수($UU$) 삼축압축시험을 하였을 때 결과에 대한 설명으로 바른 것은? (단, $\phi$는 마찰각이고 $c$는 점착력이다.)

① $\phi$와 $c$가 나타나지 않는다.
② $\phi$와 $c$가 모두 0이 아니다.
③ $\phi$는 0이고 $c$는 0이 아니다.
④ $\phi$는 0이 아니지만 $c$는 0이다.

**◎TIP** 포화된 점토에 대하여 비압밀비배수($UU$)시험을 하였을 때 내부마찰각 $\phi$은 $0°$이나 점착력 $c$는 0이 아니다.

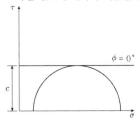

**94** 흙의 동상에 영향을 미치는 요소가 아닌 것은?

① 모관 상승고
② 흙의 투수계수
③ 흙의 전단강도
④ 동결온도의 계속시간

**◎TIP** 흙의 전단강도는 흙의 동상에 영향을 미치는 요소로 보기에는 무리가 있다.

**95** 아래의 그림에서 각층의 손실수두 $\triangle h_1$, $\triangle h_2$, $\triangle h_3$를 각각 구한 값으로 옳은 것은?

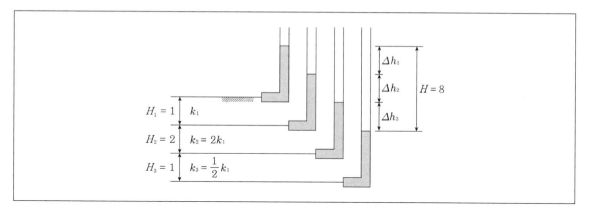

① $\triangle h_1 = 2$, $\triangle h_2 = 2$, $\triangle h_3 = 4$

② $\triangle h_1 = 2$, $\triangle h_2 = 3$, $\triangle h_3 = 3$

③ $\triangle h_1 = 2$, $\triangle h_2 = 4$, $\triangle h_3 = 2$

④ $\triangle h_1 = 2$, $\triangle h_2 = 5$, $\triangle h_3 = 1$

**○TIP** 각 층의 손실수두

$$\triangle h_1 = \frac{h_1}{k_1} = \frac{1}{k_1}, \quad \triangle h_2 = \frac{h_2}{k_2} = \frac{2}{2k_1} = \frac{1}{k_1},$$

$$\triangle h_3 = \frac{h_3}{k_3} = \frac{1}{\frac{1}{2}k_1} = \frac{2}{k_1}$$

총 손실수두가 8[m]이므로 1:1:2의 비율로 2[m], 2[m], 4[m]이다.

**96** 다짐되지 않은 두께 2m, 상대밀도 40%의 느슨한 사질토 지반이 있다. 실내시험결과 최대 및 최소 간극비가 0.80, 0.40으로 각각 산출되었다. 이 사질토를 상대밀도 70%까지 다짐할 때 두께는 얼마나 감소하겠는가?

① 12.41cm

② 14.63cm

③ 22.71cm

④ 25.83cm

**TIP** $D_r = \dfrac{e_{max} - e}{e_{max} - e_{min}} \times 100$ 이므로,

$40 = \dfrac{0.8 - e_1}{0.8 - 0.4} \times 100$ 가 되어 $e_1 = 0.64$ 이며

$70 = \dfrac{0.8 - e_2}{0.8 - 0.4} \times 100$ 가 되어 $e_2 = 0.52$

두께감소량 $\triangle H = \dfrac{e_1 - e_2}{1 + e_1} H = \dfrac{0.64 - 0.52}{1 + 0.64} \times 200 = 14.63\text{cm}$

**97** 모래나 점토같은 입상재료(粒狀材料)를 전단하면 Dilatancy 현상이 발생하며 이는 공극수압과 밀접한 관련이 있다. 다음 중 이와 관련하여 바르지 않은 것은?

① 정규압밀 점토에서는 (−) Dilatancy에 정(+)의 공극수압이 발생한다.

② 과압밀 점토에서는 (+) Dilatancy에 부(−)극 공극수압이 발생한다.

③ 조밀한 모래에서는 (+) Dilatancy가 일어난다.

④ 느슨한 모래에서는 (+) Dilatancy가 일어난다.

**TIP** 느슨한 모래에서는 (−) Dilantancy가 일어난다.

※ **다일러턴시(Dilantancy)** … 시료가 조밀하게 채워져 있는 경우 전단시험을 할 때 전단면의 모래가 이동을 하면서 다른 입자를 누르고 넘어가기 때문에 체적이 팽창을 하게 되는 현상이다.

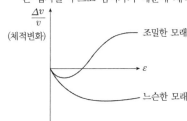

**98** 다음 그림과 같이 수평지표면 위에 등분포하중 $q$가 작용할 때 연직옹벽에 작용하는 주동토압의 공식으로 바른 것은? (단, 뒤채움 흙은 사질토이며 이 사질토의 단위중량을 $\gamma$, 내부마찰각을 $\phi$라 한다.)

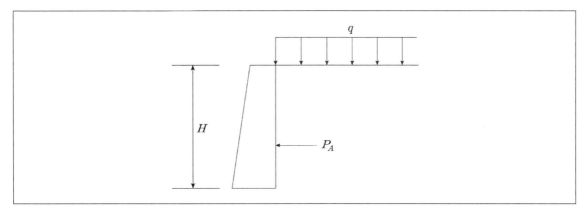

① $P_a = \left( \dfrac{1}{2} \gamma H^2 + qH \right) \tan^2 \left( 45^o - \dfrac{\phi}{2} \right)$

② $P_a = \left( \dfrac{1}{2} \gamma H^2 + qH \right) \tan^2 \left( 45^o + \dfrac{\phi}{2} \right)$

③ $P_a = \left( \dfrac{1}{2} \gamma H^2 + qH \right) \tan^2 \phi$

④ $P_a = \left( \dfrac{1}{2} \gamma H^2 + q \right) \tan^2 \phi$

**OTIP** 주어진 그림과 같은 경우 주동토압의 공식은 $P_a = \left( \dfrac{1}{2} \gamma H^2 + qH \right) \tan^2 \left( 45^\circ - \dfrac{\phi}{2} \right)$

**99** 기초의 구비조건에 대한 설명으로 바르지 않은 것은?

① 상부하중을 안전하게 지지해야 한다.
② 기초깊이는 동결깊이 이하여야 한다.
③ 기초는 전체침하나 부등침하가 전혀 없어야 한다.
④ 기초는 기술적, 경제적으로 시공이 가능해야 한다.

**OTIP** 기초는 전체침하나 부등침하가 구조기준에 제시된 허용치 이내여야 한다. (현실적으로 침하가 0이 될 수는 없다.)

ANSWER    96.② 97.④ 98.① 99.③

**100** 중심간격이 2.0[m], 지름이 40[cm]인 말뚝을 가로 4개, 세로 5개씩 전체 20개의 말뚝을 박았다. 말뚝 한 개의 허용지지력이 15ton이라면 이 군항의 허용지지력은 약 얼마인가? (단, 군말뚝의 효율은 Converse-Labarre공식을 사용)

① 4,500kN

② 3,000kN

③ 2,415kN

④ 1,215kN

**TIP** $\phi = \tan^{-1}\dfrac{D}{S} = \tan^{-1}\dfrac{0.4}{2.0} = 11.31°$

군항의 지지력 효율(Converse-Labarre)

$E = 1 - \dfrac{\phi}{90} \times \left[\dfrac{(m-1)n + (n-1)m}{m \times n}\right] = 1 - \dfrac{11.31}{90} \times \left[\dfrac{(4-1)5 + (5-1)4}{4 \times 5}\right] = 0.805$

$\phi = \tan^{-1}\dfrac{d}{s} = \tan^{-1}\dfrac{20}{100} = 11.3°$

군항의 허용지지력

$R_{ag} = E \cdot N \cdot R_a = 0.805 \times 20 \times 150 = 2,415[kN]$

(시간이 상당히 많이 소요되는 문제이며 공식암기 역시 어려우므로 과감히 넘어가기를 권한다.)

---

**제6과목 상하수도공학**

**101** 배수지의 적정 배치와 용량에 대한 설명으로 바르지 않은 것은?

① 배수 상 유리한 높은 장소를 선정하여 배치한다.

② 용량은 계획1일 최대급수량의 18시간분 이상을 표준으로 한다.

③ 시설물의 배치에는 가능한 한 안정되고 견고한 지반의 장소를 선정한다.

④ 가능한 한 비상시에도 단수없이 급수할 수 있도록 배수지 용량을 설정한다.

**TIP** 용량은 계획1일 최대급수량의 8~12시간분을 표준으로 한다.

**102** 구형수로가 수리학상 유리한 단면을 얻으려 할 경우 폭이 28m라면 경심($R$)은?

① 3m
② 5m
③ 7m
④ 9m

**TIP**

$$R = \frac{A}{P} = \frac{(28+14) \times \frac{1}{2} \times 14}{14+14+14} = 7[\text{m}]$$

구형수로가 수리학상 유리한 단면을 얻으려면 수심을 반지름으로 하는 반원을 외접원으로 하는 제형단면형상이어야 한다. "제형"은 "제방형태"의 준말로서 사다리꼴 단면을 의미한다. 수심을 반지름으로 하는 반원을 내접원으로 하는 정육각형의 제형단면일 때 수리학상 유리학 단면이 된다. (즉, $\theta = 60°$일 때가 유리한 단면형상을 이루게 된다.)

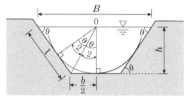

**103** 활성탄흡착공정에 대한 설명으로 바르지 않은 것은?

① 활성탄흡착을 통해 소수성의 유기물질을 제거할 수 있다.
② 분말활성탄의 흡착능력이 떨어지면 재생공정을 통해 재활용한다.
③ 활성탄은 비표면적이 높은 다공성의 탄소질 입자로 형상에 따라 입상활성탄과 분말활성탄으로 구분된다.
④ 모래여과 공정진단에 활성탄흡착 공정을 두게 되면, 탁도 부하가 높아져서 활성탄 흡착효율이 떨어지거나 역세척을 자주 해야할 필요가 있다.

**TIP** 입상활성탄은 재사용을 하지만 분말활성탄은 재사용을 하지 않고 버린다.

**104** 상수도의 수원으로서 요구되는 조건이 아닌 것은?

① 수질이 좋을 것
② 수량이 풍부할 것
③ 상수 소비지에서 가까울 것
④ 수원이 도시 가운데 위치할 것

●**TIP** 상수도의 수원은 청정한 환경이 요구되므로 도시로부터 되도록 먼 곳에 위치한다.

**105** 조류(algae)가 많이 유입되면 여과지를 폐쇄시키거나 물에 맛과 냄새를 유발시키기 때문에 이를 제거해야 하는데 조류제거에 흔히 쓰이는 대표적인 약품은?

① $CaCO_3$
② $CuSO_4$
③ $KMnO_4$
④ $K_2Cr_2O_7$

●**TIP** 조류제거에 흔히 쓰이는 대표적인 약품은 황산구리($CuSO_4$)이다.

**106** 다음 중 오존처리법을 통해 제거할 수 있는 물질이 아닌 것은?

① 철
② 망간
③ 맛·냄새물질
④ 트리할로메탄(THM)

●**TIP** 트리할로메탄(THM)은 염소처리 공정에서 발생하는 발암물질로서 오존처리법만으로는 제거가 되지 않는다.

**107** 상수도계통의 도수시설에 관한 설명으로 바른 것은?

① 수원에서 취한 물을 정수장까지 운반하는 시설을 말한다.
② 정수처리된 물을 수용가에서 공급하는 시설을 말한다.
③ 적당한 수질의 물을 수원지에서 모아서 취하는 시설을 말한다.
④ 정수장에서 정수처리된 물을 배수지까지 보내는 시설을 말한다.

> **◎TIP** 상수도계통의 시설
> • **취수시설** : 적당한 수질의 물을 수원지에서 모아서 취하는 시설
> • **도수시설** : 수원에서 취한 물을 정수장까지 운반하는 시설
> • **송수시설** : 정수장으로부터 배수지까지 정수를 수송하는 시설
> • **배수시설** : 정수장에서 정수처리된 물을 배수지까지 보내는 시설

**108** 하수고도처리 중 하나인 생물학적 질소 제거항법에서 질소의 제거 직전 최종형태(질소제거의 최종산물)는?

① 질소가스($N_2$)
② 질산염($NO_3^-$)
③ 아질산염($NO_2^-$)
④ 암모니아성 질소($NH_4^+$)

> **◎TIP** 하수고도처리 중 하나인 생물학적 질소 제거항법에서 질소의 제거 직전 최종형태는 질소가스($N_2$)이다.

**109** 다음 상수도관의 관종 중 내식성이 크고 중량이 가벼우며 손실수두가 적으나 저온에서 강도가 낮고 열이나 유기용제에 약한 것은?

① 흄관
② 강관
③ PVC관
④ 석면 시멘트관

> **◎TIP** PVC관은 내식성이 크고 중량이 가벼우며 손실수두가 적으나 저온에서 강도가 낮고 열이나 유기용제에 약하다.

**110** 하수처리에 관한 설명으로 바르지 않은 것은?

① 하수처리 방법은 크게 물리적, 화학적, 생물학적 처리공정으로 분류된다.
② 화학적 처리공정은 소독, 중화, 산화 및 환원, 이온교환 등이 있다.
③ 물리적 처리공정은 여과, 침사, 활성탄흡착, 응집침전 등이 있다.
④ 생물학적 처리공정은 호기성 분해와 혐기성 분해로 크게 구분된다.

> **○TIP** 응집침전, 활성탄 흡착법은 화학적 처리법에 속한다.
>
> ※ 하수처리법
>   ㉠ 예비처리 : 굵은 부유물, 부상 고형물, 유지의 제거와 분리를 위해 하수를 고체와 액체로 분리하는 과정
>   ㉡ 1차 하수처리(물리적 처리)
>   • 수중의 미세 부유물질의 제거하는 과정이다.
>   • 부유물의 제거와 아울러 BOD의 일부도 제거된다.
>   • 일반적으로 스크린, 분쇄기, 침사지, 침전지 등으로 이루어진다.
>   ㉢ 2차 하수처리(화학적, 생물학적 처리)
>   • 하수 중에 남아있는 미생물을 제거하는 과정이다.
>   • BOD의 상당부분 제거되는 처리과정이다.
>   • 수중의 용해성 유기 및 무기물의 처리 공정이다.
>   • 활성슬러지법, 살수여상 등의 생물학적 처리와 산화, 환원, 소독, 흡착, 응집 등의 화학적 처리를 병용하거나 단독으로 이용한다.
>   ㉣ 3차 하수처리(고도처리)
>   • 2차 처리수를 다시 고도의 수질로 하기 위하여 행하는 처리법으로 난분해성 유기물, 부유물질, 부영양화 유발물질을 제거하는 과정이다.
>   • 부영양화와 적조현상의 방지를 위한 처리가 주를 이룬다.
>   • 제거해야 할 물질(질소, 인, 분해되지 않은 유기물과 무기물, 중금속, 바이러스 등)의 종류에 따라 각각 다른 방법이 적용된다.
> ※ 물리적 처리와 화학적 처리
>   • **물리적 처리** : 처리조작, 공정 및 보조설비에 유지관리문제를 일으키는 하수 성분(굵은 부유물, 부상 고형물)을 제거(고체와 액체로 분리)하는 것으로서 스크린(여과), 분쇄, 침사, 흡착, 침전, 부상분리 등이다.
>   • **화학적 처리** : 주로 영양염류인 질소와 인의 제거, 하수 중의 부유물질의 응결성과 침전성 개선, 슬러지 개량 등을 위해 사용된다. 소독, 중화, 산화 및 환원, 이온교환, 화학적 응집침전, 활성탄흡착 등이다.

**111** 장기(장시간)폭기(포기)법에 관한 설명으로 바른 것은?

① F/M비가 크다.
② 슬러지 발생량이 적다.
③ 부지가 적게 소요된다.
④ 대규모 하수처리장에 많이 이용된다.

**TIP** ① 장기폭기법은 F/M비가 작다.
③ 장기폭기법은 넓은 부지를 대상으로 한다.
④ 소규모 하수처리장에 많이 이용된다.
※ **장기폭기(extended aeration)법**
• 잉여 슬러지양을 크게 감소시키기 위한 방법으로 BOD-SS부하를 아주 작게, 포기시간을 길게 하여 내생호흡상으로 유지하도록 하는 활성슬러지법의 일종이다.
• 체류시간을 길게 하여 F/M비를 낮춤으로써 내생호흡상으로 유지되도록 한다.
• 폭기시간이 길므로 폭기조의 미생물은 내생 호흡율 단계에 있으므로 슬러지 생산량이 매우 적다.
• 학교, 주택단지, 공원 등에서 생기는 적은 양의 폐수를 처리하기 위해 많이 채택된다.
• 처리량이 작은 도시하수 등의 경우에 적용되며 소규모 처리장에 적용된다.

**112** 아래와 같이 구성된 지역의 총괄유출계수는?

> • 주거지역 : 면적 4ha, 유출계수 0.6
> • 상업지역 : 면적 2ha, 유출계수 0.8
> • 녹지 : 면적 1ha, 유출계수 0.2

① 0.42    ② 0.53
③ 0.60    ④ 0.70

**TIP** 총괄유출계수는 각 지역별로 산술평균값으로 구한다.
$$\frac{4\times0.6+2\times0.8+1\times0.2}{4+2+1}=0.6$$

**113** 급수량에 관한 설명으로 바른 것은?

① 시간 최대급수량은 계획1일 최대급수량보다 작게 나타난다.

② 계획1일 평균급수량은 시간최대급수량에 부하율을 곱해 산정한다.

③ 소화용수는 일최대급수량에 포함되므로 별도로 산정하지 않는다.

④ 계획1일 최대급수량은 계획1일 평균급수량에 계획첨두율을 곱해 산정한다.

**TIP** ① 시간 최대급수량은 계획1일 평균급수량에 2.25를 곱한 값이다.
② 계획1일 평균급수량은 계획1일 최대급수량에 부하율을 곱한 값이다.
③ 소화용수는 별도로 산정한다.

**114** 하수처리계획 및 재이용계획의 계획오수량에 대한 설명 중 바르지 않은 것은?

① 계획1일 최대오수량은 1인1일 최대오수량에 계획인구를 곱한 후, 공장폐수량, 지하수량 및 기타배수량을 더한 것으로 한다.

② 계획오수량은 생활오수량, 공장폐수량 및 지하수량으로 구분한다.

③ 지하수량은 1인1일 최대오수량의 20% 이하로 한다.

④ 계획시간 최대오수량은 계획1일 평균오수량의 1시간당 수량의 2~3배를 표준으로 한다.

**TIP** 계획시간 최대오수량은 계획1일 최대오수량의 1시간당 수량의 1.3~1.8배를 표준으로 한다.

**115** 하수관로의 유속 및 경사에 대한 설명으로 바른 것은?

① 유속은 하류로 갈수록 점차 작아지도록 설계한다.

② 관로의 경사는 하류로 갈수록 점차 커지도록 설계한다.

③ 오수관로는 계획1일 최대오수량에 대해 유속을 최소 1.2m/s로 한다.

④ 우수관로 및 합류식관로는 계획우수량에 대해 유속을 최대 3.0m/s로 한다.

**TIP** ① 유속은 하류로 갈수록 점차 커지도록 설계한다.
② 관거의 경사는 하류로 갈수록 점차 작아지도록 설계한다.
③ 오수관거는 계획1일 최대오수량에 대하여 유속을 최소 0.6m/s로 한다.

**116** 알칼리도가 30[mg/L]의 물에 황산알루미늄을 첨가했더니 20[mg/L]의 알칼리도가 소비되었다. 여기에 Ca(OH)₂를 주입하여 알칼리도를 15[mg/L]로 유지하기 위해 필요한 Ca(OH)₂는? (단, Ca(OH)₂ 분자량 74, CaCO₃ 분자량 100이다.)

① 1.2mg/L

② 3.7mg/L

③ 6.2mg/L

④ 7.4mg/L

**TIP** Ca(OH)₂에 의해 공급되어야 할 알칼리도

$30[mg/L] - 20[mg/L] = 10[mg/L]$

$15[mg/L] - 5[mg/L] = 10[mg/L]$

$Ca(OH)_2 \rightarrow Ca^{2+} + 2OH^-$

Ca(OH)₂ 1mole에서 2mole의 OH⁻를 생성하므로 알칼리도로 환산하면

$(2 \times 17g\,OH^-/mole) \times \dfrac{100g\,CaCO_3/2mole}{17OH^-/1mole} = 100g\,CaCO_3/mole$

Ca(OH)₂ 1mole(74g)으로부터 100g의 알칼리도가 생성된다.

따라서 $74g : 100g = x : 5[mg/L]$

$x = 3.7[mg/L]$

(이런 문제는 풀이에 상당한 시간이 걸리며 출제 빈도도 높지 않고, 또한 오답률도 매우 높으므로 풀지 말 것을 권한다.)

**117** 하수처리수 재이용 기본계획에 대한 설명으로 바르지 않은 것은?

① 하수처리 재이용수는 용도별 요구되는 수질기준을 만족해야 한다.

② 하수처리수 재이용지역은 가급적 해당지역 내의 소규모 지역 범위로 한정하여 계획한다.

③ 하수처리 새이용수의 용도는 생활용수, 공업용수, 농업용수, 유지용수를 기본으로 계획한다.

④ 하수처리수 재이용량은 해당지역 물 재이용 관리계획과에서 제시된 재이용량을 참고하여 계획해야 한다.

**TIP** 하수처리수 재이용지역은 가급적 해당지역 내의 대규모 지역 범위로 하여 계획한다.

**118** 다음 펌프 중 가장 큰 비교회전도를 나타내는 것은?

① 사류펌프          ② 원심펌프

③ 축류펌프          ④ 터빈펌프

> **TIP** 축류펌프는 펌프 중 가장 큰 비교회전도를 갖는다.
>
> 펌프의 비속도(비회전도, 비교회전도) $Ns = N \times \dfrac{Q^{1/2}}{H^{3/4}}$
>
> - $N$ : 펌프의 회전수[rpm]
> - $Q$ : 최고효율 시의 양수량[m³/min]
> - $H$ : 최고효율 시의 전양정[m]

**119** 다음 중 계획1일 최대급수량을 기준으로 하지 않는 시설은?

① 배수시설          ② 송수시설

③ 정수시설          ④ 취수시설

> **TIP** 배수시설은 계획1일 최대급수량을 시설기준으로 하지 않고, 계획시간 최대급수량을 시설기준으로 한다.

**120** 오수 및 우수의 배제방식인 분류식과 합류식에 대한 설명으로 바르지 않은 것은?

① 합류식은 관의 단면적이 크기 때문에 폐쇄의 염려가 적다.

② 합류식은 일정량 이상이 되면 우천 시 오수가 월류할 수 있다.

③ 분류식은 별도의 시설 없이 오염도가 높은 초기우수를 처리장으로 유입시켜 처리한다.

④ 분류식은 2계통을 건설하는 경우, 합류식에 비해 일반적으로 관거의 부설비가 많이 든다.

> **TIP** 분류식은 오수관과 우수관을 별도로 설치하여 오수만을 처리장으로 이송하는 방식이다.

**제1과목** 응용역학

**1** 다음 그림과 같은 단순보에서 일어나는 최대 전단력은?

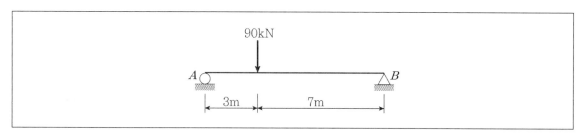

① 27kN
② 45kN
③ 54kN
④ 63kN

**○TIP** 직관적으로 바로 답이 나와야 하는 문제이다.

A지점에서 최대전단력이 발생하게 되며 $90 \times \dfrac{7}{10} = 63kN$

**2** 15cm×30cm의 직사각형 단면을 가진 길이가 5m인 양단힌지기둥이 있다. 이 기둥의 세장비는?

① 57.7
② 74.5
③ 115.5
④ 149.5

**○TIP** $\lambda = \dfrac{KL}{r_{min}} = \dfrac{KL}{\sqrt{\dfrac{I_{min}}{A}}} = \dfrac{(1.0)(5 \times 10^2)}{\sqrt{\dfrac{\left(\dfrac{(30)(15)^3}{12}\right)}{(30 \times 15)}}} = 115.5$

**3** 탄성변형에너지는 외력을 받는 구조물에서 변형에 의해 구조물에 축적되는 에너지를 말한다. 탄성체이며 선형거동을 하는 길이 $L$인 캔틸레버보의 끝단에 집중하중 $P$가 작용할 경우 굽힘모멘트에 의한 탄성변형에너지는? (단, $EI$는 일정함)

① $\dfrac{P^2L^2}{6EI}$

② $\dfrac{P^2L^2}{2EI}$

③ $\dfrac{P^2L^3}{6EI}$

④ $\dfrac{P^2L^3}{2EI}$

**TIP** $M_x = -(P) \cdot (x) = -P \cdot x$

$$U = \int \frac{M_x^2}{2EI} dx = \frac{1}{2EI} \int_0^L (-P \cdot x)^2 dx = \frac{P^2L^3}{6EI}$$

**4** 다음과 같이 A점과 B점에 모멘트 하중($M_0$)이 작용할 때 생기는 전단력도의 모양은 어떤 형태인가?

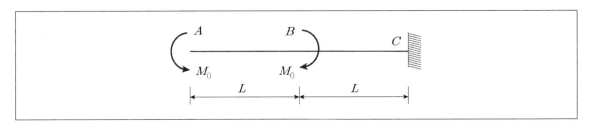

① 

② 

③ 

④ 

**TIP** AB구간에서는 휨모멘트에 의한 내력 $M_o$만이 일정하게 존재하는 상태(순수휨상태)이며 BC구간은 내력이 발생하지 않는다. 즉, 부재의 전구간에 걸쳐 전단력이 발생하지 않는다.

**5** 다음 그림과 같은 3힌지 아치에서 C점의 휨모멘트는?

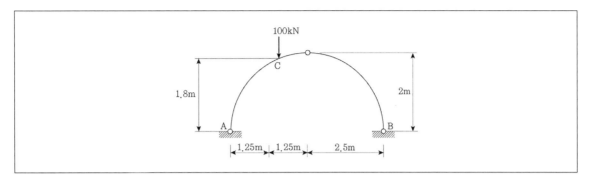

① 32.5kN · m

② 35.0kN · m

③ 37.5kN · m

④ 40.0kN · m

**OTIP** 중앙에 힌지가 있는 단순보로 변형시켜 지점의 반력을 구한다.

$$M_C = V_A \cdot a - H_A \cdot h = 75 \times 1.25 - 31.25 \times 1.8 = 37.5[\text{kN·m}]$$

$$V_A = \frac{100 \times 3.75}{5} = 75[\text{kN}]$$

$$H_A = \frac{M_D}{h} = \frac{100 \times 1.25}{2 \times 2} = 31.25$$

**6** 다음 그림과 같은 연속보에서 B점의 반력은? (단, $EI$는 일정하다.)

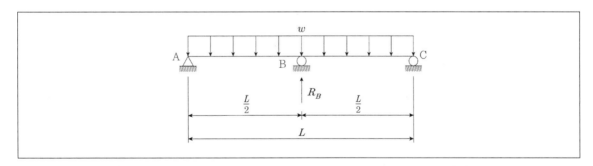

① $\frac{3}{10}wL$

② $\frac{3}{8}wL$

③ $\frac{5}{8}wL$

④ $\frac{5}{4}wL$

**OTIP** 등분포하중이 작용하는 단순연속보의 중앙지점에 작용하는 반력은 $\frac{5}{8}wL$이다.

**7** 그림과 같이 이축응력(二軸應力)을 받는 정사각형 요소의 체적변형률은? (단, 이 요소의 탄성계수 $E = 2.0 \times 10^6 \text{kg/cm}^2$, 푸아송비 $\nu = 0.30$이다.)

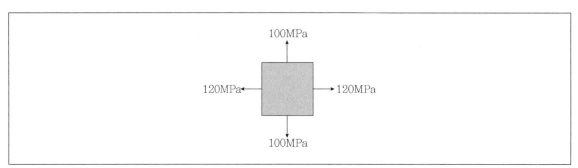

① $3.6 \times 10^{-4}$

② $4.4 \times 10^{-4}$

③ $5.2 \times 10^{-4}$

④ $6.4 \times 10^{-4}$

**○TIP** $\varepsilon_v = \dfrac{1-2\nu}{E}(\sigma_x + \sigma_y + \sigma_z) = \dfrac{1-2\times0.3}{E}(120+100+0)$

$= \dfrac{1-0.6}{2.0\times10^6\times10^{-1}} \times 220 = 4.4\times10^{-4}$

**8** 반지름이 25cm인 원형단면을 가지는 단주에서 핵의 면적은 약 얼마인가?

① $122.7\text{cm}^2$

② $168.4\text{cm}^2$

③ $254.4\text{cm}^2$

④ $336.8\text{cm}^2$

**○TIP** 원형단면의 핵의 반경은 $d/4$이므로

핵의 단면적 $A = \dfrac{\pi(d/4)^2}{4} = 122.7\text{cm}^2$ 가 된다.

**9** 지름 $D$인 원형 단면 보에 휨모멘트 $M$이 작용할 때 최대 휨응력은?

① $\dfrac{64M}{\pi D^3}$

② $\dfrac{32M}{\pi D^3}$

③ $\dfrac{16M}{\pi D^3}$

④ $\dfrac{8M}{\pi D^3}$

**○TIP** 지름 $D$인 원형 단면 보에 휨모멘트 $M$이 작용할 때 최대 휨응력 $\cdots \dfrac{32M}{\pi D^3}$

**10** 다음 그림과 같이 단순보 위에 삼각형 분포하중이 작용하고 있다. 이 단순보에 작용하는 최대 휨모멘트는?

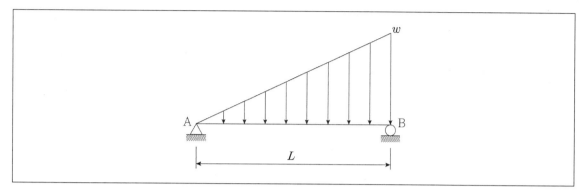

① $0.03214wl^2$

② $0.04816wl^2$

③ $0.05217wl^2$

④ $0.06415wl^2$

**TIP** $\sum M_B = 0 : R_A \times l - \left(\frac{1}{2} \times w \times l\right) \times \frac{l}{3} = 0, \ R_A = \frac{wl}{6}(\uparrow)$

$\sum F_y = 0(\uparrow) : \frac{wl}{6} - \left(\frac{1}{2} \times \frac{w}{l} x \times x\right) - S_x = 0$

$S_x = \frac{wl}{6} - \frac{w}{2l} x^2$

$\sum M_X = 0 : \frac{wl}{6} \times x - \left(\frac{1}{2} \times \frac{w}{l} x \times x\right) \times \frac{x}{3} - M_x = 0$

$M_x = \frac{wl}{6} x - \frac{w}{6l} x^3$

최대휨모멘트는 전단력이 0인 곳에서 발생하게 된다.

$S_x = \frac{wl}{6} - \frac{w}{2l} x^2 = 0, \ x = \frac{l}{\sqrt{3}}$

$M_{max} = M_{x=\frac{l}{\sqrt{3}}} = \frac{wl}{6}\left(\frac{l}{\sqrt{3}}\right) - \frac{w}{6l}\left(\frac{l}{\sqrt{3}}\right)^3 = \frac{wl^2}{9\sqrt{3}}$

$\qquad = 0.06415wl^2$

**11** 다음 그림과 같은 캔틸레버보에서 집중하중 $P$가 작용할 경우 최대처짐($\delta_{\max}$)은? (단, $EI$는 일정하다.)

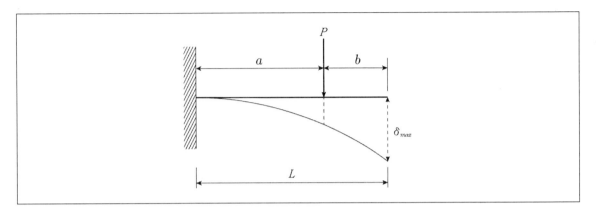

① $\delta_{\max} = \dfrac{Pa^2}{3EI}(3L+a)$  ② $\delta_{\max} = \dfrac{Pa^2}{3EI}(3L-a)$

③ $\delta_{\max} = \dfrac{P^2a}{6EI}(3L+a)$  ④ $\delta_{\max} = \dfrac{Pa^2}{6EI}(3L-a)$

**○ TIP** 여러 가지 방법으로 처짐공식을 도출할 수 있으나 매우 비효율적이므로 이 문제의 경우 공식을 암기할 것을 권한다.

$$\delta_{\max} = \frac{Pa^2}{6EI}(3L-a)$$

**12** 다음 그림과 같은 트러스의 사재 $D$의 부재력은?

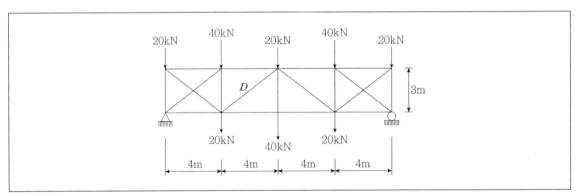

① 50kN(인장)  ② 50kN(압축)

③ 37.5kN(인장)  ④ 37.5kN(압축)

**TIP** $\sum M_B = 0 : R_A \times 16 - 20 \times 16 - (40+20) \times 12 - (20+40) \times 8 - (40+20) \times 4 = 0$

이를 만족하는 $R_A = 110\text{kN}(\uparrow)$이며 부재의 자유물체도를 그려보면 다음과 같다.

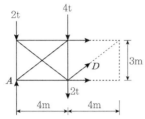

$\sum F_y = 0 : 110 - 20 - 40 - 20 + D \times \dfrac{3}{5} = 0, \quad D = -50[\text{kN}]$ (압축)

**13** 어떤 재료의 탄성계수를 $E$, 전단탄성계수를 $G$, 푸아송수를 $m$이라고 할 때 $G$와 $E$의 관계식으로 바른 것은?

① $G = \dfrac{mE}{2(m+1)}$ ② $G = \dfrac{m}{2(m-1)}$

③ $G = \dfrac{E}{2(m+1)}$ ④ $G = \dfrac{m}{2(m-1)}$

**TIP** 재료의 탄성계수를 $E$, 전단탄성계수를 $G$, 푸아송 비를 $\nu$라고 할 때 $G$와 $E$의 관계식은 $G = \dfrac{E}{2(1+\nu)}$이며 푸아송

비는 푸아송 수의 역수이므로 전단탄성계수는 $G = \dfrac{mE}{2(m+1)}$

**14** 다음 중 정(+)의 값 뿐만 아니라 부(−)의 값도 갖는 것은?

① 단면계수
② 단면 2차 반지름
③ 단면상승 모멘트
④ 단면 2차 모멘트

**TIP** 단면상승 모멘트는 정(+)의 값 뿐만 아니라 부(−)의 값도 갖는다.

**15** 그림과 같이 단순보에 이동하중이 작용하는 경우 절대최대휨모멘트는?

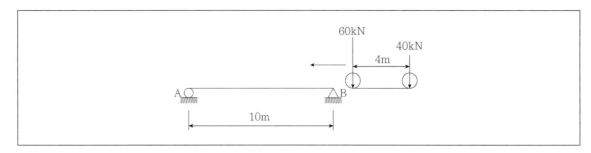

① 176.4kNm

② 167.2kNm

③ 162.0kNm

④ 125.1kNm

> **ⓞTIP** 절대최대휨모멘트가 발생하는 것은 두 작용력의 합력이 작용하는 위치와 큰 힘(60[kN])이 작용하는 위치의 중간이 부재의 중앙에 위치했을 때이며 이 때 60[kN]이 작용하는 위치에서 절대최대 휨모멘트가 발생한다.
> 따라서 60[kN]의 하중이 작용하는 위치로부터 0.8[m]우측으로 떨어진 위치가 부재의 중앙부에 있을 때 60[kN]의 하중이 작용하는 지점의 휨모멘트의 크기를 구하면 된다.
> 우선 A점에서의 반력을 구하기 위하여 B점을 기준으로 모멘트평형의 원리를 적용하면,
> $\sum M_B = 0 : R_A \times 10 - 60 \times 5.8 - 40 \times 1.8 = 0,\ R_A = 42[kN]$
> 절대최대휨모멘트는 60[kN]의 하중 작용점에서 발생하므로 A지점으로부터 5-0.8=4.2[m]떨어진 곳에서 발생하며 그 크기는 $M_{\max} = R_A \times 4.2 = 42 \times 4.2 = 176.4[kNm]$

**16** 다음 그림에 표시된 힘들의 $x$방향의 합력으로 옳은 것은?

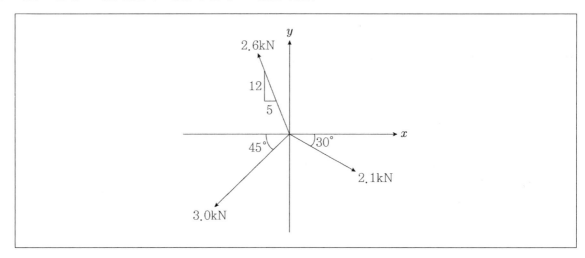

① 0.4kN(←)

② 0.7kN(→)

③ 1.0kN(→)

④ 1.3kN(←)

**17** 동일평면상의 한 점에 여러 개의 힘이 작용하고 있을 때 여러 개의 힘의 어떤 점에 대한 모멘트의 합은 그 합력의 동일점에 대한 모멘트와 같다는 것은 무슨 정리인가?

① Mohr의 정리
② Lami의 정리
③ Varignon의 정리
④ Castigliano의 정리

**18** 다음 그림과 같은 단순보에 등분포하중($q$)이 작용할 때 보의 최대처짐은? (단, $EI$는 일정하다.)

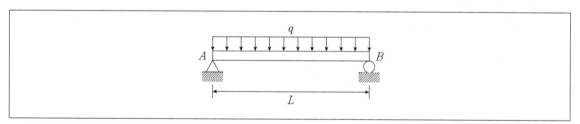

① $\dfrac{qL^4}{128EI}$

② $\dfrac{qL^4}{64EI}$

③ $\dfrac{qL^4}{38EI}$

④ $\dfrac{5qL^4}{384EI}$

---

**ANSWER**　15.① 16.④ 17.③ 18.④

**19** 다음 그림과 같은 구조물에서 단부 A, B는 고정, C지점은 힌지일 때 OA, OB, OC 부재의 분배율로 옳은 것은?

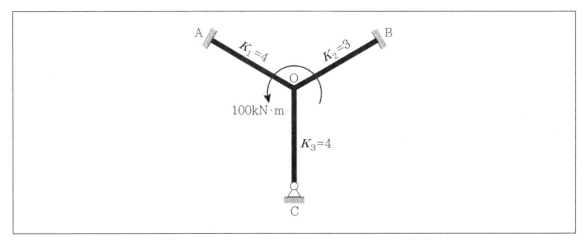

① $DF_{OA} = \dfrac{4}{10}$, $DF_{OB} = \dfrac{3}{10}$, $DF_{OC} = \dfrac{4}{10}$

② $DF_{OA} = \dfrac{4}{10}$, $DF_{OB} = \dfrac{3}{10}$, $DF_{OC} = \dfrac{3}{10}$

③ $DF_{OA} = \dfrac{4}{11}$, $DF_{OB} = \dfrac{3}{11}$, $DF_{OC} = \dfrac{4}{11}$

④ $DF_{OA} = \dfrac{4}{11}$, $DF_{OB} = \dfrac{3}{11}$, $DF_{OC} = \dfrac{3}{11}$

**TIP** $K_{OA} : K_{OB} : K_{OC} = 4 : 3 : 4 \times \dfrac{3}{4} = 4 : 3 : 3$

$DF_{OA} : DF_{OB} : DF_{OC} = \dfrac{K_{OA}}{\sum k_i} : \dfrac{K_{OB}}{\sum k_i} : \dfrac{K_{OC}}{\sum k_i} = 0.4 : 0.3 : 0.3$

**20** 다음 그림과 같은 단면의 A–A측에 대한 단면 2차 모멘트는?

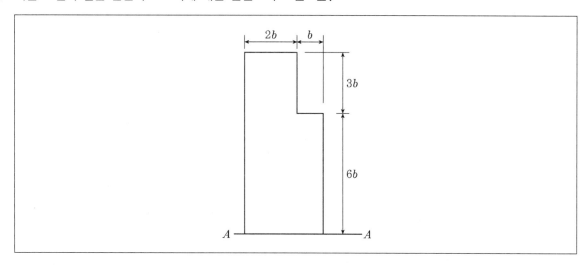

① $558b^4$

② $623b^4$

③ $685b^4$

④ $729b^4$

**TIP** $I_{A-A} = \dfrac{(2b)(9b)^3}{3} + \dfrac{(b)(6b)^3}{3} = 558b^4$

---

제2과목 **측량학**

**21** 지형측량의 순서로 옳은 것은?

① 측량계획 – 골조측량 – 측량원도 작성 – 세부측량

② 측량계획 – 세부측량 – 측량원도 작성 – 골조측량

③ 측량계획 – 측량원도작성 – 골조측량 – 세부측량

④ 측량계획 – 골조측량 – 세부측량 – 측량원도 작성

**TIP** 지형측량의 순서 ··· 측량계획 – 골조측량 – 세부측량 – 측량원도 작성

---

ANSWER    19.② 20.① 21.④

**22** 항공사진의 특수 3점이 아닌 것은?

① 주점

② 보조점

③ 연직점

④ 등각점

●**TIP** 항공사진의 특수 3점 … 주점, 연직점, 등각점

**23** 수준측량에서 전시와 후시의 거리를 같게 하여 소거할 수 있는 오차가 아닌 것은?

① 지구의 곡률에 의해 생기는 오차

② 기포관축과 시준축이 평행하지 않기 때문에 생기는 오차

③ 시준선상에 생기는 빛의 굴절에 의한 오차

④ 표척의 조정 불완전으로 인해 생기는 오차

●**TIP** 전시와 후시를 같게 한다고 해도 표척의 조정 불완전으로 인하여 발생하는 오차는 소거할 수 없다.

**24** 노선측량의 일반적인 작업순서로 바른 것은?

| | |
|---|---|
| A : 종횡단측량 | B : 중심선측량 |
| C : 공사측량 | D : 답사 |

① A→B→D→C

② A→C→D→B

③ D→B→A→C

④ D→C→A→B

●**TIP** 노선측량의 작업순서 … 답사 → 중심선측량 → 종 · 횡단측량 → 공사측량

**25** 수준망의 관측결과가 표와 같을 때 정확도가 가장 높은 것은?

| 구분 | 총거리(km) | 폐합오차(mm) |
|------|-----------|-------------|
| I | 25 | ±20 |
| II | 16 | ±18 |
| III | 12 | ±15 |
| IV | 8 | ±13 |

① I

② II

③ III

④ IV

O**TIP** 수준측량의 정밀도는 1km당 수준측량의 오차값으로 판별을 한다.

$$K_1 : K_2 : K_3 : K_4 = \frac{20}{\sqrt{25}} : \frac{18}{\sqrt{16}} : \frac{15}{\sqrt{12}} : \frac{13}{\sqrt{8}}$$ 이며 $K_1$이 가장 작은 값이므로 I노선이 가장 정확하다.

**26** 수평각 관측을 할 때 망원경의 정위, 반위로 관측하여 평균하여도 소거되지 않는 오차는?

① 수평축 오차

② 시준축 오차

③ 연직축 오차

④ 편심 오차

O**TIP** 연직축 오차는 망원경의 정위, 반위로 관측하여 평균하여도 소거되지 않는다.

**27** 트래버스 측량의 일반적인 사항에 대한 설명으로 바르지 않은 것은?

① 트래버스 종류 중 결합트래버스는 가장 높은 정확도를 얻을 수 있다.

② 각관측방법 중 방위각법은 한 번 오차가 발생하면 그 영향은 끝까지 미친다.

③ 폐합오차 조정방법 중 컴퍼스 법칙은 각관측의 정밀도가 거리관측의 정밀도보다 높을 때 실시한다.

④ 폐합트래버스에서 편각의 총합은 반드시 360도가 되어야 한다.

O**TIP** 폐합오차 조정방법 중 컴퍼스 법칙은 각관측의 정밀도가 거리관측의 정밀도와 비슷할 경우 실시하는 방법이다. 각관측의 정밀도가 거리관측의 정밀도보다 높을 때 실시하는 폐합오차 조정법은 트랜싯 법칙이다.

**28** 축척 1 : 1,500 지도상의 면적을 축척 1 : 1,000으로 잘못 관측한 결과가 10,000m$^2$이었다면 실제면적은?

① 4,444m$^2$

② 6,667m$^2$

③ 15,000m$^2$

④ 22,500m$^2$

**○TIP** 면적비는 축적비의 제곱이므로,
$$A = A_o \left( \frac{1,500}{1,000} \right)^2 = 22,500[\text{m}^2]$$

**29** 토목의 노선측량에서 반지름($R$)이 200m인 원곡선을 설치할 때 도로의 기점으로부터 교점($I.P$)까지의 추가거리가 423.26m, 교각($I$)가 42° 20'일 때 시단현의 편각은? (단, 중심말뚝간격은 20m이다.)

① 0° 50′ 00″

② 2° 01′ 52″

③ 2° 51′ 11″

④ 2° 51′ 47″

**○TIP** (이 문제를 풀려면 공학용계산기에서 각도, 라디안, 그리드 모드를 사용할 수 있어야 한다. 최소한 공학용계산기를 사용할 때 이 정도는 알아두도록 하자.)
$$T.L = R\tan\frac{I}{2} = 200\tan\frac{42° 20'}{2} = 77.44[\text{m}]$$
$$BC = IP\text{의 거리} - TL = 423.26 - 77.44 = 345.82[\text{m}]$$
시단편각 $\delta_1 = \dfrac{l_1}{2R} \times \dfrac{180°}{\pi} = \dfrac{90° \times 14.18}{200\pi} = 2° \ 01′ \ 52″$

**30** 초점거리가 210mm인 사진기로 촬영한 항공사진의 기선고도비는? (단, 사진크기는 23cm×23cm, 축척은 1 : 10,000, 종중복도 60%이다.)

① 0.32

② 0.44

③ 0.52

④ 0.61

**○TIP** 촬영 종기선길이
$$B = ma\left(1 - \frac{p}{100}\right) = 10,000 \times 0.23 \times \left(1 - \frac{60}{100}\right) = 920[\text{m}]$$
촬영고도 $H = f \cdot m = 0.21 \times 10,000 = 2,100[\text{m}]$
기선고도비 $\dfrac{B}{H} = \dfrac{920}{2,100}$ 이므로 $\dfrac{B}{H} = 0.438$

**31** 폐합트래버스 ABCD에서 각 측선의 경거, 위거가 표와 같을 때 $\overline{AD}$측선의 방위각은?

| 측선 | 위거 | | 경거 | |
|---|---|---|---|---|
| | + | − | + | − |
| AB | 50 | | 50 | |
| BC | | 30 | 60 | |
| CD | | 70 | | 60 |
| DA | | | | |

① 133°                      ② 135°

③ 137°                      ④ 145°

**OTIP** 위거의 합 $E_L = -50$, 경거의 합 $E_D = +50$

$\overline{AD}$의 방위각은 $\tan^{-1}\left(\dfrac{E_D}{E_L}\right) = -45°$

위거가 −, 경거가 +이면 2상한에 해당되므로

$\overline{AD}$의 방위각은 $180° - 45° = 135°$

**32** GNSS 데이터로 교환 등에 필요한 공통적인 형식으로 원시데이터에서 측량에 필요한 데이터를 추출하여 보기 쉽게 표현한 것은?

① Bernese                      ② RINEX

③ Ambiguity                   ④ Binary

**OTIP** RINEX … GNSS 데이터로 교환 등에 필요한 공통적인 형식으로 원시데이터에서 측량에 필요한 데이터를 추출하여 보기 쉽게 표현한 것이다. RINEX 데이터는 과거 정지측량을 위한 데이터 처리에 많이 사용되었으나, 최근 MMS(Mobile Mapping System), 드론 등 GNSS/INS로 관측한 데이터의 후처리에 많이 사용되고 있다.

**33** 교호수준측량을 한 결과 $a_1 = 0.472$m, $a_2 = 2.656$m, $b_1 = 2.106$m, $b_2 = 3.895$m를 얻었다. A점의 표고가 66.204m일 때 B점의 표고는?

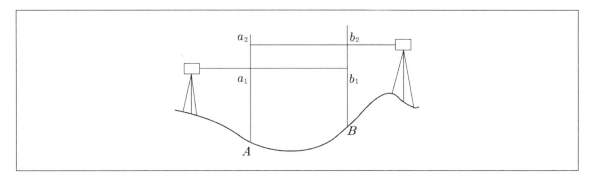

① 64.130m

② 64.768m

③ 65.238m

④ 67.641m

**TIP** $H_B = H_A + \dfrac{(a_2 - b_2) + (a_1 - b_1)}{2} = 66.204 + \dfrac{(2.656 - 3.895) + (0.472 - 2.106)}{2} = 64.7675 \text{[m]}$

**34** 2,000m의 거리를 50m씩 끊어서 40회 관측하였다. 관측결과 총 오차가 ±0.14m이었고, 40회 관측의 정밀도가 동일하다면 50m 거리관측의 오차는?

① ±0.022m

② ±0.019m

③ ±0.016m

④ ±0.013m

**TIP** 부정오차에 관한 문제로서 $a\sqrt{n} = a\sqrt{40} = 0.14$를 만족하는 $a$의 값은 0.022m이다.

**35** 구면삼각형의 성질에 대한 설명으로 바르지 않은 것은?

① 구면 삼각형의 내각의 합은 180°보다 크다.

② 2점간 거리가 구면상에서는 대원의 호길이가 된다.

③ 구면삼각형의 한 변은 다른 두 변의 합보다는 작고 차보다는 크다.

④ 구과량은 구 반지름의 제곱에 비례하고 구면 삼각형의 면적에 비례한다.

**TIP** 구과량은 구 반지름의 제곱에 반비례하고 구면 삼각형의 면적에 비례한다.

※ **구과량** … 구면삼각형 ABC의 세 내각의 합이 180°보다 크게 되면 이 차이를 말한다. $\varepsilon'' = \dfrac{F}{R^2}\rho''$ ($R$은 지구반경, $F$ 는 삼각형의 면적)

**36** 다음 그림과 같은 횡단면의 면적은?

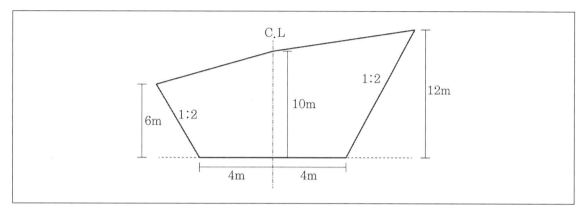

① 196m² 
② 204m² 
③ 216m² 
④ 256m²

| $x$ | $y$ | $(x_{i-1}-x_{i+1})y_i$ |
|---|---|---|
| 4 | 0 | $(-4-28)\times 0=0$ |
| 28 | 12 | $(4-0)\times 12=48$ |
| 0 | 10 | $(28+16)\times 10=440$ |
| −16 | 6 | $(0+4)\times 6=24$ |
| −4 | 0 | 0 |
| | | $2A=512$ |

$A=\dfrac{1}{2}\sum x_i(y_{i+1}-y_{i-1})$ or $\dfrac{1}{2}\sum y_i(x_{i+1}-x_{i-1})$ 이므로 주어진 수치를 여기에 대입하면 256이 산출된다.

**37** 30m에 대해 3mm 늘어나 있는 줄자로써 정사각형의 지역을 측정한 결과 80,000m²이었다면 실제의 면적은?

① 80,016m³ 
② 80,008m³ 
③ 79,984m³ 
④ 79,992m³

$A=A_o\left(1+\dfrac{dl}{l}\right)^2=80,000\left(1+\dfrac{0.003}{30}\right)^2=80,016[\text{m}^2]$

**38** 삼변측량을 실시하여 길이가 각각 $a = 1,200\text{m}$, $b = 1,300\text{m}$, $c = 1,500\text{m}$이었다면 ∠ACB는?

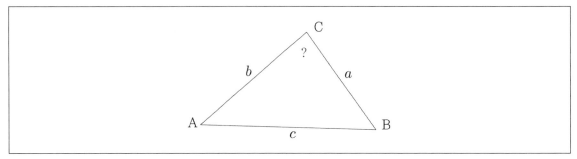

① 73° 31′ 02″

② 73° 33′ 02″

③ 73° 35′ 02″

④ 73° 37′ 02″

**TIP** $\cos C = \dfrac{a^2 + b^2 - c^2}{2ab}$ 이므로,

$$C = \cos^{-1}\left(\dfrac{a^2 + b^2 - c^2}{2ab}\right) = \cos^{-1}\left(\dfrac{1,200^2 + 1,300^2 - 1,500^2}{2 \times 1,200 \times 1,300}\right) = 73° \ 37′ \ 02″$$

**39** GPS 위성측량에 대한 설명으로 바른 것은?

① GPS를 이용하여 취득한 높이는 지반고이다.

② GPS에서 사용하고 있는 기준타원체는 GRS80 타원체이다.

③ 대기 내 수증기는 GPS 위성신호를 지연시킨다.

④ GPS측량은 별도의 후처리 없이 관측값을 직접 사용할 수 있다.

**TIP** ① GPS를 이용하여 취득한 높이는 타원체고이다.
② GPS에서 사용하고 있는 기준타원체는 WGS-84 타원체이다.
④ 망조정이 필요한 것은 정지측량에 의한 기준점측량이다.

**40** 완화곡선에 대한 설명으로 바르지 않은 것은?

① 완화곡선의 접선은 시점에서 원호에, 종점에서 직선에 접한다.

② 완화곡선에 연한 곡선반지름의 감소율은 캔트(Cant)의 증가율과 같다.

③ 완화곡선의 반지름은 그 시점에서 무한대, 종점에서는 원곡선의 반지름과 같다.

④ 모든 클로소이드(Clothoid)는 닮음 꼴이며 클로소이드 요소는 길이의 단위를 가진 것과 단위가 없는 것이 있다.

**TIP** 완화곡선의 접선은 시점에서 직선에 접하고, 종점에서 원호에 접한다.

**41** 유출(流出)에 대한 설명으로 옳지 않은 것은?

① 총유출은 통상 직접유출(direct run off)과 기저유출(base flow)로 분류된다.
② 하천에 도달하기 전에 지표면 위로 흐르는 유수를 지표유하수(overland flow)라 한다.
③ 하천에 도달한 후 다른 성분의 유출수와 합친 유수량을 총 유출수(total flow)라 한다.
④ 지하수유출은 토양을 침투한 물이 침투하여 지하수를 형성하나 총 유출량에는 고려하지 않는다.

> **TIP** 총 유출량 산정 시 지하수유출량을 고려해야 한다.

**42** 수면 아래 30m 지점의 수압을 $kN/m^2$으로 표시하면? (단, 물의 단위중량은 $9.81kN/m^3$이다.)

① $2.94[kN/m^2]$
② $29.43[kN/m^2]$
③ $294.3[kN/m^2]$
④ $2,943[kN/m^2]$

> **TIP** $9.81kN/m^3 \times 30m = 294.3[kN/m^2]$

**43** 두 개의 수평한 판이 5mm 간격으로 놓여 있고, 점성계수 $0.01N \cdot s/cm^2$인 유체로 채워져 있다. 하나의 판을 고정시키고 다른 하나의 판을 2m/s로 움직일 때 유체 내에서 발생되는 전단응력은?

① $1N/cm^2$
② $2N/cm^2$
③ $3N/cm^2$
④ $4N/cm^2$

> **TIP** $\tau = \mu \cdot \dfrac{dV}{dy} = 0.01 \times \dfrac{200}{0.5} = 4N/cm^2$

---

ANSWER  38.④  39.③  40.①  41.④  42.③  43.④

**44** 유역면적이 2km²인 어느 유역에 다음과 같은 강우가 있었다. 직접유출용적이 140,000m³일 때 이 유역에서의 $\phi$ −index는?

| 시간(30min) | 1 | 2 | 3 | 4 |
|---|---|---|---|---|
| 강우강도(mm/hr) | 102 | 51 | 152 | 127 |

① 36.5mm/h

② 51.0mm/h

③ 73.0mm/h

④ 80.3mm/h

**TIP** 2시간 동안의 직접유출용적이 140,000m³이며, 유역면적이 2km²이므로

2시간 동안의 유출량은 $Q = \dfrac{140,000[\text{m}^3]}{2[\text{km}^2]} = \dfrac{1.4 \times 10^5}{2 \times 10^3 \times 10^3}[\text{m}] = 0.07[\text{m}] = 70[\text{mm}]$

총 강우량은 $P = 51 + 25.5 + 76 + 63.5 = 216[\text{mm}]$이고, 총강우량 = 총유출량 + 총침투량이므로

총 침투량은 $F = P - Q = 216 - 70 = 146[\text{mm}]$가 된다.

총 침투량 146[mm]을 구분하는 수평선에 대응하는 $\phi$ −index의 값은 40.16[mm/30min] 정도이므로 80.3[mm/hr]가 주어진 보기 중 가장 적합한 값이 된다.

**45** 지름 0.3m, 수심 6m인 굴착정이 있다. 피압대수층의 두께가 3.0m라 할 때 5L/s의 물을 양수하면 우물의 수위는? (단, 영향원의 반지름은 500m, 투수계수는 4m/h이다.)

① 3.848m

② 4.063m

③ 5.920m

④ 5.999m

**TIP** 단위에 주의해야 한다. 투수계수의 단위 분모가 시간단위이므로 이를 초단위로 환산해야 한다.

굴착정의 유량 산정식은 $Q = \dfrac{2c\pi K(H - h_0)}{\ln(R/r_o)}$ 이다.

양수량은 $Q = 5[L/s] = 5 \times 10^{-3}[\text{m}^3/s]$

투수계수 $K = 4[\text{m/h}] = \dfrac{4[\text{m}]}{3,600[\text{s}]} = 1.11 \times 10^{-3}[\text{m/s}]$

이 공식에 문제에서 주어진 조건을 대입하면 $5[L/s] = \dfrac{2 \times 3\pi \times 1.11 \times 10^{-3} \times (6 - h_0)}{\ln(500/0.15)}$ 을 만족하는 $h_0 = 4.063[\text{m}]$

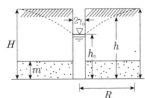

굴착정의 유량산정식 : $Q = \dfrac{2\pi m K(H - h_0)}{\ln(R/r_o)}$

$R$ : 영향원의 반지름, $r_0$ : 굴착정 반지름

$m$ : 피압대수층의 두께, $K$ : 투수계수

$H$ : 굴착정수심, $h_0$ : 우물의 수위

**46** 합성단위유량도(Synthetic Unit Hydrograph)의 작성방법이 아닌 것은?

① Snyder방법

② Nakayasu방법

③ 순간 단위유량도법

④ SCS의 무차원 단위유량도 이용법

**⊙ TIP** 미계측유역에 대한 단위유량도의 합성방법으로는 Snyder 방법, SCS의 무차원 단위유량도 이용법, Nakayasu 방법 등이 있다.

**47** 마찰손실계수($f$)와 Reynolds수($Re$) 및 상대조도($\epsilon/d$)의 관계를 나타낸 Moody 도표에 대한 설명으로 옳지 않은 것은?

① 층류와 난류의 물리적 상이점은 $f - Re$ 관계가 한계 Reynolds 수 부근에서 갑자기 변한다.

② 층류영역에서는 단일 직선이 관의 조도에 관계없이 적용된다.

③ 난류영역에서는 $f - Re$곡선은 상대조도($\epsilon/d$)에 따라 변하며 Reynolds수보다는 관의 조도가 더 주요한 변수가 된다.

④ 완전 난류의 완전히 거친 영역에서 $f$는 $Re^n$과 반비례하는 관계를 보인다.

**⊙ TIP** 완전 난류의 완전히 거친 영역에서 $f$는 $Re^n$과 비례하는 관계를 보인다.

**48** 오리피스(Orifice)의 압력수두가 2m이고 단면적이 4cm², 접근유속이 1m/s일 때 유출량은? (단, 유량계수 C=0.630이다.)

① 1,558cm³/s

② 1,578cm³/s

③ 1,598cm³/s

④ 1,618cm³/s

**⊙ TIP** $Q = CAV = CA\sqrt{2gh} = 0.63 \times 4 \times \sqrt{2 \times 980 \times 200} = 1,578 [\text{cm}^3/\text{sec}]$

**49** 위어(Weir)에 물이 월류할 경우 위어의 정상을 기준으로 상류측 전수두를 $H$, 하류수위를 $h$라 할 때 수중위어(Submerged Weir)로 해석될 수 있는 조건은?

① $h < \dfrac{2}{3}H$　　　　　　　　　② $h < \dfrac{1}{2}H$

③ $h > \dfrac{2}{3}H$　　　　　　　　　④ $h > \dfrac{1}{3}H$

○**TIP** 위어(weir)에 물이 월류할 경우에 위어 정상을 기준하여 상류측 전수두를 $H$라 하고, 하류수위를 $h$라 할 때 수중위어 (submerged weir)로 해석될 수 있는 조건은 $h > \dfrac{2}{3}H$이다.

**50** 수심이 50m로 일정하고 무한히 넓은 해역에서 주태양반일주조($S_2$)의 파장은? (단, 주태양반일주조의 주기는 12시간, 중력가속도 $g = 9.81\text{m/s}^2$이다.)

① 9.56km　　　　　　　　　② 95.6km

③ 956km　　　　　　　　　④ 9,560km

○**TIP** 파장 $L = T\sqrt{gh} = 12 \times 60^2 \sqrt{9.81 \times 50} = 956,760.53[\text{mm}] = 956[\text{km}]$

**51** 직사각형의 단면(폭 4[m]×수심 2[m]) 개수로에서 Manning공식의 조도계수 $n = 0.0170$이고 유량 $Q = 15[\text{m}^3/\text{s}]$일 때 수로의 경사($I$)는?

① $1.016 \times 10^3$　　　　　　　　　② $4.548 \times 10^3$

③ $15.365 \times 10^3$　　　　　　　　　④ $31.875 \times 10^3$

○**TIP** Manning공식

$$Q = A \cdot V = A \cdot \dfrac{1}{n} \cdot R^{2/3} \cdot I^{1/2}$$

$$15 = (4 \times 2) \times \dfrac{1}{0.017} \times \left(\dfrac{4 \times 2}{4 + 2 \times 2}\right)^{2/3} \times I^{1/2}$$

$$I = \left[\dfrac{15}{8 \times \dfrac{1}{0.017} \times 1}\right]^2 = 1.016 \times 10^{-3}$$

**52** 수리학적으로 유리한 단면에 관한 내용으로 바르지 않은 것은?

① 동수반경을 최대로 하는 단면이다.
② 구형에서는 수심이 폭의 반과 같다.
③ 사다리꼴에서는 동수반경이 수심의 반과 같다.
④ 수리학적으로 가장 유리한 단면의 형태는 이등변 직각삼각형이다.

**TIP** 최적 수리단면에서는 직사각형 수로단면이나 사다리꼴 수로단면 모두 동수반경이 수심의 절반이 된다. (이등변 직각삼각형은 수리학적으로 좋지 못한 단면 형상이다.)

**53** 개수로 내의 흐름에서 비에너지(Specific energy, $H_e$)가 일정할 때, 최대 유량이 생기는 수심 $h$로 옳은 것은? (단, 개수로의 단면은 직사각형이고 $\alpha = 1$이다.)

① $h = H_e$

② $h = \dfrac{1}{2} H_e$

③ $h = \dfrac{2}{3} H_e$

④ $h = \dfrac{3}{4} H_e$

**TIP** 개수로 내의 흐름에서 비에너지(Specific energy, $H_e$)가 일정할 때, 최대 유량이 생기는 수심 $h = \dfrac{2}{3} H_e$ 이다.

**54** 관수로에서의 마찰손실수두에 대한 설명으로 바른 것은?

① 프루드 수에 반비례한다.
② 관수로의 길이에 비례한다.
③ 관의 조도계수에 반비례한다.
④ 관내 유속의 1/4 제곱에 비례한다.

**TIP** ① 프루드 수에 비례한다.
③ 관의 조도계수에 비례한다.
④ 관내 유속의 제곱에 비례한다.

**55** 수(Hydraulic Jump) 전후의 수심 $h_1$, $h_2$의 관계를 도수 전의 푸르드 수 $Fr_1$의 함수로 표시한 것으로 옳은 것은?

① $\dfrac{h_1}{h_2} = \dfrac{1}{2}(\sqrt{8Fr_1{}^2+1}-1)$  ② $\dfrac{h_1}{h_2} = \dfrac{1}{2}(\sqrt{8Fr_1{}^2+1}+1)$

③ $\dfrac{h_2}{h_1} = \dfrac{1}{2}(\sqrt{8Fr_1{}^2+1}-1)$  ④ $\dfrac{h_2}{h_1} = \dfrac{1}{2}(\sqrt{8Fr_1{}^2+1}+1)$

**TIP** 도수(Hydraulic Jump) 전후의 수심 $h_1$, $h_2$의 관계를 도수 전의 푸르드 수 $Fr_1$의 함수로 표시하면

$$\frac{h_2}{h_1} = \frac{1}{2}(\sqrt{8Fr_1{}^2+1}-1)$$

**56** 다음 중 베르누이 정리를 응용한 것이 아닌 것은?

① 오리피스  ② 레이놀즈 수
③ 벤츄리미터  ④ 토리첼리의 정리

**TIP** 레이놀즈 수 $Re = \dfrac{V \cdot D}{\nu}$ ($V$는 관내평균유속, $D$는 관경, $\nu$는 동점성계수)로서 움직이는 유체 내에 물체를 놓거나 유체가 관속을 흐를 때 난류와 층류의 경계가 되는 값이다.

**57** 흐르는 유체 속에 물체가 있을 때 물체가 유체로부터 받는 힘은?

① 장력(張力)  ② 충력(衝力)
③ 항력(抗力)  ④ 소류력(掃流力)

**TIP** 흐르는 유체 속에 물체가 있을 때, 물체가 유체로부터 받는 힘은 항력(抗力)이다.

**58** 양정이 5m일 때 4.9kW의 펌프로 0.03m³/s를 양수했다면 이 펌프의 효율은?

① 약 0.3  ② 약 0.4
③ 약 0.5  ④ 약 0.6

**TIP** $E = 9.8 \cdot \dfrac{QH}{\eta}$ 이므로 $4.9 = 9.8 \times \dfrac{0.03 \times 5}{\eta}$ 이어야 하므로 $\eta = 0.3$

**59** 부체의 안정에 관한 설명으로 바르지 않은 것은?

① 경심($M$)이 무게중심($G$)보다 낮을 경우 안정하다.

② 무게중심($G$)이 부심($B$)보다 아래쪽에 있으면 안정하다.

③ 경심($M$)이 무게중심($G$)보다 높을 경우 복원모멘트가 작용한다.

④ 부심($B$)과 무게중심($G$)이 동일 연직선 상에 위치할 때 안정을 유지한다.

**TIP** 경심($M$)이 무게중심($G$)보다 위에 있으면 안정상태이고 경심이 무게중심보다 아래에 있으면 불안정상태이다. 경심과 무게중심이 일치하면 중립상태이다.

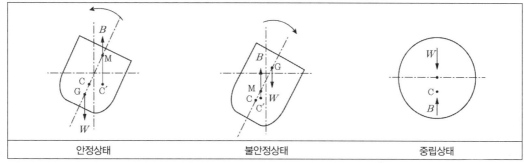

| 안정상태 | 불안정상태 | 중립상태 |

• **부심($C$)** : 부체가 배제한 물의 무게중심으로 배수용적의 중심이다.

• **경심($M$)** : 부체의 중심선과 부력의 작용선과의 교점이다.

• **경심고($MG$)** : 중심에서 경심까지의 거리

• **부양면** : 부체가 수면에 의해 절단되는 가상면

• **흘수** : 부양면에서 물체의 최하단까지의 깊이

**60** DAD해석에 관한 내용으로 바르지 않은 것은?

① DAD의 값은 유역에 따라 다르다.

② DAD해석에서 누가우량곡선이 필요하다.

③ DAD곡선은 대부분 반대수지로 표시된다.

④ DAD관계에서 최대평균우량은 지속시간 및 유역면적에 비례하여 증가한다.

**TIP** DAD분석 … 그 동안의 강우기록으로부터 Depth(강우량), Area(유역면적), Duration(지속시간)에 관한 데이터를 이용하여 강수량을 해석하는 방법이다. DAD곡선이라 함은 최대평균우량깊이-유역면적-강우지속시간 관계곡선이다.

**61** 복철근 콘크리트 단면에 인장철근비 0.02, 압축철근비 0.01이 배근된 경우 순간처짐이 20mm일 때 6개월이 지난 후 총 처짐량은? (단, 작용하는 하중은 지속하중이다.)

① 26mm

② 36mm

③ 48mm

④ 68mm

> **TIP** $\lambda = \dfrac{\xi}{1+50\rho'} = \dfrac{1.2}{1+50(0.01)} = \dfrac{1.2}{1.5} = 0.8$ (6개월이므로 $\xi = 1.2$)
>
> 장기처짐 $\delta_L = \lambda \cdot \delta_i = 0.8 \times 20 = 16\text{mm}$
>
> 총 처짐은 순간처짐과 장기처짐의 합이므로 $\delta_T = \delta_i + \delta_L = 20 + 16 = 36\text{mm}$

**62** 표피철근의 정의로 바른 것은?

① 전체 깊이가 900mm를 초과하는 휨부재 복부의 양 측면에 부재방향으로 배치하는 철근

② 전체 길이가 1,200mm를 초과하는 휨부재 복부의 양 측면에 부재 축방향으로 배치하는 철근

③ 유효 깊이가 900mm를 초과하는 휨부재 복부의 양 측면에 부재 축방향으로 배치하는 철근

④ 유효 깊이가 1,200mm를 초과하는 휨부재 복부의 양 측면에 부재 축방향으로 배치하는 철근

> **TIP** **표피철근** … 전체 깊이가 900mm를 초과하는 휨부재 복부의 양 측면에 부재방향으로 배치하는 철근

**63** 슬래브의 구조상세에 대한 설명으로 바르지 않은 것은?

① 1방향 슬래브의 두께는 최소 100mm 이상으로 해야 한다.

② 1방향 슬래브의 정모멘트 철근 및 부모멘트 철근의 중심간격은 위험단면에서는 슬래브 두께의 2배 이하여야 하고 또한 300mm 이하로 해야 한다.

③ 1방향 슬래브의 수축온도철근의 간격은 슬래브 두께의 3배 이하, 또한 400mm 이하로 하여야 한다.

④ 2방향 슬래브의 위험단면에서 철근의 간격은 슬래브 두께의 2배 이하, 또한 300mm 이하로 해야 한다.

> **TIP** 1방향 슬래브의 수축온도철근의 간격은 슬래브 두께의 5배 이하이며 또한 400mm 이하로 하여야 한다.
>
> ※ 벽체나 슬래브에서 휨 주철근의 중심간격은 위험단면을 제외한 단면에서는 벽체 또는 슬래브 두께의 3배 이하여야 하며 450mm 이하여야 한다.

**64** 다음 그림과 같은 직사각형 단면을 가진 프리텐션 단순보에 편심배치한 긴장재를 820kN으로 긴장했을 때 콘크리트 탄성변형으로 인한 프리스트레스의 감소량은? (단, 탄성계수비 $n=6$이고, 자중에 의한 영향은 무시한다.)

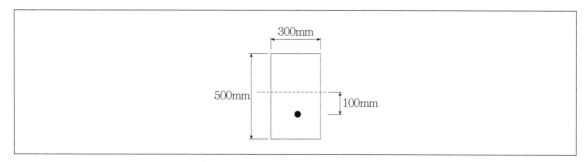

① 44.5MPa

② 46.5MPa

③ 48.5MPa

④ 50.5MPa

**⊙TIP** $\triangle f_{pe} = nf_{cs} = n\left(\dfrac{P_i}{A_c} + \dfrac{P_i e}{I_c} e_p\right) = 6\left(\dfrac{820,000}{300 \times 500} + \dfrac{820,000 \times 100}{3.125 \times 10^9} \times 100\right) \fallingdotseq 48.5[\text{MPa}]$

**65** 옹벽설계 안정조건에 대한 설명으로 바르지 않은 것은?

① 전도에 대한 저항휨모멘트는 횡토압에 의한 전도모멘트의 1.5배 이상이어야 한다.

② 옹벽의 활동에 대한 저항력은 옹벽에 작용하는 수평력의 1.5배 이상이어야 한다.

③ 지반에 유발되는 최대 지반반력은 지반의 허용지지력을 초과하지 않아야 한다.

④ 전도 및 지반지지력에 대한 안정조건은 만족하지만 활동에 대한 안정조건만을 만족하지 못할 경우 활동방지벽 혹은 횡방향 앵커 등을 설치하여 활동저항력을 증대시킬 수 있다.

**⊙TIP** 전도에 대한 저항휨모멘트는 횡토압에 의한 전도모멘트의 2.0배 이상이어야 한다.

**66** 아래 단철근 T형보에서 다음 주어진 조건에 대하여 공칭모멘트강도($M_n$)은? (조건 $b$=1,000mm, $t$= 80mm, $d$=600mm, $A_g$=5,000mm², $b_w$=400mm, $f_{ck}$=21MPa, $f_y$=300MPa)

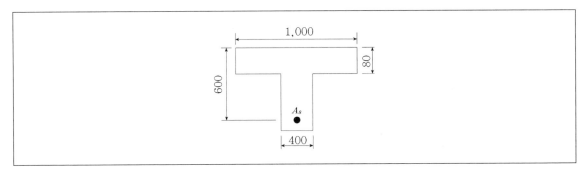

① 711.3kN · m

② 836.8kN · m

③ 947.5kN · m

④ 1,084.6kN · m

**TIP** • T형보의 판별

폭이 $b$=1,000mm인 직사각형 단면보에 대한 등가직사각형의 깊이 $a = \dfrac{A_s f_y}{0.85 f_{ck} b} = 84$mm, $t_f = 80$mm

$a > t_f$ 이므로 T형보로 해석한다.

• T형보의 공칭 휨강도

$$A_{sf} = \frac{0.85 f_{ck}(b - b_w) t_f}{f_y} = 2,856 \text{mm}^2$$

$$a = \frac{(A_s - A_{sf}) f_y}{0.85 f_{ck} b_w} = 90 \text{mm}$$

$$M_n = A_{sf} f_y \left( d - \frac{t_f}{2} \right) + (A_s - A_{sf}) f_y \left( d - \frac{a}{2} \right) \fallingdotseq 836.8 \text{kN} \cdot \text{m}$$

**67** 다음 중 반 T형보의 유효폭을 구할 때 고려해야 할 사항이 아닌 것은? (단, $b_w$는 플랜지가 있는 부재의 복부폭이다.)

① 양쪽 슬래브의 중심 간 거리

② 한쪽으로 내민 플랜지 두께의 6배 + $b_w$

③ 보 경간의 1/12 + $b_w$

④ 인접 보와의 내측거리의 1/2 + $b_w$

**TIP** 반 T형보의 플랜지 유효폭

• 한쪽으로 내민 플랜지 두께의 6배 + $b_w$

• 보 경간의 1/12 + $b_w$

• 인접 보와의 내측거리의 1/2 + $b_w$

위 값 중에서 최솟값을 취해야 한다.

**68** $b_w = 250$mm, $d = 500$mm인 직사각형 보에서 콘크리트가 부담하는 설계전단강도($\phi V_c$)는? (단, $f_{ck} = 21$MPa, $f_y = 400$MPa, 보통중량콘크리트이다.)

① 91.5kN                 ② 82.2kN

③ 76.4kN                 ④ 71.6kN

**○TIP** $\phi V_c = \phi \dfrac{1}{6} \sqrt{f_{ck}}\, b_w d = 0.75 \times \dfrac{1}{6} \times \sqrt{21} \times 250 \times 500 = 71.6[\text{kN}]$

**69** 다음 그림과 같은 용접이음에서 이음부의 응력은?

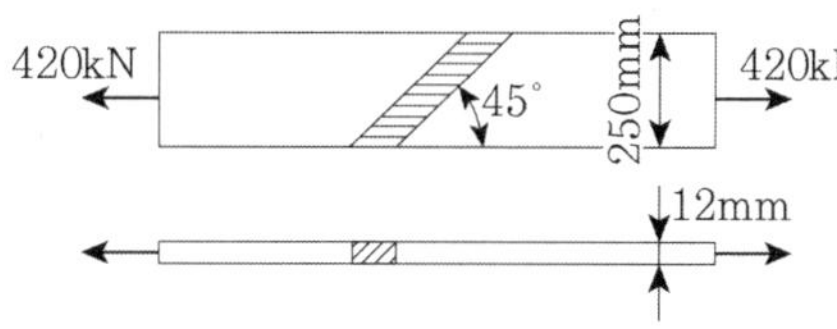

① 140[MPa]              ② 152[MPa]

③ 168[MPa]              ④ 180[MPa]

**○TIP** $f = \dfrac{P}{A} = \dfrac{420 \times 10^3}{12 \times 250} = 140[\text{MPa}]$

**70** PSC보를 RC보처럼 생각하여 콘크리트는 압축력을 받고 긴장재는 인장력을 받게 하여 두 힘의 우력모멘트로 외력에 의한 휨모멘트에 저항시킨다는 개념은?

① 응력개념                ② 강도개념

③ 하중평형개념           ④ 균등질 보의 개념

**○TIP** 강도개념에 관한 설명이다.

※ 프리스트레스트 콘크리트 해석의 기본개념

• **응력개념**(균등질보개념) : 콘크리트에 프리스트레스가 도입되면 콘크리트가 탄성체로 전환되어 탄성이론에 의한 해석이 가능하다는 개념이다.

• **강도개념**(내력모멘트개념) : RC보와 같이 압축력은 콘크리트가 받고 인장력은 긴장재가 받도록 하여 두 힘에 의한 우력이 외력모멘트에 저항한다는 개념이다.

• **하중평형개념**(등가하중개념) : 프리스트레싱에 의하여 부재에 작용하는 힘과 부재에 작용하는 외력이 평형되게 한다는 개념이다.

**ANSWER**    66.②   67.①   68.④   69.①   70.②

**71** 강도설계법에서 보의 휨파괴에 대한 설명으로 바르지 않은 것은?

① 보는 취성파괴보다는 연성파괴가 일어나도록 설계되어야 한다.

② 과소철근보는 인장철근이 항복하기 전에 압축연단 콘크리트의 변형률이 극한 변형률에 먼저 도달하는 보이다.

③ 균형철근 보는 인장철근이 설계기준 항복강도에 도달함과 동시에 압축연단 콘크리트의 변형률이 극한 변형률에 도달하는 보이다.

④ 과다철근 보는 인장철근량이 많아서 갑작스런 압축파괴가 발생하는 보이다.

○**TIP** 과소철근보는 인장측 철근이 먼저 항복하여 연성파괴가 일어나는 보이다.

**72** 그림과 같은 강재의 이음에서 $P$는 600kN이 작용할 때 필요한 리벳의 수는? (단, 리벳의 지름은 19mm, 허용전단응력은 110MPa, 허용지압응력은 240MPa이다.)

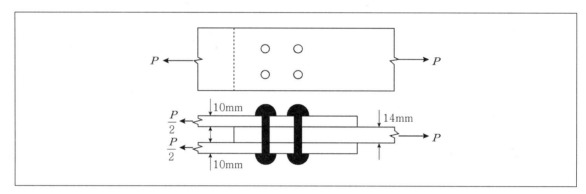

① 6개                 ② 8개

③ 10개               ④ 12개

○**TIP** 요구되는 전단강도 $\rho_s = V_a \times \dfrac{\pi d^2}{2} \times 2 = 110 \times \left(\dfrac{\pi}{4} \times 19^2 \times 2\right) = 62,376\text{[N]}$

요구되는 지압강도 $\rho_b = f_b \times d \times t = 240 \times 19 \times 14 = 63,840\text{[N]}$

위의 2가지 값 중 강재의 강도는 작은 값을 기준으로 한다.

따라서 리벳의 수는 $n = \dfrac{P}{\rho_b} = \dfrac{600 \times 10^3}{62,376} = 9.6 \fallingdotseq 10$개

**73** $b = 300\text{mm}$, $d = 500\text{mm}$, $A_s = 3 - \text{D25} = 1,520\text{mm}^2$가 1열로 배치된 단철근 직사각형 보의 설계휨강도 $\phi M_n$은 얼마인가? (단, $f_{ck} = 28\text{MPa}$, $f_y = 400\text{MPa}$이고, 과소철근보이다.)

① 132.5kN · m              ② 183.3kN · m

③ 236.4kN · m              ④ 307.7kN · m

**● TIP**

$$a = \frac{A_s f_y}{0.85 f_{ck} b} = 85.15\text{mm}$$

$$\beta_1 = 0.85 \ (f_{ck} \leq 28\text{MPa})$$

$$\varepsilon_t = \frac{d_1 \beta_1 - a}{a} \varepsilon_c = 0.01197$$

$$\varepsilon_{l,t} = 0.005 \ (f_y \leq 400\text{MPa})$$

$\varepsilon_{t,l} < \varepsilon_t$ 이므로 인장지배단면이며 강도감소계수는 0.85이다.

$$\phi M_n = \phi A_s f_y \left(d - \frac{a}{2}\right) = 0.85 \times 1{,}520 \times 400 \times \left(500 - \frac{85.15}{2}\right)$$
$$= 236.4\text{kN} \cdot \text{m}$$

---

**74** 다음 그림과 같은 두께 13mm의 플레이트에 4개의 볼트구멍이 배치되어 있을 때 부재의 순단면적은? (단, 구멍의 지름은 24mm이다.)

50
80
360  100
80
50
65
P ← → P
(단위 : mm)

① 4,056mm$^2$

② 3,916mm$^2$

③ 3,775mm$^2$

④ 3,524mm$^2$

**● TIP**

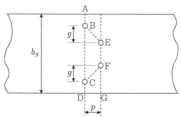

ABCD단면 : $b_n = b_g - 2d = 360 - 2 \times 24 = 312\text{mm}$

ABEFG단면 : $b_n = b_g - 2d - \left(d - \dfrac{p^2}{4g}\right) = 360 - 2 \times 24 - \left(24 - \dfrac{65^2}{4 \times 80}\right) = 301.20[\text{mm}]$

ABEFCD단면 : $b_n = b_g - 2d - 2\left(d - \dfrac{p^2}{4g}\right) = 360 - 2 \times 24 - 2\left(24 - \dfrac{65^2}{4 \times 80}\right) = 290.41[\text{mm}]$

순폭은 위의 값 중 최솟값인 290.41[mm]이다. 따라서 부재의 순단면적은 $A_n = b_n \cdot t = 290.41 \times 13 = 3{,}775\text{mm}^2$

---

**75** 다음 중 전단철근으로 사용할 수 없는 것은?

① 스터럽과 굽힘철근의 조합

② 부재축에 직각으로 배치한 용접철망

③ 나선철근, 원형띠철근 또는 후프철근

④ 주인장 철근에 30도 각도로 설치되는 스터럽

**OTIP** 주철근에 최소 $45°$ 이상의 각도로 설치되는 스터럽이 전단철근으로 사용할 수 있다.

※ 전단철근의 종류
- 부재축에 직각인 스터럽
- 부재축에 직각으로 배치한 용접철망
- 나선철근 및 띠철근
- 주철근에 $45°$ 이상의 각도로 설치되는 스터럽
- 주철근에 $30°$ 이상의 각도로 구부린 굽힘철근
- 스터럽과 굽힘철근의 병용

**76** 다음 그림과 같이 단순지지된 2방향 슬래브에 등분포 하중 $w$가 작용할 때 $ab$방향에 분배되는 하중은 얼마인가?

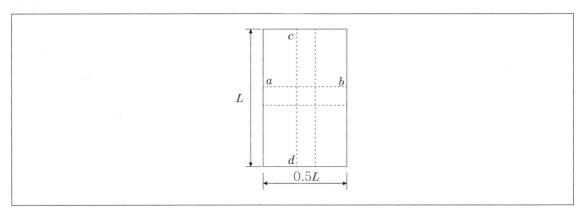

① 0.059w

② 0.111w

③ 0.889w

④ 0.941w

**OTIP** 단변에 분배되는 등분포하중의 크기는

$$w_{ab} = \frac{L^4}{L^4 + S^4} w = \frac{L^4}{L^4 + (0.5L)^4} w = 0.941w 가 된다.$$

**77** 다음 띠철근 기둥이 받을 수 있는 최대 설계축하중강도($\phi P_{n(\max)}$)는 얼마인가? (단, 축방향 철근의 단면적 $A_{st}$ =1,865[mm$^2$], $f_{ck}$ =28[MPa], $f_y$ =300[MPa]이고 기둥은 단주이다.)

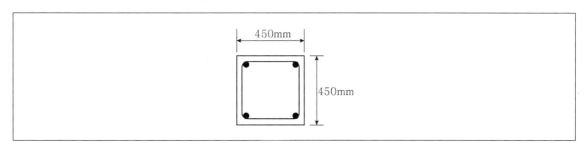

① 1,998[kN]  ② 2,490[kN]

③ 2,774[kN]  ④ 3,075[kN]

**◎TIP** $\phi P_n = \phi\alpha\{0.85 f_{ck}(A_g - A_{st}) + f_y A_{st}\} = 0.80 \times 0.65[0.85 \times 28(450^2 - 1,865) + 300 \times 1,865] = 2,774[\text{kN}]$

**78** 프리스트레스의 손실 원인은 그 시기에 따라 즉시 손실과 도입 후에 시간적인 경과 후에 일어나는 손실로 나타낼 수 있다. 다음 중 손실원인의 시기가 나머지와 다른 하나는?

① 콘크리트의 크리프

② 콘크리트의 건조수축

③ 긴장재의 응력 릴렉세이션

④ 포스트텐션 긴장재와 덕트 사이의 마찰

**◎TIP** 포스트텐션 긴장재와 덕트 사이의 마찰에 의한 프리스트레스 손실은 프리스트레스 도입 시 발생한다.

※ 프리스트레스 손실의 원인
　ⓞ 프리스트레스 도입 시(즉시손실)
　• 콘크리트의 탄성변형(수축)
　• PS강재와 시스, 덕트 사이의 마찰(포스트텐션 방식만 해당)
　• 정착장치의 활동
　ⓛ 프리스트레스 도입 후(시간적 손실)
　• 콘크리트의 건조수축
　• 콘크리트의 크리프
　• PS강재의 응력 릴렉세이션(이완)

**79** 처짐을 계산하지 않는 경우 단순지지된 보의 최소두께는? (단, 보통중량콘크리트($m_c$=2,300kg/m$^3$) 및 $f_y$= 300MPa인 철근을 사용한 부재이며, 길이가 10m인 보이다.)

① 429mm　　② 500mm
③ 537mm　　④ 625mm

**TIP** 문제에 주어진 조건에서 철근의 항복강도가 400MPa 이하인 300MPa이므로, 수정계수를 필히 고려해야 한다. 처짐을 계산하지 않는 경우 보의 최소두께는 다음과 같이 구한다.

㉠ 수정계수 : $\left(0.43+\dfrac{300}{700}\right)=0.859$

㉡ 단순지지보의 최소두께 : $\dfrac{l}{16}\times$수정계수$=\dfrac{10,000}{16}\times 0.859=536.87 \fallingdotseq 537[\mathrm{mm}]$

**80** 압축이형철근의 정착에 대한 설명으로 바르지 않은 것은?

① 정착길이는 항상 200mm 이상이어야 한다.
② 정착길이는 기본정착길이에 적용가능한 모든 보정계수를 곱하여 구해야 한다.
③ 해석결과 요구되는 철근량을 초과하여 배치한 경우의 보정계수는 $\left(\dfrac{\text{소요 } A_s}{\text{배근 } A_s}\right)$이다.
④ 지름이 6mm 이상이고 나선간격이 100mm 이하인 나선철근으로 둘러싸인 압축이형철근의 보정계수는 0.8 이다.

**TIP** 지름이 6mm 이상이고 나선간격이 100mm 이하인 나선철근으로 둘러싸인 압축이형철근의 보정계수는 0.75이다.

**81** 현장 흙의 밀도 시험 중 모래치환법에서 모래는 무엇을 구하기 위하여 사용하는가?

① 시험구멍에서 파낸 흙의 중량　　　　② 시험구멍의 체적

③ 지반의 지지력　　　　　　　　　　　④ 흙의 함수비

> **TIP** 모래치환법 … 현장에서 다짐된 흙의 밀도를 구하기 위하여 사용되는 보편적인 방법으로 검증용 용기와 현장 시험 구멍의 크기 또는 체적이 서로 비슷하여 모래가 쌓이는 과정이 비슷하다는 가정에 기초한 방법이다. 즉 모래치환법에서 모래는 시험구멍의 체적을 구하기 위해 사용된다.

**82** 사질토에 대한 직접전단시험을 실시하여 다음과 같은 결과를 얻었다. 내부마찰각은 약 얼마인가?

| 수직응력($kN/m^2$) | 30 | 60 | 90 |
|---|---|---|---|
| 최대전단응력($kN/m^2$) | 17.3 | 34.6 | 51.9 |

① 25°　　　　　　　　　　　　　　　② 30°

③ 35°　　　　　　　　　　　　　　　④ 40°

> **TIP** $\tau_f = c + \sigma' \tan\phi$에서 사질토의 경우에는 $c = 0$, $\phi = 0$이므로
> $\tau_f = \sigma' \tan\phi$가 된다.
> $$\phi = \tan^{-1}\frac{\tau}{\sigma'} = \tan^{-1}\frac{17.3}{30} = \tan^{-1}\frac{34.6}{60} = \tan^{-1}\frac{51.9}{90} = 29.97°$$

**83** Terzaghi의 극한지지력 공식에 대한 설명으로 틀린 것은?

① 기초의 형상에 따라 형상계수를 고려하고 있다.

② 지지력계수 $N_c$, $N_q$, $N_r$는 내부마찰각에 의해 결정된다.

③ 점성토에서의 극한지지력은 기초의 근입깊이가 깊어지면 증가된다.

④ 사질토에서의 극한지지력은 기초의 폭에 관계없이 기초 하부의 흙에 의해 결정된다.

> **TIP** 극한지지력은 기초의 폭이 증가하면 지지력도 증가한다.

---

**ANSWER**　79.③　80.④　81.②　82.②　83.④

**84** 다음 그림과 같은 모래시료의 분사현상에 대한 안전율을 3.0 이상이 되도록 하려면 수두차 $h$를 최대 얼마 이하로 해야 하는가?

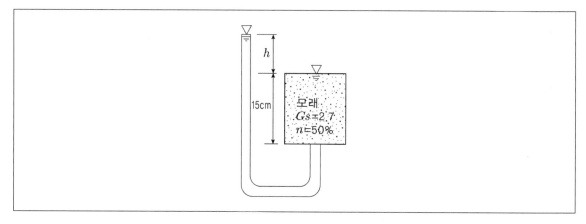

① 12.75cm

② 9.75cm

③ 4.25cm

④ 3.25cm

**TIP**

분사현상 안전율 $F = \dfrac{i_c}{i} = \dfrac{\dfrac{G_s - 1}{1 + e}}{\dfrac{\Delta h}{L}}$

안전율 $F = 3$을 고려

$\therefore\ 3 = \dfrac{\dfrac{2.7 - 1}{1 + 1}}{\dfrac{\Delta h}{15}}$ 이므로 $h = 4.25\mathrm{cm}$

**85** 어떤 시료를 입도분석한 결과, 0.075[mm]체 통과율이 65%이었고, 에터버그한계시험 결과 액성한계가 40%이었으며 소성도표(Plastic Chart)에서 A선 위의 구역에 위치한다면 이 시료의 통일분류법(USCS)상 기호로서 바른 것은? (단, 시료는 무기질이다.)

① CL

② ML

③ CH

④ MH

**TIP** 시료를 입도분석한 결과, 0.075[mm]체 통과율이 65%이었고, 에터버그한계시험 결과 액성한계가 40%이었으며 소성도표(Plastic Chart)에서 A선 위의 구역에 위치한다면 이 시료는 통일분류법상 CL로 분류된다.

**86** 다음 그림과 같이 $c=0$인 모래로 이루어진 무한사면이 안정을 유지(안전율 1 이상)하기 위한 정사각 $\beta$의 크기로 옳은 것은? (단, 물의 단위하중량은 9.81kN/m³)이다.

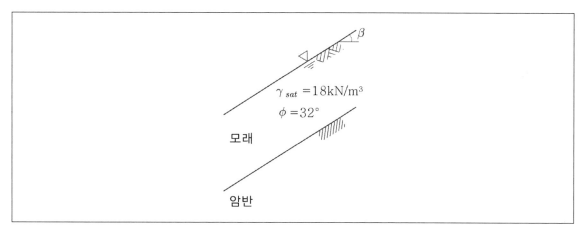

① $\beta \leq 7.94''$

② $\beta \leq 15.87''$

③ $\beta \leq 23.79''$

④ $\beta \leq 31.76''$

**⊙TIP** 반무한 사면의 안전율 ($c=0$인 사질토, 지하수위가 지표면과 일치하는 경우)

$$F = \frac{\gamma_{sub}}{\gamma_{sat}} \cdot \frac{\tan\phi}{\tan\beta} = \frac{18-9.81}{18} \times \frac{\tan 32°}{\tan\beta} \geq 1$$

여기서, 안전율 $\geq 1$이므로 $\beta \leq \tan^{-1}(0.2843) = 15.87°$

**87** 유선망의 특징에 대한 설명으로 바르지 않은 것은?

① 각 유로의 침투유량은 같다.

② 유선과 등수두선은 서로 직교한다.

③ 인접한 유선 사이의 수두감소량(head loss)은 동일하다.

④ 침투속도 및 동수경사는 유선망의 폭에 반비례한다.

**⊙TIP** 인접한 두 등수두선 사이의 수두감소량이 동일한 것이지 유선 사이에서의 수두감소량이 동일한 것이 아니다.

**88** 어떤 점토의 압밀계수는 $1.92 \times 10^{-7} m^2/s$, 압축계수는 $2.86 \times 10^{-1} m^2/kN$이다. 이 점토의 투수계수는? (단, 이 점토의 초기간극비는 0.8이고 물의 단위중량은 $9.81 kN/m^3$이다.)

① $0.99 \times 10^{-5} cm/s$

② $1.99 \times 10^{-5} cm/s$

③ $2.99 \times 10^{-5} cm/s$

④ $3.99 \times 10^{-5} cm/s$

**○TIP**
$$K = C_v \cdot m_v \cdot r_w = C_v \cdot \frac{a_v}{1+e} \cdot \gamma_w = (1.92 \times 10^{-3}) \times (1.589 \times 10^{-1}) \times (9.81 \times 10^{-2})$$
$$= 2.99 \times 10^{-5} [cm/s]$$
$$\frac{a_v}{1+e} = \frac{2.86 \times 10^{-1}}{1+0.8} = 1.589 \times 10^{-1} [m^3/kN]$$

**89** 사운딩에 대한 설명으로 바르지 않은 것은?

① 로드 선단에 지중저항체를 설치하고 지반 내 관입, 압입, 또는 회전하거나 인발하여 그 저항치로부터 지반의 특성을 파악하는 지반조사방법이다.

② 정적사운딩과 동적사운딩이 있다.

③ 압입식 사운딩의 대표적인 방법은 Standard Penetration Test(SPT)이다.

④ 특수사운딩 중 측압사운딩의 공내횡방향 재하시험은 보링공을 기계적으로 수평으로 확장시키면서 측압과 수평변위를 측정한다.

**○TIP** Standard Penetration Test(SPT)는 표준관입시험을 의미하며 이는 타입식 사운딩의 일종이다.

**90** 두께 $H$인 점토층에 압밀하중을 가하여 요구되는 압밀도에 도달할 때까지 소요되는 기간이 단면배수일 경우 400일이라면 양면배수일 때는 며칠이 걸리는가?

① 800일

② 400일

③ 200일

④ 100일

**○TIP**
$$C_v = \frac{T_v \cdot H^2}{t}, \quad t = \frac{T_v \cdot H^2}{C_v}$$
$$t_1 : H_1^2 = t_2 : H_2^2$$
$$400 : H^2 = t_2 : \left(\frac{H}{2}\right)^2$$
$$t_2 = \frac{4\left(\frac{H}{2}\right)^2}{H^2} = 100 day$$

**91** 전체 시추코어 길이가 150cm이고 이 중 회수된 코어의 길이가 합이 80cm이었으며, 10cm 이상의 코어길이의 값이 70cm이었다면 코어의 회수율(TCR)은?

① 56.67%

② 53.33%

③ 46.67%

④ 43.33%

**OTIP** 회수율 $=\dfrac{\text{회수된 코어의 길이의 합}}{\text{전체 시추코어 길이}}\times100=\dfrac{80}{150}\times100=53.33\%$

**92** 동상방지대책에 대한 설명으로 바르지 않은 것은?

① 배수구 등을 설치하여 지하수위를 저하시킨다.

② 지표의 흙을 화학약품으로 처리하여 동결온도를 내린다.

③ 동결깊이보다 깊은 흙을 동결하지 않은 흙으로 치환한다.

④ 모관수의 상승을 차단하기 휘해 조립의 차단층을 지하수위보다 노은 위치에 설치한다.

**OTIP** 동결깊이보다 깊은 경우 동결이 일어나지 않으므로 동결하지 않은 흙으로 치환을 할 필요가 없다.

**93** 다음 지반 개량공법 중 연약한 점토지반에 적당하지 않은 공법은?

① 프리로딩 공법

② 샌드 드레인 공법

③ 생석회 말뚝 공법

④ 바이브로플로테이션 공법

**OTIP** 바이브로플로테이션 공법은 사질토지반개량에 적합한 공법이다.

**94** 두 개의 규소판 사이에 한 개의 알루미늄판이 결합된 3층 구조가 무수히 많이 연결되어 형성된 점토광물로서 각 3층 구조 사이에는 칼륨이온($K^+$)으로 결합되어 있는 것은?

① 일라이트(illite)

② 카올리나이트(kaolinite)

③ 할로이사이트(halloysite)

④ 몬모릴로나이트(montmorillonite)

**OTIP** 일라이트(illite) … 두 개의 규소판 사이에 한 개의 알루미늄판이 결합된 3층 구조가 무수히 많이 연결되어 형성된 점토광물로서 각 3층 구조 사이에는 칼륨이온($K^+$)으로 결합되어 있는 것

ANSWER 88.③ 89.③ 90.④ 91.② 92.③ 93.④ 94.①

**95** 단위중량$(\gamma_t)$=19[kN/m³], 내부마찰각$(\phi)$=30°, 정지토압계수$(K_o)$=0.5인 균질한 사질토지반이 있다. 지하수위면이 지표면 아래 2[m]지점에 있고 지하수위면 아래의 단위중량$(\gamma_{sat})$=20[kN/m³]이다. 지표면 아래 4[m]지점에서 지반 내 응력에 대한 다음 설명 중 틀린 것은? (단, 물의 단위중량은 9.81kN/m³이다.)

① 연직응력$(\sigma_v)$은 80[kN/m²]이다.

② 간극수압$(u)$은 19.62[kN/m²]이다.

③ 유효연직응력$(\sigma_v{}')$은 58.38[kN/m²]이다.

④ 유효수평응력$(\sigma_h{}')$은 29.19[kN/m²]이다.

**◎TIP** 연직응력$(\sigma_v)$은 78[kN/m²]이다.

간극수압 $u = \gamma_w \cdot h = 1.0 \times 9.81 \times 2 = 19.62[kN/m^2]$

연직응력 $\sigma_v = \gamma_t \cdot h_1 + \gamma_{sat} \cdot h_2 = 19 \times 2 + 20 \times 2 = 78[kN/m^2]$

유효연직응력 $\sigma_v{}' = \sigma_v - u = 78 - 19.62 = 58.38[kN/m^2]$

유효수평응력 $\sigma_h{}' = K \cdot \sigma_v{}' = 0.5 \times 58.38 = 29.19[kN/m^2]$

**96** $\gamma_t$=19[kN/m³], 내부마찰각 $\phi$=30°인 뒤채움 모래를 이용하여 8m 높이의 보강토 옹벽을 설치하고자 한다. 폭 75mm, 두께 3.69mm의 보강띠를 연직방향 설치간격 $S_v$=0.5m, 수평방향 설치간격 $S_h$=1.0m로 시공하고자 할 때 보강띠에 적용하는 최대 힘 $T_{max}$의 크기를 계산하면?

① 15.33[kN]  
② 25.33[kN]  
③ 35.33[kN]  
④ 45.33[kN]

**◎TIP** 주동토압계수 $K_a = \dfrac{1-\sin\phi}{1+\sin\phi} = \tan^2\left(45° - \dfrac{\phi}{2}\right) = \dfrac{1}{3} = 0.33$

최대수평토압 $\sigma_h = K \cdot \gamma_t \cdot H = 0.33 \times 19 \times 8 = 50.66[kN/m]$

연직방향 설치간격 $S_v$ = 0.5m

수평방향 설치간격 $S_h$ = 1.0m 이므로 단위면적당 평균 보강띠 설치개수는 2개이다.

따라서 보강띠에 작용하는 최대 힘은

$$T_{max} = \frac{\sigma_h}{설치개수} = \frac{50.66}{2} = 25.33$$

**97** 말뚝기초의 지반거동에 대한 설명으로 바르지 않은 것은?

① 연약지반상에 타입되어 지반이 먼저 변형하고 그 결과 말뚝이 저항하는 말뚝을 주동말뚝이라고 한다.

② 말뚝에 작용한 하중은 말뚝주변의 마찰력과 말뚝선단의 지지력에 의해 주변 지반에 전달된다.

③ 기성말뚝을 타입하면 전단파괴를 일으키며 말뚝 주위의 지반은 교란된다.

④ 말뚝 타입 후 지지력의 증가 또는 감소현상을 시간효과라고 한다.

> **⊙TIP** 연약지반상에 타입되어 지반이 먼저 변형하고 그 결과 측방토압이 작용하게 되면서 말뚝이 저항하는 말뚝은 수동말뚝이라고 한다.
> 주동말뚝은 수평력이 작용하는 상부구조물에 의해 말뚝의 두부가 먼저 변형이 되고 이로 인해 말뚝 주변 지반이 저항하게 되는 말뚝이다.

**98** 사질토 지반에 축조된 강성기초의 접지압 분포에 대한 설명으로 바른 것은?

① 기초 모서리 부분에서 최대 응력이 발생한다.

② 기초에 작용하는 접지압 분포는 토질에 관계없이 일정하다.

③ 기초의 중앙부분에서 최대응력이 발생한다.

④ 기초 밑면의 응력은 어느 부분이나 동일하다.

> **⊙TIP** ① 사질토 지반은 기초 중앙 부분에서 최대 응력이 발생한다.
> ② 강성기초에 작용하는 접지압 분포는 토질에 따라 다르다.
> ④ 강성기초 밑면에 작용하는 응력선도는 균일하지 않으며 곡면형상분포를 이룬다.

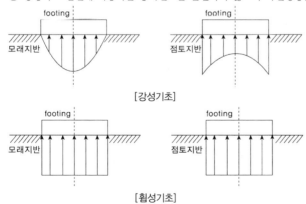

**99** 습윤단위중량이 19kN/m³, 함수비 25%, 비중이 2.7인 경우 건조단위중량과 포화도는? (단, 물의 단위중량은 9.81kN/m³이다.)

① 17.3[kN/m³], 97.8%

② 17.3[kN/m³], 90.9%

③ 15.2[kN/m³], 97.8%

④ 15.2[kN/m³], 91.2%

**○TIP** 건조단위중량 $\gamma_d = \dfrac{\gamma_t}{1+w} = \dfrac{19}{1+0.25} = 15.2[\text{kN/m}^3]$

공극비 $e = \dfrac{2.7 \times 9.81}{15.2} - 1 = 0.743$

포화도 $S = \dfrac{G_s w}{e} = \dfrac{2.7 \times 25}{0.74} = 91.2[\%]$

**100** 아래의 공식은 흙 시료에 삼축압력이 작용할 때 시료 내부에 발생하는 간극수압을 구하는 공식이다. 이 식에 대한 설명으로 틀린 것은?

$$\triangle u = B[\triangle \sigma_3 + A(\triangle \sigma_1 - \triangle \sigma_3)]$$

① 포화된 흙의 경우 $B = 1$이다.

② 간극수압계수 $A$값은 언제나 (+)의 값을 갖는다.

③ 간극수압계수 $A$값은 삼축압축시험에서 구할 수 있다.

④ 포화된 점토에서 구속응력을 일정하게 두고 간극수압을 측정했다면 축차응력과 간극수압으로부터 $A$값을 계산할 수 있다.

**○TIP** 간극수압계수 $A$값은 과압밀된 점토의 경우 −0.5 ~ 0의 범위이며 정규압밀 점토인 경우 0.5 ~ 1의 범위이다.

**101** 수질오염 지표항목 중 COD에 대한 설명으로 바르지 않은 것은?

① $NaNO_3$, $SO_2^-$는 COD값에 영향을 미친다.
② 생물분해 가능한 유기물도 COD로 측정할 수 있다.
③ COD는 해양오염이나 공장폐수의 오염지표로 사용된다.
④ 유기물 농도값은 일반적으로 COD > TOD > TOC > BOD이다.

**TIP** 유기물 농도를 나타내는 지표들의 상관관계는 일반적으로 TOD > COD > TOC > BOD이다.
- BOD(Biochemical Oxygen Demand) : 생화학적 산소요구량으로서 호기성 미생물이 일정 기간 동안 물속에 있는 유기물을 분해할 때 사용하는 산소의 양
- COD(Chemical Oxygen Demand) : 화학적 산소요구량으로서 산화제(과망간산칼륨)를 이용하여 일정 조건(산화제 농도, 접촉시간 및 온도)에서 환원성 물질을 분해시켜 소비한 산소량을 ppm으로 표시한 것
- TOC(Total Organic Carbon) : 유기물질의 분자식상 함유된 탄소량
- TOD(Total Oxygen Demand) : 총산소 요구량으로서 유기물질을 백금 촉매중에서 900℃로 연소시켜 완전 산화한 경우의 산소 소비량

**102** 지표수를 수원으로 하는 일반적인 상수도의 계통도로 바른 것은?

① 취수량 → 침사지 → 급속여과 → 보통침전지 → 소독 → 배수지 → 급수
② 침사지 → 취수탑 → 급속여과 → 응집침전지 → 소독 → 배수지 → 급수
③ 취수량 → 침사지 → 보통침전지 → 급속여과 → 배수지 → 소독 → 급수
④ 취수탑 → 침사지 → 응집침전지 → 급속여과 → 소독 → 배수지 → 급수

**TIP** 상수도의 계통도 … 취수탑 → 침사지 → 응집침전지 → 급속여과 → 소독 → 배수지 → 급수

**ANSWER** 99.④ 100.② 101.④ 102.④

**103** 펌프대수 결정을 위한 일반적인 고려사항에 대한 설명으로 바르지 않은 것은?

① 펌프는 용량이 작을수록 효율이 높으므로 가능한 소용량의 것으로 한다.
② 펌프는 가능한 최고효율점 부근에서 운전하도록 대수 및 용량을 정한다.
③ 건설비를 절약하기 위해 예비는 가능한 대수를 적게하고 소용량으로 한다.
④ 펌프의 설치대수는 유지관리상 가능한 적게하고 동일용량의 것으로 한다.

○**TIP** 펌프는 용량이 클수록 효율이 높으므로 가능한 한 대용량의 것을 소량 배치하는 것이 좋다.

**104** 하수관로의 배제방식에 대한 설명으로 바르지 않은 것은?

① 합류식은 청천 시 관내 오물이 침천하기 쉽다.
② 분류식은 합류식에 비해 부실비용이 많이 든다.
③ 분류식은 우천 시 오수가 월류하도록 설계한다.
④ 합류식 관로는 단면이 커서 환기가 잘되고 검사에 편리하다.

○**TIP** 합류식의 경우 일정량 이상이 되면 우천시 오수가 월류한다.

**105** 원형하수관에서 유량이 최대가 되는 해는?

① 수심비가 72~78% 차서 흐를 때
② 수심비가 80~85% 차서 흐를 때
③ 수심비가 92~94% 차서 흐를 때
④ 가득차서 흐를 때

○**TIP** 원형하수관에서는 수심비가 92~94% 차서 흐를 때 유량이 최대가 된다.

**106** 하수고도처리 방법으로 질소와 인 동시제거가 가능한 공법은?

① 정석탈인법
② 혐기호기 활성슬러지법
③ 혐기무산소 호기 조합법
④ 연속회분식 활성슬러지법

○**TIP** 주어진 보기 중에서는 혐기무산소 호기조합법이 수고도처리 방법으로 질소와 인 동시제거가 가능한 공법에 속한다.

**107** 취수보의 취수구에서의 표준유입속도는?

① 0.3~0.6[m/s]

② 0.4~0.8[m/s]

③ 0.5~1.0[m/s]

④ 0.6~1.2[m/s]

**O TIP** 취수보의 취수구에서의 표준유입속도 … 0.4~0.8[m/s]


**108** 도수관로에 관한 설명으로 바르지 않은 것은?

① 도수거 동수경사의 통상적인 범위는 1/1,000~1/3,000이다.

② 도수관의 평균유속은 자연유하식인 경우에 허용최소한도를 0.3m/s로 한다.

③ 도수관의 평균유속은 자연유하식인 경우에 최대한도를 3.0m/s로 한다.

④ 관경의 산정에 있어서 시점의 고수위, 종점의 저수위를 기준으로 동수경사를 구한다.

**O TIP** 도수관거의 경우 관경의 산정에 있어서 시점의 저수위, 종점의 고수위를 기준으로 동수경사를 구한다.


**109** 침전지의 침전효율을 크게 하기 위한 조건과 거리가 먼 것은?

① 유량을 작게 한다.

② 체류시간을 작게 한다.

③ 침전지 표면적을 크게 한다.

④ 플록의 침강속도를 크게 한다.

**O TIP** 침전효율은 체류시간이 길수록 높아진다.


**110** 하천 및 저수지의 수질해석을 위한 수학적 모형을 구성하고자 할 때 가장 기본이 되는 수학적 방정식은?

① 질량보존의 식

② 에너지보존의 식

③ 운동량보존의 식

④ 난류의 운동방정식

**O TIP** 하천 및 저수지의 수질해석을 위한 수학적 모형을 구성하고자 할 때 가장 기본이 되는 수학적 방정식은 질량보존의 식이다.


**ANSWER**    103.①  104.③  105.③  106.③  107.②  108.④  109.②  110.①

**111** 어떤 지역의 강우지속시간($t$)과 강우강도의 역수($\frac{1}{I}$)의 관계를 구해보니 다음 그림과 같이 기울기가 1/3,000, 절편이 1/150이 되었다. 이 지역의 강우강도($I$)를 Talbot형 $\left(I=\dfrac{a}{t+b}\right)$으로 표시한 것으로 옳은 것은?

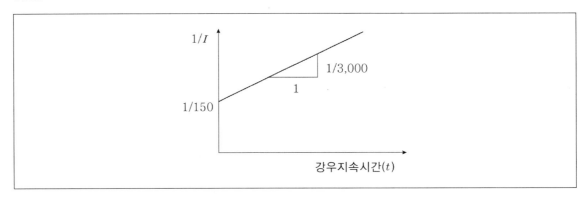

① $\dfrac{3,000}{t+20}$

② $\dfrac{10}{t+1,500}$

③ $\dfrac{1,500}{t+10}$

④ $\dfrac{20}{t+3,000}$

○**TIP** $I=\dfrac{a}{t+b}$ 에서 $t=0$일 때 $I=150$이 되며 $a=150b$가 된다.

그래프의 식은 $\dfrac{1}{I}=\dfrac{t+b}{a}=\dfrac{1}{a}t+\dfrac{b}{a}$이며

$a=3,000,\ b=20$임을 알 수 있다.

**112** 잉여슬러지 양을 크게 감소시키기 위한 방법으로 BOD-SS부하를 아주 작게, 포기시간을 길게 하여 내생호흡상으로 유지되도록 하는 활성슬러지 변법은?

① 계단식 포기법

② 점감식 포기법

③ 장시간 포기법

④ 완전혼합 포기법

○**TIP** 장시간 포기법 ··· 잉여슬러지 양을 크게 감소시키기 위한 방법으로 BOD-SS부하를 아주 작게, 포기시간을 길게 하여 내생호흡상으로 유지되도록 하는 활성슬러지 변법

**113** 고속용 침전지를 선택할 때 고려하여야 할 사항으로 바르지 않은 것은?

① 처리수량의 변동이 적어야 한다.
② 탁도와 수온의 변동이 적어야 한다.
③ 원수탁도는 10NTU 이상이어야 한다.
④ 최고 탁도는 10,000NTU 이하인 것이 바람직하다.

**O TIP** 고속응집침전지의 원수 탁도는 10NTU 이상, 최고탁도는 1,000NTU 이하인 것이 바람직하다.

**114** 여과면적이 1지당 120m²인 정수장에서 역세척과 표면세척을 6분/회씩 수행할 경우 1지당 배출되는 세척수 량은? (단, 역세척 속도는 5m/분, 표면세척 속도는 4m/분이다.)

① 1,080m³/회
② 2,640m³/회
③ 4,920m³/회
④ 6,480m³/회

**O TIP** $A = \dfrac{Q}{Vn}$ 이며 $n = 1$ 이므로

역세척과 표면세척의 합을 구하면 $Q = (120 \times 5 \times 6 + 120 \times 4 \times 6) \times 1 = 6,480 \text{m}^3/$회

**115** 경도가 높은 물을 보일러 용수로 사용할 때 발생되는 주요 문제점은?

① Cavitation
② Scale
③ Priming
④ Foaming

**O TIP** 경도가 높은 물(경수)를 보일러 용수로 사용하면 스케일현상이 발생하는 문제가 있다.

---

· · ·
ANSWER    111.① 112.③ 113.④ 114.④ 115.②

**116** 도수관에서 유량을 Hazen-Williams 공식으로 다음과 같이 나타내었을 때 $a$, $b$의 값은? (단, $C$는 유속계수, $D$는 관의 지름, $I$는 동수경사이다.)

$$Q = 0.84935 \cdot C \cdot D^a \cdot I^b$$

① $a = 0.63$, $b = 0.54$　　　　② $a = 0.63$, $b = 2.54$

③ $a = 2.63$, $b = 2.54$　　　　④ $a = 2.63$, $b = 0.54$

**TIP** Hazen-Williams 공식

$$Q = AV = \frac{\pi d^2}{4} \cdot 0.84935 C \cdot D^{0.63} \cdot I^{0.54}$$

$K$는 0.84935, $C$는 유속계수, $D$는 관의 직경, $I$는 동수경사

**117** 유출계수 0.6, 강우강도 2mm/min 유역면적 2km$^2$인 지역의 우수량을 합리식으로 표현하면?

① $0.007\text{m}^3/\text{s}$　　　　② $0.4\text{m}^3/\text{s}$

③ $0.667\text{m}^3/\text{s}$　　　　④ $40\text{m}^3/\text{s}$

**TIP** 유역면적이 km$^2$로 주어질 경우 $Q = 0.278 \times CIA$
$C$: 유출계수, $I$: 강우강도[mm/hr], $A$: 유역면적[km$^2$]
$0.278 \times 0.6 \times 2 \times 2 = 0.6672\text{m}^3/\text{s}$

**118** 혐기성 소화공정을 적절하게 운전 및 관리하기 위하여 확인해야 할 사항으로 바르지 않은 것은?

① COD 농도 측정　　　　② 가스발생량 측정

③ 상징수의 pH 측정　　　　④ 소화슬러지의 성상 파악

**TIP** 혐기성 소화는 산소공급 없이 분해과정이 이루어지는 것으로서 산소측정을 요구하는 COD 농도 측정과는 관련이 없다.

**119** 오수 및 우수관로의 설계에 대한 설명으로 바르지 않은 것은?

① 우수관경의 결정을 위해서는 합리식을 적용한다.

② 오수관로의 최소관경은 200mm를 표준으로 한다.

③ 우수관로 내의 유속은 가능한 사류상태가 되도록 한다.

④ 오수관로의 계획하수량은 계획시간 최대오수량으로 한다.

**OTIP** 우수관로 내의 유속을 사류상태로 설정하여 설계를 하게 되면 최적 단면과 차이가 많이 생겨 바람직하지 못하다.

**120** 양수량이 500m³/h, 전양정이 10m, 회전수가 1,100rpm일 대 비교회전도($N_s$)는?

① 362

② 565

③ 614

④ 809

**OTIP** 양수량의 단위를 min 단위로 환산해야 함에 유의해야 한다.

비교회전도 $N_s = 1,100 \times \dfrac{\sqrt{\dfrac{500}{60}}}{10^{3/4}} = 564.67 ≒ 565$

제1과목   **응용역학**

**1** 다음 그림과 같은 직사각형 단면 기둥에서 $e=10$[cm]인 편심하중이 작용할 경우 발생하는 최대압축응력은? (단, 기둥은 단주로 간주한다.)

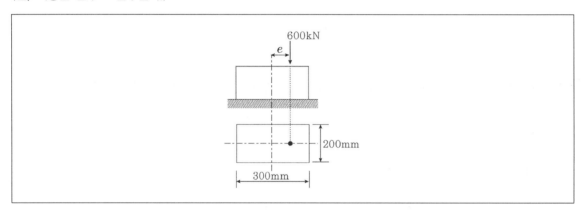

① 30[MPa]           ② 35[MPa]
③ 40[MPa]           ④ 60[MPa]

**○ TIP**

$$\sigma_{\max} = \frac{P}{A} + \frac{M_{\max}}{Z} = \frac{600[\text{kN}]}{200[\text{mm}] \times 300[\text{mm}]} + \frac{600[\text{kN}] \times 100[\text{mm}]}{\dfrac{200 \times 300^2}{6}} = 30[\text{MPa}](압축)$$

**2** 단면과 길이가 같으나 지지조건이 다른 그림과 같은 2개의 장주가 있다. 장주 (a)가 30[kN]의 하중을 받을 수 있다면 장주 (b)가 받을 수 있는 하중은?

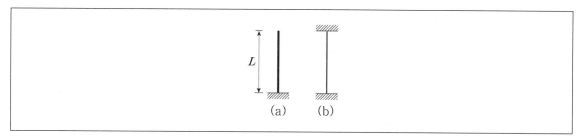

① 120[kN]

② 240[kN]

③ 360[kN]

④ 480[kN]

**TIP** (a)의 좌굴하중은 $P_{cr} = \dfrac{\pi^2 EI}{(KL)^2} = \dfrac{0.25 \cdot \pi^2 EI}{L^2}$

(b)의 좌굴하중은 $P_{cr} = \dfrac{\pi^2 EI}{(KL)^2} = \dfrac{4 \cdot \pi^2 EI}{L^2}$

따라서 (b)의 좌굴하중은 (a)의 16배가 되므로 480[kN]이 된다.

※ 좌굴하중의 기본식(오일러의 장주공식)

$$P_{cr} = \frac{\pi^2 EI}{(KL)^2} = \frac{n\pi^2 EI}{L^2}$$

- $EI$ : 기둥의 휨강성
- $L$ : 기둥의 길이
- $K$ : 기둥의 유효길이 계수
- $KL$ : ($l_k$로도 표시함) 기둥의 유효좌굴길이(장주의 처짐곡선에서 변곡점과 변곡점 사이의 거리)
- $n$ : 좌굴계수(강도계수, 구속계수)

**3** 다음 그림과 같은 단순보에서 A점의 처짐각은?

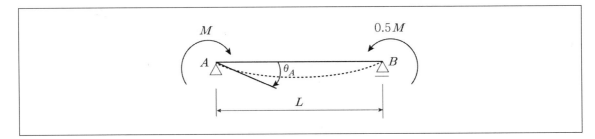

① $\dfrac{ML}{2EI}$

② $\dfrac{5ML}{6EI}$

③ $\dfrac{5ML}{12EI}$

④ $\dfrac{5ML}{24EI}$

**◯ TIP** $\theta_A = \left(\dfrac{M_A \cdot l}{3EI} + \dfrac{M_B \cdot l}{6EI}\right) = \dfrac{M \cdot l}{3EI} + \dfrac{0.5M \cdot l}{6EI} = \dfrac{5M \cdot l}{12EI}$

| 하중조건 | A점의 처짐각($\theta_A$) | B점의 처짐각($\theta_B$) |
|---|---|---|
| $M_A$ ··· $B$, $l$ | $\theta_A = \dfrac{M_A \cdot l}{3EI}$ | $\theta_B = -\dfrac{M_A \cdot l}{6EI}$ |
| $M_A$ | $\theta_A = -\dfrac{M_A \cdot l}{3EI}$ | $\theta_B = \dfrac{M_A \cdot l}{6EI}$ |
| $M_B$ | $\theta_B = \dfrac{M_B \cdot l}{6EI}$ | $\theta_B = -\dfrac{M_B \cdot l}{3EI}$ |
| $M_B$ | $\theta_B = -\dfrac{M_B \cdot l}{6EI}$ | $\theta_B = \dfrac{M_B \cdot l}{3EI}$ |
| $M_A$ $M_B$ | $\theta_A = \left(\dfrac{M_A \cdot l}{3EI} - \dfrac{M_B \cdot l}{6EI}\right)$ | $\theta_B = \left(\dfrac{M_B \cdot l}{3EI} + \dfrac{M_A \cdot l}{6EI}\right)$ |
| $M_A$ $M_B$ | $\theta_A = \left(\dfrac{M_A \cdot l}{3EI} + \dfrac{M_B \cdot l}{6EI}\right)$ | $\theta_B = -\left(\dfrac{M_B \cdot l}{3EI} + \dfrac{M_A \cdot l}{6EI}\right)$ |
| $M_A$ $M_B$ | $\theta_A = -\left(\dfrac{M_A \cdot l}{3EI} + \dfrac{M_B \cdot l}{6EI}\right)$ | $\theta_B = \left(\dfrac{M_B \cdot l}{3EI} + \dfrac{M_A \cdot l}{6EI}\right)$ |
| $M_A$ $M_B$ | $\theta_A = \left(-\dfrac{M_A \cdot l}{3EI} + \dfrac{M_B \cdot l}{6EI}\right)$ | $\theta_B = \left(-\dfrac{M_B \cdot l}{3EI} + \dfrac{M_A \cdot l}{6EI}\right)$ |

**4** 다음 그림과 같은 평면도형의 $x - x'$축에 대한 단면 2차 반경($r_x$)과 단면 2차 모멘트($I_x$)는?

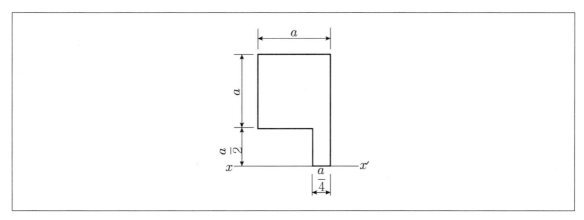

① $r_x = \dfrac{\sqrt{35}}{6}a, \ I_x = \dfrac{35}{32}a^4$

② $r_x = \dfrac{\sqrt{139}}{12}a, \ I_x = \dfrac{139}{128}a^4$

③ $r_x = \dfrac{\sqrt{129}}{12}a, \ I_x = \dfrac{129}{128}a^4$

④ $r_x = \dfrac{\sqrt{11}}{12}a, \ I_x = \dfrac{11}{128}a^4$

**○TIP** 단면 2차 반경을 구하기 위해서는 우선 단면 2차 모멘트부터 구해야 한다.

단면 2차 모멘트값은 $I_x = \dfrac{a\left(\dfrac{3}{2}a\right)^3}{3} - \dfrac{\dfrac{3}{4}a\left(\dfrac{a}{2}\right)^3}{3} = \dfrac{35}{32}a^4$

단면 2차 모멘트값은 $I_x = \dfrac{35}{32}a^4$이 되며 단면 2차 반경은

$$r_x = \sqrt{\dfrac{I_x}{A}} = \sqrt{\dfrac{\dfrac{35}{32}a^4}{\dfrac{9a^2}{8}}} = \dfrac{\sqrt{35}}{6}a$$

**5** 다음 그림의 보에서 지점 B의 휨모멘트는? (단, $EI$는 일정하다.)

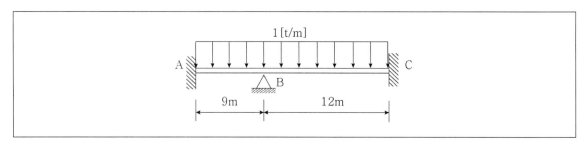

① $67.5[\text{kN} \cdot \text{m}]$

② $97.5[\text{kN} \cdot \text{m}]$

③ $120[\text{kN} \cdot \text{m}]$

④ $165[\text{kN} \cdot \text{m}]$

**TIP** (시간이 상당히 소요되는 문제이므로 과감하게 문제와 답을 암기하는 선에서 넘어가기를 권한다.)
처짐각법과 절점방정식의 적용에 관한 전형적인 문제이다. 우선 처짐각 기본방정식은

$M_{AB} = 2EK_{BA}(2\theta_B + \theta_A - 3R) + C_{BA}$

$\theta_A = 0$(고정지점이므로), $R = 0$(지점의 침하량이 0이므로)

$M_{AB} = 2E\dfrac{I}{9}(2\theta_B + 0 - 0) + \dfrac{1 \times 9^2}{12} = \dfrac{4EI\theta_B}{9} + 6.75$

$M_{BC} = 2EK_{BC}(2\theta_B + \theta_C - 3R) + C_{BC}$

$\theta_C = 0$(고정지점이므로), $R = 0$(지점의 침하량이 0이므로)

$M_{BC} = 2E\dfrac{I}{12}(2\theta_B + 0 - 0) - \dfrac{1 \times 12^2}{12} = \dfrac{EI\theta_B}{3} - 12$

절점방정식 $M_{BA} + M_{BC} = 0$이므로

$\dfrac{4EI\theta_B}{9} + 6.75 + \dfrac{EI\theta_B}{3} - 12 = 0$

$\dfrac{7EI\theta_B}{9} = 5.25$이므로 $EI\theta_B = 6.75[\text{t} \cdot \text{m}]$

$M_{BA} = \dfrac{4 \times 6.75}{9} + 6.75 = 9.75[\text{t} \cdot \text{m}]$

$M_{BC} = \dfrac{6.75}{3} - 12 = -9.75[\text{t} \cdot \text{m}]$

$\therefore 9.75[\text{t} \cdot \text{m}] = 97.5[\text{kN} \cdot \text{m}]$

**6** 그림에서 직사각형의 도심축에 대한 단면상승모멘트 $I_{XY}$의 크기는?

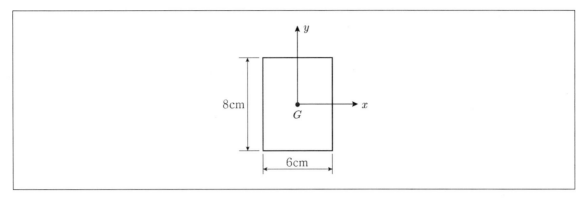

① $0\text{cm}^4$

② $142\text{cm}^4$

③ $256\text{cm}^4$

④ $576\text{cm}^4$

**O TIP** 단면이 대칭인 경우 $x$, $y$ 두 축 중 한 개의 축이라도 도심을 지나게 되면 $I_{xy}=0$이 된다.

**7** 폭 100[mm], 높이 150[mm]인 직사각형 단면의 보가 $S=7$[kN]의 전단력을 받을 경우 최대전단응력과 평균전단응력의 차이는?

① 0.13[MPa]

② 0.23[MPa]

③ 0.33[MPa]

④ 0.43[MPa]

**O TIP** 직사각형 단면보에서

평균전단응력의 산정식 : $\dfrac{V}{A}$

최대전단응력의 산정식 : $\dfrac{3}{2}\dfrac{V}{A}$

문제에서 주어진 조건에 의하면 평균전단응력은

$\dfrac{V}{A}=\dfrac{7[\text{kN}]}{100\times150[\text{mm}^2]}=0.466[\text{MPa}]$

최대전단응력과 평균전단응력의 차이값은 평균전단응력의 $\dfrac{1}{2}$배이므로 0.23[MPa]가 된다.

**8** 다음 그림과 같은 단순보에 등분포하중 $w$가 작용하고 있을 때 이 보에서의 휨모멘트에 의한 탄성변형에너지는? (단, 보의 $EI$는 일정하다.)

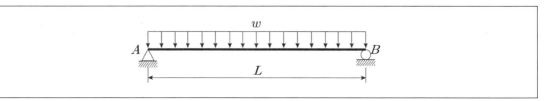

① $\dfrac{w^2 L^5}{384EI}$

② $\dfrac{w^2 L^5}{240EI}$

③ $\dfrac{7w^2 L^5}{384EI}$

④ $\dfrac{w^2 L^5}{48EI}$

**◎TIP** (출제빈도가 매우 높은 문제이지만 구체적인 풀이를 해서 문제를 풀지 말고 문제와 답을 암기하도록 한다.)

A지점의 반력을 구한 후 A점으로부터 $x$만큼 떨어진 곳의 휨모멘트는 $M_x = \dfrac{wL}{2} \cdot x - \dfrac{wx}{2} \cdot \dfrac{x}{2}$

탄성변형에너지는 다음의 식으로 구한다.

$$\int_0^L \frac{M_x^2}{2EI} dx = \frac{1}{2EI} \int_0^L [\frac{w}{2}(Lx - x^2)]^2 dx = \int_0^L (L^2 x^2 - 2Lx^3 + x^4) dx = \frac{w^2 L^5}{240EI}$$

**9** 재질과 단면이 같은 다음 2개의 외팔보에서 자유단의 처짐을 같게 하는 $P_1/P_2$의 값은?

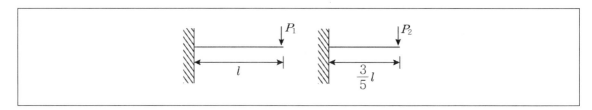

① 0.129

② 0.216

③ 4.63

④ 7.72

**◎TIP**

$$y_1 = \frac{P_1 l^3}{3EI}, \ \ y_2 = \frac{P_2 \left(\frac{3}{5}l\right)^3}{3EI} = \frac{27}{125} \cdot \frac{P_2 l^3}{3EI}$$

$$y_1 = y_2 \text{이므로} \ \frac{P_2}{P_1} = \frac{125}{27} = 4.63$$

**10** 다음 그림과 같이 하중을 받는 단순보에 발생하는 최대전단응력은?

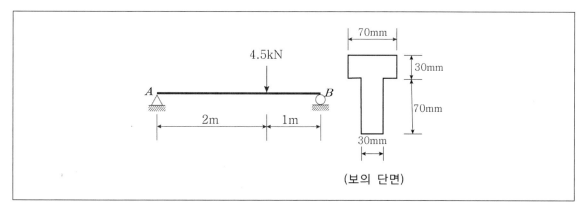

① 1.48[MPa]

② 2.48[MPa]

③ 3.48[MPa]

④ 4.48[MPa]

**◉TIP** $R_A = \dfrac{2}{3} \times 4.5[\text{kN}] = 3[\text{kN}]$, $R_B = \dfrac{1}{3} \times 450 = 150\text{kg}$

$S_{\max} = R_A = 3[\text{kN}]$

단면 하단으로부터의 단면 1차 모멘트

$G = 7 \times 3 \times 8.5 + 3 \times 7 \times 3.5 = 252\text{cm}^3$

단면하단으로부터 도심까지의 거리

$y_o = \dfrac{G}{A} = \dfrac{252}{3 \times 7 + 7 \times 3} = 6\text{cm}$

$I_o = \left(\dfrac{7 \times 3^3}{12} + 7 \times 3 \times 2.5^2\right) + \left(\dfrac{3 \times 7^3}{12} + 3 \times 7 \times 2.5^2\right) = 364\text{cm}^4$

$G_o = 3 \times 6 \times 3 = 54\text{cm}^3$

$\tau_{\max} = \dfrac{S_{\max} G_o}{I_o b} = \dfrac{3[\text{kN}] \times 54}{364 \times 3} = 0.148[\text{kN/cm}^2] = 1.48[\text{MPa}]$

---

**ANSWER**    8.②   9.③   10.①

**11** 다음 그림과 같은 3힌지 아치의 C점에 연직하중 $P$(400kN)이 작용한다면 A점에 작용되는 수평반력은?

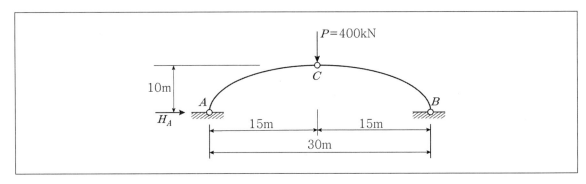

① 100[kN]

② 150[kN]

③ 200[kN]

④ 300[kN]

> **TIP**
> $\sum M_A = 0 : 400 \times 15 - R_B \times 30 = 0, \ R_B = 200[\text{kN}](\uparrow)$
> $\sum M_C = 0 : H_B \times 10 - R_B \times 15 = H_B \times 10 - 3{,}000 = 0, \ H_B = 300[\text{kN}](\leftarrow)$
> $\sum H = 0 : H_A - H_B = 0, \ H_A = 300[\text{kN}](\rightarrow)$

**12** 다음 그림과 같이 $X$, $Y$축에 대칭인 빗금 친 단면에 비틀림우력 50[kN · m]가 작용할 때 최대전단응력은?

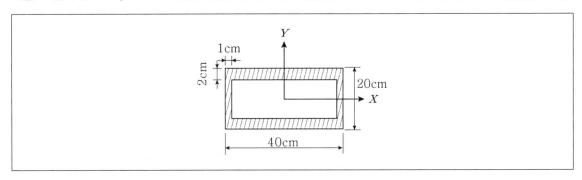

① 15.63[MPa]

② 17.81[MPa]

③ 31.25[MPa]

④ 35.61[MPa]

> **TIP**
> $\tau_{\max} = \dfrac{50[\text{kN} \cdot \text{m}]}{2A_m t} = \dfrac{50[\text{kN} \cdot \text{m}]}{2 \cdot 702[\text{cm}^2] \cdot 1[\text{cm}]} = 35.61[\text{MPa}]$
> $A_m = 39 \times 18 = 702[\text{cm}^2]$

**13** 다음 그림과 같이 균일 단면봉이 축인장응력($P$)을 받을 때 단면 $a-b$에 생기는 전단응력은? (단, 여기서 $m-n$은 수직단면이고, $a-b$는 수직단면과 $\phi = 45^{o}$의 각을 이루고 $A$는 봉의 단면적이다.)

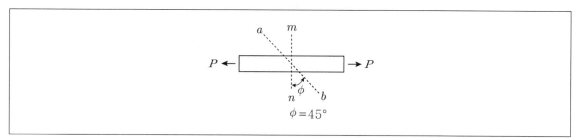

① $\tau = 0.5\dfrac{P}{A}$

② $\tau = 0.75\dfrac{P}{A}$

③ $\tau = 1.0\dfrac{P}{A}$

④ $\tau = 1.5\dfrac{P}{A}$

**O TIP** 인장을 받고 있는 봉의 수직절단면과 45도의 각도를 이루는 면에 생기는 전단응력은 인장응력의 $\dfrac{1}{2}$ 값을 갖는다.

**14** 그림과 같은 구조물에서 지점 A의 수직반력은?

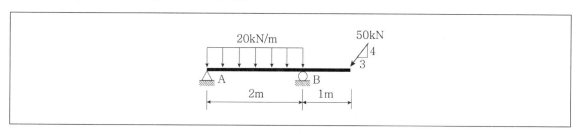

① 0kN

② 10kN

③ 20kN

④ 30kN

**O TIP** 우측 끝단에 작용하는 50kN을 수평성분과 수직성분으로 분해한 다음 구조물에 작용하는 힘의 자유물체도를 그려서 힘의 평형이 이루어져야 한다는 조건으로 지점 A의 수직반력을 구할 수 있다. 직관적으로 우측 끝단에 가해지는 수직력은 40[kN]이 된다.
A점에 대한 모멘트의 합이 0이 되어야 하므로
$$\sum M_A = 20 \times 2 \times 1 - R_B \times 2 + 40 \times 3 = 0 : R_B = 80[\text{kN}]$$
$$\sum V = R_A + R_B - 20 \times 2 - 40 = 0 : R_A = 0[\text{kN}]$$

**15** 그림과 같은 단순보에 이동하중이 작용할 때 절대최대휨모멘트가 발생하는 위치는?

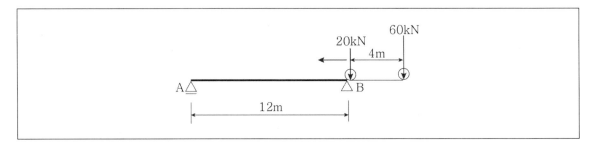

① A점으로부터 6m인 점에 20[kN]의 하중이 실릴 때 60kN의 하중이 실리는 점
② A점으로부터 7.5m인 점에 60[kN]의 하중이 실릴 때 20kN의 하중이 실리는 점
③ B점으로부터 5.5m인 점에 20[kN]의 하중이 실릴 때 60kN의 하중이 실리는 점
④ B점으로부터 9.5m인 점에 20[kN]의 하중이 실릴 때 60kN의 하중이 실리는 점

**○TIP** 절대최대휨모멘트의 크기를 구하기 위해서는 우선 합력의 위치부터 우선 구해야 한다.
합력의 작용점과 합력과 가장 가까운 하중 60[kN]과의 거리는 1.0[m]가 되며 이 두 간격의 중앙점을 보의 중앙에 위치
시켰을 때 합력과 가장 인접한 하중작용점에서 절대최대휨모멘트가 발생하게 된다.
따라서 주어진 그림에서 절대최대휨모멘트가 발생하는 위치는 B점으로부터 9.5m인 점에 20[kN]의 하중이 실릴 때
60kN의 하중이 실리는 점이 된다.

**16** 다음 그림에서 두 힘 $P_1$, $P_2$에 대한 합력($R$)의 크기는?

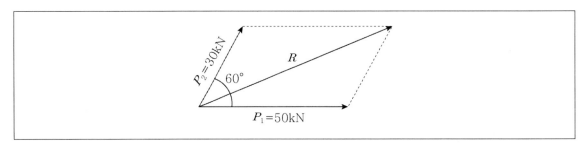

① 60[kN]
② 70[kN]
③ 80[kN]
④ 90[kN]

**○TIP** 각 $\alpha$를 이루고 있는 두 힘의 합력의 크기는
$$R = \sqrt{F_1^2 + F_2^2 + 2F_1 \cdot F_2 \cdot \cos\alpha} = \sqrt{50^2 + 30^2 + 2 \times 50 \times 30 \times \cos 60^o} = 70[\text{kN}]$$

**17** 그림과 같이 밀도가 균일하고 무게가 $W$인 구(球)가 마찰이 없는 두 벽면 사이에 놓여 있을 때 반력 $R_A$의 크기는?

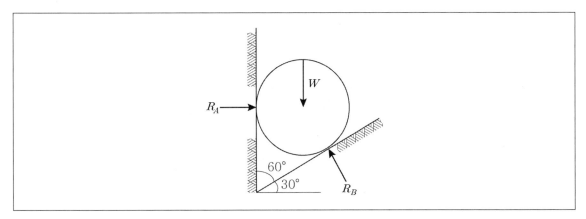

① $0.500\,W$

② $0.577\,W$

③ $0.866\,W$

④ $1.155\,W$

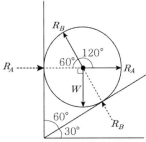

다음과 같이 라미의 정리로 손쉽게 풀 수 있다.

$$\frac{R_B}{\sin 90^\circ} = \frac{W}{\sin 120^\circ}\ \text{이므로}\quad \frac{R_B}{1} = \frac{W}{\frac{\sqrt{3}}{2}}\ \text{이므로}$$

$$R_B = \frac{2}{\sqrt{3}}\,W = 1.155\,W$$

**18** 다음 그림과 같은 라멘의 부정정차수는?

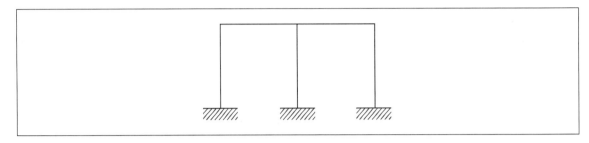

① 3차

② 5차

③ 6차

④ 7차

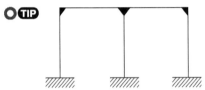

주어진 구조물의 부재간 접합부는 강절점이다. 따라서
$r - 3m = 18 - 3 \times 4 = 6$이 성립하므로 6차 부정정이 된다.

**19** 다음 그림과 같은 라멘구조물에서 A점의 수직반력($R_A$)는?

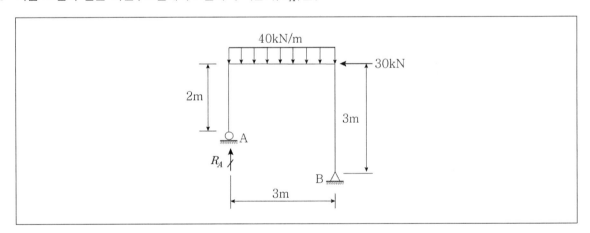

① 30[kN]

② 45[kN]

③ 60[kN]

④ 90[kN]

**TIP** $\sum M_B = 0 : R_A \times 3 - (40 \times 3) \times 1.5 - 30 \times 3 = 0, R_A = 90[kN]$

**20** 다음 그림과 같은 단순보에서 최대휨모멘트가 발생하는 위치 $x$(A점으로부터의 거리)와 최대휨모멘트 $M_x$는?

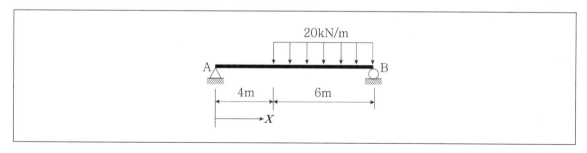

① $x=5.2[m]$, $M_x=230.4[kN \cdot m]$

② $x=5.8[m]$, $M_x=176.4[kN \cdot m]$

③ $x=4.0[m]$, $M_x=180.2[kN \cdot m]$

④ $x=4.8[m]$, $M_x=96[kN \cdot m]$

**○TIP** 우선 각 지점의 반력을 구하면

$R_A = 36[kN](\uparrow)$, $R_A = 84[kN](\uparrow)$

A점에서부터 시작해서 4m까지의 전단력은 36kN으로 일정하며 휨모멘트는 A점으로부터의 거리에 비례하여 커지게 된다. A점으로부터의 거리를 x라고 할 경우 C점에서의 휨모멘트는 144[kN·m]이 되며 전단력이 0인 지점에서 최대휨모멘트가 발생하게 되므로 $V_x = 36-20(x-4)=0$을 만족하는 $x=5.8[m]$이 된다.

$$M_x = 36 \times 5.8 - 20 \times (5.8-4) \times \frac{5.8-4}{2} = 176.4[kN \cdot m]$$

---

**제2과목 측량학**

**21** 삼각망 조정에 관한 설명으로 바르지 않은 것은?

① 임의의 한 변의 길이는 계산경로에 따라 달라질 수 있다.

② 검기선은 측정한 길이와 계산된 길이가 동일하다.

③ 1점 주위에 있는 각의 합은 360°이다.

④ 삼각형의 내각의 합은 180°이다.

**○TIP** 삼각망 중의 임의의 한 변의 길이는 계산 경로에 관계없이 항상 일정하다.

**22** 삼각측량과 삼변측량에 대한 설명으로 바르지 않은 것은?

① 삼변측량은 변 길이를 관측하여 삼각점의 위치를 구하는 측량이다.
② 삼각측량의 삼각망 중 가장 정확도가 높은 망은 사변형 삼각망이다.
③ 삼각점의 선점 시 기계나 측표가 동요할 수 있는 습지나 하상은 피한다.
④ 삼각점의 등급을 정하는 주된 목적은 표적설치를 편리하게 하기 위함이다.

○**TIP** 삼각점의 등급을 정하는 주된 목적은 측량의 기준점을 효과적으로 배치하기 위한 것이지 표석설치의 편리함을 위한 것이 아니다. (삼각점의 등급은 국가적 중요도, 정밀도에 의해 1~4등급까지 구분한다.)


**23** 다음 그림과 같은 유토곡선에서 하향구간이 의미하는 것은?

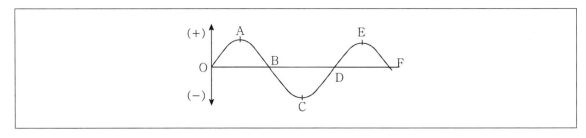

① 성토구간                         ② 절토구간
③ 운반토량                         ④ 운반거리

○**TIP** 그림에 제시된 유토곡선에서 A-C구간과 E-F구간은 토량이 감소하는 구간이므로 성토하여야 할 구간이다.


**24** 조정계산이 완료된 조정각 및 기선으로부터 처음 신설하는 삼각점의 위치를 구하는 계산순서로 가장 적합한 것은?

① 편심조정계산 → 삼각형계산(변, 방향각) → 경위도계산 → 좌표조정계산 → 표고계산
② 편심조정계산 → 삼각형계산(변, 방향각) → 좌표조정계산 → 표고계산 → 경위도계산
③ 삼각형계산(변, 방향각) → 편심조정계산 → 표고계산 → 경위도계산 → 좌표조정계산
④ 삼각형계산(변, 방향각) → 편심조정계산 → 표고계산 → 좌표조정계산 → 경위도계산

○**TIP** 계산순서 … 편심조정계산 → 삼각형계산(변, 방향각) → 좌표조정계산 → 표고계산 → 경위도계산

**25** 기지점의 지반고가 100[m]이고 기지점에 대한 후시는 2.75[m], 미지점에 대한 전시가 1.40[m]일 때 미지점의 지반고는?

① 98.65[m]

② 101.35[m]

③ 102.75[m]

④ 104.15[m]

**○TIP** 미지점의 지반고 … $100 + 2.75 - 1.40 = 101.35[m]$

**26** 어느 두 지점 사이의 거리를 A, B, C, D 4명의 사람이 각각 10회 관측한 결과가 다음과 같다면 가장 신뢰성이 낮은 관측자는?

- A : 165.864±0.002m
- B : 165.867±0.006m
- C : 165.862±0.007m
- D : 165.864±0.004m

① A

② B

③ C

④ D

**○TIP** 경중률은 오차의 제곱에 반비례하므로 A가 가장 신뢰성이 높다.
경중률을 계산하면

$$P_A : P_B : P_C : P_D = \frac{1}{m_A{}^2} : \frac{1}{m_B{}^2} : \frac{1}{m_C{}^2} : \frac{1}{m_D{}^2} = \frac{1}{2^2} : \frac{1}{6^2} : \frac{1}{7^2} : \frac{1}{4^2} = 12.25 : 1.36 : 1 : 3.06$$

**27** 레벨의 불완전 조정에 의해 발생한 오차를 최소화하는 가장 좋은 방법은?

① 왕복 2회 측정하여 그 평균을 취한다.

② 기포를 항상 중앙에 오도록 한다.

③ 시준선의 거리를 짧게 한다.

④ 전시, 후시의 표척거리를 같게 한다.

**○TIP** 레벨의 불완전 조정에 의하여 발생한 오차를 최소화하는 가장 좋은 방법은 전시, 후시의 표척거리를 같게 하는 것이다.

**ANSWER** 22.④ 23.① 24.② 25.② 26.③ 27.④

**28** 원곡선에 대한 설명으로 바르지 않은 것은?

① 원곡선을 설치하기 위한 기본요소는 반지름($R$)과 교각($I$)이다.

② 접선길이는 곡선반지름에 비례한다.

③ 원곡선은 평면곡선과 수직곡선으로 모두 사용할 수 있다.

④ 고속도로와 같이 고속의 원활한 주행을 위해서는 복심곡선 또는 반향곡선을 주로 사용한다.

**◎TIP** 반향곡선은 곡선의 방향이 급변하여 차량의 원활한 운행이 어렵다.


**29** 트래버스 측량에서 1회 각 관측의 오차가 ±10″ 이라면 30개의 측점에서 1회씩 각 관측하였을 때의 총 각 관측오차는?

① ±15″

② ±17″

③ ±55″

④ ±70″

**◎TIP** 1회 각 관측의 오차가 ±10″인 경우 $n$개의 측점에서 1회씩 각 관측을 했을 때 총 각 관측오차는
$$\pm 10'' \sqrt{n} = \pm 10'' \sqrt{30} = 54.7'' \fallingdotseq 55$$


**30** 노선측량에서 단곡선 설치 시 필요한 교각 $I = 95^o 30'$, 곡선반지름 $R = 200$m일 때 장현(Long Chord : $L$)은?

① 296.087[m]

② 302.619[m]

③ 417.131[m]

④ 597.238[m]

**◎TIP** $C = 2R \cdot \sin\dfrac{I}{2} = 2 \times 200 \times \sin\dfrac{95^o 30'}{2} = 296.087[\text{m}]$


**31** 등고선에 대한 설명으로 바르지 않은 것은?

① 높이가 다른 등고선은 절대 교차하지 않는다.

② 등고선간의 최단거리 방향은 최대경사방향을 나타낸다.

③ 지도의 도면 내에서 폐합되는 경우에 등고선의 내부에는 산꼭대기 또는 분지가 있다.

④ 동일한 경사의 지표에서 등고선의 간격은 길다.

**◎TIP** 등고선은 절벽이나 동굴에서 교차할 수 있다.

**32** 설계속도 80[km/h]의 고속도로에서 클로소이드 곡선의 곡선반지름이 360[m], 완화곡선의 길이가 40[m]일 때 클로소이드 매개변수 $A$는?

① 100[m]

② 120[m]

③ 140[m]

④ 150[m]

⭕ **TIP** $A^2 = R \cdot L$이므로 $A = \sqrt{360 \times 40} = 120[\text{m}]$

**33** 교호수준측량의 결과가 아래와 같고 A점의 표고가 10m일 때 B점의 표고는?

| |
|---|
| • 레벨 P에서 A→B 관측 표고차 : −1.256m |
| • 레벨 Q에서 B→A 관측 표고차 : +1.238m |

① 8.753m

② 9.753m

③ 11.238m

④ 11.247m

⭕ **TIP** B점은 A점보다 고도가 낮으며 서로 다른 방향에서 측정한 값의 절댓값의 크기를 평균한 값만큼을 A점에서 빼주면 B점의 표고는 $10[\text{m}] - \dfrac{(1.256 + 1.238)}{2} = 8.753[\text{m}]$

**34** 직사각형 토지의 면적을 산출하기 위해 두 변 $a$, $b$의 거리를 관측한 결과가 $a$는 48.25±0.04m, $b$는 23.42±0.02m이었다면 면적의 정밀도($\triangle A / A$)는?

① 1/420

② 1/630

③ 1/840

④ 1/1,080

⭕ **TIP** 면적을 구하면 $48.25 \times 23.42 = 1,130.015$

부정오차 전파에 의해

$M = \pm \sqrt{(ym_1)^2 + (xm_2)^2} = \pm \sqrt{(23.42 \cdot 0.04)^2 + (48.25 \cdot 0.02)^2} = \pm 1.345$

면적의 정밀도는 $\dfrac{\triangle}{A} = \dfrac{1.345}{48.25 \cdot 23.42} = 0.0119 \fallingdotseq \dfrac{1}{840}$

● ● ●

**ANSWER** 28.④ 29.③ 30.① 31.① 32.② 33.① 34.③

**35** 각관측장비의 수평축이 연직축과 직교하지 않기 때문에 발생하는 측각오차를 최소화하는 방법으로 바른 것은?

① 직교에 대한 편차를 구하여 더한다.
② 배각법을 사용한다.
③ 방향각법을 사용한다.
④ 망원경의 정·반위로 측정하여 평균한다.

**○TIP** 각관측장비의 수평축이 연직축과 직교하지 않기 때문에 발생하는 측각오차를 최소화하는 방법으로 가장 흔한 것은 망원경의 정·반위로 측정하여 평균한다.

**36** 원격탐사(Remote Sensing)을 정의한 것으로 바른 것은?

① 지상에서 대상 물체에 전파를 발생시켜 그 반사파를 이용하여 측정하는 방법이다.
② 센서를 이용하여 지표의 대상물에서 반사 또는 방사된 전자스펙트럼을 측정하고 이들의 자료를 이용하여 대상물이나 현상에 관한 정보를 얻는 기법이다.
③ 우주에 산재해 있는 물체의 고유스펙트럼을 이용하여 각각의 구성 성분을 지상의 레이더망으로 수집하여 처리하는 방법이다.
④ 우주선에서 찍은 중복된 사진을 이용하여 지상에서 항공사진의 처리와 같은 방법으로 판독하는 작업이다.

**○TIP** 원격탐사는 센서를 이용하여 지표의 대상물에서 반사 또는 방사된 전자스펙트럼을 측정하고 이들의 자료를 이용하여 대상물이나 현상에 관한 정보를 얻는 기법이다.

**37** 초점거리가 153[mm], 사진크기 23cm×23cm인 카메라를 사용하여 동서 14km, 남북 7km, 평균고도 250[m]인 거의 평탄한 지역을 축척 1:5,000으로 촬영하고자 할 때 필요한 모델의 수는? (단, 종중복도 60%, 횡중복도 30%)

① 81  ② 240
③ 279  ④ 961

**○TIP** 종모델의 수는

$$\frac{S_1}{B_o} = \frac{S_1}{ma\left(1 - \frac{p}{100}\right)} = \frac{14,000}{5,000 \times 0.23\left(1 - \frac{60}{100}\right)} = 30.4 = 31매$$

횡모델의 수는

$$\frac{S_2}{C_o} = \frac{S_2}{ma\left(1 - \frac{q}{100}\right)} = \frac{7,000}{5,000 \times 0.23\left(1 - \frac{30}{100}\right)} = 8.69 = 9매$$

종모델의 수와 횡모델의 수를 곱한 값만큼 모델이 필요하므로 279매가 필요하다.

**38** 다음 그림과 같이 한 점 O에서 A, B, C 방향의 각관측을 실시한 결과가 다음과 같을 때 ∠BOC의 최확값은?

> ∠AOB 2회 관측결과 40° 30′ 25″
>   　　 3회 관측결과 40° 30′ 20″
> ∠AOC 6회 관측결과 85° 30′ 20″
>   　　 4회 관측결과 85° 30′ 25″

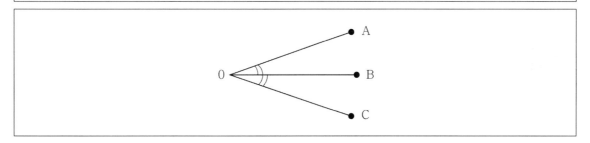

① 45° 00′ 05″

② 45° 00′ 02″

③ 45° 00′ 03″

④ 45° 00′ 00″

> **○TIP** 최확값을 구하려면 측정값 중 경중률이 높은 값들을 적용해야 하므로 ∠AOB는 3회 관측결과인 40° 30′ 20″을 최확값으로 하고 ∠AOB는 6회 관측결과인 85° 30 ′20″을 최확값으로 고려하여 계산하면
> ∠BOC = ∠AOC − ∠AOB = 85° 30′ 20″ − 40° 30′ 20″ = 45° 00′ 00″가 *BOC*의 최확값이 된다.

**39** 측지학에 관한 설명 중 바르지 않은 것은?

① 측지학이란 지구 내부의 특성, 지구의 형상, 지구표면의 상호위치관계를 결정하는 학문이다.

② 물리학적 측지학은 중력측정, 지자기측정 등을 포함한다.

③ 기하학적 측지학에는 천문측량, 위성측량, 높이의 결정 등이 있다.

④ 측지측량이란 지구의 곡률을 고려하지 않는 측량으로 11km 이내를 평면으로 취급한다.

> **○TIP** 측지측량은 지구의 곡률을 고려한 정밀측량이다.

**40** 해도와 같은 지도에 이용되며 주로 하천이나 항만 등의 심천측량을 한 결과를 표시하는 방법으로 가장 적당한 것은?

① 채색법                          ② 영선법

③ 점고법                          ④ 음영법

**TIP** 점고법 … 해도와 같은 지도에 이용되며 주로 하천이나 항만 등의 심천측량을 한 결과를 표시하는 방법으로 가장 적당하다.

---

제3과목 **수리수문학**

**41** 유속 3[m/s]로 매초 100[L]의 물이 흐르게 하는데 필요한 관의 지름은?

① 153[mm]                      ② 206[mm]

③ 265[mm]                      ④ 312[mm]

**TIP** 물 1,000[L]는 물 $1\text{m}^3$이다. 따라서 문제에서 주어진 조건을 만족하는 D의 값은

$$Q = AV = \frac{\pi D^2}{4} \times 3[\text{m/s}] = 100[\text{L/s}]$$

$$D = \sqrt{\frac{4 \times 0.1}{3\pi}} = 0.206[\text{m}] = 206[\text{mm}]$$

**42** 수로경사 1/10,000인 직사각형 단면 수로에 유량 $30\text{m}^3/\text{s}$를 흐르게 할 때 수리학적으로 유리한 단면은? (단, $h$는 수심, $B$는 폭이며 Manning공식을 쓰고 $n$은 $0.025\text{m}^{-1/3}\text{s}$)

① $h$=1.95m, $B$=3.9m           ② $h$=2.0m, $B$=4.0m

③ $h$=3.0m, $B$=6.0m            ④ $h$=4.63m, $B$=9.26m

**TIP** 사각형 단면의 경우 수리상 유리한 단면은 $H = B/2$이고, 동수경사가 $R_h = H/2$인 관계가 성립하는 단면이다.

$$Q = AV = bh \cdot \frac{1}{n} R^{2/3} I^{1/2} = 2h^2 \cdot \frac{1}{n} \left(\frac{h}{2}\right)^{2/3} I^{1/2}$$

$$30 = 2h^2 \times \frac{1}{0.025} \times \left(\frac{h}{2}\right)^{2/3} \left(\frac{1}{10,000}\right)^{1/2}$$

이를 만족하는 $h$=4.63m, $B$=9.26m

**43** 부력의 원리를 이용하여 다음 그림과 같이 바닷물 위에 떠있는 빙산의 전 체적을 구한 값은?

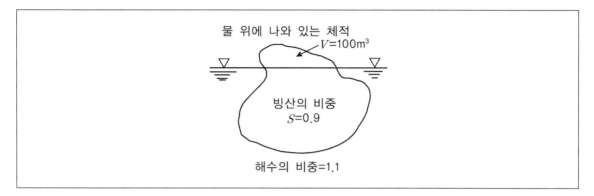

① $550\text{m}^3$

② $890\text{m}^3$

③ $1,000\text{m}^3$

④ $1,100\text{m}^3$

> **TIP** $w_1 V_1 = w_2 V_2$에서 $0.9 \times V = 1.1(V - 100)$이므로
> $1,100 = 0.2V$이므로 빙산의 전체적 $V$는 550이 된다.

**44** 축척이 1;50인 하천수리모형에서 원형유량 10,000m³/s에 대한 모형유량은?

① $0.401\text{m}^3/\text{s}$

② $0.566\text{m}^3/\text{s}$

③ $14.142\text{m}^3/\text{s}$

④ $28.284\text{m}^3/\text{s}$

> **TIP** $Q_r = \dfrac{Q_m}{Q_p} = L_r^{5/2}$에서 $\dfrac{Q_m}{10,000} = \left(\dfrac{1}{50}\right)^{5/2}$
> $Q_m = 0.566[\text{m}^3/\text{sec}]$

**45** 그림과 같은 노즐에서 유량을 구하기 위한 식으로 바른 것은? (단, 유량계수는 1.0으로 가정한다.)

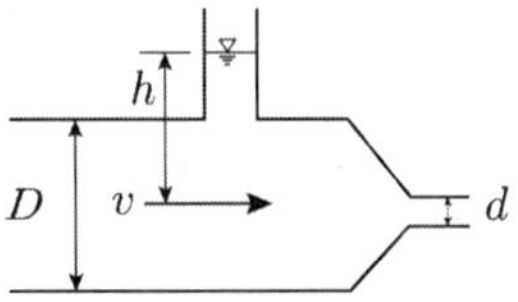

① $C \cdot \dfrac{\pi d^2}{4} \sqrt{\dfrac{2gh}{1 - C^2(d/D)^2}}$

② $C \cdot \dfrac{\pi d^2}{4} \sqrt{\dfrac{2gh}{1 - C^2(d/D)^4}}$

③ $\dfrac{\pi d^2}{4} \sqrt{\dfrac{2gh}{1 - C^2(d/D)^2}}$

④ $C \cdot \dfrac{\pi d^4}{4} \sqrt{2gh}$

**O TIP** 노즐에서의 유량

$$Q = C \cdot a \sqrt{\dfrac{2gh}{1 - (Ca/A)^2}} = C \cdot \dfrac{\pi d^2}{4} \sqrt{\dfrac{2gh}{1 - C^2(d/D)^4}}$$

**46** 수로 바닥에서의 마찰력 $\tau_o$, 물의 밀도 $\rho$, 중력가속도 $g$, 수리평균수심 $R$, 수면경사 $I$, 에너지선의 경사 $I_e$ 라고 할 때 등류와 부등류의 경우에 대한 마찰속도를 순서대로 바르게 나열한 것은?

① $\rho R I_e$, $\rho R I$

② $\dfrac{\rho R I}{\tau_o}$, $\dfrac{\rho R I_e}{\tau_o}$

③ $\sqrt{\rho R I}$, $\sqrt{\rho R I_e}$

④ $\sqrt{\dfrac{\rho R I_e}{\tau_o}}$, $\sqrt{\dfrac{\rho R I}{\tau_o}}$

**O TIP** 수로 바닥에서의 마찰력 $\tau_o$, 물의 밀도 $\rho$, 중력가속도 $g$, 수리평균수심 $R$, 수면경사 $I$, 에너지선의 경사 $I_e$ 라고 할 때
  • 등류의 마찰속도 : $\sqrt{\rho R I}$
  • 부등류의 마찰속도 : $\sqrt{\rho R I_e}$

**47** 유속을 $V$, 물의 단위중량을 $\gamma_w$, 물의 밀도를 $\rho$, 중력가속도를 $g$라고 할 때 동수압을 바르게 표시한 것은?

① $\dfrac{V^2}{2g}$

② $\dfrac{\gamma_w V^2}{2g}$

③ $\dfrac{\gamma_w V}{2g}$

④ $\dfrac{\rho V^2}{2g}$

🄣🄣🄟 유속을 $V$, 물의 단위중량을 $\gamma_w$, 물의 밀도를 $\rho$, 중력가속도를 $g$라고 할 때 동수압은 $\dfrac{\gamma_w V^2}{2g}$으로 산정한다.

**48** 관수로의 흐름에서 마찰손실계수를 $f$, 동수반경을 $R$, 동수경사를 $I$, Chezy 계수를 $C$라 할 때 평균유속 $V$는?

① $V = \sqrt{\dfrac{8g}{f}}\,\sqrt{RI}$

② $V = fC\sqrt{RI}$

③ $V = \dfrac{\pi d^2}{4}f\sqrt{RI}$

④ $V = f\dfrac{l}{4R}\cdot\dfrac{V^2}{2g}$

🄣🄣🄟 관수로의 흐름에서 마찰손실계수를 $f$, 동수반경을 $R$, 동수경사를 $I$, Chezy 계수를 $C$라 할 때 평균유속산정식은 $V = \dfrac{\pi d^2}{4}f\sqrt{RI}$가 된다.

**49** 피압지하수를 설명한 것으로 바른 것은?

① 하상 밑의 지하수
② 어떤 수원에서 다른 지역으로 보내지는 지하수
③ 지하수와 공기가 접해있는 지하수면을 가지는 지하수
④ 두 개의 불투수층 사이에 끼어 있어 대기압보다 큰 압력을 받고 있는 대수층의 지하수

🄣🄣🄟 피압지하수 … 두 개의 불투수층 사이에 끼어 있어 대기압보다 큰 압력을 받고 있는 대수층의 지하수

**50** 물의 순환에 대한 설명으로 바르지 않은 것은?

① 지하수 일부는 지표면으로 용출해서 다시 지표수가 되어 하천으로 유입한다.

② 지표에 강하한 우수는 지표면에 도달 전에 그 일부가 식물의 나무와 가지에 의해 차단된다.

③ 지표면에 도달한 우수는 토양 중에 수분을 공급하고 나머지가 아래로 침투해서 지하수가 된다.

④ 침투란 토양면을 통해 스며든 물이 중력에 의해 계속 지하로 이동하여 불투수층까지 도달하는 것이다.

> **○TIP** 침루(percolation) … 토양면을 통해 스며든 물이 중력의 영향 때문에 지하로 이동하여 지하수면까지 도달하는 현상
> ※ 물의 순환과정 … 증발 → 강수 → 차단 → 증산 → 침투 → 침루 → 유출

**51** 중량이 600[N], 비중이 3.0인 물체를 물(담수) 속에 넣었을 때 물 속에서의 중량은?

① 100[N]
② 200[N]
③ 300[N]
④ 400[N]

> **○TIP** 물 속에서의 중량 $W' = W - wV$
>
> $V = \dfrac{W}{w_s} = \dfrac{600}{3} = 200\text{cm}^3$
>
> $\therefore\ W' = W - wV = 600 - 1 \times 200 = 400\text{N}$ ($w$는 물의 비중인 1.0이고, $w'$는 물체의 비중 3.0이다.)

**52** 단위유량도 이론에서 사용하고 있는 기본가정이 아닌 것은?

① 비례가정
② 중첩가정
③ 푸아송 분포가정
④ 일정 기저시간 가정

> **○TIP** 단위유량도 3가지 기본가정 … 일정 기저시간의 가정, 중첩가정, 비례가정

**53** $10\text{m}^3/\text{s}$의 유량이 흐르는 수로에 폭 10m의 단수축이 없는 위어를 설계할 경우 위어의 높이를 1m로 할 때 예상되는 월류수심은? (단, Francis공식을 적용하며 접근유속은 무시한다.)

① 0.67m
② 0.71m
③ 0.75m
④ 0.79m

> **○TIP** Francis공식 … $Q = 1.84B_0 h^{3/2}$ ($B_o$는 유효폭, $h$는 월류수심이다.)
>
> 위의 공식에 주어진 조건들을 대입하면
>
> $10[\text{m}^3/\text{s}] = 1.84 \times 10[\text{m}] \times h^{3/2}$
>
> 이를 만족하는 $h = \left(\dfrac{1}{1.84}\right)^{2/3} \fallingdotseq 0.67[\text{m}]$ 이다.

**54** 액체 속에 잠겨있는 경사평면에 작용하는 힘에 대한 설명으로 바른 것은?

① 경사각과 상관없다.

② 경사각에 직접 비례한다.

③ 경사각의 제곱에 비례한다.

④ 무게중심에서의 압력과 면적의 곱과 같다.

**TIP** 액체 속에 잠겨있는 경사평면에 작용하는 힘은 무게중심에서의 압력과 면적의 곱과 같다.

**55** 수로 폭이 10[m]인 직사각형 수로의 도수 전 수심이 0.5[m], 유량이 40[m³/s]이었다면 도수 후의 수심은?

① 1.96[m]

② 2.18[m]

③ 2.31[m]

④ 2.85[m]

**TIP** 도수 전 유속은 유량을 단면적으로 나눈 값이다.
도수 전 수심이 0.5[m]이고 수로폭이 10[m]이므로 단면적은 5[m²]이 되며 유속은 8[m/sec]이 된다.
도수 후의 수심은

$$h_2 = \frac{h_1}{2}\left(-1 + \sqrt{1 + 8\frac{V_1^2}{gh_1}}\right) = \frac{0.5}{2}\left(-1 + \sqrt{1 + 8 \times \frac{8^2}{9.8 \times 0.5}}\right) = 2.31[\text{m}]$$

**56** 유역면적이 10[km²], 강우강도 80[mm/h], 유출계수 0.70일 때 합리식에 의한 첨두유량($Q_{max}$)은?

① 155.6[m³/s]

② 560[m³/s]

③ 1.556[m³/s]

④ 5.6[m³/s]

**TIP** 합리식에 의한 설계유량
$$Q = 0.2778 \cdot C \cdot I \cdot A = 0.2778 \times 0.70 \times 80 \times 10 = 155.56[\text{m}^3/\text{s}]$$

**57** Darcy법칙에 대한 설명으로 바르지 않은 것은?

① 투수계수는 물의 점성계수에 따라서도 변화한다.

② Darcy의 법칙은 지하수의 흐름에 대한 공식이다.

③ Reynolds 수가 100 이상이면 안심하고 적용할 수 있다.

④ 평균유속이 동수경사와 비례관계를 가지고 있는 흐름에 적용될 수 있다.

**TIP** Reynolds 수가 클수록 불안정하며 난류이다.

**ANSWER**   50.④   51.④   52.③   53.①   54.④   55.③   56.①   57.③

**58** 수두차가 10m인 두 저수지를 지름이 30[cm]인 길이가 300[m], 조도계수가 $0.013\text{m}^{-1/3} \cdot \text{s}$인 주철관으로 연결하여 송수할 때, 관을 흐르는 유량($Q$)은? (단, 관의 유입손실계수 $f_e = 0.5$, 유출손실계수 $f_c = 1.0$ 이다.)

① $0.02[\text{m}^3/\text{s}]$

② $0.08[\text{m}^3/\text{s}]$

③ $0.17[\text{m}^3/\text{s}]$

④ $0.19[\text{m}^3/\text{s}]$

**⊙TIP**

$f = \dfrac{64}{R_e} = \dfrac{8g}{c^2} = \dfrac{124.5\text{m}^2}{D^{1/3}}$ 이므로

$f = \dfrac{124.5 \times (0.013)^2}{(0.3)^{1/3}} = 0.0314$

$Q = AV = \dfrac{\pi D^2}{4} \times \dfrac{\sqrt{2gH}}{\sqrt{f_i + f\dfrac{l}{D} + f_0}} = \dfrac{\pi (0.3)^2}{4} \times \dfrac{\sqrt{2 \times 9.8 \times 10}}{\sqrt{0.5 + 0.0314 \times \dfrac{300}{0.3} + 1.0}} = 0.1725 \fallingdotseq 0.17[\text{m}^3/\text{s}]$

**59** 개수로 내의 흐름에서 평균유속을 구하는 방법 중 2점법의 유속 측정 위치로 옳은 것은?

① 수면과 전수심의 50% 위치

② 수면으로부터 수심의 10%와 90% 위치

③ 수면으로부터 수심의 20%와 80% 위치

④ 수면으로부터 수심의 40%와 60% 위치

**⊙TIP** 개수로 내의 흐름에서 평균유속을 구하는 방법 중 2점법의 유속 측정 위치는 수면으로부터 수심의 20%와 80% 위치이다.

**60** 어떤 유역에서 표와 같이 30분간 집중호우가 발생한 경우 지속시간 15분인 최대강우강도는?

| 시간(분) | 0~5 | 5~10 | 10~15 | 15~20 | 20~25 | 25~30 |
|---|---|---|---|---|---|---|
| 우량(mm) | 2 | 4 | 6 | 4 | 8 | 6 |

① 50mm/h

② 64mm/h

③ 72mm/h

④ 80mm/h

**⊙TIP** 15분간 지속 최대강우량은 10~25분, 또는 15~30분

강우강도 $I = (4 + 8 + 6) \times \dfrac{60}{15} = 72\text{mm/hr}$

**61** 다음 그림과 같은 맞대기 용접의 용접부에 생기는 인장응력은?

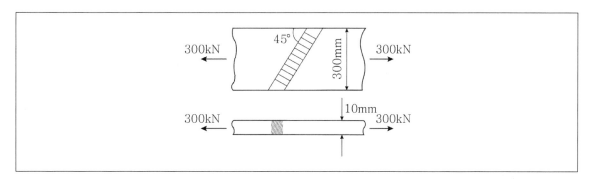

① 50[MPa]

② 70.7[MPa]

③ 100[MPa]

④ 141.4[MPa]

**OTIP** 용접부의 인장응력은 유효면적에 작용하는 것으로 가정하므로 유효면적은 제시된 각도와는 관련이 없이 직선 폭 300[mm]와 두께 10[mm]를 곱한 값이 된다.

따라서 용접부에 발생하는 인장응력은 $f = \dfrac{P}{A}$ 이므로

$a = 10\text{mm}$, $l = 300\text{mm}$

$f = \dfrac{300 \times 10^3}{10 \times 300} = 100[\text{MPa}]$

**62** 깊은 보는 한쪽 면이 하중을 받고 반대쪽 면이 지지되어 하중과 받침부 사이에 압축대가 형성되는 구조요소로서 아래의 (가) 또는 (나)에 해당하는 부재이다. 아래의 (   ) 안에 들어갈 숫자를 순서대로 바르게 나열한 것은?

- 순경간이 부재 깊이의 (   )배 이하인 부재
- 받침부 내면에서 부재 깊이의 (   )배 이하인 위치에 집중하중이 작용하는 경우는 집중하중과 받침부 사이의 구간

① 4, 2

② 3, 2

③ 2, 4

④ 2, 3

**OTIP** 깊은 보의 정의

㉠ 순경간 $l_n$ 이 부재 깊이 $h$의 4배 이하인 부재이다.

㉡ 하중이 받침부로부터 부재 깊이의 2배 거리 이내에 작용하고 하중의 작용점과 받침부가 서로 반대면에 있어서 하중 작용점과 받침부 사이에 압축대가 형성될 수 있는 부재이다.

**63** 다음 그림과 같은 인장재의 순단면적은 약 얼마인가? (단, 구멍의 지름은 25mm이고 강판두께는 10mm이다.)

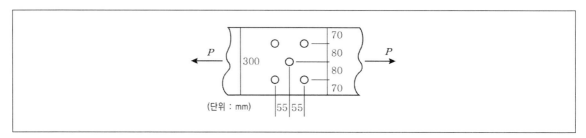

① $2,323[\text{mm}^2]$

② $2,439[\text{mm}^2]$

③ $2,500[\text{mm}^2]$

④ $2,595[\text{mm}^2]$

**◎TIP** 볼트가 다음의 그림과 같이 엇모배치로 되어 있는 경우에는 4가지 파단선을 생각해볼 수 있다. 이들 각 경우에 대한 순단면적을 구하면 다음과 같다.

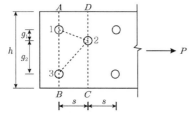

① 파단선 A-1-3-B : $A_g = (h-2d) \cdot t = (300-2 \times 25) \times 10 = 2,500[\text{mm}^2]$

② 파단선 A-1-2-3-B : $A_g = \left(h-3d+\dfrac{s^2}{4g_1}+\dfrac{s^2}{4g_s}\right) \times t = \left(300-3 \times 25+\dfrac{55^2}{4 \times 80}+\dfrac{55^2}{4 \times 80}\right) \times 10 = 2,439[\text{mm}^2]$

③ 파단선 A-1-2-C : $A_n = \left(h-2d+\dfrac{s^2}{4g_1}\right) \times t = \left(300-2 \times 25+\dfrac{55^2}{4 \times 80}\right) \times 10 = 2,594[\text{mm}^2]$

④ 파단선 D-2-3-B : $A_n = \left(h-2d+\dfrac{s^2}{4g_2}\right) \cdot t$

이 중 순단면적의 크기가 가장 작은 경우는 ②가 되며 실제로 파괴가 일어나게 되는 파단선이 된다.

**64** 계수하중에 의한 전단력 $V_u = 75[\text{kN}]$을 받을 수 있는 직사각형 단면을 설계하려고 한다. 기준에 의한 최소전단철근을 사용할 경우 필요한 보통중량콘크리트의 최소단면적($b_w d$)는? (단, $f_{ck}$는 28[MPa], $f_y$는 300[MPa]이다.)

① $101,090[\text{mm}^2]$

② $103,073[\text{mm}^2]$

③ $106,303[\text{mm}^2]$

④ $113,390[\text{mm}^2]$

**◎TIP** $\phi V_c \geq V_u$ 이므로 $\phi\left(\dfrac{1}{6}\sqrt{f_{ck}}\,b_w d\right) \geq V_u$

$b_w d \geq \dfrac{6V_u}{\phi\sqrt{f_{ck}}} = \dfrac{6 \times 75[\text{kN}]}{0.75\sqrt{28}} = 113,389.3[\text{mm}^2]$

**65** 단철근 직사각형보의 폭이 300mm, 유효깊이가 500mm, 높이가 600mm일 때 외력에 의해 단면에서 휨균열을 일으키는 휨모멘트는? (단, $f_{ck} = 28[\text{MPa}]$ 이며 보통중량콘크리트이다.)

① $58[\text{kN} \cdot \text{m}]$

② $60[\text{kN} \cdot \text{m}]$

③ $62[\text{kN} \cdot \text{m}]$

④ $64[\text{kN} \cdot \text{m}]$

○**TIP** $f_r = 0.63\sqrt{f_{ck}} = 0.63\sqrt{28} = 3.33[\text{MPa}]$

$Z = \dfrac{bh^2}{6} = \dfrac{300 \times 600^2}{6} = 18 \times 10^6[\text{mm}^3]$

$M_{cr} = f_r \cdot Z = 3.33 \times (18 \times 10^6) \fallingdotseq 60.0[\text{kN} \cdot \text{m}]$

**66** 옹벽의 설계에 대한 일반적인 설명으로 바르지 않은 것은?

① 부벽식 옹벽의 뒷부벽은 캔틸레버로 설계해야 하며 앞부벽은 T형보로 설계해야 한다.

② 활동에 대한 저항력은 옹벽에 작용하는 수평력의 1.5배 이상이어야 한다.

③ 전도에 대한 저항휨모멘트는 횡토압에 의한 전도모멘트의 2.0배 이상이어야 한다.

④ 저판의 뒷굽판은 정확한 방법이 사용되지 않는 한 뒷굽판 상부에 재하되는 모든 하중을 지지하도록 설계해야 한다.

○**TIP** 뒷부벽식 옹벽의 뒷부벽은 T형보로 설계해야 하고 앞부벽은 2방향 슬래브로 설계해야 한다.

| 옹벽의 종류 | 설계위치 | 설계방법 |
|---|---|---|
| 뒷부벽식 옹벽 | 전면벽 | 2방향 슬래브 |
| | 저판 | 연속보 |
| | 뒷부벽 | T형보 |
| 앞부벽식 옹벽 | 전면벽 | 2방향 슬래브 |
| | 저판 | 연속보 |
| | 앞부벽 | 직사각형 보 |

**67** 다음은 슬래브의 직접설계법에서 모멘트 분배에 대한 내용이다. 아래의 ( ) 안에 들어갈 숫자를 순서대로 바르게 나열한 것은?

> 내부 경간에서는 전체 정적 계수휨모멘트를 다음과 같은 비율로 분배해야 한다.
> • 부계수휨모멘트 : (     )
> • 정계수휨모멘트 : (     )

① 0.65, 0.35
② 0.55, 0.45
③ 0.45, 0.55
④ 0.35, 0.65

**○TIP** 내부 경간에서는 전체 정적 계수휨모멘트를 다음과 같은 비율로 분배해야 한다.
 • 부계수휨모멘트 : 0.65
 • 정계수휨모멘트 : 0.35

**68** 다음 그림과 같은 철근콘크리트 보–슬래브구조에서 대칭 T형보의 유효폭($b$)은?

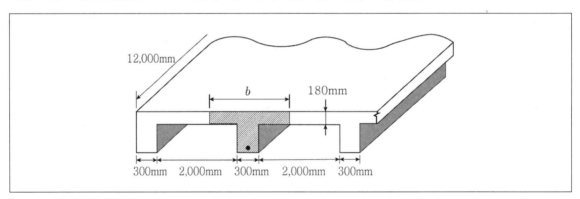

① 2,000[mm]
② 2,300[mm]
③ 3,000[mm]
④ 3,180[mm]

**○TIP** T형보(대칭 T형보)에서 플랜지의 유효폭
  $16t_f + b_w = 16 \times 180 + 300 = 3,180[\text{mm}]$
  양쪽슬래브의 중심간 거리 : 2,300[mm]
  보 경간의 1/4 : 12,000 × 1/4 = 3,000[mm]
  위의 값 중 최솟값을 적용해야 하므로 유효폭은 2,300[mm]

**69** 복철근 콘크리트보 단면에 압축철근비 $\rho' = 0.01$이 배근되어 있다. 이 보의 순간처짐이 20[mm]일 때 1년 간 지속하중에 의해 유발되는 전체 처짐량은?

① 38.7[mm]

② 40.3[mm]

③ 42.4[mm]

④ 45.6[mm]

**O TIP** 전체 처짐량은 순간처짐량과 장기처짐량의 합이다.

장기처짐은 순간처짐(탄성처짐)에 다음의 계수를 곱하여 구한다.

장기처짐계수 $\lambda = \dfrac{\xi}{1+50\rho'}$

시간경과계수 $\xi$ : 3개월인 경우 1.0, 6개월인 경우 1.2, 1년인 경우 1.4, 5년 이상인 경우 2.0

$\rho' = \dfrac{A_s'}{bd} = 0.01$, $\lambda = \dfrac{\xi}{1+50\rho'} = \dfrac{1.4}{1+50 \cdot 0.01} = 0.933$ .

$\delta_L = \lambda \cdot \delta_i = 0.93 \times 20 = 18.66[\text{mm}]$

$\delta_T = \delta_i + \delta_L = 20 + 18.66 = 38.66 \fallingdotseq 38.7[\text{mm}]$

**70** 철근콘크리트부재에서 $V_s$가 $\dfrac{1}{3}\lambda\sqrt{f_{ck}}\,b_w d$를 초과하는 경우 부재축에 직각으로 배치된 전단철근의 간격제한으로 바른 것은? (단, $b_w$는 복부의 폭, $d$는 유효깊이, $\lambda$는 경량콘크리트 계수, $V_s$는 전단철근에 의한 단면의 총 강도이다.

① $d/2$ 이하, 또 어느 경우이든 600mm 이하

② $d/2$ 이하, 또 어느 경우이든 300mm 이하

③ $d/4$ 이하, 또 어느 경우이든 600mm 이하

④ $d/4$ 이하, 또 어느 경우이든 300mm 이하

**O TIP** $V_s > \dfrac{1}{3}\sqrt{f_{ck}}\,b_w d$이므로 전단철근의 간격은 다음 값 중 가장 작은 값을 취한다.

$s \le \dfrac{d}{4}$, $s \le 300\text{mm}$, $s \le \dfrac{A_v f_y d}{V_s}$

즉, 어떤 경우든 $d/4$ 이하이면서 300[mm] 이하여야 한다.

**71** 다음 보기에서 (  ) 안에 들어갈 수치로 바른 것은?

보나 장선의 깊이 $h$가 (  )mm를 초과하게 되면 종방향 표피철근을 인장연단부터 $h/2$지점까지 부재 양쪽 측면을 따라 균일하게 배치해야 한다.

① 700
② 800
③ 900
④ 1,000

**O TIP** 보나 장선의 깊이 $h$가 900mm를 초과하게 되면 종방향 표피철근을 인장연단부터 $h/2$지점까지 부재 양쪽 측면을 따라 균일하게 배치해야 한다.

**72** 단면이 300×400[mm]이고, 150mm² 의 PS강선 4개를 단면도심축에 배치한 프리텐션 PS콘크리트 부재가 있다. 초기 프리스트레스 1,000[MPa]일 때 콘크리트의 탄성수축에 의한 프리스트레스의 손실량은? (단, 탄성계수비는 6.0이다.)

① 30[MPa]
② 34[MPa]
③ 42[MPa]
④ 52[MPa]

**O TIP** 탄성수축에 의한 프리스트레스의 손실

$$\triangle f_p = nf_c = n\frac{P_i \cdot A_g}{b \cdot h} = 6 \times \frac{1,000(150 \times 4)}{300 \times 400} = 30[\text{MPa}]$$

※ 탄성변형에 의한 프리스트레스의 손실

㉠ **프리텐션방식** : 부재의 강재와 콘크리트는 일체로 거동하므로 강재의 변형률 $\varepsilon_p$와 콘크리트의 변형률 $\varepsilon_c$는 같아야 한다.

$$\triangle f_{pe} = E_p \varepsilon_p = E_p \varepsilon_c = E_p \cdot \frac{f_{ci}}{E_c} = n \cdot f_{ci}(f_{ci} : 프리스트레스 도입 후 강재 둘레 콘크리트의 응력, \ n : 탄성계수비)$$

PS강재가 편심배치가 된 경우 $f_c = \dfrac{P}{A} + \dfrac{P \cdot e}{I} \cdot e$

㉡ **포스트텐션방식** : 강재를 전부 한꺼번에 긴장할 경우는 응력의 감소가 없다. 콘크리트 부재에 직접 지지하여 강재를 긴장하기 때문이다. 순차적으로 긴장할 때는 제일 먼저 긴장하여 정착한 PC강재가 가장 많이 감소하고 마지막으로 긴장하여 정착한 긴장재는 감소가 없다. 따라서 프리스트레스의 감소량을 계산하려면 복잡하므로 제일 먼저 긴장한 긴장재의 감소량을 계산하여 그 값의 1/2을 모든 긴장재의 평균손실량으로 한다. 즉, 다음과 같다.

(평균감소량)$\triangle f_{pe} = \dfrac{1}{2} \times$(최초에 긴장하여 정착된 강재의 총 감소량), 또는 $\triangle f_{pe} = \dfrac{1}{2}nf_{ci}\dfrac{N-1}{N}$

($N$ : 긴장재의 긴장횟수, $f_{ci}$ : 프리스트레싱에 의한 긴장재 도심 위치에서의 콘크리트의 압축응력)

**73** 용접이음에 관한 설명으로 바르지 않은 것은?

① 내부검사(X선 검사)가 간단하지 않다.
② 작업의 소음이 적고 경비와 시간이 절약된다.
③ 리벳구멍으로 인한 단면의 감소가 없어서 강도저하가 없다.
④ 리벳이음에 비해 약하므로 응력집중현상이 일어나지 않는다.

**◯TIP** 용접이음에서도 응력집중현상이 발생할 수 있다.

**74** 포스트텐션 긴장재의 마찰손실을 구하기 위해 아래의 표와 같은 근사식을 사용하고자 한다. 이 때 근사식을 사용할 수 있는 조건으로 옳은 것은?

$$P_x = \frac{P_o}{1+Kl+\mu\alpha}$$

① $P_o$의 값이 5,000kN 이하인 경우
② $P_o$의 값이 5,000kN을 초과하는 경우
③ $(Kl+\mu\alpha)$의 값이 0.3 이하인 경우
④ $(Kl+\mu\alpha)$의 값이 0.3을 초과하는 경우

**◯TIP** $(Kl+\mu\alpha)$의 값이 0.3 이하인 경우 주어진 공식을 적용할 수 있다.

**75** 2방향 슬래브의 직접 설계법의 제한사항에 대한 설명으로 틀린 것은?

① 각 방향으로 3경간 이상 연속되어야 한다.

② 슬래브 판들은 단변 경간에 대한 장변 경간의 비가 2 이하인 직사각형이어야 한다.

③ 각 방향으로 연속한 받침부 중심간 경간의 차이는 긴 경간의 1/3 이하여야 한다.

④ 연속한 기둥 중심선을 기준으로 기둥의 어긋남은 그 방향 경간의 20% 이하여야 한다.

🅞TIP 연속한 기둥 중심선을 기준으로 기둥의 어긋남은 그 방향 경간의 최대 10% 이하여야 한다.

**76** 철근의 정착에 대한 설명으로 바르지 않은 것은?

① 인장이형철근 및 이형철선의 정착길이는 항상 300mm 이상이어야 한다.

② 압축이형철근의 정착길이는 항상 400mm 이상이어야 한다.

③ 갈고리는 압축을 받는 경우 철근정착에 유효하지 않은 것으로 보아야 한다.

④ 단부에 표준갈고리가 있는 인장이형철근의 정착길이는 항상 철근의 공칭지름의 8배 이상, 또한 150mm 이상이어야 한다.

🅞TIP 압축이형철근의 정착길이는 항상 200mm 이상이어야 한다.

**77** 림과 같은 단면의 도심에 PS강재가 배치되어있다. 초기 프리스트레스 힘을 1,800[kN]작용시켰다. 30%의 손실을 가정하여 콘크리트의 하연 응력이 0이 되도록 하려면 이때의 휨모멘트 값은? (단, 자중은 무시)

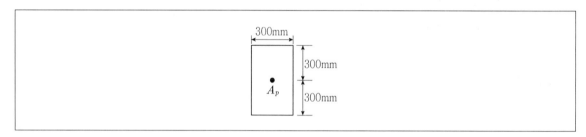

① 120[kN · m]        ② 126[kN · m]

③ 130[kN · m]        ④ 150[kN · m]

🅞TIP $P = 1,800 \times 0.7 = 1,260[\text{kN}]$

$$M = \frac{P \cdot h}{6} = \frac{1,260 \times 0.6}{6} = 126[\text{kN} \cdot \text{m}]$$

$$f_{te} = \frac{P}{A} - \frac{M}{Z} = \frac{1,260}{0.3 \times 0.6} - \frac{126}{\frac{0.3 \times 0.6^2}{6}} = 0$$

**78** 콘크리트 설계기준 강도가 28[MPa], 철근의 항복강도가 350[MPa]로 설계된 내민 길이 4[m]인 캔틸레버보가 있다. 처짐을 계산하지 않는 경우의 최소 두께는? (단, 보통중량콘크리트 $m_c$=2,300kg/m³이다.)

① 340mm

② 465mm

③ 512mm

④ 600mm

**TIP** $h_{\min} = \dfrac{l}{8} \times \left(0.43 + \dfrac{f_y}{700}\right) = \dfrac{4,000}{8} \times \left(0.43 + \dfrac{350}{700}\right) = 465[\text{mm}]$

**79** 나선철근 압축부재 단면의 심부 지름이 300[mm], 기둥 단면의 지름이 400[mm]인 나선철근 기둥의 나선철근비는 최소 얼마 이상이어야 하는가? (단, 나선철근의 설계기준항복강도는 400MPa, 콘크리트 설계기준압축강도는 28MPa이다.)

① 0.0184

② 0.0201

③ 0.0225

④ 0.0245

**TIP** $\rho_s \geq 0.45 \left(\dfrac{A_g}{A_{ch}} - 1\right) \dfrac{f_{ck}}{f_{yt}} = 0.45 \times \left(\dfrac{\dfrac{\pi \times 400^2}{4}}{\dfrac{\pi \times 300^2}{4}} - 1\right) \times \dfrac{28}{400} = 0.0245$

**80** 강도설계법에서 강도감소계수를 규정하는 목적이 아닌 것은?

① 부정확한 설계방정식에 대비한 여유를 반영하기 위하여

② 구조물에서 차지하는 부재의 중요도 등을 반영하기 위하여

③ 재료강도와 치수가 변동될 수 있으므로 부재의 강도저하 확률에 대비한 여유를 반영하기 위해

④ 하중의 변경, 구조해석을 할 때의 가정 및 계산의 단순화로 인해 야기될지 모르는 초과하중에 대비한 여유를 반영하기 위해

**TIP** 하중의 변경, 구조해석을 할 때의 가정 및 계산의 단순화로 인해 야기될지 모르는 초과하중에 대비한 여유를 반영하기 위해 사용하는 것은 하중계수이다.

**• • •**
**ANSWER**　75.④  76.②  77.②  78.②  79.④  80.④

**81** 포화단위중량($\gamma_{sat}$)이 19.62[kN/m³]인 사질토로 된 무한사면이 20°로 경사져 있다. 지하수위가 지표면과 일치하는 경우 이 사면의 안전율이 1 이상이 되기 위해서는 흙의 내부마찰각이 최소 몇 도 이상이어야 하는가? (단, 물의 단위중량은 9.81[kN/m³]이다.)

① 18.21°

② 20.52°

③ 36.06°

④ 45.47°

**○TIP** $F_s = \dfrac{\gamma_{sub}}{\gamma_{sat}} \cdot \dfrac{\tan\phi}{\tan\beta} \geq 1$ 이어야 하므로,

$\phi = \tan^{-1}\left(\dfrac{\gamma_{sat}}{\gamma_{sub}} \cdot \tan\beta\right) = \tan^{-1}\left(\dfrac{19.62}{9.81} \times \tan 20^o\right) = 36.05^o$

**82** 다음 그림에서 지표면으로부터 깊이 6m에서의 연직응력과 수평응력의 크기를 순서대로 바르게 나열한 것은? (단, 토압계수는 0.6이다.)

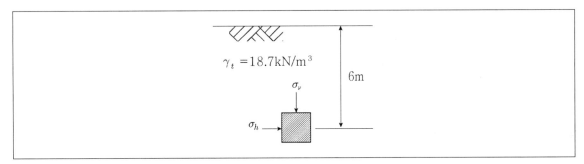

① 87.3[kN/m²], 52.4[kN/m²]

② 95.2[kN/m²], 57.1[kN/m²]

③ 112.2[kN/m²], 67.3[kN/m²]

④ 123.4[kN/m²], 74.0[kN/m²]

**○TIP** 연직응력 $\sigma_v = \gamma_t \cdot h = 18.7 \times 6 = 112.2[kN/m^2]$

수평응력 $\sigma_h = \sigma_v K = 112.2 \times 0.6 = 67.3[kN/m^2]$

**83** 흙의 분류법인 AASHTO분류법과 통일분류법을 비교분석한 내용으로 바르지 않은 것은?

① 통일분류법은 0.075[mm]체 통과율 35%를 기준으로 조립토와 세립토로 분류하는데 이것은 AASHTO분류법보다 더 적합하다.
② 통일분류법은 입도분포, 액성한계, 소성지수 등을 주요 분류인자로 한 분류법이다.
③ AASHTO 분류법은 입도분포, 군지수 등을 주요 분류인자로 한 분류법이다.
④ 통일분류법은 유기질토 분류방법이 있으나 AASHTO분류법은 없다.

　**◎ TIP** 통일분류법은 0.075mm체 통과율을 50%를 기준으로 조립토와 세립토로 분류하며 AASHTO분류법은 통과율을 35%를 기준으로 조립토와 세립토로 분류한다.

**84** 흙 시료의 전단시험 중 일어나는 다일러턴시(Dilatancy)현상에 대한 설명으로 바르지 않은 것은?

① 흙이 전단될 때 전단면 부근의 흙입자가 재배열되면서 부피가 팽창하거나 수축하는 현상을 다일러턴시라 부른다.
② 사질토 시료는 전단 중 다일러턴시가 일어나지 않는 한계의 간극비가 존재한다.
③ 정규압밀 점토의 경우 정(+)의 다일러턴시가 일어난다.
④ 느슨한 모래는 보통 부(-)의 다일러턴시가 일어난다.

　**◎ TIP** 정규압밀 점토에서는 (-) Dilatancy에 정(+)의 간극수압이 발생, 과압밀 점토에서는 (+) Dilatancy에 부(-)의 간극수압이 발생한다.
　　※ 다일러턴시(Dilatancy) … 시료가 조밀하게 채워져 있는 경우 전단시험을 할 때 전단면의 모래가 이동을 하면서 다른 입자를 누르고 넘어가기 때문에 체적이 팽창을 하게 되는 현상이다.

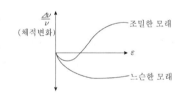

**85** 도로의 평판재하시험에서 시험을 멈추는 조건으로 바르지 않은 것은?

① 완전히 침하가 멈출 때
② 침하량이 15mm에 달할 때
③ 재하응력이 지반의 항복점을 넘을 때
④ 재하응력이 현장에서 예상할 수 있는 가장 큰 접지 압력의 크기를 넘을 때

　**◎ TIP** 침하측정은 완전히 침하가 멈출 때까지 하지는 않는다.
　　침하량이 15mm에 달하거나 하중강도가 현장에서 예상할 수 있는 가장 큰 접지 압력의 크기 또는 지반의 항복점을 넘으면 시험을 멈춘다.

**86** 압밀시험에서 얻은 $e-\log P$ 곡선으로 구할 수 있는 것이 아닌 것은?

① 선행압밀압력
② 팽창지수
③ 압축지수
④ 압밀계수

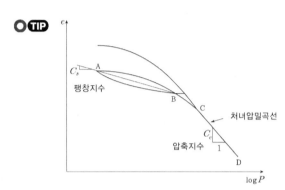

$e-\log P$ 곡선(하중-간극비곡선)
압밀침하량을 구하는데 주로 사용되는 곡선이며 선행압밀하중, 팽창지수, 압축지수를 구할 수 있으나 압밀계수를 구할 수는 없다.

• 압축지수 : $e-\log P$곡선에서 직선의 기울기

• 압축지수 $= \dfrac{e_1 - e_2}{\log P_2 - \log P_1}$

• 팽창지수 : 점 A, B를 연결한 직선의 기울기

**87** 상·하층이 모래로 되어 있는 두께 2m의 점토층이 어떤 하중을 받고 있다. 이 점토층의 투수계수가 $5 \times 10^{-7}$[cm/s], 체적변화계수$(m_v)$가 5.0[cm²/kN]일 때 90% 압밀에 요구되는 시간은? (단, 물의 단위중량은 9.81[kN/m³]이다.)

① 약 5.6일
② 약 9.8일
③ 약 15.2일
④ 약 47.2일

$K = C_v m_v \gamma_w \rightarrow 5 \times 10^{-7} = C_v (0.05 \times 10^{-3}) \times 1$이므로

$C_v = 0.01 [\text{cm}^2/\text{sec}]$

$t_{90} = \dfrac{0.848 H^2}{C_v} = \dfrac{0.848 \left(\dfrac{200}{2}\right)^2}{0.01} = 848,000 [\text{sec}] = 9.81 [\text{day}]$

**88** 어떤 지반에 대한 흙의 입도분석결과 곡률계수($C_g$)는 1.5, 균등계수($C_u$)는 15이고 입자는 모난 형상이었다. 이 때 Dunham의 공식에 의한 흙의 내부마찰각의 추정치는? (단, 표준관입시험 결과 $N$치는 10이었다.)

① 25°

② 30°

③ 36°

④ 40°

**TIP** 토립자가 모나고 입도분포가 양호한 경우이므로
$\phi = \sqrt{12N} + 25$식을 적용해야 한다.
$\phi = \sqrt{12 \times 10} + 25 = 35.96 \fallingdotseq 36^o$
※ Dunham 내부마찰각 산정공식
- 토립자가 모나고 입도분포가 양호한 경우 : $\phi = \sqrt{12N} + 25$
- 토립자가 모나고 입도분포가 불량한 경우 : $\phi = \sqrt{12N} + 20$
- 토립자가 둥글고 입도분포가 양호한 경우 : $\phi = \sqrt{12N} + 20$
- 토립자가 둥글고 입도분포가 불량한 경우 : $\phi = \sqrt{12N} + 15$

**89** 그림에서 $a = a'$면 바로 아래의 유효응력은? (단, 흙의 간극비는 0.4, 비중은 2.65, 물의 단위중량은 9.81[kN/m³] 이다.)

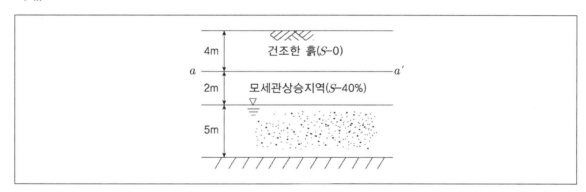

① 68.2[kN/m²]

② 82.1[kN/m²]

③ 97.4[kN/m²]

④ 102.1[kN/m²]

**TIP**
$$\gamma_d = \frac{G_s}{1+e}\gamma_w = \frac{2.65}{1+0.4} \times 1 = 1.89[t/m^3]$$
$$\sigma = 1.89 \times 4 = 7.57[t/m^2]$$
$$u = 1(-2 \times 0.4) = -0.8[t/m^2]$$
$$\sigma_e = \sigma - u = 7.57 - (-0.8) = 8.37[t/m^2]$$
[t]단위를 [N]으로 환산하면 $8.37[t/m^2] = 82.1[kN/m^2]$

**90** 흙의 내부마찰각이 $20°$, 점착력이 $50[kN/m^2]$, 지하수위 아래 흙의 포화단위중량이 $19[kN/m^3]$일 때 $3m \times 3m$ 크기의 정사각형 기초의 극한지지력을 Terzaghi의 공식으로 구하면? (단, 지하수위는 기초바닥 깊이와 같고 물의 단위중량은 $9.81[kN/m^3]$이고 지지력계수 $N_c$=18, $N_r$=5, $N_q$=7.50이다.)

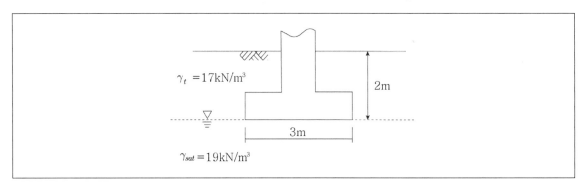

① $1,231.24[kN/m^2]$　　　　　　　　② $1,337.31[kN/m^2]$

③ $1,480.14[kN/m^2]$　　　　　　　　④ $1,540.42[kN/m^2]$

**○TIP** 정사각형 기초이므로 $\alpha = 1.3$, $\beta = 0.4$

$$q_u = \alpha \cdot c \cdot N_c + \beta \cdot r_1 \cdot B \cdot N_r + r_2 \cdot D_f \cdot N_q$$

$$= 1.3 \times 50 \times 18 + 0.4 \times 3 \times (19 - 9.81) \times 5 + 2 \times 17 \times 7.5 = 1,480.14[kN/m^2]$$

※ Terzaghi의 수정지지력 공식

- $q_u = \alpha \cdot c \cdot N_c + \beta \cdot r_1 \cdot B \cdot N_r + r_2 \cdot D_f \cdot N_q$
- $N_c$, $N_r$, $N_q$ : 지지력 계수로서 $\phi$의 함수
- $c$ : 기초저면 흙의 점착력
- $B$ : 기초의 최소폭
- $r_1$ : 기초 저면보다 하부에 있는 흙의 단위중량$(t/m^3)$
- $r_2$ : 기초 저면보다 상부에 있는 흙의 단위중량$(t/m^3)$

  단, $r_1$, $r_2$는 지하수위 아래에서는 수중단위중량$(r_{sub})$을 사용한다.
- $D_f$ : 근입깊이(m)
- $\alpha$, $\beta$ : 기초모양에 따른 형상계수 ($B$ : 구형의 단변길이, $L$ : 구형의 장변길이)

| 구분 | 연속 | 정사각형 | 직사각형 | 원형 |
|------|------|---------|---------|------|
| $\alpha$ | 1.0 | 1.3 | $1 + 0.3\dfrac{B}{L}$ | 1.3 |
| $\beta$ | 0.5 | 0.4 | $0.5 - 0.1\dfrac{B}{L}$ | 0.3 |

**91** 시료채취 시 샘플러(Sampler)의 외경이 6cm, 내경이 5.5cm일 때 면적비는?

① 8.3%

② 9.0%

③ 16%

④ 19%

**O⊙TIP** $C_d = \dfrac{D_e^2 - D_i^2}{D_i^2} \times 100 = \dfrac{60^2 - 55^2}{55^2} \times 100 = 19[\%]$

**92** 다짐에 대한 설명으로 바른 것은?

① 다짐에너지는 래머(Rammer)의 중량에 비례한다.

② 입도배합이 양호한 흙에서는 최대건조 단위중량이 높다.

③ 동일한 흙일지라도 다짐기계에 따라 다짐효과가 다르다.

④ 세립토가 많을수록 최적함수비가 감소한다.

**O⊙TIP** 세립토가 많을수록 최적함수비는 증가한다. 반면 조립토일수록 최적함수비는 작고 최대건조단위중량은 크다.

**93** 20개의 무리말뚝에 있어서 효율이 0.75이고 단항으로 계산된 말뚝 한 개의 허용지지력이 150[kN]일 때 무리말뚝의 허용지지력은?

① 1,125[kN]

② 2,250[kN]

③ 3,000[kN]

④ 4,000[kN]

**O⊙TIP** 군항의 허용지지력
$R_{ag} = E \cdot N \cdot R_a = 0.75 \times 20 \times 150[kN] = 2,250[kN]$

**94** 연약지반 위에 성토를 실시한 다음, 말뚝을 시공하였다. 시공 후 발생될 수 있는 현상에 대한 설명으로 바른 것은?

① 성토를 실시했으므로 말뚝의 지지력은 점차 증가한다.
② 말뚝을 암반층 상단에 위치하도록 시공하였다면 말뚝의 지지력에는 변함이 없다.
③ 압밀이 진행됨에 따라 지반의 전단강도가 증가되므로 말뚝의 지지력은 점차 증가된다.
④ 압밀로 인해 부주면마찰력이 발생되므로 말뚝의 지지력은 감소된다.

**○TIP** ① 성토로 인하여 상부로부터 가해지는 하중의 증가에 의해, 시간이 지남에 따라 말뚝의 지지력은 감소하게 된다.
② 말뚝을 암반층 상단에 위치하도록 시공하였다면 부마찰력이 발생할 때 말뚝의 지지력은 감소하게 된다.
③ 압밀이 진행됨에 따라 지반의 전단강도는 증가될 수도 있으나 성토 정도의 여부에 따라 말뚝의 지지력은 전체적으로 감소가 될 수 있다.


**95** 다음과 같은 상황에서 강도정수 결정에 적합한 삼축압축시험의 종류는?

> 최근에 매립된 포화점성토 지반 위에 구조물을 시공한 직후의 초기안정 검토에 필요한 지반 강도정수를 결정한다.

① 비압밀 비배수시험                    ② 비압밀 배수시험
③ 압밀 비배수시험                      ④ 압밀 배수시험

**○TIP** 비압밀 배수시험은 토질 및 기초에서 다루지 않는 개념이다. 점토 자체가 물을 빨아들이는 성질이 있으므로 하중(압력)을 받지 않으면 가지고 있는 물을 배출하지 않게 된다. 햇빛을 오래 동안 쬐게 되면 점토 내의 수분이 제거되기는 하겠지만 기본적으로 점토는 불투수성이기 때문에 햇빛을 장기간 쬐어도 내부의 수분은 좀처럼 제거되지 않는다. 즉, 점토의 경우 압밀되는 상황이 아니라면 배수가 이뤄지지 않으며 따라서 비압밀 배수라는 것은 자연적인 상태로 볼 수 없기 때문이다.


**96** 베인전단시험(Vane Shear Test)에 대한 설명으로 바르지 않은 것은?

① 베인전단시험으로부터 흙의 내부마찰각을 측정할 수 있다.
② 현장 원위치 시험의 일종으로 점토의 비배수 전단강도를 구할 수 있다.
③ 연약하거나 중간 정도의 점성토 지반에 적용된다.
④ 십자형의 베인(Vane)을 땅 속에 압입한 후 회전모멘트를 가해서 흙이 원통형으로 전단파괴될 때까지 저항모멘트를 구함으로써 비배수 전단강도를 측정하게 된다.

**○TIP** 베인전단시험으로부터 흙의 내부마찰각을 측정할 수는 없다. 또한 베인전단시험은 사질토가 아닌 점성토의 전단특성을 측정하는 데 이용하며, 점성토 자체가 내부마찰각이 매우 작아 일반적으로 무시한다.

**97** 연약지반 개량공법 중 점성토지반에 이용되는 공법은?

① 전기충격공법
② 폭파다짐공법
③ 생석회말뚝공법
④ 바이브로플로테이션공법

**TIP** 생석회말뚝공법은 점성토지반 개량공법이다. 전기충격공법, 폭파다짐공법, 바이브로플로테이션공법 등은 사질토지반 개량공법이다.

**98** 어떤 모래층의 간극비는 0.2, 비중은 2.60이었다. 이 모래가 분사현상이 일어나는 한계동수경사는?

① 0.56
② 0.95
③ 1.33
④ 1.80

**TIP** $i_c = \dfrac{G_s - 1}{1 + e} = \dfrac{2.60 - 1}{1 + 0.2} = 1.33$

**99** 주동토압, 수동토압 정지토압의 크기를 비교한 것으로 바른 것은?

① 주동토압 > 수동토압 > 정지토압
② 수동토압 > 정지토압 > 주동토압
③ 수동토압 > 주동토압 > 정지토압
④ 정지토압 > 주동토압 > 수동토압

**TIP** 토압의 크기는 수동토압 > 정지토압 > 주동토압이다.

**100** 다음 그림과 같은 지반 내의 유선망이 주어졌을 때 폭 10[m]에 대한 침투유량은? (단, 투수계수[$K$]는 2.2×10$^{-2}$[cm/s]이다.)

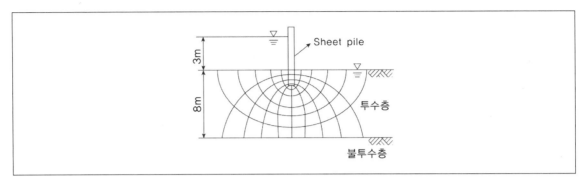

① 3.96[cm$^3$/s]

② 39.6[cm$^3$/s]

③ 396[cm$^3$/s]

④ 3,960[cm$^3$/s]

> **TIP** 등수두선의 수는 11이며 등수두면의 수는 10이다. 또한 유로의 수는 6이며 수두차는 3[m]이므로 단위폭당 침투수량은 다음과 같이 산정된다.
>
> $$q = K \cdot H \cdot \frac{N_f}{N_d} = (2.2 \times 10^{-2}) \times 300 \times \frac{6}{10} = 3.96 [\text{cm}^3/\text{sec}]$$
>
> (유로의 수 $N_f = 6$, 등수두면의 수 $N_d = 10$)
> 폭이 10m이며 이는 1,000[cm]이므로 이 폭에 대한 침투수량은 3,960[cm$^3$/s]이 된다.

---

**제5과목** 상하수도공학

---

**101** 분류식 하수도의 장점이 아닌 것은?

① 오수관내 유량이 일정하다.

② 방류장소 선정이 자유롭다.

③ 사설 하수관에 연결하기가 쉽다.

④ 모든 발생오수를 하수처리장으로 보낼 수 있다.

> **TIP** 분류식 하수도의 경우 기존관로에 사설 하수관을 연결하려고자 하면 연결되는 관로의 수밀상태의 유지가 매우 힘들고 신축 건물 등에서 나오는 오수는 모두 모아서 오수받이로 집수한 후에 기존관로에 연결해야 하는 등의 번거로움이 있다.

**102** 활성슬러지의 SVI가 현저하게 증가되어 응집성이 나빠져 최종 침전지에서 처리수의 분리가 곤란하게 되었다. 이것은 활성슬러지의 어떤 이상현상에 해당되는가?

① 활성슬러지의 부패
② 활성슬러지의 상승
③ 활성슬러지의 팽화
④ 활성슬러지의 해체

**○TIP** 활성슬러지의 팽화 … 활성슬러지의 SVI(슬러지용량지표)가 현저하게 증가되어 응집성이 나빠져 최종 침전지에서 처리수의 분리가 곤란하게 되는 현상

**103** 하수도용 펌프 흡입구의 표준 유속으로 옳은 것은? (단, 흡입구의 유속은 펌프의 회전수 및 흡입실 양정 등을 고려한다.)

① 0.3~0.5[m/s]
② 1.0~1.5[m/s]
③ 1.5~3.0[m/s]
④ 5.0~10.0[m/s]

**○TIP** 하수도용 펌프 흡입구의 유속은 일반적으로 1.5~3.0m/s를 표준으로 하나 원동기의 회전수가 클 경우에는 유속을 크게 하고 회전수가 작을 경우에는 적게 하도록 한다.

**104** 양수량이 8[m³/min], 전양정이 4[m], 회전수 1,160[rpm]인 펌프의 비교회전도는?

① 316
② 985
③ 1,160
④ 1,436

**○TIP** $N_s = N\dfrac{Q^{1/2}}{H^{3/4}} = 1,160 \times \dfrac{8^{1/2}}{4^{3/4}} = 1,160$

**105** 도수관을 설계할 때 자연유하식인 경우에 평균유속의 허용한도로 옳은 것은?

① 최소한도 0.3[m/s], 최대한도 3.0[m/s]
② 최소한도 0.1[m/s], 최대한도 2.0[m/s]
③ 최소한도 0.2[m/s], 최대한도 1.5[m/s]
④ 최소한도 0.5[m/s], 최대한도 1.0[m/s]

**O TIP** 자연유하식인 경우에 평균유속의 허용한도는 최소한도 0.3[m/s], 최대한도 3.0[m/s]이다.


**106** 혐기성 소화공정의 영향인자가 아닌 것은?

① 온도
② 메탄함량
③ 알칼리도
④ 체류시간

**O TIP** 혐기성 소화에는 pH, 온도, 독성물질인 암모니아, 황화물, 휘발산, 항생물질 등이 영향을 미친다.


**107** 정수장에서 응집제로 사용하고 있는 폴리염화알루미늄(PACl)의 특성에 관한 설명으로 바르지 않은 것은?

① 탁도제거에 우수하며 특히 홍수 시 효과가 탁월하다.
② 최적 주입율의 폭이 크며 과잉으로 주입을 해도 효과가 떨어지지 않는다.
③ 물에 용해가 되면 가수분해가 촉진되므로 원액을 그대로 사용하는 것이 바람직하다.
④ 낮은 수온에 대해서도 응집효과가 좋지만 황산알루미늄과 혼합하여 사용해야 한다.

**O TIP** 폴리염화알루미늄은 황산알루미늄보다 응집효과가 훨씬 우수하며 혼합하여 사용하지 않는다.
　※ 폴리염화알루미늄의 특징
　　• 매우 강력한 응집력을 가지고 있다.
　　• 하천수, 지하수, 각종 폐수에 대한 제탁 효과가 황산알루미늄보다 1.5~3배 강하며 특히 고탁도에서 효과가 탁월하다.
　　• 플럭의 형성속도가 빠르고 크기가 커서 침강속도가 빠르다.
　　• 10℃ 이하의 저온에서도 응집 효과가 우수하여 통상 활성실리카, 고분자응집제 등의 침강조제의 사용량이 급감한다.
　　• 염성성 염이 존재하여 알카리도의 소모가 작고 기존 황산알루미늄보다 사용량이 1/3로 줄어든다.
　　• 황산알루미늄에 비해 응집 pH범위가 넓어 운전하기 용이하다.
　　• 제품의 안정성이 탁월하여 저장 시 슬러지가 거의 발생하지 않는다.

**108** 완속여과지와 비교할 경우 급속여과지에 대한 설명으로 바르지 않은 것은?

① 대규모 처리에 적합하다.
② 세균처리에 있어 확실성이 적다.
③ 유입수가 고탁도인 경우에 적합하다.
④ 유지관리비가 적게 들고 특별한 관리기술이 필요치 않다.

⊙**TIP** 급속여과지는 급속한 처리로 인해 세균처리능력이 떨어지며 상당한 유지관리비 및 고도의 관리기술이 요구된다.

**109** 유량이 100,000m³/day이고 BOD가 2mg/L인 하천으로 유량 1,000m³/day, BOD 100mg/L인 하수가 유입된다. 하수가 유입된 후 혼합된 BOD의 농도는?

① 1.97mg/L
② 2.97mg/L
③ 3.97mg/L
④ 4.97mg/L

⊙**TIP** 혼합농도

$$C = \frac{C_1 Q_1 + C_2 Q_2}{Q_1 + Q_2} = \frac{2mg/L \times 100,000m^3/d + 100mg/L \times 1,000m^3/d}{100,000m^3/d + 1,000m^3/d} = 2.97mg/L$$

**110** 보통 상수도의 기본계획에서 대상이 되는 기간인 계획(목표)년도는 계획수립시부터 몇 년간을 표준으로 하는가?

① 3~5년간
② 5~10년간
③ 15~20년간
④ 25~30년간

⊙**TIP** 보통 상수도의 기본계획에서 대상이 되는 기간인 계획(목표)년도는 계획수립 시부터 15~20년간을 표준으로 한다.

ANSWER    105.① 106.② 107.④ 108.④ 109.② 110.③

**111** 일반 활성슬러지 공정에서 다음 조건과 같은 반응조의 수리학적 체류시간(HRT) 및 미생물 체류시간(SRT)을 모두 올바르게 배열한 것은? (단, 처리수 SS를 고려한다.)

- 반응조 용량($V$) : 10,000m$^3$
- 반응조 유입수량($Q$) : 40,000m$^3$
- 반응조로부터의 잉여슬러지량($Q_w$) : 400m$^3$/day
- 반응조 내 SS농도($X$) : 4,000mg/L
- 처리수의 SS농도($X_e$) : 20mg/L
- 잉여슬러지농도($X_w$) : 10,000mg/L

① HRT : 0.25일, SRT : 8.35일
② HRT : 0.25일, SRT : 9.53일
③ HRT : 0.5일, SRT : 10.35일
④ HRT : 0.5일, SRT : 11.53일

**TIP**

$$SRT = \frac{X \cdot V}{X_r \cdot Q_w + (Q-Q_w)X_e} = \frac{4,000[\text{mg/L}] \times 10,000[\text{m}^3]}{10,000[\text{mg/L}] \times 400[\text{m}^3/\text{day}] + (40,000-400)[\text{m}^3/\text{day}] \times 20[\text{mg/L}]} = 8.35[\text{day}]$$

$$HRT = \frac{V}{Q} = \frac{10,000\text{m}^3}{40,000\text{m}^3} = 0.25\text{day}$$

**112** 배수면적 2[km$^2$]인 유역 내 강우의 하수관거 유입시간이 6분, 유출계수가 0.70일 때 하수관거 내 유속이 2[m/s]인 1[km] 길이의 하수관에서 유출되는 우수량은? (단, 강우강도 $I = \dfrac{3,500}{t+25}$[mm/h], $t$의 단위 : [분])

① 0.3[m$^3$/s]
② 2.6[m$^3$/s]
③ 34.6[m$^3$/s]
④ 43.9[m$^3$/s]

**TIP**

합리식 $Q = \dfrac{1}{3.6}CIA$를 사용하여 푼다.

$$T = t + \frac{L}{V} = 6 + \frac{1,000}{2 \times 60} = 14.33\text{분}$$

$$I = \frac{3,500}{t+25}[\text{mm/h}] = \frac{3,500}{14.33+25} = 88.99[\text{mm/h}]$$

$$Q = \frac{1}{3.6} \cdot C \cdot I \cdot A = \frac{1}{3.6} \times 0.7 \times 88.99 \times 2 = 34.6[\text{m}^3/\text{s}]$$

**113** 펌프의 흡입구경을 결정하는 식으로 바른 것은? (단, $Q$는 펌프의 토출량[m³/min], $V$는 흡입구의 유속 [m/s]이다.)

① $D = 146 \sqrt{\dfrac{Q}{V}}$ [mm]

② $D = 186 \sqrt{\dfrac{Q}{V}}$ [mm]

③ $D = 273 \sqrt{\dfrac{Q}{V}}$ [mm]

④ $D = 357 \sqrt{\dfrac{Q}{V}}$ [mm]

**◉TIP** 펌프의 흡입구경 $D = 146 \sqrt{\dfrac{Q}{V}}$

**114** 펌프의 공동현상(Cavitation)에 대한 설명으로 틀린 것은?

① 공동현상이 발생하면 소음이 발생된다.
② 공동현상은 펌프의 성능저하의 원인이 될 수 있다.
③ 공동현상을 방지하려면 펌프의 회전수를 크게 해야 한다.
④ 펌프의 흡입양정이 너무 작고 임펠러의 회전속도가 빠를 때 공동현상이 발생한다.

**◉TIP** 공동현상을 방지하려면 펌프의 회전수를 낮게 해야 한다.

**115** 하수도 시설에 손상을 주지 않기 위하여 설치되는 전처리(Primary Treatment) 공정을 필요로 하지 않는 폐수는?

① 산성 또는 알칼리성이 강한 폐수
② 대형 부유물질만을 함유하는 폐수
③ 침전성 물질을 다량으로 함유하는 폐수
④ 아주 미세한 부유물질만을 함유하는 폐수

**◉TIP** 아주 미세한 부유물질만을 함유하는 폐수는 전처리 공정을 필요로 하지 않는다.

---

**ANSWER** 111.① 112.③ 113.① 114.③ 115.④

**116** 지하의 사질 여과층에서 수두차가 0.5m이며 투과거리가 2.5m일 때 이곳을 통과하는 지하수의 유속은? (단, 투수계수는 0.3cm/s이다.)

① 0.06cm/s

② 0.015cm/s

③ 1.5cm/s

④ 0.375cm/s

**◉TIP** $V = K\hat{i} = K\dfrac{dh}{dl} = 0.3 \times \dfrac{50}{250} = 0.06 [\mathrm{cm/sec}]$

**117** 정수시설에 관한 사항으로 틀린 것은?

① 착수정의 용량은 체류시간을 5분 이상으로 한다.

② 고속응집침전지의 용량은 계획정수량의 1.5~2.0시간분으로 한다.

③ 정수지의 용량은 첨두수요대처용량과 소독접촉시간용량을 고려하여 최소 2시간분 이상을 표준으로 한다.

④ 플록형성지에서 플록형성시간은 계획정수량에 대하여 20~40분간을 표준으로 한다.

**◉TIP** 착수정의 용량은 체류시간을 1.5분 이상으로 하며, 수심은 3~5[m] 정도로 한다.

**118** 송수시설의 계획송수량은 원칙적으로 무엇을 기준으로 하는가?

① 연평균급수량

② 시간최대급수량

③ 계획1일 평균급수량

④ 계획1일 최대급수량

**◉TIP** 송수시설의 계획송수량은 계획1일 최대급수량을 기준으로 한다.

**119** 자연수 중 지하수의 경도(硬度)가 높은 이유는 어떤 물질이 지하수에 많이 함유되어 있기 때문인가?

① $O_2$
② $CO_2$
③ $NH_3$
④ Colloid

**TIP** 경도(또는 전경도 : Total Hardness)라 함은 물속에 용해되어 있는 $Ca^{2+}$, $Mg^{2+}$ 등의 2가 양이온 금속이온에 의하여 발생하며 이에 대응하는 $CaCO_3$(ppm)으로 환산표시한 값으로 물의 세기를 나타낸다.
대부분의 경도는 토양과 암석으로부터 유발되는데 비가 내리면 그 빗물은 땅속으로 스며들게 되고 그 과정에서 토양미생물의 활동에 의해 생성된 이산화탄소가 녹아들게 된다. 이로 인해 물은 산성을 띄게 되고 이 물은 토양이나 암석 등과 접촉하며 양이온 금속들이 녹아들이게 된다.

**120** 일반적인 상수도 계통도를 올바르게 나열한 것은?

① 수원 및 저수시설 → 취수 → 배수 → 송수 → 정수 → 도수 → 급수
② 수원 및 저수시설 → 취수 → 도수 → 정수 → 송수 → 배수 → 급수
③ 수원 및 저수시설 → 취수 → 배수 → 정수 → 급수 → 도수 → 송수
④ 수원 및 저수시설 → 취수 → 도수 → 정수 → 급수 → 배수 → 송수

**TIP** 상수도 계통도 … 수원 및 저수시설 → 취수 → 도수 → 정수 → 송수 → 배수 → 급수

ANSWER 116.① 117.① 118.④ 119.② 120.②

제1과목 **응용역학**

**1** 다음 그림과 같은 케이블(cable)에 5kN의 추가 매달려 있다. 이 추의 중심을 수평으로 3m 이동시키기 위해 케이블 길이 5m 지점인 A점에 수평력 $P$를 가하고자 한다. 이 때 힘 $P$의 크기는?

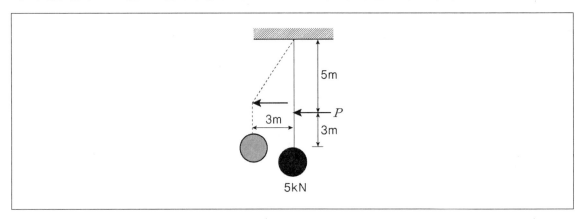

① 3.75kN

② 4.00kN

③ 4.25kN

④ 4.50kN

**○TIP** $\dfrac{P}{\sin\theta_2} = \dfrac{5[\text{kN}]}{\sin\theta_1}$ 이므로,

$P = \dfrac{\sin\theta_2}{\sin\theta_1} \times 5[\text{kN}] = \dfrac{3/5}{4/5} \times 5[\text{kN}] = 3.75[\text{kN}]$

**2** 지름이 $D$인 원형단면의 단면 2차 극모멘트($I_p$)의 값은?

① $\dfrac{\pi D^4}{64}$

② $\dfrac{\pi D^4}{32}$

③ $\dfrac{\pi D^4}{16}$

④ $\dfrac{\pi D^4}{8}$

**TIP** 지름이 $D$인 원형단면의 단면2차 극모멘트값은 $\dfrac{\pi D^4}{32}$이다.

**3** 그림과 같은 3힌지 아치에서 A점의 수평반력($H_A$)은?

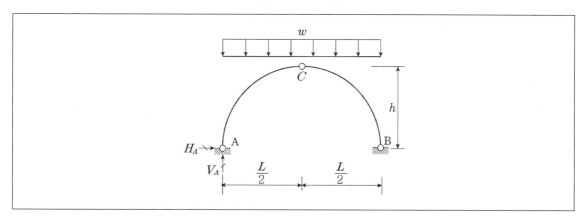

① $\dfrac{wL^2}{16h}$

② $\dfrac{wL^2}{8h}$

③ $\dfrac{wL^2}{4h}$

④ $\dfrac{wL^2}{2h}$

**TIP** 힌지가 중앙에 위치하는 3힌지 아치나 라멘의 경우 부재를 등분포하중을 받는 단순보로 가정하여 수평력과 수직력을 손쉽게 구할 수 있다. 단순보로 가정한 경우 부재의 중앙에 작용하는 휨모멘트를 구한 후 이 값을 3힌지(중앙에 힌지위치) 아치나 3힌지(중앙에 힌지위치)라멘의 높이인 $h$로 나눈 값이 바로 아치나 라멘의 수평력이 된다.

따라서 $H_A = \dfrac{M_C}{h} = \dfrac{\dfrac{wL^2}{8}}{h} = \dfrac{wL^2}{8h}$ 가 된다.

**4** 단면 2차 모멘트가 $I$, 길이가 $L$인 균일한 단면의 직선상의 기둥이 있다. 이 기둥의 양단이 고정되어 있을 때 오일러 좌굴하중은? (단, 이 기둥의 탄성계수는 $E$이다.)

① $\dfrac{4\pi^2 EI}{L^2}$    ② $\dfrac{\pi^2 EI}{(0.7L)^2}$

③ $\dfrac{\pi^2 EI}{L^2}$    ④ $\dfrac{\pi^2 EI}{4L^2}$

**◎TIP** 단면2차 모멘트가 $I$, 길이가 $L$인 균일한 단면의 직선상의 기둥이 있다. 이 기둥의 양단이 고정되어 있을 때 오일러 좌굴하중은 $\dfrac{4\pi^2 EI}{L^2}$이 된다.

※ 좌굴하중의 기본식(오일러의 장주공식)

> • $P_{cr} = \dfrac{\pi^2 EI}{(KL)^2} = \dfrac{n\pi^2 EI}{L^2}$
> • $EI$ : 기둥의 휨강성
> • $L$ : 기둥의 길이
> • $K$ : 기둥의 유효길이 계수
> • $KL$ : ($l_k$로도 표시함) 기둥의 유효좌굴길이 (장주의 처짐곡선에서 변곡점과 변곡점 사이의 거리)
> • $n$ : 좌굴계수(강도계수, 구속계수)

| 지지상태 | 양단 힌지 | 1단 고정 1단 힌지 | 양단 고정 | 1단 고정 1단 자유 |
|---|---|---|---|---|
| | | | | |
| 좌굴길이 $KL$ | $1.0L$ | $0.7L$ | $0.5L$ | $2.0L$ |
| 좌굴강도 | $n=1$ | $n=2$ | $n=4$ | $n=0.25$ |

**5** 다음 그림과 같은 집중하중이 작용하는 캔틸레버보에서 A점의 처짐은? (단, $EI$는 일정하다.)

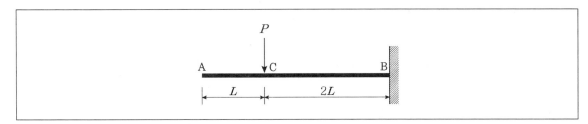

① $\dfrac{14PL^3}{3EI}$

② $\dfrac{2PL^3}{EI}$

③ $\dfrac{8PL^3}{3EI}$

④ $\dfrac{10PL^3}{3EI}$

⊙**TIP** 다음과 같이 탄성하중법을 이용하여 푸는 것이 정석이나 정형화된 문제이므로 공식을 암기하는 것을 권장한다.

$$y_A = \left(\frac{1}{2} \times \frac{2PL}{EI} \times 2L\right) \times \frac{7L}{3} = \frac{14PL^3}{3EI}$$

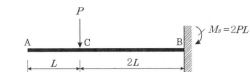

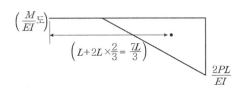

**6** 아래에서 설명하는 것은?

> 탄성체에서 저장된 변형에너지 $U$를 변위의 함수로 나타내는 경우에, 임의의 변위 $\triangle_i$에 관한 변형에너지 $U$의 1차 편도함수는 대응되는 하중 $P_i$와 같다. 즉, $P_i = \dfrac{\partial U}{\partial \triangle_i}$로 나타낼 수 있다.

① 카스틸리아노(Castigliano)의 제1원리
② 카스틸리아노(Castigliano)의 제2원리
③ 가상일의 원리
④ 공액보법

**◎TIP** 카스틸리아노(Castigliano)의 제1원리에 관한 설명이다.
제1원리는 변형에너지를 변위로 편미분하면 하중이 된다는 것이며, 제2원리는 변형에너지를 하중으로 편미분하면 변위가 된다는 것이다.

**7** 재료의 역학적 성질 중 탄성계수를 $E$, 전단탄성계수를 $G$, 푸아송 수를 $m$이라 할 때, 각 성질의 상호관계식으로 옳은 것은?

① $G = \dfrac{E}{2(m-1)}$

② $G = \dfrac{E}{2(m+1)}$

③ $G = \dfrac{mE}{2(m-1)}$

④ $G = \dfrac{mE}{2(m+1)}$

**◎TIP** 탄성계수 $E$, 전단탄성계수 $G$, 푸아송 수 $m$ 사이의 관계는 $G = \dfrac{mE}{2(m+1)}$ 식으로 표현된다.

**8** 다음 그림과 같은 단순보에서 C점의 휨모멘트는?

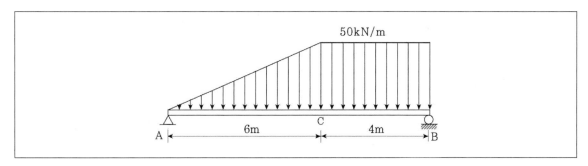

① 320kN · m

② 420kN · m

③ 480kN · m

④ 540kN · m

**TIP** 주어진 하중조건을 집중하중으로 치환하여 각 지점의 반력을 구하면 다음과 같다.

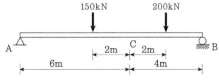

$$R_A = 150 \times \frac{6}{10} + 200 \times \frac{2}{10} = 130[\text{kN}](\uparrow)$$

$$R_B = (150 + 200) - 130 = 220[\text{kN}](\uparrow)$$

A점으로부터 $x$만큼 떨어진 곳의 등변분포하중의 크기는

$w_x = \dfrac{50}{6}x$이며, 따라서 A점으로부터 $x$만큼 떨어진 곳의 전단력은

$$V_x = 130 - \int_0^x w_x dx = 130 - \int_0^x \frac{50}{6}x\,dx = 130 - \frac{50}{6} \times \frac{1}{2}x^2$$

따라서 C점에 발생하는 휨모멘트는

$$\int_0^6 V_x dx = \int_0^6 \left(130 - \frac{50}{12}x^2\right)dx = \left[130x - \frac{50}{12} \times \frac{1}{3}x^3\right]_0^6 = 780 - 300 = 480$$

**9** 다음 그림과 같이 2개의 집중하중이 단순보 위를 통과할 때 절대최대 휨모멘트의 크기($M_{max}$)와 그 발생위치($x$)는?

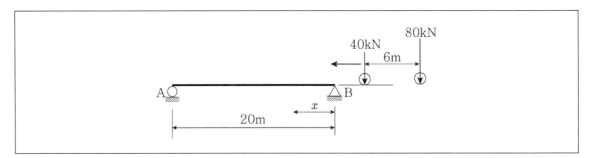

① $M_{max} = 362\text{kN} \cdot \text{m}$, $x = 8\text{m}$

② $M_{max} = 382\text{kN} \cdot \text{m}$, $x = 8\text{m}$

③ $M_{max} = 486\text{kN} \cdot \text{m}$, $x = 9\text{m}$

④ $M_{max} = 506\text{kN} \cdot \text{m}$, $x = 9\text{m}$

○**TIP** 절대최대 휨모멘트가 발생하는 것은 두 작용력의 합력이 작용하는 위치와 큰 힘(80[kN])이 작용하는 위치의 중간이 부재의 중앙에 위치했을 때이며 이 때 80[kN]이 작용하는 위치에서 절대최대 휨모멘트가 발생한다. 따라서 80[kN]의 하중이 작용하는 위치로부터 1[m] 좌측으로 떨어진 위치가 AB부재의 중앙부에 있을 때 80[kN]의 하중이 작용하는 지점의 휨모멘트의 크기를 구하면 된다.

우선 A점에서의 반력을 구하기 위하여 B점을 기준으로 모멘트평형의 원리를 적용하면,

$\sum M_B = 0 : R_A \times 20 - 40(20-5) - 80(10-1) = 0$, $R_A = 66[\text{kN}]$이며 $R_B = 54[\text{kN}]$

따라서 절대최대 휨모멘트는 A지점으로부터 9[m] 떨어진 곳에서 발생하며 그 크기는

$M_{max} = R_B \times 9 = 54 \times 9 = 486[\text{kN}]$

**10** 폭 20mm, 높이 50mm인 균일한 직사각형 단면의 단순보에 최대전단력이 10kN 작용할 때 최대 전단응력은?

① 6.7MPa

② 10MPa

③ 13.3MPa

④ 15MPa

○**TIP** 단순보에서 최대 전단력이 발생하는 곳은 양지점부이며 이 지점부에서 발생하는 최대 전단응력은 단면의 중앙부이다. 이를 식으로 구하면

$\tau_{max} = \dfrac{3}{2} \dfrac{V}{A} = \dfrac{3}{2} \times \dfrac{10[\text{kN}]}{20 \times 50[\text{mm}^2]} = 15[\text{MPa}]$

**11** 그림과 같은 보에서 두 지점의 반력이 같게 되는 하중의 위치($x$)는 얼마인가?

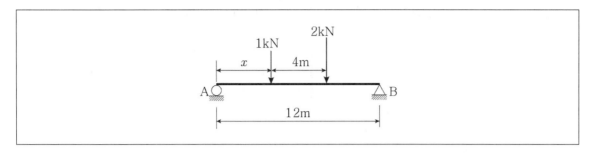

① 0.33m

② 1.33m

③ 2.33m

④ 3.33m

**O TIP** $\sum F_y = 0 : R_A + R_B - 100 - 200 = 0$

$R_A + R_A = 300, \ R_A = 150\text{kg}(\uparrow)$

$R_B = R_A = 150\text{kg}(\uparrow)$

$\sum M_A = 0 : 100 \times x + 200 \times (x+4) - 150 \times 12 = 0$

$\therefore x = 3.33\text{m}$

**12** 그림과 같은 부정정보에서 A점의 처짐각 ($\theta_A$)은? (단, 보의 휨강성은 $EI$이다.)

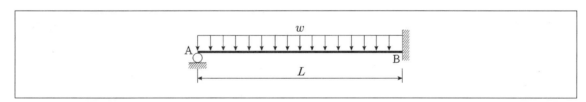

① $\dfrac{1}{12}\dfrac{wl^3}{EI}$

② $\dfrac{1}{24}\dfrac{wl^3}{EI}$

③ $\dfrac{1}{36}\dfrac{wl^3}{EI}$

④ $\dfrac{1}{48}\dfrac{wl^3}{EI}$

**O TIP** $M_{ab} = 2EK_{AB}(2\theta_A + \theta_B - 3R) + FEM$

$\theta_B = 0, \ R = 0, \ FEM = -\dfrac{wl^2}{12}$

$K = \dfrac{EI}{L}$ 이므로, $\dfrac{4EI\theta_A}{L} = \dfrac{wL^2}{12}$ 이므로, $\theta_A = \dfrac{wL^3}{48EI}$

**13** 길이가 같으나 지지조건이 다른 2개의 장주가 있다. 그림 (a)의 장주가 40kN에 견딜 수 있다면 그림 (b)의 장주가 견딜 수 있는 하중은? (단, 재질 및 단면은 동일하며 $EI$는 일정하다.)

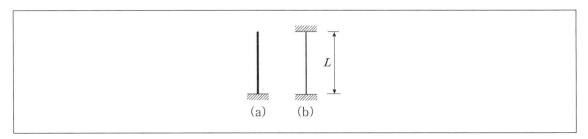

① 40kN

② 160kN

③ 320kN

④ 640kN

**◉TIP** 양단 고정인 경우 1단 고정 1단 자유보다 16배의 좌굴하중을 견딜 수 있다.

※ 좌굴하중의 기본식(오일러의 장주공식)

$$\bullet\ P_{cr} = \frac{\pi^2 EI}{(KL)^2} = \frac{n\pi^2 EI}{L^2}$$

- $EI$ : 기둥의 휨강성
- $L$ : 기둥의 길이
- $K$ : 기둥의 유효길이 계수
- $KL$ : ($l_k$로도 표시함) 기둥의 유효좌굴길이 (장주의 처짐곡선에서 변곡점과 변곡점 사이의 거리)
- $n$ : 좌굴계수(강도계수, 구속계수)

| 지지상태 | 양단 힌지 | 1단 고정<br>1단 힌지 | 양단 고정 | 1단 고정<br>1단 자유 |
|---|---|---|---|---|
| | | | | |
| 좌굴길이 $KL$ | $1.0L$ | $0.7L$ | $0.5L$ | $2.0L$ |
| 좌굴강도 | $n=1$ | $n=2$ | $n=4$ | $n=0.25$ |

**14** 그림에 표시한 것과 같은 단면의 변화가 있는 AB 부재의 강성도(stiffness factor)는?

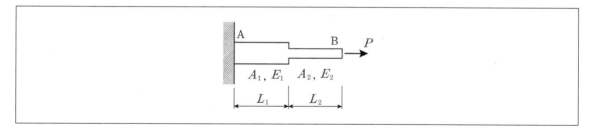

① $\dfrac{PL_1}{A_1E_1}+\dfrac{PL_2}{A_2E_2}$

② $\dfrac{A_1E_1}{PL_1}+\dfrac{A_2E_2}{PL_2}$

③ $\dfrac{A_1E_1}{L_1}+\dfrac{A_2E_2}{L_2}$

④ $\dfrac{A_1A_2E_1E_2}{L_1(A_2E_2)+L_2(A_1E_1)}$

**○TIP** 강성도는 유연도(단위하중을 가하였을 때 늘어난 길이)의 역수로서 단위변위가 발생하기 위해 필요한 힘의 크기를 말한다.

강성도는 $\triangle L=1$일 때의 힘의 크기이므로 $\triangle L=\dfrac{PL_1}{E_1A_1}+\dfrac{PL_2}{E_2A_2}=1$를 만족하는 $P=\dfrac{A_1A_2E_1E_2}{L_1(A_2E_2)+L_2(A_1E_1)}$가 되며

이 값이 부재의 강성도가 된다 .

전형적인 재료역학 문제로서 문제 자체가 정형화가 되어 있으므로 식을 암기할 것을 권한다. (도출하는데 시간이 상당히 소요된다.)

**15** 그림과 같이 밀도가 균일하고 무게가 $W$인 구(球)가 마찰이 없는 두 벽면 사이에 놓여 있을 때 반력 $R_A$의 크기는?

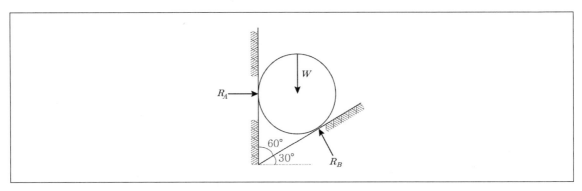

① 0.500W

② 0.577W

③ 0.707W

④ 0.866W

**TIP**

$$\sum F_y = 0 : -W + R_B \times \cos 30° = 0, \quad R_B = \frac{W}{\cos 30°}$$

$$\sum F_x = 0 : R_A - R_B \times \sin 30° = 0, \quad R_A = \frac{W}{\cos 30°} \sin 30° = \tan 30° \cdot W = 0.577 W$$

※ 다음과 같이 라미의 정리로 손쉽게 풀 수도 있다.

$$\frac{R_A}{\sin 150°} = \frac{W}{\sin 120°} \text{ 이므로 } \frac{R_A}{0.5} = \frac{W}{0.866}, \quad R_A = 0.577 W$$

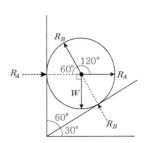

**16** 그림과 같은 단순보의 최대전단응력($\tau_{max}$)을 구하면? (단, 보의 단면은 지름이 $D$인 원이다.)

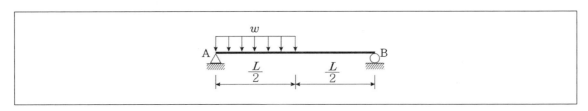

① $\dfrac{9\,WL}{4\pi D^2}$

② $\dfrac{3\,WL}{2\pi D^2}$

③ $\dfrac{2\,WL}{\pi D^2}$

④ $\dfrac{WL}{2\pi D^2}$

**TIP** 단순보에서 최대전단력이 발생하게 되는 위치는 지점이다.

$$\sum M_B = 0 : R_A \times L - \left(W \times \frac{L}{2}\right) \times \frac{3L}{4} = 0,\ R_A = \frac{3WL}{8}(\uparrow)$$

$$\sum F_y = 0 : R_A + R_B - \left(W \times \frac{L}{2}\right) = 0$$

$$R_B = \frac{WL}{2} - R_A = \frac{WL}{2} - \frac{3WL}{8} = \frac{WL}{8}(\uparrow)$$

$$S_{\max} = R_A = \frac{3WL}{8},\ \tau_{\max} = \alpha\frac{S_{\max}}{A} = \frac{4}{3} \times \frac{\left(\frac{3WL}{8}\right)}{\left(\frac{\pi D^2}{4}\right)} = \frac{2WL}{\pi D^2}$$

**17** 아래 그림에서 A-A축과 B-B축에 대한 음영 부분의 단면 2차 모멘트가 각각 $8 \times 10^8 mm^4$, $16 \times 10^8 mm^4$일 때 음영부분의 면적은?

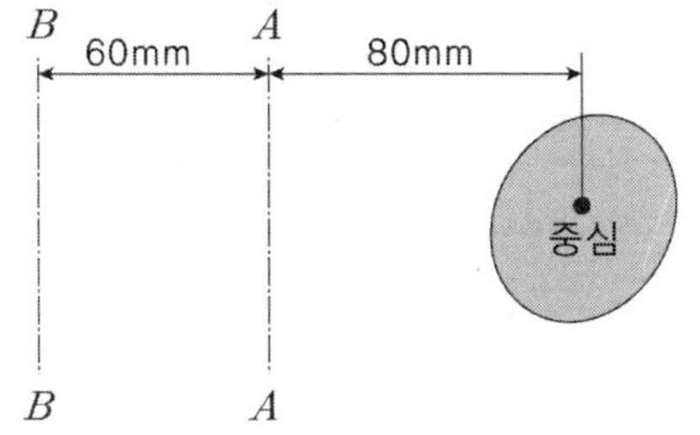


① $8.00 \times 10^4 mm^2$
② $7.52 \times 10^4 mm^2$
③ $6.06 \times 10^4 mm^2$
④ $5.73 \times 10^4 mm^2$

**TIP** $I_{B-B} = I + A \times 140^2 = 16 \times 10^8 [mm^4]$

$I_{A-A} = I + A \times 80^2 = 8 \times 10^8 [mm^4]$

$I_{B-B} - I_{A-A} = A(140^2 - 80^2) = 8 \times 10^8$ 이므로

$A = 6.06 \times 10^4 [mm^2]$

ANSWER 15.② 16.③ 17.③

**18** 그림과 같은 연속보에서 B점의 지점 반력을 구한 값은?

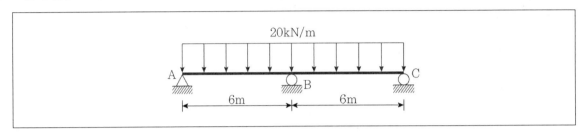

① 100kN

② 150kN

③ 200kN

④ 250kN

○ **TIP** $\dfrac{5w(2l)^4}{384EI} = \dfrac{R_B(2l)^3}{48EI}$ , $R_B = \dfrac{5wl}{4} = \dfrac{5 \times 20 \times 6}{4} = 150kN$

**19** 그림과 같은 캔틸레버 보에서 B점의 처짐각은? (단, $EI$는 일정하다.)

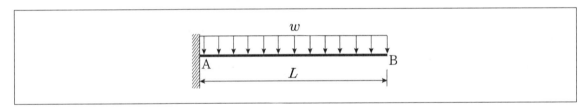

① $\dfrac{wL^3}{3EI}$

② $\dfrac{wL^3}{6EI}$

③ $\dfrac{wL^3}{8EI}$

④ $\dfrac{2wL^3}{3EI}$

○ **TIP** 등분포하중이 작용하는 캔틸레버보의 자유단의 처짐각은 $\theta_B = \dfrac{wL^3}{6EI}$ 이다.

**20** 다음 그림과 같은 트러스에서 $L_1 U_1$ 부재의 부재력은?

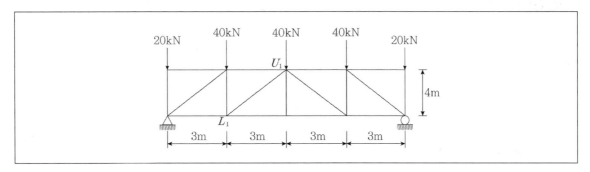

① 22kN(인장)  ② 25kN(인장)
③ 22kN(압축)  ④ 25kN(압축)

**TIP** 전형적인 절단법 적용 문제이다. 구하고자 하는 부재를 지나는 절단선을 그은 후 힘의 평형법칙을 적용하면 손쉽게 풀 수 있다.

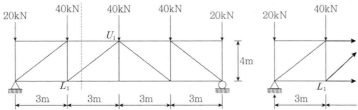

$L_1 U_1$ 부재를 지나는 절단선을 그으면 우측과 같은 형상의 부재가 되며 이 부재에 작용하는 힘들의 평형이 이루어져야 한다. 지점에 작용하는 연직반력은 80kN이며 그 외의 힘들과의 총 합이 0이 되어야 하므로

$\sum V = 0 : 80 - 20 - 40 + L_1 U_1 \times \dfrac{4}{5} = 0$을 만족하는 값은 $-25kN$가 된다. ($-$는 압축을 의미함)

**21** 수로조사에서 간출지의 높이와 수심의 기준이 되는 것은?

① 약최고고저면           ② 평균중등수위면

③ 수애면              ④ 약최저저조면

**○TIP** 지형도상에 나타나는 해안선의 표시기준은 약최고고조면(바닷물이 해안선에 가장 많이 들어 왔을 때의 수면)이다.

    ※ 간출지와 수애선

        ㉠ 간출지 : 썰물 시에 수면에 둘러싸여 수면 위에 있으나, 밀물 때에는 물에 잠기는 자연적인 육지

        ㉡ 수애선 : 바다와 육지가 맞닿아서 길게 뻗은 선. 지형도에서는 만조면과 육지의 경계선

**22** 그림과 같이 각 격자의 크기가 10m×10m로 동일한 지역의 전체 토량은?

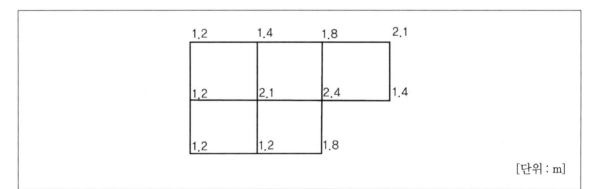

① 877.5m$^3$                  ② 893.6m$^3$

③ 913.7m$^3$                  ④ 926.1m$^3$

**○TIP** $V = \dfrac{A}{4}\left(\sum H_1 + 2\sum H_2 + 3\sum H_3 + 4\sum H_4\right)$

$\sum H_1 = 1.2 + 2.1 + 1.4 + 1.8 + 1.2 = 7.7$

$2\sum H_2 = 2(1.4 + 1.8 + 1.2 + 1.5) = 11.8$

$3\sum H_3 = 3(2.4) = 7.2$

$4\sum H_4 = 4(2.1) = 8.4$

$V = \dfrac{10 \times 10}{4}(7.7 + 11.8 + 7.2 + 8.4) = 877.5[\text{m}^3]$

**23** 동일 구간에 대해 3개의 관측군으로 나누어 거리관측을 실시한 결과가 표와 같을 때, 이 구간의 최확값은?

| 관측군 | 관측값(m) | 관측횟수 |
|--------|-----------|----------|
| 1 | 50.362 | 5 |
| 2 | 50.348 | 2 |
| 3 | 50.359 | 3 |

① 50.354m
② 50.356m
③ 50.358m
④ 50.362m

●**TIP** $\dfrac{P_1L_1+P_2L_2+P_3L_3}{P_1+P_2+P_3} = \dfrac{5\times50.362+2\times50.348+3\times50.359}{5+2+3} = 50.356[\text{m}]$

**24** 클로소이드 곡선(clothoid curse)에 대한 설명으로 옳지 않은 것은?

① 고속도로에 널리 이용된다.
② 곡률이 곡선의 길이에 비례한다.
③ 완화곡선의 일종이다.
④ 클로소이드 요소는 모두 단위를 갖지 않는다.

●**TIP** 클로소이드 요소에는 길이의 단위를 가진 것과 단위가 없는 것이 있다.

**25** 표척이 앞으로 3° 기울어져 있는 표척의 읽음값이 3.645m이었다면 높이의 보정량은?

① 5mm
② −5mm
③ 10mm
④ −10mm

●**TIP** 피타고라스의 정리로 간단하게 풀 수 있는 문제이다.

문제에서 주어진 상황은 우측과 같이 도식하되며 여기서 참값은 약 3,640mm이므로 3.645mm에서 −5mm 처리를 해 줘야 한다.

3.654    3.654cos3° (3.640)    3°

**26** 최근 GNSS 측량의 의사거리 결정에 영향을 주는 오차와 거리가 먼 것은?

① 위성의 궤도 오차

② 위성의 시계 오차

③ 위성의 기하학적 위치에 따른 오차

④ SA(selective availability) 오차

> **TIP** SA 오차는 2000년대 이전에는 오차로서 인정하였으나 현재는 GNSS의 의사거리 결정에 영향을 주는 오차에 속하지 않는다.
> • GNSS 오차의 원인 : 위성에서 발생하는 오차(위성궤도 오차, 위성시계 오차), 신호전달과 관련된 오차(전리층 오차, 대류권 오차), 수신기 오차(다중경로 오차, 사이클 슬립)
> • SA 오차(Selective Availability, 고의 오차) : SA는 오차요소 중 가장 큰 오차의 원인이다. 허가되지 않은 일반 사용자들이 일정한도내로 정확성을 얻지 못하게 하기 위해 고의적으로 인공위성의 시간에다 오차를 집어 넣어서 95% 확률로 최대 100m까지 오차가 나게 만든 것을 말한다.
> • 의사거리 : 전파원으로부터의 신호를 수신하여 거리를 측정하는 경우에, 송·수신점의 시각 맞춤이 정확하지 않으면 측정에 오차가 생기는데 이 측정 거리를 의사거리라 한다.

**27** 평탄한 지역에서 9개 측선으로 구성된 다각측량에서 $2'$ 의 각관측 오차가 발생되었다면 오차의 처리 방법으로 옳은 것은? (단, 허용오차는 $60'' \sqrt{N}$로 가정한다.)

① 오차가 크므로 다시 관측한다.

② 측선의 거리에 비례하여 배분한다.

③ 관측각의 크기에 역비례하여 배분한다.

④ 관측각에 같은 크기로 배분한다.

> **TIP** $2' = 120''$이며 $2' \sqrt{N} = 120'' \sqrt{N}$이다. 평탄한 지역의 허용범위는 일반적으로 $30'' \sqrt{N} \sim 60'' \sqrt{N}$이므로 문제에서 주어진 조건의 경우 오차의 허용범위 밖이므로 관측각에 같은 크기로 균등배분해야 한다.

**28** 도로의 단곡선 설치에서 교각이 $60°$, 반지름이 150m이며 곡선시점이 No.8+17m(20m×8+17m)일 때 종단현에 대한 편각은?

① $0° \ 02' \ 45''$

② $2° \ 41' \ 21''$

③ $2° \ 57' \ 54''$

④ $3° \ 15' \ 23''$

> **TIP**
> $$C.L = R \times I \times \frac{\pi}{180°} = 150 \times 60° \times \frac{\pi}{180°} = 157.08[\text{m}]$$
> $$E.C = B.C + C.L = 177 + 157.08 = 334.08[\text{m}]$$
> 종단현 $l_2 = 334.08 - 320 = 14.08[\text{m}]$
> 종단편각 $\delta_2 = \frac{l_2}{R} \times \frac{90°}{\pi} = \frac{14.08}{150} \times \frac{90°}{\pi} = 2° \ 41' \ 21''$

**29** 표고가 300m인 평지에서 삼각망의 기선을 측정한 결과 600m이었다. 이 기선에 대하여 평균해수면 상의 거리로 보정할 때 보정량은? (단, 지구반지름 $R$=6,370km)

① +2.83cm

② +2.42cm

③ −2.42cm

④ −2.83cm

**OTIP** 보정치는 $-\dfrac{HL}{R}=-\dfrac{300\times600}{6,370\times10^3}=-2.83[\text{m}]$

**30** 수치지형도(Digital Map)에 대한 설명으로 틀린 것은?

① 우리나라는 축척 1:5,000 수치지형도를 국토기본도로 한다.

② 주로 필지정보와 표고자료, 수계정보 등을 얻을 수 있다.

③ 일반적으로 항공사진측량에 의해 구축된다.

④ 축척별 포함 사항이 다르다.

**OTIP** 수계정보란 강우, 강설, 하천유역 등의 정보로 수치지형도에는 표기되지 않는다.

**31** 등고선의 성질에 대한 설명으로 옳지 않은 것은?

① 등고선은 분수선(능선)과 평행하다.

② 등고선은 도면 내·외에서 폐합하는 폐곡선이다.

③ 지도의 도면 내에서 등고선이 폐합하는 경우에 등고선의 내부에는 산꼭대기 또는 분지가 있다.

④ 절벽에서 등고선은 서로 만날 수 있다.

**OTIP** 등고선은 분수선(능선)과 직교한다.

**32** 트래버스 측량의 작업순서로 알맞은 것은?

① 선점 – 계획 – 답사 – 조표 – 관측　　　　② 계획 – 답사 – 선점 – 조표 – 관측

③ 답사 – 계획 – 조표 – 선점 – 관측　　　　④ 조표 – 답사 – 계획 – 선점 – 관측

**○TIP** 트래버스 측량의 작업순서 ··· 계획 – 답사 – 선점 – 조표 – 관측 – 계산 및 조정 – 측점의 전개

**33** 지오이드(Geoid)에 대한 설명으로 옳지 않은 것은?

① 평균해수면을 육지까지 연장하여 지구전체를 둘러싼 곡면이다.

② 지오이드면은 등포텐셜면으로 중력방향은 이 면에 수직이다.

③ 지표 위 모든 점의 위치를 결정하기 위해 수학적으로 정의된 타원체이다.

④ 실제로 지오이드면은 굴곡이 심하므로 측지측량의 기준으로 채택하기 어렵다.

**○TIP** 지표 위 모든 점의 위치를 결정하기 위해 수학적으로 정의된 타원체는 지구타원체이다.

**34** 장애물로 인하여 접근하기 어려운 2점 $P$, $Q$를 간접거리 측량한 결과가 그림과 같다. $\overline{AB}$의 거리가 216.90m 일 때 $PQ$의 거리는?

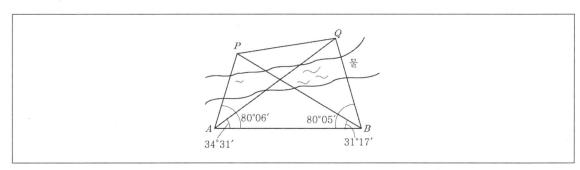

① 120.96m　　　　　　　　　　　　　② 142.29m

③ 173.39m　　　　　　　　　　　　　④ 194.22m

**○TIP** $\dfrac{AP}{\sin31°17'} = \dfrac{216.90}{\sin68°37'}$ , $AP = 120.96[\text{m}]$

$\dfrac{AQ}{\sin80°05'} = \dfrac{216.90}{\sin65°24'}$ , $AP = 120.96[\text{m}]$

$AQ = 234.99[\text{m}]$

$PQ = \sqrt{AP^2 + AQ^2 - 2AP \cdot AQ\cos\angle PAQ} = 173.39[\text{m}]$

(계산시간이 상당히 소요되므로 과감히 넘어가길 권한다.)

**35** 수준측량야장에서 측점 3의 지반고는?

(단위 : m)

| 측점 | 후시 | 전시 | | 지반고 |
|---|---|---|---|---|
| | | T.P | I.P | |
| 1 | 0.95 | | | 10.00 |
| 2 | | | 1.03 | |
| 3 | 0.90 | 0.36 | | |
| 4 | | | 0.96 | |
| 5 | | 1.05 | | |

① 10.59m
② 10.46m
③ 9.92m
④ 9.56m

**○TIP** 단순한 계산문제이다.
H3의 지반고 = H1의 지반고 + 0.95−0.36 = 10.59

**36** 다각측량의 특징에 대한 설명으로 옳지 않은 것은?

① 삼각점으로부터 좁은 지역의 세부측량 기준점을 측설하는 경우에 편리하다.
② 삼각측량에 비해 복잡한 시가지나 지형의 기복이 심한 지역에는 알맞지 않다.
③ 하천이나 도로 또는 수로 등의 좁고 긴 지역의 측량에 편리하다.
④ 다각측량의 종류에는 개방, 폐합, 결합형 등이 있다.

**○TIP** 다각측량은 삼각측량에 비해 복잡한 시가지나 지형의 기복이 심한 지역에 더 적합하다.

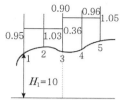

**37** 항공사진 측량에서 사진상에 나타난 두 점 A, B의 거리를 측정하였더니 208mm이었으며, 지상좌표는 아래와 같았다면 사진축척($S$)은? (단, $X_A$=205,346.39m, $Y_A$=10,793.16m, $X_B$=205,100.11m, $Y_B$=11,587.87m)

① $S = 1 : 3,000$              ② $S = 1 : 4,000$

③ $S = 1 : 5,000$              ④ $S = 1 : 6,000$

**◎TIP** $\dfrac{1}{m} = \dfrac{ab}{AB} = \dfrac{0.208}{831.996} = \dfrac{f}{H}$ 이므로 사진의 축적은 $1 : 4,000$이 된다.

$$(AB = \sqrt{(X_A - X_B)^2 + (Y_A - Y_B)^2} = 831.996 [\text{mm}])$$

**38** 그림과 같은 수준망에서 높이차의 정확도가 가장 낮은 것으로 추정되는 노선은? (단, 수준환의 거리 Ⅰ=4km, Ⅱ=3km, Ⅲ=2.4km, Ⅳ(ⓘⓗⓜ)=6km)

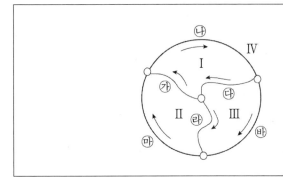

| 노선 | 높이차(m) |
|------|----------|
| ㉮ | +3.600 |
| ㉯ | +1.385 |
| ㉰ | −5.023 |
| ㉱ | +1.105 |
| ㉲ | 2.523 |
| ㉳ | −3.912 |

① ㉮              ② ㉯

③ ㉰              ④ ㉱

**◎TIP** Ⅰ노선 : ㉮ + ㉯ + ㉰ = 3.6+1.385−5.023 = −0.038m
Ⅱ노선 : ㉱ + ㉲ − ㉮ = 1.105+2.523−3.6 = 0.028m
Ⅲ노선 : ㉰ + ㉱ − ㉳ = −5.023+1.105+3.912 = −0.006m
㉮ 노선의 유무에 의해 높이차의 변화가 크므로 ㉮ 노선이 가장 정확도가 낮은 것으로 추정할 수 있다.

**39** 도로의 곡선부에서 확폭량(Slack)을 구하는 식으로 옳은 것은? (단, $R$은 차선 중심선의 반지름, $L$은 차량 앞면에서 차량의 뒤축까지의 거리)

① $\dfrac{L}{2R^2}$

② $\dfrac{L^2}{2R^2}$

③ $\dfrac{L^2}{2R}$

④ $\dfrac{L}{2R}$

**O TIP** 확폭량 $\varepsilon = \dfrac{L^2}{2R}$ (단, $R$은 차선 중심선의 반지름, $L$은 차량 앞면에서 차량의 뒤축까지의 거리)

※ **확폭**(Slack) ··· 차량이 곡선 위를 주행할 때 뒷바퀴가 앞바퀴보다 안쪽을 통과하게 되므로 차선의 너비를 넓혀야 하는데 이를 확폭이라 한다.

**40** 표준길이에 비하여 2cm 늘어난 50m 줄자로 사각형 토지의 길이를 측정하여 면적을 구하였을 때 그 면적이 88m²이었다면 토지의 실제 면적은?

① 87.30m²

② 87.93m²

③ 88.07m²

④ 88.71m²

**O TIP** $A_0 = \dfrac{(L+\triangle l)^2}{L^2} \times A = \dfrac{(50+0.02)^2}{50^2} \times 88 = 88.07 \text{m}^2$

---

**ANSWER** 37.② 38.① 39.③ 40.③

**41** 지름 1m의 원통 수조에서 지름 2cm의 관으로 물이 유출되어 있다. 관내의 유속이 2.0m/s일 때, 수조의 수면이 저하되는 속도는?

① 0.3cm/s

② 0.4cm/s

③ 0.06cm/s

④ 0.08cm/s

**◯TIP** 연속방정식 $Q = A_1 V_1 = A_2 V_2$ 에서

$$\frac{\pi \times 100^2}{4} \times V_1 = \frac{\pi \times 2^2}{4} \times 200 \text{이므로} \quad V_1 = 0.08 [\text{cm/s}]$$

**42** 유체의 흐름에 관한 설명으로 옳지 않은 것은?

① 유체의 입자가 흐르는 경로를 유적선이라 한다.

② 부정류(不定流)에서는 유선이 시간에 따라 변화한다.

③ 정상류(定常流)에서는 하나의 유선이 다른 유선과 교차하게 된다.

④ 점성이나 압축성을 완전히 무시하고 밀도가 일정한 이상적인 유체를 완전유체라고 한다.

**◯TIP** 정상류에서는 하나의 유선이 다른 유선과 교차하지 않는다.

**43** 오리피스의 지름이 2cm, 수축단면(Vena Contracta)의 지름이 1.6cm라면, 유속계수가 0.9일 때 유량계수는?

① 0.49

② 0.58

③ 0.52

④ 0.72

**◯TIP** $C = C_a \times C_v = 0.64 \times 0.9 = 0.576 \fallingdotseq 0.580$

수축계수 $C_a = \dfrac{a}{A} = \dfrac{\dfrac{\pi \times 1.6^2}{4}}{\dfrac{\pi \times 2^2}{4}} = 0.64 < 1$

**44** 유역면적이 4km²이고 유출계수가 0.8인 산지하천에서 강우강도는 80mm/h이다. 합리식을 사용한 유역출구에서의 첨두홍수량은?

① $35.5\text{m}^3/\text{s}$

② $71.1\text{m}^3/\text{s}$

③ $128\text{m}^3/\text{s}$

④ $256\text{m}^3/\text{s}$

**○TIP** $Q = \dfrac{1}{3.6} CIA = \dfrac{1}{3.6} \times 0.8 \times 80 \times 4 = 71.1$

**45** 유역의 평균 강우량 산정방법이 아닌 것은?

① 등우선법

② 기하평균법

③ 산술평균법

④ Thiessen의 가중법

**○TIP** 유역의 평균 강우량 산정방법에는 산술평균법, Thiessen의 가중법, 등우선법 등이 있다.

**46** 강우강도($I$), 지속시간($D$), 생기빈도($F$) 관계를 표현하는 식 $I = \dfrac{kT^x}{t^n}$ 에 대한 설명으로 틀린 것은?

① $k, x, n$은 지역에 따라 다른 값을 가지는 상수이다.

② $T$는 강우의 생기빈도를 나타내는 연수(年數)로서 재현기간(연)을 의미한다.

③ $t$는 강우의 지속시간(min)으로서, 강우지속시간이 길수록 강우강도($I$)는 커진다.

④ $I$는 단위시간에 내리는 강우량(mm/hr)인 강우강도이며 각종 수문학적 해석 및 설계에 필요하다.

**○TIP** 강우가 계속 지속될수록 강우강도($I$)는 작아지는 반비례관계에 있다.

---

**47** 항력(Drag Force)에 대한 설명으로 틀린 것은?

① 항력 $D = C_D A \dfrac{\rho V^2}{2}$ 으로 표현되며, 항력계수 $C_D$는 Froude의 함수이다.

② 형상항력은 물체의 형상에 의한 후류(Wake)로 인해 압력이 저하하여 발생하는 압력저항이다.

③ 마찰항력은 유체가 물체표면을 흐를 때 점성과 난류에 의해 물체표면에 발생하는 마찰저항이다.

④ 조파항력은 물체가 수면에 떠 있거나 물체의 일부분이 수면위에 있을 때에 발생하는 유체저항이다.

**◯TIP** 항력계수는 레이놀즈수의 함수로 볼 수 있다. (프루드수의 함수로 볼 수는 없다.)


**48** 단위유량도(unit hydrograph)를 작성함에 있어서 주요 기본가정(또는 원리)으로만 짝지어진 것은?

① 비례가정, 중첩가정, 직접유출의 가정

② 비례가정, 중첩가정, 일정기저시간의 가정

③ 일정기저시간의 가정, 직접유출가정, 비례가정

④ 직접유출의 가정, 일정기저시간의 가정, 중첩가정

**◯TIP** 단위유량도를 작성함에 있어서 주요 기본가정 3가지는 비례가정, 중첩가정, 일정기저시간의 가정이다.


**49** 레이놀즈(Reynolds) 수에 대한 설명으로 옳은 것은?

① 관성력에 대한 중력의 상대적인 크기

② 압력에 대한 탄성력의 상대적인 크기

③ 중력에 대한 점성력의 상대적인 크기

④ 관성력에 대한 점성력의 상대적인 크기

**◯TIP**
- 레이놀즈수는 관성력에 대한 점성력의 상대적인 크기를 나타내는 수이다.
- 프루드수는 중력에 대한 관성력의 비이다.
- 레이놀즈수는 점성력에 대한 관성력의 비이다.
- 웨버수는 표면장력에 대한 관성력의 비이다.
- 마하수는 탄성력에 대한 관성력의 비이다.
- 오일러수는 관성력에 대한 압축력의 비이다.

**50** 지름 $D$=4cm, 조도계수 $n$=0.01m$^{-1/3}$·s인 원형관의 Chezy의 유속계수 $C$는?

① 10

② 50

③ 100

④ 150

**TIP** $V = C\sqrt{RI} = \dfrac{1}{n}R^{2/3}I^{1/2}$ 이므로

$$C = \dfrac{1}{n}R^{1/6} = \dfrac{1}{0.01}\left(\dfrac{D}{4}\right)^{1/6} = 100 = \sqrt{\dfrac{8g}{f}}$$

**51** 폭이 1m인 직사각형 수로에서 0.5m$^3$/s의 유량이 80cm의 수심으로 흐르는 경우, 이 흐름을 가장 잘 나타낸 것은? (단, 동점성 계수는 0.012cm$^2$/s, 한계수심은 29.5cm이다.)

① 층류이며 상류

② 층류이며 사류

③ 난류이며 상류

④ 난류이며 사류

**TIP** 층류와 난류는 레이놀즈수로 판정한다.

$$V = \dfrac{Q}{A} = \dfrac{0.5}{1\times0.8} = 0.625[\text{m/s}], \quad R = \dfrac{A}{P} = \dfrac{1\times0.8}{1+2\times0.8} = 0.308[\text{m}]$$

레이놀즈수 $R_e = \dfrac{VR}{\nu} = \dfrac{62.5\times30.8}{0.012} = 160,416.7$

레이놀즈수가 500을 초과하므로 난류이다.

프루드수 $Fr = \dfrac{V}{\sqrt{gh}} = \dfrac{0.625}{\sqrt{9.8\times0.8}} = 0.223 < 1$이므로 상류이다.

(또한 문제에서 주어진 조건에 따라 $h = 80[\text{cm}] > h_c = 29.5[\text{cm}]$ 이므로 상류이다.)

**52** 빙산의 비중이 0.92이고, 바닷물의 비중은 1.025일 때 빙산이 바닷물 속에 잠겨있는 부분의 부피는 수면 위에 나와있는 부분의 약 몇 배인가?

① 0.8배

② 4.8배

③ 8.8배

④ 10.8배

**TIP** 빙산의 무게와 부력이 서로 평형을 이루어야 한다.

따라서 $wV = w_s V_s$가 되어야 하므로, $0.92V = 1.025V_s$가 되어 $V_s = \dfrac{0.92}{1.025}V = 0.897V$가 된다.

잠겨있는 부분의 부피를 나와 있는 부피로 나눈 값은 0.897/(1−0.897)=8.8이 된다.

**53** 수온에 따른 지하수의 유속에 대한 설명으로 옳은 것은?

① 4℃에서 가장 크다.
② 수온이 높으면 크다.
③ 수온이 낮으면 크다.
④ 수온에는 관계없이 일정하다.

**○TIP** 지하수의 수온이 높을수록 유속은 빨라진다.

**54** 유체 속에 잠긴 곡면에 작용하는 수평분력은?

① 곡면에 의해 배제된 액체의 무게와 같다.
② 곡면의 중심에서의 압력과 면적의 곱과 같다.
③ 곡면의 연직상방에 실려 있는 액체의 무게와 같다.
④ 곡면을 연직면상에 투영하였을 때 생기는 투영면적에 작용하는 힘과 같다.

**○TIP** 유체 속에 잠긴 곡면에 작용하는 수평분력은 곡면을 연직면상에 투영하였을 때 생기는 투영면적에 작용하는 힘과 같다.

**55** 지하수(地下水)에 대한 설명으로 옳지 않은 것은?

① 자유 지하수를 양수(揚水)하는 우물을 굴착정(Artesian well)이라고 한다.
② 불투수층(不透水層) 상부에 있는 지하수를 자유 지하수(自由地下水)라고 한다.
③ 불투수층과 불투수층 사이에 있는 지하수를 피압지하수(被壓地下水)라고 한다.
④ 흙입자 사이에 충만되어 있으며 중력의 작용으로 운동하는 물을 지하수라 부른다.

**○TIP** 굴착정(dug well, bored well) … 집수정을 불투수층 사이에 있는 투수층까지 판 후 투수층 사이에 있는 피압지하수를 양수하는 우물이다.

**56** 월류수심 40cm인 전폭 위어의 유량을 Francis 공식에 의해 구한 결과 0.40m³/s였다. 이 때 위어 폭의 측정에 2cm의 오차가 발생했다면 유량의 오차는 몇 %인가?

① 1.16%

② 1.50%

③ 2.00%

④ 2.33%

🅞**TIP** $Q = 1.84 \cdot b_0 \cdot h^{3/2} = 1.84 \times b_0 \times (0.4)^{3/2} = 0.4$ 이므로 $b_0 = 0.86$m

$\dfrac{dQ}{Q} = \dfrac{db_0}{b_0} = \dfrac{2}{86} \times 100 = 2.33[\%]$ 이다.

**57** 폭 9m의 직사각형 수로에 16.2m³/s의 유량이 92cm의 수심으로 흐르고 있다. 장파의 전파속도 $C$와 비에너지 $E$는? (단, 에너지 보정계수 $\alpha$=1.0이다.)

① $C$=2.0m/s, $E$=1.015m

② $C$=2.0m/s, $E$=1.115m

③ $C$=3.0m/s, $E$=1.015m

④ $C$=3.0m/s, $E$=1.115m

🅞**TIP** 장파의 전파속도 $C = \sqrt{gh} = \sqrt{9.8 \times 0.92} = 3.0[\text{m/sec}]$

비에너지 $V = \dfrac{Q}{A} = \dfrac{16.2}{9 \times 0.92} = 1.957[\text{m/sec}]$

$H_e = h + \alpha \dfrac{V^2}{2g} = 0.92 + 1.0 \dfrac{1.957^2}{2 \times 9.8} = 1.115[\text{m}]$

**58** Chezy의 평균유속 공식에서 평균유속계수 $C$를 Manning의 평균유속 공식을 이용하여 표현한 것으로 옳은 것은?

① $\dfrac{R^{1/2}}{n}$

② $\dfrac{R^{1/6}}{n}$

③ $\sqrt{\dfrac{f}{8g}}$

④ $\sqrt{\dfrac{8g}{f}}$

🅞**TIP** $V = \dfrac{1}{n} R^{2/3} I^{1/2} = C\sqrt{RI}$ 에서 $C = \dfrac{1}{n} R^{1/6}$

---

**ANSWER** 53.② 54.④ 55.① 56.④ 57.④ 58.②

**59** 비압축성 이상유체에 대한 아래 내용 중 (  ) 안에 들어갈 알맞은 말은?

> 비압축성 이상유체는 압력 및 온도에 따른 (  )의 변화가 미소하여 이를 무시할 수 있다.

① 밀도                                      ② 비중
③ 속도                                      ④ 점성

**O TIP** 비압축성 이상유체는 압력과 온도에 따른 밀도의 변화가 미소하여 이를 무시할 수 있다.

**60** 수로경사 $I = \dfrac{1}{2,500}$, 조도계수 $n = 0.013\text{m}^{-1/3} \cdot \text{s}$ 인 수로에 아래 그림과 같이 물이 흐르고 있다면 평균유속은? (단, Manning의 공식을 사용한다.)

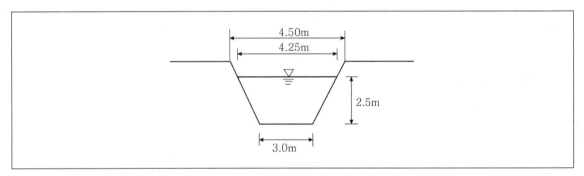

① 1.65m/s                               ② 2.16m/s
③ 2.65m/s                               ④ 3.16m/s

**O TIP** Manning의 평균유속공식 $V = \dfrac{1}{n} R^{2/3} I^{1/2} [\text{m/sec}]$

수로경사 $I = \dfrac{1}{2,500}$, 조도계수 $n = 0.013\text{m}^{-1/3} \cdot \text{s}$

단면의 경심(동수반경)은 통수단면적을 윤변(마찰이 작용하는 주변길이)으로 나눈 값이다.

통수단면적은 $A = \dfrac{(4.25 + 3.0)}{2} \times 2.5 = 9.0625$

윤변은 $S = 2\sqrt{\left(\dfrac{4.25 - 3}{2}\right)^2 + 2.5^2} + 3.0 = 8.154$

경심은 $R = \dfrac{9.0625}{8.154} = 1.11$

$V = \dfrac{1}{n} R^{2/3} I^{1/2} [\text{m/sec}] = \dfrac{1}{0.013} \times (1.11)^{2/3} \left(\dfrac{1}{2,500}\right)^{1/2} = 1.649 [\text{m/sec}]$

**61** 옹벽의 구조해석에 대한 설명으로 틀린 것은?

① 뒷부벽식 옹벽의 뒷부벽은 직사각형보로 설계하여야 한다.
② 캔틸레버식 옹벽의 전면벽은 저판에 지지된 캔틸레버로 설계할 수 있다.
③ 저판의 뒷굽판은 정확한 방법이 사용되지 않는 한, 뒷굽판 상부에 재하되는 모든 하중을 지지하도록 설계하여야 한다.
④ 부벽식 옹벽 저판은 정밀한 해석이 사용되지 않는 한, 부벽 사이의 거리를 경간으로 가정한 고정보 또는 연속보로 설계할 수 있다.

**○TIP** 뒷부벽식 옹벽의 뒷부벽은 T형보로 설계해야 한다.

**62** 철근콘크리트가 성립되는 조건으로 틀린 것은?

① 철근과 콘크리트 사이의 부착강도가 크다.
② 철근과 콘크리트의 탄성계수가 거의 같다.
③ 철근은 콘크리트 속에서 녹이 슬지 않는다.
④ 철근과 콘크리트의 열팽창계수가 거의 같다.

**○TIP** 철근과 콘크리트의 탄성계수는 차이가 크다.

**63** 경간이 12m인 대칭 T형보에서 양쪽의 슬래브 중심 간 거리가 2.0m, 플랜지의 두께가 300mm, 복부의 폭이 400mm일 때 플랜지의 유효폭은?

① 2,000mm
② 2,500mm
③ 3,000mm
④ 5,200mm

**○TIP** T형보의 플랜지 유효폭은 다음 중 최솟값으로 한다.
$16t_f + b_w = 5,200\text{mm}$
양쪽 슬래브의 중심간 거리 : 2,000mm
보경간의 1/4 : 3,000mm

---

**64** 콘크리트의 크리프에 대한 설명으로 틀린 것은?

① 고강도 콘크리트는 저강도 콘크리트보다 크리프가 크게 일어난다.

② 콘크리트가 놓이는 주위의 온도가 높을수록 크리프 변형은 크게 일어난다.

③ 물-시멘트비가 큰 콘크리트는 물-시멘트비가 작은 콘크리트보다 크리프가 크게 일어난다.

④ 일정한 응력이 장시간 계속하여 작용하고 있을 때 변형이 계속 진행되는 현상을 말한다.

**○TIP** 고강도 콘크리트는 저강도 콘크리트보다 크리프가 적게 일어난다.


**65** 그림과 같은 단순지지 보에서 긴장재는 C점에 150mm의 편차에 직선으로 배치되고 1,000kN으로 긴장되었다. 보에는 120kN의 집중하중이 C점에 작용한다. 보의 고정하중은 무시할 때 C점에서의 휨모멘트는 얼마인가? (단, 긴장재의 경사가 수평압축력에 미치는 영향 및 자중은 무시한다.)

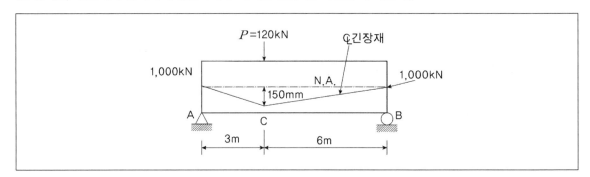

① $-150\text{kN}\cdot\text{m}$

② $90\text{kN}\cdot\text{m}$

③ $240\text{kN}\cdot\text{m}$

④ $390\text{kN}\cdot\text{m}$

**○TIP** $\sum M_B = 0 : V_A \times 9 - 120 \times 6 = 0, \ V_A = 80\text{kN}(\uparrow)$

(1) 외력($P=120\text{kN}$)에 의한 C점의 단면력

$$\sum F_y = 0 : 80 - S_c' = 0, \ S_c = 80\text{kN}$$

$$\sum M_c = 0 : 80 \times 3 - M_c' = 0, \ M_c' = 240\text{kN}\cdot\text{m}$$

(2) 프리스트레싱력($P_i = 1,000\text{kN}$)에 의한 C점의 단면력

$$P_x = P \cdot \cos\theta = P_i = 1,000\text{kN}$$

$$P_y = P \cdot \sin\theta = 1,000 \times \frac{0.15}{\sqrt{3^2 + 0.15^2}} = 50\text{kN}$$

$$M_P = P_x \cdot e = 1,000 \times 0.15 = 150\text{kN}\cdot\text{m}$$

(3) 외력과 프리스트레싱력에 의한 C점의 단면력

$$A_c = P_x = 1,000\text{kN}, \ S_c = S_c' - P_y = 30\text{kN}$$

$$M_c = M_c' - M_p = 240 - 150 = 90\text{kN}\cdot\text{m}$$

**66** 지름 450[mm]인 원형 단면을 갖는 중심축하중을 받는 나선철근 기둥에서 강도 설계법에 의한 축방향 설계축 강도($\phi P_n$)는 얼마인가? (단, 이 기둥은 단주이고, $f_{ck} = 27$[MPa], $f_y = 350$[MPa], $A_{st} = 8 - D22 = 3,096$[mm$^2$]이며 압축지배단면이다.)

① 1,166[kN]

② 1,299[kN]

③ 2,425[kN]

④ 2,774[kN]

**○TIP** $P_n = \alpha\phi[0.85f_{ck}(A_g - A_{st}) + f_y \cdot A_{st}]$

$A_g = \dfrac{\pi d^2}{4} = \dfrac{\pi \times 450^2}{4} = 159,043[\text{mm}^2]$

$A_s = 3,096[\text{mm}^2]$

$\therefore P_n = 0.85 \times 0.70[0.85 \times 27(159,043 - 3,096) + 350 \times 3,096] = 2,774[\text{kN}]$

**67** 옹벽의 활동에 대한 저항력은 옹벽에 작용하는 수평력의 최소 몇 배 이상이어야 하는가?

① 1.5배

② 2.0배

③ 2.5배

④ 3.0배

**○TIP** 옹벽의 활동에 대한 저항력은 옹벽에 작용하는 수평력의 최소 1.5 이상이어야 한다.

**68** 폭($b$)이 250mm이고, 전체높이($h$)가 500mm인 직사각형 철근콘크리트 보의 단면에 균열을 일으키는 비틀림 모멘트($T_{cr}$)는 약 얼마인가? (단, 보통중량콘크리트이며, $f_{ck} = 28$MPa이다.)

① 9.8kN · m

② 11.3kN · m

③ 12.5kN · m

④ 18.4kN · m

**○TIP** $A_{cp} = b_w \cdot h = 250 \times 500 = 125,000\text{mm}^2$

$p_{cp} = 2(b_w + h) = 2 \times (250 + 500) = 1,500\text{mm}$

$T_{cr} = \dfrac{1}{3}\sqrt{f_{ck}}\dfrac{A_{cp}^2}{p_{cp}} = \dfrac{1}{3} \times \sqrt{28} \times \dfrac{125,000^2}{1,500} = 18.4\text{kN} \cdot \text{m}$

**69** 프리스트레스트 콘크리트(PSC)의 균등질 보의 개념(homogeneous beam concept)을 설명한 것으로 옳은 것은?

① PSC는 결국 부재에 작용하는 하중의 일부 또는 전부를 미리 가해진 프리스트레스와 평행이 되도록 하는 개념
② PSC보를 RC보처럼 생각하여, 콘크리트는 압축력을 받고 긴장재는 인장력을 받게 하여 두 힘의 우력 모멘트로 외력에 의한 휨모멘트에 저항시키는 개념
③ 콘크리트에 프리스트레스가 가해지면 PSC부재는 탄성재료로 전환되고 이의 해석은 탄성이론으로 가능하다는 개념
④ PSC는 강도가 크기 때문에 보의 단면을 강재의 단면으로 가정하여 압축 및 인장을 단면전체가 부담 할 수 있다는 개념

**OTIP** PSC의 균등질보의 개념 … 콘크리트에 프리스트레스가 가해지면 PSC부재는 탄성재료로 전환되고 이의 해석은 탄성이론으로 가능하다는 개념

**70** 철근콘크리트 구조물 설계시 철근 간격에 대한 설명으로 틀린 것은? (단, 굵은 골재의 최대 치수에 관련된 규정은 만족하는 것으로 가정한다.)

① 동일 평면에서 평행한 철근 사이의 수평 순간격은 25[mm] 이상, 또한 철근의 공칭지름 이상으로 하여야 한다.
② 벽체 또는 슬래브에서 휨 주철근의 간격은 벽체나 슬래브 두께의 3배 이하로 하여야 하고, 또한 450[mm] 이하로 하여야 한다.
③ 나선철근과 띠철근이 배근된 압축부재에서 축방향 철근의 순간격은 40[mm] 이상, 또한 철근 공칭 지름의 1.5배 이상으로 하여야 한다.
④ 상단과 하단에 2단 이상으로 배치된 경우 상하 철근은 동일 연직면 내에 배치되어야 하고, 이때 상하 철근의 순간격은 40[mm] 이상으로 하여야 한다.

**OTIP** 상단과 하단에 2단 이상으로 배치된 경우 상하 철근은 동일 연직면 내에 배치되어야 하고, 이때 상하 철근의 순간격은 25[mm] 이상으로 하여야 한다.

**71** 철근콘크리트 휨부재에서 최소철근비를 규정한 이유로 가장 적당한 것은?

① 부재의 시공 편의를 위해서
② 부재의 사용성을 증진시키기 위해서
③ 부재의 경제적인 단면 설계를 위해서
④ 부재의 급작스런 파괴를 방지하기 위해서

**OTIP** 철근콘크리트 휨부재에서 최소철근비를 규정한 이유는 휨부재의 급작스런 파괴를 방지하기 위함이다.

**72** 전단철근이 부담하는 전단력 $V_s = 150\text{kN}$일 때 수직스터럽으로 전단보강을 하는 경우 최대 배치간격은 얼마 이하인가? (단, 전단철근 1개의 단면적은 $125\text{mm}^2$, 횡방향 철근의 설계기준항복강도($f_{yt}$)는 400MPa, $f_{ck} = 28\text{MPa}$, $b_w = 300\text{mm}$, $d = 500\text{mm}$, 보통중량콘크리트이다.)

① 167mm

② 250mm

③ 333mm

④ 600mm

> **○TIP** $V_s = 150\text{kN}$, $\dfrac{1}{3}\sqrt{f_{ck}}\,b_w d = 264.6\text{kN}$
>
> $V_s \le \dfrac{1}{3}\sqrt{f_{ck}}\,b_w d$이므로 전단철근의 간격은 다음 중 최솟값으로 한다.
>
> $s \le \dfrac{d}{2} = \dfrac{500}{2} = 250\text{mm}$, $s \le 600\text{mm}$
>
> 따라서 전단철근의 간격은 $s \le \dfrac{A_v f_{yt} d}{V_s} = 333.3\text{mm}$

**73** 압축 이형철근의 겹침이음길이에 대한 설명으로 옳은 것은? (단, $d_b$는 철근의 공칭직경)

① 어느 경우에나 압축 이형철근의 겹침이음길이는 200mm 이상이어야 한다.

② 콘크리트의 설계기준압축강도가 28MPa 미만인 경우는 규정된 겹침이음길이를 1/5 증가시켜야 한다.

③ $f_y$가 500MPa 이하인 경우는 $0.72f_y d_b$ 이상, $f_y$가 500MPa을 초과할 경우는 $(1.3f_y - 24)d_b$ 이상이어야 한다.

④ 서로 다른 크기의 철근을 압축부에서 겹침이음하는 경우, 이음길이는 크기가 큰 철근의 정착길이와 크기가 작은 철근의 겹침이음길이 중 큰 값 이상이어야 한다.

> **○TIP** ① 압축 이형철근의 겹침이음길이는 300mm 이상이어야 한다. (정착길이의 경우가 200mm 이상이어야 함에 유의)
>
> ② 콘크리트의 설계기준압축강도가 21MPa 미만인 경우는 규정된 겹침이음길이를 1/3 증가시켜야 한다.
>
> ③ $f_y$가 400MPa 이하인 경우는 $0.72f_y d_b$ 이상, $f_y$가 400MPa을 초과할 경우는 $(1.3f_y - 24)d_b$ 이상이어야 한다.

---

ANSWER    69.③   70.④   71.④   72.②   73.④

**74** 2방향 슬래브의 설계에서 직접설계법을 적용할 수 있는 제한조건으로 틀린 것은?

① 각 방향으로 3경간 이상이 연속되어야 한다.

② 슬래브 판들은 단변 경간에 대한 장변 경간의 비가 2 이하인 직사각형이어야 한다.

③ 각 방향으로 연속한 받침부 중심간 경간 차이는 긴 경간의 1/3 이하이어야 한다.

④ 모든 하중은 연직하중으로 슬래브 판 전체에 등분포이고, 활하중은 고정하중의 3배 이상이어야 한다.

> **○TIP** 2방향 슬래브의 설계 시 직접설계법을 적용하려면 모든 하중은 연직하주응로서 슬래브판 전체에 등분포되어야 하며 활하중은 고정하중의 2배 이하여야 한다.

**75** 아래 그림과 같은 보의 단면에서 표피철근의 간격 $s$는 최대 얼마 이하로 하여야 하는가? (단, 건조환경에 노출되는 경우로서, 표피철근의 표면에서 부재 측면까지의 최단거리($c_c$)는 40mm, $f_{ck} = 24\text{MPa}$, $f_y = 50\text{MPa}$ 이다.)

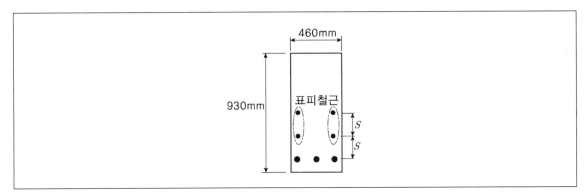

① 330mm

② 340mm

③ 350mm

④ 360mm

> **○TIP** $k_{cr} = 210$ (건조환경 : 280, 그 외의 환경 : 210)
>
> $$f_s = \frac{2}{3}f_y = \frac{2}{3} \times 400 = 266.7\text{MPa}$$
>
> $$S_1 = 375\left(\frac{k_{cr}}{f_s}\right) = 2.5C_c = 375 \times \left(\frac{210}{266.7}\right) - 2.5 \times 50 = 170.3\text{mm}$$
>
> $$S_2 = 300\left(\frac{k_{cr}}{f_s}\right) = 300 \times \left(\frac{210}{266.7}\right) = 236.2\text{mm}$$
>
> $$S = [S_1, S_2]_{\min} = 170.3\text{mm}$$

**76** 강판형(Plate Girder) 복부(Web) 두께의 제한이 규정되어 있는 가장 큰 이유는?

① 시공상의 난이            ② 좌굴의 방지
③ 공비의 절약            ④ 자중의 경감

**TIP** 복부 두께를 제한하는 것은 좌굴을 방지하고자 하는 것이 주 목적이다.

**77** 프리스트레스 손실 원인 중 프리스트레스 도입 후 시간의 경과에 따라 생기는 것이 아닌 것은?

① 콘크리트의 크리프
② 콘크리트의 건조수축
③ 정착 장치의 활동
④ 긴장재 응력의 릴렉세이션

**TIP** 프리스트레스의 손실원인
  • 도입 시 발생하는 손실 : PS강재의 마찰, 콘크리트 탄성변형, 정착 장치의 활동
  • 도입 후 손실 : 콘크리트의 건조수축, PS강재의 릴랙세이션, 콘크리트의 크리프

**78** 강합성 교량에서 콘크리트 슬래브와 강(鋼)주형 상부 플랜지를 구조적으로 일체가 되도록 결합시키는 요소는?

① 볼트            ② 접착제
③ 전단연결재            ④ 합성철근

**TIP** 강합성 교량에서 콘크리트 슬래브와 강(鋼)주형 상부 플랜지를 구조적으로 일체가 되도록 결합시키는 요소는 전단연결재이다.

**79** 리벳으로 연결된 부재에서 리벳이 상·하 두 부분으로 절단되었다면 그 원인은?

① 리벳의 압축파괴            ② 리벳의 전단파괴
③ 연결부의 인장파괴            ④ 연결부의 지압파괴

**TIP** 리벳이 상하 두 부분으로 절단이 되는 것은 전단력에 의해 전단파괴가 일어난 것이다.

---

**ANSWER**    74.④   75.③   76.②   77.③   78.③   79.②

**80** 강도 설계에 있어서 강도감소계수($\phi$)의 값으로 틀린 것은?

① 전단력 : 0.75

② 비틀림모멘트 : 0.75

③ 인장지배단면 : 0.85

④ 포스트텐션 정착구역 : 0.75

◉**TIP** 포스트텐션 정착구역에서 강도감소계수는 0.85이다.

---

**제5과목** **토질 및 기초**

**81** 흙의 포화단위중량이 20kN/m³인 포화점토층을 45° 경사로 8m를 굴착하였다. 흙의 강도정수 $C_u = 65kN/m^2$, $\phi = 0$이다. 다음 그림과 같은 파괴면에 대한 사면의 안전율을 구하면?

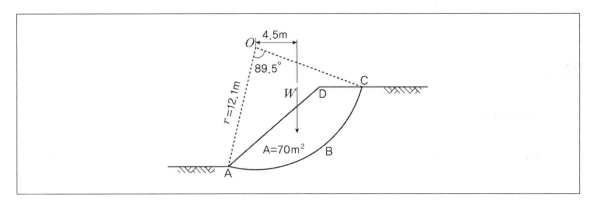

① 4.72

② 4.21

③ 2.67

④ 2.36

◉**TIP** 원호 활동면 안전율

$$F = \frac{저항 M}{활동 M} = \frac{C \cdot l \cdot R}{A \cdot \gamma \cdot L} = \frac{6.5 \times \left(2 \times \pi \times 12.1 \times \dfrac{89.5^o}{360^o}\right) \times 12.1}{70 \times 2 \times 4.5} = 2.36$$

**82** 통일분류법에 의한 분류기호와 흙의 성질을 표현한 것으로 틀린 것은?

① SM : 실트 섞인 모래

② GC : 점토 섞인 자갈

③ CL : 소성이 큰 무기질 점토

④ GP : 입도분포가 불량한 자갈

> **TIP** CL은 소성이 낮은 무기질 점토이다.
>
> ※ 통일분류법에 의한 분류
> - GW : 입도분포 양호한 자갈 또는 모래혼합토
> - GP : 입도분포 불량한 자갈 또는 모래혼합토
> - GM : 실트질 자갈, 자갈모래실트혼합토
> - GC : 점토질 자갈, 자갈모래점토혼합토
> - SW : 입도분포가 양호한 모래 또는 자갈 섞인 모래
> - SP : 입도분포가 불량한 모래 또는 자갈 섞인 모래
> - SM : 실트질모래, 실트 섞인 모래
> - SC : 점토질모래, 점토 섞인 모래
> - ML : 무기질점토, 극세사, 암분, 실트 및 점토질세사
> - CL : 저·중소성의 무기질점토, 자갈 섞인 점토, 모래 섞인 점토, 실트 섞인 점토, 점성이 낮은 점토
> - OL : 저소성 유기질실트, 유기질 실트 점토
> - MH : 무기질실트, 운모질 또는 규조질세사 또는 실트, 탄성이 있는 실트
> - CH : 고소성 무기질점토, 점성많은 점토
> - OH : 중 또는 고소성 유기질점토
> - Pt : 이탄토 등 기타 고유기질토

**83** 다음 중 연약점토지반 개량공법이 아닌 것은?

① 프리로딩(Pre-loading) 공법

② 샌드 드레인(Sand drain) 공법

③ 페이퍼 드레인(Paper drain) 공법

④ 바이브로 플로테이션(Vibro flotation) 공법

> **TIP** 바이브로 플로테이션 공법은 진동다짐에 의한 공법으로서 사질토에 적용할 수 있는 공법이다.

| 공법 | 적용되는 지반 | 종류 |
|---|---|---|
| 다짐공법 | 사질토 | 동압밀 공법, 다짐말뚝 공법, 폭파다짐법, 바이브로 컴포져 공법, 바이브로 플로테이션 공법 |
| 압밀공법 | 점성토 | 선하중재하 공법, 압성토 공법, 사면선단재하 공법 |
| 치환공법 | 점성토 | 폭파치환 공법, 미끄럼치환 공법, 굴착치환 공법 |
| 탈수 및 배수공법 | 점성토 | 샌드드레인 공법, 페이퍼드레인 공법, 생석회말뚝 공법 |
| | 사질토 | 웰포인트 공법, 깊은우물 공법 |
| 고결공법 | 점성토 | 동결 공법, 소결 공법, 약액주입 공법 |
| 혼합공법 | 사질토, 점성토 | 소일시멘트 공법, 입도조정법, 화학약제혼합 공법 |

**84** 그림과 같은 지반에 재하순간 수주(水柱)가 지표면으로 부터 5m이었다. 20% 압밀이 일어난 후 지표면으로 부터 수주의 높이는? (단, 물의 단위중량은 9.81kN/m³이다.)

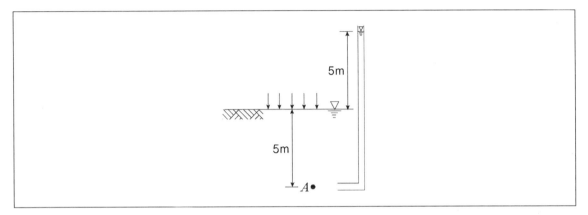

① 1m
② 2m
③ 3m
④ 4m

**○TIP** 순간하중 재하 전의 공극수압 $u = \gamma_w \times h = 1 \times 5 = 5[\text{t/m}^2]$

20%압밀이 일어났을 때의 과잉간극수압 $U = \dfrac{u_i - u_e}{u_i} \times 100$ 식에 따라 $u_e = \left(1 - \dfrac{U}{200}\right) \times u_1 = \left(1 - \dfrac{20}{100}\right) \times 5 = 4[\text{t/m}^2]$

**85** 내부마찰각이 30°, 단위중량이 18kN/m³인 흙의 인장균열 깊이가 3m일 때 점착력은?

① 15.6kN/m²
② 16.7kN/m²
③ 17.5kN/m²
④ 18.1kN/m²

**○TIP** $Z_c = \dfrac{2c}{r}\tan\left(45° + \dfrac{\phi}{2}\right)$, $3 = \dfrac{2c}{18}\tan\left(45° + \dfrac{30°}{2}\right)$

점착력 $c = 15.6[\text{kN/m}^2]$

**86** 일반적인 기초의 필요조건으로 틀린 것은?

① 침하를 허용해서는 안 된다.
② 지지력에 대해 안정해야 한다.
③ 사용성, 경제성이 좋아야 한다.
④ 동해를 받지 않는 최소한의 근입깊이를 가져야 한다.

> **TIP** 기초는 상부에서 작용하는 하중에 의해 침하가 발생할 수 밖에 없으며 이러한 침하 중 허용한계 이내의 침하는 허용을 할 수 있다.

**87** 흙 속에 있는 한 점의 최대 및 최소 주응력이 각각 200kN/m² 및 100kN/m²일 때 최대 주응력면과 30°를 이루는 평면상의 전단응력을 구한 값은?

① 10.5kN/m²
② 21.5kN/m²
③ 32.3kN/m²
④ 43.3kN/m²

> **TIP** 수직응력
> $$\sigma = \frac{\sigma_1 - \sigma_3}{2}\cos 2\theta + \frac{\sigma_1 + \sigma_3}{2} = \frac{200 - 100}{2}\cos 60° + \frac{200 + 100}{3} = 125$$
> 전단응력 $\tau = \frac{\sigma_1 - \sigma_3}{2}\sin 2\theta = \frac{200 - 100}{2}\sin 60° = 25\sqrt{3} = 43.301 [\text{kN/m}^2]$

**88** 토립자가 둥글고 입도분포가 양호한 모래지반에서 N치를 측정한 결과 N=19가 되었을 경우, Dunham의 공식에 의한 이 모래의 내부마찰각은?

① 20°
② 25°
③ 30°
④ 35°

> **TIP** $\phi = \sqrt{12N} + 20 = \sqrt{12 \times 19} + 20 = 35°$
>
> ※ Dunham 내부마찰각 산정공식
> • 토립자가 모나고 입도분포가 양호한 경우 : $\phi = \sqrt{12N} + 25$
> • 토립자가 모나고 입도분포가 불량한 경우 : $\phi = \sqrt{12N} + 20$
> • 토립자가 모나고 입도분포가 양호한 경우 : $\phi = \sqrt{12N} + 20$
> • 토립자가 모나고 입도분포가 불량한 경우 : $\phi = \sqrt{12N} + 15$

**ANSWER**   84.④   85.①   86.①   87.④   88.④

**89** 그림과 같은 지반에 대해 수직방향 등가투수계수를 구하면?

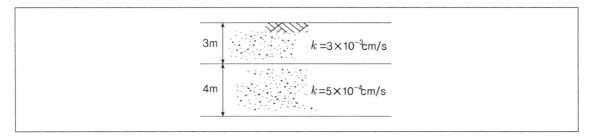

① $3.89 \times 10^{-4}$ cm/s

② $7.78 \times 10^{-4}$ cm/s

③ $1.57 \times 10^{-3}$ cm/s

④ $3.14 \times 10^{-3}$ cm/s

**○TIP** 수직방향 등가투수계수는

$$K_v = \frac{H}{\dfrac{H_1}{K_1} + \dfrac{H_2}{K_2}} = \frac{300 + 400}{\dfrac{300}{3 \times 10^{-3}} + \dfrac{400}{5 \times 10^{-4}}} = 7.78 \times 10^{-4} [\text{cm/sec}]$$

**90** 다음 중 동상에 대한 대책으로 틀린 것은?

① 모관수의 상승을 차단한다.
② 지표부근에 단열재료를 매립한다.
③ 배수구를 설치하여 지하수위를 낮춘다.
④ 동결심도 상부의 흙을 실트질 흙으로 치환한다.

**○TIP** 실트질의 흙은 모관현상이 강하게 작용하므로 동상에 매우 좋지 않다.

**91** 흙의 다짐곡선은 흙의 종류나 입도 및 다짐에너지 등의 영향으로 변한다. 흙의 다짐 특성에 대한 설명으로 바르지 않은 것은?

① 세립토가 많을수록 최적함수비는 증가한다.
② 점토질 흙은 최대건조단위중량이 작고 사질토는 크다.
③ 일반적으로 최대건조단위중량이 큰 흙일수록 최적함수비도 커진다.
④ 점성토는 건조측에서 물을 많이 흡수하므로 팽창이 크고 습윤측에서는 팽창이 작다.

**○TIP** 일반적으로 최대건조단위중량이 큰 흙일수록 최적함수비는 작아지게 된다.

**92** 현장에서 채취한 흙 시료에 대하여 아래 조건과 같이 압밀시험을 실시하였다. 이 시료에 320kPa의 압밀압력을 가했을 때, 0.2cm의 최종 압밀침하가 발생되었다면 압밀이 완료된 후 시료의 간극비는? (단, 물의 단위중량은 9.81kN/m³이다.)

- 시료의 단면적($A$) : 30cm²
- 시료의 초기 높이($H$) : 2.6cm
- 시료의 비중($G_s$) : 2.5
- 시료의 건조중량($W_s$) : 1.18N

① 0.125
② 0.385
③ 0.500
④ 0.625

**○TIP** $V = A \cdot H = 30 \times 2.6 = 78\text{cm}^3$

$\gamma_d = \dfrac{W}{V} = \dfrac{120}{78} = 1.54\text{g/cm}^3$

$\gamma_d = \dfrac{G_s}{1+e}\gamma_w$ 이므로 $1.54 = \dfrac{2.5}{1+e} \times 1$

$e = 0.62$

압밀침하량 $\triangle H = \dfrac{e_1 - e_2}{1+e_1} \cdot H$

$0.2 = \dfrac{0.62 - e_2}{1 + 0.62} \times 2.6$

압밀이 완료된 후 시료의 간극비 $e_2 = 0.5$

**93** 노상토 지지력비(CBR)시험에서 피스톤 2.5mm 관입될 때와 5.0mm 관입될 때를 비교한 결과, 관입량 5.0mm에서 CBR이 더 큰 경우 CBR 값을 결정하는 방법으로 옳은 것은?

① 그대로 관입량 5.0mm일 때의 CBR 값으로 한다.
② 2.5mm 값과 5.0mm 값의 평균을 CBR 값으로 한다.
③ 5.0mm 값을 무시하고 2.5mm 값을 표준으로 하여 CBR 값으로 한다.
④ 새로운 공시체로 재시험을 하며, 재시험 결과도 5.0mm 값이 크게 나오면 관입량 5.0mm일 때의 CBR 값으로 한다.

**○TIP** 노상토 지지력비(CBR)시험에서 피스톤 2.5mm 관입될 때와 5.0mm 관입될 때를 비교한 결과, 관입량 5.0mm에서 CBR이 더 큰 경우 새로운 공시체로 재시험을 하며, 재시험 결과도 5.0mm 값이 크게 나오면 관입량 5.0mm일 때의 CBR 값으로 한다.

**94** 다음 중 사운딩 시험이 아닌 것은?

① 표준관입시험  ② 평판재하시험
③ 콘 관입시험  ④ 베인 시험

○**TIP** 사운딩(Sounding)이란 지중에 저항체를 삽입하며 토층의 성상을 파악하는 현장시험으로서 표준관입시험, 콘 관입시험, 베인 시험 등이 있다.
평판재하시험은 사운딩에 속하지 않으며 지내력시험에 속한다.

**95** 단면적이 100cm², 길이 30cm인 모래 시료에 대하여 정수두 투수시험을 실시하였다. 이때 수두차가 50cm, 5분 동안 집수된 물이 350cm³이었다면 이 시료의 투수계수는?

① 0.001cm/s  ② 0.007cm/s
③ 0.01cm/s  ④ 0.07cm/s

○**TIP** $Q = A \cdot v \cdot t = 100 \times (Ki) \times (5 \times 60) = 100 \times K \times \frac{50}{30} \times 300 = 350$

$K = 0.007[\text{cm/sec}]$

**96** 아래와 같은 조건에서 AASHTO분류법에 따른 군지수($GI$)는?

| |
|---|
| • 흙의 액성한계 : 45% |
| • 흙의 소성한계 : 25% |
| • 200번체 통과율 : 50% |

① 7  ② 10
③ 13  ④ 16

○**TIP** $a = P_{NO.200} - 35 = 50 - 35 = 15$
$b = P_{NO.200} - 15 = 50 - 15 = 35$
$c = W_L - 40 = 45 - 40 = 5$
$d = I_p - 10 = (45 - 25) - 10 = 10$
군지수 $G.I = 0.2a + 0.005ac + 0.01bd = 0.2 \times 15 + 0.005 \times 15 \times 5 + 0.01 \times 35 \times 10 = 6.875 ≒ 7$
$P_{NO.200}$ : 200체의 통과량, $W_L$ : 액성한계, $I_p$ : 소성지수

**97** 점토층 지반 위에 성토를 급속히 하려고 한다. 성토 직후에 있어서 이 점토의 안정성을 검토하는데 필요한 강도정수를 구하는 가장 합리적인 시험은?

① 비압밀 비배수시험(UU-test)

② 압밀 비배수시험(CU-test)

③ 압밀 배수시험(CD-test)

④ 투수시험

○**TIP** 비압밀비배수시험에 관한 설명이다.
ⓐ 압밀 배수시험(장기안정해석) : 포화시료에 구속응력을 가해 압밀시킨 다음 배수가 허용되도록 밸브를 열어 놓고 공극수압이 발생하지 않도록 서서히 축차응력을 가해 시료를 전단파괴시키는 시험이다. 과잉수압이 빠져나가는 속도보다 더 느리게 시공을 하여 완만하게 파괴가 일어나도록 하는 시험이다.
ⓑ 압밀 비배수시험(중기안정해석) : 포화시료에 구속응력을 가해 공극수압이 0이 될 때까지 압밀시킨 다음 비배수 상태로 축차응력을 가해 시료를 전단파괴시키는 시험이다. 어느 정도 성토를 시켜놓고 압밀이 이루어지게 한 후 몇 개월 후에 다시 성토를 하면 압밀이 다시 일어나도록 한 시험이다.
ⓒ 비압밀 비배수시험(단기안정해석) : 시료 내의 공극수가 빠져 나가지 못하도록 한 상태에서 구속압력을 가한 다음 비배수 상태로 축차응력을 가해 시료를 전단파괴시키는 시험이다. 포화점토가 성토 직후에 급속한 파괴가 예상되는 조건으로 행하는 시험이다.

**98** 연속 기초에 대한 Terzaghi의 극한지지력 공식은 $q_u = cN_c + 0.5\gamma_1 BN_r + \gamma_2 D_f N_q$로 나타낼 수 있다. 아래 그림과 같은 경우 극한지지력 공식의 두 번째 항의 단위중량($\gamma_1$)의 값은? (단, 물의 단위중량은 9.81kN/m³이다.)

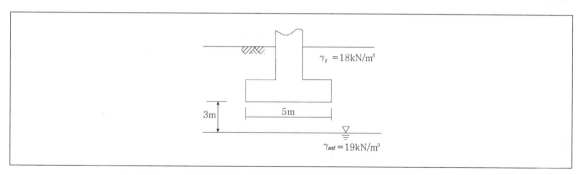

① 14.48kN/m³

② 16.00kN/m³

③ 17.45kN/m³

④ 18.20kN/m³

○**TIP** 지하수위의 영향(지하수위가 기초바닥면 아래에 위치한 경우) 기초폭 $B$와 지하수위까지의 거리 $d$의 비교하여
$B \leq d$ : 지하수위의 영향이 없음으로 간주
$B > d$ : 지하수위의 영향을 고려해야 함
즉, 기초폭 $B = 5m >$ 지하수위까지의 거리 $d = 3m$이므로

단위중량 $\gamma_1 = \gamma_{ave} = \gamma_{sub} + \dfrac{d}{B}(\gamma_t - \gamma_{sub})$

$\gamma_1 = (19 - 9.81) + \dfrac{3}{5}(18 - (19 - 9.81)) = 14.48[\text{kN/m}^3]$

**ANSWER**   94.② 95.② 96.① 97.① 98.①

**99** 점토 지반에 있어서 강성 기초의 접지압 분포에 대한 설명으로 옳은 것은?

① 접지압은 어느 부분이나 동일하다.

② 접지압은 토질에 관계없이 일정하다.

③ 기초의 모서리 부분에서 접지압이 최대가 된다.

④ 기초의 중앙 부분에서 접지압이 최대가 된다.

**TIP** 점토 지반의 강성 기초 접지압 분포도를 살펴보면 다음과 같다.
ⓐ 접지압 분포는 곡선형상을 나타낸다.
ⓑ 접지압은 토질에 따라 변한다.
ⓒ 기초의 중앙 부분에서 접지압은 최소가 된다.
점토지반의 강성기초는 기초 중앙부분에서 최소응력이 발생한다.

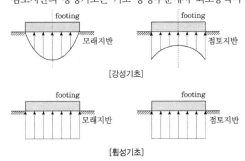

**100** 토질시험 결과 내부마찰각이 30°, 점착력이 50kN/m², 간극수압이 800kN/m², 파괴면에 작용하는 수직응력이 3,000kN/m²일 때 이 흙의 전단응력은?

① $1,270\text{kN/m}^2$

② $1,320\text{kN/m}^2$

③ $1,580\text{kN/m}^2$

④ $1,950\text{kN/m}^2$

**TIP** $\tau = C + \sigma'\tan\phi$ 이므로
$\tau = C + (\sigma - u)\tan\phi = 50 + (3,000 - 800)\tan30° = 1,320[\text{kN/m}^2]$

**101** 수원으로부터 취수된 상수가 소비자까지 전달되는 일반적 상수도의 구성순서로 옳은 것은?

① 도수 → 송수 → 정수 → 배수 → 급수
② 송수 → 정수 → 도수 → 급수 → 배수
③ 도수 → 정수 → 송수 → 배수 → 급수
④ 송수 → 정수 → 도수 → 배수 → 급수

**◯TIP** 수원지에서부터 각 가정까지의 상수계통도는 도수→정수→송수→배수→급수이다.


**102** 하수관의 접합방법에 관한 설명으로 틀린 것은?

① 관중심접합은 관의 중심을 일치시키는 방법이다.
② 관저접합은 관의 내면하부를 일치시키는 방법이다.
③ 단차접합은 지표의 경사가 급한 경우에 이용되는 방법이다.
④ 관정접합은 토공량을 줄이기 위하여 평탄한 지형에 많이 이용되는 방법이다.

**◯TIP** 관정접합은 관의 내면 상단부를 일치시키는 접합법으로서 굴착의 깊이가 증가하게 되어 토공량이 많아지게 되므로 공사비가 증대가 된다.


**103** 계획오수량을 결정하는 방법에 대한 설명으로 틀린 것은?

① 지하수량은 1일1인최대오수량의 20% 이하로 한다.
② 생활오수량의 1일1인최대오수량은 1일1인최대급수량을 감안하여 결정한다.
③ 계획1일평균오수량은 계획1일최소오수량의 1.3~1.8배를 사용한다.
④ 합류식에서 우천 시 계획오수량은 원칙적으로 계획시간최대오수량의 3배 이상으로 한다.

**◯TIP** 계획1일평균오수량은 계획1일최대오수량의 70~80%를 표준으로 한다.

**104** 하수 배제방식의 특징에 관한 설명으로 틀린 것은?

① 분류식은 합류식에 비해 우천시 월류의 위험이 크다.
② 합류식은 단면적이 크기 때문에 검사, 수리 등에 유리하다.
③ 합류식은 분류식(2계통 건설)에 비해 건설비가 저렴하고 시공이 용이하다.
④ 분류식은 강우초기에 노면의 오염물질이 포함된 세정수가 직접 하천 등으로 유입된다.

**⊙TIP** 합류식은 분류식에 비해 우천 시 월류의 위험이 크다.

**105** 호수의 부영양화에 대한 설명으로 틀린 것은?

① 부영양화는 정체성 수역의 상층에서 발생하기 쉽다.
② 부영양화된 수원의 상수는 냄새로 인하여 음료수로 부적당하다.
③ 부영양화로 식물성 플랑크톤의 번식이 증가되어 투명도가 저하된다.
④ 부영양화로 생물활동이 활발하여 깊은 곳의 용존산소가 풍부하다.

**⊙TIP** 부영양화가 발생하면 용존산소가 부족해진다.

**106** 하수관로시설의 유량을 산출할 때 사용하는 공식으로 옳지 않은 것은?

① Kutter 공식
② Janssen 공식
③ Manning 공식
④ Hazen-Williams 공식

**⊙TIP** Jassen 공식은 지하매설관에 가해지는 토압을 산정하는 공식이다.
Manning 공식은 Kutter의 조도계수보다 이후에 제안되었다.

**107** 하수처리장 유입수의 SS농도는 200mg/L이다. 1차 침전지에서 30% 정도가 제거되고, 2차 침전지에서 85%의 제거효율을 갖고 있다. 하루 처리용량이 3,000[$m^3$/d]일 때 방류되는 총 SS량은?

① 63kg/d
② 2,800g/d
③ 6,300kg/d
④ 6,300mg/d

**⊙TIP** 1차 침전지에서의 처리 후 잔류 SS농도는 200mg/L-200mg/L×0.3=140mg/L
2차 침전지 처리 후 잔류 SS농도는 140mg/L-140mg/L×0.85=21mg/L
방류가 되는 총 SS량은 $21×10^{-3}$kg/$m^3$×3,000$m^3$/day=63kg/day

**108** 상수도관의 관종 선정 시 기본으로 해야 하는 사항으로 틀린 것은?

① 매설조건에 적합해야 한다.
② 매설환경에 적합한 시공성을 지녀야 한다.
③ 내압보다는 외압에 대해 안전해야 한다.
④ 관 재질에 의해 물이 오염될 우려가 없어야 한다.

**OTIP** 상수관로는 내압과 외압 모두 안전해야 하나 외부압보다는 우선적으로 내압부터 고려해야 한다.

**109** 하수도 계획에서 계획우수량 산정과 관계가 없는 것은?

① 배수면적
② 설계강우
③ 유출계수
④ 집수관로

**OTIP** 집수관로 자체는 계획우수량 산정과 직접적인 연관이 있다고 볼 수 없다. 계획우수량을 산정하기 위해서는 배수면적, 설계강우, 유출계수 등이 고려된다.

**110** 먹는 물의 수질기준 항목에서 다음 특성을 가지고 있는 수질기준항목은?

> • 수질기준은 10mg/L를 넘지 아니할 것
> • 하수, 공장폐수, 분뇨 등과 같은 오염물의 유입에 의한 것으로 물의 오염을 추정하는 지표항목
> • 유아에게 청색증 유발

① 불소
② 대장균군
③ 질산성질소
④ 과망간산칼륨 소비량

**OTIP** 질산성질소
• 유기물 중의 질소 화합물이 산화 분해하여 무기화한 최종 산물이다. 과거의 유기오염 정도를 나타내는 데 쓰이며, 상수도의 수질 기준에서는 10ppm이 한도치로 정해져 있다.
• 하수, 공장폐수, 분뇨 등과 같은 오염물의 유입에 의한 것으로 물의 오염을 추정하는 지표항목이다.
• 유아에게 청색증을 유발한다. (청색증 : 입술과 피부가 암청색을 띠는 상태로서 오염된 물속에 포함된 질산염($NO_3$)이 혈액 속의 헤모글로빈과 결합해 산소 공급을 어렵게 해서 나타나는 질병이다.)

**111** 관의 길이가 1,000m이고, 지름이 20cm인 관을 지름 40cm의 등치관으로 바꿀 때 등치관의 길이는? (단, Hazen-Williams 공식을 사용한다.)

① 2,924.2m

② 5,924.2m

③ 1,9242.6m

④ 29,242.6m

**TIP** $L_2 = L_1 \left( \dfrac{D_2}{D_1} \right)^{4.87} = 1,000 \times \left( \dfrac{40}{20} \right)^{4.87} = 29,242.6[m]$

**112** 폭기조의 MLSS농도 2,000[mg/L], 30분간 정치시킨 후 침전된 슬러지 체적이 300[mL/L]일 때 SVI는?

① 100

② 150

③ 200

④ 250

**TIP** 슬러지용량지표(SVI)는 반응조 내 혼합액을 30분간 정체시킨 경우 1g의 활성슬러지 부유물질이 포함하는 용적을 mL로 표시한 것이며 정상적으로 운전되는 반응조의 SVI는 50~150범위이다. 이 값은 슬러지밀도(SDI)의 역수에 100을 곱한 값으로서 포기시간, BOD농도, 수온 등에 영향을 받는다.

$SVI = \dfrac{100}{SDI} = \dfrac{\overline{V}}{C} \times 1,000 = \dfrac{300}{2,000} \times 1,000 = 150$

**113** 유출계수가 0.60이고 유역면적 2km²에 강우강도 200mm/h의 강우가 있었다면 유출량은? (단, 합리식을 사용한다.)

① 24.0[m³/s]

② 66.7[m³/s]

③ 240[m³/s]

④ 667[m³/s]

**TIP** 합리식 $Q = \dfrac{1}{3.6} CIA = \dfrac{1}{3.6} \times 0.6 \times 200 \times 2 = 66.67 \text{m}^3/\text{sec}$

**114** 정수지에 대한 설명으로 틀린 것은?

① 정수지 상부는 반드시 복개해야 한다.

② 정수지의 유효수심은 3~6m를 표준으로 한다.

③ 정수지의 바닥은 저수위보다 1m 이상 낮게 해야 한다.

④ 정수지란 정수를 저류하는 탱크로 정수시설로는 최종단계의 시설이다.

**TIP** 정수지의 바닥은 저수위보다 15cm 이상 낮게 해야 한다.

**115** 합류식 관로의 단면을 결정하는데 중요한 요소로 옳은 것은?

① 계획우수량
② 계획1일평균오수량
③ 계획시간최대오수량
④ 계획시간평균오수량

**○TIP** 합류식 관로 단면결정 시에는 시간최대오수량과 계획우수량을 함께 고려하는 것이 일반적이지만 계획우수량을 가장 우선적으로 고려한다.

**116** 혐기성 소화법과 비교할 때 호기성 소화법의 특징으로 옳은 것은?

① 최초시공비 과다
② 유기물 감소율 우수
③ 저온시의 효율 향상
④ 소화슬러지의 탈수 불량

**○TIP** 호기성 소화는 소화슬러지의 탈수가 불량하다.
※ 호기성 소화의 특징
  • 처리된 소화슬러지에서 악취가 나지 않는다.
  • 상징수의 BOD 농도가 낮다.
  • 폭기를 위한 동력 때문에 유지관리비가 많이 든다.
  • 수온이 낮을 때에는 처리효율이 떨어진다.
  • 최초 시공비용이 적게 든다.
  • 유기물의 감소율이 낮다.
  • 저온시의 효율이 저하된다.
  • 소화슬러지의 탈수가 불량하다.

| 소화의 방법 | 호기성 소화 | 혐기성 소화 |
|---|---|---|
| 처리수질 | 처리수 수질이 양호함 | 처리수 수질이 좋지 않음 |
| 냄새 | 슬러지의 냄새가 없음 | 슬러지의 냄새가 많음 |
| 비료가치 | 비료가치가 큼 | 비료가치가 작음 |
| 시설비 | 시설비가 적게 듦 | 시설비가 많이 듦 |
| 적합조건 | 저농도 슬러지에 적합 | 고농도 슬러지에 적합 |

**117** 정수처리 시 염소소독 공정에서 생성될 수 있는 유해물질은?

① 유기물

② 암모니아

③ 환원성 금속이온

④ THM(트리할로메탄)

**OTIP** 트리할로메탄(THM)은 염소처리 공정에서 발생하는 발암물질이다. (전염소처리 : 침전지 이전에 미리 염소를 뿌려 철, 망간, 암모니아성 질소 등을 제거하는 방법이다.)

**118** 정수시설 내에서 조류를 제거하는 방법 중 약품으로 조류를 산화시켜 침전처리 등으로 제거하는 방법에 사용되는 것은?

① Zeolite

② 황산구리

③ 과망간산칼륨

④ 수산화나트륨

**OTIP** 작은 연못에서 조류의 과도한 생장을 막을 수 있는 가장 일반적인 수단은 황산구리($CuSO_4$)를 투여하는 것이다. 많은 양의 조류가 나타나기 전인 이른 봄철에 황산구리를 투여하는 것이 바람직하다.

※ 부영양화라는 용어는 "영양분이 풍부하게 공급되었다"라고 하는 그리스어에서 유래한 것으로서 하천이나 호소에 있어 영양염류가 적은 빈 영양 상태에서 각종 오염물질의 유입으로 영양염류가 많아지게 되어 조류(algae)가 많아지게 되고 투명도가 낮아지게 되는데 이와 같이 빈영양에서 부영양으로 변화하는 현상을 말한다.

**119** 병원성미생물에 의해 오염되거나 오염될 우려가 있는 경우, 수도꼭지에서의 유리잔류염소는 몇 mg/L 이상이 되도록 해야 하는가?

① 0.1mg/L

② 0.4mg/L

③ 0.6mg/L

④ 1.8mg/L

**OTIP** 병원성미생물에 의해 오염되거나 오염될 우려가 있는 경우, 수도꼭지에서의 유리잔류염소는 0.4mg/L 이상이어야 한다.

**120** 배수관의 갱생공법으로 기존 관내의 세척(Cleaning)을 수행하는 일반적인 공법으로 옳지 않은 것은?

① 제트(jet) 공법
② 실드(shield) 공법
③ 로터리(rotary) 공법
④ 스크레이퍼(scraper) 공법

**TIP** **노후된 관의 갱생(세척) 공법** … 제트 공법, 로터리 공법, 스크레이퍼 공법, 에어샌드 공법 등이 있다.
실드(shield) 공법은 터널굴착 공법의 일종이다.

ANSWER 117.④ 118.② 119.② 120.②

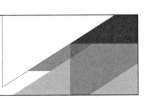

제1과목 **응용역학**

**1** 다음 그림과 같은 구조물의 부정정차수는?

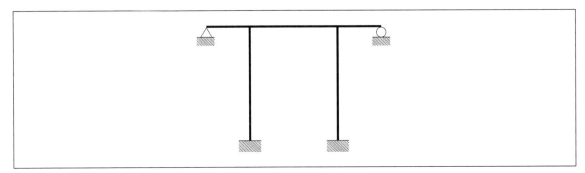

① 6차 부정정
② 5차 부정정
③ 4차 부정정
④ 3차 부정정

**TIP** $N = r + m + s - 2p = 9 + 5 + 4 - 2 \times 6 = 6$
$N$ : 부정정차수, $r$ : 반력수, $m$ : 부재수, $s$ : 강접합수,
$p$ : 지점 또는 절점수

**2** 다음 그림과 같은 단면에 600kN의 전단력이 작용할 경우 최대전단응력의 크기는?

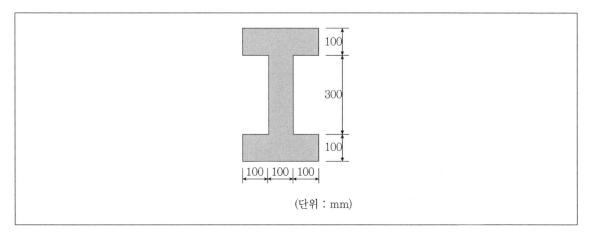

(단위 : mm)

① 12.71MPa

② 15.98MPa

③ 19.83MPa

④ 21.32MPa

**TIP**

$$\tau_{\max} = \frac{SG}{Ib_{\min}} = \frac{600 \cdot 10^3 [N] \cdot 7,125,000}{I_X \cdot 100} = 15.98 [\text{MPa}]$$

$$I_X = \frac{300 \cdot 500^3}{12} - \frac{200 \cdot 300^3}{12} = 2,675,000,000 [\text{mm}^4]$$

**3** 다음 그림과 같은 30° 경사진 언덕에 40kN의 물체를 밀어올릴 때 필요한 힘 P는 최소 얼마 이상이어야 하는가? (단, 마찰계수는 0.25이다.)

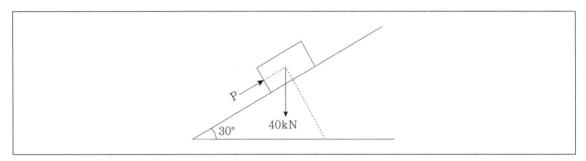

① 28.7kN

② 30.2kN

③ 34.7kN

④ 40.0kN

> **TIP** 경사면에 대한 수직항력의 크기 : $40\cos 30^o$
>
> 물체를 밀어올리는 힘에 대한 마찰력 : $\mu 40\cos 30^o = 5\sqrt{3}$
>
> 경사면 방향에 대한 분력의 크기 : $40\sin 30^o = 20$
>
> $P \geq 20 + 5\sqrt{3} = 28.66$이어야 한다.

**4** 다음 그림과 같은 인장부재의 수직변위를 구하는 식으로 바른 것은? (단, 탄성계수는 E이다.)

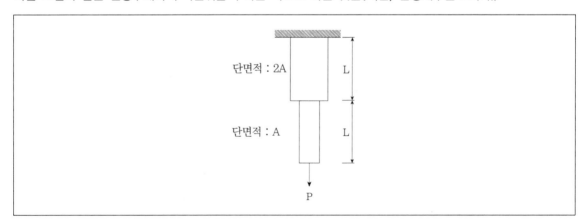

① $\dfrac{PL}{EA}$

② $\dfrac{3PL}{2EA}$

③ $\dfrac{2PL}{EA}$

④ $\dfrac{5PL}{2EA}$

> **TIP** $\delta = \delta_{AB} + \delta_{BC} = \dfrac{PL}{2EA} + \dfrac{PL}{EA} = \dfrac{3PL}{2EA}$

**5** 다음 그림과 같은 사다리꼴 단면에서 X–X′ 축에 대한 단면 2차 모멘트 값은?

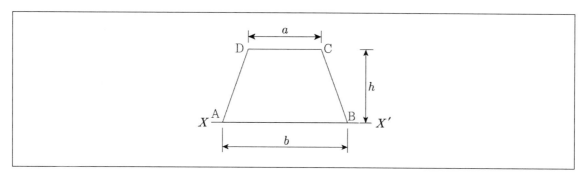

① $\dfrac{h^3}{12}(b+3a)$

② $\dfrac{h^3}{12}(b+2a)$

③ $\dfrac{h^3}{12}(3b+a)$

④ $\dfrac{h^3}{12}(2b+a)$

**○TIP** $I_X = \dfrac{(b-a)h^3}{12} + \dfrac{ah^3}{3} = \dfrac{h^3}{12}(3a+b)$

**6** 다음 그림과 같은 단순보에서 C~D구간의 전단력 값은?

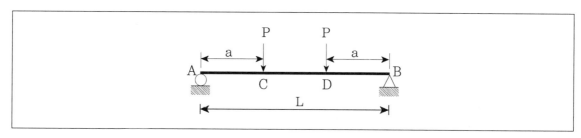

① P

② 2P

③ 0.5P

④ 0

**○TIP** 전단력 선도를 그리면 다음과 같으며 C~D구간에서 전단력은 0이 된다.

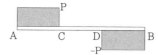

**7** 단면이 100mm×200mm인 장주의 길이가 3m일 때 이 기둥의 좌굴하중은? (단, 기둥의 E=2.0×10$^4$MPa, 지지상태는 일단고정, 타단자유이다.)

① 45.8kN

② 91.4kN

③ 182.8kN

④ 365.6kN

🅞TIP $P_{cr} = \dfrac{\pi^2 EI_{\min}}{(KL)^2} = \dfrac{n\pi^2 EI_{\min}}{L^2}$ 이며 일단고정 타단자유이므로 K=2.0이 된다. 문제에서 주어진 조건을 대입하면

$$P_{cr} = \frac{\pi^2 EI_{\min}}{(KL)^2} = \frac{\pi^2 \cdot 2.0 \cdot 10^4 [\mathrm{MPa}] \cdot \dfrac{200 \cdot 100^3}{12}}{(2.0 \cdot 3000\mathrm{mm})^2} = 91.385[\mathrm{kN}]$$

**8** 다음 그림과 같은 기둥에서 좌굴하중의 비 (a) : (b) : (c) : (d)는? (단, 티와 기둥의 길이는 모두 같다.)

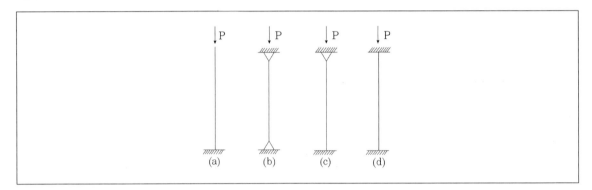

① 1 : 2 : 3 : 4

② 1 : 4 : 8 : 12

③ 1 : 4 : 8 : 16

④ 1 : 8 : 16 : 32

🅞TIP $P_{(a)} : P_{(b)} : P_{(c)} : P_{(d)} = 1 : 4 : 8 : 16$

※ 좌굴하중의 기본식(오일러의 장주공식)

• $P_{cr} = \dfrac{\pi^2 EI}{(KL)^2} = \dfrac{n\pi^2 EI}{L^2}$

• $EI$ : 기둥의 휨강성

• $L$ : 기둥의 길이

• $K$ : 기둥의 유효길이 계수

• $KL(l_k$로도 표시함) : 기둥의 유효좌굴길이 (장주의 처짐곡선에서 변곡점과 변곡점 사이의 거리)

• $n$ : 좌굴계수(강도계수, 구속계수)

| 지지상태 | 양단 힌지 | 1단 고정<br>1단 힌지 | 양단 고정 | 1단 고정<br>1단 자유 |
|---|---|---|---|---|
| 좌굴길이 $KL$ | $1.0L$ | $0.7L$ | $0.5L$ | $2.0L$ |
| 좌굴강도 | $n=1$ | $n=2$ | $n=4$ | $n=0.25$ |

**9** 다음 그림과 같은 2개의 캔틸레버 보에 저장되는 변형에너지를 각각 U(1), U(2)라고 할 때 U(1) : U(2)의 비는? (단, EI는 일정하다.)

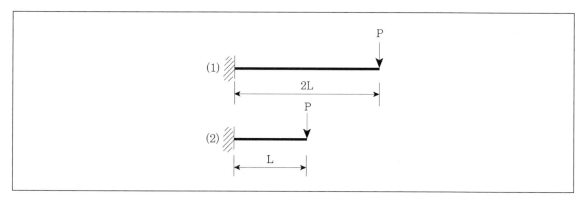

① 2:1

② 4:1

③ 8:1

④ 16:1

**TIP** $M_x = -(P) \cdot (x) = -P \cdot x$,

$$U = \int \frac{M_x^2}{2EI} dx = \frac{1}{2EI} \int_0^L (-P \cdot x)^2 dx = \frac{P^2 L^3}{6EI}$$

길이의 세제곱에 비례하므로 U(1) : U(2)=8:1이 된다.

**10** 다음 그림과 같은 r=4m인 3힌지 원호아치에서 지점 A에서 2m 떨어진 E점에 발생하는 휨모멘트의 크기는?

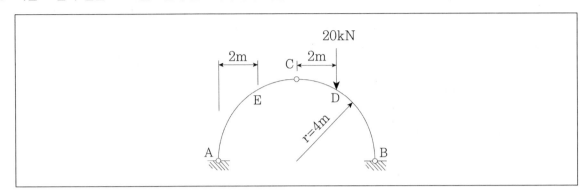

① 6.13kN  
② 7.32kN  
③ 8.27kN  
④ 9.16kN

**◯TIP**

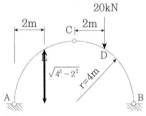

$$\sum M_B = 0 : R_A \times 8 - 20 \times 2 = 0, \quad R_A = 5[\text{kN}](\uparrow)$$

$$\sum M_C = 0 : R_A \times 4 - H_A \times 4 = 0, \quad H_A = 5[\text{kN}](\rightarrow)$$

$$M_E = R_A \cdot 2 - H_A \cdot \sqrt{4^2 - 2^2} = 5 \cdot 2 - 5 \cdot 3.464 = -7.32[\text{kNm}]$$

**11** 다음 그림과 같은 트러스에서 AC부재의 부재력은?

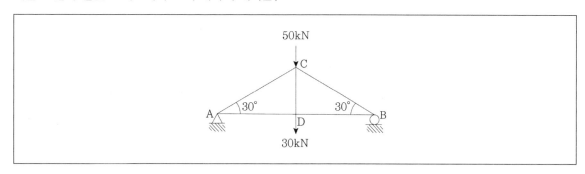

① 인장 40kN

② 압축 40kN

③ 인장 80kN

④ 압축 80kN

○**TIP** △$ABC$는 이등변 삼각형이므로 $L_{AD} = L_{DB} = L$이라 하면

$\sum M_B = 0 : V_A \times 2L - (50+30) \times L = 0, \quad V_A = 40[kN](\uparrow)$

$\sum F_y = 0 : 40 + AC \cdot \sin 30^o = 0, \quad AC = -80[kN] \, (-: 압축)$

**12** 다음 그림과 같은 캔틸레버 보에서 C점의 처짐은? (단, EI는 일정하다.)

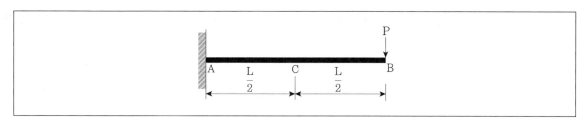

① $\dfrac{PL^3}{24EI}$

② $\dfrac{5PL^3}{24EI}$

③ $\dfrac{PL^3}{48EI}$

④ $\dfrac{5PL^3}{48EI}$

○**TIP** 매우 자주 출제되는 전형적인 공식 암기문제이다. 문제에서 주어진 조건인 경우 C지점의 처짐은 $\dfrac{5PL^3}{48EI}$ 이 된다.

**ANSWER** 10.② 11.④ 12.④

**13** 다음 그림과 같은 부정정구조물에서 B지점의 반력의 크기는? (단, 보의 휨강도 티는 일정하다.)

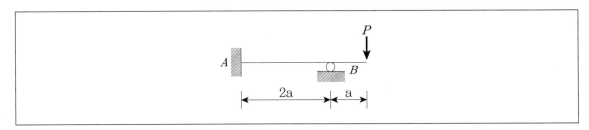

① $\dfrac{7}{3}P$

② $\dfrac{7}{4}P$

③ $\dfrac{7}{5}P$

④ $\dfrac{7}{6}P$

**TIP** $M_A = \dfrac{1}{2}M_B = \dfrac{Pa}{2}$, $M_B = Pa$

$\sum M_A = 0 : \dfrac{Pa}{2} - R_B \times 2a + P \times 3a = 0$

$R_B = \dfrac{7}{4}P = 1.75P(\uparrow)$

**14** 다음 그림과 같은 단순보에서 A점의 반력이 B점의 반력의 2배가 되도록 하는 거리 x는? (단, x는 A점으로 부터의 거리이다.)

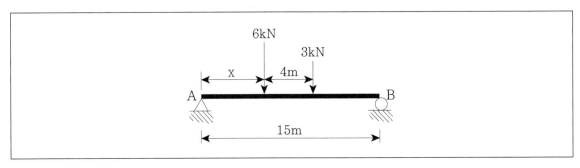

① 1.67m

② 2.67m

③ 3.67m

④ 4.67m

**TIP** $R_A = 2R_B$, $\sum F_y = 0 : R_A + R_B - 9 = 0$

$(2R_B) + R_B = 9$, $R_B = 3[kN]$

$\sum M_A = 0 : 6 \times X + 3 \times (X+4) - 3 \times 15 = 0$

$X = 3.67\text{m}(\rightarrow)$

**15** 다음 그림과 같은 단순보에서 B점에 모멘트 $M_B$가 작용할 때 A점에서의 처짐각은? (단, EI는 일정하다.)

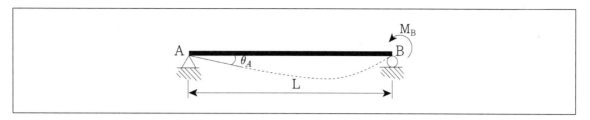

① $\dfrac{M_B L}{2EI}$

② $\dfrac{M_B L}{3EI}$

③ $\dfrac{M_B L}{6EI}$

④ $\dfrac{M_B L}{8EI}$

> **○TIP** 매우 자주 출제되는 정형화된 문제이다.
>
> 주어진 조건 하에서 A점의 처짐각은 $\dfrac{M_B L}{6EI}$, B점의 처짐각은 $\dfrac{M_B L}{3EI}$이 된다.

**16** 다음 중 정(+)과 부(−)의 값을 모두 갖는 것은?

① 단면계수
② 단면 2차 모멘트
③ 단면 2차 반지름
④ 단면 상승 모멘트

> **○TIP** 단면상승모멘트는 정(+)과 부(−)의 값을 모두 가질 수 있다.

**17** 다음 그림과 같이 이축응력을 받고 있는 요소의 체적변형률은? (단, 이 요소의 탄성계수는 E=2×10⁵MPa, 푸아송비 v=0.30이다.)

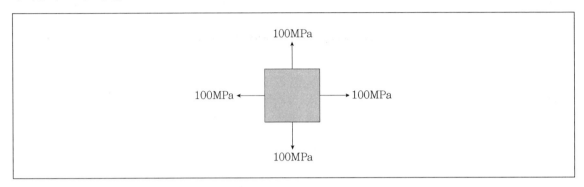

① $3.6 \times 10^{-4}$

② $4.0 \times 10^{-4}$

③ $4.4 \times 10^{-4}$

④ $4.8 \times 10^{-4}$

**○TIP**
$$\varepsilon_v = \frac{1-2\nu}{E}(\sigma_x + \sigma_y + \sigma_z) = \frac{1-2\cdot 0.3}{2.0\cdot 10^5}(100+100+0)$$
$$= 4.0\times 10^{-4}$$

**18** 다음 그림과 같이 구조물의 C점에 연직하중이 작용할 때 AC부재가 받는 힘은?

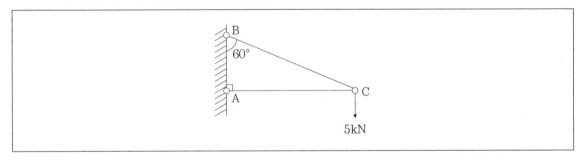

① 2.5kN

② 5.0kN

③ 8.7kN

④ 10.0kN

**○TIP** 절점 C에서 절점법을 사용하여 풀어나간다.
$$\sum F_y = 0 : F_{BC} \cdot \sin 30^o - 5 = 0, \quad F_{BC} = 10(인장)$$
$$\sum F_x = 0 : -F_{BC} \cdot \cos 30^o - F_{AC} = 0$$
$$F_{AC} = -F_{BC} \cdot \cos 30^o = -10 \cdot \frac{\sqrt{3}}{2} = -8.66(-: 압축)$$

**19** 다음 그림과 같은 단순보에서 C점에 30kNm의 모멘트가 작용할 경우 A점의 반력은?

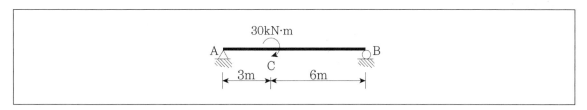

① $\dfrac{10}{3}kN(\downarrow)$

② $\dfrac{10}{3}kN(\uparrow)$

③ $\dfrac{20}{3}kN(\downarrow)$

④ $\dfrac{20}{3}kN(\uparrow)$

◉ **TIP** $\sum M_A = R_B \cdot 9 - 30 = 0$ 이며 $R_B = \dfrac{10}{3}$ kN($\uparrow$)이고 수직력이 평형을 이루어야 하므로 $R_A = \dfrac{10}{3}$ kN($\downarrow$)임을 알 수 있다.

**20** 다음 그림과 같은 하중을 받는 보의 최대전단응력은?

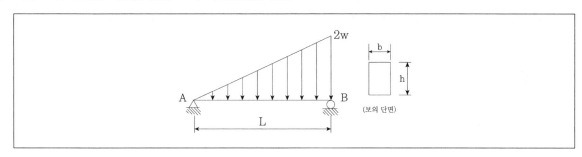

① $\dfrac{2wL}{3bh}$

② $\dfrac{3wL}{2bh}$

③ $\dfrac{2wL}{bh}$

④ $\dfrac{wL}{bh}$

◉ **TIP** 최대전단력은 B지점에서 발생하며 크기는 $\dfrac{2wL}{3bh}$ 이다.

최대전단응력은 단면의 중앙에서 발생하며 평균전단응력의 1.5배이다.

따라서 평균전단응력은 $\tau_{avg.B} = \dfrac{R_B}{A_B} = \dfrac{R_B}{bh}$ 이며 최대전단응력은 $\tau_{\max,B} = 1.5\tau_{avg,B} = 1.5 \cdot \dfrac{R_B}{bh} = \dfrac{3}{2} \cdot \dfrac{2wL}{3bh} = \dfrac{wL}{bh}$

**ANSWER**  17.② 18.③ 19.① 20.④

**21** 하천의 심천(측심)측량에 관한 설명으로 틀린 것은?

① 심천측량은 하천의 수면으로부터 하저까지 깊이를 구하는 측량으로 횡단측량과 같이 행한다.

② 측심간(rod)에 의한 심천측량은 보통 수심 5m 정도의 얕은 곳에 사용된다.

③ 측심추(lead)로 관측이 불가능한 깊은 곳은 음향측심기를 이용한다.

④ 심천측량은 수위가 높은 장마철에 하는 것이 효과적이다.

○**TIP** 평균수위란 어떤 기간의 관측수위를 합계한 뒤 관측 회수로 나누어 평균한 수위로 일반적으로 평수위(1년 중 185일 이 보다 저하하지 않는 수위)보다 약간 낮고 심천측량의 기준이 된다.

**22** 트래버스측량의 각 관측방법 중 방위각법에 대한 설명으로 바르지 않은 것은?

① 진북을 기준으로 어느 측선까지 시계방향으로 측정하는 방법이다.

② 방위각법에는 반전법과 부전법이 있다.

③ 각이 독립적으로 관측되므로 오차 발생 시, 개별 각의 오차는 이후의 측량에 영향이 없다.

④ 각 관측값의 계산과 제도가 편리하고 신속히 관측할 수 있다.

○**TIP** 방위각법은 오차 발생 시 이후의 측량에도 영향을 미친다.

**23** 종단 및 횡단 수준측량에서 중간점이 많은 경우에 가장 편리한 야장기법은?

① 고차식

② 승강식

③ 기고식

④ 간접식

○**TIP** • 기고식 : 중간점이 많을 때 사용되는 야장기법으로서 완전한 검산을 할 수 없다는 단점이 있다.
• 고차식 : 두 점간의 고저차를 구하는 것이 주목적이고 전시와 후시만 있는 경우 사용되는 야장기입법이다.
• 승강식 : 중간점이 많은 경우 불편하지만 완전한 검산을 할 수 있는 장점이 있는 야장기법이다.

**24** 일반적으로 단열삼각망으로 구성하기에 가장 적합한 것은?

① 시가지와 같이 정밀을 요하는 골조측량
② 복잡한 지형의 골조측량
③ 광대한 지역의 지형측량
④ 하천조사를 위한 골조측량

**◎TIP** 일반적으로 단열삼각망은 하천, 도로와 같이 폭이 좁고 긴 지역의 골조측량에 적합하다.

**25** GNSS 측량에 대한 설명으로 바르지 않은 것은?

① 상대측위기법을 이용하면 절대측위보다 높은 측위정확도의 확보가 가능하다.
② GNSS 측량을 위해서는 최소 4개의 가시위성이 필요하다.
③ GNSS 측량을 통해 수신기의 좌표뿐만 아니라 시계오차도 계산할 수 있다.
④ 위성의 고도각(elevation level)이 낮은 경우 상대적으로 높은 측위정확도의 확보가 가능하다.

**◎TIP** • 위성의 고도각이 낮으면 측위정확도가 떨어지는 문제가 발생한다.
　　　• 상대측위는 2점측위라고도 하며 위성에서 오는 전파를 2점에서 받아서 오차를 보정하는 방식으로 이루어진다.
　　　• 절대측위는 1점에서만 받는 방식으로서 정밀도가 상대측위보다 떨어지게 된다.

**26** 축척 1:5000인 지형도에서 AB 사이의 수평거리가 2cm이면 AB의 경사는?

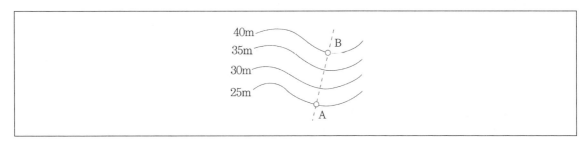

① 10%
② 15%
③ 20%
④ 25%

**◎TIP** 경사도는 $\dfrac{40-20}{2 \cdot 5000 \cdot \dfrac{1}{100}} = 0.15$이므로 15%가 된다.

**27** A, B 두 점에서 교호수준측량을 실시하여 다음의 결과를 얻었다. A점의 표고가 67.104m일 때 B점의 표고는? (단, $a_1$=3.756m, $a_2$=1.572m, $b_1$=4.995m, $b_2$=3.209m)

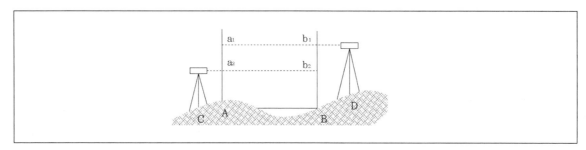

① 64.668m                         ② 65.666m

③ 68.542m                         ④ 69.089m

**○TIP**
$$H_B = H_A + \frac{(a_1 - b_1) + (a_2 - b_2)}{2} = 67.104 + \frac{(3.756 - 4.995) + (1.572 - 3.209)}{2} = 65.666 [\text{m}]$$

**28** 폐합트래버스에서 위거의 합이 −0.17m, 경거의 합이 0.22m이고 전 측선의 거리의 합이 252m일 때 폐합비는?

① 1/900                           ② 1/1000

③ 1/1100                         ④ 1/1200

**○TIP**
$$\frac{E}{\sum l} = \frac{\sqrt{0.17^2 + 0.22^2}}{252} = \frac{1}{900}$$

**29** 토탈스테이션으로 각을 측정할 때 기계의 중심과 측점이 일치하지 않아 0.5mm의 오차가 발생하였다면 각 관측 오차를 2초 이하로 하기 위한 관측변의 최소길이는?

① 82.51m                           ② 51.57m

③ 8.25m                           ④ 5.16m

**○TIP**
$$\triangle \alpha = 206265'' \frac{\Delta l}{l} = 206265'' \times \frac{0.0005}{l} \leq 0°0'02''$$
이를 만족하는 $l \leq 51.57 [\text{m}]$

**30** 상차라고도 하며 그 크기와 방향(부호)이 불규칙적으로 발생하고 확률론에 의해 추정할 수 있는 오차는?

① 착오

② 정오차

③ 개인오차

④ 우연오차

**TIP** 우연오차 : 상차라고도 하며 그 크기와 방향(부호)이 불규칙적으로 발생하고 확률론에 의해 추정할 수 있는 오차

**31** 평판측량에서 거리의 허용오차를 1/500000까지 허용한다면 지구를 평면으로 볼 수 있는 한계는 몇 km인가? (단, 지구의 곡률반지름은 6370km이다.)

① 22.07km

② 31.2km

③ 2207km

④ 3121km

**TIP** 정도산정식 $\dfrac{1}{12}\left(\dfrac{l}{R}\right)^2$ 의 값이 1/500000 이하여야 하므로 이를 만족하는 $l \leq 22.07[\text{km}]$ 이다.

**32** 수준측량과 관련된 용어에 대한 설명으로 바르지 않은 것은?

① 수준면은 각 점들이 중력방향에 직각으로 이루어진 곡면이다.

② 어느 지점의 표고라 함은 그 지역 기준타원체로부터의 수직거리를 말한다.

③ 지구곡률을 고려하지 않는 범위에서는 수준면을 평면으로 간주한다.

④ 지구의 중심을 포함한 평면과 수준면이 교차하는 선이 수준선이다.

**TIP** 어느 지점의 표고라 함은 수준기준면으로부터 그 지표 위 지점까지의 연직거리를 말한다.

ANSWER 27.② 28.① 29.② 30.④ 31.① 32.②

**33** 축척 1:20000인 항공사진에서 굴뚝의 변위가 2.0mm이고, 연직점에서 10cm 떨어져 나타났다면 굴뚝의 높이는? (단, 촬영카메라의 초점거리는 15cm이다.)

① 15m

② 30m

③ 60m

④ 80m

**TIP** $\triangle r = 0.002 = \dfrac{h}{H} r = \dfrac{h}{3000} 0.1$ 이므로 $h = 60[\text{m}]$ 이다.

$(\dfrac{1}{m} = \dfrac{1}{20,000} = \dfrac{f}{H} = \dfrac{0.15}{3000})$

**34** 대단위 신도시를 건설하기 위한 넓은 지형의 정지공사에서 토량을 계산하고자 할 때 가장 적합한 방법은?

① 점고법

② 비례중앙법

③ 양단면 평균법

④ 각주공식에 의한 방법

**TIP** • 점고법 : 측량구역을 일정한 크기의 사각형이나 삼각형으로 나누고 각 교점의 지반고를 측정한 다음 기준면을 정하고 사각형이나 삼각형 공식으로 체적을 구하는 방법이다. 대단위 신도시, 운동장이나 비행장 등을 건설하기 위한 넓은 지형의 정지공사에서 토량을 계산하고자 할 때 가장 적당한 방법이다.
• 양단면 평균법 : 두 개의 단면적(A1, A2)과 거리(L)만으로 두 단면 사이의 체적(토량)을 구하는 방법이다.

**35** 곡선반지름이 500m인 단곡선의 종단현이 15.343m이라면 종단현에 대한 편각은?

① $0^o\ 31'\ 37''$

② $0^o\ 43'\ 19''$

③ $0^o\ 52'\ 45''$

④ $1^o\ 04'\ 26''$

**TIP** $\delta = \dfrac{L}{2R} rad = \dfrac{15.343}{2 \cdot 500} \cdot \dfrac{180^o}{\pi} = 0^o 52' 44.7''$

**36** 축척 1:500 도상에서 3변의 길이가 각각 20.5cm, 32.4cm, 28.5cm인 삼각형 지형의 실제면적은?

① 40.70m²

② 288.53m²

③ 6924.15m²

④ 7213.26m²

**TIP** $A = \sqrt{s(s-a)(s-b)(s-c)}$ 이며, $s = \dfrac{a+b+c}{2} = \dfrac{20.5+32.4+28.5}{2} = 40.7$

$A = \sqrt{40.7(40.7-20.5)(40.7-32.4)(40.7-28.5)} = \sqrt{40.7 \cdot 20.2 \cdot 8.3 \cdot 12.2} \fallingdotseq 288.5305$

$\dfrac{\text{도면상 면적}}{\text{실제면적}} = \left(\dfrac{1}{m}\right)^2 = \dfrac{1}{25,000}$

따라서 실제면적은 $288.5305[\text{cm}^2] \times 25,000 \fallingdotseq 7213.26\text{m}^2$

**37** 지형의 표시법에서 자연적 도법에 해당하는 것은?

① 점고법

② 등고선법

③ 영선법

④ 채색법

**TIP** 지형의 표시법

㉠ 자연적 방법

• 태양광이 지표면을 비출 때 생긴 음영의 상태를 이용하여 지표면의 입체감을 나타내는 방법

• 영선법(우모선법) : 기복상태를 최대경사선 방향의 짧은 선을 여러 개 그려서 나타내는 도법

• 음영법(명암법) : 어느 특정한 곳에서 일정한 방향으로 평행선광선을 비출 때 생기는 그림자를 연직방향에서 본 상태로 지료의 기복을 모양으로 표시하는 도법

㉡ 부호적(기호적) 방법

• 일정한 부호를 사용하여 지형을 세부적으로 정확히 나타내는 방법

• 점고법 : 하천, 해양 측량 등에서 '시'로 나타내는 방법

• 채색법 : 연속하는 등고선 사이의 구역을 몇 개의 구역으로, 몇 개의 단계로 구분하여 각 단계에 따라 동일한 색의 농담으로 채색하는 방법

• 등고선법 : 동일 표고를 한 곡선으로 하여 지형의 기복을 나타내는 방법

**38** 완화곡선에 대한 설명으로 바르지 않은 것은?

① 완화곡선의 곡선반지름은 시점에서 무한대, 종점에서 원곡선의 반지름 R이 된다.

② 클로소이드의 형식에는 S형, 복합형, 기본형 등이 있다.

③ 완화곡선의 접선은 시점에서 원호에, 종점에서 직선에 접한다.

④ 모든 클로소이드는 닮은꼴이며 클로소이드 요소에는 길이의 단위를 가진 것과 단위가 없는 것이 있다.

**O TIP** 완화곡선의 접선은 시점에서 직선에, 종점에서 원호에 접한다.

**39** 측점 A에 토탈스테이션을 정치하고 B점에 설치한 프리즘을 관측하였다. 이 때 기계고 1.7m, 고저각 +15°, 시준고 3.5m, 경사거리가 2000m이었다면 두 측점의 고저차는?

① 512.438m

② 515.838m

③ 522.838m

④ 534.098m

**O TIP** $H_B = H_A + \triangle h = H_A + (I + h - S) = H_A + (1.7 + 2000\sin 15^o - 3.5) = H_A + 515.838[\text{m}]$

**40** 곡선반지름 R, 교각 I인 단곡선을 설치할 때 각 요소의 계산 공식으로 바르지 않은 것은?

① $M = R(1 - \sin\frac{I}{2})$

② $T.L = R\tan\frac{I}{2}$

③ $C.L = \frac{\pi}{180^o} RI^o$

④ $E = R(\sec\frac{I}{2} - 1)$

**TIP** 중앙종거 $M = R\left(1 - \cos\frac{I}{2}\right)$이다.

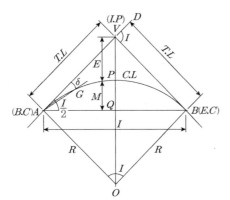

① 교점(I.P) : $V$
② 곡선시점(B.C) : $A$
③ 곡선종점(E.C) : $B$
④ 곡선중점(S.P) : $P$
⑤ 교각(I.A 또는 I) : $\angle DVB$
　가장 중요한 요소
⑥ 접선길이(T.L) : $\overline{AV} = \overline{BV}$
⑦ 곡선반지름(R) : $\overline{OA} = \overline{OB}$
　가장 먼저 결정해야할 요소
⑧ 곡선길이(C.L) : $\overline{AB}$
⑨ 중앙종거(M) : $\overline{PQ}$
⑩ 외할길이(S.L) : $\overline{VP}$
⑪ 현길이(L) : $\overline{AB}$
⑫ 편각(δ) : $\angle VAG$

접선길이 $T.L = R\tan\frac{I}{2}$,

외할 $E = R\left(\sec\frac{I}{2} - 1\right)$,

중앙종거 $M = R\left(1 - \cos\frac{I}{2}\right)$

곡선의 길이 $C.L = 0.0174533RI$, $C.L = R \cdot I^o \cdot \frac{\pi}{180^o}$

시단현의 편각 $\delta_1 = \frac{l_1}{R} \cdot \frac{90^o}{\pi}$ (시단현의 길이 $\delta_1$)

**41** 가능최대강수량(PMP)에 대한 설명으로 바른 것은?

① 홍수량 빈도해석에 사용된다.
② 강우량과 장기변동성향을 판단하는데 사용된다.
③ 최대강우강도와 면적관계를 결정하는데 사용된다.
④ 대규모 수공구조물의 설계홍수량을 결정하는데 사용된다.

> **OTIP** 가능최대강수량(probable maximum precipitation; PMP)은 특정 유역, 특정 지속기간, 가장 극심한 기상 조건에서 발생 가능한 최대 강수량으로서 대규모 수공구조물의 설계홍수량을 결정하는데 사용된다.

**42** 수로의 폭이 3m인 직사각형 수로에 수심이 50cm로 흐를 때 흐름이 상류(subcritical flow)가 되는 유량은?

① $2.5\text{m}^3/\text{sec}$        ② $4.5\text{m}^3/\text{sec}$
③ $6.5\text{m}^3/\text{sec}$        ④ $8.5\text{m}^3/\text{sec}$

> **OTIP**
> $$Fr = \frac{V}{\sqrt{gh}} = \frac{\frac{Q}{3 \times 0.5}}{\sqrt{9.8 \times 0.5}} < 1 \text{이므로 } Q < 3.32 \text{이어야 한다.}$$
> $$Q = 2.5\text{m}^3/\text{sec}$$

**43** 폭 35cm인 직사각형 위어(weir)의 유량을 측정하였더니 $0.03\text{m}^3/\text{s}$이었다. 월류수심의 측정에 1mm의 오차가 생겼다면 유량에 발생하는 오차는? (단, 유량계산은 프란시스(Francis) 공식을 사용하고 월류 시 단면수축은 없는 것으로 가정한다.)

① 1.16%        ② 1.50%
③ 1.67%        ④ 1.84%

> **OTIP** $Q = 1.84b_o h^{1.5}$ 에서 단면수축이 없으므로 $b = b_o$
> $$h = \left(\frac{Q}{1.84 \cdot b}\right)^{1.5} = \left(\frac{0.03}{1.84 \cdot 0.35}\right)^{1.5} = 0.129[\text{m}]$$
> $$\frac{dQ}{Q} = \frac{3}{2} \cdot \frac{dh}{h} = \frac{3}{2} \cdot \frac{0.001}{0.129} = 0.0116$$

**44** 1cm 단위도의 종거가 1, 5, 3, 1이다. 유효강우량이 10mm, 20mm내렸을 때 직접 유출 수문곡선의 종거는? (단, 모든 시간 간격은 1시간이다.)

① 1, 5, 3, 1, 1
② 1, 5, 10, 9, 2
③ 1, 7, 13, 7, 2
④ 1, 7, 13, 9, 2

**TIP**

| 10mm | 1 | 5 | 3 | 1 | |
|---|---|---|---|---|---|
| 20mm | | 2 | 10 | 6 | 2 |
| 종거 | 1 | 7 | 13 | 7 | 2 |

**45** 다음 중 도수(hydraulic jump)가 생기는 경우는?

① 사류(射流)에서 사류(射流)로 변할 때
② 사류(射流)에서 상류(上流)로 변할 때
③ 상류(上流)에서 상류(上流)로 변할 때
④ 상류(上流)에서 사류(射流)로 변할 때

**TIP** 도수(hydraulic jump)는 사류(射流)에서 상류(上流)로 변할 때 발생한다.

**46** 압력 150kN/m²을 수은기둥으로 계산한 높이는? (단, 수은의 비중은 13.57, 물의 단위중량은 9.81kN/m³이다.)

① 0.905m
② 1.13m
③ 15m
④ 203.5m

**TIP** $p = 150[\text{kN/m}^2] = w_s h = 133.12 \cdot h$ 이므로 h=1.13[m]

수은의 비중은 $13.57 = \dfrac{w_s}{w_w} = \dfrac{133.12}{9.81}$ 이므로 수은의 단위중량은 133.12kN/m³이다.

**47** 1차원 정류흐름에서 단위시간에 대한 운동량 방정식은? (단, F는 힘, m은 질량, $V_1$은 초속도, $V_2$는 종속도, $\triangle t$는 시간의 변하량, S는 변위, W는 물체의 중량)

① $F = W \cdot S$

② $F = m \cdot \triangle t$

③ $F = m \dfrac{V_2 - V_1}{S}$

④ $F = m(V_2 - V_1)$

**⊙TIP** $F = ma = m \dfrac{v_2 - v_1}{\triangle t}$ 이므로 $F \cdot \triangle t = m \cdot \triangle v$

따라서 $F = m(V_2 - V_1)$이 된다.

**48** 지름 4cm, 길이 30cm인 시험원통에 대수층의 표본을 채웠다. 시험원통의 출구에서 압력수두를 15cm로 일정하게 유지할 때 2분 동안 12cm³의 유출량이 발생하였다면 이 대수층 표본의 투수계수는?

① 0.008cm/s

② 0.016cm/s

③ 0.032cm/s

④ 0.048cm/s

**⊙TIP** $Q = AV = AKi = AK\dfrac{\triangle h}{L}$ 이므로

$$K = \frac{QL}{hA} = \frac{\dfrac{12}{2} \cdot \dfrac{\min}{60\sec} \cdot 30^2}{15 \cdot \dfrac{\pi \cdot 4^2}{4}} = 0.016[\text{cm/sec}]$$

**49** 다음 중 부정류 흐름의 지하수를 해석하는 방법은?

① Thesis 방법

② Dupuit 방법

③ Thiem 방법

④ Laplace 방법

**⊙TIP** 부정류를 해석하는 방법은 Thesis, Jacob, Chow 방법이 있다.

**50** 안지름 20cm인 관로에서 관의 마찰에 의한 손실수두가 속도수두와 같게 되었다면 이 때 관로의 길이는? (단, 마찰저항계수 f=0.04이다.)

① 3m

② 4m

③ 5m

④ 6m

**TIP** $h_L = f \cdot \dfrac{l}{D} \cdot \dfrac{V^2}{2g} = h_v = \dfrac{V^2}{2g}$ 이므로 $f \cdot \dfrac{l}{D} = 0.04 \cdot \dfrac{l}{0.2} = 1$

따라서 관로의 길이 $l = 5[\text{m}]$

**51** 관수로에서 관의 마찰손실계수가 0.02, 관의 지름이 40cm일 때 관내 물의 흐름이 100m를 흐르는 동안 2m의 마찰손실수두가 발생하였다면 관내의 유속은?

① 0.3m/s

② 1.3m/s

③ 2.8m/s

④ 3.8m/s

**TIP** $h_L = f \cdot \dfrac{l}{D} \cdot \dfrac{V^2}{2g}$ 이므로, $2 = 0.02 \cdot \dfrac{100}{0.4} \cdot \dfrac{V^2}{2 \cdot 9.8}$, 따라서 $V = 2.8[\text{m/s}]$

---

**ANSWER** 47.④ 48.② 49.① 50.③ 51.③

**52** 물이 유량 Q=0.06m³/s로 60도의 경사평면에 충돌할 때 충돌 후의 유량 Q₁, Q₂는? (단, 에너지 손실과 평면의 마찰은 없다고 가정하고 기타 조건은 일정하다.)

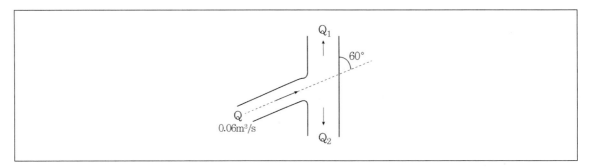

① $Q_1 : 0.030\text{m}^3/\text{s}$, $Q_2 : 0.03\text{m}^3/\text{s}$
② $Q_1 : 0.035\text{m}^3/\text{s}$, $Q_2 : 0.025\text{m}^3/\text{s}$
③ $Q_1 : 0.040\text{m}^3/\text{s}$, $Q_2 : 0.020\text{m}^3/\text{s}$
④ $Q_1 : 0.045\text{m}^3/\text{s}$, $Q_2 : 0.015\text{m}^3/\text{s}$

**O TIP** $Q = Q_1 + Q_2$, $Q_1 = \dfrac{Q}{2} + \dfrac{Q}{2}\cos 60^o$, $Q_2 = \dfrac{Q}{2} - \dfrac{Q}{2}\cos 60^o$

$Q = 0.06$, $Q_1 = 0.045$, $Q_2 = 0.015$

**53** 자연하천의 특성을 표현할 때 이용되는 하상계수에 대한 설명으로 바른 것은?

① 최심하상고와 평형하상고의 비이다.
② 최대유량과 최소유량의 비로 나타낸다.
③ 개수 전과 개수 후의 수심변화량의 비를 말한다.
④ 홍수 전과 홍수 후의 하상 변화량의 비를 말한다.

**O TIP** 하상계수는 최대유량을 최소유량으로 나눈 값이다.

**54** 탱크 속에 깊이 2m의 물과 그 위에 비중 0.85의 기름이 4m 들어있다. 탱크바닥에서 받는 압력을 구한 값은? (단, 물의 단위중량은 9.81kN/m³이다.)

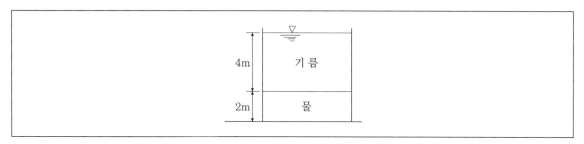

① 52.974kN/m²

② 53.974kN/m²

③ 54.974kN/m²

④ 55.974kN/m²

**O TIP** $2 \cdot 9.81 + 0.85 \cdot 4 \cdot 9.81 = 52.974$

**55** 폭이 무한히 넓은 개수로의 동수반경(경심)은?

① 계산할 수 없다.

② 개수로의 폭과 같다.

③ 개수로의 면적과 같다.

④ 개수로의 수심과 같다.

**O TIP** 단면의 경심(동수반경)은 통수단면적을 윤변(마찰이 작용하는 주변길이)으로 나눈 값이다. 폭이 무한히 넓은 개수로라면 경심(동수반경도)의 값도 이와 같아진다.

**56** 원형 관내 층류영역에서 사용가능한 마찰손실계수의 식은? (단, Re : Reynolds 수)

① $\dfrac{1}{Re}$

② $\dfrac{4}{Re}$

③ $\dfrac{24}{Re}$

④ $\dfrac{64}{Re}$

**O TIP** 원형 관내 층류영역에서 사용가능한 마찰손실계수의 식 : $\dfrac{64}{Re}$

**ANSWER** 52.④ 53.② 54.① 55.④ 56.④

**57** 저수지에 설치된 나팔형 위어의 유량 Q와 월류수심 h와의 관계에서 완전 월류상태는 $Q \propto h^{3/2}$이다. 불완전 월류(수중위어)상태에서의 관계는?

① $Q \propto h^{-1}$

② $Q \propto h^{1/2}$

③ $Q \propto h^{3/2}$

④ $Q \propto h^{-1/2}$

**○TIP** 입구부가 완전히 잠수된 상태에서 유량은 $Q = C_1 a h_2^{1/2} = C_2 a (h + h_1)^{1/2}$이다.

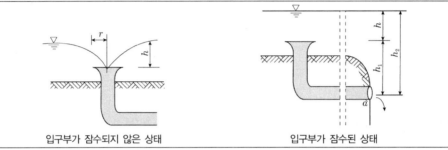

입구부가 잠수되지 않은 상태　　　　　　　입구부가 잠수된 상태

불완전월류란 저수지에 물을 가두거나 하류로 배출하기 위한 시설에서 물이 제대로 배출되지 않아 측수로 내 수위가 상승하고, 상승한 수위에 의해 물넘이의 일부 또는 전부가 잠기는 현상을 의미한다. 이는 저수지의 홍수 대응 능력을 저하할 수 있다.

**58** 다음 중 토양의 침투능(Infiltration Capacity) 결정방법에 해당되지 않는 것은?

① Philip 공식

② 침투계에 의한 실측법

③ 침투지수에 의한 방법

④ 물수지 원리에 의한 산정법

**○TIP** 물수지 원리에 의한 산정법은 침투능 결정방법이 아닌 증발량 산정방법이다.

**59** 동점성계수와 비중이 각각 0.0019m²/s와 1.2인 액체의 점성계수는? (단, 물의 밀도는 1,000kg/m³)

① 1.9kgf · s/m²

② 0.19kgf · s/m²

③ 0.23kgf · s/m²

④ 2.3kgf · s/m²

**○TIP** 동점성계수는 점성계수를 밀도로 나눈 값이다.

이를 식으로 나타내면 $\nu = 0.0019 = \dfrac{\mu}{\rho} = \dfrac{\mu}{1.2 \cdot 1000}$ 이어야 하므로 $\mu = 0.228$

**60** 개수로의 흐름에 대한 설명으로 바르지 않은 것은?

① 사류(supercritical flow)에서는 수면변동이 일어날 때 상류(上流)로 전파될 수 없다.

② 상류(subcritical flow)일 때는 Froude 수가 1보다 크다.

③ 수로경사가 한계경사보다 클 때 사류(supercritical flow)가 된다.

④ Reynolds 수가 500보다 커지면 난류(Turbulent flow)가 된다.

**○TIP** 상류(subcritical flow)일 때는 Froude 수가 1보다 작다.

---

• • •

ANSWER  57.②  58.④  59.③  60.②

**61** 철근의 이음방법에 대한 설명으로 바르지 않은 것은? (단, $l_d$는 정착길이)

① 인장을 받는 이형철근의 겹침이음길이는 A급 이음과 B급 이음으로 분류하며 A급 이음은 $1.0l_d$ 이상, B급 이음은 $1.3l_d$ 이상이며 두 가지 경우 모두 300mm 이상이어야 한다.

② 인장 이형철근의 겹침이음에서 A급 이음은 배치된 철근량이 이음부 전체 구간에서 해석결과 요구되는 소요 철근량의 2배 이상이고, 소용 겹침이음길이 내 겹침이음된 철근량이 전체 철근량의 1/2 이하인 경우이다.

③ 서로 다른 크기의 철근을 압축부에서 겹침이음하는 경우, D41과 D51 철근은 D35이하 철근과의 겹침이음은 허용할 수 있다.

④ 휨부재에서 서로 직접 접촉되지 않게 겹침이음된 철근은 횡방향으로 소요겹침이음길이의 1/3 또는 200mm 중 작은 값 이상 떨어지지 않아야 한다.

○**TIP** 휨부재에서 서로 직접 접촉되지 않게 겹침이음된 철근은 횡방향으로 소요 겹침이음길이의 1/5 또는 150[mm] 중 작은 값 이상 떨어지지 않아야 한다.

**62** $b_w$ =400 mm, d=700mm인 보에 $f_y$ =400MPa인 D16 철근을 인장 주철근에 대한 경사각 $\alpha$=60°인 U형 경사 스터럽으로 설치했을 때 전단철근에 의한 전단강도는? (단, 스터럽 간격 s=300mm, D16철근 1본의 단면적은 199mm²이다.)

① 253.7kN
② 321.7kN
③ 371.5kN
④ 507.4kN

○**TIP**
$$V_s = \frac{A_v f_y d(\sin\alpha + \cos\alpha)}{s} = \frac{A_v \cdot 400 \cdot 700(\sin 60^o + \cos 60^o)}{300}$$
$$= \frac{2 \cdot 199 \cdot 400 \cdot 700\left(\frac{\sqrt{3}+1}{2}\right)}{300} = 507.4\text{kN}$$

**63** 철근콘크리트 구조물의 전단철근에 대한 설명으로 틀린 것은?

① 전단철근의 설계기준항복강도는 450MPa을 초과할 수 없다.
② 전단철근으로서 스터럽과 굽힘철근을 조합하여 사용할 수 있다.
③ 주인장철근에 45° 이상의 각도로 설치되는 스터럽은 전단철근으로 사용할 수 있다.
④ 경사스터럽과 굽힘철근은 부재 중간높이인 0.5d에서 반력점 방향으로 주인장철근까지 연장된 45°선과 한 번 이상 교차되도록 배치해야 한다.

**○TIP** 전단철근의 설계기준항복강도는 500[MPa] 이하여야 한다.

**64** 옹벽의 설계에 대한 설명으로 바르지 않은 것은?

① 무근콘크리트 옹벽은 부벽식 옹벽의 형태로 설계해야 한다.
② 활동에 대한 저항력은 옹벽에 작용하는 수평력의 1.5배 이상이어야 한다.
③ 저판의 뒷굽판은 정확한 방법이 사용되지 않는 한 뒷굽판 상부에 재하되는 모든 하중을 지지하도록 설계해야 한다.
④ 부벽식 옹벽의 저판은 정밀한 해석이 사용되지 않는 한, 부벽 사이의 거리를 경간으로 가정한 고정보 또는 연속보로 설계할 수 있다.

**○TIP** 무근콘크리트 옹벽은 중력식 옹벽의 형태로 설계한다.

**65** 옹벽에서 T형보로 설계해야 하는 부분은?

① 뒷부벽식 옹벽의 전면벽
② 뒷부벽식 옹벽의 뒷부벽
③ 앞부벽식 옹벽의 저판
④ 앞부벽식 옹벽의 앞부벽

**○TIP**

| 옹벽의 종류 | 설계위치 | 설계방법 |
|---|---|---|
| 뒷부벽식 옹벽 | 전면벽<br>저판<br>뒷부벽 | 2방향 슬래브<br>연속보<br>T형보 |
| 앞부벽식 옹벽 | 전면벽<br>저판<br>앞부벽 | 2방향 슬래브<br>연속보<br>직사각형보 |

**66** 경간이 8m인 단순 프리스트레스트 콘크리트보에 등분포하중(고정하중과 활하중의 합)이 w=30kN/m 작용할 때 중앙 단면 콘크리트 하연에서의 응력이 0이 되려면 PS강재에 작용되어야 할 프리스트레스 힘(P)은? (단, PS강재는 단면 중심에 배치되어 있다.)

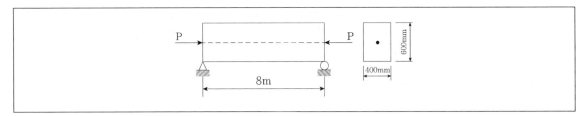

① 2400kN

② 3500kN

③ 4000kN

④ 4920kN

**TIP** $f_b = \dfrac{P}{A} - \dfrac{M}{Z} = \dfrac{P}{bh^2} - \dfrac{3wl^2}{4bh^2} = 0$

$P = \dfrac{3wL^2}{4h} = \dfrac{3 \cdot 20[\text{kN/m}] \cdot (8[\text{m}])^2}{4 \cdot 0.4[\text{m}]} = 2,400[\text{kN}]$

**67** 균형철근량보다 적고 최소철근량보다 많은 인장철근을 가진 과소철근 보가 휨에 의해 파괴될 때의 설명으로 바른 것은?

① 인장측 철근이 먼저 항복한다.

② 압축측 콘크리트가 먼저 파괴된다.

③ 압축측 콘크리트와 인장측 철근이 동시에 항복한다.

④ 중립축이 인장측으로 내려오면서 철근이 먼저 파괴된다.

**TIP** 과소철근보는 인장측철근이 먼저 항복하여 연성파괴가 일어나게 된다.

**68** 강도설계법에 의한 콘크리트구조 설계에서 변형률 및 지배단면에 대한 설명으로 바르지 않은 것은?

① 인장철근이 설계기준항복강도 $f_y$에 대응하는 변형률에 도달하고 동시에 압축콘크리트가 가정된 극한변형률에 도달할 때, 그 단면이 균형변형률 상태에 있다고 본다.

② 압축연단 콘크리트가 가정된 극한변형률에 도달할 때 최외단 인장철근의 순인장변형률이 0.0025의 인장지배변형률 한계 이상인 단면을 인장지배단면이라고 한다.

③ 압축연단 콘크리트가 가정된 극한변형률에 도달할 때 최외단 인장철근의 순인장변형률이 압축지배변형률 한계 이하인 단면을 압축지배단면이라고 한다.

④ 순인장변형률이 압축지배변형률 한계와 인장지배변형률 한계 사이인 단면은 변화구간 단면이라고 한다.

**OTIP** 압축연단 콘크리트가 가정된 극한변형률에 도달할 때 최외단 인장철근의 순인장변형률이 0.005의 인장지배변형률 한계 이상인 단면을 인장지배단면이라고 한다.


**69** 다음 중 강도설계법의 기본 가정으로 바르지 않은 것은?

① 철근과 콘크리트의 변형률은 중립축에서의 거리에 비례한다고 가정한다.

② 콘크리트의 인장강도는 철근콘크리트 부재단면의 축강도와 휨강도 계산에서 무시한다.

③ 철근의 응력이 설계기준항복강도($f_y$) 이하일 때 철근의 응력은 그 변형률에 관계없이 $f_y$와 같다고 가정한다.

④ 휨모멘트 또는 휨모멘트와 축력을 동시에 받는 부재의 콘크리트 압축연단의 극한변형률은 콘크리트의 설계기준 압축강도가 40MPa 이하인 경우에는 0.0033으로 가정한다.

**OTIP** 철근의 응력이 설계기준항복강도($f_y$) 이상일 때 철근의 응력은 설계기준항복강도와 동일한 값으로 해야 한다.


**70** 나선철근 기둥의 설계에 있어서 나선철근비를 구하는 식은? (단, $A_g$는 기둥의 총 단면적, $A_{ch}$는 나선철근 기둥의 심부 단면적, $f_{yt}$는 나선철근의 설계기준항복강도, $f_{ck}$는 콘크리트의 설계기준압축강도)

① $0.45\left(\dfrac{A_g}{A_{ch}}-1\right)\dfrac{f_{yt}}{f_{ck}}$      ② $0.45\left(\dfrac{A_g}{A_{ch}}-1\right)\dfrac{f_{ck}}{f_{yt}}$

③ $0.45\left(1-\dfrac{A_g}{A_{ch}}\right)\dfrac{f_{ck}}{f_{yt}}$      ④ $0.85\left(\dfrac{A_{ch}}{A_g}-1\right)\dfrac{f_{ck}}{f_{yt}}$

**OTIP** 나선철근비 $\rho_s = \dfrac{\text{나선철근의 전 체적}}{\text{심부체적}} \geq 0.45\left(\dfrac{A_g}{A_{ch}}-1\right)\dfrac{f_{ck}}{f_{yt}}$

* * *
ANSWER    66.①   67.①   68.②   69.③   70.②

**71** 그림과 같은 단순 PSC보에서 등분포하중 W=30kN/m가 작용하고 있다. 프리스트레스에 의한 상향력과 이 등분포하중이 비기기 위해서는 프리스트레스 힘 P를 얼마로 도입해야 하는가?

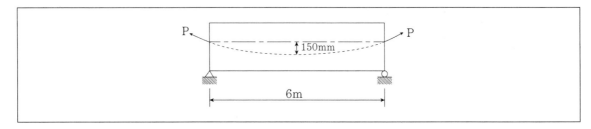

① 900[kN]

② 1200[kN]

③ 1500[kN]

④ 1800[kN]

**O TIP** $u = \dfrac{8Ps}{l^2} = w$ 이어야 하므로, $P = \dfrac{wl^2}{8s} = \dfrac{30 \cdot 6^2}{8 \cdot 0.15} = 900[\text{kN}]$

**72** 다음 그림과 같은 필릿용접의 유효목두께로 옳게 표시된 것은? (단, KDS 14 30 25 강구조 연결 설계기준(허용응력설계법)에 따른다.)

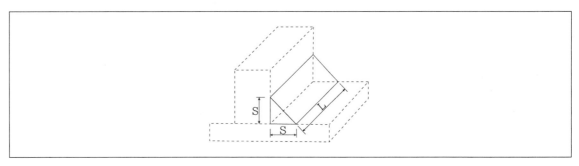

① S

② 0.9S

③ 0.7S

④ 0.5L

**O TIP** 필릿용접의 유효목두께는 0.7S이다.

**73** 다음 그림과 같은 맞대기 용접의 인장응력은?

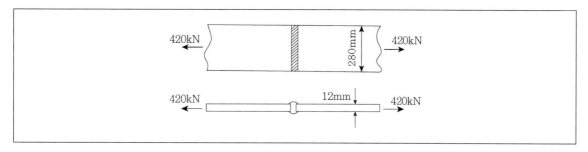

① 25MPa

② 125MPa

③ 250MPa

④ 1250MPa

🅾️**TIP** $f = \dfrac{P}{A} = \dfrac{420 \cdot 10^3}{12 \cdot 280} = 125\,[\text{MPa}]$

**74** 다음 그림과 같은 필릿용접에서 일어나는 응력은? (단, KDS 14 30 25 강구조 연결 설계기준(허용응력설계법)에 따른다.)

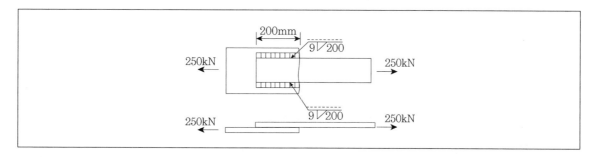

① 82.3MPa

② 95.05MPa

③ 109.02MPa

④ 130.25MPa

🅾️**TIP** $v_a = \dfrac{P}{\sum a L_e} = \dfrac{250,000}{2 \cdot 9 \cdot 0.7 \cdot (200 - 2 \cdot 9)} = 109.018\,[\text{MPa}]$

$L_e = L - 2s = 200 - 2 \cdot 9$

**75** 직접설계법에 의한 2방향 슬래브 설계에서 전체 정적 계수 휨모멘트가 340kNm로 계산되었을 때, 내부 경간의 부계수 휨모멘트는?

① 102kNm

② 119kNm

③ 204kNm

④ 221kNm

**O TIP** 내부경간의 부계수 휨모멘트

양단부에서는 부(−)의 모멘트가 발생하므로, 내부경간에서 부계수휨모멘트는 전체 정적계수휨모멘트의 65%가 분배되므로 부계수 휨모멘트는

$0.65 \cdot M_o = 0.65 \cdot 340 = 221[\text{kN} \cdot \text{m}]$

**76** 부재의 설계 시 적용되는 강도감소계수($\phi$)에 대한 설명 중 바르지 않은 것은?

① 인장지배 단면에서의 강도감소계수는 0.85이다.

② 포스트텐션 정착구역에서 강도감소계수는 0.80이다.

③ 압축지배단면에서 나선철근으로 보강된 철근콘크리트 부재의 강도감소계수는 0.70이다.

④ 공칭강도에서 최외단 인장철근의 순인장변형률($\varepsilon_t$)이 압축지배와 인장지배단면 사이일 경우에는, $\varepsilon_t$가 압축지배변형률 한계에서 인장지배변형률 한계로 증가함에 따라 $\phi$값을 압축지배단면에 대한 값에서 0.85까지 증가시킨다.

**O TIP** 포스트텐션 정착구역에서 강도감소계수는 0.85이다.

**77** 표피철근(skin reinforcement)에 대한 설명으로 옳은 것은?

① 상하 기둥 연결부에서 단면치수가 변하는 경우에 구부린 주철근이다.

② 비틀림모멘트가 크게 일어나는 부재에서 이에 저항하도록 배치되는 철근이다.

③ 건조수축 또는 온도변화에 의해 콘크리트에 발생하는 균열을 방지하기 위한 목적으로 배치되는 철근이다.

④ 주철근이 단면의 일부에 집중배치된 경우일 때 부재의 측면에 발생 가능한 균열을 제어하기 위한 목적으로 주철근 위치에서부터 중립축까지의 표면 근처에 배치하는 철근이다.

**O TIP** 표피철근

• 주철근이 단면의 일부에 집중배치된 경우일 때 부재의 측면에 발생가능한 균열을 제어하기 위한 목적으로 주철근 위치에서부터 중립축까지의 표면 근처에 배치하는 철근이다.

• 보나 장선의 깊이 h가 900mm를 초과하면, 종방향 표피철근을 인장연단으로부터 h/2지점까지 부재 양쪽 측면을 따라 균일하게 배치해야 한다.

**78** 프리스트레스트 콘크리트(PSC)에 대한 설명으로 바르지 않은 것은?

① 프리캐스트를 사용할 경우 거푸집 및 동바리공이 불필요하다.

② 콘크리트 전 단면을 유효하게 이용하여 철근콘크리트(RC)부재보다 경간을 길게 할 수 있다.

③ 철근콘크리트(RC)에 비해 단면이 작아서 변형이 크고 진동하기 쉽다.

④ 철근콘크리트(RC)보다 내화성에 있어서 유리하다.

> **TIP** 프리스트레스트 콘크리트는 고강도 강재가 사용되므로 내화성에 있어 불리하다. 강재가 열을 받아 온도가 올라가게 되면 프리스트레스트 부재의 강도가 급격히 떨어지게 된다.

**79** 압축철근비가 0.01이고, 인장철근비가 0.003인 철근콘크리트보에서 장기 추가처짐에 대한 계수의 값은? (단, 하중재하기간은 5년 6개월이다.)

① 0.66

② 0.80

③ 0.93

④ 1.33

> **TIP** 장기처짐계수 $\lambda = \dfrac{\xi}{1+50\rho'} = \dfrac{2.0}{1+50\cdot 0.01} = 1.33$

**80** 다음 그림과 같은 나선철근 단주의 강도설계법에 의한 공칭축강도($P_n$)를 구하면? (단, D32 1개의 단면적 794[mm²], $f_{ck} = 24[\mathrm{MPa}]$, $f_y = 420[\mathrm{MPa}]$)

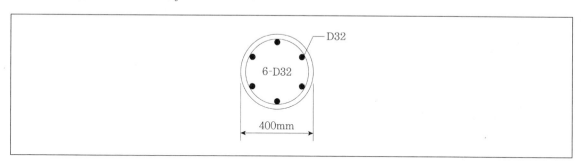

① 2648[kN]

② 3254[kN]

③ 3797[kN]

④ 3972[kN]

> **TIP** $P_n = \alpha[0.85 f_{ck}(A_g - A_{st}) + f_y A_{st}]$
>
> $P_n = 0.85\left[0.85 \cdot 24 \cdot \left(\dfrac{\pi \cdot 400^2}{4} - 794 \cdot 6\right) + 400 \cdot 794 \cdot 6\right] = 3797.15[\mathrm{kN}]$

---

**ANSWER**  75.④  76.②  77.④  78.④  79.④  80.③

**81** 두께 2cm의 점토시료의 압밀시험 결과 전 압밀량의 90%에 도달하는데 1시간이 걸렸다. 만일 같은 조건에서 같은 점토로 이루어진 2m의 토층 위에 구조물을 축조할 경우 최종침하량의 90%에 도달하는 데 걸리는 시간은?

① 약 250일
② 약 368일
③ 약 417일
④ 약 525일

**◎TIP** 압밀시험은 양면배수시험이므로 배수거리(d), 계산 시 시료두께의 1/2로 해야 한다. $t = \dfrac{T_v \cdot d^2}{C_v}$

압밀시간은 배수거리의 제곱에 비례한다.
$t_1 : t_2 = d_1^2 : d_2^2$이므로,
$$t_2 = \frac{d_2^2}{d_1^2} t_1 = \frac{100^2}{1^2} \cdot 1 = 10,000[hr] = 417[\text{day}]$$

**82** 유효응력에 대한 설명으로 바르지 않은 것은?

① 항상 전응력보다는 작은 값이다.
② 점토지반의 압밀에 관계되는 응력이다.
③ 건조한 지반에서는 전응력과 같은 값으로 본다.
④ 포화된 흙인 경우 전응력에서 간극수압을 뺀 값이다.

**◎TIP** 간극수압이 0이 되는 경우 유효응력은 전응력과 동일한 값이 된다.

**83** 다음 그림과 같은 지반에서 x-x' 단면에 작용하는 유효응력은? (단, 물의 단위중량은 $9.81kN/m^3$이다.)

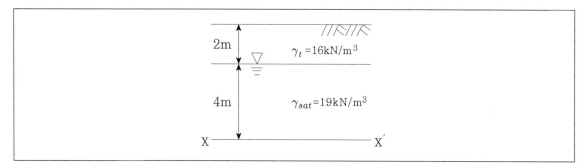

① $46.7kN/m^2$

② $68.8kN/m^2$

③ $90.5kN/m^2$

④ $108kN/m^2$

**TIP** $\sigma' = r_t h_1 + r_{sub} h_2 = 16 \cdot 2 + (19-9.81) \cdot 4 = 68.8$

**84** 다음 중 사면안정해석방법이 아닌 것은?

① 마찰원법

② 비숍(Bishop)의 방법

③ 펠레니우스(Fellenius) 방법

④ 테르자기(Terzaghi)의 방법

**TIP** 테르자기(Terzaghi)의 방법은 벽체나 지반에 작용하는 힘과 지지력에 관한 해석 시 주로 사용된다.

**85** 보링(Boring)에 대한 설명으로 바르지 않은 것은?

① 보링(Boring)에는 회전식과 충격식이 있다.

② 충격식은 굴진속도가 빠르고 비용도 싸지만 분말상의 교란된 시료만 얻어진다.

③ 회전식은 시간과 공사비가 많이 들뿐만 아니라 확실한 코어(Core)도 얻을 수 없다.

④ 보링은 지반의 상황을 판단하고자 실시한다.

**TIP** 회전식 보링: 동력에 의하여 내관인 로드 선단에 설치한 드릴 피트를 회전시켜 땅에 구멍을 뚫으며 내려간다. 지층의 변화를 연속적으로 비교적 정확히 알 수 있는 방식이다. (로터리보링=코어보링, 논코어보링(코어 채취를 하지 않고 연속적으로 굴진하는 보링), 와이어라인공법(파들어 가면서 로드 속을 통해 코어를 당겨 올리는 공법)

**ANSWER** 81.③  82.①  83.②  84.④  85.③

**86** 4m×4m 크기인 정사각형 기초를 내부마찰각 20도, 점착력 c=30kN/m²인 지반에 설치하였다. 흙의 단위 중량이 19kN/m³이고 안전율을 3으로 할 때 Terzaghi 공식에 의한 이 기초의 허용지지력 $q_a$는 얼마인가? (단, 기초의 근입깊이는 1m이고, 전반전단파괴가 발생한다고 가정하며 지지력계수 $N_c = 17.69$, $N_q = 7.44$, $N_r = 4.97$ 이다.)

① 3780kN

② 5239kN

③ 6750kN

④ 8140kN

**○TIP** 극한지지응력 $q_u = \alpha \cdot c \cdot N_c + \beta \cdot r_1 \cdot B \cdot N_r + r_2 \cdot D_f \cdot N_q$

$q_u = 1.3 \cdot 30 \cdot 17.69 + 0.4 \cdot 19 \cdot 4 \cdot 4.97 + 19 \cdot 1 \cdot 7.44 = 982.358$

허용지지응력 $q_a = \dfrac{q_u}{F} = \dfrac{982.358}{3} = 327.45$

허용지지응력에 기초의 면적을 곱하면 허용지지력이 되므로 $327.45 \times 16 = 5239.2[kN]$

※ Terzaghi의 수정극한지지력 공식

- $q_u = \alpha \cdot c \cdot N_c + \beta \cdot r_1 \cdot B \cdot N_r + r_2 \cdot D_f \cdot N_q$
- $N_c$, $N_r$, $N_q$ : 지지력 계수로서 $\phi$의 함수이다.
- $c$ : 기초저면 흙의 점착력
- $B$ : 기초의 최소폭
- $r_1$ : 기초 저면보다 하부에 있는 흙의 단위중량(t/m³)
- $r_2$ : 기초 저면보다 상부에 있는 흙의 단위중량(t/m³)

  단, $r_1$, $r_2$는 지하수위 아래에서는 수중단위중량($r_{sub}$)을 사용한다.
- $D_f$ : 근입깊이(m)
- $\alpha$, $\beta$ : 기초모양에 따른 형상계수 ($B$ : 구형의 단변길이, $L$ : 구형의 장변길이)

| 구분 | 연속 | 정사각형 | 직사각형 | 원형 |
|---|---|---|---|---|
| $\alpha$ | 1.0 | 1.3 | $1 + 0.3\dfrac{B}{L}$ | 1.3 |
| $\beta$ | 0.5 | 0.4 | $0.5 - 0.1\dfrac{B}{L}$ | 0.3 |

**87** 다짐곡선에 대한 설명으로 바르지 않은 것은?

① 다짐에너지를 증가시키면 다짐곡선은 왼쪽 위로 이동하게 된다.

② 사질성분이 많은 시료일수록 다짐곡선은 오른쪽 위에 위치하게 된다.

③ 점성분이 많은 흙일수록 다짐곡선은 넓게 퍼지는 형태를 가지게 된다.

④ 점성분이 많은 흙일수록 오른쪽 아래에 위치하게 된다.

**○TIP** 사질성분이 많은 시료일수록 다짐곡선은 왼쪽 위에 위치하게 된다.

**88** 하중이 완전히 강성인 푸팅 기초판을 통하여 지반에 전달되는 경우의 접지압(또는 지반반력) 분포로 옳은 것은?

① 푸팅 / 점토지반
② 푸팅 / 모래지반
③ 푸팅 / 점토지반
④ 푸팅 / 모래지반

○**TIP**

강성기초 — 점토 / 강성기초 — 모래

점토지반 접지압분포 : 기초 모서리에서 최대응력발생
모래지반 접지압분포 : 기초 중앙부에서 최대응력발생

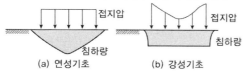

접지압 / 침하량 (a) 연성기초 접지압 / 침하량 (b) 강성기초

[점토지반의 접지압과 침하량 분포]

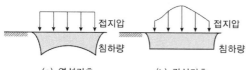

접지압 / 침하량 (a) 연성기초 접지압 / 침하량 (b) 강성기초

[모래지반의 접지압과 침하량 분포]

**89** 수조에 상방향의 침투에 의한 수두를 측정한 결과, 그림과 같이 나타났다. 이 때 수조 속에 있는 흙에 발생하는 침투력을 나타낸 식은? (단, 시료의 단면적은 A, 시료의 길이는 L, 시료의 포화단위중량은 $\gamma_{sat}$, 물의 단위중량은 $\gamma_w$이다.)

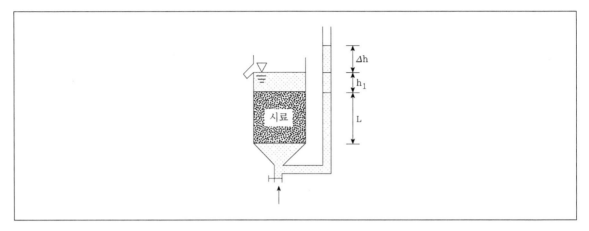

① $\triangle h \cdot \gamma_w \cdot A$

② $\triangle h \cdot \gamma_w \cdot \dfrac{A}{L}$

③ $\triangle h \cdot \gamma_{sat} \cdot A$

④ $\dfrac{\gamma_{sat}}{\gamma_w} \cdot A$

**○TIP** 수조 속에 있는 흙에 발생하는 침투력은 $\triangle h \cdot \gamma_w \cdot A$

**90** 포화상태에 있는 흙의 함수비가 40%이고, 비중이 2.60이다. 이 흙의 간극비는?

① 0.65

② 0.065

③ 1.04

④ 1.40

**○TIP** $e = \dfrac{V_v}{V_s} = \dfrac{n}{1-n}$, $Gw = Se$, $\gamma_d = \dfrac{(G+Se)\gamma_w}{1+e}$

$Gw = 2.6 \cdot 0.4 = Se = 1 \cdot e$가 성립되어야 하므로 $e = 1.04$

**91** 자연 상태의 모래지반을 다져 $e_{\min}$에 이르도록 했다면 이 지반의 상대밀도는?

① 0%                                      ② 50%

③ 75%                                   ④ 100%

**TIP** $D_r = \dfrac{e_{\max} - e}{e_{\max} - e_{\min}} \cdot 100 = \dfrac{e_{\max} - e_{\min}}{e_{\max} - e_{\min}} \cdot 100 = 100\%$

$e$가 $e_{\min}$에 가까워질수록 상대밀도가 커지게 되어 지반의 안전성이 향상된다.

**92** 말뚝에서 부주면마찰력에 대한 설명으로 바르지 않은 것은?

① 아래쪽으로 작용하는 마찰력이다.
② 부주면마찰력이 작용하면 말뚝의 지지력은 증가한다.
③ 압밀층을 관통하여 견고한 지반에 말뚝을 박으면 일어나기 쉽다.
④ 연약지반에 말뚝을 박은 후 그 위에 성토를 하면 일어나기 쉽다.

**TIP** 부주면마찰력이 작용하면 말뚝의 지지력은 감소한다.

**93** 포화된 점토에 대한 일축압축시험에서 파괴 시 축응력이 0.2MPa일 때 이 점토의 점착력은?

① 0.1MPa
② 0.2MPa
③ 0.4MPa
④ 0.6MPa

**TIP** 포화된 점토의 경우 점토의 점착력은 일축압축시험에서 파괴 시 축응력의 1/2값이 된다.

**94** 포화된 점토지반에 성토하중으로 어느 정도 압밀된 후 급속한 파괴가 예상될 때 이용해야 할 강도정수는?

① CU-test

② UU-test

③ UC-test

④ CD-test

○**TIP** • 압밀비배수시험(CU-test, 중기안정해석) : 어느 정도 성토를 시켜놓고 압밀이 이루어지게 한 후 몇 개월 후에 다시 성토를 하면 압밀이 다시 일어난다. 이후 급한 파괴가 일어난다. (시료에 구속압력을 가하고 간극수압이 0이 될 때까지 압밀시킨 후 비배수상태에서 축차응력을 가하여 전단시키는 시험이며, 간극수압계를 사용하여 공극수압을 측정한 결과를 이용하여 유효응력으로 전단강도정수를 결정하는 시험이다.)
• 압밀배수시험(CD-test, 장기안정해석) : 과잉수압이 빠져나가는 속도보다 더 느리게 시공을 하여 완만하게 파괴가 일어나도록 한다. (시료에 구속압력을 가한 후 압밀한 후 시료 중의 공극수의 배수가 허용되도록 축차응력을 가하는 시험이다.)
• 비압밀 비배수시험(UU-test, 단기간 안정해석) : 급속시공을 하여 급속성토를 하면 압밀과 과잉수압 배수속도보다 더 빠른 속도로 성토가 되며 갑작스런 파괴가 일어난다. 점토에서는 배수에 오랜 시간이 필요한데 파괴가 급한 속도로 일어났으므로 배수가 일어나지 않은 상황이다. (시료 내에 간극수의 배출을 허용하지 않은 상태에서 구속압력을 가하고 비배수 상태에서 축차응력을 가하여 전단시키는 시험이므로 즉각적인 함수비의 변화나 체적의 변화가 없다. 전단 중에는 공극수압을 측정하지 않으므로 전응력시험이다.)

**95** Coulomb 토압에서 옹벽배면의 지표면 경사가 수평이고, 옹벽배면 벽체의 기울기가 연직인 벽체에서 옹벽과 뒤채움 흙 사이의 벽면마찰각($\delta$)을 무시할 경우, Coulomb토압과 Rankine토압의 크기를 비교할 때 옳은 것은?

① Rankine토압이 Columb토압보다 크다.

② Coulomb토압이 Rankine토압보다 크다.

③ 항상 Rankine토압과 Coulomb토압의 크기는 같다.

④ 주동토압은 Rankine토압이 더 크고 수동토압은 Coulomb토압이 더 크다.

○**TIP** 옹벽배면의 지표면 경사가 수평이고, 옹벽배면 벽체의 기울기가 연직인 벽체에서 옹벽과 뒤채움 흙 사이의 벽면마찰각($\phi$)을 무시할 경우 항상 Rankine토압과 Coulomb토압의 크기는 같다.

**96** 표준관입시험에 대한 설명으로 바르지 않은 것은?

① 표준관입시험의 N값으로 모래지반의 상대밀도를 추정할 수 있다.

② 표준관입시험의 N값으로 점토지반의 연경도를 추정할 수 있다.

③ 지층의 변화를 판단할 수 있는 시료를 얻을 수 있다.

④ 모래지반에 대해서 흐트러지지 않은 시료를 얻을 수 있다.

○**TIP** 표준관입시험을 실시하면 Rod에 의한 충격에 의하여 토사의 교란이 일어날 수 밖에 없다.

**97** 현장 도로 토공에서 모래치환법에 의한 흙의 밀도 시험을 하였다. 파낸 구멍의 체적이 V=1800cm$^3$, 흙의 질량이 3,950g이고 이 흙의 함수비는 11.2%였으며 비중은 2.65이다. 실내시험으로부터 구한 최대건조밀도가 2.05g/cm$^3$일 때 다짐도는 얼마인가?

① 92%

② 94%

③ 96%

④ 98%

**○ TIP**

$$\gamma_d = \frac{\gamma_t}{1+w} = \frac{\dfrac{3950\,[\mathrm{g}]}{1800\,[\mathrm{cm}^3]}}{1+\dfrac{11.2}{100}} = 1.973\,[\mathrm{g/cm^3}] \text{ 이므로 다짐도는 } \frac{1.973\,[g/cm^3]}{2.05\,[g/cm^3]} \cdot 100 = 96.24\,[\%]$$

**98** 지반개량공법 중 연약한 점성토 지반에 적당하지 않은 것은?

① 치환 공법

② 침투압 공법

③ 폭파다짐공법

④ 샌드드레인 공법

**○ TIP** 폭파다짐공법은 사질토 지반에 적합하다.

| 공법 | 적용되는 지반 | 종류 |
|---|---|---|
| 다짐공법 | 사질토 | 동압밀공법, 다짐말뚝공법, 폭파나짐법, 바이브로 컴포져공법, 바이브로 플로테이션공법 |
| 압밀공법 | 점성토 | 선하중재하공법, 압성토공법, 사면선단재하공법 |
| 치환공법 | 점성토 | 폭파치환공법, 미끄럼치환공법, 굴착치환공법 |
| 탈수 및 배수공법 | 점성토 | 샌드드레인공법, 페이퍼드레인공법, 생석회말뚝공법 |
| | 사질토 | 웰포인트공법, 깊은우물공법 |
| 고결공법 | 점성토 | 동결공법, 소결공법, 약액주입공법 |
| 혼합공법 | 사질토, 점성토 | 소일시멘트공법, 입도조정법, 화학약제혼합공법 |

**99** 다음과 같은 지반에서 재하순간 수주(水柱)가 지표면(지하수위)으로부터 5m였다. 40% 압밀이 일어난 후 A 점에서의 전체 간극수압은 얼마인가? (단, 물의 단위중량은 9.81kN/m³이다.)

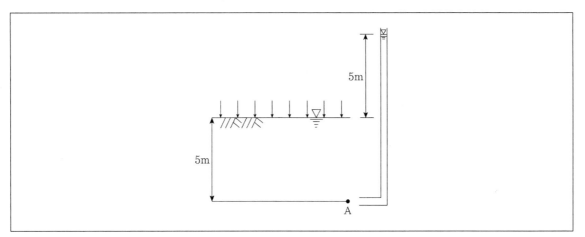

① $19.62\text{kN/m}^2$

② $29.43\text{kN/m}^2$

③ $49.05\text{kN/m}^2$

④ $78.48\text{kN/m}^2$

**○TIP** 정수압 $u_1 = \gamma_w \cdot h_1 = 9.81 \cdot 5 = 49.05[\text{kN/m}^2]$

압밀도 $U = \dfrac{u_1 - u_2}{u_1} \times 100 = \dfrac{49.05 - u_2}{49.05} \times 100 = 40\%$

과잉간극수압 $u_2 = 29.43[\text{kN/m}^2]$

A지점의 간극수압

$u = 정수압(u_1) + 과잉간극수압(u_2) = 49.05 + 29.43 = 78.48[\text{kN/m}^2]$

**100** 아래 그림에서 투수계수 K=4.8×10⁻³cm/sec일 때 Darcy의 유출속도 V와 실제 물의 속도(침투속도) $V_s$는?

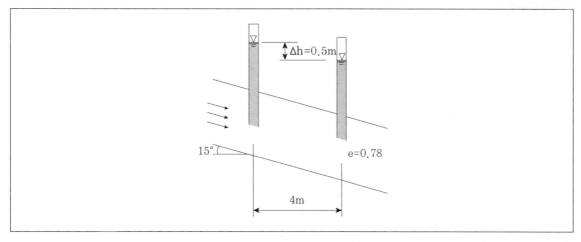

① V=3.4×10⁻⁴cm/sec, $V_s$=5.6×10⁻⁴cm/sec

② V=3.4×10⁻⁴cm/sec, $V_s$=9.4×10⁻⁴cm/sec

③ V=5.8×10⁻⁴cm/sec, $V_s$=10.8×10⁻⁴cm/sec

④ V=5.8×10⁻⁴cm/sec, $V_s$=13.2×10⁻⁴cm/sec

**◎TIP** 유출속도

$$V = K \cdot i = K \cdot \frac{\Delta h}{L} = 4.8 \times 10^{-3} \times \frac{0.5}{4.14} = 0.00058 \text{cm/sec}$$

$$= 5.8 \times 10^{-4} \text{cm/sec}$$

여기서 $L = \frac{4}{\cos 15^o} = 4.14\text{m}$

침투속도

$$V_s = \frac{V}{n} = \frac{0.00058}{0.438} = 0.00132 \text{cm/sec} = 13.2 \times 10^{-4} \text{cm/sec}$$

간극률 $n = \frac{e}{1+e} = \frac{0.78}{1+0.78} = 0.438$

**101** 상수슬러지의 함수율이 99%에서 98%로 되면 슬러지의 체적은 어떻게 변하는가?

① 1/2로 증대　　　　　　　　　　　　② 1/2로 감소
③ 2배로 증대　　　　　　　　　　　　④ 2배로 감소

**TIP** $\dfrac{V_2}{V_1}=\dfrac{100-99}{100-98}=\dfrac{1}{2}$ 이므로 슬러지 체적은 1/2로 감소된다.

**102** 공동현상(Cavitation)의 방지책에 대한 설명으로 바르지 않은 것은?

① 마찰손실을 작게 한다.
② 흡입양정을 작게 한다.
③ 펌프의 흡입관경을 작게 한다.
④ 임펠러 속도를 작게 한다.

**TIP** 공동현상을 방지하려면 펌프의 흡입관경을 크게 해야 한다.
흡입관경이 작으면 유속이 빨라지게 되고 공기가 흡입되어 공동현상이 발생하게 될 수 있다.

**103** 상수도에서 많이 사용되고 있는 응집제인 황산알루미늄에 대한 설명으로 바르지 않은 것은?

① 가격이 저렴하다.
② 독성이 없으므로 대량으로 주입할 수 있다.
③ 결정은 부식성이 없어 취급이 용이하다.
④ 철염에 비하여 플록의 비중이 무겁고 적정 pH의 폭이 넓다.

**TIP** 황산알루미늄은 철염보다 플록의 비중이 가볍다.
㉠ **황산알루미늄**($Al_2(SO_4)_3 \cdot 18H_2O$)
  • 명반이라고도 불린다.
  • 가격이 저렴하고 무독성이며 플록이 가볍다.
  • 응집 pH범위는 5.5~8.5로 범위가 좁다.
㉡ **철염**(($FeCl_3 \cdot 6H_2O$)
  • 염화제2철이라고도 하며 부식성이 강하다.
  • 응집 pH범위는 4~12로 넓은 편이며 플록이 무겁다.

**104** 비교회전도(Ns)의 변화에 따라 나타나는 펌프의 특성곡선의 형태가 아닌 것은?

① 양정곡선
② 유속곡선
③ 효율곡선
④ 축동력곡선

**◯TIP** 펌프특성곡선은 양정곡선, 효율곡선, 축동력곡선이 있다.

**105** 우수 조정지의 구조형식으로 바르지 않은 것은?

① 댐식(제방높이 15m 미만)
② 월류식
③ 지하식
④ 굴착식

**◯TIP** 우수조정지의 구조형식에는 댐식, 굴착식, 지하식, 현지저류식이 있다.

**106** 정수시설 중 배출수 및 슬러지처리시설에 대한 설명이다. ㉠, ㉡에 알맞은 것은?

> 농축조의 용량은 계획슬러지량의 ( ㉠ )시간분, 고형물 부하는 ( ㉡ )kg/(m² · day)을 표준으로 하되, 원수의 종류에 따라 슬러지의 농축특성에 큰 차이가 발생할 수 있으므로 처리대상 슬러지의 농축특성을 조사하여 결정한다.

① ㉠ 12~24, ㉡ 5~10
② ㉠ 12~24, ㉡ 10~20
③ ㉠ 24~48, ㉡ 5~10
④ ㉠ 24~48, ㉡ 10~20

**◯TIP** 농축조의 용량은 계획슬러지량의 24~48시간분, 고형물 부하는 $10 \sim 20 kg/(m^2 \cdot day)$을 표준으로 하되, 원수의 종류에 따라 슬러지의 농축특성에 큰 차이가 발생할 수 있으므로 처리대상 슬러지의 농축특성을 조사하여 결정한다.

---

**ANSWER** 101.② 102.③ 103.④ 104.② 105.② 106.④

**107** 하수관로의 개보수 계획 시 불명수량 산정방법 중 일평균하수량, 상수사용량, 지하수사용량, 오수전환 등을 주요인자로 이용하여 산정하는 방법은?

① 물사용량 평가법

② 일최대유량 평가법

③ 야간생활하수 평가법

④ 일최대-최소유량 평가법

**○TIP** 물사용량 평가법에 관한 설명이다.


**108** 수중의 질소화합물의 질산화 진행과정으로 옳은 것은?

① $NH_3-N \rightarrow NO_2-N \rightarrow NO_3-N$

② $NH_3-N \rightarrow NO_3-N \rightarrow NO_2-N$

③ $NO_2-N \rightarrow NO_3-N \rightarrow NH_3-N$

④ $NO_3-N \rightarrow NO_2-N \rightarrow NH_3-N$

**○TIP** 수중의 질소화합물의 질산화 진행과정

$NH_3-N \rightarrow NO_2-N \rightarrow NO_3-N$


**109** 간이공공하수처리시설에 대한 설명으로 바르지 않은 것은?

① 계획구역이 작으므로 유입하수의 수량 및 수질의 변동을 고려하지 않는다.

② 용량은 우천 시 계획오수량의 공공하수처리시설의 강우 시 처리기능량을 고려한다.

③ 강우 시 우수처리에 대한 문제가 발생할 수 있으므로 강우 시 3Q 처리가 가능하도록 계획한다.

④ 간이공공하수처리시설은 합류식 지역 내 $500m^3$/일 이상 공공하수처리장에 설치하는 것을 원칙으로 한다.

**○TIP** 간이공공하수처리시설은 유입하수의 수량 및 수질의 변동을 반드시 고려해야 한다. 간이공공하수처리시설 설치근거(하수도법)에 따르면 BOD와 총대장균군수 등을 기준으로 방류수질등급을 나눈다.

※ 간이공공하수처리시설

• 강우로 인하여 공공하수처리시설에 유입되는 하수가 일시적으로 늘어날 경우 하수를 신속히 처리하여 하천, 바다, 그 밖의 공유수면에 방류하기 위하여 지방자치단체가 설치 또는 관리하는 처리시설과 이를 보완하는 시설을 말한다.

• BOD와 총대장균군수 등을 기준으로 방류수질등급을 나눈다.

• 용량은 우천 시 계획오수량의 공공하수처리시설의 강우 시 처리기능량을 고려한다.

• 강우 시 우수처리에 대한 문제가 발생할 수 있으므로 강우 시 3Q 처리가 가능하도록 계획한다.

• 합류식 지역 내 $500m^3$/일 이상 공공하수처리장에 설치하는 것을 원칙으로 한다.

**110** 호소의 부영양화에 관한 설명으로 바르지 않은 것은?

① 부영양화의 원인물질은 질소와 인 성분이다.
② 부영양화는 수심이 낮은 호소에서도 잘 발생된다.
③ 조류의 영향으로 물에 맛과 냄새가 발생되어 정수에 어려움을 유발시킨다.
④ 부영양화된 호소에서는 조류의 성장이 왕성하여 수심이 깊은 곳까지 용존산소농도가 높다.

**○TIP** 부영양화된 호소에서는 조류의 성장이 왕성하여 수심이 깊은 곳까지 용존산소 농도가 낮다.

**111** 급수보급율 90%, 계획 1인 1일 최대급수량 440L/인, 인구 12만의 도시에 급수계획을 하고자 한다. 계획 1일 평균급수량은? (단, 계획유효율은 0.85로 가정한다.)

① $33,915\text{m}^3/\text{d}$
② $36,660\text{m}^3/\text{d}$
③ $38,600\text{m}^3/\text{d}$
④ $40,932\text{m}^3/\text{d}$

**○TIP** 계획 1일 평균급수량
$440 \times 10^{-3} \times 120,000 \times 0.9 \times 0.85 = 40,392\text{m}^3/\text{day}$

**112** 다음 그림은 포기조에서 부유물질의 물질수지를 타나낸 것이다. 포기조 내 MLSS를 300mg/L로 유지하기 위한 슬러지의 반송비는?

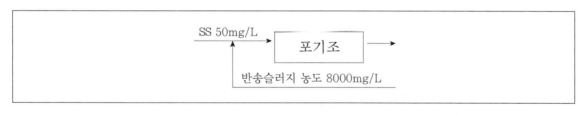

① 39%
② 49%
③ 59%
④ 69%

**○TIP** 슬러지의 반송률
$\gamma = \dfrac{\text{폭기조의 }MLSS\text{농도} - \text{유입수의 }SS\text{농도}}{\text{반송슬러지의 }SS\text{농도} - \text{폭기조의 }MLSS\text{농도}} \times 100 = \dfrac{3000 - 50}{8000 - 3000} \times 100 = 59\%$

**113** 상수도 시설 중 접합정에 관한 설명으로 바르지 않은 것은?

① 철근콘크리트조의 수밀구조로 한다.
② 내경은 점검이나 모래반출을 위해 1m 이상으로 한다.
③ 접합정의 바닥을 얕은 우물구조로 하여 접수하는 예도 있다.
④ 지표수나 오수가 침입하지 않도록 맨홀을 설치하지 않는 것이 일반적이다.

**TIP** 접합정의 유지관리를 위하여 맨홀을 설치해야 한다.


**114** 하수도의 효과에 대한 설명으로 적합하지 않은 것은?

① 도시환경의 개선
② 토지이용의 감소
③ 하천의 수질보전
④ 공중위생상의 효과

**TIP** 하수도의 효과
• 하천의 수질보전
• 공중보건위생상의 효과
• 도시환경의 개선
• 토지이용의 증대(지하수위저하로 지반상태가 양호한 토지로 개량)
• 도로 및 하천의 유지비 감소
• 우수에 의한 하천범람의 방지


**115** 혐기성 소화 공정의 영향인자가 아닌 것은?

① 독성물질
② 메탄함량
③ 알칼리도
④ 체류시간

**TIP** 혐기성 소화에는 pH, 온도, 독성물질인 암모니아, 황화물, 휘발산, 항생물질 등이 영향을 미친다.

**116** 우리나라 먹는 물 수질기준에 대한 내용으로 바르지 않은 것은?

① 색도는 2도를 넘지 아니할 것
② 페놀은 0.005mg/L를 넘지 아니할 것
③ 암모니아성 질소는 0.5mg/L를 넘지 아니할 것
④ 일반세균은 1mL 중 100CFU를 넘지 아니할 것

**OTIP** 색도는 5도를 넘지 아니해야 한다.
　※ 먹는 물 수질기준

| | 검사항목 | 기준 | | 검사항목 | 기준 |
|---|---|---|---|---|---|
| 1 | 일반 세균 | 100CFU/mL 이하 | 30 | 1,1-디클로로에틸렌 | 0.03mg/L 이하 |
| 2 | 총대장균군 | 불검출/100mL | 31 | 사염화탄소 | 0.002mg/L 이하 |
| 3 | 분원성대장균군 | 불검출/100mL | 32 | 1,2디브로모3클로로프로판 | 0.003mg/L 이하 |
| 4 | 납 | 0.05mg/L 이하 | 33 | 경도 | 300mg/L 이하 |
| 5 | 불소 | 1.5mg/L 이하 | 34 | 과망간산칼륨소비량 | 10mg/L 이하 |
| 6 | 비소 | 0.05mg/L 이하 | 35 | 냄새 | 무취 |
| 7 | 세레늄 | 0.01mg/L 이하 | 36 | 맛 | 무미 |
| 8 | 수은 | 0.001mg/L 이하 | 37 | 동 | 1mg/L 이하 |
| 9 | 시안 | 0.01mg/L 이하 | 38 | 색도 | 5도 이하 |
| 10 | 크롬 | 0.05mg/L 이하 | 39 | 세제 | 0.5mg/L이하 |
| 11 | 암모니아성질소 | 0.5mg/L 이하 | 40 | 수소이온농도 | 5.8 ~ 8.5 |
| 12 | 질산성질소 | 10mg/L 이하 | 41 | 아연 | 1mg/L 이하 |
| 13 | 카드뮴 | 0.005mg/L 이하 | 42 | 염소이온 | 250mg/L 이하 |
| 14 | 보론 | 0.3mg/L 이하 | 43 | 증발잔류물 | 500mg/L 이하 |
| 15 | 페놀 | 0.005mg/L 이하 | 44 | 철 | 0.3mg/L 이하 |
| 16 | 총트리할로메탄 | 0.1mg/L 이하 | 45 | 망간 | 0.3mg/L 이하 |
| 17 | 클로로포름 | 0.08mg/L 이하 | 46 | 탁도 | 0.5 NTU 이하 |
| 18 | 다이아지논 | 0.02mg/L 이하 | 47 | 황산이온 | 200mg/L 이하 |
| 19 | 파라티온 | 0.06mg/L 이하 | 48 | 알루미늄 | 0.2mg/L 이하 |
| 20 | 페니트로티온 | 0.04mg/L 이하 | 49 | 잔류염소 | 4mg/L 이하 |
| 21 | 카바릴 | 0.07mg/L 이하 | 50 | 할로아세틱에시드 | 0.1mg/L 이하 |
| 22 | 1,1,1-트리클로로에탄 | 0.1mg/L 이하 | 51 | 디브로모아세토니트릴 | 0.1mg/L 이하 |
| 23 | 테트라클로로에틸렌 | 0.01mg/L 이하 | 52 | 디클로로아세토니트릴 | 0.09mg/L 이하 |
| 24 | 트리클로로에틸렌 | 0.03mg/L 이하 | 53 | 트리클로로아세토니트릴 | 0.004mg/L 이하 |
| 25 | 디클로로메탄 | 0.02mg/L 이하 | 54 | 클로랄하이드레이트 | 0.3mg/L 이하 |
| 26 | 벤젠 | 0.01mg/L 이하 | 55 | 디브로모클로로메탄 | 0.100mg/L 이하 |
| 27 | 톨루엔 | 0.7mg/L 이하 | 56 | 브로모디클로로메탄 | 0.030mg/L 이하 |
| 28 | 에틸벤젠 | 0.3mg/L 이하 | 57 | 1,4-다이옥산 | 0.050mg/L 이하 |
| 29 | 크실렌 | 0.5mg/L 이하 | | | |

**117** 계획우수량 산정에 필요한 용어에 대한 설명으로 바르지 않은 것은?

① 강우강도는 단위시간 내에 내린 비의 양을 깊이로 나타낸 것이다.

② 유하시간은 하수관로로 유입한 우수가 하수관 길이 L을 흘러가는데 필요한 시간이다.

③ 유출계수는 배수구역 내로 내린 강우량에 대하여 증발과 지하로 침투하는 양의 비율이다.

④ 유입시간은 우수가 배수구역의 가장 원거리 지점으로부터 하수관로로 유입하기까지의 시간이다.

**◎TIP** 유출계수는 강우량에 대한 유출량의 비이다. (강우 계속시간 중의 어느 시간에서 어느 시간까지 내린 강우와 그 강우의 유효분과의 비이다.)


**118** 하수의 배제방식에 대한 설명으로 바르지 않은 것은?

① 분류식은 관로오접의 철저한 감시가 필요하다.

② 합류식은 분류식보다 유량 및 유속의 변화폭이 크다.

③ 합류식은 2계통의 분류식에 비해 일반적으로 건설비가 많이 소요된다.

④ 분류식은 관로내의 퇴적이 적고 수세효과를 기대할 수 없다.

**◎TIP** 합류식은 분류식보다 유량 및 유속의 변화폭이 작다.


**119** 지름 15cm, 길이 50cm인 주철관으로 유량 0.03m³/s의 물을 50m 양수하려고 한다. 양수 시 발생되는 총 손실수두가 5m이었다면 이 펌프의 소요축동력(kW)은? (단, 여유율은 0이며 펌프의 효율은 80%이다.)

① 20.2[kW]

② 30.5[kW]

③ 33.5[kW]

④ 37.2[kW]

**◎TIP** 펌프의 소요축동력 : $\dfrac{9.8 \cdot Q \cdot H_t}{\eta} = \dfrac{9.8 \cdot 0.03 \cdot (50+5)}{0.8} = 20.2[\text{kW}]$

**120** 맨홀에 인버트(Invert)를 설치하지 않았을 때의 문제점이 아닌 것은?

① 맨홀 내에 퇴적물이 쌓이게 된다.
② 환기가 되지 않아 냄새가 발생한다.
③ 퇴적물이 부패되어 악취가 발생한다.
④ 맨홀 내에 물기가 있어 작업이 불편하다.

> **○TIP** 인버트를 설치하지 않았을 때 퇴적물의 부패로 냄새가 발생하는 것이다. 환기장치가 문제가 있는 경우 악취가 발생할 수는 있으나 이를 인버트 설치와 직접적인 연관이 있다고 보기 어렵다.
> • **맨홀**: 하수관거의 청소, 점검, 장애물 제거, 보수를 위한 사람 및 기계의 출입을 가능하게 하고 악취나 부식성 가스의 통풍 및 환기, 관거의 접합을 위한 시설이다.
> • **인버트**: 맨홀 저부에 반원형의 홈을 만들어 하수를 원활히 흐르게 하는 것으로 오수받이 저부에 설치한다.

제1과목 **응용역학**

**1** 다음 그림과 같이 중앙에 집중하중 P를 받는 단순보에서 지점 A로부터 L/4인 지점(점 D)의 처짐각과 처짐량을 순서대로 바르게 나타낸 것은?(단, $EI$는 일정하다.)

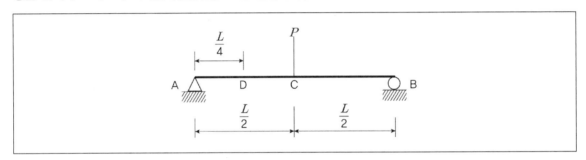

① $\theta_D = \dfrac{3PL^2}{128EI}$, $\delta_D = \dfrac{11PL^3}{384EI}$

② $\theta_D = \dfrac{3PL^2}{128EI}$, $\delta_D = \dfrac{5PL^3}{384EI}$

③ $\theta_D = \dfrac{5PL^2}{64EI}$, $\delta_D = \dfrac{3PL^3}{768EI}$

④ $\theta_D = \dfrac{3PL^2}{64EI}$, $\delta_D = \dfrac{11PL^3}{768EI}$

○**TIP** 출제빈도가 높지 않고 공식유도에 상당한 시간이 걸리므로 문제와 답을 암기할 것을 권하는 문제이다.

휨모멘트선도를 그리고 휨모멘트를 하중으로 간주하면 이 하중도에서 전단력이 처짐각, 휨모멘트는 처짐량을 의미한다.

$$V = \frac{1}{16} - \frac{1}{64} = \frac{3}{64}$$

$$M = \frac{1}{16} \cdot \frac{1}{4} - \frac{1}{64}\left(\frac{1}{4} \cdot \frac{1}{3}\right) = \frac{1}{64} - \frac{1}{768} = \frac{11}{768}$$

따라서 $\theta_D = \dfrac{3PL^2}{64EI}$, $\delta_D = \dfrac{11PL^3}{768EI}$

**2** 길이가 4m인 원형단면 기둥의 세장비가 100이 되기 위한 기둥의 지름은? (단, 지지상태는 양단힌지로 가정한다.)

① 20cm
② 18cm
③ 16cm
④ 12cm

**O TIP** 
$$r_{\min} = \sqrt{\frac{I_{\min}}{A}} = \sqrt{\frac{\frac{\pi d^4}{64}}{\frac{\pi d^4}{4}}} = \frac{d}{4}, \ \ \lambda = \frac{l}{r_{\min}} = \frac{4l}{d}, \ \ d = 16cm$$

**3** 단면 2차 모멘트가 I이고 길이가 L인 균일한 단면의 직선형상의 기둥이 있다. 지지상태가 일단 고정, 타단 자유인 경우 오일러 좌굴하중은? (단, 이 기둥의 영(Young)계수는 E이다.)

① $\dfrac{4\pi^2 EI}{L^2}$
② $\dfrac{2\pi^2 EI}{L^2}$
③ $\dfrac{\pi^2 EI}{L^2}$
④ $\dfrac{\pi^2 EI}{4L^2}$

**O TIP** 좌굴하중의 기본식(오일러의 장주공식)
$$P_{cr} = \frac{\pi^2 EI}{(KL)^2} = \frac{n\pi^2 EI}{L^2}$$

$EI$ : 기둥의 휨강성
$L$ : 기둥의 길이
$K$ : 기둥의 유효길이 계수
$KL(l_k$ 로도 표시함) : 기둥의 유효좌굴길이 (장주의 처짐곡선에서 변곡점과 변곡점 사이의 거리)
$n$ : 좌굴계수(강도계수, 구속계수)

| 지지상태 | 양단 힌지 | 1단 고정 1단 힌지 | 양단 고정 | 1단 고정 1단 자유 |
|---|---|---|---|---|
| | | | | |
| 좌굴길이 $KL$ | $1.0L$ | $0.7L$ | $0.5L$ | $2.0L$ |
| 좌굴강도 | $n=1$ | $n=2$ | $n=4$ | $n=0.25$ |

**ANSWER** 1.④ 2.③ 3.④

**4** 직사각형 단면 보의 단면적을 A, 전단력을 V라고 할 때 최대전단응력은?

① $\dfrac{2V}{3A}$

② $1.5\dfrac{V}{A}$

③ $3\dfrac{V}{A}$

④ $2\dfrac{V}{A}$

**5** 단면 2차 모멘트의 특성에 대한 설명으로 바르지 않은 것은?

① 단면 2차 모멘트의 최솟값은 도심에 대한 것이며 0이다.

② 정삼각형, 정사각형 등과 같이 대칭인 단면의 도심축에 대한 단면 2차 모멘트는 모두 같다.

③ 단면 2차 모멘트는 좌표축에 상관없이 항상 양(+)의 부호를 갖는다.

④ 단면 2차 모멘트가 크면 휨 강성이 크고 구조적으로 안전하다.

**6** 다음 그림과 같은 단순보에서 휨모멘트에 의한 탄성변형에너지는? (단, EI는 일정하다.)

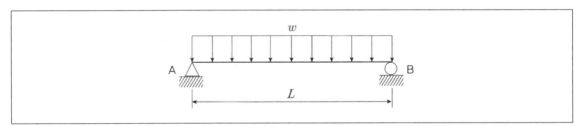

① $\dfrac{w^2 L^5}{40EI}$

② $\dfrac{w^2 L^5}{98EI}$

③ $\dfrac{w^2 L^5}{240EI}$

④ $\dfrac{w^2 L^5}{384EI}$

**7** 다음 그림과 같은 모멘트 하중을 받는 단순보에서 B지점의 전단력은?

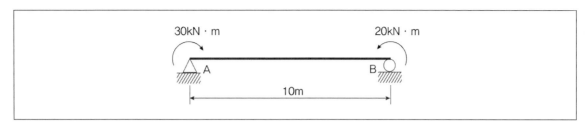

① -1.0kN

② -10kN

③ -5.0kN

④ -50kN

**TIP** $R_B = -(\dfrac{30[\text{kN}] - 20[\text{kN}]}{10[\text{m}]}) = -1.0[\text{kN}]$

**8** 내민보에 그림과 같이 지점 A에 모멘트가 작용하고, 집중하중이 보의 양 끝에 발생한다. 이 때 이 보에 발생하는 최대휨모멘트의 절대값은?

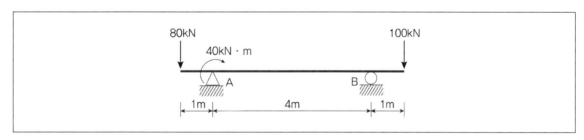

① 60kNm

② 80kNm

③ 100kNm

④ 120kNm

**TIP** 부재를 보고 직관적으로 답을 고를 수 있는 문제이다.
부재의 좌측을 살펴보면 80kN의 하중이 작용하고 있으나 A점에 대해 1m의 거리에 불과하며 A지점에 시계방향의 모멘트가 작용하므로 A지점의 우측부는 80kNm보다 작은 크기의 모멘트가 발생할 수 밖에 없다. 한편 B지점 우측에서 100kNm의 휨모멘트가 발생하므로 B지점에서 최대휨모멘트가 발생하게 된다.

**9** 다음 그림과 같이 양단 내민보에 등분포하중 1kN/m가 작용할 때 C점의 전단력은?

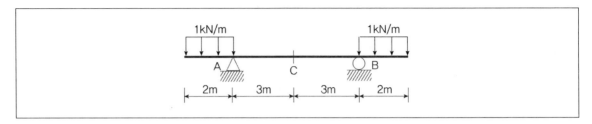

① 0kN

② 5kN

③ 10kN

④ 15kN

○**TIP** 하중이 대칭으로 작용하고 있으며 구조물의 형상도 대칭이므로 중앙에 작용하는 전단력은 0이 된다.

**10** 다음 그림과 같은 직사각형 보에서 중립축에 대한 단면계수 값은?

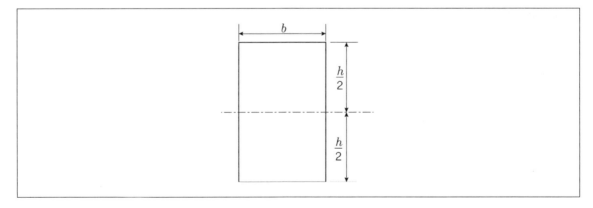

① $\dfrac{bh^2}{6}$

② $\dfrac{bh^2}{12}$

③ $\dfrac{bh^3}{6}$

④ $\dfrac{bh}{4}$

○**TIP**

$$Z_{X-X} = \frac{I_X}{y_t} = \frac{\dfrac{bh^3}{12}}{\dfrac{h}{2}} = \frac{bh^3}{6}$$

**11** 다음 그림과 같이 캔틸레버 보의 B점에 집중하중 P와 우력모멘트 $M_0$가 작용할 때 B점에서의 연직범위는? (단, EI는 일정하다.)

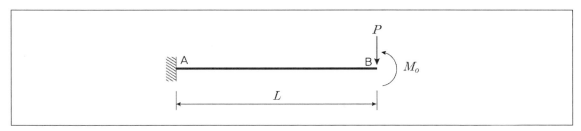

① $\dfrac{PL^3}{4EI} + \dfrac{M_o L^2}{2EI}$

② $\dfrac{PL^3}{4EI} - \dfrac{M_o L^2}{2EI}$

③ $\dfrac{PL^3}{3EI} + \dfrac{M_o L^2}{2EI}$

④ $\dfrac{PL^3}{3EI} - \dfrac{M_o L^2}{2EI}$

**⊙TIP** 집중하중에 의한 처짐 $\delta_{B1} = \dfrac{1}{3} \cdot \dfrac{PL^3}{EI}(\downarrow)$

모멘트하중에 의한 처짐 $\delta_{B2} = \dfrac{1}{2} \cdot \dfrac{ML^2}{EI}(\uparrow)$

중첩의 원리를 적용하면 $\delta_B = \dfrac{PL^3}{3EI} - \dfrac{M_0 L^2}{2EI}$

**12** 전단탄성계수가 81,000MPa, 전단응력이 81MPa이면 전단변형률의 값은?

① 0.1

② 0.01

③ 0.001

④ 0.0001

**⊙TIP** 전단응력은 전단탄성계수와 전단변형률을 곱한 값이다. 따라서 전단변형률의 값은 0.001이 된다.

**13** 다음 그림과 같은 3힌지 아치에서 A점의 수평반력은?

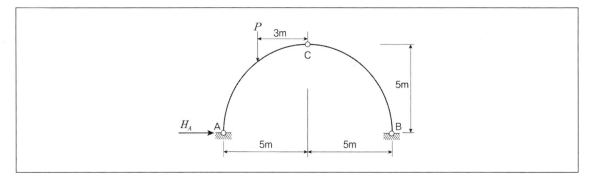

① P

② P/2

③ P/4

④ P/5

○**TIP** $\sum M_A = 0 : P \times 2 - V_B \times 10 = 0, \quad V_B = \dfrac{P}{5}(\uparrow)$

$\qquad \sum M_C = 0 : H_B \times 5 - \dfrac{P}{5} \times 5 = 0, \quad H_B = \dfrac{P}{5}(\leftarrow)$

$\qquad \sum F_x = 0 : H_A - H_B = 0, \quad H_A = H_B = \dfrac{P}{5}(\rightarrow)$

**14** 다음 그림과 같은 라멘 구조물의 E점에서의 불균형모멘트에 대한 부재 EA의 모멘트 분배율을 구하면?

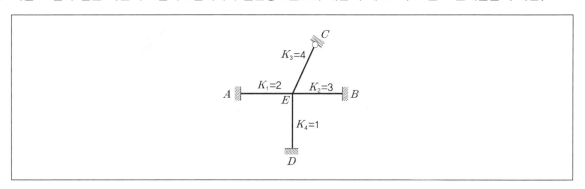

① 0.167

② 0.222

③ 0.386

④ 0.441

○**TIP** $K_{EA} : K_{EB} : K_{EC} : K_{ED} = 2 : 3 : 4 \times \dfrac{3}{4} : 1 = 2 : 3 : 3 : 1$

$\qquad DF_{EA} = \dfrac{K_{EA}}{\sum k_i} = \dfrac{2}{9} = 0.222$

**15** 다음 그림과 같이 지간(span)이 8m인 단순보에 연행하중이 작용할 때 절대최대휨모멘트가 발생하는 위치는?

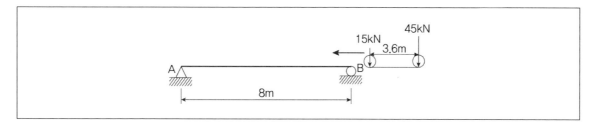

① 45kN의 재하점이 A점으로부터 4m인 곳
② 45kN의 재하점이 A점으로부터 4.45m인 곳
③ 15kN의 재하점이 B점으로부터 4m인 곳
④ 합력의 재하점이 B점으로부터 3.35m인 곳

> **TIP** 절대최대휨모멘트가 발생하는 것은 두 작용력의 합력이 작용하는 위치와 큰 힘(45[kN])이 작용하는 위치의 중간이 부재의 중앙에 위치했을 때이며, 이 때 45[kN]이 작용하는 위치에서 절대최대휨모멘트가 발생한다.
> 15kN으로부터 합력이 작용하는 위치까지의 거리를 $x$라 하면 $15 \times 0 + 45 \times 3.6 = 60 \times x$이며 $x = 2.7$이 된다.
> 따라서 45[kN]의 하중이 작용하는 위치로부터 0.45[m] 좌측으로 떨어진 위치가 AB부재의 중앙부에 있을 때 45[kN]의 하중이 작용하는 지점의 휨모멘트의 크기를 구하면 되므로 절대최대휨모멘트가 발생하는 위치는 45kN의 재하점이 A점으로부터 4.45m인 곳이 된다.

**16** 다음 그림과 같은 구조물에서 부재 AB가 받는 힘의 크기는?

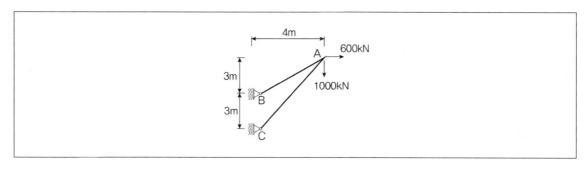

① 3166.7kN
② 3274.2kN
③ 3368.5kN
④ 3485.4kN

> **TIP** 절점 A에서 절점법을 적용하여 푼다.
> $$\sum H = 0 : -\left(F_{AB} \cdot \frac{4}{5}\right) - \left(F_{AC} \cdot \frac{4}{\sqrt{52}}\right) + 600 = 0$$
> $$\sum V = 0 : -\left(F_{AB} \cdot \frac{3}{5}\right) - \left(F_{AC} \cdot \frac{6}{\sqrt{52}}\right) - 1,000 = 0$$
> 위의 두 식을 연립하면
> $F_{AB} = 3.166.7[t]$(인장), $F_{AC} = -3.485.37[t]$(압축)

**ANSWER** 13.④ 14.② 15.② 16.①

**17** 다음 그림과 같은 구조에서 절댓값이 최대로 되는 휨모멘트의 값은?

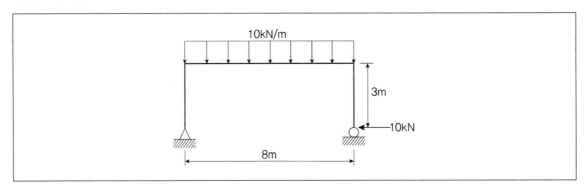

① 80kNm                        ② 50kNm

③ 40kNm                        ④ 30kNm

**◎TIP**
$\sum F_x = 0 : H_A - 10 = 0, H_A = 10[kN](\rightarrow)$

$\sum M_B = 0 : V_A \times 8 - (10 \times 8) \times 4 = 0, V_A = 40[kN](\uparrow)$

$\sum F_y = 0 : V_A - (10 \times 8) + V_B = 0, V_B = 80 - V_A = 40[kN](\uparrow)$

**18** 어떤 금속의 탄성계수(E)가 $21 \times 10^4$[MPa]이고, 전단 탄성계수(G)가 $8 \times 10^4$[MPa]일 때 금속의 푸아송비는?

① 0.3075                        ② 0.3125

③ 0.3275                        ④ 0.3325

**◎TIP**
$G = \dfrac{E}{2(1+v)}$ 이므로 $8 \cdot 10^4 = \dfrac{21 \cdot 10^4}{2(1+v)}$ 를 만족하는 $v = 0.3125$

**19** 다음 그림과 같은 단순보의 단면에서 발생하는 최대전단응력의 크기는?

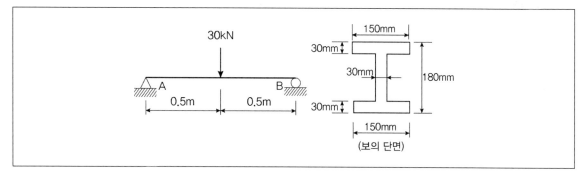

① 3.52MPa

② 3.86MPa

③ 4.45MPa

④ 4.93MPa

**20** 다음 그림과 같은 부정정보에서 B점의 반력은?

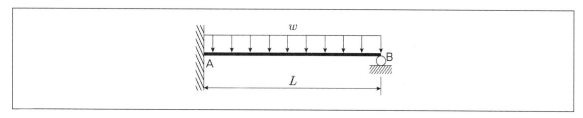

① $\frac{3}{4}wL$

② $\frac{3}{8}wL$

③ $\frac{3}{16}wL$

④ $\frac{5}{16}wL$

**ANSWER** 17.② 18.② 19.① 20.②

**21** 노선거리 2km의 결합트래버스 측량에서 폐합비를 1/5000으로 제한한다면 허용폐합오차는?

① 0.1m

② 0.4m

③ 0.8m

④ 1.2m

**TIP** $\dfrac{\text{폐합오차}}{\sum l} = \dfrac{1}{5000}$ 이므로 폐합오차는 0.4m가 된다.

**22** 다음 설명 중 바르지 않은 것은?

① 측지선은 지표상 두 점간의 최단거리선이다.

② 라플라스점은 중력측정을 실시하기 위한 점이다.

③ 항정선은 자오선과 항상 일정한 각도를 유지하는 지표의 선이다.

④ 지표면의 요철을 무시하고 적도반지름과 극반지름으로 지구의 형상을 나타내는 가상의 타원체를 지구타원체라고 한다.

**TIP** 중력측정을 목적으로 설치되는 점은 중력점이다. 라플라스점은 중력측정과는 관련이 없다.

※ 라플라스점 … 측지망이 광범위하게 설치된 경우 측량오차가 누적되는 것을 피하기 위해 200~300km마다 하나씩 설치한 점

**23** 다음 그림과 같은 반지름 50m인 원곡선에서 $\overline{HC}$의 거리는? (단, 교각은 60°이고 $\alpha$는 20°, $\angle AHC = 90°$)

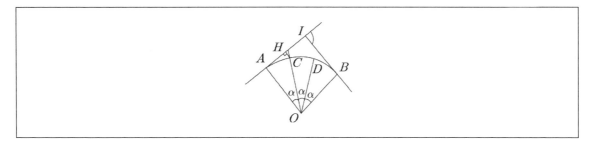

① 0.19m

② 1.98m

③ 3.02m

④ 3.24m

**24** GNSS 상대측위 방법에 대한 설명으로 바른 것은?

① 수신기 1대만을 사용하여 측위를 실시한다.

② 위성과 수신기 간의 거리는 전파의 파장 개수를 이용하여 계산할 수 있다.

③ 위상차의 계산은 단순차, 2중차, 3중차와 같은 차분기법으로는 해결하기 어렵다.

④ 전파의 위상차를 관측하는 방식이나 절대측위 방법보다 정확도가 떨어진다.

**25** 지형측량에서 등고선의 성질에 대한 설명으로 바르지 않은 것은?

① 등고선의 간격은 경사가 급한 곳에서는 넓어지고 완만한 곳에는 좁아진다.
② 등고선은 지표의 최대경사선 방향과 직교한다.
③ 동일 등고선 상에 있는 모든 점은 같은 높이이다.
④ 등고선간의 최단거리 방향은 그 지표면의 최대경사 방향을 가리킨다.

**◎Ⅲ** 등고선의 간격은 경사가 급한 곳에서는 좁아지고 완만한 곳에는 넓어진다.

**26** 지형의 표시법에 대한 설명으로 바르지 않은 것은?

① 영선법은 짧고 거의 평행한 선을 이용하여 경사가 급하면 가늘고 길게, 경사가 완만하면 굵고 짧게 표시하는 방법이다.
② 음영법은 태양광선이 서북쪽에서 45도 각도로 비친다고 가정하고 지표의 기복에 대해 그 명암을 2~3색 이상으로 채색하여 기복의 모양을 표시하는 방법이다.
③ 채색법은 등고선의 사이를 색으로 채색, 색채의 농도를 변화시켜 표고를 구분하는 방법이다.
④ 점고법은 하천, 항만, 해양측량 등에서 수심을 나타낼 때 측점에 숫자를 기입하여 수심 등을 나타내는 방법이다.

**◎Ⅲ** 영선법은 경사가 급하면 굵고 짧게, 완만하면 가늘고 길게 표시한다.

**27** 동일한 정확도로 3변을 관측한 직육면체의 체적을 계산한 결과가 1200m³이었다. 거리의 정확도를 1/10000까지 허용한다면 체적의 허용오차는?

① 0.08m³
② 0.12m³
③ 0.24m³
④ 0.36m³

**◎Ⅲ** $\dfrac{\triangle L}{L}\times 2=\dfrac{\triangle A}{A}$, $\dfrac{\triangle L}{L}\times 3=\dfrac{\triangle V}{V}$

$\dfrac{3}{10000}=\dfrac{x}{1200}$ 이므로 $x=0.36m^2$

**28** △ABC의 꼭지점에 대한 좌표값이 (30, 50), (20, 90), (60, 100)일 때 삼각형 토지의 면적은? (단, 좌표의 단위는 m이다.)

① 500m$^2$

② 750m$^2$

③ 850m$^2$

④ 960m$^2$

**○TIP** $A = \dfrac{1}{2}\sum x_i(y_{i+1} - y_{i-1})$ or $\dfrac{1}{2}\sum y_i(x_{i+1} - x_{i-1})$ 이므로 주어진 수치를 여기에 대입하면

$A = \dfrac{1}{2}|(60-20)\cdot 50 + (30-60)\cdot 90 + (20-30)\cdot 100| = 850$ 이 산출된다.

**29** 교각 $I = 90^o$, 곡선반지름 R=150m인 단곡선에서 교점(I.P)의 추가거리가 1139.250m일 때 곡선종점(E.C)까지의 추가거리는?

① 875.375m

② 989.250m

③ 1224.869m

④ 1374.825m

**○TIP** $IP - TL = BC$이며 $TL = R\tan\dfrac{I}{2} = 150\cdot\tan 45^o = 150$

$BC = 1139.25 - 150 = 989.25$

$CL = R\cdot I\cdot rad = 150\cdot 90^o\cdot\dfrac{\pi}{180^o} = 235.619[m]$

$E.C = B.C + C.L = 989.25 + 235.619 = 1224.869[m]$

**30** 수준측량의 부정오차에 해당되는 것은?

① 기포의 순간 이동에 의한 오차

② 기계의 불완전 조정에 의한 오차

③ 지구곡률에 의한 오차

④ 표척의 눈금오차

**○TIP** 기계의 불완전 조정에 의한 오차, 지구곡률에 의한 오차(구차), 표척의 눈금오차 등은 정오차(조정 가능한 오차)에 속한다.

**ANSWER** 25.① 26.① 27.④ 28.③ 29.③ 30.①

**31** 어떤 노선을 수준측량하여 작성된 기고식 야장의 일부 중 지반고 값이 틀린 측점은? (단, 단위는 m이다.)

| 측점 | B.S | F.S | | 기계고 | 지반고 |
|---|---|---|---|---|---|
| | | T.P | I.P | | |
| 0 | 3.121 | | | | 123.567 |
| 1 | | | 2.586 | | 124.102 |
| 2 | 2.428 | 4.065 | | | 122.623 |
| 3 | | | −0.664 | | 124.387 |
| 4 | | 2.321 | | | 122.730 |

① 측점1
② 측점2
③ 측점3
④ 측점4

> **TIP** 측점3의 지반고는 측점2의 지반고 값인 122.623에 2.428을 더하고 0.664를 더해야 한다.
> 표에서 −0.664는 0.664로 기입하는 것이 옳다.

**32** 노선측량에서 실시설계측량의 순서에 해당되지 않는 것은?

① 중심선 설치
② 지형도 작성
③ 다각측량
④ 용지측량

> **TIP** 실시설계측량 순서 : 지형도의 작성 → 중심선의 선정 및 설치(도상) → 다각측량 → 중심선의 설치(현장) → 고저측량
> ※ **노선측량** … 노선의 계획, 설계 및 공사를 위하여 노선을 중심으로 좁고 긴 지역에 걸쳐 실시되는 측량으로서, 도로, 철도, 운하 등의 교통로, 수력발전의 도수로, 상하수도의 도수관 등 폭이 좁고 길이가 긴 구역의 측량을 총칭한다.

**33** 트래버스 측량에서 측점 A의 좌표가 (100m, 100m)이고 측선 AB의 길이가 50m일 때 B점의 좌표는? (단, AB측선의 방위각는 195도이다.)

① (51.7m, 87.1m)

② (51.7m, 112.9m)

③ (148.3m, 87.1m)

④ (148.3m, 112.9m)

> **TIP** $x : 100 + 50\cos 195^o$, $y : 100 + 50\sin 195^o$ 이므로
> B점의 좌표는 (51.7m, 87.1m)가 된다.

**34** 수심 H인 하천의 유속측정에서 수면으로부터 깊이 0.2H, 0.4H, 0.6H, 0.8H인 지점의 유속이 각각 0.663m/s, 0.556m/s, 0.532m/s, 0.466m/s이었다면 3점법에 의한 평균유속은?

① 0.543m/s

② 0.548m/s

③ 0.559m/s

④ 0.560m/s

> **TIP** $V = \dfrac{V_{0.2} + 2V_{0.6} + V_{0.8}}{4} = \dfrac{0.663 + 2 \cdot 0.532 + 0.466}{4} = 0.548[m/s]$

**35** L1과 L2, 두 개의 주파수 수신이 가능한 2주파 GNSS수신기에 의하여 제거가 가능한 오차는?

① 위성의 기하학적 위치에 따른 오차

② 다중경로오차

③ 수신기오차

④ 전리층오차

> **TIP** 위성측량은 열권의 전리층에 의한 오차에 영향을 받는데 이는 2주파 GNSS수신기로 제거가 가능한 오차이다.

**ANSWER** 31.③ 32.④ 33.① 34.② 35.④

**36** 줄자로 거리를 관측할 때 한 구간 20m의 거리에 비례하는 정오차가 +2mm라면 전 구간 200m를 관측하였을 때 정오차는?

① +0.2mm

② +0.63mm

③ +6.3mm

④ +20mm

> **O TIP** 정오차는 측정횟수에 비례하므로,
> $$E=+2[mm] \times \frac{200}{20}=+20[mm]$$

**37** 삼변측량에 대한 설명으로 바르지 않은 것은?

① 전자파거리측량기(EDM)의 출현으로 그 이용이 활성화되었다.

② 관측값의 수에 비해 조건식이 많은 것이 장점이다.

③ 코사인 제2법칙과 반각공식을 이용하여 각을 구한다.

④ 조정방법에는 조건방정식에 의한 조정과 관측방정식에 의한 조정이 있다.

> **O TIP** 삼변측량은 조건식의 수가 적은 단점이 있다.

**38** 트래버스 측량의 종류와 그 특징으로 바르지 않은 것은?

① 결합 트래버스는 삼각점과 삼각점을 연결시킨 것으로 조정계산 정확도가 가장 좋다.

② 폐합 트래버스는 한 측점에서 시작하여 다시 그 측점에 돌아오는 관측형태이다.

③ 폐합 트래버스는 오차의 계산 및 조정이 가능하나 정확도는 개방 트래버스보다 좋지 못하다.

④ 개방 트래버스는 임의의 한 측점에서 시작하여 다른 임의의 한 점에서 끝나는 관측형태이다.

> **O TIP** 폐합 트래버스는 개방 트래버스보다 정확도가 높다.

**39** 수준점 A, B, C에서 P점까지 수준측량을 한 결과가 표와 같다. 관측거리에 대한 경중률을 고려한 P점의 표고는?

| 측량경로 | 거리 | P점의 표고 |
|---|---|---|
| A → P | 1km | 135.487m |
| B → P | 2km | 135.563m |
| C → P | 3km | 135.603m |

① 135.529m

② 135.551m

③ 135.563m

④ 135.570m

> **TIP** 경중률은 노선거리에 반비례 하므로, $P_1 : P_2 : P_3 = \dfrac{1}{L_1} : \dfrac{1}{L_2} : \dfrac{1}{L_3} = \dfrac{1}{1} : \dfrac{1}{2} : \dfrac{1}{3}$
>
> 최확고도 $= H_o = \dfrac{P_1 H_1 + P_2 H_2 + P_3 H_3}{P_1 + P_2 + P_3}$
>
> $= \dfrac{(\frac{1}{1} \cdot 135.487) + (\frac{1}{2} \cdot 135.563) + (\frac{1}{3} \cdot 135.603)}{(\frac{1}{1} + \frac{1}{2} + \frac{1}{3})} = 135.529 [m]$

**40** 도로노선의 곡률반지름 R=2000m, 곡선길이 L=245m일 때, 클로소이드의 매개변수 A는?

① 500m

② 600m

③ 700m

④ 800m

> **TIP** $A^2 = R \cdot L$이므로, $A^2 = 2000 \cdot 245 = 490,000$
>
> $A = 700$

**41** 하폭이 넓은 완경사 개수로 흐름에서 물의 단위중량 $W = \rho g$, 수심 h, 하상경사 S일 때 바닥 전단응력 $\tau_0$은? (단, $\rho$은 물의 밀도, g는 중력가속도)

① $\rho h S$

② $g h S$

③ $\sqrt{\dfrac{hS}{\rho}}$

④ $W h S$

> **TIP** 하폭이 넓은 완경사 개수로 흐름에서 물의 단위중량 $W = \rho g$, 수심 h, 하상경사 S일 때, 바닥 전단응력 $\tau_0$은
> $\tau_0 = wRI = whs$가 된다.

**42** 베르누이(Bernoulli)의 정리에 관한 설명으로 바르지 않은 것은?

① 회전류의 경우는 모든 영역에서 성립한다.

② Euler의 운동방정식으로부터 적분하여 유도할 수 있다.

③ 베르누이의 정리를 이용하여 Torricelli의 정리를 유도할 수 있다.

④ 이상유체 흐름에 대해 기계적 에너지를 포함한 방정식과 같다.

> **TIP** 회전류의 경우는 동일한 유선상에서만 성립하며 비회전류의 경우는 모든 영역에서 성립한다.

**43** 삼각위어(weir)에 월류 수심을 측정할 때 2%의 오차가 있었다면 유량 산정 시 발생하는 오차는?

① 2%

② 3%

③ 4%

④ 5%

> **TIP** 삼각위어의 유량오차
> $$\frac{dQ}{Q} = \frac{5}{2} \cdot \frac{dH}{H} = \frac{5}{2} \cdot 2 = 5\%$$

**44** 다음 사다리꼴 수로의 윤변은?

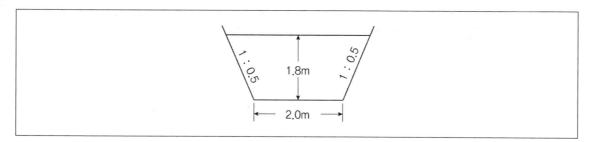

① 8.02m

② 7.02m

③ 6.02m

④ 9.02m

> **TIP** 윤변은 마찰이 작용하는 주변길이를 의미한다.
> $$S = 2\sqrt{0.9^2 + 1.8^2} + 2.0 = 6.02[m]$$

**45** 흐르는 유체 속의 한 점$(x,\ y,\ z)$의 각 축방향의 속도성분을 $(u,\ v,\ w)$라 하고 밀도를 $\rho$, 시간을 t로 표시할 때 가장 일반적인 경우의 연속방정식은?

① $\dfrac{\partial u}{\partial t} + \dfrac{\partial v}{\partial t} + \dfrac{\partial w}{\partial t} = 0$

② $\dfrac{\partial \rho u}{\partial x} + \dfrac{\partial \rho v}{\partial y} + \dfrac{\partial \rho w}{\partial z} = 0$

③ $\dfrac{\partial \rho}{\partial t} + \dfrac{\partial u}{\partial x} + \dfrac{\partial v}{\partial y} + \dfrac{\partial w}{\partial z} = 0$

④ $\dfrac{\partial \rho}{\partial t} + \dfrac{\partial \rho u}{\partial x} + \dfrac{\partial \rho v}{\partial y} + \dfrac{\partial \rho w}{\partial z} = 0$

> **TIP** 흐르는 유체 속의 한 점$(x,\ y,\ z)$의 각 축방향의 속도성분을 $(u,\ v,\ w)$라 하고 밀도를 $\rho$, 시간을 t로 표시할 때 가장 일반적인 경우의 연속방정식은
> $$\dfrac{\partial \rho}{\partial t} + \dfrac{\partial \rho u}{\partial x} + \dfrac{\partial \rho v}{\partial y} + \dfrac{\partial \rho w}{\partial z} = 0$$

**ANSWER** 41.④ 42.① 43.④ 44.③ 45.④

**46** 다음 그림과 같이 수조 A의 물을 펌프를 이용해 수조 B로 양수한다. 연결관의 단면적 200cm², 유량 0.196m³/s, 총손실수두는 속도수두의 3.0배에 해당할 때, 펌프에 필요한 동력(HP)는? (단, 펌프의 효율은 98%이며 물의 단위중량은 9.81kN/m³, 1HP는 737.75Nm/s, 중력가속도는 9.8m/s²)

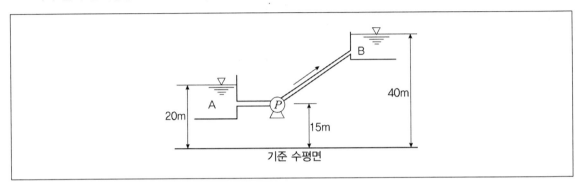

① 92.5 HP

② 101.6 HP

③ 105.9 HP

④ 115.2HP

$\bigcirc$**TIP** $P = \dfrac{1000}{75} \cdot 0.196 \cdot (20 + 3 \cdot \triangle h) \times \dfrac{1}{0.98} = 92.49$

$V = \dfrac{Q}{A} = \dfrac{0.196}{200 \cdot 10^{-4}} = 9.8[m/s]$

$\triangle h = \dfrac{V^2}{2g} = \dfrac{9.8^2}{2 \cdot 9.81} = 4.895$

따라서 $P = \dfrac{1000}{75} \cdot 0.196 \cdot (20 + 3 \cdot 4.895) \times \dfrac{1}{0.98} = 92.49$

**47** 수리학적으로 유리한 단면에 관한 설명으로 바르지 않은 것은?

① 주어진 단면에서 윤변이 최소가 되는 단면이다.

② 직사각형 단면일 경우 수심이 폭의 1/2인 단면이다.

③ 최대유량의 소통을 가능하게 하는 가장 경제적인 단면이다.

④ 사다리꼴 단면일 경우 수심을 반지름으로 하는 반원을 외접원으로 하는 사다리꼴 단면이다.

$\bigcirc$**TIP** 수심을 반지름으로 하는 반원을 내접원으로 하는 정육각형의 제형단면일 때 수리학상 유리한 단면이 된다.

**48** 여과량이 2m³/s, 동수경사가 0.2, 투수계수가 1cm/s일 때 필요한 여과지의 면적은?

① 1,000m²

② 1,500m²

③ 2,000m²

④ 2,500m²

**TIP** $Q = A \cdot K \cdot I$이므로 $A = \dfrac{Q}{K \cdot I} = \dfrac{2}{0.01 \cdot 0.2} = 1000[m^2]$

**49** 비중이 0.9인 목재가 물에 떠 있다. 수면 위에 노출된 체적이 1.0m³이라면 목재 전체의 체적은? (단, 물의 비중은 1.0이다.)

① 1.9m³

② 2.0m³

③ 9.0m³

④ 10.0m³

**TIP** 부력에 관한 단순문제이다.
$wV + M = w'V' + M'$라는 식을 만족해야 하므로 $0.9V + 0 = 1 \cdot (V - 1) + 0$이며, $0.1V = 1$이므로 목재 전체의 체적 $V = 10[m^3]$이 된다.

**50** 두께가 10m인 피압대수층에서 우물을 통해 양수한 결과 50m 및 100m 떨어진 두 지점에서 수면강하가 각각 20m 및 10m로 관측되었다. 정상상태를 가정할 때 우물의 양수량은? (단, 투수계수는 0.3m/h)

① $7.6 \times 10^{-2}[m^3/s]$

② $6.0 \times 10^{-3}[m^3/s]$

③ $9.4[m^3/s]$

④ $21.6[m^3/s]$

**TIP** $Q = \dfrac{2\pi ck(H - h_o)}{2.3\log\dfrac{R}{r_o}} = \dfrac{2\pi \cdot 10 \cdot \dfrac{0.3}{3,600} \cdot (20 - 10)}{2.3\log\dfrac{100}{50}} = 0.076 m^3/\sec$

**51** 첨두홍수량 계산에 있어서 합리식의 적용에 관한 설명으로 바르지 않은 것은?

① 하수도 설계 등 소유역에만 적용될 수 있다.
② 우수 도달시간은 강우 지속시간보다 길어야 한다.
③ 강우강도는 균일하고 전유역에 고르게 분포되어야 한다.
④ 유량이 점차 증가되어 평형상태일 때의 첨두유출량을 나타낸다.

**⊙ TIP** 우수 도달시간은 강우 지속시간과 동일하다고 가정한다.
※ 도달시간 … 강우가 유역의 가장 먼 지점에서 유역출구까지 물이 유하하는데 소요되는 시간

**52** 다음 그림과 같은 모양의 분수를 만들었을 때 분수의 높이는? (단, 유속계수($C_v$)는 0.96, 중력가속도($g$)는 9.8m/s$^2$, 다른 손실은 무시한다.)

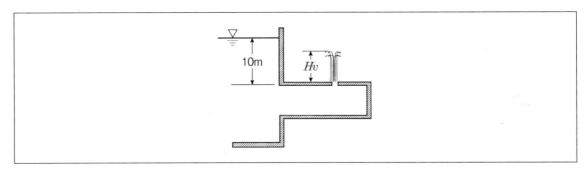

① 9.00m
② 9.22m
③ 9.62m
④ 10.00m

**⊙ TIP** 분수의 높이 $H_v = C_v^2 \cdot H = 0.96^2 \cdot 10 = 9.216m$

**53** 동수반경에 대한 설명으로 바르지 않은 것은?

① 원형관의 경우 지름의 1/4이다.
② 유수단면적을 윤변으로 나눈 값이다.
③ 폭이 넓은 직사각형수로의 동수반경은 그 수로의 수심과 거의 같다.
④ 동수반경이 큰 수로는 동수반경이 작은 수로보다 마찰에 의한 수두손실이 크다.

**⊙ TIP** 동수반경이 큰 수로는 동수반경이 작은 수로보다 마찰에 의한 수두손실이 작다.

**54** 댐의 상류부에서 발생되는 수면곡선으로, 흐름방향으로 수심이 증가함을 뜻하는 곡선은?

① 배수곡선                      ② 지하곡선

③ 유사량곡선                 ④ 수리특성곡선

○**TIP** 배수곡선은 개수로에 댐, 위어 등의 구조물이 있을 경우 수위의 상승이 상류쪽으로 미칠 때 발생하는 수면곡선이다. 즉, 댐의 상류부에서 발생되는 수면곡선으로서 흐름방향으로 수심이 증가함을 뜻하는 곡선이다.

**55** 일반적인 물의 성질로 바르지 않은 것은?

① 물의 비중은 기름의 비중보다 크다.      ② 물은 일반적으로 완전유체로 취급한다.

③ 해수도 담수와 같은 단위중량으로 취급한다.      ④ 물의 밀도는 보통 $1g/cc=1000kg/m^3=1t/m^3$를 쓴다.

○**TIP** 담수는 $1t/m^3$, 해수는 $1.025t/m^3$로 단위중량은 서로 다르다.

**56** 강우 자료의 일관성을 분석하기 위해 사용하는 방법은?

① 합리식                       ② DAD 해석법

③ 누가우량곡선법             ④ SCS(Soil Conservation Service) 방법

○**TIP** 누가우량곡선은 자기우량계에 의해 관측점별로 누가우량의 시간적 변화를 기록한 것이다.

**57** 수문자료 해석에 사용되는 확률분포모형의 매개변수를 추정하는 방법이 아닌 것은?

① 모멘트법(method of moments)

② 회선적분법(convolution integral method)

③ 최우도법(method of maximum likelihood)

④ 확률가중모멘트법(method of probability weighted moments)

○**TIP** 수문자료의 해석에 사용되는 확률분포형의 매개변수를 추정하는 방법으로는 모멘트법, 확률가중모멘트법, 최우도법, 최소자승법이 있다.
- 모멘트법 : 가장 오래되고 간단하여 많이 사용하는 방법 중의 하나로 모집단의 모멘트와 표본 자료의 모멘트를 같게 하여 매개변수를 추정하는 방법
- 최우도법 : 추출된 표본자료가 나올 수 있는 확률이 최대가 되도록 매개변수를 추정하는 방법
- 확률가중모멘트법 : 모멘트법이나 최우도법 등의 대안으로 Greenwood(1979) 등에 의해 소개된 후 최근에는 가장 널리 쓰이는 매개변수 추정 방법

**ANSWER**    51.②   52.②   53.④   54.①   55.③   56.③   57.②

**58** 정수역학에 관한 설명으로 바르지 않은 것은?

① 정수 중에는 전단응력이 발생된다.

② 정수 중에는 인장응력이 발생되지 않는다.

③ 정수압은 항상 벽면에 직각방향으로 작용한다.

④ 정수 중의 한 점에 작용하는 정수압은 모든 방향에서 균일하게 작용한다.

**○TIP** 정수역학에서는 정수 중에는 전단응력이 발생하지 않는 것으로 가정한다.

**59** 수심이 1.2m인 수조의 밑바닥에 길이 4.5m, 지름 2cm인 원형관이 연직으로 설치되어 있다. 최초에 물이 배수되기 시작할 때 수조의 밑바닥에서 0.5m 떨어진 연직관 내의 수압은? (단, 물의 단위중량은 9.81kN/m³이며 손실은 무시한다.)

① $49.05\text{kN/m}^2$

② $-49.05\text{kN/m}^2$

③ $39.24\text{kN/m}^2$

④ $-39.24\text{kN/m}^2$

**○TIP** 위치수두 $1.2+0.5=1.7=\dfrac{P_2}{9.81}+\dfrac{V_2}{19.6}$

$1.2+4.5=\dfrac{V_3^2}{19.62}$ 이므로 $V_3=\sqrt{19.62\cdot 5}=10.575[m/s]$

$V_2=V_3=10.575[m/s]$ 이며 $P_2=-39.24[kN/m^2]$

**60** 어느 유역에 1시간 동안 계속되는 강우기록이 아래 표와 같을 때 10분 지속 최대강우강도는?

| 시간(분) | 0 | 0 ~ 10 | 10 ~ 20 | 20 ~ 30 | 30 ~ 40 | 40 ~ 50 | 50 ~ 60 |
|---|---|---|---|---|---|---|---|
| 우량(mm) | 0 | 3.0 | 4.5 | 7.0 | 6.0 | 4.5 | 6.0 |

① 5.1[mm/h]

② 7.0[mm/h]

③ 30.6[mm/h]

④ 42.0[mm/h]

**○TIP** 최대우량이 가장 큰 구간은 20~30mm구간이다.

이 구간에서 강우량을 구하면 $10:7=60:x$ 이므로, $x$ 는 42[mm/h]가 된다.

**61** 단철근 직사각형 보에서 $f_{ck} = 38 MPa$인 경우 콘크리트 등가직사각형 압축응력블록의 깊이를 나타내는 계수의 값은?

① 0.74

② 0.76

③ 0.80

④ 0.85

◉**TIP** $f_{ck} \leq 40 MPa$인 경우 압축응력블록의 깊이를 나타내는 계수 값은 0.80이 된다.

**62** 표준갈고리를 갖는 인장 이형철근의 정착에 대한 설명으로 바르지 않은 것은? (단, $d_b$는 철근의 공칭지름이다.)

① 갈고리는 압축을 받는 경우 철근정착에 유효하지 않은 것으로 보아야 한다.

② 정착길이는 위험단면으로부터 갈고리의 외측단부까지 거리로 나타낸다.

③ D35 이하 180도 갈고리 철근에서 정착길이 구간을 $3d_b$ 이하 간격으로 띠철근 또는 스터럽이 정착되는 철근을 수직으로 둘러싼 경우에 보정계수는 0.7이다.

④ 기본 정착길이에 보정계수를 곱하여 정착길이를 계산하는 데 이렇게 구한 정착길이는 항상 $8d_b$ 이상, 또한 150mm 이상이어야 한다.

◉**TIP** D35 이하 180도 갈고리 철근에서 정착길이 구간을 $3d_b$ 이하 간격으로 띠철근 또는 스터럽이 정착되는 철근을 수직으로 둘러싼 경우에 보정계수는 0.8이다.

---

**ANSWER** 58.① 59.④ 60.④ 61.③ 62.③

**63** 프리스트레스 도입을 할 때 일어나는 손실(즉시손실)의 원인에 해당되는 것은?

① 콘크리트의 크리프
② 콘크리트의 건조수축
③ 긴장재 응력의 릴렉세이션
④ 포스트텐션 긴장재와 덕트 사이의 마찰

**TIP** 포스트텐션 긴장재와 덕트 사이의 마찰은 즉시손실에 속한다.

※ 프리스트레스 손실의 원인

ⓐ 프리스트레스 도입 시(즉시손실)
• 콘크리트의 탄성변형(수축)
• PS강재와 시스 사이의 마찰(포스트텐션 방식만 해당)
• 정착장치의 활동
ⓑ 프리스트레스 도입 후(시간적 손실)
• 콘크리트의 건조수축
• 콘크리트의 크리프
• PS강재의 릴렉세이션(이완)

**64** 콘크리트 설계기준압축강도가 28MPa, 철근의 설계기준항복강도가 400MPa로 설계된 길이가 7m인 양단 연속보에서 처짐을 계산하지 않는 경우 보의 최소두께는? (단, 보통중량콘크리트 $m_c = 2300[kg/m^3]$이다.)

① 275mm
② 334mm
③ 379mm
④ 438mm

**TIP** 양단연속보에서 처짐을 계산하지 않는 보의 최소두께는 L/21이어야 하므로 L=7[m], 따라서 333[mm]가 된다.
처짐을 계산하지 않는 경우 보 또는 1방향 슬래브의 최소 두께는 다음과 같다.

| 부재 | 최소 두께 | | | |
|---|---|---|---|---|
| | 단순지지 | 1단연속 | 양단연속 | 캔틸레버 |
| 1방향 슬래브 | L/20 | L/24 | L/28 | L/10 |
| 보 및 리브가 있는 1방향 슬래브 | L/16 | L/18.5 | L/21 | L/8 |

**65** 철근콘크리트의 강도설계법을 적용하기 위한 설계 가정으로 바르지 않은 것은?

① 철근과 콘크리트의 변형률은 중립축으로부터 거리에 비례한다.
② 인장 측 연단에서 철근의 극한변형률은 0.003으로 가정한다.
③ 콘크리트 압축연단의 극한변형률은 콘크리트의 설계기준압축강도가 40MPa 이하인 경우에는 0.0033으로 가정한다.
④ 철근의 응력이 설계기준항복강도($f_y$) 이하일 때 철근의 응력은 그 변형률에 철근의 탄성계수($E_s$)를 곱한 값으로 한다.

**○TIP** 압축 측 연단에서 콘크리트의 극한변형률은 0.003으로 가정한다.

**66** 강도설계법에서 구조의 안전을 확보하기 위해 사용되는 강도감소계수($\phi$) 값으로 바르지 않은 것은?

① 인장지배 단면 : 0.85
② 포스트텐션 정착구역 : 0.70
③ 전단력과 비틀림모멘트를 받는 부재 : 0.75
④ 압축지배 단면 중 띠철근으로 보강된 철근콘크리트 부재 : 0.65

**○TIP** 포스트텐션 정착구역에서 강도감소계수는 0.85이다.

**67** 연속보 또는 1방향 슬래브의 휨모멘트와 전단력을 구하기 위하여 근사해법을 적용할 수 있다. 근사해법을 적용하기 위해 만족하여야 하는 조건으로 바르지 않은 것은?

① 등분포 하중이 작용하는 경우
② 부재의 단면 크기가 일정한 경우
③ 활하중이 고정하중의 3배를 초과하는 경우
④ 인접 2경간의 차이가 짧은 경간의 20% 이하인 경우

**○TIP** 연속보 또는 1방향 슬래브의 휨모멘트와 전단력을 구하기 위한 근사해법은 활하중이 고정하중의 3배를 초과하지 않는 경우 적용이 가능하다.

---

**ANSWER**   63.④  64.② 65.②  66.②  67.③

**68** 순간처짐이 20mm 발생한 캔틸레버 보에서 5년 이상의 지속하중에 의한 총 처짐은? (단, 보의 인장철근비는 0.02, 받침부의 압축철근비는 0.01이다.)

① 26.7mm

② 36.7mm

③ 46.7mm

④ 56.7mm

**TIP** 하중재하기간이 5년 이상이므로 $\xi = 2.0$

$\lambda = \dfrac{\xi}{1 + 50\rho'} = 1.33$

$\delta_L = \lambda\delta_i = 1.33 \times 20 = 26.6\text{mm}$

$\delta_T = \delta_i + \delta_L = 20 + 26.6 = 46.6\text{mm}$

**69** 다음 그림과 같은 단면을 갖는 지간 20m의 PSC보에 PS강재가 200mm의 편심거리를 가지고 직선배치되어 있다. 자중을 포함한 계수등분포하중 16kN/m가 보에 작용할 때 보 중앙단면의 콘크리트 상연응력은? (단, 유효프리스트레스힘은 2400kN이다.)

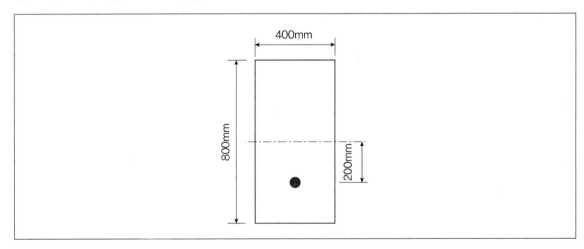

① 6MPa

② 9MPa

③ 12MPa

④ 15MPa

**TIP** $f_t = \dfrac{P_e}{A} - \dfrac{P_e \cdot e}{I}y + \dfrac{M}{I}y = \dfrac{P_e}{bh}\left(1 - \dfrac{6e}{h}\right) + \dfrac{3wl^2}{4bh^2} = 15\text{MPa}$

**70** 다음 그림과 같은 맞대기 용접의 이음부에 발생하는 응력의 크기는? (단, P=360[kN], 강판두께는 12mm)

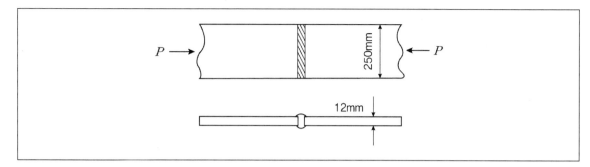

① 압축응력($f_c$) 14.4MPa

② 인장응력($f_t$) 3,000MPa

③ 전단응력($\tau$) 150MPa

④ 압축응력($f_c$) 120MPa

**◯TIP** 용접부의 유효면적은 목두께와 용접부 유효길이의 곱이므로 $12 \times 250 = 3000[\text{mm}^2]$

용접부의 압축응력 $f_c = \dfrac{P}{A} = \dfrac{360,000[\text{N}]}{3,000[\text{mm}^2]} = 120[\text{MPa}]$

**71** 유효깊이가 600mm인 단철근 직사각형 보에서 균형단면이 되기 위한 압축연단에서 중립축까지의 거리는?
(단, $f_{ck} = 28MPa$, $f_y = 300MPa$, 강도설계법에 의한다.)

① 494.5mm

② 412.5mm

③ 390.5mm

④ 293.5mm

**◯TIP** $C_b = \dfrac{660}{660 + f_y} \cdot d = \dfrac{660}{660 + 400} \cdot 600 = 412.5[\text{mm}]$

**72** 보의 길이가 20m, 활동량이 4mm, 긴장재의 탄성계수($E_p$)가 200,000MPa일 때 프리스트레스의 감소량 ($\triangle f_{an}$)은? (단, 일단정착이다.)

① 40MPa

② 30MPa

③ 20MPa

④ 15MPa

**○TIP** $E_p \cdot \dfrac{\triangle L}{L} = 2 \cdot 10^5 \cdot \dfrac{4}{20 \cdot 10^3} = 40[\text{MPa}]$

**73** 다음 그림과 같은 띠철근 기둥에서 띠철근의 최대 수직간격은? (단, D10의 공칭직경은 9.5mm, D32의 공칭 직경은 31.8mm이다.)

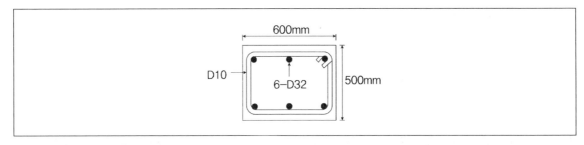

① 400mm

② 456mm

③ 500mm

④ 509mm

**○TIP** 띠철근 기둥에서 띠철근의 간격은 다음 중 최솟값으로 한다.
- 축방향 철근 지름의 16배 이하 : $31.8 \times 16 = 508.8\text{mm}$ 이하
- 띠철근 지름의 48배 이하 : $9.5 \times 48 = 456\text{mm}$ 이하
- 기둥단면의 최소 치수 이하 : 500mm 이하

**74** 강판을 리벳(Rivet)이음할 때 지그재그로 리벳을 체결한 모재의 순폭은 총폭으로부터 고려하는 단면의 최초의 리벳구멍에 대해 그 지름을 공제하고 이하 순차적으로 다음 식을 각 리벳구멍으로 공제하는데 이 때의 식은? (단, g는 리벳 선간의 거리, d는 리벳구멍의 지름, p는 리벳 피치)

① $d - \dfrac{p^2}{4g}$

② $d - \dfrac{g^2}{4p}$

③ $d - \dfrac{4p^2}{g}$

④ $d - \dfrac{4g^2}{p}$

**○TIP** 강판을 리벳(Rivet)이음할 때 지그재그로 리벳을 체결한 모재의 순폭은 총폭으로부터 고려하는 단면의 최초의 리벳구멍에 대해 그 지름을 공제하고 이하 순차적으로 다음 식을 각 리벳구멍으로 공제하는 식은 $d - \dfrac{p^2}{4g}$ 이다.

**75** 비틀림철근에 대한 설명으로 바르지 않은 것은? (단, $A_{oh}$는 가장 바깥의 비틀림 보강철근의 중심으로 닫혀진 단면적(mm2)이고 $P_h$는 가장 바깥의 횡방향 폐쇄스터럽 중심선의 둘레(mm)이다.)

① 횡방향 비틀림철근은 종방향 철근 주위로 135도 표준갈고리에 의해 정착되어야 한다.
② 비틀림모멘트를 받는 속빈 단면에서 횡방향 비틀림철근의 중심선으로부터 내부 벽면까지의 거리는 0.5 $A_{oh}/P_h$ 이상이 되도록 설계해야 한다.
③ 횡방향 비틀림철근의 간격은 $P_h/6$보다 작아야 하고, 또한 400mm보다 작아야 한다.
④ 종방향 비틀림철근은 양단에 정착하여야 한다.

**○TIP** 횡방향 비틀림철근의 간격은 $\dfrac{P_h}{8}$ 및 300[mm]보다 작아야 한다.

**76** 뒷부벽식 옹벽에서 뒷부벽을 어떤 보로 보고 설계해야 하는가?

① T형보

② 단순보

③ 연속보

④ 직사각형보

**○TIP** 뒷부벽은 T형보로 설계를 해야 한다.

**77** 직사각형 단면의 보에서 계수전단력 40kN을 콘크리트만으로 지지하고자 할 경우 필요한 최소 유효깊이는? (단, 보통중량콘크리트이며 $f_{ck} = 25MPa$, $b_W = 300mm$ 이다.)

① 320mm

② 348mm

③ 384mm

④ 427mm

**TIP** 콘크리트가 부담하는 공칭전단강도 $V_c = \dfrac{1}{6}\lambda\sqrt{f_{ck}}\,b_w d = \dfrac{1}{6} \cdot 1.0 \cdot \sqrt{25} \cdot 300 \cdot d = 250 \cdot d$

전단보강철근이 필요없는 조건은 $V_u \leq \dfrac{1}{2}\phi V_c$ 이므로, $40,000 \leq \dfrac{1}{2} \cdot 0.75 \cdot 250d$

따라서 $d \geq 426.67[mm]$

**78** 슬래브와 보가 일체로 타설된 비대칭 T형보(반 T형보)의 유효폭은? (단, 플랜지 두께 100mm, 복부 폭 300mm, 인접보와의 내측거리 1600mm, 보의 경간 6.0m)

① 800mm

② 900mm

③ 1000mm

④ 1100mm

**TIP** 반 T형보의 플랜지 유효 폭 $6t_f + b_w = (6 \times 100) + 300 = 900mm$

인접보와의 내측간 거리의 $\dfrac{1}{2} + b_w = 1,100mm$

보경간의 $\dfrac{1}{12} + b_w = \dfrac{6,000}{12} + 300 = 800mm$

위 값 중에서 최솟값을 취해야 한다.

**79** 다음 그림과 같은 인장철근을 갖는 보의 유효깊이는? (단, D19철근의 공칭단면적은 287mm²이다.)

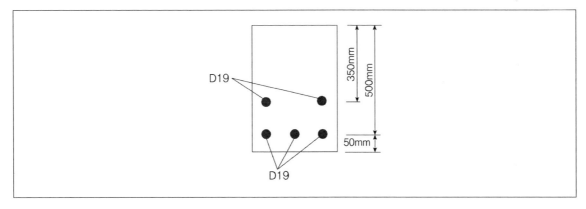

① 350mm

② 410mm

③ 440mm

④ 500mm

**○ TIP** 바리뇽의 정리를 따르면 $5A_s \cdot d = 2A_s(350) + 3A_s(500)$
따라서 d=440[mm]

**80** 인장응력검토를 위한 L－150×90×12인 형강(angle)의 전개한 총 폭은?

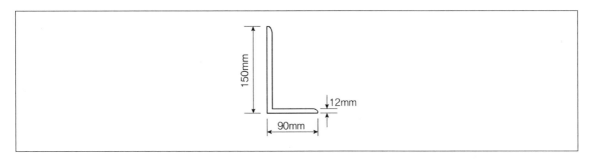

① 228mm

② 232mm

③ 240mm

④ 252mm

**○ TIP** L형강의 전개 총폭은 $b_g = b_1 + b_2 - t = 150 + 90 - 12 = 228[mm]$

**81** 두께 9m의 점토층에서 하중강도 P1일 때 간극비는 2.0이고 하중강도를 P2로 증가시키면 간극비는 1.8로 감소되었다. 이 점토층의 최종압밀침하량은?

① 20cm

② 30cm

③ 50cm

④ 60cm

**O TIP** $$\triangle H = \frac{e_1 - e_2}{1 + e_1} H = \frac{2.0 - 1.8}{1 + 2.0} \cdot 900 = 60[cm]$$

**82** 지반개량공법 중 주로 모래질 지반을 개량하는데 사용되는 공법은?

① 프리로딩 공법

② 생석회 말뚝 공법

③ 페이퍼드레인 공법

④ 바이브로플로테이션 공법

**O TIP** 프리로딩, 생석회말뚝, 페이퍼드레인공법은 점성토지반 개량에 적용되는 공법이다.

※ 공법과 적용 지반

| 공법 | 적용되는 지반 | 종류 |
|---|---|---|
| 다짐공법 | 사질토 | 동압밀공법, 다짐말뚝공법, 폭파다짐법, 바이브로 컴포져공법, 바이브로 플로테이션공법 |
| 압밀공법 | 점성토 | 선하중재하공법, 압성토공법, 사면선단재하공법 |
| 치환공법 | 점성토 | 폭파치환공법, 미끄럼치환공법, 굴착치환공법 |
| 탈수 및 배수공법 | 점성토 | 샌드드레인공법, 페이퍼드레인공법, 생석회말뚝공법 |
| | 사질토 | 웰포인트공법, 깊은우물공법 |
| 고결공법 | 점성토 | 동결공법, 소결공법, 약액주입공법 |
| 혼합공법 | 사질토, 점성토 | 소일시멘트공법, 입도조정법, 화학약제혼합공법 |

**83** 포화된 점토에 대해 비압밀비배수 시험을 하였을 때 결과에 대한 설명으로 바른 것은? (단, $\phi$는 내부마찰각, $c$는 점착력)

① $\phi$와 $c$가 나타나지 않는다.

② $\phi$와 $c$가 모두 0이 아니다.

③ $\phi$는 0이 아니지만 $c$는 0이다.

④ $\phi$는 0이고 $c$는 0이 아니다.

**O TIP** 포화된 점토에 대해 비압밀비배수 시험을 하였을 때 결과는 $\phi$는 0이고 $c$는 0이 아니다.

**84** 점토지반으로부터 불교란 시료를 채취하였다. 이 시료의 지름이 50mm, 길이가 100mm, 습윤 질량이 350g, 함수비가 40%일 때 이 시료의 건조밀도는?

① $1.78 \text{g/cm}^3$

② $1.43 \text{g/cm}^3$

③ $1.27 \text{g/cm}^3$

④ $1.14 \text{g/cm}^3$

**◉TIP** 건조단위무게 $\gamma_d = \dfrac{\gamma_t}{1+\dfrac{w}{100}}$, 습윤단위무게 $\gamma_t = \dfrac{W}{V} = \dfrac{350}{\dfrac{\pi \cdot 5^2}{4} \cdot 10} = 1.783 g/cm^3$

따라서 $\gamma_d = \dfrac{1.783}{1+\dfrac{40}{100}} = 1.27 g/cm^3$

**85** 말뚝의 부주면마찰력에 대한 설명으로 바르지 않은 것은?

① 연약한 지반에서 주로 발생한다.

② 말뚝 주변의 지반이 말뚝보다 더 침하될 때 발생된다.

③ 말뚝주면에 역청코팅을 하면 부주면 마찰력을 감소시킬 수 있다.

④ 부주면마찰력의 크기는 말뚝과 흙 사이의 상대적인 변위속도와 큰 연관성이 없다.

**◉TIP** 부주면마찰력의 크기는 말뚝과 흙 사이의 상대적인 변위속도와 연관되어 있다.

**86** 말뚝기초에 대한 설명으로 바르지 않은 것은?

① 군항은 전달되는 응력이 겹쳐지므로 말뚝 1개의 지지력에 말뚝개수를 곱한 값보다 지지력이 크다.

② 동역학적 지지력 공식 중 엔지니어링 뉴스 공식의 안전율은 6이다.

③ 부주면마찰력이 발생하면 말뚝의 지지력은 감소한다.

④ 말뚝기초는 기초의 분류에서 깊은 기초에 속한다.

**◉TIP** 군항은 말뚝 1개의 지지력에 말뚝개수를 곱한 값보다 지지력이 작다.

**87** 다음 그림과 같이 폭 2m, 길이가 3m인 기초에 100[kN/m²]의 등분포하중이 작용할 때 A점 아래 4m 깊이에서의 연직응력 증가량은? (단, 아래 표의 영향계수 값을 활용하여 구하며, $m = \dfrac{B}{z}$, $n = \dfrac{L}{z}$ 이고, B는 직사각형 단면의 폭, L은 직사각형 단면의 길이, z는 토층의 깊이이다.)

[영향계수($I$) 값]

| $m$ | 0.25 | 0.5 | 0.5 | 0.5 |
|---|---|---|---|---|
| $n$ | 0.5 | 0.25 | 0.75 | 1.0 |
| $I$ | 0.048 | 0.048 | 0.115 | 0.112 |

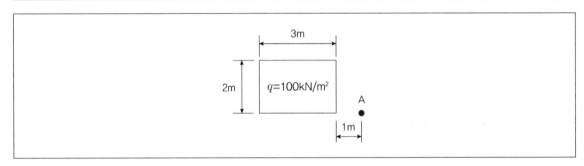

① 6.7kN/m²

② 7.4kN/m²

③ 12.2kN/m²

④ 17.0kN/m²

**⭕TIP** 시간이 상당히 소요되며 출제빈도가 낮은 문제이므로 풀지 말고 과감히 넘어갈 것을 권하는 문제이다.

$m = \dfrac{B}{Z} = \dfrac{2}{4} = 0.5$, $n = \dfrac{L}{Z} = \dfrac{4}{4} = 1.0$, $I_1 = 0.122$

$m = \dfrac{B}{Z} = \dfrac{1}{4} = 0.25$, $n = \dfrac{L}{Z} = \dfrac{2}{4} = 0.5$, $I_1 = 0.048$

따라서 연직응력의 증가량 $\triangle \sigma_Z = q \cdot I_1 - q \cdot I_2 = 100 \cdot 0.122 - 100 \cdot 0.048 = 7.4[kN/m^2]$

**88** 기초가 갖추어야 할 조건이 아닌 것은?

① 동결, 세굴 등에 안전하도록 최소한의 근입깊이를 가져야 한다.
② 기초의 시공이 가능하고 침하량이 허용치를 넘지 않아야 한다.
③ 상부로부터 오는 하중을 안전하게 지지하고 기초지반에 전달하여야 한다.
④ 미관상 아름답고 주변에서 쉽게 구득할 수 있는 재료로 설계되어야 한다.

**TIP** 기초는 외부에 드러나지 않으므로 미관은 고려되어야 할 요소로 간주되지 않는다.

**89** 평판재하시험에 대한 설명으로 바르지 않은 것은?

① 순수한 점토지반의 지지력은 재하판의 크기와 관계없다.
② 순수한 모래지반의 지지력은 재하판의 폭에 비례한다.
③ 순수한 점토지반의 침하량은 재하판의 폭에 비례한다.
④ 순수한 모래지반의 침하량은 재하판의 폭에 관계없다.

**TIP** 모래 지반의 경우 기초의 극한지지력은 재하판의 폭에 비례하여 증가한다.

**90** 두께 2cm의 점토시료에 대한 압밀시험결과 50%의 압밀을 일으키는데 6분이 걸렸다. 같은 조건 하에서 두께 3.6m의 점토층 위에 축조한 구조물이 50%의 압밀에 도달하는데 며칠이 걸리는가?

① 1350일
② 270일
③ 135일
④ 27일

**TIP** 압밀시험에서 별도의 언급이 없는 경우는 양면배수조건으로 간주한다.

$t = \dfrac{T_v H^2}{C_v}$ 이므로 $t_1 : H_1^3 = t_2 \cdot H_2^2$

$t_2 = t_1 \cdot \left(\dfrac{H_2}{H_1}\right)^2 = 6[\text{min}] \cdot \left(\dfrac{\frac{360cm}{2}}{\frac{2cm}{2}}\right)^2 = 194400$분, 이는 135일과 같다.

**91** 비교적 가는 모래와 실트가 물속에서 침강하여 고리모양을 이루며 작은 아치를 형성한 구조로, 단립구조보다 간극비가 크고 충격과 진동에 약한 흙의 구조는?

① 붕소구조
② 낱알구조
③ 분산구조
④ 면모구조

**TIP** ① **붕소구조** : 비교적 가는 모래와 실트가 물속에서 침강하여 고리모양을 이루며 작은 아치를 형성한 구조로 단립구조보다 간극비가 크고 충격과 진동에 약한 흙의 구조
 ② **낱알구조(흩알구조)** : 토양입자들이 서로 결합되지 않고 개개의 입자들로 흩어져 있는 상태
 ③ **분산구조** : 현탁액에 용해된 점토가 침전될 때, 입자 사이의 반발력이 인력(引力)보다 강하여 개별 입자 상태로 침강됨으로써 형성된 평평한 구조
 ④ **면모구조** : 점토의 모서리와 면 사이의 강한 인력과 Van der Waals 인력에 의하여 입자들이 붙어서 생성된 구조

**92** 아래 그림과 같은 흙의 구성도에서 체적 $V$를 1로 했을 때의 간극의 체적은? (단, 간극률은 $n$, 함수비는 $w$, 흙입자의 비중은 $G_s$, 물의 단위중량은 $\gamma_w$)

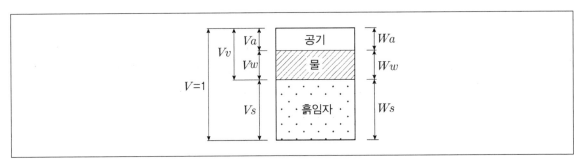

① n
② $wG_s$
③ $\gamma_w(1-n)$
④ $[G_s - n(G_s-1)]\gamma_w$

**TIP** $n = \dfrac{V_v}{V} \times 100$, $V_v = \dfrac{n \cdot V}{100} = \dfrac{n}{100}$ 이므로 간극의 체적은 n이 된다.

**93** 유선망의 특징에 대한 설명으로 바르지 않은 것은?

① 각 유로의 침투수량은 같다.
② 동수경사는 유선망의 폭에 비례한다.
③ 인접한 두 등수두선 사이의 수두손실은 같다.
④ 유선망을 이루는 사변형은 이론상 정사각형이다.

**◯TIP** 유선망 중 정사각형이 가장 작은 곳이 동수경사가 가장 크다. (동수경사는 유선망의 폭에 반비례한다.)

**94** 벽체에 작용하는 주동토압을 Pa, 수동토압을 Pp, 정지토압을 Po이라고 할 때 크기의 비교로 바른 것은?

① Pa > Pp > Po
② Pp > Po > Pa
③ Pp > Pa > Po
④ Po > Pa > Pp

**◯TIP** 수동토압 > 정지토압 > 주동토압

**95** 다음 그림과 같이 3개의 지층으로 이루어진 지반에서 토층에 수직한 방향의 평균 투수계수($K_v$)는?

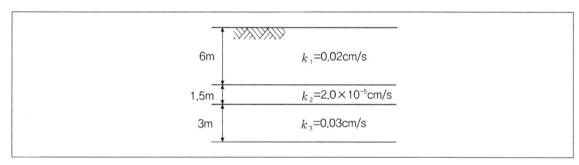

① $2.516 \times 10^{-6}$ cm/s
② $1.274 \times 10^{-5}$ cm/s
③ $1.393 \times 10^{-4}$ cm/s
④ $2.0 \times 10^{-2}$ cm/s

**◯TIP** $k_v = \dfrac{H}{\dfrac{H_1}{k_1} + \dfrac{H_2}{k_2} + \dfrac{H_3}{k_3}} = \dfrac{6 + 1.5 + 3}{\dfrac{6}{0.02} + \dfrac{1.5}{2 \cdot 10^{-5}} + \dfrac{3}{0.03}} = 1.393 \cdot 10^{-4} [cm/s]$

**96** 응력경로(Stress Path)에 대한 설명으로 바르지 않은 것은?

① 응력경로는 특성상 전응력으로만 나타낼 수 있다.
② 응력경로란 시료가 받는 응력의 변화과정을 응력공간에 궤적으로 나타낸 것이다.
③ 응력경로는 Morh의 응력원에서 전단응력이 최대인 점을 연결하여 구한다.
④ 시료가 받는 응력상태에 대한 응력경로는 직선 또는 곡선으로 나타난다.

**OTIP** 응력경로는 전응력 경로와 유효응력 경로로 나눌 수 있다.

**97** 암반층 위에 5m 두께의 토층이 경사 15도의 자연사면으로 되어 있다. 이 토층의 강도정수 c는 15kN/m², 내부마찰각 $\phi$는 30도이며 포화단위중량은 18kN/m³이다. 지하수면은 토층의 지표면과 일치하고 침투는 경사면과 대략 평행이다. 이 때 사면의 안전율은? (단, 물의 단위중량은 9.81kN/m³이다.)

① 0.85
② 1.15
③ 1.65
④ 2.05

**OTIP** $F_s = \dfrac{c + \gamma_{sub} \cdot z \cdot \cos^2 a \cdot \tan\phi}{\gamma_{sat} \cdot z \cdot \sin a \cdot \cos a} = \dfrac{15 + (18 - 9.81)\cos^2 15^o \cdot \tan 30^o}{18 \cdot 5 \cdot \sin 15^o \cdot \cos 15^o} = 1.65$

**98** 모래시료에 대해서 압밀배수 삼축압축시험을 실시하였다. 초기 단계에서 구속응력은 100kN/m²이고 전단파괴시에 작용된 축차응력은 200kN/m²이었다. 이와 같은 모래시료의 내부마찰각 및 파괴면에 작용하는 전단응력의 크기를 바르게 나열한 것은?

① 30도, 115.47kN/m²
② 40도, 115.47kN/m²
③ 30도, 86.60kN/m²
④ 40도, 86.60kN/m²

**OTIP** 모어원을 작도하여 쉽게 구할 수 있다.
$\triangle\sigma = \sigma_1 - \sigma_3 = 300 - 100 = 200$
파괴포락선과 모어원이 만나는 접점을 모어원의 중심과 연결한 선은 서로 수직을 이룬다.

$\sin\phi = \dfrac{\dfrac{\sigma_1 - \sigma_3}{2}}{\dfrac{\sigma_1 + \sigma_3}{2}}$ 이므로 $\phi = \sin^{-1}\left(\dfrac{\sigma_1 - \sigma_3}{\sigma_1 + \sigma_3}\right) = \sin^{-1}\left(\dfrac{300 - 100}{300 + 100}\right) = 30^o$

따라서 전단응력 $\tau_f = \dfrac{\sigma_1 - \sigma_3}{2}\sin 2\theta = \dfrac{300 - 100}{2}\sin 2 \cdot 30^o = 86.60[\text{kN/m}^2]$

**99** 흙의 다짐시험에서 다짐에너지를 증가시킬 때 일어나는 결과는?

① 최적함수비는 증가하고, 최대건조단위중량은 감소한다.
② 최적함수비는 감소하고, 최대건조단위중량은 증가한다.
③ 최적함수비와 최대건조단위중량이 모두 감소한다.
④ 최적함수비와 최대건조단위중량이 모두 증가한다.

**○TIP** 흙의 다짐시험에서 다짐에너지를 증가시키면 최적함수비는 감소하고, 최대건조단위중량은 증가한다.

**100** 토립자가 둥글고 입도분포가 나쁜 모래지반에서 표준관입시험을 한 결과 N값은 10이었다. 이 모래의 내부 마찰각을 Dunham의 공식으로 구하면?

① 21도
② 26도
③ 31도
④ 36도

**○TIP** $\phi = \sqrt{12N} + 20 = \sqrt{12 \cdot 10} + 15 = 26^o$

※ Dunham 내부마찰각 산정공식
- 토립자가 모나고 입도분포가 양호한 경우 : $\phi = \sqrt{12N} + 25$
- 토립자가 모나고 입도분포가 불량한 경우 : $\phi = \sqrt{12N} + 20$
- 토립자가 둥글고 입도분포가 양호한 경우 : $\phi = \sqrt{12N} + 20$
- 토립자가 둥글고 입도분포가 불량한 경우 : $\phi = \sqrt{12N} + 15$

**101** 상수도의 정수공정에서 염소소독에 대한 설명으로 바르지 않은 것은?

① 염소살균은 오존살균에 비해 가격이 저렴하다.
② 염소소독의 부산물로 생성되는 THM은 발암성이 있다.
③ 암모니아성 질소가 많은 경우에는 클로라민을 형성한다.
④ 염소요구량은 주입염소량과 유리 및 결합 잔류염소량의 합이다.

○**TIP** 염소요구량 농도=주입염소 농도−잔류염소 농도

**102** 집수매거(infiltration galleries)에 관한 설명으로 바르지 않은 것은?

① 철근콘크리트조의 유공관 또는 권선형 스크린관을 표준으로 한다.
② 집수매거 내의 평균유속은 유출단에서 1m/s이하가 되도록 한다.
③ 집수매거의 부설방향은 표류수의 상황을 정확하게 파악하여 위수할 수 있도록 한다.
④ 집수매거는 하천부지의 하상 밑이나 구하천 부지 등의 땅속에 매설하여 복류수나 자유수면을 갖는 지하수를 취수하는 시설이다.

○**TIP** 집수매거의 부설방향은 복류수의 상황을 정확하게 파악하여 위수할 수 있도록 한다.

**103** 수평으로 부설한 지름 400mm, 길이 1500m의 주철관으로 20000m³/day의 물이 수송될 때 펌프에 의한 송수압이 53.95N/cm²이면 관수로 끝에서 발생되는 압력은? (단, 관의 마찰손실계수 f=0.03, 물의 단위중량은 9.81[kN/m³], 중력가속도는 9.8m/s²이다.)

① $3.5 \times 10^5 [N/m^2]$

② $4.5 \times 10^5 [N/m^2]$

③ $5.0 \times 10^5 [N/m^2]$

④ $5.5 \times 10^5 [N/m^2]$

**TIP** 출제빈도가 낮으며 풀이에 상당시간이 걸리는 문제이므로 과감히 넘어갈 것을 권한다.

$$\frac{53.95(10^{-2})^2}{9.81 \cdot 10^3} + \frac{V_1^2}{19.62} = \frac{P_2}{9.81 \cdot 10^3} + \frac{V_2^2}{19.62} + h_L$$

$$V_1 = \frac{4 \cdot \dfrac{20,000}{86400}}{\pi \cdot 0.4^2} = 1.84[m/s] \, (1일 = 86400초)$$

$$h_L = 0.03 \cdot \frac{1500}{0.4} \cdot \frac{1.84^2}{19.62} = 19.41m$$

$$P_2 = 349,638[N/m^2] \fallingdotseq 3.5 \times 10^5 [N/m^2]$$

**104** 하수처리시설의 2차 침전지에 대한 내용으로 바르지 않은 것은?

① 유효수심은 2.5~4m를 표준으로 한다.

② 침전지 수면의 여유고는 40~60cm정도로 한다.

③ 직사각형인 경우 길이와 폭의 비는 3:1 이상으로 한다.

④ 표면부하율은 계획1일 최대오수량에 대하여 $25~40m^3/m^2 \cdot day$로 한다.

**TIP** 2차 침전지의 표면부하율은 계획1일 최대오수량에 대하여 $20~30m^3/m^2 \cdot day$로 한다.

**105** A시의 2021년 인구는 588,000명이며 연간 약 3.5%씩 증가하고 있다. 2027년도를 목표로 급수시설의 설계에 임하고자 한다. 1일 1인 평균급수량은 250L이고 급수율은 70%로 가정할 경우, 계획 1일 평균급수량은? (단, 인구추정식은 등비증가법으로 산정한다.)

① 약 126,500m³/day
② 약 129,000m³/day
③ 약 258,000m³/day
④ 약 387,000m³/day

**TIP** 등비급수법으로 인구추정을 하면 $P_n = P_o(1+r)^n = 588,000(1+0.035)^6 = 722.802$명

계획 1일 평균급수량은 계획급수인구와 1인1일 평균급수량, 그리고 급수율(급수보급률)의 곱이므로

$722.802 \times 250 \times 0.7 = 126,494,700[L/day] = 126,500[m^3/day]$

**106** 운전 중인 펌프의 토출량을 조절할 때 공동현상을 일으킬 우려가 있는 것은?

① 펌프의 회전수를 조절한다.
② 펌프의 운전대수를 조절한다.
③ 펌프의 흡입측 밸브를 조정한다.
④ 펌프의 토출측 밸브를 조절한다.

**TIP** 펌프의 토출량은 펌프의 흡입 측 밸브를 조절하여 조절할 수 없다.

**107** 원수수질 상황과 정수수질 관리목표를 중심으로 정수방법을 선정할 때 종합적으로 검토해야 할 사항으로 바르지 않은 것은??

① 원수수질
② 원수시설의 규모
③ 정수시설의 규모
④ 정수수질의 관리목표

**TIP** 정수방법 선정 시에는 원수시설의 규모까지 고려하지는 않는다.

**108** 하수도의 계획오수량 산정 시 고려할 사항이 아닌 것은?

① 계획오수량 산정 시 산업폐수량을 포함하지 않는다.
② 오수관로는 계획시간최대오수량을 기준으로 계획한다.
③ 합류식에서 하수의 차집관로는 우천 시 계획오수량을 기준으로 계획한다.
④ 우천 시 계획오수량 산정 시 생활오수량 외 우천 시 오수관로에 유입되는 빗물의 양과 지하수의 침입량을 추정하여 합산한다.

**O TIP** 계획오수량 산정 시 산업폐수량을 포함한다.

**109** 주요 관로별 계획하수량으로서 바르지 않은 것은?

① 오수관로 : 계획시간 최대오수량
② 차집관로 : 우천 시 계획오수량
③ 우수관로 : 계획우수량 + 계획오수량
④ 합류식관로 : 계획시간 최대오수량 + 계획우수량

**O TIP** 우수관로는 계획우수량으로 산정한다. 계획오수량을 포함하지 않는다.

> **계획하수량 산정**
> • 계획 1일 최대오수량 : 1년을 통하여 가장 많은 오수가 유출되는 날의 오수량으로서 하수처리장 설계의 기준이 된다.
> • 계획 1일 평균오수량 : 계획 1일 최대오수량에 0.7(중소도시), 0.8(대도시)를 곱하여 구한다.
> • 계획 시간 최대오수량 : 계획 1일 최대오수량의 1시간당 수량의 1.3(대도시), 1.5(중소도시), 1.8(농촌)를 표준으로 하며 오수관거의 계획하수량을 결정하거나 오수펌프의 용량을 결정하는 기준이 된다.
>
> **분류식의 계획하수량**
> • 분류식 오수관거 : 계획시간 최대오수량
> • 분류식 우수관거 : 계획우수량
>
> **합류식의 계획하수량**
>
> | 종별 | 하수량 |
> | --- | --- |
> | 관거(차집관거 제외) | 계획시간 최대오수량 + 계획우수량 |
> | 차집관거 및 펌프장 | 계획시간 최대오수량의 3배 이상 |
> | 처리장의 최초침전지까지 및 소독설비 | 계획시간 최대오수량의 3배 이상 |
> | 처리장에서 상기 이외의 처리시설 | 계획 1일 최대오수량 |
>
> (합류식에서 우천 시 계획오수량은 계획시간 최대오수량의 3배 이상으로 한다.)

**110** 하수도시설에서 펌프의 선정기준 중 바르지 않은 것은?

① 전양정이 5m 이하이고 구경이 400mm 이상인 경우는 축류펌프를 선정한다.
② 전양정이 4m 이상이고 구경기 80mm 이상인 경우는 원심펌프를 선정한다.
③ 전양정이 5~20m이고 구경이 300mm 이상인 경우 원심사류펌프를 선정한다.
④ 전양정이 3~12m이고 구경이 400mm 이상인 경우는 원심펌프를 선정한다.

**○TIP** 전양정이 3~12[m]이고 구경이 400[mm] 이상인 경우는 사류펌프로 한다.

**111** 아래 펌프의 표준특성곡선에서 양정을 나타내는 것은? (단, Ns는 100~250이다.)

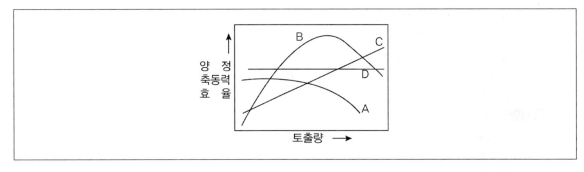

① A        ② B
③ C        ④ D

**○TIP** A는 전양정곡선, B는 효율곡선, C는 축동력곡선이다.

**112** 양수량이 15.5m³/min이고 전양정이 24m일 때 펌프의 축동력은? (단, 펌프의 효율은 80%로 가정한다.)

① 4.65kW        ② 7.58kW
③ 46.57kW        ④ 75.95kW

**○TIP**
$$P = \frac{1000QH_t}{102\eta} = \frac{1000 \cdot \frac{15.5}{60} \cdot 24}{102 \cdot 0.8} = 75.98[kW]$$

**113** 맨홀 설치 시 관경에 따라 맨홀의 최대간격에 차이가 있다. 관로 직선부에서 관경 600mm 초과 1000mm 이하에서 맨홀의 최대간격표준은?

① 60m
② 75m
③ 90m
④ 100m

**○TIP** 맨홀은 관거의 직선부에서도 관경에 따라 아래와 같은 범위 내의 간격으로 설치한다.

| 관경(mm) | 300 이하 | 600 이하 | 1000 이하 | 1500 이하 | 1650 이하 |
|---|---|---|---|---|---|
| 최대간격(m) | 50 | 75 | 100 | 150 | 200 |

**114** 수원의 구비요건으로 바르지 않은 것은?

① 수질이 좋아야 한다.
② 수량이 풍부해야 한다.
③ 가능한 한 낮은 곳에 위치해야 한다.
④ 가능한 한 수돗물 소비지에서 가까운 곳에 위치해야 한다.

**○TIP** 수원은 가능한 한 높은 곳에 위치해야 한다.

**115** 다음 중 저농도 현탁입자의 침전형태는?

① 단독침전
② 응집침전
③ 지역침전
④ 압밀침전

**○TIP** 저농도 현탁입자의 침전형태는 단독침전 형태를 띤다.
• 단독침전 : 이웃입자에 영향을 받지 않고 등속침전하는 형태(침전속도는 스토크스의 법칙을 따른다.)
• 응집침전 : 침강하는 입자들이 서로 플럭을 형성하여 침강속도가 증가하는 형태
• 지역침전 : 슬러지의 방해를 받아 침강속도가 증가하는 형태
• 압축(압밀)침전 : 무게에 의해 압축되어 수분이 토출되는 형태

**116** 계획우수량 산정 시 유입시간을 산정하는 일반적인 Kerby식과 스에이시 식에서 각 계수와 유입시간의 관계로 바르지 않은 것은?

① 유입시간과 지표면거리는 비례관계이다.

② 유입시간과 지체계수는 반비례관계이다.

③ 유입시간과 설계강우강도는 반비례관계이다.

④ 유입시간과 지표면 평균경사는 반비례관계이다.

**⊙TIP** Kerby의 식 : $t_i = 1.44 \left( \dfrac{Ln}{I^{1/2}} \right)^{0.467}$

$t_i$ : 유입시간, $L$ : 지표면의 거리(m), $I$ : 지표면의 평균경사, n : 지체계수

**117** 자연유하방식과 비교할 때 압송식 하수도에 관한 특징으로 바르지 않은 것은?

① 불명수(지하수 등)의 침입이 없다.

② 하향식 경사를 필요로 하지 않는다.

③ 관로의 매설깊이를 낮게 할 수 있다.

④ 유지관리가 비교적 간편하고 관로 점검이 용이하다.

**⊙TIP** 압송식 하수도는 유지관리가 어렵다.

**118** 염소 소독 시 생성되는 염소성분 중 살균력이 가장 강한 것은?

① $OCl^-$

② $HOCl$

③ $NHCl_2$

④ $NH_2Cl$

**⊙TIP** 살균력의 세기는 $O_3 > HOCl > OCl^- >$ 클로라민 순이다. 따라서 제시된 보기 중 염소소독 시 생성되는 염소성분 중 살균력이 가장 강한 것은 HOCl이다.

※ 클로라민 ⋯ 수돗물의 정화에 쓰이는 암모니아와 염소가 반응하여 생성되는 무색의 액체이다. 암모니아가 함유된 물에 염소를 주입하면 염소와 암모니아성 질소가 결합하여 클로라민(결합잔류염소)가 생성된다. 살균작용이 오래 지속되며 살균 후 물에 맛과 냄새를 주지 않으며 휘발성이 약하다.

**119** 석회를 사용하여 하수를 응집침전하고자 할 경우의 내용으로 바르지 않은 것은?

① 콜로이드성 부유물질의 침전성이 향상된다.

② 알칼리도, 인산염, 마그네슘 등과도 결합하여 제거시킨다.

③ 석회첨가에 의한 인 제거는 황산반토보다 슬러지 발생량이 일반적으로 적다.

④ 알칼리제를 응집보조제로 첨가하여 응집침전의 효과가 향상되도록 pH를 조정한다.

**○TIP** 석회첨가에 의한 인 제거는 황산반토(황산알루미늄)보다 슬러지 발생량이 일반적으로 많다.

**120** 정수처리의 단위조작으로 사용되는 오존처리에 관한 설명으로 바르지 않은 것은?

① 유기물질의 생분해성을 증가시킨다.

② 염소주입에 앞서 오존을 주입하면 염소의 소비량을 감소시킨다.

③ 오존은 자체의 높은 산화력으로 염소에 비하여 높은 살균력을 가지고 있다.

④ 인의 제거능력이 뛰어나고 수온이 높아져도 오존 소비량은 일정하게 유지된다.

**○TIP** 오존처리는 수온이 높아지면 오존소비량이 급격히 증가한다.

---

제1과목 **응용역학**

**1** 다음 그림과 같이 이축응력을 받고 있는 요소의 체적변형률은? (단, 탄성계수는 $2 \times 10^5$ MPa, 푸아송비는 0.3이다.)

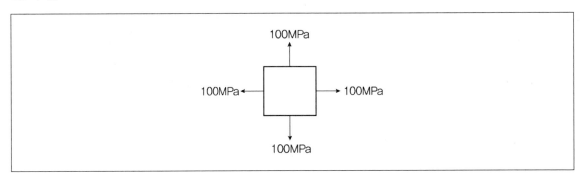

① $2.7 \times 10^{-4}$

② $3.0 \times 10^{-4}$

③ $3.7 \times 10^{-4}$

④ $4.0 \times 10^{-4}$

**○TIP** $\varepsilon_v = \dfrac{1-2\nu}{E}(\sigma_x + \sigma_y + \sigma_z) = \dfrac{1-2 \cdot 0.3}{2 \cdot 10^5}(100 + 100 + 0) = 4.0 \times 10^{-4}$

**2** 다음 그림과 같은 단면의 단면상승모멘트($I_{xy}$)는?

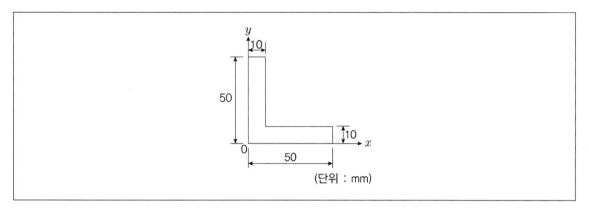

(단위 : mm)

① $77,500\text{mm}^4$

② $92,500\text{mm}^4$

③ $122,500\text{mm}^4$

④ $157,500\text{mm}^4$

**O TIP**

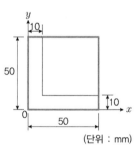

(단위 : mm)

$50 \cdot 50 \cdot 25 \cdot 25 - 40 \cdot 40 \cdot 30 \cdot 30 = 122,500\text{mm}^4$

**3** 다음 그림과 같이 봉에 작용하는 힘들에 의한 봉 전체의 수직처짐의 크기는?

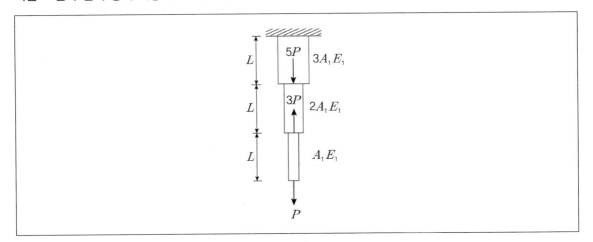

① $\dfrac{PL}{A_1 E_1}$

② $\dfrac{2PL}{3A_1 E_1}$

③ $\dfrac{4PL}{3A_1 E_1}$

④ $\dfrac{3PL}{2A_1 E_1}$

**TIP** 각 부분별로 나누어서 자유물체도를 그리면 손쉽게 풀 수 있다.

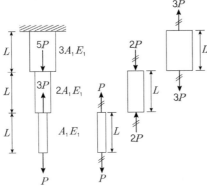

수직처짐량은 각 부재의 변위량의 합이므로, $\triangle l = \dfrac{PL}{AE} = \dfrac{PL}{A_1 E_1} - \dfrac{2PL}{2A_1 E_1} + \dfrac{3PL}{3A_1 E_1} = \dfrac{PL}{A_1 E_1}$

**4** 다음 그림과 같은 구조물의 BD부재에 작용하는 힘의 크기는?

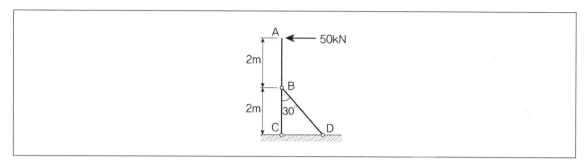

① 100kN

② 125kN

③ 150kN

④ 200kN

**O TIP** $\sum M_C = 0 : T \cdot \sin 30^\circ \cdot 2 - 5t \cdot 4 = 0$이므로 $T - 20t = 0$, 따라서 BD부재에 작용하는 힘 T는 20t이다.

**5** 다음 그림과 같은 와렌 트러스에서 부재력이 0인 부재는 몇 개인가?

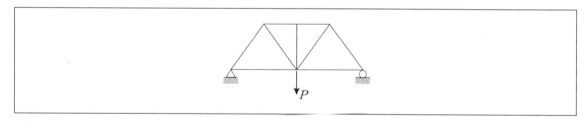

① 0개

② 1개

③ 2개

④ 3개

**O TIP**

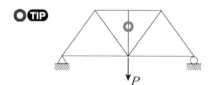

**6** 전단응력도에 대한 설명으로 바르지 않은 것은?

① 직사각형 단면에서는 중앙부의 전단응력도가 제일 크다.
② 원형 단면에서는 중앙부의 전단응력도가 제일 크다.
③ I형 단면에서는 상하단의 전단응력도가 제일 크다.
④ 전단응력도는 전단력의 크기에 비례한다.

**O TIP** I형 단면에서는 상하단의 전단응력도가 제일 작고 휨응력도가 가장 크다.

**7** 다음 그림과 같은 2경간 연속보에 등분포 하중 w=4kN/m가 작용할 때 전단력이 0이 되는 위치는 지점 A로부터 얼마의 거리(X)에 있는가?

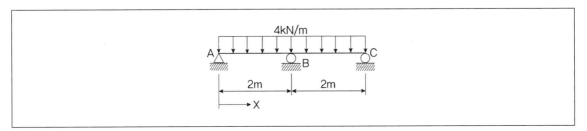

① 0.75m
② 0.85m
③ 0.95m
④ 1.05m

**O TIP** $R_A = \dfrac{3wl}{8} = \dfrac{3 \cdot 4[kN/m] \cdot 2}{8} = 3[kN](\uparrow)$

$S_x = 3 - 4x = 0$이므로, $x = 0.75m$

※ 다음의 공식은 필히 암기하도록 한다.

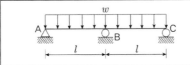

$$M_B = -\frac{wl^2}{8}, \ R_A = \frac{3wl}{8}, \ R_B = \frac{5wl}{4}$$

**8** 다음 그림과 같은 3힌지 아치의 중간힌지에 수평하중 P가 작용할 때 A지점의 수직반력($V_A$)과 수평반력($H_A$)은?

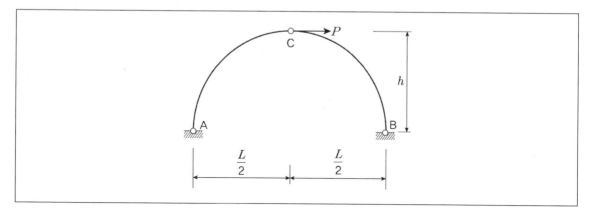

① $V_A = \dfrac{Ph}{L}(\uparrow)$, $H_A = \dfrac{P}{2L}(\leftarrow)$

② $V_A = \dfrac{Ph}{L}(\downarrow)$, $H_A = \dfrac{P}{2L}(\rightarrow)$

③ $V_A = \dfrac{Ph}{L}(\uparrow)$, $H_A = \dfrac{P}{2}(\rightarrow)$

④ $V_A = \dfrac{Ph}{L}(\downarrow)$, $H_A = \dfrac{P}{2}(\leftarrow)$

**O TIP** 직관적으로 바로 $H_A = \dfrac{P}{2}(\leftarrow)$가 됨을 알 수 있고

힌지절점을 기준으로 모멘트합이 $\sum M = 0$이 되어야 하므로 $V_A = \dfrac{Ph}{L}(\downarrow)$이다.

**9** 다음 그림과 같이 단순지지된 보에 등분포하중 q가 작용하고 있다. 지점 C의 부모멘트와 보의 중앙에 발생하는 정모멘트의 크기를 같게 하여 등분포하중 q의 크기를 제한하려고 한다. 지점 C와 D는 보의 대칭거동을 유지하기 위해 각각 A와 B로부터 같은 거리에 배치하고자 한다. 이 때 A점으로부터 지점 C까지의 거리 (X)는?

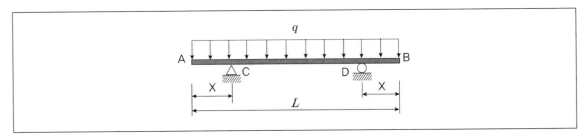

① 0.207L

② 0.250L

③ 0.333L

④ 0.444L

> **TIP** $M_C = -\dfrac{qx^2}{2}$ 이며 $M_E = -\dfrac{qx^2}{2} + \dfrac{q(L-2x)^2}{8}$
>
> 따라서 $M_C + M_E = -\dfrac{qx^2}{2} - \dfrac{qx^2}{2} + \dfrac{q(L-2x)^2}{8} = 0$
>
> $x = \dfrac{\sqrt{2}-1}{2} \cdot L = 0.207L$

**10** 탄성변형에너지에 대한 설명으로 바르지 않은 것은?

① 변형에너지는 내적인 일이다.

② 외부하중에 의한 일은 변형에너지와 같다.

③ 변형에너지는 강성도가 클수록 크다.

④ 하중을 제거하면 회복될 수 있는 에너지이다.

> **TIP** 변형에너지는 강성도와는 관계가 없으며 외부에서 가해지는 외력과 변형량에 의해 결정된다.

**11** 다음 그림에서 중앙점(C점)의 휨모멘트($M_c$)는?

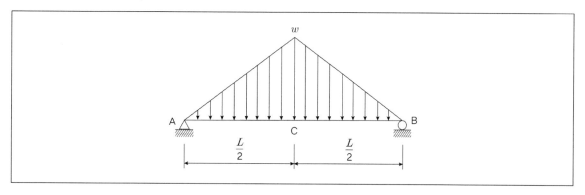

① $\dfrac{1}{20}wL^2$

② $\dfrac{5}{96}wL^2$

③ $\dfrac{1}{6}wL^2$

④ $\dfrac{1}{12}wL^2$

**◯TIP** $M_C = \dfrac{wL}{4} \cdot \dfrac{L}{2} - \dfrac{wL}{4} \cdot \dfrac{L}{6} = \dfrac{1}{12}wL^2$

**12** 단면이 200mm×300mm인 압축부재가 있다. 부재의 길이가 2.9m일 때 이 압축부재의 세장비는 약 얼마인가? (단, 지지상태는 양단힌지이다.)

① 33

② 50

③ 60

④ 100

**◯TIP** $\lambda = \dfrac{l}{r} = \dfrac{l}{h/2\sqrt{3}} = \dfrac{2\sqrt{3}\,l}{h} = \dfrac{2\sqrt{3} \cdot 290}{20} = 50.17$

(단면2차반경은 2개의 값을 갖는데 세장비를 계산하려면 이 중 작은 값을 취해야 한다. 문제에서 주어진 조건은 $r_x$가 $r_y$보다 작으므로 $r_x$를 단면2차반경으로 취한다.)

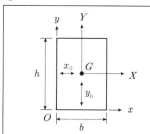

| | 직사각형 단면의 단면2차반경(회전반경, $r$) |
|---|---|
| | • $r_X = \dfrac{h}{2\sqrt{3}}$, $r_x = \dfrac{h}{\sqrt{3}}$ |
| | • $r_Y = \dfrac{b}{2\sqrt{3}}$, $r_y = \dfrac{b}{\sqrt{3}}$ |

**13** 다음 그림과 같이 한 변이 a인 정사각형 단면의 1/4을 절취한 나머지 부분의 도심(C)의 위치($y_0$)는?

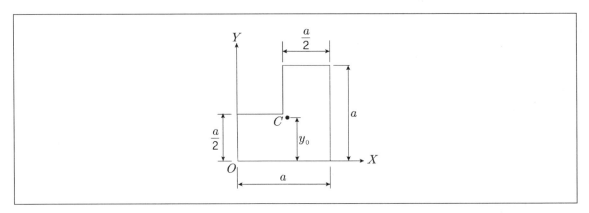

① $\dfrac{4}{12}a$

② $\dfrac{5}{12}a$

③ $\dfrac{6}{12}a$

④ $\dfrac{7}{12}a$

**14** 다음 그림과 같은 구조물에서 하중이 작용하는 위치에서 일어나는 처짐의 크기는?

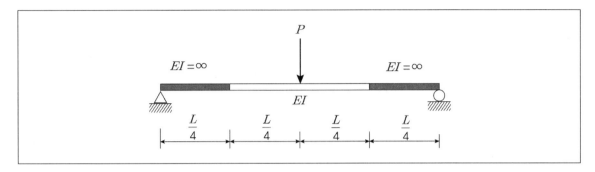

① $\dfrac{PL^3}{48EI}$

② $\dfrac{PL^3}{96EI}$

③ $\dfrac{7PL^3}{384EI}$

④ $\dfrac{11PL^3}{384EI}$

**TIP** (탄성하중법을 이용하여 처짐을 구하는 문제는 풀이과정이 매우 복잡하며 출제빈도도 매우 낮다. 또한 문제 자체가 변형되어 출제되는 유형이 아니므로 문제와 답을 암기하도록 한다.)

양지점으로부터 L/4의 위치까지는 휨강성이 무한대이므로 처짐이 발생하지 않는다. 따라서 탄성하중도를 그려도 그 값은 0이 된다.

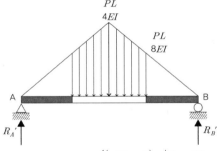

$$\sum M_B = 0 : R_A' \times L - \left\{ \left( \frac{PL}{8EI} \times \frac{L}{2} \right) + \left( \frac{L}{2} \times \frac{PL}{8EI} \times \frac{L}{2} \right) \right\} \times \frac{L}{2} = 0$$

$$R_A' = \frac{3PL^2}{64EI}(\uparrow)$$

$$M_C' = \frac{3PL^2}{64EI} \times \frac{L}{2} - \left( \frac{PL}{8EI} \times \frac{L}{4} \right) \times \left( \frac{L}{4} \times \frac{1}{2} \right) - \left( \frac{1}{2} \times \frac{PL}{8EI} \times \frac{L}{4} \right) \times \left( \frac{L}{4} \times \frac{1}{3} \right) = \frac{7PL^3}{384EI}$$

$$\delta_C = M_C' = \frac{7PL^3}{384EI}(\downarrow)$$

**15** 다음 그림과 같은 게르버 보에서 A점의 반력은?

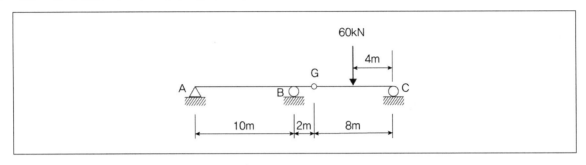

① 6kN(↓)
② 6kN(↑)
③ 30kN(↓)
④ 30kN(↑)

○**TIP** 힌지절점에 작용하는 힘은 30kN이며 B점을 기준으로 모멘트의 합이 0이 되어야 하므로 좌측의 모멘트와 우측(힌지절점까지)의 합이 0이 되어야 한다. 따라서 $30kN \times 2m - R_A \cdot 10 = 0$
이를 만족하는 A점의 반력은 6kN(↓)가 된다.

**16** 다음 그림과 같은 부정정보의 A단에 작용하는 휨모멘트는?

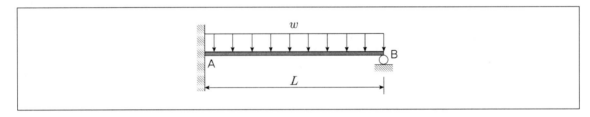

① $-\dfrac{1}{4}wL^2$
② $-\dfrac{1}{8}wL^2$
③ $-\dfrac{1}{12}wL^2$
④ $-\dfrac{1}{24}wL^2$

○**TIP** $M_A = -\dfrac{1}{8}wL^2$

**17** 다음 그림과 같이 단순보에 이동하중이 작용할 때 절대최대휨모멘트는?

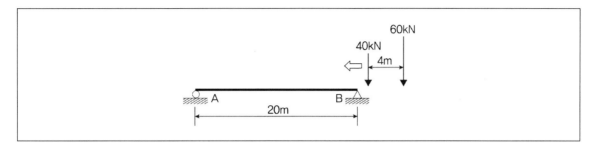

① 387.2kN · m             ② 423.2kN · m

③ 478.4kN · m             ④ 531.7kN · m

⊙**TIP** 최대휨모멘트의 발생위치는 $x = \dfrac{L}{2} - \dfrac{F_{less} \cdot d}{2R} = \dfrac{20}{2} - \dfrac{40 \cdot 4}{2 \cdot 100} = 10 - 0.8 = 9.2[m]$

절대최대휨모멘트는 $|M_{max}| = \dfrac{R}{L}x^2 = \dfrac{100}{20}(9.2)^2 = 423.2$ ($x$는 B점으로부터 최대휨모멘트 발생위치까지의 거리)

**18** 다음 그림과 같은 내민보에서 A점의 처짐은? (단, I는 $1.6 \times 10^8 mm^4$, E는 $2.0 \times 10^5 MPa$이다.)

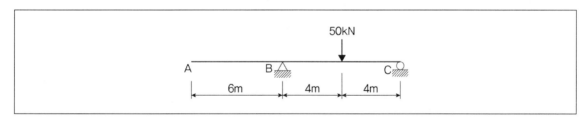

① 22.5mm             ② 27.5mm

③ 32.5mm             ④ 37.5mm

⊙**TIP** $\theta_B = -\dfrac{Pl^2}{16EI}$,   $y_A = a \cdot \theta_B = a\left(-\dfrac{Pl^2}{16EI}\right) = -\dfrac{Pl^2}{16EI} = -3.75cm$ (상향)

**19** 다음 그림과 같이 연결부에 두 힘 50kN과 20kN이 작용한다. 평형을 이루기 위한 두 힘 A와 B의 크기는?

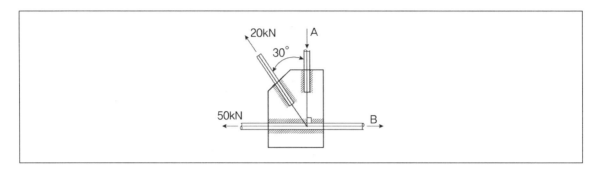

① $A = 10kN, \; B = 50 + \sqrt{3}\,kN$

② $A = 50 + \sqrt{3}\,kN, \; B = 10kN$

③ $A = 10\sqrt{3}\,kN, \; B = 60kN$

④ $A = 60kN, \; B = 10\sqrt{3}\,kN$

**○TIP** $\sum F_y = 0 : 2 \cdot \cos 30^o - A = 0$ 이므로 $A = \sqrt{3}\,t$

$\sum F_x = 0 : B - 5 - 2\sin 30^o = 0$ 이므로 $B = 6t$

**20** 바닥은 고정, 상단은 자유로운 기둥의 좌굴형상이 그림과 같을 때 임계하중은?

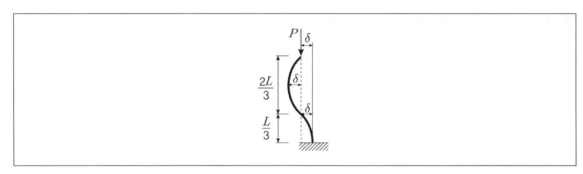

① $\dfrac{\pi^2 EI}{4L}$

② $\dfrac{9\pi^2 EI}{4L^2}$

③ $\dfrac{13\pi^2 EI}{4L^2}$

④ $\dfrac{25\pi^2 EI}{4L^2}$

**○TIP** 길이가 $\dfrac{2}{3}L$인 양단힌지 기둥으로 볼 수 있다.

$$P_{cr} = \frac{\pi^2 EI}{(kl)^2} = \frac{\pi^2 EI}{\left(\dfrac{4L^2}{9}\right)} = \frac{9\pi^2 EI}{4L^2}$$

**제2과목** **측량학**

**21** 다음 중 완화곡선의 종류가 아닌 것은?

① 램니스케이트 곡선
② 클로소이드 곡선
③ 3차 포물선
④ 배향곡선

**TIP** 배향고선은 원곡선에 속한다.

| | | | | |
|---|---|---|---|---|
| 곡선 | 수평곡선 | 원곡선 | 단곡선 | 가장 많이 사용 |
| | | | 복심곡선 | 복수의 곡률반경 |
| | | | 반향곡선 | S자곡선 |
| | | | 배향곡선 | 머리핀곡선 |
| | | 완화곡선 | 클로소이드 | (고속)도로 |
| | | | 3차포물선 | 철도 |
| | | | 렘니스케이트 | 지하철 |
| | | | 반파장sine체감 | 고속철도 |
| | 수직곡선 | 종단곡선 | 2차모물선 | (고속)도로 |
| | | | 원곡선 | 철도 |
| | | 횡단곡선 | 직선 | (고속)도로 |
| | | | 2차포물선 | |
| | | | 쌍곡선 | |

ANSWER 19.③ 20.② 21.④

**22** 다음 그림과 같이 교호수준측량을 실시한 결과 $a_1=0.63\text{m}$, $a_2=1.25\text{m}$, $b_1=1.15\text{m}$, $b_2=1.73\text{m}$이었다면 B점의 표고는? (단, A의 표고는 50.00m이다.)

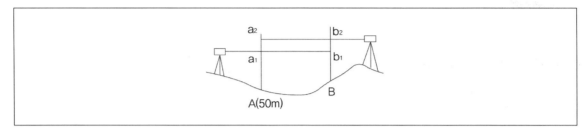

① 49.50m

② 50.00m

③ 50.50m

④ 51.00m

**O TIP** $H = \dfrac{(a_1-b_1)+(a_2-b_2)}{2} = \dfrac{(0.63-1.15)+(1.25-1.73)}{2} = -0.5$

B점의 표고 = A점의 표고 + H = 50 − 0.5 = 49.5[m]

**23** 수심 h인 하천의 수면으로부터 0.2h, 0.4h, 0.6h, 0.8h인 곳에서 각각의 유속을 측정하여 0.562m/s, 0.521m/s, 0.497m/s, 0.364m/s의 결과를 얻었다면 3점법을 이용한 평균유속은?

① 0.474m/s

② 0.480m/s

③ 0.486m/s

④ 0.492m/s

**O TIP** $V_m = \dfrac{V_{0.2}+2V_{0.6}+V_{0.8}}{4} = \dfrac{0.562+2\cdot0.497+0.364}{4} = 0.48$

**24** GNSS가 다중주파수(multi-frequency)를 채택하고 있는 가장 큰 이유는?

① 데이터 취득 속도의 향상을 위해
② 대류권지연 효과를 제거하기 위해
③ 다중경로오차를 제거하기 위해
④ 전리층지연 효과의 제거를 위해

> **TIP** GNSS가 다중주파수(Multi-Frequency)를 채택하고 있는 가장 주된 이유는 전리층지연효과를 제거하기 위해서이다.

**25** 측점간의 시통이 불필요하고 24시간 상시 높은 정밀도로 3차원 위치측정이 가능하며, 실시간 측정이 가능하여 항법용으로도 활용되는 측량방법은?

① NNSS 측량
② GNSS 측량
③ VLBI 측량
④ 토털스테이션 측량

> **TIP**
> • NNSS 측량 : 인공위성의 도플러 효과를 이용한 위치 결정법이다.
> • VLBI 측량 : 두 점에 도착하는 전파의 시간차를 이용해 두 점간 거리 구하는 방법이다.
> • 토탈스테이션 측량 : 토탈스테이션은 이름 그대로 모든 것을 관측할 수 있는 측량기계로서, 각도를 정밀하게 관측하는 기기인 세오돌라이트와 거리를 정밀하게 측정할 수 있는 광파측거기가 하나의 기기로 통합된 것이며 이를 사용한 측량법을 말한다.

**26** 어떤 측선의 길이를 관측하여 다음 표와 같은 결과를 얻었다면 최확값은?

| 관측군 | 관측값(m) | 관측횟수 |
|---|---|---|
| 1 | 40.532 | 5 |
| 2 | 40.537 | 4 |
| 3 | 40.529 | 6 |

① 40.530m
② 40.531m
③ 40.532m
④ 40.533m

> **TIP** $\dfrac{P_1 L_1 + P_2 L_2 + P_3 L_3}{P_1 + P_2 + P_3} = \dfrac{5 \cdot 40.532 + 4 \cdot 40.537 + 6 \cdot 40.529}{5 + 4 + 6} = 40.532[m]$

**27** 다음 그림과 같은 구역을 심프슨 제1법칙으로 구한 면적은? (단, 각 구간의 지거는 1m로 동일하다.)

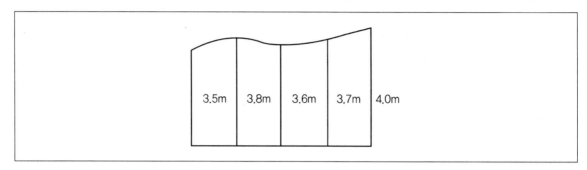

① $14.20\text{m}^2$

② $14.90\text{m}^2$

③ $15.50\text{m}^2$

④ $16.00\text{m}^2$

> **TIP** $A = \dfrac{d}{3}(y_1 + y_5 + 4(y_2 + y_4) + 2 \cdot 3.6) = \dfrac{1}{3}(3.5m + 4.0m + 4(3.8 + 3.7)m + 2 \cdot 3.6m) = 14.90$

**28** 단곡선을 설치할 때 곡선반지름이 250m, 교각이 $116°23'$, 국선시점까지의 추가거리가 1146M일 때 시단현의 편각은? (단 중심말뚝 간격은 20M이다.)

① $0°41'15''$

② $1°15'36''$

③ $1°36'15''$

④ $2°54'15''$

> **TIP** $1146 = 57 \cdot 20 + 6$이므로 $l = 6m$
>
> 시단현의 편각은 $\dfrac{l}{2R} \cdot \dfrac{180°}{\pi} = \dfrac{6[m]}{2 \cdot 250} \cdot \dfrac{180°}{\pi} = 0°41'15''$

**29** 다음 그림과 같은 트래버스에서 AL의 방위각이 $29°40'15''$, BM의 방위각이 $320°27'12''$, 교각의 총합이 $1190°47'32''$일 때 각관측오차는?

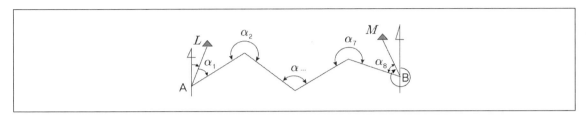

① 45″

② 35″

③ 25″

④ 15″

● **TIP** $w_A + \sum a_n - 180°(n-3) + w_B = 29°40'15'' + 1190°47'32'' - 180°(8-3) + 320°27'12'' = 35''$

**30** 지형측량을 할 때 기본 삼각점만으로는 기준점이 부족하여 추가로 설치하는 기준점은?

① 방향전환점

② 도근점

③ 이기점

④ 중간점

● **TIP** • 이기점(T.P) : Turning Point 약자로서 측량을 할 때 직선형태로 가다가 꺾이는 지점(곡점)이며 전시와 후시를 같이 취하는 점이다.
　• 중간점(I.P) : Intermediate Point 약자로서 어떤 지반에 표고만을 알기 위해 수준척을 세운 점(전시만 취하는 점)이다.
　　－전시 : 표고를 구하려고 하는 지점에 세운 수준척의 읽음값
　　－후시 : 표고를 이미 알고 있는 지점에 세운 수준척의 읽음값

**31** 지구반지름이 6370km이고 거리의 허용오차가 1/105이면 평면측량으로 볼 수 있는 범위의 지름은?

① 약 69km

② 약 64km

③ 약 36km

④ 약 22km

● **TIP** $\dfrac{d-D}{D} = \dfrac{1}{12}\left(\dfrac{D}{R}\right)^2$ 이므로, $D^2 = 12R^2 \cdot \dfrac{d-D}{D}$

$D = \sqrt{12 \cdot 6370^2 \cdot \dfrac{1}{10^5}} \fallingdotseq 69.78[km]$

---

**ANSWER** 　27.② 28.① 29.② 30.② 31.①

**32** 다음 그림과 같은 수준망을 각각의 환에 따라 폐합오차를 구한 결과가 표와 같고 폐합오차의 한계가 $\pm 1.0\sqrt{S}\,cm$일 때 우선적으로 재관측할 필요가 있는 노선은? (단, S는 거리[km]이다.)

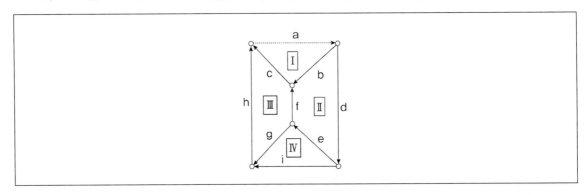

| 환 | 노선 | 거리(km) | 폐합오차(m) |
|---|---|---|---|
| Ⅰ | abc | 8.7 | −0.017 |
| Ⅱ | bdef | 15.8 | 0.048 |
| Ⅲ | cfgh | 10.9 | −0.026 |
| Ⅳ | eig | 9.3 | −0.083 |
| 외주 | adih | 15.9 | −0.031 |

① e노선
② f노선
③ g노선
④ h노선

**O TIP** km당 폐합오차가 가장 큰 것은 Ⅳ이며 그 다음은 Ⅱ이다. 둘 다 공통적으로 e를 포함하고 있어 e노선을 우선적으로 재관측해 볼 필요가 있다.

**33** 수준측량에서 발생하는 오차에 대한 설명으로 바르지 않은 것은?

① 기계의 조정에 의해 발생하는 오차는 전시와 후시의 거리를 같게 하여 소거할 수 있다.
② 삼각수준측량은 대지역을 대상으로 하기 때문에 곡률오차와 굴절오차는 그 양이 상쇄되어 고려하지 않는다.
③ 표척의 영눈금 오차는 출발점의 표척을 도착점에서 사용하여 소거할 수 있다.
④ 기포의 수평조정이나 표척면의 읽기는 육안으로 한계가 있으나 이로 인한 오차는 일반적으로 허용오차 범위 안에 들 수 있다.

**O TIP** 삼각수준측량에서는 곡률오차와 굴절오차를 필히 고려해야 한다.

**34** 다음 그림과 같은 관측결과 $\theta = 30^o 11' 00''$, S=1000m일 때 C점의 X좌표는? (단, AB의 방위각 $89^o 9' 0''$, A점의 X좌표=1200m)

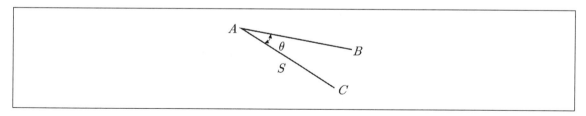

① 700.00m

② 1203.20m

③ 2064.42m

④ 2066.03m

🅞**TIP** $\alpha = 120^o$ 이며, $x_1 = x + l\cos\alpha = 1200 + 1000\cos 120^o = 700$

**35** 다음 그림과 같은 복곡선에서 $t_1 + t_2$의 값은?

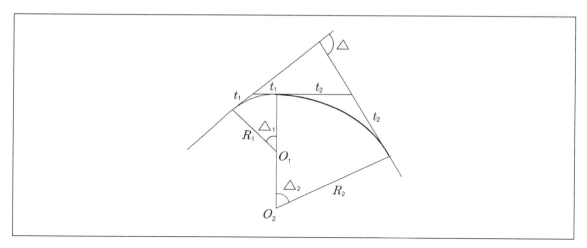

① $R_1(\tan\triangle_1 + \tan\triangle_2)$

② $R_2(\tan\triangle_1 + \tan\triangle_2)$

③ $R_1\tan\triangle_1 + R_2\tan\triangle_2$

④ $R_1\tan\dfrac{\triangle_1}{2} + R_2\tan\dfrac{\triangle_2}{2}$

🅞**TIP** $t_1 + t_2 = R_1\tan\dfrac{\triangle_1}{2} + R_2\tan\dfrac{\triangle_2}{2}$

**ANSWER**    **32.**①   **33.**②   **34.**①   **35.**④

**36** 노선 설치 방법 중 좌표법에 의한 설치방법에 대한 설명으로 바르지 않은 것은?

① 토털스테이션, GPS 등과 같은 장비를 이용하여 측점을 위치시킬 수 있다.

② 좌표법에 의한 노선의 설치는 다른 방법보다 지형의 굴곡이나 시통 등의 문제가 적다.

③ 좌표법은 평면곡선 및 종단곡선의 설치 요소를 동시에 위치시킬 수 있다.

④ 평면적인 위치의 측설을 수행하고 지형표고를 관측하여 종단면도를 작성할 수 있다.

**OTIP** 좌표법은 평면곡선 및 종단곡선의 설치요소를 동시에 위치시킬 수 없다.


**37** 다각측량에서 각 측량의 기계적 오차 중 시준축과 수평축이 직교하지 않아 발생하는 오차를 처리하는 방법으로 옳은 것은?

① 망원경을 정위와 반위로 측정하여 평균값을 취한다.

② 배각법으로 관측한다.

③ 방향각법으로 관측을 한다.

④ 편심관측을 하여 귀심계산을 한다.

**OTIP** 다각측량에서 각 측량의 기계적 오차 중 시준축과 수평축이 직교하지 않아 발생하는 오차는 망원경을 정위와 반위로 측정하여 평균값을 취하여 보정한다.


**38** 30m당 0.03m가 짧은 줄자를 사용하여 정사각형 토지의 한 변을 측정한 결과 150m였다면 면적에 대한 오차는?

① $41m^2$

② $43m^2$

③ $45m^2$

④ $47m^2$

**OTIP** $\dfrac{1}{500} = \dfrac{x}{150^2}$ 이므로 $x = \dfrac{22500}{500} = 45[m^2]$

**39** 지성선에 관한 설명으로 바르지 않은 것은?

① 철(凸)선은 능선 또는 분수선이라고 한다.

② 경사변환선이란 동일 방향의 경사면에서 경사의 크기가 다른 두 면의 접합선이다.

③ 요(凹)선은 지표의 경사가 최대로 되는 방향을 표시한 선으로 유하선이라고 한다.

④ 지성선은 지표면이 다수의 평면으로 구성되었다고 할 때 평면간 접합부, 즉 접선을 말하며 지세선이라고도 한다.

**○TIP** 요(凹)선(계곡선)은 지표면의 낮은 점들을 연결한 선으로 합수선이라 한다. 최대경사선(유하선)은 지표 임의의 한 점에서 그 경사가 최대로 되는 방향을 표시한 선으로 등고선에 직각으로 교차하며 물이 흐르는 선이다.

※ **지성선** … 지모의 골격이 되는 선으로서 능선(분수선), 계곡선(합수선), 경사변환선, 최대경사선(유하선) 등이 있다.

**40** 다음 그림과 같은 지형에서 각 등고선에 쌓인 부분의 면적이 표와 같을 때 각주공식에 의한 토량은? (단, 윗면은 평평한 것으로 가정한다.)

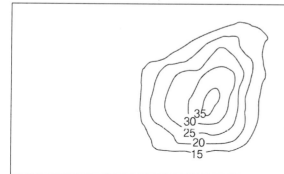

| 등고선 (m) | 면적 (m²) |
|---|---|
| 15 | 3800 |
| 20 | 2900 |
| 25 | 1800 |
| 30 | 900 |
| 35 | 200 |

① $11,400\text{m}^3$

② $22,800\text{m}^3$

③ $33,800\text{m}^3$

④ $38,000\text{m}^3$

**○TIP** 심프슨 제1법칙에 의하면, $\dfrac{d}{3}(y_1 + y_n + 4(y_2 + y_4) + 2y_1) = \dfrac{5}{3}(3800 + 200 + 4(2900 + 900) + 2 \cdot 1800) = 38,000m^3$

**41** 2개의 불투수층 사이에 있는 대수층 두께 a, 투수계수 k인 곳에 반지름 $r_0$인 굴착정을 설치하고 일정 양수량 Q를 양수하였더니 양수 전 굴착정 내의 수위 H가 $h_0$로 강하하여 정상흐름이 되었다. 굴착정의 영향원 반지름을 R이라 할 때 $(H-h_0)$의 값은?

① $\dfrac{2Q}{\pi ak}ln(\dfrac{R}{r_0})$

② $\dfrac{Q}{2\pi ak}ln(\dfrac{R}{r_0})$

③ $\dfrac{2Q}{\pi ak}ln(\dfrac{r_0}{R})$

④ $\dfrac{Q}{2\pi ak}ln(\dfrac{r_0}{R})$

**OTIP** $H-h_o = \dfrac{Q}{2\pi ak}ln(\dfrac{R}{r_0})$

**42** 침투능(Infiltration Capacity)에 관한 설명으로 바르지 않은 것은?

① 침투능은 토양조건과는 무관하다.
② 침투능은 강우강도에 따라 변화한다.
③ 일반적으로 단위는 mm/h 또는 in/h로 표시된다.
④ 어떤 토양면을 통해 물이 침투할 수 있는 최대율을 말한다.

**OTIP** 침투능은 토양조건에 의해 결정된다.

**43** 3차원 흐름의 연속방정식을 아래와 같은 형태로 나타낼 때 이에 알맞은 흐름의 상태는?

$$\frac{\partial u}{\partial x} + \frac{\partial v}{\partial y} + \frac{\partial w}{\partial z} = 0$$

① 압축성 부정류
② 압축성 정상류
③ 비압축성 부정류
④ 비압축성 정상류

**OTIP** 비압축성 정상류 : $\frac{\partial u}{\partial x} + \frac{\partial v}{\partial y} + \frac{\partial w}{\partial z} = 0$

※ 3차원 흐름의 연속방정식
    ㉠ 부등류의 연속방정식
        • 압축성 유체일 때 $\frac{\partial(\rho u)}{\partial x} + \frac{\partial(\rho v)}{\partial y} + \frac{\partial(\rho w)}{\partial z} = -\frac{\partial \rho}{\partial t}$

        • 비압축성 유체일 때 $\frac{\partial u}{\partial x} + \frac{\partial v}{\partial y} + \frac{\partial w}{\partial z} = -\frac{\partial \rho}{\partial t}$

    ㉡ 정류의 연속방정식
        • 압축성 유체일 때 $\frac{\partial \rho}{\partial t} = 0$이므로 $\frac{\partial(\rho u)}{\partial x} + \frac{\partial(\rho v)}{\partial y} + \frac{\partial(pw)}{\partial z} = 0$

        • 비압축성 유체일 때 $\rho$는 일정하므로 $\frac{\partial u}{\partial x} + \frac{\partial v}{\partial y} + \frac{\partial w}{\partial z} = 0$

**44** 지름 20cm의 원형단면 관수로에 물이 가득차서 흐를 때의 동수반경은?

① 5cm
② 10cm
③ 15cm
④ 20cm

**OTIP** 동수반경 $R = \frac{D}{4} = \frac{20}{4} = 5cm$

**45** 대수층의 두께 2.3m, 폭 1.0m일 때 지하수 유량은? (단, 지하수류의 상하류 두지점 사이의 수두차 1.6m, 두 지점 사이의 평균거리 360m, 투수계수 k=192m/day)

① 1.53m³/day

② 1.80m³/day

③ 1.96m³/day

④ 2.21m³/day

**◎TIP** $Q = AV = AK\hat{i} = AK\frac{dh}{dl} = 2.3 \times 1.0 \times 192 \times \frac{1.6}{360} = 1.962 [m^3/day]$

**46** 다음 그림과 같은 수조벽면에 작은 구멍을 뚫고 구멍의 중심에서 수면까지 높이가 h일 때 유출속도 V는? (단, 에너지 손실은 무시한다.)

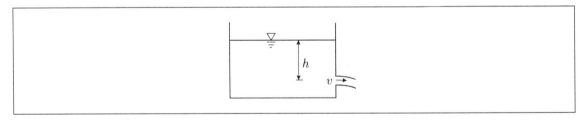

① $\sqrt{2gh}$

② $\sqrt{gh}$

③ $2gh$

④ $gh$

**◎TIP** 전형적인 암기문제이다. 유출속도는 $V = \sqrt{2gh}$ 이다.

**47** 다음 그림과 같이 원형관 중심에서 V의 유속으로 물이 흐르는 경우에 대한 설명으로 바르지 않은 것은? (단, 흐름은 층류로 가정한다.)

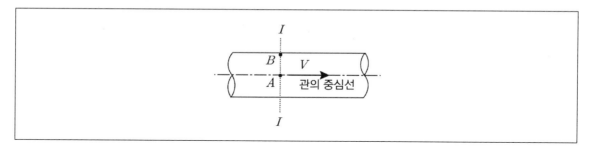

① 지점 A에서의 마찰력은 $V^2$에 비례한다.
② 지점 A에서의 유속은 단면 평균유속의 2배이다.
③ 지점 A에서 지점 B로 갈수록 마찰력은 커진다.
④ 유속은 지점 A에서 최대인 포물선 분포를 한다.

**◎TIP** 지점 A에서의 마찰력은 0이다.

**48** 어떤 유역에 다음 표와 같이 30분간 집중호우가 계속되었을 때 지속기간 15분인 최대강우강도는?

| 시간(분) | 우량(mm) |
|---|---|
| 0 ~ 5 | 2 |
| 5 ~ 10 | 4 |
| 10 ~ 15 | 6 |
| 15 ~ 20 | 4 |
| 20 ~ 25 | 8 |
| 25 ~ 30 | 6 |

① 64mm/h
② 48mm/h
③ 72mm/h
④ 80mm/h

**◎TIP** $15 : 18 = 60 : x$이므로 $x = 72mm/h$

**49** 정지하고 있는 수중에 작용하는 정수압의 성질로 옳지 않은 것은?

① 정수압의 크기는 깊이에 비례한다.
② 정수압은 물체의 면에 수직으로 작용한다.
③ 정수압은 단위면적에 작용하는 힘의 크기로 나타낸다.
④ 한 점에 작용하는 정수압은 방향에 따라 크기가 다르다.

**TIP** 한 점에 작용하는 정수압은 모든 방향에서 크기가 같다.


**50** 단위유량도에 대한 설명으로 바르지 않은 것은?

① 단위유량도의 정의에서 특정 단위시간은 1시간을 의미한다.
② 일정기저시간가정, 비례가정, 중첩가정은 단위유량도의 3대 기본가정이다.
③ 단위유량도의 정의에서 단위유효우량은 유역 전 면적 상의 등가우량 깊이로 측정되는 특정량의 우량을 의미한다.
④ 단위 유효우량은 유출량의 형태로 단위유량도상에 표시되며, 단위유량도 아래의 면적은 부피의 차원을 가진다.

**TIP** 단위유량도의 특정단위시간은 유효우량의 지속시간을 의미한다. 2시간이 될 수도 있고 3시간이 될 수도 있는 것이다.


**51** 한계수심에 대한 설명으로 바르지 않은 것은?

① 유량이 일정할 때 한계수심에서 비에너지가 최소가 된다.
② 직사각형 단면 수로의 한계수심은 최소 비에너지의 2/3이다.
③ 비에너지가 일정하면 한계수심으로 흐를 때 유량이 최대가 된다.
④ 한계수심보다 수심이 작은 흐름이 상류이고 큰 흐름이 사류이다.

**TIP** 한계수심보다 수심이 작은 흐름이 사류이고 큰 흐름이 상류이다.

**52** 개수로 흐름의 도수현상에 대한 설명으로 바르지 않은 것은?

① 비력과 비에너지가 최소인 수심은 근사적으로 같다.
② 도수 전후의 수심관계는 베르누이 정리로부터 구할 수 있다.
③ 도수는 흐름이 사류에서 상류로 바뀔 경우에만 발생된다.
④ 도수 전후의 에너지손실은 주로 불연속 수면 발생 때문이다.

**TIP** 도수 전후의 수심관계는 운동량 방정식으로부터 구할 수 있다.


**53** 단면 2m×2m, 높이 6m인 수조에 물이 가득 차 있을 때 이 수조의 바닥에 설치한 지름이 20cm인 오리피스로 배수시키고자 한다. 수심이 2m가 될 때까지 배수하는데 필요한 시간은? (단, 오리피스 유량계수 C=0.6, 중력가속도 g=9.8m/s$^2$)

① 1분 39초
② 2분 36초
③ 2분 55초
④ 3분 45초

**TIP** $T = \dfrac{2A}{Ca\sqrt{2g}}(\sqrt{H} - \sqrt{h}) = \dfrac{2(2\times2)}{0.6 \cdot \dfrac{\pi \cdot 0.2^2}{4} \times \sqrt{19.6}}(\sqrt{6} - \sqrt{2}) = 99.2[\text{sec}]$


**54** 정상류에 관한 설명으로 바르지 않은 것은?

① 유선과 유적선이 일치한다.
② 흐름의 상태가 시간에 따라 변하지 않고 일정하다.
③ 실제 개수로 내 흐름의 상태는 정상류가 대부분이다.
④ 정상류 흐름의 연속방정식은 질량보존의 법칙으로 설명된다.

**TIP** 실제 개수로 내 흐름의 상태는 비정상류가 대부분이다.

**55** 다음 수로의 단위폭에 대한 운동량 방정식은? (단, 수로의 경사는 완만하며 바닥 마찰저항은 무시한다.)

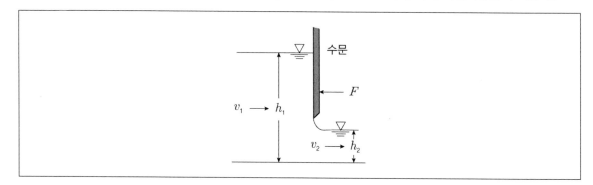

① $\dfrac{\gamma h_1^2}{2} - \dfrac{\gamma h_2^2}{2} - F = \rho Q (V_1 - V_2)$

② $\dfrac{\gamma h_1^2}{2} - \dfrac{\gamma h_2^2}{2} - F = \rho Q (V_2 - V_1)$

③ $\dfrac{\gamma h_1^2}{2} + \dfrac{\gamma h_2^2}{2} - F = \rho Q (V_2 - V_1)$

④ $\dfrac{\gamma h_1^2}{2} + \rho Q V_1 + F = \dfrac{\gamma h_2^2}{2} + \rho Q V_2$

**⊙TIP** $\dfrac{\gamma h_1^2}{2} - \dfrac{\gamma h_2^2}{2} - F = \rho Q (V_2 - V_1)$

**56** 완경사 수로에서 배수곡선에 해당하는 수면곡선은?

① 홍수 시 하천의 수면곡선
② 댐을 월류할 때의 수면곡선
③ 하천 단락부 상류의 수면곡선
④ 상류 상태로 흐르는 하천에 댐을 구축했을 때 저수지 상류의 수면곡선

**⊙TIP** 배수곡선(backwater curve) … 상류로 흐르는 수로에 댐, 위어(weir) 등의 수리구조물을 만들면 수리구조물의 상류에 흐름방향으로 수심이 증가하게 되는 수면곡선이 나타내게 되는데 이러한 수면곡선을 말한다. 댐의 상류부에서는 흐름방향으로 수심이 증가하는 배수곡선이 나타난다.

**57** 지하수의 연직분포를 크게 통기대와 포화대로 나눌 때 통기대에 속하지 않는 것은?

① 모관수대
② 중간수대
③ 지하수대
④ 토양수대

**TIP** 지하수대는 통기대에 속하지 않는다.
통기대 : 지하수면 윗부분의 공기와 물로 차 있는 부분으로서 모관수대, 중간수대, 토양수대로 구성된다.

**58** 하천의 수리모형실험에 주로 사용되는 상사법칙은?

① Weber의 상사법칙
② Cauchy의 상사법칙
③ Froude의 상사법칙
④ Reynolds의 상사법칙

**TIP** 하천의 모형실험은 개수로의 축소실험으로 볼 수 있으며 개수로의 흐름은 관성력과 중력이 지배하므로 Froude의 상사법칙을 주로 적용한다. 이와 달리 관수로의 경우는 점성력과 마찰력이 지배하므로 Reynolds의 법칙을 적용한다.

**59** 속도분포를 $v = 4y^{2/3}$으로 나타낼 수 있을 때 바닥면에서 0.5m 떨어진 높이에서의 속도경사는? (단, $v$는 m/s, $y$는 m)

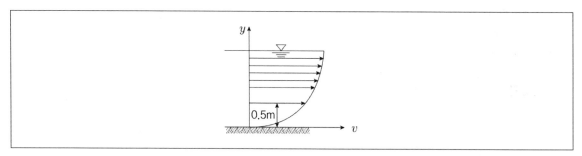

① $2.67\text{sec}^{-1}$  ② $2.67\text{sec}^{-2}$

③ $3.36\text{sec}^{-1}$  ④ $3.36\text{sec}^{-2}$

**TIP** $v = 4y^{2/3}$,

$$v' = 4 \cdot \frac{2}{3} y^{-1/3} = \frac{8}{3} y^{-1/3}$$

$$v'_{y=0.5} = \frac{8}{3} \cdot 0.5^{-1/3} = 3.36 [\text{sec}^{-1}]$$

**60** 수중에 잠겨있는 곡면에 작용하는 연직분력은?

① 곡면에 의해 배제된 물의 무게와 같다.

② 곡면중심의 압력에 물의 무게를 더한 값이다.

③ 곡면을 밑면으로 하는 물기둥의 무게와 같다.

④ 곡면을 연직면상에 투영했을 때 그 투영면이 작용하는 정수압과 같다.

**TIP** 유체 속에 잠긴 곡면에 작용하는 수평분력은 곡면을 연직면상에 투영하였을 때 생기는 투영면적에 작용하는 힘과 같다.

**61** 프리텐션 PSC부재의 단면적이 200,000mm²인 콘크리트 도심에 PS강선을 배치하여 초기의 긴장력(P1)을 800kN을 가하였다. 콘크리트의 탄성변형에 의한 프리스트레스의 감소량은? (단, 탄성계수비($n$)는 6이다.)

① 12MPa

② 18MPa

③ 20MPa

④ 24MPa

**TIP** $\Delta f_{pe} = nf_{cs} = n\dfrac{P_i}{A_g} = 6 \cdot \dfrac{800[\text{kN}]}{200,000[\text{mm}^2]} = 24[\text{MPa}]$

**62** 경간이 8m인 단순지지된 프리스트레스트 콘크리트 보에서 등분포하중(고정하중과 활하중의 합)이 w=40kN/m 작용할 때 중앙 단면 콘크리트 하연에서의 응력이 0이 되려면 PS강재에 작용되어야 할 프리스트레스 힘(P)은? (단, PS강재는 단면 중심에 배치되어 있다.)

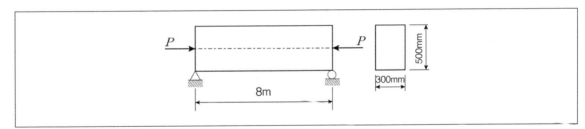

① 1250kN

② 1880kN

③ 2650kN

④ 3840kN

**TIP** $f_b = \dfrac{P}{A} - \dfrac{M}{Z} = \dfrac{P}{bh} - \dfrac{6M}{bh^2} = 0$이어야 하므로

$M = \dfrac{wl^2}{8} = \dfrac{40 \times 8^2}{8} = 320[\text{kN} \cdot \text{m}]$

$P = \dfrac{6M}{h} = \dfrac{6 \times 320}{0.5} = 3,840[\text{kN}]$

**ANSWER** 59.③ 60.③ 61.④ 62.④

**63** 아래 그림과 같은 직사각형 단면의 단순보에 PS강재가 포물선으로 배치되어 있다. 보의 중앙단면에서 일어나는 상연응력(㉠) 및 하연응력(㉡)은? (단, PS강재의 긴장력은 3300kN이고 자중을 포함한 작용하중은 27kN/m이다.)

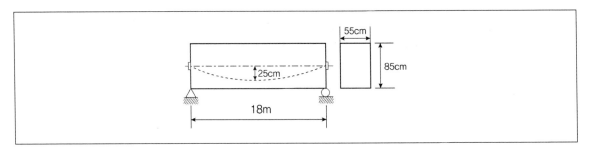

① ㉠ : 21.21MPa, ㉡ : 1.8MPa

② ㉠ : 12.07MPa, ㉡ : 0MPa

③ ㉠ : 11.11MPa, ㉡ : 3.00MPa

④ ㉠ : 8.6MPa, ㉡ : 2.45MPa

**TIP** 작용하는 하향력에서 상향력을 빼주면, 하향력 27[kN] − 상향력 20.37[kN] = 6.63[kN]

상향력 $u = \dfrac{8Ps}{L^2} = \dfrac{8 \cdot (3,000 \cdot 10^3) \cdot 0.25}{18^2} = 20.37$

상연응력을 $f_t$, 하연응력을 $f_b$라고 하면

$$f_{(t, b)} = \frac{P}{A} \pm \frac{M}{Z} = \frac{3,300 \cdot 10^3}{550 \cdot 850} \pm \frac{\dfrac{6.63 \cdot (18 \cdot 10^3)}{8}}{\dfrac{550 \cdot 850^2}{6}}$$

따라서 상연응력 $f_t$는 11.1[MPa], 하연응력 $f_b$는 3.0[MPa]가 된다.

**64** 2방향 슬래브 설계 시 직접설계법을 적용하기 위해 만족해야 하는 사항으로 바르지 않은 것은?

① 각 방향으로 3경간 이상이 연속되어야 한다.

② 슬래브 판들은 단변 경간에 대한 장변 경간의 비가 2 이하인 직사각형이어야 한다.

③ 각 방향으로 연속한 받침부 중심간 경간차이는 긴 경간의 1/3 이하여야 한다.

④ 연속한 기둥중심선을 기준으로 기둥의 어긋남은 그 방향 경간의 20% 이하여야 한다.

**TIP** 연속한 기둥 중심선을 기준으로 기둥의 어긋남은 그 방향 경간의 최대 10% 이하여야 한다.

**65** 옹벽의 설계 및 구조해석에 대한 설명으로 바르지 않은 것은?

① 지반에 유발되는 최대지반반력은 지반의 허용지지력을 초과할 수 없다.

② 전도에 대한 저항휨모멘트는 횡토압에 의한 전도모멘트의 1.5배 이상이어야 한다.

③ 저판의 뒷굽판은 정확한 방법이 사용되지 않는 한, 뒷굽판 상부에 재하되는 모든 하중을 지지하도록 설계해야 한다.

④ 캔틸레버식 옹벽의 저판은 전면벽과의 접합부를 고정단으로 간주한 캔틸레버로 가정하여 단면을 설계할 수 있다.

**O TIP** 전도에 대한 저항휨모멘트는 횡토압에 의한 전도모멘트의 2.0배 이상이어야 한다.

**66** 다음 그림과 같은 띠철근 기둥에서 띠철근의 최대수직간격은? (단, D10의 공칭직경은 9.5mm, D32의 공칭직경은 31.8mm이다.)

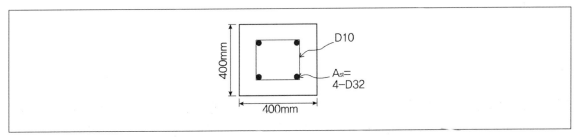

① 400mm

② 456mm

③ 500mm

④ 509mm

**O TIP** 띠철근 기둥에서 띠철근의 간격은 다음 중 최솟값으로 한다.
- 축방향 철근 지름의 16배 이하 : $31.8 \times 16 = 508.8mm$ 이하
- 띠철근 지름의 48배 이하 : $9.5 \times 48 = 456mm$ 이하
- 기둥단면의 최소 치수 이하 : 400mm 이하

**67** 강구조의 특징에 대한 설명으로 바르지 않은 것은?

① 소성변형능력이 우수하다.
② 재료가 균질하여 좌굴의 영향이 낮다.
③ 인성이 커서 연성파괴를 유도할 수 있다.
④ 단위면적당 강도가 커서 자중을 줄일 수 있다.

**◎ TIP** 일반적으로 강구조는 다른 부재보다 세장하여 좌굴에 영향을 크게 받는다.

**68** 콘크리트와 철근이 일체가 되어 외력에 저항하는 철근콘크리트 구조에 대한 설명으로 바르지 않은 것은?

① 콘크리트와 철근의 부착강도가 크다.
② 콘크리트와 철근의 탄성계수는 거의 같다.
③ 콘크리트 속에 묻힌 철근은 거의 부식하지 않는다.
④ 콘크리트와 철근의 열에 대한 팽창계수는 거의 같다.

**◎ TIP** 콘크리트와 철근의 탄성계수는 큰 차이를 보인다.

**69** 폭이 300mm, 유효깊이가 500mm인 단철근 직사각형 보에서 인장철근 단면적이 1700mm$^2$일 때 강도설계법에 의한 등가직사각형 압축응력블록의 깊이는? (단, $f_{ck} = 20\text{MPa}$, $f_y = 300\text{MPa}$ 이다.)

① 50mm
② 100mm
③ 200mm
④ 400mm

**◎ TIP** $A_s f_y = 0.85 f_{ck} ab$이므로
$A_s f_y = 300 \cdot 1700 = 0.85 f_{ck} ab = 0.85 \cdot 20 \cdot a \cdot 300$에 따라 a는 100mm가 된다.

**70** 아래에서 설명하는 용어는?

| 보나 지판이 없이 기둥으로 하중을 전달하는 2방향으로 철근이 배치된 콘크리트 슬래브 |
|---|

① 플랫플레이트                     ② 플랫 슬래브
③ 리브쉘                          ④ 주열대

    **TIP** • 플랫플레이트 : 보나 지판이 없이 기둥으로 하중을 전달하는 2방향으로 철근이 배치된 콘크리트 슬래브
          • 플랫 슬래브 : 보가 사용되지 않고 슬래브가 직접 기둥에 지지하는 구조로서 기둥과 슬래브사이에는 뚫림전단이 발생
            하게 될 수 있으므로 기둥과 슬래브의 접점 주변에 지판이나 주두를 설치한다.

**71** 다음 그림과 같은 L형강에서 인장응력 검토를 위한 순폭계산에 대한 설명으로 바르지 않은 것은?

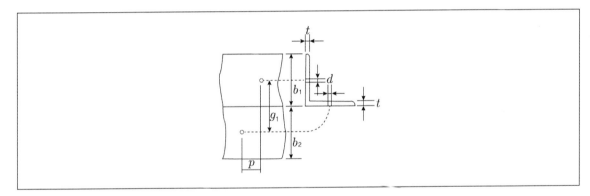

① 전개된 총 폭$(b) = b_1 + b_2 - t$이다.

② 리벳선간 거리$(g) = g_1 - t$이다.

③ $\dfrac{p^2}{4g} \geq d$인 경우 순폭$(b_n)$은 $b - d$이다.

④ $\dfrac{p^2}{4g} < d$인 경우 순폭$(b_n)$은 $b - d - \dfrac{p^2}{4g}$이다.

    **TIP** $\dfrac{p^2}{4g} \geq d$이면 $b_n = b - d$, $\dfrac{p^2}{4g} < d$이면 $b_n = b - d - \left(d - \dfrac{p^2}{4g}\right)$

**72** 단변 : 장변 경간의 비가 1 : 2인 단순지지된 2방향 슬래브의 중앙점에 집중하중 P가 작용할 때 단변과 장변이 부담하는 하중비($P_S$ : $P_L$)는? (단, $P_S$는 단변이 부담하는 하중, $P_L$은 장변이 부담하는 하중)

① 1 : 8

② 8 : 1

③ 1 : 16

④ 16 : 1

> **TIP** 단변이 부담하는 하중 : $P_S = \dfrac{l_x^3}{l_x^3 + l_y^3} P = \dfrac{1^3}{1^3 + 2^3} P = \dfrac{1}{9} P$
>
> 장변이 부담하는 하중 : $P_L = \dfrac{l_y^3}{l_x^3 + l_y^3} P = \dfrac{2^3}{1^3 + 2^3} P = \dfrac{8}{9} P$

**73** 보통중량콘크리트에서 압축을 받는 이형철근 D29(공칭지름 28.6mm)를 정착시키기 위해 소요되는 기본정착길이는? (단, $f_{ck} = 35MPa$, $f_y = 400MPa$ 이다.)

① 491.92mm

② 483.43mm

③ 464.09mm

④ 450.38mm

> **TIP** $l_{db} = \dfrac{0.25 d_b f_y}{\sqrt{f_{ck}}} = \dfrac{0.25 \times 28.6 \times 400}{\sqrt{35}} = 483.43 [mm]$
>
> $0.0043 d_b f_y = 0.043 \times 28.6 \times 400 = 491.92 [mm]$
>
> 위의 값 중 큰 값으로 해야 하므로 491.92mm가 된다.

**74** 철근콘크리트 부재의 전단철근에 대한 설명으로 바르지 않은 것은?

① 전단철근의 설계기준항복강도는 300MPa을 초과할 수 없다.

② 주인장 철근에 30도 이상의 각도로 구부린 굽힘철근은 전단철근으로 사용할 수 있다.

③ 최소 전단철근량은 $\dfrac{0.35 b_w s}{f_{yt}}$ 보다 작지 않아야 한다.

④ 부재축에 직각으로 배치된 전단철근의 간격은 d/2이하, 또한 600mm이하로 하여야 한다.

> **TIP** 전단철근의 설계기준항복강도는 500MPa를 초과할 수 없다. 그러나 용접이형철망을 사용할 경우 전단철근의 설계기준항복강도는 600MPa을 초과할 수 없다.

**75** 폭 350mm, 유효깊이 500mm인 보에 설계기준항복강도가 400MPa인 D13 철근을 인장주철근에 대한 경사각($\alpha$)이 60°인 U형 경사스터럽으로 설치했을 때 전단보강철근의 공칭강도($V_s$)는? (단, 스터럽의 간격 s=250mm, D13 철근 1본의 단면적은 127mm²이다.)

① 201.4kN

② 212.7kN

③ 243.2kN

④ 277.6kN

**O TIP** $V_s = \dfrac{A_v f_y (\sin\alpha + \cos\alpha)d}{s} = \dfrac{127 \cdot 400(\sin 60^o + \cos 60^o) \cdot 500}{250} = 277.57[kN]$

**76** 철근콘크리트 보를 설계할 때 변화구간 단면에서 강도감소계수($\phi$)를 구하는 식은? (단, $f_{ck} = 40MPa$, $f_y = 400MPa$, 띠철근으로 보강된 부재이며 $\varepsilon_t$는 최외단 인장철근의 순인장변형률이다.)

① $\phi = 0.65 + (\varepsilon_t - 0.002)\dfrac{200}{3}$

② $\phi = 0.70 + (\varepsilon_t - 0.002)\dfrac{200}{3}$

③ $\phi = 0.65 + (\varepsilon_t - 0.002) \cdot 50$

④ $\phi = 0.70 + (\varepsilon_t - 0.002) \cdot 50$

**O TIP** 철근콘크리트 보를 설계할 때 변화구간 단면에서 강도감소계수를 구하는 식 $\phi = 0.65 + (\varepsilon_t - 0.002)\dfrac{200}{3}$

**ANSWER** 72.② 73.① 74.① 75.④ 76.①

**77** 다음 그림과 같이 지름 25mm의 구멍이 있는 판(Plate)에서 인장응력 검토를 위한 순폭은?

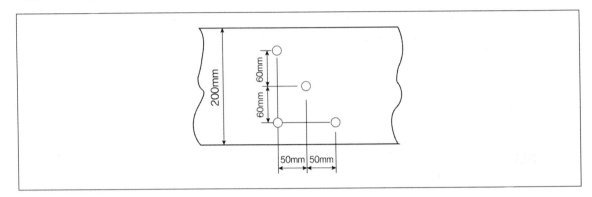

① 160.4mm

② 150mm

③ 145.8mm

④ 130mm

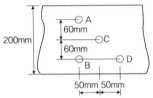

ABCD단면 : $b_n = b_g - 2d = 200 - 2 \cdot 25 = 150[mm]$

ABEH단면 : $b_n = b_g - d - \left(d - \dfrac{p^2}{4g}\right) = 200 - 25 - \left(25 - \dfrac{50^2}{4 \cdot 60}\right) = 160.4[mm]$

ABECD단면 : $b_n = b_g - d - 2\left(d - \dfrac{p^2}{4g}\right) = 200 - 25 - 2\left(25 - \dfrac{50^2}{4 \cdot 60}\right) = 145.8[mm]$

ABEFG단면 : $b_n = b_g - d - 2\left(d - \dfrac{p^2}{4g}\right) = 200 - 25 - 2\left(25 - \dfrac{50^2}{4 \cdot 60}\right) = 145.8[mm]$

이 중 가장 작은 값을 갖는 ABECD단면을 순폭으로 하므로 145.8[mm]이 된다.

**78** 폭이 350mm, 유효깊이가 550mm인 직사각형 단면의 보에서 지속하중에 의한 순간처짐이 16mm일 때 1년 후 총 처짐량은? (단, 배근된 인장철근량($A_s$)은 2246mm², 압축철근량($A_s{}'$)은 1284mm²이다.)

① 20.5mm

② 26.5mm

③ 32.8mm

④ 42.1mm

$\rho' = \dfrac{A_s{}'}{bd} = 0.00667$, $\lambda = \dfrac{\xi}{1 + 50\rho'} = 1.0499$

$\delta_L = \lambda \cdot \delta_i = 1.0499 \times 16 = 16.8mm$

$\delta_T = \delta_i + \delta_L = 16 + 16.8 = 32.8mm$

**79** 단철근 직사각형 보에서 $f_{ck} = 32\text{MPa}$인 경우, 콘크리트 등가 직사각형 압축응력블록의 깊이를 나타내는 계수($\beta_1$)는?

① 0.74

② 0.76

③ 0.80

④ 0.85

**◯TIP** $f_{ck} \leq 40MPa$이면 $\beta_1 = 0.80$이 된다.

**80** 폭이 300mm, 유효깊이가 500mm인 단철근 직사각형 보에서 강도설계법으로 구한 균형철근량은? (단, 등가직사각형 압축응력블록을 사용하며 $f_{ck} = 35\text{MPa}$, $f_y = 350\text{MPa}$ 이다.)

① 5285mm$^2$

② 5890mm$^2$

③ 6665mm$^2$

④ 7235mm$^2$

**◯TIP** $f_{ck} > 28MPa$인 경우 $\beta_1$의 값

$\beta_1 = 0.85 - 0.007(35 - 28) = 0.801 \, (\beta_1 \geq 0.65)$

$\rho_b = 0.85\beta_1 \dfrac{f_{ck}}{f_y} \dfrac{600}{600 + f_y} = 0.85 \cdot 0.801 \cdot \dfrac{35}{350} \dfrac{600}{600 + f_y} = 0.85 \cdot 0.801 \cdot \dfrac{1}{10} \cdot \dfrac{600}{950}$

$A_{s,b} = \rho_b \cdot b \cdot d = 6,665\text{mm}^2$

ANSWER    77.③  78.③  79.③  80.③

## 제4과목 토질 및 기초

**81** 4.75mm체(4번체) 통과율이 90%, 0.075mm체(200번체) 통과율이 4%이고 D10는 0.25mm, D30은 0.6mm, D60은 2mm인 흙을 통일분류법으로 분류하면?

① GP
② GW
③ SP
④ SW

**TIP** 균등계수 $C_u = \dfrac{D_{60}}{D_{10}} = \dfrac{2}{0.25} = 8$

곡률계수 $C_g = \dfrac{D_{30}^2}{D_{10} \cdot D_{60}} = \dfrac{0.6^2}{0.25 \cdot 2} = \dfrac{0.36}{0.50} = 0.72$

곡률계수가 1미만이므로 빈입도(P)가 된다.
4.75mm체(4번체)의 통과율이 50%이상이므로 모래이다. 따라서 입도분포가 나쁜 모래(SP)가 된다.

※ 양입도 판정기준

| 구분 | 균등계수 | 곡률계수 |
|---|---|---|
| 흙 | 10초과 | 1~3 |
| 모래 | 6초과 | 1~3 |
| 자갈 | 4초과 | 1~3 |

**82** 다음 그림과 같은 정사각형 기초에서 안전율을 3으로 할 때 Terzaghi의 공식을 사용하여 지지력을 구하고자 한다. 이 때 한 변의 최소길이($B$)는? (단, 물의 단위중량은 9.81kN/m³, 점착력($c$)은 60kN/m², 내부마찰각($\phi$)은 0도이고 지지력계수 $N_c = 5.7$, $N_q = 1.0$, $N_r = 0$이다.)

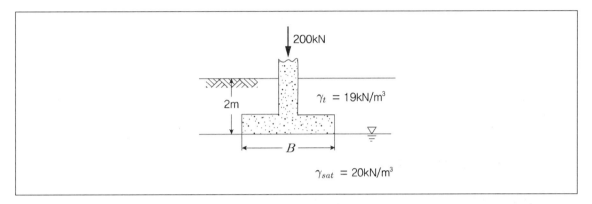

① 1.12m
② 1.43m
③ 1.51m
④ 1.62m

**TIP** $q_u = \alpha \cdot c \cdot N_c + \beta \cdot r_1 \cdot B \cdot N_r + r_2 \cdot D_f \cdot N_q$
$\quad = 1.3 \times 60 \times 5.7 + 0.4 \times (2.0-1) \times B \times 0 + 19 \times 2 \times 1.0 = 482.6[\text{kN/m}^2]$

- 허용지지력 $q_a = \dfrac{q_u}{F} = \dfrac{482.6}{3} = 160.9[\text{kN/m}^2]$

- 허용하중 $Q_a = \dfrac{Q_u}{3} = q_a \cdot A = 200 = 160.9 \cdot B^2$이므로 이를 만족하는 B=1.12m이다.

※ Terzaghi의 수정극한지지력 공식
- $q_u = \alpha \cdot c \cdot N_c + \beta \cdot r_1 \cdot B \cdot N_r + r_2 \cdot D_f \cdot N_q$
- $N_c$, $N_r$, $N_q$ : 지지력 계수로서 $\phi$의 함수이다.
- $c$ : 기초저면 흙의 점착력
- $B$ : 기초의 최소폭
- $r_1$ : 기초 저면보다 하부에 있는 흙의 단위중량(t/m³)
- $r_2$ : 기초 저면보다 상부에 있는 흙의 단위중량(t/m³)
  단, $r_1$, $r_2$는 지하수위 아래에서는 수중단위중량($r_{sub}$)을 사용한다.
- $D_f$ : 근입깊이(m)
- $\alpha$, $\beta$ : 기초모양에 따른 형상계수($B$ : 구형의 단변길이, $L$ : 구형의 장변길이)

| 구분 | 연속 | 정사각형 | 직사각형 | 원형 |
|------|------|----------|----------|------|
| $\alpha$ | 1.0 | 1.3 | $1 + 0.3\dfrac{B}{L}$ | 1.3 |
| $\beta$ | 0.5 | 0.4 | $0.5 - 0.1\dfrac{B}{L}$ | 0.3 |

**83** 접지압(또는 지반반력)이 그림과 같이 되는 경우는?

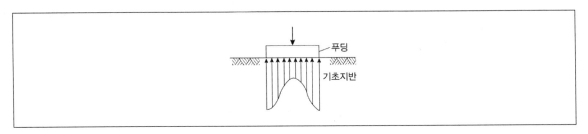

① 푸팅 : 강성, 기초지반 : 점토
② 푸팅 : 강성, 기초지반 : 모래
③ 푸팅 : 연성, 기초지반 : 점토
④ 푸팅 : 연성, 기초지반 : 모래

**O TIP** 강성기초는 점토지반에서 모서리에 최대응력이 발생한다.

**84** 지표면이 수평이고 옹벽의 뒷면과 흙과의 마찰각이 0도인 연직옹벽에서 Coulomb 토압과 Rankine 토압은 어떤 관계가 있는가? (단, 점착력은 무시한다.)

① Coulomb 토압은 항상 Rankine 토압보다 크다.
② Coulomb 토압은 Rankine 토압과 같다.
③ Coulomb 토압이 Rankine 토압보다 작다.
④ 옹벽의 형상과 흙의 상태에 따라 클 때도 있고 작을 때도 있다.

**O TIP** 지표면이 수평이고 벽면마찰각이 0°이면 Coulomb의 토압과 Rankine의 토압은 서로 같다.

**85** 도로와 평판 재하시험에서 1.25mm 침하량에 해당하는 하중강도가 250kN/m²일 때 지반반력의 계수는?

① 100MN/m³                ② 200MN/m³
③ 1000MN/m³             ④ 2000MN/m³

**O TIP** $K = \dfrac{g\,[\mathrm{kN/m^2}]}{y\,[\mathrm{m}]} = \dfrac{250\,[\mathrm{kN/m^2}]}{1.25 \cdot 10^{-3}\,[\mathrm{m}]} = 2000\,[\mathrm{MN/m^3}]$

**86** 다음 지반개량공법 중 연약한 점토지반에 적합하지 않은 것은?

① 프리로딩 공법

② 샌드드레인 공법

③ 페이퍼 드레인 공법

④ 바이브로 플로테이션 공법

**○ TIP**

| 공법 | 적용되는 지반 | 종류 |
|---|---|---|
| 다짐공법 | 사질토 | 동압밀공법, 다짐말뚝공법, 폭파다짐법<br>바이브로 컴포져공법, 바이브로 플로테이션공법 |
| 압밀공법 | 점성토 | 선하중재하공법, 압성토공법, 사면선단재하공법 |
| 치환공법 | 점성토 | 폭파치환공법, 미끄럼치환공법, 굴착치환공법 |
| 탈수 및 배수공법 | 점성토 | 샌드드레인공법, 페이퍼드레인공법, 생석회말뚝공법 |
| | 사질토 | 웰포인트공법, 깊은우물공법 |
| 고결공법 | 점성토 | 동결공법, 소결공법, 약액주입공법 |
| 혼합공법 | 사질토, 점성토 | 소일시멘트공법, 입도조정법, 화학약제혼합공법 |

**87** 표준관입시험(SPT) 결과 N값이 25이었고 이 때 채취한 교란시료로 입도시험을 한 결과 입자가 둥글고, 입도분포가 불량할 때 Dunham의 공식으로 구한 내부마찰각은?

① 32.3°

② 37.3°

③ 42.3°

④ 48.3°

**○ TIP** $\phi = \sqrt{12 \cdot 25} + 20 = 32.3°$

※ Dunham 내부마찰각 산정공식

• 토립자가 모나고 입도분포가 양호한 경우 : $\phi = \sqrt{12N} + 25$

• 토립자가 모나고 입도분포가 불량한 경우 : $\phi = \sqrt{12N} + 20$

• 토립자가 둥글고 입도분포가 양호한 경우 : $\phi = \sqrt{12N} + 20$

• 토립자가 둥글고 입도분포가 불량한 경우 : $\phi = \sqrt{12N} + 15$

**88** 현장에서 완전히 포화되었던 시료라 할지라도 시료 채취 시 기포가 형성되어 포화도가 저하될 수 있다. 이 경우 생성된 기포를 원상태로 용해시키기 위해 작용시키는 압력은?

① 배압

② 축차응력

③ 구속압력

④ 선행압밀압력

> **TIP** 배압(back pressure) : 현장에서 완전히 포화되었던 시료라 할지라도 시료 채취 시 기포가 형성되어 포화도가 저하될 수 있는데 이 경우 생성된 기포를 원상태로 용해시키기 위해 작용시키는 압력을 말한다.

**89** 다음 그림과 같은 지반에서 하중으로 인하여 수직응력($\triangle \sigma_1$)이 100kN/m²증가되고 수평응력($\triangle \sigma_3$)이 50kN/m²증가되었다면 간극수압은 얼마나 증가되었는가? (단, 간극수압계수 A는 0.5이고 B=1이다.)

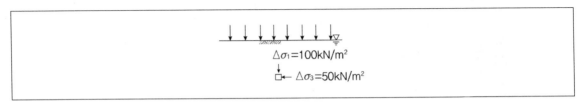

① 50kN/m²

② 75kN/m²

③ 100kN/m²

④ 125kN/m²

> **TIP** $\triangle u = B[\triangle \sigma_3 + A(\triangle \sigma_1 - \triangle \sigma_3)] = 1.0[50 + 0.5(100 - 50)] = 75[kN/m^2]$

**90** 어떤 점토지반에서 베인 시험을 실시하였다. 베인의 지름이 50mm, 높이가 100mm, 파괴 시 토크가 59Nm 일 때 이 점토의 점착력은?

① 129kN/m²

② 157kN/m²

③ 213kN/m²

④ 276kN/m²

> **TIP** $C_c = \dfrac{M_{\max}}{\pi D^2 \left( \dfrac{H}{2} + \dfrac{D}{6} \right)} = \dfrac{59[N \cdot m]}{\pi \cdot 5^2 \left( \dfrac{100}{2} + \dfrac{50}{6} \right)} = 129[kN/m^2]$

**91** 다음 그림과 같이 동일한 두께의 3층으로 된 수평모래층이 있을 때 토층에 수직한 방향의 평균투수계수는?

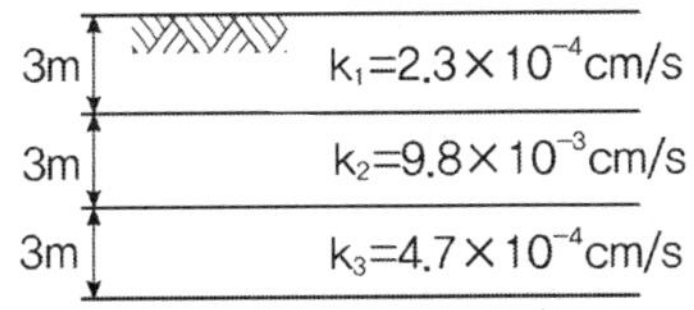

| | |
|---|---|
| 3m | $k_1 = 2.3 \times 10^{-4}$ cm/s |
| 3m | $k_2 = 9.8 \times 10^{-3}$ cm/s |
| 3m | $k_3 = 4.7 \times 10^{-4}$ cm/s |

① $2.38 \times 10^{-3}$ cm/s

② $3.01 \times 10^{-4}$ cm/s

③ $4.56 \times 10^{-4}$ cm/s

④ $5.60 \times 10^{-4}$ cm/s

○**TIP** 수직방향 평균투수계수

$$K_v = \frac{H}{\dfrac{H_1}{K_1} + \dfrac{H_2}{K_2} + \dfrac{H_3}{K_3}} = \frac{9}{\dfrac{3}{2.34 \cdot 10^{-4}} + \dfrac{3}{9.8 \cdot 10^{-3}} + \dfrac{3}{4.7 \cdot 10^{-4}}}$$

$$= 4.56 \cdot 10^{-4} [\text{cm/sec}]$$

**92** Terzaghi의 1차 압밀에 대한 설명으로 바르지 않은 것은?

① 압밀방정식은 점토 내에 발생하는 과잉간극수압의 변화를 시간과 배수거리에 따라 나타낸 것이다.

② 압밀방정식을 풀면 압밀도를 시간계수의 함수로 나타낼 수 있다.

③ 평균압밀도는 시간에 따른 압밀침하량을 최종압밀침하량으로 나누면 구할 수 있다.

④ 압밀도는 배수거리에 비례하고 압밀계수에 반비례한다.

○**TIP** 압밀도는 배수거리에 반비례하고 압밀계수에 비례한다.

**93** 흙의 다짐에 대한 설명으로 바르지 않은 것은?

① 다짐에 의해 간극이 작아지고 부착력이 커져서 역학적 강도 및 지지력은 증대하고 압축성, 흡수성 및 투수성은 감소한다.

② 점토를 최적함수비보다 약간 건조측의 함수비로 다지면 면모구조를 가지게 된다.

③ 점토를 최적함수비보다 약간 습윤측에서 다지면 투수계수가 감소하게 된다.

④ 면모구조를 파괴시키지 못할 정도의 작은 압력으로 점토시료를 압밀할 경우 건조측 다짐을 한 시료가 습윤측 다짐을 한 시료보다 압축성이 크게 된다.

**○TIP** 면모구조를 파괴시키지 못할 정도의 작은 압력으로 점토시료를 압밀할 경우 건조측 다짐을 한 시료가 습윤 측 다짐을 한 시료보다 압축성이 작게 된다.

**94** 3층 구조로 구조결합 사이에 치환성 양이온이 있어서 활성이 크고 시트 사이에 물이 들어가 팽창·수축이 크고 공학적 안정성이 약한 점토 광물은?

① Sand

② Illite

③ Kaolinite

④ Montmorillonite

**○TIP** • **몬모릴로나이트**(montmorillonite) : 공학적 안정성이 매우 작으며 3대 점토광물 중에서 결합력도 가장 약하여 물이 침투하면 쉽게 팽창하게 된다.
• **할로이사이트**(halloysite) : 생체 적합성 천연 나노재료로 꼽히는 점토광물로서 서로 다른 이종의 점토광물과 혼합된 상태로 나타난다. 알루미늄과 실리콘의 비가 1:1인 규산알루미늄 점토광물이다.
• **고령토**(kaolinite) : 1개의 실리카판과 1개의 알루미나판으로 이루어진 층들이 무수히 많이 결합한 것으로서 다른 광물에 비해 상당히 안정된 구조를 이루고 있으며 물의 침투를 억제하고 물로 포화되더라도 팽창이 잘 일어나지 않는다. 정장석, 소다장석, 회장석과 같은 장석류가 탄산 또는 물에 의해 화학적으로 분해되는 풍화에 의해 생성된다.
• **일라이트**(illite) : 두 개의 규소판 사이에 한 개의 알루미늄판이 결합된 3층구조가 무수히 많이 연결되어 형성된 점토광물로서 각 3층 구조사이에는 칼륨이온(K+)으로 결합되어 있는 것이다. 중간정도의 결합력을 가진다.

**95** 간극비 $e_1$=0.80인 어떤 모래의 투수계수가 $K_1$=8.5×10$^{-2}$cm/s일 때, 이 모래를 다져서 간극비를 $e_2$=0.57 로 하면 투수계수 $K_2$는?

① $4.1×10^{-1}$cm/s

② $8.1×10^{-2}$cm/s

③ $3.5×10^{-2}$cm/s

④ $8.5×10^{-3}$cm/s

**◯TIP** 공극비와 투수계수

$$K_1 : K_2 = \frac{e_1^3}{1+e_1} : \frac{e_2^3}{1+e_2}$$

$$8.5×10^{-2} : K_2 = \frac{0.80^3}{1+0.80} : \frac{0.57^3}{1+0.57}$$

$$K_2 = 3.5×10^{-2} cm/\sec$$

**96** 사면안정 해석방법에 대한 설명으로 바르지 않은 것은?

① 일체법은 활동면 위에 있는 흙덩어리를 하나의 물체로 보고 해석하는 방법이다.

② 마찰원법은 점착력과 마찰각을 동시에 갖고 있는 균질한 지반에 적용된다.

③ 절편법은 활동면 위에 있는 흙을 여러 개의 절편으로 분할하여 해석하는 방법이다.

④ 절편법은 흙이 균질하지 않아도 적용이 가능하지만 흙 속에 간극수압이 있을 경우 적용이 불가능하다.

**◯TIP** 흙이 균질하지 않고 간극수압을 고려할 경우에는 절편법이 적합하다.

**97** 다음 그림과 같이 지표면에 집중하중이 작용할 때 A점에서 발생하는 연직응력의 증가량은?

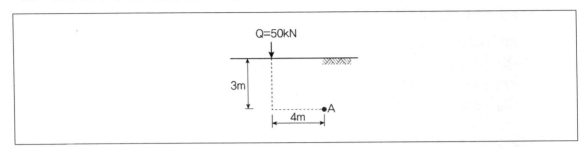

① $0.21 \text{kN/m}^2$

② $0.24 \text{kN/m}^2$

③ $0.27 \text{kN/m}^2$

④ $0.30 \text{kN/m}^2$

**⊙TIP** 집중하중에 의한 자중응력의 증가량

$$\triangle \sigma = I \cdot \frac{P}{Z^2} = \frac{3 \cdot Z^5}{2 \cdot \pi \cdot R^5} \cdot \frac{P}{Z^2} = \frac{3 \cdot 3^5}{2 \cdot \pi \cdot 4^5} \cdot \frac{50[kN]}{3^2} = 0.21 kN/m^2$$

**98** 지표에 설치된 3m×3m의 정사각형 기초에 80kN/m²의 등분포하중이 작용할 때, 지표면 아래 5m 깊이에서의 연직응력의 증가량은? (단, 2:1 분포법을 사용한다.)

① $7.15 \text{kN/m}^2$

② $9.20 \text{kN/m}^2$

③ $11.25 \text{kN/m}^2$

④ $13.10 \text{kN/m}^2$

**⊙TIP**
$$\triangle \sigma_z = \frac{qBL}{(B+z)(L+z)} = \frac{100 \cdot 3 \cdot 3}{(3+5)(3+5)} = 11.25[kN/m^2]$$

**99** 다음 연약지반 개량공법 중 일시적인 개량공법은?

① 치환공법

② 동결공법

③ 약액주입공법

④ 모래다짐말뚝공법

**○TIP** 동결공법은 지반을 일시적으로 동결시키는 공법이다.

**100** 연약지반에 구조물을 축조할 때 피에조미터를 설치하여 과잉간극수압의 변화를 측정한 결과 어떤 점에서 구조물 축조 직후 과잉간극수압이 100kN/m²이었고 4년 후에 20kN/m²이었다면, 이때의 압밀도는?

① 20%

② 40%

③ 60%

④ 80%

**○TIP** $u = \dfrac{100-20}{100} \cdot 100[\%] = 80\%$

**101** 1인 1일 평균급수량에 대한 일반적인 특징으로 바르지 않은 것은?

① 소도시는 대도시에 비해서 수량이 크다.
② 공업이 번성한 도시는 소도시보다 수량이 크다.
③ 기온이 높은 지방이 추운 지방보다 수량이 크다.
④ 정액급수의 수도는 계량급수의 수도보다 소비수량이 크다.

**TIP** 소도시는 대도시에 비해서 수량이 적다. 대도시일수록, 공업이 번성할수록, 기온이 높을수록, 정액급수일수록 급수량은 증가한다.

**102** 침전지의 수심이 4m이고 체류시간이 1시간일 때 이 침전지의 표면부하율은?

① $48\text{m}^3/\text{m}^2 \cdot \text{d}$
② $72\text{m}^3/\text{m}^2 \cdot \text{d}$
③ $96\text{m}^3/\text{m}^2 \cdot \text{d}$
④ $108\text{m}^3/\text{m}^2 \cdot \text{d}$

**TIP** 표면부하율은 수면적부하로서 $V = \dfrac{Q}{A} = \dfrac{h}{t}$ 이므로 $V = \dfrac{4}{1 \cdot \dfrac{1}{24} d} = 96 m/d$

**103** 인구가 10,000명인 A시에 폐수배출시설 1개소가 설치될 계획이다. 이 폐수 배출시설의 유량은 $200\text{m}^3$/d이고 평균 BOD배출농도는 500gBOD/$\text{m}^3$이다. 이를 고려하여 A시에 하수종말처리장을 신설할 때 적합한 최소 계획인구수는? (단, 하수종말처리장 건설 시 1인 1일 BOD부하량은 50gBOD/인 · d로 한다.)

① 10,000명
② 12,000명
③ 14,000명
④ 16,000명

**TIP** $BOD량 = BOD농도 \cdot 하수량 = \dfrac{500\text{g}}{[\text{m}^3]} \cdot \dfrac{200[\text{m}^3]}{\text{day}} = 100,000[\text{g/day}]$

등가인구수 $= \dfrac{BOD량}{1인1일 BOD부하량} = \dfrac{100,000[\text{g/day}]}{50[gBOD/인 \cdot \text{day}]} = 2,000명$

따라서 계획인구수는 10,000+2,000=12,000명

**104** 우수관로 및 합류식 관로 내에서의 부유물 침전을 막기 위해 계획우수량에 대해 요구되는 최소유속은?

① 0.3m/s

② 0.6m/s

③ 0.8m/s

④ 1.2m/s

○**TIP** 도수관의 최소유속은 0.3m/s, 오수관과 차집관거의 최소유속은 0.6m/s, 우수관의 최소유속은 0.8m/s이다.

**105** 어느 A시의 장래에 2030년의 인구추정 결과 85000명으로 추산되었다. 계획년도의 1인 1일당 평균급수량을 380L, 급수보급률을 95%로 가정할 때 계획년도의 계획 1일 평균급수량은?

① 30685m$^3$/d

② 31205m$^3$/d

③ 31555m$^3$/d

④ 32305m$^3$/d

○**TIP** 계획 1일 평균급수량 $= 380 \times 10^{-3} \times 85,000 \times 0.95 = 30,685 m^3/day$

**106** 정수처리 시 트리할로메탄 및 곰팡이 냄새의 생성을 최소화하기 위해 침전지와 여과지 사이에 염소제를 주입하는 방법은?

① 전염소처리

② 중간염소처리

③ 후염소처리

④ 이중염소처리

○**TIP** 중간염소처리법에 관한 설명이다.
- **전염소처리** : 소독작용이 아닌 산화, 분해 작용을 목적으로 침전지 이전에 염소를 투입하는 정수 처리 과정이다. 조류, 세균, 암모니아성 질소, 아질산성 질소, 황화 수소($H2S$), 페놀류, 철, 망간, 맛, 냄새 등을 제거할 수 있다.
- **중간염소처리** : 정수처리 시 트리할로메탄 및 곰팡이 냄새의 생성을 최소화하기 위해 침전지와 여과지 사이에 염소제를 주입하는 과정이다.
- **후염소처리** : 여과와 같은 최종 입자제거공정 이후에 살균소독을 목적으로 염소를 주입하여 실시하는 염소처리이다.

**107** 하수도의 관로계획에 대한 설명으로 바른 것은?

① 오수관로는 계획1일평균오수량을 기준으로 계획한다.

② 관로의 역사이펀을 많이 설치하여 유지관리 측면에서 유리하도록 계획한다.

③ 합류식에서 하수의 차집관로는 우천 시 계획오수량을 기준으로 계획한다.

④ 오수관로와 우수관로가 교차하여 역사이펀을 피할 수 없는 경우는 우수관로를 역사이펀으로 하는 것이 바람직하다.

> **TIP** ① 오수관로는 계획 시간 평균오수량을 기준으로 계획한다.
> ② 관로의 역사이펀을 적게 설치하여 유지관리 측면에서 유리하도록 계획한다.
> ④ 오수관로와 우수관로가 교차하여 역사이펀을 피할 수 없는 경우는 오수관로를 역사이펀으로 하는 것이 바람직하다.

**108** 지름 400mm, 길이 1000mm인 원형철근 콘크리트 관에 물이 가득 차 흐르고 있다. 이 관로 시점의 수두가 50m라면 관로종점의 수압(kgf/cm²)은? (단, 손실수두는 마찰손실 수두만을 고려하며 마찰계수($f$)는 0.05, 유속은 Manning공식을 이용하여 구하고 조도계수 n=0.013, 동수경사 I=0.001이다.)

① 2.92kgf/cm²                         ② 3.28kgf/cm²

③ 4.83kgf/cm²                         ④ 5.31kgf/cm²

> **TIP**
> $$V = \frac{1}{0.013} \times \left(\frac{0.4}{4}\right)^{2/3} \cdot \sqrt{0.001} = 0.524[\text{m}]$$
> $$h_L = 0.05 \cdot \frac{1,000}{0.4} \cdot \frac{0.524^2}{19.6} = 1.75[\text{m}]$$
> 50m에서 1.75m가 손실되어 48.25m가 되며 이를 kg/cm²으로 환산하면 4.825kgf/cm²가 된다.

**109** 교차연결에 대한 설명으로 바른 것은?

① 2개의 하수도관이 90도로 서로 연결된 것을 말한다.

② 상수도관과 오염된 오수관이 서로 연결된 것을 말한다.

③ 두 개의 하수관로가 교차해서 지나가는 구조를 말한다.

④ 상수도관과 하수도관이 서로 교차해서 지나가는 것을 말한다.

> **TIP** 교차연결 : 상수도관과 오염된 오수관이 서로 연결된 것을 말한다.

**110** 슬러지 농축과 탈수에 대한 설명으로 바르지 않은 것은?

① 탈수는 기계적 방법으로 진공여과, 가압여과 및 원심탈수법 등이 있다.
② 농축은 매립이나 해양투기를 하기 전에 슬러지 용적을 감소시켜 준다.
③ 농축은 자연의 중력에 의한 방법이 가장 간단하며 경제적인 처리방법이다.
④ 중력식 농축조에 슬러지 제거기 설치 시 탱크바닥의 기울기는 1/10 이상이 좋다.

**◎TIP** 중력식 농축조에 슬러지 제거기 설치 시 탱크바닥의 기울기는 1/20 이상이 좋다.

**111** 송수시설에 대한 설명으로 바른 것은?

① 급수관, 계량기 등이 붙어 있는 시설
② 정수장에서 배수지까지 물을 보내는 시설
③ 수원에서 취수한 물을 정수장까지 운반하는 시설
④ 정수 처리된 물을 소요수량만큼 수요자에게 보내는 시설

**◎TIP** • 송수시설 : 정수장으로부터 배수지까지 정수를 수송하는 시설
• 취수시설 : 적당한 수질의 물을 수원지에서 모아서 취하는 시설
• 도수시설 : 수원에서 취한 물을 정수장까지 운반하는 시설
• 배수시설 : 정수장에서 정수 처리된 물을 배수지까지 보내는 시설

**112** 압력식 하수도 수집시스템에 대한 특징으로 바르지 않은 것은?

① 얕은 층으로 매설할 수 있다.
② 하수를 그라인더 펌프에 의해 압송한다.
③ 광범위한 지형조건 등에 대응할 수 있다.
④ 유지관리가 비교적 간편하고, 일반적으로는 유지관리비용이 저렴하다.

**◎TIP** 압력식 하수도 수집시스템은 유지관리가 어렵고 유지관리비용이 많이 든다.

**113** pH가 5.6에서 4.3으로 변화할 때 수소이온 농도는 약 몇 배가 되는가?

① 약 13배

② 약 15배

③ 약 17배

④ 약 20배

**TIP** $pH=-\log[H^+]$이므로

$4.3=-\log[H^+]$를 만족하는 $H^+=10^{-4.3}=5.01\times10^{-5}$

$5.6=-\log[H^+]$를 만족하는 $H^+=10^{-5.6}=2.51\times10^{-6}$

$\dfrac{5.01\cdot10^{-5}}{2.51\cdot10^{-6}}=19.96\fallingdotseq20$

**114** 하수처리계획 및 재이용계획을 위한 계획오수량에 대한 설명으로 바른 것은?

① 지하수량은 계획1일 평균오수량의 10~20%로 한다.

② 계획1일 평균오수량은 계획1일 최대오수량의 70~80%를 표준으로 한다.

③ 합류식에서 우천 시 계획오수량은 원칙적으로 계획 1일 평균오수량의 3배 이상으로 한다.

④ 계획 1일 최대오수량은 계획시간 최대오수량을 1일의 수량으로 환산하여 1.3배~1.8배를 표준으로 한다.

**TIP** ① 지하수량은 계획1일 최대오수량의 10~20%로 한다.

③ 합류식에서 우천 시 계획오수량은 원칙적으로 계획 1시간 최대오수량의 3배 이상으로 한다.

④ 계획 1일 최대오수량은 계획시간 최대오수량을 1시간 당 수량으로 환산하여 1.3배~1.8배를 표준으로 한다.

**115** 배수관망의 구성방식 중 격자식과 비교한 수지상식의 설명으로 바르지 않은 것은?

① 수리계산이 간단하다.

② 사고 시 단수구간이 크다.

③ 제수밸브를 많이 설치해야 한다.

④ 관의 말단부에 물이 정체되기 쉽다.

**TIP** 수지상식은 격자식에 비해 제수밸브를 적게 설치해도 되는 장점이 있다.

| 구분 | 장점 | 단점 |
|---|---|---|
| 격자식 | • 물이 정체되지 않음<br>• 수압의 유지가 용이함<br>• 단수 시 대상지역이 좁아짐<br>• 화재 시 사용량 변화에 대처가 용이함 | • 관망의 수리계산이 복잡함<br>• 건설비가 많이 소요됨<br>• 관의 수선비가 많이 듦<br>• 시공이 어려움 |
| 수지상식 | • 수리 계산이 간단하며 정확함<br>• 제수밸브가 적게 설치됨<br>• 시공이 용이함 | • 수량의 상호보충이 불가능함<br>• 관 말단에 물이 정체되어 냄새, 맛, 적수의 원인이 됨<br>• 사고 시 단수구간이 넓음 |

**116** 슬러지 처리의 목표로 바르지 않은 것은?

① 중금속 처리
② 병원균의 처리
③ 슬러지의 생화학적 안정화
④ 최종 슬러지 부피의 감량화

**TIP** 슬러지처리는 중금속의 처리를 포함하지는 않는다.


**117** 합류식과 분류식에 대한 설명으로 바르지 않은 것은?

① 분류식의 경우 관로 내 퇴적은 적으나 수세효과는 기대할 수 없다.
② 합류식의 경우 일정량 이상이 되면 우천 시 오수가 월류한다.
③ 합류식의 경우 관경이 커지기 때문에 2계통인 분류식보다 건설비용이 많이 든다.
④ 분류식의 경우 오수와 우수를 별개의 관로로 배제하기 때문에 오수의 배제계획이 합리적이다.

**TIP** 합류식은 분류식보다 건설비용이 적게 든다.


**118** 하수의 고도처리에 있어서 질소와 인을 동시에 제거하기 어려운 공법은?

① 수정 Phostrip 공법
② 막분리 활성슬러지법
③ 혐기무산소호기조합법
④ 응집제병용형 생물학적 질소제거법

**TIP** 막분리 활성슬러지법은 질소와 인을 동시에 제거하기가 어려운 공법이다.

ANSWER    113.④    114.②    115.③    116.①    117.③    118.②

**119** 저수지에서 식물성 플랑크톤의 과도성장에 따라 부영양화가 발생될 수 있는데, 이에 대한 가장 일반적인 지표기준은?

① COD 농도

② 색도

③ BOD와 DO농도

④ 투명도

**○ TIP** 부영양화를 판단하는 가장 일반적인 지표기준은 투명도이다.

**120** 정수장의 소독 시 처리수량이 10,000m³/d인 정수장에서 염소를 5mg/L의 농도로 주입할 경우 잔류염소농도가 0.2mg/L이었다. 염소요구량은? (단, 염소의 순도는 80%이다.)

① 24kg/d

② 30kg/d

③ 48kg/d

④ 60kg/d

**○ TIP** 염소요구량은 주입량에서 잔류염소량을 뺀 값이며 염소의 순도가 80%이므로

$$(5-0.2) \cdot 10^{-3} \cdot 10,000 \cdot \frac{1}{0.8} = 60[kg/d]$$

# 당신의 꿈은 뭔가요?

## MY BUCKET LIST !

꿈은 목표를 향해 가는 길에 필요한 휴식과 같아요.

여기에 당신의 소중한 위시리스트를 적어보세요. 하나하나 적다보면 어느새 기분도

좋아지고 다시 달리는 힘을 얻게 될 거예요.

- [ ] _____
- [ ] _____
- [ ] _____
- [ ] _____
- [ ] _____
- [ ] _____
- [ ] _____
- [ ] _____
- [ ] _____
- [ ] _____
- [ ] _____
- [ ] _____
- [ ] _____
- [ ] _____
- [ ] _____
- [ ] _____
- [ ] _____
- [ ] _____
- [ ] _____
- [ ] _____
- [ ] _____
- [ ] _____
- [ ] _____
- [ ] _____
- [ ] _____
- [ ] _____
- [ ] _____
- [ ] _____

- [ ] _____
- [ ] _____
- [ ] _____
- [ ] _____
- [ ] _____
- [ ] _____
- [ ] _____
- [ ] _____
- [ ] _____
- [ ] _____
- [ ] _____
- [ ] _____
- [ ] _____
- [ ] _____
- [ ] _____
- [ ] _____
- [ ] _____
- [ ] _____
- [ ] _____
- [ ] _____
- [ ] _____
- [ ] _____
- [ ] _____
- [ ] _____
- [ ] _____
- [ ] _____
- [ ] _____
- [ ] _____

# 창의적인 사람이 되기 위해서

정보가 넘치는 요즘, 모두들 창의적인 사람을 찾죠.
정보의 더미에서 평범한 것을 비범하게 만드는 마법의 손이 필요합니다.
어떻게 해야 마법의 손과 같은 '창의성'을 가질 수 있을까요. 여러분께만 알려 드릴게요!

**01.** 생각나는 모든 것을 적어 보세요.

아이디어는 단번에 솟아나는 것이 아니죠. 원하는 것이나, 새로 알게 된 레시피나, 뭐든 좋아요.
떠오르는 생각을 모두 적어 보세요.

**02.** '잘하고 싶어!'가 아니라 '잘하고 있다!'라고 생각하세요.

누구나 자신을 다그치곤 합니다. 잘해야 해. 잘하고 싶어.
그럴 때는 고개를 세 번 젓고 나서 외치세요. '나, 잘하고 있다!'

**03.** 새로운 것을 시도해 보세요.

신선한 아이디어는 새로운 곳에서 떠오르죠. 처음 가는 장소, 다양한 장르에 음악, 나와 다른 분야의 사람.
익숙하지 않은 신선한 것들을 찾아서 탐험해 보세요.

**04.** 남들에게 보여 주세요.

독특한 아이디어라도 혼자 가지고 있다면 키워 내기 어렵죠.
최대한 많은 사람들과 함께 정보를 나누며 아이디어를 발전시키세요.

**05.** 잠시만 쉬세요.

생각을 계속 하다보면 한쪽으로 치우치기 쉬워요. 25분 생각했다면 5분은 쉬어 주세요.
휴식도 창의성을 키워 주는 중요한 요소랍니다.